西方美学名著引论
美学的现代思考

彭立勋
美学文集

第二卷

彭立勋 著

中国社会科学出版社

总 目 录

前 言 ··· 1
我的学术生涯 ·· 1

第一卷

美的欣赏 ·· 1
美感心理研究 ·· 57
审美经验论 ·· 299

第二卷

西方美学名著引论 ·· 1
美学的现代思考 ··· 281

第三卷

审美学现代建构论 ·· 1
趣味与理性：西方近代两大美学思潮 ··································· 207

第四卷

中西美学范式与转型 ·· 1
中西美学文论纵谈 ·· 341

目录 Contents

西方美学名著引论

再版前言 ·· 3

绪　言 ·· 6

第一章　古希腊思辨美学的结晶
　　——柏拉图的《文艺对话集》 ··· 13
　第一节　"美是理念"说 ·· 14
　第二节　美的认识和美感学说 ··· 18
　第三节　艺术的本质和作用 ·· 22

第二章　欧洲美学思想的奠基作
　　——亚里士多德的《诗学》 ·· 27
　第一节　文艺和现实的关系 ·· 28
　第二节　文艺的美感教育作用 ··· 34
　第三节　悲剧理论 ··· 37

第三章　宗教美学的肇始者
　　——普罗提诺的《九章集》 ·· 44
　第一节　美在"太一"所流溢的理念 ····································· 45
　第二节　审美观照是灵魂上升之途 ······································· 49

· 1 ·

第三节　艺术美的本源和作用 …………………………………… 53

第四章　古典主义的美学法典
——布瓦洛的《诗的艺术》 ………………………………… 57
第一节　没有笛卡尔的笛卡尔美学 …………………………… 57
第二节　崇尚理性的美学原则 ………………………………… 60
第三节　类型化凝固化的创作理论 …………………………… 60

第五章　美学学科建立的标志
——鲍姆加登的《美学》 …………………………………… 61
第一节　美学作为独立学科的诞生 …………………………… 61
第二节　美学的定义和研究对象 ……………………………… 61
第三节　美的认识与诗的特性 ………………………………… 61

第六章　趣味心理研究的开拓者
——休谟的《论趣味的标准》 ……………………………… 62
第一节　趣味：英国经验派美学的关键词 …………………… 63
第二节　趣味的心理构成和特点 ……………………………… 66
第三节　趣味的差异性及其原因 ……………………………… 69
第四节　趣味的普遍标准及其形成 …………………………… 69

第七章　英国经验主义美学的杰作
——伯克的《关于崇高与美两种观念根源的哲学探讨》 …… 70
第一节　崇高感和美感的心理根源 …………………………… 70
第二节　崇高和美的对象的性质 ……………………………… 70
第三节　诗画表现崇高和美的比较 …………………………… 70

第八章　启蒙运动美学的卓越成果
——《狄德罗美学论文选》 ………………………………… 71
第一节　"美在关系"说 ………………………………………… 72
第二节　现实主义艺术理论 …………………………………… 80

第三节　戏剧创作和表演理论 …………………………………… 86

第九章　现实主义美学的一座丰碑
　　——莱辛的《拉奥孔》 ………………………………………… 97
　　第一节　德国启蒙运动美学的杰出代表 ……………………… 97
　　第二节　论画与诗的界限 ……………………………………… 100
　　第三节　现实主义的诗学理论 ………………………………… 106

第十章　批判哲学的美学体系
　　——康德的《判断力批判》上卷 ……………………………… 113
　　第一节　美学在康德哲学体系中的地位 ……………………… 113
　　第二节　美的分析 ……………………………………………… 113
　　第三节　崇高的分析 …………………………………………… 113
　　第四节　艺术、天才和审美理念 ……………………………… 113
　　第五节　历史贡献与调和特点 ………………………………… 113

第十一章　现代美育理论的开创之作
　　——席勒的《审美教育书简》 ………………………………… 114
　　第一节　人性的分裂与美育的目的 …………………………… 114
　　第二节　游戏冲动与美的本质 ………………………………… 120
　　第三节　审美状态与人的自由 ………………………………… 125

第十二章　德国古典美学的集大成者
　　——黑格尔的《美学》 ………………………………………… 131
　　第一节　美学：绝对精神自我认识的一种形式 ……………… 132
　　第二节　美是理念的感性显现 ………………………………… 134
　　第三节　自然美和艺术美 ……………………………………… 140
　　第四节　人物性格理论 ………………………………………… 149
　　第五节　悲剧和喜剧理论 ……………………………………… 159

第十三章　俄国革命民主主义美学的代表作
　　——车尔尼雪夫斯基的《艺术与现实的审美关系》 ……… 165
　　第一节　"美是生活"的定义 ………………………………… 167
　　第二节　崇高和悲剧的概念 ………………………………… 172
　　第三节　艺术美和现实美的关系 …………………………… 178

第十四章　作为精神哲学的表现论美学
　　——克罗齐的《美学原理》 ………………………………… 189
　　第一节　直觉：克罗齐美学的出发点 ……………………… 191
　　第二节　"艺术即直觉"说 …………………………………… 194
　　第三节　"美即表现"说与审美快感说 ……………………… 199
　　第四节　审美创造和再造的统一 …………………………… 203

第十五章　实用主义的美学经典
　　——杜威的《艺术即经验》 ………………………………… 208
　　第一节　经验：杜威美学的核心范畴 ……………………… 209
　　第二节　作为经验的审美和艺术的性质 …………………… 212
　　第三节　从经验看审美和艺术的表现性 …………………… 216
　　第四节　思想价值与当代意义 ……………………………… 221

第十六章　存在主义的艺术哲学
　　——海德格尔的《艺术作品的本源》 ……………………… 225
　　第一节　探索艺术本源的新路径 …………………………… 226
　　第二节　艺术本质：存在者之真理自行设置入作品 ……… 229
　　第三节　艺术作品的创作、保存及诗意 …………………… 232
　　第四节　深刻意蕴与理论困境 ……………………………… 235

第十七章　现象学的审美经验理论体系
　　——杜弗莱纳的《审美经验现象学》 ……………………… 239
　　第一节　审美经验与审美对象 ……………………………… 240
　　第二节　审美对象的形成和本质 …………………………… 244

第三节　审美知觉的过程和特点 …………………… 249
　　第四节　现象学美学特点与审美主客体关系 ………… 253

第十八章　符号学的艺术理论探讨
　　——苏珊·朗格的《艺术问题》 …………………… 258
　　第一节　符号学美学的兴起和特点 …………………… 258
　　第二节　艺术：表现人类情感的符号形式 …………… 262
　　第三节　幻象、艺术抽象和艺术知觉 ………………… 271

后　记 ………………………………………………………… 279

美学的现代思考

序 ……………………………………………… 汝　信／283

《1844年经济学哲学手稿》审美理论初探 ……………… 285
马克思美学思想的哲学基础问题 ………………………… 302
谈美学的研究对象和范围 ………………………………… 313
在现代水平上研究审美经验 ……………………………… 325
论审美经验的系统研究 …………………………………… 334
审美欣赏心理分析 ………………………………………… 351
意识形态论与审美论的统一
　　——马克思主义文艺学体系建设的思考 …………… 362
论文艺的意识形态性与审美性的关系 …………………… 377
论文艺的真实性与倾向性 ………………………………… 393
如何理解典型环境中的典型人物 ………………………… 408
文艺的审美教育作用统一论 ……………………………… 418

评西方美学史上美的本质研究 …………………………… 429
孔子与柏拉图美学思想比较研究 ………………………… 448

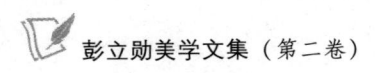

批判现实主义的美学纲领
　　——论《拉辛与莎士比亚》的美学思想 …………… 463
鲁迅论文艺的审美特性 ……………………………………… 478
审美经验与艺术研究的统一
　　——当代西方美学研究特点的总体审视 …………… 492
西方现代心理学美学的评价问题 ………………………… 505
当代英国美学一瞥
　　——访英观感 …………………………………………… 516
经验美学的新趋向
　　——第 11 届国际经验美学会议观感 ………………… 525
现代文化与美学的现代性
　　——第 12 届国际美学会议述评 ……………………… 536

城市美学的研究对象和范围 ……………………………… 542
城市空间环境美与环境艺术的创造 ……………………… 552

后　　记 ……………………………………………………… 563

西方美学名著引论

再版前言

1986年，华中科技大学（原华中工学院）出版社的一位编辑约我写一本美学书。我当时正在华中师范大学中文系给本科生和研究生讲授西方美学史专题课程，手边积累了许多讲稿，于是便加工整理，写成了《西方美学名著引论》，并交给出版社。1987年该书由华中工学院出版社正式出版。1989年台湾木铎出版社曾将它再版。30多年来，这本书在一些大学美学教学中常被采用。有的院系开设美学和艺术理论课程，将它列为参考书；也有的院系将它用作开设的"西方美学名著导读"课程的教材。不少学生告诉我，他们考美学和文艺理论专业研究生时就是用这本书作为备考书之一。有一次我去一个大学图书馆查阅资料，看到这本书有好多本摆在书架上。随手翻阅了一本，竟发现书页上用铅笔画上了许多线条和记号。鉴于这本书在社会上和读者中的影响，为了适应读者学习西方美学史和阅读西方美学名著的需要，我一直想对它加以修改增补，但因忙于工作和其他课题研究而搁置。现在终于有了时间，于是我便对这本书做了修改和补充。

这次对书的修改和补充主要是以下几个方面：（1）原书仅选择了10位美学家的美学名著进行分析和评论，固然重点非常突出，但有些美学史上重要派别的代表著作并未包括进去，对20世纪以来的美学名著选择也较少。现在增选了8位美学家的名著进行评断，包括新柏拉图主义、理性主义、经验主义、实用主义、现象学、存在主义等美学派别和思潮的代表著作，从而使本书内容更全面、更有代表性。（2）近几十年来我国的西方哲学史和西方美学史研究取得了许多新的成果。笔者对西方美学的学习和研究也有了新的认识。这次修订吸取有价值的新成果并根据自己的新认识，对原有十章的内容和文字做了一些补充和修改。（3）删去了原书的两篇附录文章。经过修改补充，全书内容更为丰富和全面，也更适合大学美学教学和广大美学爱好者的学习使用。

朱光潜先生在20世纪60年代出版的《西方美学史》中曾明确指出："美学史的基本训练要求从头到尾精读几部精选的名著。"精读一些精选的西方美学名著，是学习和研究西方美学史的最好门径。美学史上出现的重要理论、学说、概念、范畴都包含在具有代表性的美学名著之中。只有通过精读名著，才能直接了解这些理论、学说、概念、范畴的形成过程和真正内涵，也才能对美学史有真实、正确、全面的认识。不仅学习和研究美学史要精读美学名著，学习和研究美学理论也要精读美学名著。今天的美学理论不是从天上掉下来的，也不是于理论家头脑中自生的，它是在批判继承和借鉴以往美学理论与思想的基础上，经过探索和创新发展而来的。美学理论、学说、概念、范畴中都包含着历史的内容，是逻辑和历史的统一。精读历史上一些美学名著，才能对它们的形成和含义有更深刻的认识和了解。精读名著不仅是美学史的基本训练，也是理论思维能力的基本训练。当代美学理论发展越来越多元化，不仅学派林立，而且学说繁多。对于美学基本理论问题，各个学派、各种学说的观点分歧很大。面对纷繁复杂的美学理论，只有提高理论素养，增强理论思维能力，才能加以识别，分辨是非优劣，吸取合理的、有价值的东西。而精读名著正是加强理论素养、训练理论思维的最好途径。这也是本书一再强调学习和研究美学必须精读一些精选的美学名著的重要原因。

本书对精选的18位西方重要美学家的美学名著逐一进行了详细的分析和评论，对其中的重要理论、学说、概念、范畴等进行了深入阐释。为了突出重点、深入剖析，本书对每本名著的内容评述，着重分析其中有代表性、有独创性、有较大影响或有较大现实意义的论点和范畴，并力求逻辑和历史的统一。对于名著文本的阐释，既充分阐明其历史的本有的意义，也努力从今天的时代眼光对其进行新的阐发，揭示其在今天的价值。希望它能对读者学习西方美学和精读美学名著起到引导和辅助作用。

这18位美学家的名著是经过反复考量、比较才选定下来的，它们基本上代表了西方不同时期出现的重要美学派别和思潮，具有重要创见和重大影响，在美学历史上具有标志性、典范性意义，可以说是集中了两千多年西方美学思想的精华。在选择名著篇目时，除了笔者对西方美学史的认识外，也参考了朱光潜的《西方美学史》、K. E. 吉尔伯特和 H. 库恩的《美学史》、门罗·C. 比尔兹利的《美学简史：从古希腊至当代》，还参考了一些西方编者的美学名著选本，如 D. 汤森编《美学：西方传统经典读本》、E. 库珀编《美学：经典读本》、M. 凯翰和 A. 麦斯金编《美学：综合选集》等，力求使所选择的名著具有高公认度和权威性。为了方便读者查阅所选名著文本，本书中名著引文基本上采用已有的中文译本，部分名著引文是从英文本原著直接翻译的。

华中科技大学出版社大力支持再版本书的增补本，薛蒂和林凤瑶两位编辑为策划、编辑此书付出了许多辛劳，在此谨表示衷心感谢！

2021 年 6 月

绪　言

　　这些年来，我国的美学研究取得了巨大的进展。美学研究的范围日益扩大，对美学基本理论问题的探讨日益深入，过去较少有人问津的美学日益受到重视，美学研究的方法也日益走向多样化，人们学习和研究美学的兴趣持久不衰。这种情况确实令人鼓舞，但是，由于美学问题本身的复杂繁难，寻求真理需要更多的时间和更大的努力，所以直到现在，对于美学的一些基本理论问题仍然存在着较大的分歧和争议。如何将马克思主义的基本原理创造性地应用于美学研究，建立和丰富具有中国特色的科学的美学理论体系，仍然是一个尚待解决的问题。

　　为了使美学理论的研究和探讨更加深入、更有成效，为了进一步建立和丰富具有中国特色的科学的美学体系，我们有许多工作要做。比如，全面地、深入地研究马克思主义创始人的美学思想，以求得到准确的、完整的理解；继续对美学基本理论问题进行创造性、创新性研究；结合变化发展的艺术和审美实践，深入研究艺术和生活的审美活动中一些新的美学问题；等等，都是需要努力去做的工作。但是，除此之外还有一个迫切的、重要的工作，就是要加强美学史的研究，对中国和外国的异常丰富的美学遗产做一个系统的总结。

　　恩格斯说："每一个时代的哲学作为分工的一个特定的领域，都具有由它的先驱者传给它而它便由以出发的特定的思想资料作为前提。"[①] 哲学的发展有它本身的历史继承性，必须从它的先驱者那里继承一定的思想资料作为前提和出发点，美学的发展也同样如此。马克思主义经典作家们曾经反复强调过研究过去的文化遗产的重要意义，因为"只有确切地了解人类全部发展过程所创造的文化，只有对这种文化加以改造，才能建设无产

[①] 《马克思恩格斯选集》第4卷，人民出版社1972年版，第485页。

绪 言

阶级的文化"①，这也完全适用于美学研究。如果我们不对过去丰富的美学思想资料加以分析研究，吸收其中一切有价值的东西作为我们发展新美学的借鉴，那么，美学理论的深入探讨以及建立具有中国特色的科学的美学体系的任务，就不可能完成。现在有些爱好美学的初学者缺乏系统的美学史知识，也不愿下功夫认真研读美学原著，却耗费了许多时间和精力苦思冥想，凭空杜撰出各种所谓新体系，实际上却没有多大的意义和价值。针对这种情况，强调一下学习和研究美学史与美学原著更有必要。

美学是哲学性质的科学，其基本理论带有较强的思辨性，也比较复杂繁难，这也许就是像"美的本质是什么"这类美学的根本问题至今仍然困惑着人们头脑的一个重要原因。但是，两千多年来，不同时代的思想家和美学家们对于美学的基本问题已经做过各式各样的探讨，既留下了丰富的思想资料，也留下了有益的经验和教训。如果我们能对以往的美学思想的成就、经验、教训进行认真的总结，作为我们今天进一步进行美学探讨的参考和借鉴，那么我们就可以不走或者少走弯路。比如有些问题在美学史上已经得到了较好的解决，我们就不必再从头做起，而是要以前人的成果为基础继续深入研究。又如美学史上有些观点、学说，已经从理论和实际上反复证明是错误的、缺乏理论和事实根据的，我们就不必再坚持这种观点，而是要在克服这些错误观点中寻找真理。这些年来，我国美学界对美的本质和艺术问题有过许多争论，其中有一些实际上就是美学史上曾经有过的争论的继续。如果我们对美学思想史有更好的研究，那么美学界的许多讨论也就会更加深入和富有成效。

逻辑和历史的统一是理性思维的重要方法，特别是建立科学理论体系的重要方法。我们要深入进行美学研究，进一步建立和丰富马克思主义的科学的美学理论体系，也必须将逻辑的东西和历史的东西统一起来。恩格斯指出，在理论思维中，"逻辑的研究方式是唯一适用的方式。但是，实际上这种方式无非是历史的研究方式。不过摆脱了历史的形式以及起扰乱作用的偶然性而已"②。历史的东西既包括客观实在自身的历史发展过程，又包括作为对客观实在反映的人类认识的历史发展过程。逻辑的东西则是

---

① 《列宁全集》第31卷，人民出版社1958年版，第254页。
② 《马克思恩格斯选集》第2卷，人民出版社1972年版，第122页。

指这些历史的过程通过逻辑的方法在概念等思维形式中的概括，是历史的东西在理论思维中的再现。历史的东西是逻辑的东西的基础，逻辑的东西是由历史的东西所派生的。任何科学的理论体系的逻辑都是与科学发展的历史基本相符的。对美学理论作逻辑的研究，不能脱离美学历史的研究。美学中的各种概念、范畴，都是随着社会历史的发展、随着审美意识和艺术活动的发展而历史地产生和形成的，即使同一个概念、范畴，在不同的历史时期也有着不同的意义。像美、艺术等最根本的美学范畴，就是在历史发展过程中不断变化的，必须结合具体的历史条件加以考察和分析。因此，美学研究必须把逻辑的研究方式和历史的研究方式结合、统一起来。如果脱离历史研究，不以美学的历史发展作为理论研究的基础，单纯从逻辑上抽象地进行探讨，就会陷入抽象空洞的逻辑推理之中，不可能获得真正的科学理论成果。

在西方美学史上，把逻辑和历史统一起来，用历史观点研究美学并取得巨大成就的首先是黑格尔。恩格斯说，黑格尔不同于其他哲学家的一个特点，就是他的思维方式有巨大的历史感做基础。在黑格尔的《美学》中，"到处贯穿着这种宏伟的历史观，到处是历史地、在同历史的一定的（虽然是抽象地歪曲了的）联系中来处理材料的"[①]。无论是对于美和艺术的本质的研究，还是对艺术阶段、艺术门类的分析，黑格尔都是把它们放在一个历史的发展过程中去加以考察。正因如此，从内容的丰富性和研究的深刻性来讲，黑格尔在美学上的贡献都大大胜过了他的前辈。马克思对黑格尔的历史观点进行了唯物主义的根本改造，把历史作为出发点，使逻辑和历史达到了唯物辩证的统一。我们要在美学研究中贯彻这一原则，就不能忽视对于美学发展史和美学思想资料的研究。

在西方，美学作为一个独立的科学部门，虽然在18世纪中叶才出现，但是西方美学思想的形成却是源远流长。根据历史记载，发源于公元前6世纪的古希腊奴隶制时期的美学是西方美学思想的滥觞。在早期古希腊哲学家们的著作残篇中，就有若干论述涉及美学问题。至柏拉图和亚里士多德两人，就将古希腊美学思想发展到高峰，并对以后西方美学思想的发展产生了巨大的影响。从4世纪到13世纪，欧洲进入黑暗的中世纪，美学思

---

① 《马克思恩格斯选集》第2卷，人民出版社1972年版，第121页。

想完全附属于基督教神学，美学发展受到严重影响。但是，酝酿于13—14世纪而极盛于16世纪的文艺复兴，又将欧洲文化的发展推向了第二个高峰，美学思想在人文主义的基础上得到新的发展。出现于17世纪的法国古典主义美学和延续于17—18世纪的英国经验主义美学，是两种很有影响力的美学思潮。前者和唯理论哲学及法国古典主义文艺相结合，产生了理性至上的古典主义美学法典；后者则以经验论哲学为基础，运用心理学的观点和方法，推动了近代西方美学重点转向审美主体和审美经验研究。18世纪以法、德两国为中心的启蒙运动，是文艺复兴运动的继续，也是资产阶级革命的思想准备。在启蒙思想家中，有许多人都对美学和艺术有深入的研究和独到的见解，其中最为杰出的代表则是狄德罗和莱辛。他们所提出的唯物主义美学观点和现实主义艺术理论，在当时具有极大的进步意义，并推动了美学的发展。18世纪末和19世纪初，德国古典美学迅速崛起，康德、歌德、席勒、黑格尔相继把美学推向新的高峰。正是通过康德和黑格尔的努力，美学才真正成为一门系统的科学。与此同时，俄国革命民主主义的美学家们也为美学的发展作了自己独特的贡献。由此可见，从古希腊直到马克思主义产生，西方美学经历了许多历史阶段，积累了内容丰富的美学思想资料。对如此长久的西方传统美学思想进行科学的分析和系统的总结，正确评价其意义、作用和局限性，吸取其精华，扬弃其糟粕，以便对西方美学遗产真正做到批判地继承，是美学研究中一个不可忽视的重要任务。

19世纪中叶以后，西方美学思想开始从近代美学向现代美学转变。叔本华和尼采以唯意志论为哲学基础的美学思想以及此后出现的新康德主义、新黑格尔主义的美学等，虽然在有关审美经验和艺术的个别问题上也提出了某些独特见解，但在美学的根本问题上却陷入唯心主义和反理性主义。进入20世纪，西方现代美学正式形成，并得到迅速发展。现代美学的发展和现代哲学、现代艺术的发展关系十分密切。尽管现代西方美学流派众多林立，新说层出不穷，思潮此起彼伏，呈现出多元化、复杂化的状况，但如果从它与西方现代哲学的关系来看，它的发展从整体上看则主要是沿着人本主义和科学主义两大思潮、两种倾向展开的。人本主义哲学思潮的特点就是把人作为哲学的出发点和归宿，把人的本真的存在（生存）作为哲学研究的中心，主张揭示人的生命、本能、意志、情感等非理性或超理性的意义。表现主义美学、精神分析学美学、现象学美学、存在主义美学以及法兰克福学派的社会批判美学等，无不受到人本主义思潮的影响。科学主义哲学思潮的特点是强调哲学与科学的联系，以自然科学的原则和方法来研究世界，要求研究的客观性和精确性。自然主义美学、实用主义美学、分析美学、格式塔心理学美学、结构主义美学等，都受到科学主义的影响。形形色色的西方现代美学内容庞杂，可谓泥沙俱下。对此，我们必须有一个科学的认识，采取正确的态度。一概排斥、简单否定，固然是不对的；一味吹捧、盲目崇拜也是错误的。简单否定和盲目崇拜都可能是由于缺乏正确观点和全面了解。因此，运用马克思主义观点对西方现代美学进行科学的分析和批判，也是美学研究的一个艰巨任务。

　　学习和研究西方美学必须要有正确的方法论。对于西方的美学思想遗产，我们需要批判地继承，这就必须以历史唯物主义作为研究的指南。美学思想是一种社会意识形态，是上层建筑的一部分，它的形成和发展归根到底要受到社会经济基础的决定和制约，同时也和其他社会意识形态相互影响和作用，这是我们用历史唯物主义研究过去出现的美学思想的最基本的原则。关于如何运用历史唯物主义的观点和方法来研究美学思想遗产，恩格斯在致康·施米特的信中有极明确的指示。他说："对德国的许多青年作家来说，'唯物主义的'这个词只是一个套语，他们把这个套语当作标签贴到各种事物上去，再不作进一步的研究，……但是我们的历史观首先是进行研究工作的指南，并不是按照黑格尔学派的方式构造体系的方法。必须重新研究全部历史，必须详细研究各种社会形态存在的条件，然后设法从这些条件中找出相应的政治、私法、美学、哲学、宗教等等的观点。"[①] 美学思想都是一定的社会历史条件的产物，只有对其赖以形成的社会历史条件进行详细的研究，才能对它做出历史的、科学的评价，正确地阐明它们在历史上的意义、历史局限性和在历史发展中所起的作用。由于历史情况是矛盾复杂的，所以美学史上也有许多美学思想显得十分矛盾复杂。对于这类现象，必须结合一定的社会历史条件，对具体问题作具体分析，只有这样才能得出科学的结论。

　　学习和研究西方美学还应该具有相关的历史知识，特别是西方哲学

---

① 《马克思恩格斯选集》第 4 卷，人民出版社 1972 年版，第 475 页。

史、艺术史和心理学史的知识。首先，西方美学原是作为哲学的一个部门形成和发展起来的，各个时期美学思想和派别的形成与当时的哲学思想和派别密切相关。许多重要的美学家如柏拉图、亚里士多德、康德、黑格尔等，都是大哲学家。如果我们不了解各个时期的哲学思潮和派别，也就难以了解与此相关的美学思潮和派别；不了解一些重要美学家的哲学思想，也就难以了解他们的美学思想。所以，我们在研究西方美学史时必须研究西方哲学史。为了弄清一个美学家的美学思想，必须弄清他的哲学思想。其次，美学理论不能脱离艺术的实践活动，各时期美学思想的发展也总是同当时艺术创作、艺术欣赏和批评的情况相关的。不少在美学理论上有建树的美学家，同时也是著名的作家、艺术家和艺术批评家，如狄德罗、莱辛、歌德、罗丹等都是如此。黑格尔的《美学》虽然带有浓厚的思辨色彩，却是以丰富的艺术史作为立论根据的。有不少美学著作恰恰是在总结当时文艺创作经验的基础上写成的，如被称为"古典主义文艺法典"的《诗的艺术》就是这样。所以，只有具备西方艺术史的知识，熟悉西方艺术发展的线索和规律，方能更好地理解、评价西方美学思想。最后，西方美学思想的发展和心理学思想的发展也是相关的。特别是17—18世纪的经验主义美学家，把心理学的观点带进美学研究中来，着重从联想、想象、情欲、情感等方面阐明审美和艺术创造活动的心理基础，对以后心理学的美学产生了很大影响。鲍姆加登、维柯、康德等在分析审美活动时，也涉及心理学问题。至19世纪下半期，心理学开始成为一门独立的科学，它在美学研究中的作用也越来越重要。从德国心理学家费希纳提倡"自下而上"的美学起，一些心理学家把不同的心理学说应用于美学研究，相继出现了里普斯、布洛、弗洛伊德、阿恩海姆等不同的心理学的美学学说和派别，其他一些西方当代的经验主义美学派别也往往从心理学角度去分析审美经验和艺术创作。我们不能同意西方一些美学家把美学归结为心理学的看法或企图用心理学代替美学的主张，但也应看到美学中关于审美经验和艺术活动的研究，确实和心理学有密切关系，心理学的发展自然会影响美学的发展。因此，在研究西方美学思想发展时，应该对西方心理学史有一定了解。

学习和研究西方美学，必须占有充分的美学思想资料，这就需要认真阅读西方美学原著。没有这一步，任何研究工作都没有基础。西方美学历史悠久，范围宽广，原著的数量相当可观。对于一般学习西方美学的读者来说，当然不可能也不必要都找来读。首先应当读的是美学史发展的各个时期具有代表性的、有重要影响的美学名著。精读几本美学名著，细加剖析，力求消化，再由点及面，点面结合，这对于掌握西方美学思想发展的轮廓和线索，正确分析和评价西方美学中各种有代表性的理论和学说，达到批判继承，无疑是很有好处的。朱光潜先生把精读几部美学名著称作"美学史的基本训练"，这是颇有见地的。本着这种认识，本书精选出各时代、各派别有代表性、原创性的重要美学名著若干种，对其基本思想和重要观点详加分析和阐释，对其历史意义、作用及局限性予以论述和评价，对其研究方法进行归纳和考察，希望能引导读者去阅读原著，并对读者思考问题有所启发和增益。

第一章　古希腊思辨美学的结晶
——柏拉图的《文艺对话集》

柏拉图（Platon，公元前427—前347年）是古希腊著名的唯心主义哲学家，柏拉图派的创始人。他出身贵族，年轻时曾做过唯心主义哲学家苏格拉底的学生。苏格拉底被民主派政府处死以后，他便逃离雅典，在埃及、意大利等地游历和讲学。后来回到雅典创立"柏拉图学园"，授徒讲学，著书立说。他的哲学著作，除《苏格拉底的申辩》以外，都是用对话体写成的，共有四十篇左右。在绝大多数对话中，主要发言人都是苏格拉底，柏拉图自己始终没有出场，但苏格拉底的发言实际上就是柏拉图的看法。这些对话的内容，既有当时热烈争辩的哲学问题，也有谈论政治和伦理教育的，其中也谈到美学问题。除了专门论述美学问题的《大希庇阿斯》外，涉及美学问题较多的还有《伊安》《高吉阿斯》《普罗塔哥拉斯》《斐多》《会饮》《斐德若》《理想国》《斐利布斯》《法律》等篇。

柏拉图生活在古希腊奴隶社会发生剧烈变化的时代。公元前5世纪，雅典的工商业奴隶主推翻了贵族奴隶主的专制统治，建立和发展了奴隶主的民主制度，出现了经济繁荣、文化昌盛的古希腊"黄金时期"。但是，从公元前431年到404年，雅典和斯巴达为争夺希腊霸权进行了二十多年的战争（史称伯罗奔尼撒战争）。雅典在战争中遭到惨败，一蹶不振。希腊的城邦奴隶制从此也开始由繁荣走向衰落。在这个剧烈变化时期，柏拉图对雅典的民主政治持批判态度。他把社会的一切矛盾和弊病都归于民主政治，试图以斯巴达的贵族奴隶主政体为蓝本，创立一个在新的基础上挽救希腊城邦制度的"理想国"。他的哲学思想和美学思想和他建立理想城邦国家的政治思想紧密联系在一起。

在哲学上，柏拉图集古希腊各种唯心主义思想之大成，形成了欧洲哲学史上第一个庞大的客观唯心主义体系。这个体系是以客观唯心主义的理念论为中心。理念论把精神性的实体"理念"看作万物的本原，认为现实世界中的万事万物都是由"理念"派生出来的。以此为基础，柏拉图还提出了先验论的知识论，认为感性知觉不能获得真正的知识，通过理性达到对理念的认识才算真正的知识。柏拉图的美学思想必须联系上述哲学、政治思想才易于理解。

柏拉图的《文艺对话集》一书，收集了柏拉图有关美学和文艺问题的著作或片断。在这些著作和片断中，论述得较多的美学问题还是文艺与现实的关系。此外，对于美的本质和美感问题也有探讨。

第一节 "美是理念"说

柏拉图专门讨论美的问题的对话《大希庇阿斯》是他早年写成的。这是现在所知的西方第一篇系统讨论美是什么的文章。对话一开始，就直截了当地提出"什么是美？"这个问题作为辩论的中心。对话的一方希庇阿斯先提出"美就是一位漂亮的小姐"，用个别美的事物作为对"美是什么"的回答。对话的另一方苏格拉底反驳说，一匹母马或是一个汤罐也可以是美的，这就否定了希庇阿斯把美的本质和美的事物混为一谈的说法。苏格拉底强调要区别"什么是美的东西"与"美是什么"两个不同的问题。前者是指个别美的事物；后者是指"美本身"，即"一切美的事物有了它就成其为美的那个品质"。所以，他认为美不是美的姑娘，也不是美的母马或汤罐，而是所有这些美的事物中共同的本质的东西，这就明确提出了"美的本质"究竟是什么的问题。苏格拉底说："我问的是美本身，这美本身把它的特质传给一件东西，才使那件东西成其为美。"[1] 这个看法很重要，它说明柏拉图不是要对具体的美的事物做出评价，而是要对美的本质作深入的哲学思考，要极力寻找美之所以为美的普遍性。黑格尔在《美学》中说："柏拉图是第一个对哲学研究提出更深刻的要求的人，他要求哲学对于对象（事物）应该认识的不是它们的特殊性而是它们的普遍性，它们的类性，它们的自在自为的本体。"[2] 柏拉图明确提出美的本质和普遍

---

[1] ［古希腊］柏拉图：《文艺对话集》，朱光潜译，人民文学出版社1980年版，第184页。
[2] ［德］黑格尔：《美学》第1卷，朱光潜译，商务印书馆1979年版，第27页。

性问题，这对美的哲学研究具有重大推动作用。

但是，美的本质究竟是什么呢？《大希庇阿斯》篇并没有一个明确的回答。苏格拉底和希庇阿斯逐一讨论了当时流行的一些美的定义，如"美是恰当的""美是有用的""美是有益的""美是视觉和听觉所生的快感"等，对它们进行了批驳。但辩来辩去，"美本身是什么"这个问题最终还是没有得到解决，苏格拉底最后以"美是难的"这句谚语结束了这场对话。从这篇对话中，我们可以明白当时在古希腊对"美是什么"的问题已有过相当热烈的争论，看法也有相当的分歧。苏格拉底说："无论在人与人，或国与国之中，最不容易得到人们赏识，最容易引起辩论和争执的就是美这个问题。"① 可见关于美的本质问题自古以来就是争执很大的问题。柏拉图当时对这个问题也还是处在思考和探索的过程中，所以他没有勉强给"美是什么"作一个结论，而只是对各种美的定义作了分析和辩驳。这对人们从多方面联系中去寻求美的本质还是有一定启发的。

柏拉图创立学园以后，他的哲学思想和美学思想日臻成熟。在这一时期所写的《会饮》《理想国》《斐多》等篇中，他便深思熟虑、胸有定见地提出了"美是理念"的看法，从而对他早年提出的"美是什么"的问题作了明确的回答。柏拉图的"美是理念"的观点，是建立在客观唯心主义的理念论的哲学基础之上的。理念论认为，我们日常所处的现实世界是变化无常的、相对的，因而不是真实存在的；现实世界的任何个别的、具体的、特殊的人和事物都有其一般的概念，这个概念是永恒不变的、绝对的，因而才是真实存在的。比如，世界上每个具体的人都在变化，而"人之所以为人"的概念却是不变的，所以人的概念比具体的人更真实。柏拉图把这种一般概念叫作"理念"（希腊文 eidos 与 idea，英译文 idea，中文又译作"理式""理型""相"），指一种离开具体事物而独立的精神实体，认为它独立存在于事物和人心之外，是宇宙中普遍永恒的原理大法，是真实世界中的根本原则。他断言，由各种"理念"所构成的"理念世界"是客观独立存在的、第一性的、起决定作用的，而由许多具体事物所构成的物质世界则是由"理念世界"派生出来的、第二性的，也就是说，它只是对"理念世界"的"分有"或"模仿"。理念论将理念世界和现实世界分

---

① ［古希腊］柏拉图：《文艺对话集》，朱光潜译，人民文学出版社1980年版，第192页。

离，颠倒了思想与现实关系，使世界两重化，这显然是错误的。但它是强调共相这一问题的最早理论，标志着哲学上一个非常重要的进步。柏拉图就是从这种理念论出发，来建立他的关于美的理论。他所探讨的美不是现实生活中的美，也不是文学艺术中的美，而是存在于理念世界中的美。所以，他认为美的本质就是理念，只有美的理念才是"美本身"，才是真正的美。

柏拉图关于"美是理念"的理论主要包含以下内容：

一，"美本身"是不依赖于具体的美的事物的，它先于具体的美的事物，是个别事物的美的创造者。《理想国》第六卷中说："一方面我们说有多个的东西存在，并且说这些东西是美的，是善的等等。另一方面，我又说有一个美本身，善本身等等，相应于每一组这些多个的东西，我们都假定一个单一的理念，假定它是一个统一体而称它为真正的实在。"① 显然，这是把"美本身"和具体的美的事物分别视为不同的存在。那么这两者的关系如何呢？《大希庇阿斯》篇中说："这美本身，加到任何一件事物上面，就使那件事物成其为美，不管它是一块石头，一块木头，个人，一个神，一个动作，还是一门学问。"② 就是说，"美本身"是先于具体的美的事物，并且决定着具体事物的美。柏拉图所谓"美本身"，其实就是讲的美的根源、美的本质。那么，这个先于具体的美的事物并且决定着具体事物美的"美本身"究竟是什么呢？柏拉图认为它就是"美的理念"。

二，具体事物本身是没有美的，任何东西只有当它与"美的理念"结合时，才成为美的东西。换句话说，具体的美的事物之所以是美的，完全是因为它们"分有"了"美本身"。《斐多》篇说：

> 如果有人告诉我，一个东西之所以是美的，乃是因为它有美丽的色彩或形式等等，我将置之不理。因为这些只足以使我感觉混乱。我要简单明了地，或者简直是愚蠢地坚持这一点，那就是说，一个东西之所以是美的，乃是因为美本身出现于它之上或者为它所"分有"，

---

① 北京大学哲学系外国哲学史教研室编译：《古希腊罗马哲学》，商务印书馆1982年版，第178—179页。

② ［古希腊］柏拉图：《文艺对话集》，朱光潜译，人民文学出版社1980年版，第188页。

不管它是怎样出现的或者是怎样被"分有"的。关于出现或"分有"的方式这一点，我现在不作积极的肯定，我所要坚持的就只是：美的东西是由美本身使它成为美的。①

这就是说，美的自然现象、美的艺术作品乃至一切具体的美的事物，其美并不在本身，而是由于"分有"了"美本身"即美的理念，才成其为美的。

三，个别事物的美是相对的、变幻无常的，只有"美本身"才是绝对的、永恒不变的。《大希庇阿斯》篇谈到个别事物的美时说，最美的汤罐比起年轻小姐来总是丑的，而最美的年轻小姐比起神仙来同样也是丑的，因此，汤罐、小姐以及任何具体事物的美都不是绝对的，而是"又美又丑"。"美本身"却不然，它不受任何条件的制约，是无条件地、永远地美的。《会饮》篇谈到作为绝对类的"美本身"，即美的理念时说：

> 这种美是永恒的，无始无终，不生不灭，不增不减。它不是在此点美，在另一点丑；在此时美，在另一时不美；在此方面美，在另一方面丑；它也不是随人而异，对某些人美，对另一些人就丑。……一切美的事物都以它为泉源，有了它那一切美的事物才成其为美，但是那些美的事物时而生，时而灭，而它却毫不因之有所增，有所减。②

柏拉图在探讨美的本质时，对"美本身"和具体美的事物作了区别，认为美的本质并不等于具体的美的事物；同时，他对美的个别和一般、现象和本质之间关系的看法，也包含着辩证的因素，这都是可取的。在柏拉图之前，古希腊早期美学思想中对"美是什么"的回答，主要是"美是和谐"说。这种看法认为美是对立因素的统一所形成的和谐。和谐具体体现于对象的均衡、对称、比例等形式美的法则中。从毕达哥拉斯到赫拉克利特，都是这个看法。虽然他们在强调形成和谐的统一和差异方面各有侧

---

① 北京大学哲学系外国哲学史教研室编译：《古希腊罗马哲学》，商务印书馆1982年版，第176—177页。

② ［古希腊］柏拉图：《文艺对话集》，朱光潜译，人民文学出版社1980年版，第272—273页。

重，但主要还是从事物的感性形式方面寻求美的根源，所采取的方法也是感性直观的方法。柏拉图并没有抛弃和谐说，但是对它作了改造和发挥，使其与理念说结合起来。理念说不是从事物的感性形式上寻求美的根源，而是认为美的理念才是事物的美的源泉。这就将对美的本质的探讨从感性形式转向了理性内容，从感性直观的方法转变到抽象思辨的方法，从而对以后的美的哲学探讨产生了巨大影响。但由于柏拉图是从唯心主义的理念论出发来解决美的本质问题，因而形成了头足倒置。柏拉图所谓"美的理念"，实际上只能是人对现实中诸多美的事物进行抽象概括的结果，是客观存在的美的事物的本质在人的头脑中的主观反映。但是，柏拉图却把人们意识中反映客观美的概念绝对化，不仅使它变成脱离具体事物而独立存在的客观存在物，而且反过来把它说成是使具体事物之所以具有美的性质的根源，从而使抽象的思想概念成为具体的客观事物的创造主。这就颠倒了意识和存在的关系。

第二节 美的认识和美感学说

柏拉图认为，对于"美本身的观照是一个人最值得过的生活境界"，也是哲学的极境。但人要认识"美本身"，达到"最高境界的美"，必须经过一个循序渐进的认识过程。首先，他应当爱个别的美形体，由个别的美形体推广到一切美形体，从此得到形体美的概念。其次，应该爱心灵方面的道德美，"学会把心灵的美看得比形体的美更可珍贵"，并且"学会见到行为和制度的美"。再次，应该"进到各种学问知识，看出它们的美"，即爱学问知识方面的真的美。最后，"豁然贯通唯一的涵盖一切的学问，以美为对象的学问"，认识到"美的本体"。《会饮》篇中概括美的认识和美的教育过程说：

> 先从人世间个别的美的事物开始，逐渐提升到最高境界的美，好像升梯，逐步上进，从一个美形体到两个美形体，从两个美形体到全体的美形体；再从美的形体到美的行为制度，从美的行为制度到美的学问知识，最后再从各种美的学问知识一直到只以美本身为对象的那

种学问，彻悟美的本体。①

显然，柏拉图在这里提出了一个"广大的美的领域"，这种美不仅表现在个别形体中，而且表现在道德行为、社会制度以及学问知识中。而"美本身"则是统摄一切美的事物的最高的美，认识到这种美，也就达到了哲学的极境。他提出要"学会把心灵的美看得比形体的美更可珍贵"，这对审美教育来讲，是一个有益的启示。他认为对美的认识要从现实世界中个别的感性事物开始，从许多个别感性事物中找出共同的概念，从局部事物的概念上升到全体事物的总的概念。这种把美的认识理解为一个逐渐上升和深入过程的看法具有辩证的因素，应该说是符合人的美的认识发展规律的。

按照柏拉图的认识论，人的认识对象分为两个世界：一种是"可见世界"（现实世界），另一种是理念世界。与此相适应，人的认识也分为两种：一种是对可见世界的感觉、知觉，另一种是对理念世界的理性、思维。柏拉图认为，前一种认识不是真正的知识，只能称之为"意见"；只有通过理性认识到理念即事物"本身"，才算是真正的知识。依此说，柏拉图将美的认识也分为两种：一种是认识到"美的东西"，另一种是认识到"美本身"。前者只能具有美的"意见"，后者才能具有美的"知识"。他说："那些只看到美的东西而看不见美本身并且不能追随别人的引导而看到这种美本身的人，……我们就要说他们只是对于一切有意见而不能对于他们的意见的对象有任何知识了。"② 柏拉图明确地提出美的认识包含感性和理性两个阶段，并且强调理性在美的认识中的重要作用，这是对审美理论的一个新贡献。但是，他没看到美的认识中感性和理性的辩证统一关系，将理性和感性对立起来、割裂开来，却是十分片面的。

柏拉图关于美的认识过程的见解，完全是建立在他的"灵魂回忆"说的基础之上的。"灵魂回忆"说是柏拉图唯心主义认识论的核心。柏拉图认为，一切研究、一切学习都只不过是回忆罢了。一个人的认识不过是对

---

① ［古希腊］柏拉图：《文艺对话集》，朱光潜译，人民文学出版社1980年版，第273页。
② 北京大学哲学系外国哲学史教研室编译：《古希腊罗马哲学》，商务印书馆1982年版，第197—198页。

于理念世界的回忆，因为他的灵魂在投生到人世中来以前，是寓居于这个理念世界中的。这种"灵魂回忆"说具有浓厚的宗教神秘主义色彩。《会饮》篇中所谈的美的认识过程，其实也就是这种"灵魂回忆"的过程。按照柏拉图的理解，关于"美本身"的知识，是人生下来之前，他的灵魂本来就具有的。但在灵魂附在肉体上下降尘世之后，它就暂时"忘记"了美的知识。只有通过具体事物的美"来引起对于上界事物的回忆"，才能重新见到"美本身"。正如《斐德若》篇所说："有这种迷狂的人见到尘世的美，就回忆起上界里真正的美。"① 柏拉图认为不死的灵魂事先已具有属于理念世界的"美本身"的知识，而感知到现实中具体事物的美只是使人回忆起理念世界的美的一种诱因，这说明他心目中的美的认识过程绝不是唯物主义认识论，而是唯心主义先验论。

柏拉图对于美感中的其他问题也作了一定的研究，其中最值得注意的是他反复提到的"迷狂说"和"快感说"。

柏拉图在谈到美的观照和艺术活动时，都讲到"迷狂"。所谓"迷狂"，主要指的是在审美观照和艺术创作中所产生的强烈的情感体验。用柏拉图的话说，就是"灵魂遍体沸腾跳动""惊喜不能自制"。这种迷狂状态究竟是怎样形成的呢？对此，柏拉图有两种不同的解释。一种解释是由于灵魂的回忆，通过个别美的事物观照到理念世界的美，并且追忆到生前观照那美的景象时所引起的高度喜悦，因而感到欣喜若狂，陷入迷狂状态。《会饮》篇说，当人经过美的认识过程，"放眼一看这已经走过的广大的美的领域，他从此就不再像一个卑微的奴隶，把爱情专注于某一个个别的美的对象上，某一个孩子，某一个成年人，或是某一种行为上。这时他凭临美的汪洋大海，凝神观照，心中起无限欣喜"②。《斐德若》篇也说，由于灵魂回忆，"人每逢见到上界事物在下界的摹本，就惊喜不能自制"。柏拉图描述道：

> 有这种迷狂的人见到尘世的美，就回忆起上界里真正的美，因而恢复羽翼，而且新生羽翼，急于高飞远举，可是心有余而力不足，像

---

① ［古希腊］柏拉图：《文艺对话集》，朱光潜译，人民文学出版社1980年版，第125页。
② ［古希腊］柏拉图：《文艺对话集》，朱光潜译，人民文学出版社1980年版，第272页。

一个鸟儿一样，昂首向高处凝望，把下界的一切置之度外，因此被人指为迷狂。①

对于迷狂的另一种解释，是由于神灵凭附到诗人或艺术家身上，使他们得到创作的灵感，因而失去理智而陷入迷狂。《伊安》篇说，一切高明的诗人，都不是凭技艺来做成他们的优美的诗歌，而是由于神灵凭附而得到灵感才能进行创作。"因为诗人是一种轻飘的长着羽翼的神明的东西，不得到灵感，不失去平常理智而陷入迷狂，就没有能力创造，就不能做诗或代神说话。"②《斐德若》篇对这种由诗神凭附而来的迷狂又作了进一步阐述："它凭附到一个温柔贞洁的心灵，感发它，引它到兴高采烈神飞色舞的境界，流露于各种诗歌，……若是没有这种诗神的迷狂，无论谁去敲诗歌的门，他和他的作品都永远站在诗歌的门外，尽管他自己妄想单凭诗的艺术就可以成为一个诗人。他的神志清醒的诗遇到迷狂的诗就黯然无光了。"③

柏拉图对于迷狂所做的解释，显然具有宗教神秘主义色彩。他把审美活动和艺术创造，都说成是失去理智、神智不清醒的迷狂状态，这就把美感和理性、艺术和理智完全对立起来了。这种强调美感和艺术的非理性作用的美学观点，对后来西方美学和艺术思潮的消极影响是非常大的。这种观点和柏拉图认为必须通过理性才能得到美的理念的认识的看法也是互相矛盾的。这里柏拉图显然没有看到审美中情感活动与理性作用的辩证统一关系，错误地把两者对立起来了。不过，柏拉图注意到审美和艺术创造中的一些特殊心理现象，看到审美和艺术创作活动不同于一般的理智和逻辑思考活动，而有它自己的特点。他认为文艺创作不能单凭技艺，须有灵感，艺术创作须有强烈的情感和巨大的感染力，这些论点还是值得我们注意的。

柏拉图对于美感和快感的关系也有很多论述。早在《大希庇阿斯》篇中，他就讨论了美"是视觉和听觉所生的快感"这一看法。虽然他认为这

---

① ［古希腊］柏拉图：《文艺对话集》，朱光潜译，人民文学出版社1980年版，第125页。
② ［古希腊］柏拉图：《文艺对话集》，朱光潜译，人民文学出版社1980年版，第8页。
③ ［古希腊］柏拉图：《文艺对话集》，朱光潜译，人民文学出版社1980年版，第118页。

种看法包含着矛盾，但他并没有否定美感与快感的关系。在《斐利布斯》篇中，他较为细致地分析了悲剧和喜剧所产生的快感以及单纯形式美所产生的快感。他认为悲剧和喜剧给予人心灵上的感受，都是"痛感夹杂着快感"。依柏拉图的看法，悲剧能餍足人们的感伤癖和哀怜癖，唤起人们对悲剧人物的同情，从而感受到一种"夹杂痛感的快感"。那么，喜剧为什么给人的感受也是痛感夹杂着快感呢？他是这样推论的：喜剧引起笑，"笑是一种快感"，但耻笑朋友们的滑稽可笑的品质时却夹杂着恶意，而"心怀恶意是心灵所特有的一种痛感"。据此，柏拉图得出结论："在哀悼里，在悲剧里和喜剧里，不仅是在剧场里而且在人生中一切悲剧和喜剧里，还有在无数其他场合里，痛感都是和快感混合在一起的。"① 除了这种混合的快感，柏拉图认为也有不混合的快感，那就是单纯的形式美所引起的快感。他说："真正的快感来自所谓美的颜色，美的形式，……它们的出现却使感官感到满足，引起快感，并不和痛感夹杂在一起。"② 柏拉图的这些看法是关于美感和快感关系的较早论述，也是最早对美感种类加以区分的尝试，对后来西方美学深入探讨美感问题也有相当的影响。

第三节 艺术的本质和作用

比起柏拉图关于美的学说，他的艺术理论显得更为明确，也更为完整。柏拉图以前的希腊哲学家对艺术也有所论述，其中涉及的主要问题便是艺术对现实的关系问题。柏拉图对于艺术问题的提出和解决，还是集中在艺术对现实的关系问题上；但是他较之以前的思想家更为系统地阐述了艺术的本质和作用，从而建立起一个完整的唯心主义的艺术理论体系。

柏拉图对于艺术本质的基本看法，就是把艺术看作一种模仿。所以，他在《理想国》卷十里，便是从"研究模仿的本质"来阐明艺术的本质。模仿说是希腊早已有之的传统看法，如赫拉克利特就有过艺术模仿自然的观点。这种看法把客观现实看作文艺的蓝本，表现出朴素唯物主义的艺术观。但是，柏拉图却把模仿说和他的理念论结合在一起，这就改变了模仿

---

① ［古希腊］柏拉图：《文艺对话集》，朱光潜译，人民文学出版社1980年版，第297页。
② ［古希腊］柏拉图：《文艺对话集》，朱光潜译，人民文学出版社1980年版，第298页。

说原来的朴素唯物主义的内涵,使它变成了他的客观唯心主义艺术理念的一个组成部分。在柏拉图看来,艺术是由模仿现实世界而来的,而现实世界又是模仿理念世界而来的。现实世界本身并不是真实体,它只是理念世界的"摹本"或"影子",因此模仿现实世界的艺术也就只是"摹本的摹本""影子的影子""和真理隔着三层"了。在《理想国》卷十里,柏拉图以床为例阐明他的理论。他认为有三种床:第一种是神制造的"本然的床",是"床之所以为床"的那个理念,也就是床的真实体;第二种是由木匠制造的床,是床的理念的摹本;第三种是画家创造的床,是模仿工匠的作品,而不是直接模仿自然中的真实体。画家画床,所要模仿的只是工匠作品的外形,而不是它的本质。"所以模仿和真实体隔得很远,它在表面上像能制造一切事物,是因为它只取每件事物的一小部分,而那一小部分还只是一种影像"①。柏拉图由此断定:

  从荷马起,一切诗人都只是模仿者,无论是模仿德行,或是模仿他们所写的一切题材,都只得到影象,并不曾抓住真理。②

  柏拉图认为艺术只能模仿现实世界的外形,不能模仿现实世界的本质,只能是在感性形式下对物质世界的模仿,不可能向人们提供有关理念世界的真知识,因此也就达不到真理。这些看法取消了艺术真实地反映现实、揭示现实本质的可能性,完全否定了艺术的认识作用。柏拉图之所以对艺术的本质产生这种错误看法,首先是由于他对艺术的理解是建立在客观唯心主义的哲学基础之上的。他认为理念世界才真实存在,自然会轻视感性世界。认识理念世界只有通过抽象的思维活动,所以他崇尚理性认识,鄙视感性认识,把两者对立起来。这样,他就自然要抬高"理念"和哲学,而贬低作为物质感性世界的模仿的艺术。再者,柏拉图是处在希腊文化由文艺高峰转向哲学高峰的时代,而他又以建立"理想国"为己任,在他设计的"理想国"中,哲学家担任统治者,理性占据绝对统治地位,他贬低艺术价值的观点和态度与此密切相关。在《斐德若》篇里,柏拉图

---

① [古希腊] 柏拉图:《文艺对话集》,朱光潜译,人民文学出版社 1980 年版,第 72 页。
② [古希腊] 柏拉图:《文艺对话集》,朱光潜译,人民文学出版社 1980 年版,第 76 页。

把人分为九等，其中列在第一等的是"爱智慧者，爱美者，或是诗神和爱神的顶礼者"，即哲学家，也就是贵族阶级中的文化修养最高的代表；而"诗人或是其他模仿的艺术家"则是列为第六等，其地位不仅低于战士和政治家，而且还在体育家、医生、预言家和宗教职业者之下。在柏拉图看来，诗人或一切模仿的艺术家，对于所模仿的事物并没有什么有价值的真知识。因为"他如果对于所模仿的事物有真知识，他就不愿模仿它们，宁愿制造它们，留下许多丰功伟绩，供后世人纪念。他会宁愿做诗人所歌颂的英雄，不愿做歌颂英雄的诗人"①。柏拉图认为荷马虽在诗中谈到最伟大、最高尚的事业，如战争、将略、政治、教育之类，但是他既不曾替哪一国建立过一个较好的政府，也没有哪一国称他是立法者和恩人；既没有人提起他指挥过哪一次战争，也没听说过他生平做哪个私人的导师，这就证明荷马对这类事情并没有真知识，也不能真正使人得益。柏拉图肯定实际生活创造者固然不无道理，但他借此否定艺术存在的特殊价值，认为有了实际生活便可以取消艺术，却是非常片面的。

柏拉图虽然轻视作为"摹本的摹本"的诗和其他艺术，但是他却充分了解诗和艺术的巨大社会作用。在柏拉图之前的长时期中，希腊文艺在古希腊人的精神生活中发挥着广泛而深刻的影响。古老的神话、荷马的史诗、悲剧、喜剧以及音乐，都是古希腊教育的主要教材，诗人也被看作"教育家"。在奴隶主民主制时代，雅典领袖利用戏剧这种具有群众性的艺术形式进行宣传教育，使剧场成为当时自由民主的政治讲坛和文化生活的中心之一。对于艺术的这种广泛而深刻的社会影响，柏拉图是有体会和认识的，但是他认为希腊文艺遗产和民主制下的戏剧活动对人产生的影响是不好的，是不符合他所要建立的奴隶主贵族的"理想国"的要求的。按照柏拉图制定的理想国方案，至关重要的任务之一就是对于城邦的"保卫者"或统治者的教育。这种教育的目标是培养一种理想的"保卫城邦"的人、一种所谓有"正义"的人。这种人既具有勇敢精神，又能够节制自己，安分守己，听命于哲学家的统治。那么，当时作为教育的主要手段的古希腊文艺是否能培养这种理想国的保卫者呢？柏拉图的回答是否定的。

首先，柏拉图指责包括荷马著作在内的希腊文艺作品在内容上都存在

---

① ［古希腊］柏拉图：《文艺对话集》，朱光潜译，人民文学出版社1980年版，第73页。

着严重的毛病。这些作品多叙述神和神斗争、神谋害神之类的故事，把神和英雄们描写得和平常人一样常犯罪恶、互相争吵、互相陷害、互相欺骗、荒淫、爱财、怕死，遇到灾祸就哀哭。柏拉图认为这是"说谎"，是歪曲了神和英雄们的真实面貌，用这样的榜样绝不能教育青年人学会真诚、勇敢、镇静、有节制，所以应该严禁这种诗人和故事作者到理想国中来。

其次，柏拉图攻击诗歌和一切模仿的艺术对人产生坏的心理作用。他认为模仿诗人和画家都是逢迎人心的无理性部分，使人性中的低劣部分得到培养发育。《理想国》卷十说：

> 模仿诗人既然要讨好群众，显然就不会费心思来模仿人性中理性的部分，他的艺术也就不求满足这个理性的部分了；他会看重容易激动情感的和容易变动的性格，因为它最便于模仿。①

根据柏拉图的奴隶主贵族式的伦理学说，人的灵魂由理智、意志和情欲这三部分组成，而这三部分就相当于国家的三个等级：统治者、保卫者和劳动者。情欲就是人性中的无理性的、低劣的部分，它应当受到理智的节制，就像劳动者应该服从统治者的支配一样。但是诗人和艺术家往往利用人性中的弱点，满足人们的情欲，致使情欲不受理智的节制。悲剧餍足人们的感伤癖和哀怜癖，使情欲失去理智的控制，但它却使人从同情旁人的痛苦和悲伤中得到快感。这样"拿旁人的灾祸滋养自己的哀怜癖，等到亲临灾祸时，这种哀怜癖就不易控制了"②。喜剧则投合人类"本性中诙谐的欲念"，平时本以为羞耻而不肯说的话、不肯做的事，这时却"不嫌它粗鄙，反而感到愉快"，"结果就不免于无意中染到小丑的习气"。

根据上述理由，柏拉图对诗人下了逐客令，宣布"要把诗驱逐出理想国"。但他不是无条件地排斥一切诗歌，他要求的是诗"不仅能引起快感，而且对于国家和人生都有效用"。如果符合这个条件，就可准许诗人回到"理想国"来。他说："我们只要一种诗人和故事作者：没有他那副悦人的

---

① ［古希腊］柏拉图：《文艺对话集》，朱光潜译，人民文学出版社1980年版，第84页。
② ［古希腊］柏拉图：《文艺对话集》，朱光潜译，人民文学出版社1980年版，第86页。

本领而态度却比他严肃；他们的作品须对于我们有益；须只模仿好人的言语，并且遵守我们原来替保卫者们设计教育时所定的那些规范。"① 在西方美学中，柏拉图可算是一位最早明确提出要以政治效用作为衡量文艺标准的人，只不过他强调的政治效用，指的是要有利于奴隶主贵族统治罢了。从这里可以看到，柏拉图的艺术理论是具有鲜明的政治色彩的。

---

① ［古希腊］柏拉图：《文艺对话集》，朱光潜译，人民文学出版社 1980 年版，第 56 页。

第二章 欧洲美学思想的奠基作

——亚里士多德的《诗学》

在古希腊美学史上，亚里士多德（Aristoteles，公元前384—前322年）和柏拉图两人的名字是连在一起的。亚里士多德本是柏拉图的学生，在柏拉图学园学习和工作了二十年之久，但他与柏拉图在观点上有很大分歧。柏拉图死后，他离开学园，担任马其顿王亚历山大的教师，以后又在雅典创办吕克昂学园，使其成为古希腊科学发展的主要中心之一。亚里士多德是古希腊博学的思想家，在哲学、逻辑学、心理学、物理学、政治学、历史、伦理学和美学等方面都做出了相当大的贡献。在美学思想上，亚里士多德对柏拉图既有继承，也有批判，其中批判的部分比继承的部分显得更为重要。他在美学专著《诗学》中，批判了柏拉图的美学观点，系统地阐述了自己的美学主张，对许多重要的美学问题都提出了新的见解。车尔尼雪夫斯基说："《诗学》是第一篇最重要的美学论文，也是迄至前世纪末叶一切美学概念的根据。"[①] 又说："亚里士多德是第一个以独立体系阐明美学概念的人，他的概念竟雄霸了二千余年。"[②] 这个评价正确地指出了《诗学》在西方美学史上的重要地位和它对后来美学与文艺发展的影响。对于亚里士多德和他的《诗学》来说，这个评价是当之无愧的。

亚里士多德以前，古希腊文艺已经历过一段黄金时期，取得了辉煌成就。公元前5世纪左右，继荷马的著名史诗《伊利亚特》和《奥德赛》写成文字之后，古希腊的悲剧和喜剧也相继获得长足发展，先后涌现出埃斯库罗斯、索福克勒斯和欧里庇得斯等杰出的悲剧和喜剧作家。丰富的艺术实践经验为美学发展提供了丰饶的土壤，同时它也要求从理论上予以总

[①] [俄] 车尔尼雪夫斯基：《美学论文选》，缪灵珠译，人民文学出版社1959年版，第124页。
[②] [俄] 车尔尼雪夫斯基：《美学论文选》，缪灵珠译，人民文学出版社1959年版，第129页。

结。亚里士多德的《诗学》就是建立在对希腊文艺的辉煌成就和丰富经验进行科学分析的基础之上的。《诗学》现存二十六章，主要讨论对象就是悲剧和史诗。亚里士多德不像柏拉图那样进行神秘性的哲学思辨，而是从对审美实践和艺术作品的科学分析中，提出自己的美学和艺术理论，从而使《诗学》成了希腊文艺成就和经验的系统总结。它所建立的一些规范性的理论，在西方文艺思想发展中产生了长久而深刻的影响。

亚里士多德在哲学的许多重大问题上是动摇于唯物主义和唯心主义之间的，但他的美学思想却基本上坚持了唯物主义观点。他批判了柏拉图美学思想的哲学基础——理念论，指出柏拉图的根本错误在于把"理念"看成是在具体事物以外独立存在的东西。他说："我们不能同意这样的说法，似乎除了个别的房屋之外还有什么一般的房屋。"就是说，一般只能存在于个别之中。列宁指出："亚里士多德对柏拉图的'理念'的批判，是对唯心主义，即一般唯心主义的批判。"① 由于亚里士多德在美学思想上批判了柏拉图的唯心主义，坚持用唯物主义观点观察艺术问题，所以才能在科学地总结古希腊文艺成就的基础上，建立起当时最为先进的美学理论。

《诗学》论述了许多美学和文艺理论问题，其中，对文艺和现实的关系、文艺的社会作用以及悲剧问题的论述都相当集中、深刻。

第一节 文艺和现实的关系

在亚里士多德以前，希腊哲学家探讨艺术问题往往集中在艺术和现实关系这个根本问题上。亚里士多德在《诗学》中仍然是把这个艺术哲学的基本问题作为首要的问题来解决。《诗学》一开头就提出了艺术的本质是什么的问题，并且明确指出艺术的本质就是对现实的模仿。在《诗学》第一章里，亚里士多德说："史诗和悲剧、喜剧和酒神颂以及大部分双管箫乐和竖琴乐——这一切实际上是模仿。"② 后来，他又把画家和其他造型艺术家，像诗人一样，称为"模仿者"。可见亚里士多德是把模仿看作一切

---

① 《列宁全集》第38卷，人民出版社1959年版，第313页。
② ［古希腊］亚里士多德、［古罗马］贺拉斯：《诗学·诗艺》，罗念生、杨周翰译，人民文学出版社1982年版，第3页。

艺术的共同本质。他认为各种艺术都是对现实的模仿，而它们之间的差别就在于"模仿所用的媒介不同，所取的对象不同，所采的方式不同"①。绘画和雕塑用颜色和线条模仿事物，音乐用音调模仿，舞蹈用有节奏的姿态模仿，史诗则用语言来模仿……这就是各种艺术模仿媒介的差别。在模仿对象上各种艺术也有差别，例如"喜剧总是模仿比我们今天的人坏的人，悲剧总是模仿比我们今天的人好的人"②。即使用同样媒介模仿同样对象，各类艺术也可因模仿的方式不同而互相区别开来。史诗模仿对象，时而用叙述手法，时而叫人物出场；而戏剧则通过剧中人物的动作来模仿。总之，不论从亚里士多德对艺术总的看法看，还是从他对各类艺术区别的论述看，《诗学》都是以模仿说作为考察艺术的出发点的。车尔尼雪夫斯基把"艺术就是模仿"当作《诗学》的基本思想，这种理解是准确的。

我们知道，模仿说是古希腊早已有之的传统看法，并非亚里士多德的独创。在较早的唯物主义者赫拉克利特和德谟克里特那里，就形成了关于艺术模仿自然的看法，表现出对艺术的朴素唯物主义的简单理解。但是，持模仿说并不一定就是唯物主义艺术观点，对它也可以做出唯心主义解释。柏拉图就是这样做的。按照柏拉图的理解，艺术是由模仿现实世界而来的，而现实世界又是模仿理念世界而来的。只有理念世界才是真实存在的。现实世界不过是理念世界的摹本，所以也就不是真实存在的。艺术所模仿的不是理念世界，而是现实世界，因此不过是"摹本的摹本"。既然艺术模仿的对象并非真实存在，那么艺术本身当然也就不可能反映真实，不可能揭示现实的本质和规律。

亚里士多德批判了柏拉图的理念论，同时也就批判了柏拉图对模仿说的唯心主义解释。在他看来，普遍和特殊是辩证统一的，脱离特殊并先于特殊而独立存在的普遍是没有的，这就从根本上否定了柏拉图所谓的理念世界的存在。亚里士多德既然肯定了现实世界是真实的存在，因而也就肯定了模仿现实世界的文艺是能够反映真实的，是能够揭示现实的本质和规律的。由此可见，亚里士多德和柏拉图虽然都采用了模仿说，但是他们对

---

① ［古希腊］亚里士多德、［古罗马］贺拉斯：《诗学·诗艺》，罗念生、杨周翰译，人民文学出版社1982年版，第3页。
② ［古希腊］亚里士多德、［古罗马］贺拉斯：《诗学·诗艺》，罗念生、杨周翰译，人民文学出版社1982年版，第8—9页。

模仿说的理解是很不一样的，由此而形成的文艺观也是根本对立的。在柏拉图看来，艺术模仿现实乃是它的根本缺陷，它造成艺术的不真实，不能抓住真理；在亚里士多德看来，艺术模仿现实正是它的生命所在，艺术能够真实地反映现实，揭示形象的真理，所以才具有巨大的认识价值。

柏拉图认为艺术只能模仿现实世界的感性现象和外形，不能反映现实世界的内在本质和规律。亚里士多德不同意这种看法。他认为艺术模仿现实，不仅可以真实地模仿现实的感性现象，而且可以反映现实的内在本质和规律；不仅可以描写个别人、个别事，而且可以使所写的人和事具有普遍性。他在《诗学》第九章中拿诗和历史作比较，以阐明艺术的真实性，其中写道：

> 诗人的职责不在于描述已发生的事，而在于描述可能发生的事，即按照可然律或必然律可能发生的事。历史家与诗人的差别不在于一用散文，一用"韵文"；希罗多德的著作可以改写为"韵文"，但仍是一种历史，有没有韵律都是一样，两者的差别在于一叙述已发生的事，一描述可能发生的事。因此，写诗这种活动比写历史更富于哲学意味，更被严肃的对待；因为诗所描述的事带有普遍性，历史则叙述个别的事。所谓"有普遍性的事"，指某一种人，按照可然律或必然律，会说的话，会行的事，诗要首先追求这目的，然后才给人物起名字；至于"个别的事"则是指亚尔西巴德所作的事或所遭遇的事。①

诗和历史究竟有什么不同呢？亚里士多德的意思是极为明确的：第一，历史叙述已发生的事，诗描述可能发生的事。已发生的事，其中有许多是纯粹偶然现象，缺乏内在联系，不一定合乎可然律或必然律；可能发生的事，则一定合乎可然律或必然律，也就是体现了事物的内在联系和因果关系，符合事物发展的必然规律。亚里士多德见到的古希腊历史大都是编年纪事，所以他没有看出历史也能揭示事物内在联系和发展规律。但他把诗和历史进行比较，主要用意是说明诗不应只模仿偶然现象，还必须通

---

① ［古希腊］亚里士多德、［古罗马］贺拉斯：《诗学·诗艺》，罗念生、杨周翰译，人民文学出版社1982年版，第28—29页。

过现象揭示事物的本质和规律。这个论点不仅彻底驳倒了柏拉图对艺术真实性的怀疑和指责，而且认为艺术的高度真实性正在于描述外在现象和反映内在本质的统一，在于偶然与必然的统一。这就确立了艺术的真实性原则，从而为现实主义艺术理论奠立了基础。第二，历史叙述个别人物和"个别的事"，诗描述带有普遍性的人物和"带有普遍性的事"。也就是说，诗对于现实的模仿，不是抄袭现实中已有的个别人物和事件，而是要表现某一种人按照可然律或必然律会说的话、会行的事。换言之，艺术反映现实应当通过个别表现一般，通过特殊性表现普遍性。这种个别与一般、普遍与特殊高度统一的人物和形象，就是艺术典型。诗能创造典型，所以它比历史更高、更具普遍性、更富哲学意味。这些观点已经接触到艺术的典型性问题，对以后西欧美学中典型学说的形成和发展产生了很大影响。总之，在亚里士多德看来，艺术模仿现实不是简单的抄袭，它不仅描写现实的表面现象，而且揭示事物的内在本质和规律；不仅描绘个别，而且反映一般，所以，艺术可以而且应当具有高度的真实性、典型性。这是《诗学》中贯穿的一个核心思想，也是亚里士多德在继承和发展模仿说的基础上，对艺术与现实关系所提出的最深刻的见解。

亚里士多德虽然认为艺术是对现实的模仿，但他并不排斥艺术家的主观能动作用。他强调艺术要真实地反映现实，同时又认为艺术真实可以比实际生活更高、更理想、更美。《诗学》第十五章论及人物塑造时说：

> 既然悲剧是对于比一般人好的人的模仿，诗人就应该向优秀的肖像画家学习；他们画出一个人的特殊面貌，求其相似而又比原来的人更美；诗人模仿易怒的或不易怒的或具有诸如此类气质的人，也必须求其相似而又善良，例如荷马写阿喀琉斯为人既善良而又与我们相似。①

诗人模仿人物，是模仿具有某类气质的人，这就需要对实际生活中的某类人物进行集中和概括，也就是艺术的典型化。典型化既然是通过个别

---

① ［古希腊］亚里士多德、［古罗马］贺拉斯：《诗学·诗艺》，罗念生、杨周翰译，人民文学出版社1982年版，第50页。

表现一般，因此也就表现着艺术家对于生活的深刻认识和审美理想。典型形象的创造既是对现实生活进行集中概括的结果，也是熔铸艺术家审美理想形成的结晶。所以真正的艺术典型化总是包含着理想化的成分，艺术的真实性和理想性是可以互相结合和统一的。所谓诗人塑造人物"必须求其相似而又善良"，就是既要符合生活真实面貌，又要比生活中的实际人物更理想。如荷马史诗中塑造的英雄阿喀琉斯，既有普通人的思想感情和鲜明个性，又被描写得骁勇善战、胆力过人，以至于他一出现，就使敌人丧胆。从亚里士多德对荷马塑造阿喀琉斯这个人物的称赞中，可以清楚地了解他对艺术的典型性和理想性相统一的要求。除了史诗，亚里士多德也很称赞当时优秀的肖像画家，认为他们画人物能够做到特殊和普遍相统一，"求其相似而又比原来的人更美"。古希腊名画家宙克西斯在画《特洛伊的海伦》时，曾把希腊克罗通城邦里最美的美人召集在一起，力求把许多美人的美点都综合在一个人物身上。亚里士多德在《诗学》第二十五章里特地提到宙克西斯所画的人物，认为"这样画更好，因为画家所画的人物应比原来的人更美"[1]。艺术必须以现实生活为蓝本，同时又须对生活进行加工改造，使其比普通实际生活更集中、更典型、更美、更理想。在对艺术和现实关系的理解上，亚里士多德基本上是唯物主义的，同时又有某些辩证的因素。

亚里士多德通过总结古希腊文艺的创作经验，提出了文艺模仿现实可以用不同的创作方法。《诗学》第二十五章说："诗人既然和画家与其他造形艺术家一样，是一个模仿者，那么他必须模仿下列三种对象之一：过去有的或现在有的事、传说中的或人们相信的事、应当有的事。"[2] 这里讲到艺术有三种不同的模仿对象，实际上讲的就是三种不同的创作方法。第一种是模仿已存在的事，也就是照事物的本来样子去模仿；第二种是模仿神话传说中的事，也就是按照事物为人们所说所想的样子去模仿；第三种是模仿应当有的事，也就是按照事物应当有的样子去模仿。这种创作方法上的区别，在将索福克勒斯和欧里庇得斯互相比较时，讲得更为明确。《诗

---

[1] ［古希腊］亚里士多德、［古罗马］贺拉斯：《诗学·诗艺》，罗念生、杨周翰译，人民文学出版社1982年版，第101页。

[2] ［古希腊］亚里士多德、［古罗马］贺拉斯：《诗学·诗艺》，罗念生、杨周翰译，人民文学出版社1982年版，第92页。

学》第二十五章说："如果有人指责诗人所描写的事物不符实际，也许他可以这样反驳：'这些事物是按照它们应当有的样子描写的'，正像索福克勒斯所说，他按照人应当有的样子来描写，欧里庇得斯则按照人本来的样子来描写。"① 从这段论述的语气和《诗学》中对索福克勒斯的一再赞美来看，亚里士多德显然是更倾向于"按照人应当有的样子来描写"这种方法的。这和前文谈到的他反对把模仿看作被动地抄袭事物原型，而主张通过艺术概括、把事物加以适当的理想化的看法是互相参证、完全一致的。从中可以看出亚里士多德对艺术创作中主观与客观、现实与理想等关系的理解，具有辩证法的因素，这在当时是难能可贵的。

关于文艺模仿现实问题，《诗学》中还有两个观点也是值得重视的。一个观点是亚里士多德认为文艺模仿的主要对象不是自然，而是人的生活，是"在行动中的人"，是人的"各种'性格'、感受和行动"。正如车尔尼雪夫斯基所指出："亚里士多德的诗学没有一字提及自然；他说人、人的行为、人的遭遇就是诗所模仿的对象。"② 这较之以前的"艺术模仿自然"的看法当然要深刻得多。另一个观点是亚里士多德在讲到诗人创作时，强调应当把认识和情感统一起来。他说："诗人在安排情节，用言词把它写出来的时候，应竭力把剧中情景摆在眼前，唯有这样，看得清清楚楚——仿佛置身于发生事件的现场——才能作出适当的处理，决不至于疏忽其中的矛盾。"③ 也就是说，诗人在创作中要做到身历其境，并用清醒的理智来衡量、判断。这和柏拉图强调诗人创作要靠灵感、靠神灵凭附而陷入迷狂是完全不同的，但亚里士多德又认为艺术创作不能纯粹靠理智，还需表现和传达情感。他说："被情感支配的人最能使人们相信他们的情感是真实的，因为人们都具有同样的天然倾向，唯有最真实的生气或忧愁的人，才能激起人们的忿怒和忧郁。"④ 这就是要求艺术反映现实，要把认识和情感、理与情结合起来。这些看法，对于我们理解和掌握艺术反映现实

---

① [古希腊] 亚里士多德、[古罗马] 贺拉斯：《诗学·诗艺》，罗念生、杨周翰译，人民文学出版社1982年版，第93—94页。
② [俄] 车尔尼雪夫斯基：《美学论文选》，缪灵珠译，人民文学出版社1959年版，第144页。
③ [古希腊] 亚里士多德、[古罗马] 贺拉斯：《诗学·诗艺》，罗念生、杨周翰译，人民文学出版社1982年版，第55—56页。
④ [古希腊] 亚里士多德、[古罗马] 贺拉斯：《诗学·诗艺》，罗念生、杨周翰译，人民文学出版社1982年版，第56页。

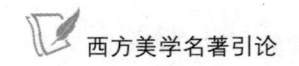

的特征是很有启发性的。

第二节　文艺的美感教育作用

在文艺的社会作用问题上，亚里士多德的看法和柏拉图的看法也是对立的。柏拉图既然认为文艺只能模仿现实的现象，不能揭示现实的本质和真理，当然也就要否认文艺具有认识作用。不仅如此，柏拉图还指责诗和艺术激动人的感情，使人得到审美快感。是"培育发育人性中低劣的部分，摧残理性的部分"，对人起败坏道德作用。这样，柏拉图就把艺术的审美作用和功利价值完全对立起来，否定了艺术的审美作用。

亚里士多德针对柏拉图对诗人的指责，竭力为诗和艺术辩护。他首先从诗的起源论证了诗和艺术存在的必要性和合理性。《诗学》第四章说："一般说来，诗的起源仿佛有两个原因，都是出于人的天性。人从孩提的时候起就有模仿的本能（人和禽兽的分别之一，就在于人最善于模仿，他们最初的知识就是从模仿得来的），人对于模仿的作品总是感到快感。……模仿出于我们的天性，而音调感和节奏感（至于'韵文'则显然是节奏的段落）也是出于我们的天性。"[①] 亚里士多德认为人用艺术模仿现实事物和从模仿作品得到快感，都是由人的天性决定的。这样来解释艺术的起源，在今天看来当然是不科学的。但它认为艺术的产生和存在可以在人的天性中找到根源，而且这种天性又恰是人和禽兽相分别、人优于禽兽之处之一，这就驳斥了柏拉图攻击艺术只是迎合人性中"低劣的部分"的谬说。同时，亚里士多德又以人的上述天性作为心理根据，肯定了艺术具有使人获得知识和产生快感两种重要作用。

亚里士多德认为使人获得知识、提高人对现实事物的认识能力，是艺术的重要作用之一。艺术模仿现实，能够通过现象揭示本质，显示事物的必然性和普遍性，因而能为人提供形象的真理。这种艺术的认识作用的理论后来在许多文艺理论家的著作中得到了继承和发挥。但是，亚里士多德并没有把艺术的作用和科学的作用混为一谈。在强调艺术的认识作用的同

---

① ［古希腊］亚里士多德、［古罗马］贺拉斯：《诗学·诗艺》，罗念生、杨周翰译，人民文学出版社1982年版，第11—12页。

时，他对艺术对人的感情影响和审美作用也作了充分的阐述。《诗学》中分析艺术引起人快感的原因说：

> 我们看见那些图像所以感到快感，就因为我们一面在看，一面在求知，断定每一事物是某一事物，比方说，"这就是那个事物"。假如我们从来没有见过所模仿的对象，那么我们的快感就不是由于模仿的作品，而是由于技巧或着色或类似的原因。模仿出于我们的天性，而音调感和节奏感（至于"韵文"则显然是节奏的段落）也是出于我们的天性。①

从这段论述可以看到，亚里士多德认为艺术能给人以美感，既有内容方面的原因，也有形式方面的原因。从内容方面说，主要是由于艺术真实地反映了现实，包含形象的真理，人们"一面在看，一面在求知"，因而产生快感。这种把美感和艺术的认识内容结合起来的看法，不同于以前单从形式上来说明美感根源的看法，是一种独特而又深刻的见解。从形式方面看，这里特别提到技巧、着色、音调感、节奏感等因素，主要是指艺术作品的形式美所引起的快感。《诗学》第二十三章还提到情节的完整、布局的完美也能引起审美的快感，其中说："史诗的情节也应像悲剧的情节那样，按照戏剧的原则安排，环绕着一个整一的行动，有头、有身、有尾，这样它才能像一个完整的活东西，给我们一种它特别能给的快感。"②这里所说的情节安排的整一、完整，其实也就是多样统一、变化整齐的形式美的法则的体现。但在亚里士多德看来，这种形式上的有机整体却又不仅是单纯形式问题，而是由内容上的内在联系所决定的。这种内容决定形式、形式与内容相统一的美学观点也是值得注意的。

这里还应该提到亚里士多德对于美的本质的看法。《诗学》中提到"美"字的地方不多，专门论美的段落只有一处。在第七章中，亚里士多德讨论悲剧中的情节如何安排，提出应做到情节完整、结构完美，同时也

---

① ［古希腊］亚里士多德、［古罗马］贺拉斯：《诗学·诗艺》，罗念生、杨周翰译，人民文学出版社1982年版，第11—12页。
② ［古希腊］亚里士多德、［古罗马］贺拉斯：《诗学·诗艺》，罗念生、杨周翰译，人民文学出版社1982年版，第82页。

就结合谈到了美的事物应具备的条件。他说：

> 一个美的事物——一个活东西或一个由某些部分组成之物——不但它的各部分应有一定的安排，而且它的体积也应有一定的大小；因为美要倚靠体积与安排，一个非常小的活东西不能美，因为我们的观察处于不可感知的时间内，以致模糊不清；一个非常大的活东西，例如一个一万里长的活东西，也不能美，因为不能一览而尽，看不出它的整一性，因此，情节也须有长度（以易于记忆者为限），正如身体，亦即活东西，须有长度（以易于观察者为限）一样。①

这里讲到美要靠体积与安排，要见出整一性，长度要合适，从本身来看，主要讲的还是形式美方面的问题，由此可以见出古希腊美在形式法则的传统思想的影响。但亚里士多德接着又说："一般的说，长度的限制只要能容许事件相继出现，按照可然律或必然律能由逆境转入顺境，或由顺境转入逆境，就算适当了。"② 可见情节长度的适当与否，还是由艺术反映现实的内容，即事物的内在发展规律所决定的。也就是说，形式的美也还是不能脱离内容的。美虽在形式，但是不等于形式。这种从形式与内容的统一来论美的观点比起形式主义的看法来说无疑是深刻得多的。

亚里士多德对美感的看法还有一点值得注意。以前的美学家谈到美感，大都以"快感"一以贯之，而不问具体的审美对象所引起的快感究竟有什么特点和不同。亚里士多德虽然也认为美感是一种快感，但他却看到由于审美对象不同所引起的快感各有特殊性，所形成的美感也就不尽相同。例如悲剧的快感就既不完全同于喜剧，也不完全同于史诗。"我们不应要求悲剧给我们各种快感，只应要求它给我们一种它特别能给的快感。既然这种快感是由悲剧引起我们的怜悯与恐惧之情，通过诗人的模仿而产

---

① ［古希腊］亚里士多德、［古罗马］贺拉斯：《诗学·诗艺》，罗念生、杨周翰译，人民文学出版社1982年版，第25—26页。

② ［古希腊］亚里士多德、［古罗马］贺拉斯：《诗学·诗艺》，罗念生、杨周翰译，人民文学出版社1982年版，第26页。

生的，那么显然应通过情节来产生这种效果。"[①] 这就是说，悲剧的快感是和它所引起的特殊情感——怜悯与恐惧结合在一起的。怜悯与恐惧本来都是痛苦的感情，但悲剧能使人的这种感情得到净化，痛感又能转化为快感。除了悲剧的美感外，亚里士多德在《政治学》中还谈到人们"可以在不同程度上受到音乐的激动，受到净化，因而心里感到一种轻松舒畅的快感"[②]。但音乐所激起的情感有别于悲剧，所生的"净化"以及由此而生的快感也就有所不同。这些论述不仅揭示出各类艺术美感的差异，而且对艺术美感形成的原因作了多方面的探讨。在亚里士多德看来，艺术美感的产生，既是因为从模仿中获得形象认识和感受到节奏、和谐等形式美，也是因为受到不同情感的激动，使情感得到净化，对于促进人的心理健康和陶冶道德情操产生了良好影响。所以，净化所产生的快感是一种"无害的快感"。这种看法驳斥了柏拉图否定艺术的情感影响和美感作用的论点，并且将艺术的美感作用和教育作用联系和统一起来了。西方有些研究《诗学》的学者认为亚里士多德是把审美作为艺术的唯一目的，排斥艺术对人有教益，这是完全不符合《诗学》的实际情况的。

第三节 悲剧理论

在《诗学》现存的二十六章中，对悲剧的探讨占据了绝大部分篇幅。在亚里士多德之前，古希腊悲剧已经经历了黄金时期，达到了十分成熟的阶段。《诗学》中将悲剧和史诗相比较，认为悲剧具备史诗所有的成分，又具备史诗所没有的成分和其他长处，在艺术效果方面胜过史诗，比史诗更容易达到它的目的，所以，"悲剧比史诗优越"，这或许就是亚里士多德对悲剧特别注重的原因。在《诗学》中，亚里士多德总结古希腊悲剧创作的经验，对悲剧的性质、作用、内容、形式作了比较全面和细致的分析，提出了一些独创而深刻的见解，从而形成了西方最早的有系统的悲剧理论。

---

① ［古希腊］亚里士多德、［古罗马］贺拉斯：《诗学·诗艺》，罗念生、杨周翰译，人民文学出版社1982年版，第43页。
② 北京大学哲学系美学教研室编：《西方美学家论美和美感》，商务印书馆1980年版，第45页。

在《诗学》第六章里，亚里士多德给悲剧下了一个这样的定义：

> 悲剧是对于一个严肃、完整、有一定长度的行动的模仿；它的媒介是语言，具有各种悦耳之音，分别在剧的各部分使用；模仿方式是借人物的动作来表达，而不是采用叙述法；借引起怜悯与恐惧来使这种情感得到陶冶（一译"净化"）。①

这是西方美学史上第一个完整的悲剧定义，它是根据亚里士多德提出的艺术分类的原则，从模仿对象、模仿媒介、模仿方式三个方面以及悲剧模仿的特殊目的上，来界定悲剧这类艺术的性质、特征和作用。在以上四点中，第一点是关于悲剧的模仿对象和内容方面的，它规定了悲剧的性质，具有特别重要的意义。

按照亚里士多德的理解，悲剧和史诗都是对于一个严肃的行动的模仿。《诗学》第四章说："诗由于固有的性质不同而分为两种：比较严肃的人模仿高尚的行动，即高尚的人的行动，比较轻浮的人则模仿下劣的人的行动，他们最初写的是讽刺诗，正如前一种人最初写的是颂神诗和赞美诗。"② 又说："自从喜剧和悲剧偶尔露头角，那些从事于这种诗或那种诗的写作的人们，由于诗固有的性质不同，有的由讽刺诗人变成喜剧诗人，有的由史诗诗人变成悲剧诗人。"这段论述说明，讽刺诗和喜剧、史诗和悲剧各有继承发展关系。史诗和悲剧不同于讽刺诗和喜剧，是由于"诗固有的性质不同"，而性质不同是由于所模仿的对象不同。前者是模仿高尚的人的行动，后者是模仿下劣的人的行动。这就确定了悲剧的特殊对象和内容：描写严肃的、高尚的行动和人物。这个论点符合希腊悲剧的实际情况，并且对以后悲剧理论的发展一直有着巨大影响。

亚里士多德认为悲剧艺术包含六个成分：情节、"性格"、言词、"思想"、"形象"与歌曲。其中，情节、"性格"和"思想"三者是模仿的对象，言词和歌曲是模仿的媒介，"形象"是模仿的方式。关于情节、"性

---

① ［古希腊］亚里士多德、［古罗马］贺拉斯：《诗学·诗艺》，罗念生、杨周翰译，人民文学出版社1982年版，第19页。

② ［古希腊］亚里士多德、［古罗马］贺拉斯：《诗学·诗艺》，罗念生、杨周翰译，人民文学出版社1982年版，第12页。

格"和"思想",都是悲剧的内容问题,亚里士多德比较重视它们,在《诗学》中着重进行了研究。按照他的解释,"情节是行动的模仿(所谓'情节',指事件的安排),'性格'是人物的品质的决定因素,'思想'指证明论点或讲述真理的话"①。这三个成分是互相联系、不可分割的。悲剧是行动的模仿,而行动是由某些人物来表达的,这些人物必然在"性格"和"思想"两方面都具有某些特点。

但是,亚里士多德认为在悲剧的六个成分中,最重要的是情节,即事件的安排。情节和性格相比较,前者具有更重要的地位。这是为什么呢?按照亚里士多德的解释,这是因为悲剧所模仿的不是人,而是人的行动、生活、幸福与不幸。悲剧的目的不在于模仿人的品质,而在于模仿某个行动;剧中人物的品质是由他们的"性格"决定的,而他们的幸福与不幸,则取决于他们的行动。他们不是为了表现"性格"而行动,而是在行动的时候附带表现"性格"。根据以上理由,亚里士多德断定:"悲剧中没有行动,则不成为悲剧,但没有'性格',仍不失为悲剧。"② "情节乃悲剧的基础,有似悲剧的灵魂;'性格'则占第二位。"③ 对于亚里士多德的这个论断,后世学者和批评家往往有不同意见。如莱辛在《汉堡剧评》中认为,在戏剧中"性格远比事件更为神圣"。黑格尔在《美学》中也强调:"性格就是理想艺术表现的真正中心。" 这种性格中心说显然不同于亚里士多德的情节中心说,但如果我们仔细考察一下西欧悲剧艺术的发展过程和古希腊悲剧的特点,那么对亚里士多德强调情节重要性的思想,就会给予历史的、合理的解释。

亚里士多德在讨论悲剧情节时提出的最有价值的论点就是有机整体的观念。《诗学》第七章中说:

> 悲剧是对于一个完整而具有一定长度的行动的模仿……所谓"完

---

① [古希腊] 亚里士多德、[古罗马] 贺拉斯:《诗学·诗艺》,罗念生、杨周翰译,人民文学出版社1982年版,第20页。
② [古希腊] 亚里士多德、[古罗马] 贺拉斯:《诗学·诗艺》,罗念生、杨周翰译,人民文学出版社1982年版,第21页。
③ [古希腊] 亚里士多德、[古罗马] 贺拉斯:《诗学·诗艺》,罗念生、杨周翰译,人民文学出版社1982年版,第23页。

整",指事之有头,有身,有尾。所谓"头",指事之不必然上承他事,但自然引起他事发生者;所谓"尾",恰与此相反,指事之按照必然律或常规自然的上承某事者,但无他事继其后;所谓"身",指事之承前启后者。所以结构完美的布局不能随便起讫,而必须遵照此处所说的方式。①

这段话看起来平常,实则具有深刻含义,说明悲剧情节的各部分必须互相因依,彼此联系,体现出事物的必然性,结合成一个不可分割的整体。据此,亚里士多德提出了情节(行动)的整一性的原则,要求悲剧情节应当限制在一桩具有必然联系和一致性的事件里,与此无关的、可有可无的情节都应尽量删去。《诗学》第八章说:"情节既然是行动的模仿,它所模仿的就只限于一个完整的行动,里面的事件要有紧密的组织,任何部分一经挪动或删削,就会使整体松动脱节。要是某一部分可有可无,并不引起显著的差异,那就不是整体中的有机部分。"② 亚里士多德认为戏剧情节必须是一个具有必然联系的有机整体,这和他要求艺术反映现实的必然律的思想是一致的。他所提出的情节整一性原则也符合戏剧艺术高度集中反映生活和受时间、场地限制的特点,所以受到后来戏剧家的重视。但情节整一性并不是绝对的永恒不变的规律,后来的古典主义者把它刻板化,并且穿凿附会,加上时间、地点的整一,合成所谓"三一律",用形式束缚内容,这当然是不符合亚里士多德的本意的。

亚里士多德对悲剧人物和性格也作了许多论述,其中特别值得注意的是他对于理想的悲剧主人公的要求以及悲剧人物过失说。按照亚里士多德的悲剧定义,悲剧应能引起怜悯和恐惧之情。写好人由顺境转入逆境、坏人由逆境转入顺境或极恶的人由顺境转入逆境,都不能引起怜悯和恐惧之情,因而也都不合悲剧的要求。怜悯是由一个人遭受不应遭受的厄运而引起的,恐惧是由一个遭受厄运的人与我们相似而引起的。所以,悲剧的主人公应当比一般人好而又与一般人相似。"这样的人不十分善良,也不十

---

① [古希腊]亚里士多德、[古罗马]贺拉斯:《诗学·诗艺》,罗念生、杨周翰译,人民文学出版社1982年版,第25页。
② [古希腊]亚里士多德、[古罗马]贺拉斯:《诗学·诗艺》,罗念生、杨周翰译,人民文学出版社1982年版,第28页。

分公正，而他之所以陷于厄运，不是由于他为非作恶，而是由于他犯了错误。"① 也就是说，悲剧主人公的悲惨遭遇并不是由于罪恶，而是由于看事不明而犯了错误。亚里士多德对悲剧主人公的这些规定，是根据古希腊悲剧艺术的实践经验总结出来的。《诗学》中一再提到索福克勒斯的《俄狄浦斯王》，认为它是希腊悲剧的典范。在论述理想的悲剧主人公时，也举俄狄浦斯为例。俄狄浦斯虽然从神的预言中得知自己注定有杀父娶母的可怕命运，但他竭力反抗，试图逃避这可怕的命运；他诚心为城邦谋福，敢于承担责任，体现出奴隶主民主派的理想君主的一些特点，他是一个高尚的人。然而，他越是竭力反抗，越是陷入命运的罗网；越是真诚地想为城邦消弭灾难，越是步步临近自己的毁灭。在可怖的命运面前，俄狄浦斯遭到不应遭受的不幸，他的英雄行为显得异常壮烈，故能激起很大的怜悯与同情。但俄狄浦斯并非超人的神明，他曾一时动怒，也有判断上的错误。他陷于不幸和他的失误也有关系，在可怖的命运摆布下，俄狄浦斯始终处于不自知的状态，从而加强了他的悲剧性，并使人感到恐惧。《俄狄浦斯王》表现了人和命运的冲突，这也是希腊悲剧中普遍表现的一个主题。由于这个特点，人们习惯于用命运观念去解释酿成悲剧的根源。所谓命运，被解释成一种外在于人的、不可解释的抽象的力量，用它来说明悲剧形成的原因显然带有神秘的性质。亚里士多德在《诗学》中没有提到"命运"。他的悲剧人物过失说，不从外界寻找悲剧的原因，而从悲剧主人公的性格和行为中寻找形成悲剧的内因，这是具有辩证因素的。不过，亚里士多德论述悲剧主人公时，把名声显赫、生活幸福、出身高贵作为必要条件，又表现出历史的、阶级的局限性。由于他不理解悲剧是社会发展中不同势力的矛盾冲突的反映，而仅局限于用过失说解释悲剧形成的原因，所以也就不能深刻地揭示悲剧冲突和悲剧性格的社会本质和根源。

关于悲剧的艺术效果和社会作用问题，亚里士多德提出了净化说。他认为悲剧的特殊作用和效果是引起怜悯与恐惧之情，从而使这两种情感得到净化。为什么悲剧能引起怜悯与恐惧之情呢？因为"悲剧所模仿的正是能产生这种效果的行动"。在亚里士多德看来，悲剧的特殊效果和它的特

---

① ［古希腊］亚里士多德、［古罗马］贺拉斯：《诗学·诗艺》，罗念生、杨周翰译，人民文学出版社1982年版，第38页。

殊模仿对象、性质以及悲剧人物的特点是互相适应和一致的。悲剧是模仿一个严肃的行动。悲剧人物是高尚的人，高尚的人遭受不应遭受的厄运，陷于苦难和毁灭，故引起观众同情和怜悯。但悲剧人物又与一般人相似，一般人也会像他那样遭受厄运，故引起观众的害怕和恐惧。亚里士多德明确提出悲剧要引起怜悯与恐惧两种情感，这不仅在理论上完全符合逻辑，而且也符合古希腊悲剧艺术的实际。它对于我们更好地认识和掌握悲剧艺术的特点，是很有启发性的。不过，把悲剧引起的情感仅仅限制于怜悯与恐惧两种，对于说明悲剧的艺术效果显然是不全面的，也是不完全符合古希腊悲剧的实际情况的。就古希腊悲剧而言，无论是埃斯库罗斯的《普罗米修斯》，还是索福克勒斯的《俄狄浦斯王》，固然反映了人在不可抗拒的"命运"面前的软弱、无力、苦难、不幸，但也表现了悲剧主人公不甘屈服于"命运"、努力摆脱不幸的坚强意志和顽强奋斗精神。所以，它不只是使人怜悯和恐惧，同时也使人受到激动、鼓舞，引起崇敬和赞美之情。悲剧是与崇高相联系的。在欣赏悲剧时，我们不仅为悲剧主人公的苦难、不幸、灭亡而感到怜悯、悲哀、恐惧，而且必然同时为悲剧主人公的正义的行为、高贵的品格、斗争的意志所感动，从而引起惊奇、赞美、崇敬的情感。高乃依主张悲剧效果中除怜悯和恐惧之外，还应加上赞美。黑格尔也说，悲剧须能"打动高尚心灵的深处"。悲剧感和崇高感在本质上是统一的。正因为如此，悲剧唤起的怜悯、恐惧、悲哀，才不是把人引向悲观、消沉，而是使人得到激励、振奋，受到美好情感的陶冶。

　　根据亚里士多德的论述，悲剧引起观众的怜悯与恐惧只是手段，而使这两种情感得到净化才是目的。什么叫"净化"（Katharsis）呢？对此亚里士多德在《诗学》中没有作具体解释，因而引起后世学者的各种推测和分歧看法。分歧集中在"Katharsis"一词是作为宗教术语，取其"净罪"的意思，还是作为医学术语，取其"宣泄"的意思。持前一说者，认为悲剧的净化作用就是把怜悯与恐惧中的不良成分涤除干净，以恢复心理健康；持后一说者，则认为悲剧的净化作用是使怜悯与恐惧的情绪因发泄而得到满足，从而导致情绪的缓和、心理的平静。笔者认为这两说都不尽符合亚里士多德的原意。在《政治学》第八卷第七章中，亚里士多德谈到音乐的净化作用时，曾将"Katharsis"一词与"治疗"在同义上使用。所谓悲剧的治疗和净化作用，其本质含义应联系亚里士多德的伦理学说来加以解释。亚里士多德认为，人是政治的动物。作为政治的动物，人的美德与人的激情和行动有关。所谓激情，是指伴有愉快或痛苦的许多感觉。激情有过多、不足和中间的情况，其中过多或不足都是不好的，只有中间才是最好的、才是美德，因为"美德乃是一种中庸之道，……它乃是以居间者为目的的"[①]。在《尼各马可伦理学》第二卷第六章中，亚里士多德说："恐惧、信心、欲望、愤怒和怜悯，以及一般说来愉快和痛苦种种感觉，都可以是太过或太少，而这两种情形都是不好的，但是，在适当的时候、对适当的事物、对适当的人、由适当的动机和以适当的方式来感觉这些感觉，就既是中间的，又是最好的，而这乃是美德所特具的。"[②] 这里明确提到怜悯与恐惧，而且认为它们须是中间的情形才能符合美德。据此，我们认为亚里士多德所说的悲剧的净化作用，就是通过悲剧的欣赏和熏陶，使怜悯与恐惧这两种情感达到适中，既不使它太强，也不使它太弱，从而使观众保持心理健康，受到情感陶冶。我们知道，柏拉图曾经指责悲剧餍足人们的感伤癖和哀怜癖，使这些情欲不受理智的控制，因而有害人心。亚里士多德的净化说则与此相反，肯定悲剧对怜悯与恐惧的情感具有净化作用，能使这两种情感受到理智的节制，于人的心理和道德大有裨益。这是为悲剧的情感作用所做的最有力的辩护。后来许多美学家、艺术家探讨悲剧的作用，无不从亚里士多德的净化说中受到启发。

---

① 北京大学哲学系外国哲学史教研室编译：《古希腊罗马哲学》，商务印书馆1982年版，第321页。
② 北京大学哲学系外国哲学史教研室编译：《古希腊罗马哲学》，商务印书馆1982年版，第321页。

第三章　宗教美学的肇始者

——普罗提诺的《九章集》

古希腊罗马美学发展到亚里士多德就达到了高峰。此后，从公元前3世纪开始的希腊化时期，学术文化虽然取得许多新成就，但在美学上却没有留下有重要影响的著作。到了公元前1世纪开始的罗马时代，随着文艺上崇拜古典的风气盛行、修辞学的发展以及神秘主义哲学派别的兴起等，陆续出现了三部在西方美学史上产生重要影响的著作，即贺拉斯的《诗艺》、朗吉努斯的《论崇高》和普罗提诺的《九章集》。贺拉斯的《诗艺》本是给罗马贵族皮索父子的一封诗体信，主要谈的是一些创作经验和文艺规则。而它奠立的古典主义理想，对后来的文艺复兴和17—18世纪的新古典主义产生了深刻影响。但它的创见不多，缺少重大理论建树。朗吉努斯的《论崇高》也是一封写给罗马贵族的信，主要是论述文章风格的崇高。它在美学史上第一次提出了"崇高"这一美学范畴，对后来伯克、康德等都产生过重要影响。但它只描述了崇高风格的特征，并未形成合理的理论体系。

普罗提诺（Plotinos，公元205—270年）是亚里士多德之后希腊罗马时代最重要的一位美学家。他是新柏拉图哲学的真正创立者，也是中世纪宗教神秘主义的始祖。根据记载，普罗提诺生于埃及，曾在亚历山大城师从于当地著名学者阿蒙尼阿斯学习哲学达11年之久，后在罗马讲学，是当时影响力最大的哲学家。他留有文章54篇，死后由其门徒波菲利编辑成书，共6集，每集9篇，故称《九章集》。其中第一集第六章《论美》和第五集第八章《论理智美》专门讨论美学问题，集中表现了他的美学思想。普罗提诺的思想融合了柏拉图哲学、晚期希腊和罗马各学派哲学以及东方神秘主义思想，并以独创的方式加以发展，建立了一个哲学宗教化的思想体系。他的美学思想一方面对希腊罗马美学作了继承和总结；另一方面又对中世纪神学美学产生了直接的重大影响，是值得我们重视和研究的。

第一节 美在"太一"所流溢的理念

普罗提诺建立的新柏拉图哲学，主张世界的本原是"太一"。太一是绝对超越的神，它超出一切思想和存在之上，是一切存在物的源泉和最终原则。《九章集》中说："创造万物的太一本身并不是万物中的一物。所以，它既不是一个东西，也不是性质，也不是数量，也不是心智，也不是灵魂，也不运动，也不静止，也不在空间中，也不在时间中，而是绝对只有一个形式的东西，或者无形式的东西，先于一切形式，先于运动，先于静止。"①"太一"是不能用一般存在物的规定性来理解和表达的，是语言文字所不能名状的，是至高无上的至真、至善、至美的三位一体。普罗提诺提出的"太一"实质上是在融合柏拉图和古希腊罗马其他哲学中相关思想的基础上构建的一个具有神秘色彩的理性神。"太一"创造万物的过程不是有意识、有意志的活动，而是一个"流溢"的过程，好比太阳辐射光、火发热、雪生寒等。"太一"是绝对完满的、充溢的。从"太一"首先流溢出的是"努斯"，意即宇宙理性，即纯粹的理智，相当于柏拉图所说的理念或理式。其次从"努斯"流溢出的是灵魂，先是世界灵魂，然后是个别灵魂。最后由灵魂流溢出物质世界。物质世界离"太一"最远，是宇宙的最低阶段，是"太一""努斯"的对立面。物质世界是杂多体，是邪恶根源。人生的目的就是要摆脱这个物质世界，回到"太一"那里去，这也是人的灵魂本性所要求的。为此必须使人的灵魂上升，让灵魂摆脱肉体，从中超脱出来，得到净化，转向"努斯"，最后进入一种没有任何区别和两重性的绝对统一的出神入迷状态，由此达到与"太一"和神融为一体，主体与客体完全浑然不可分。但这样的神秘境界十分短暂，而且是不易达到的。

普罗提诺正是在这种先验的神秘主义的哲学基础之上来探讨美的本质和来源问题的。他首先从各种美的存在现象提出美是什么的问题。《论美》开头说：美主要通过视觉来接受的。就文辞和各种音乐来说，美也可以通

---

① 北京大学哲学系外国哲学史教研室编译：《西方哲学原著选读》上卷，商务印书馆1985年版，第214页。

过听觉来接受,因为乐调和节奏也是美的。从感觉上升到较高的领域,事业、行动、风度、学术和品德也都是美的。这里提出了不同等级的领域的美,从感性的物体美到非感性的心灵美。接着便设问道:"是什么使视觉在物体中见出美,听觉在声音中听出美呢?为什么一切直接联系到心灵的东西都美呢?是否一切事物之所以美,因为都具有同一美?还是在不同的物体和其他对象中,美也是不同的呢?这许多种美或是这一种美究竟是什么呢?"① 这些追问很容易使人联想到柏拉图在《大希庇阿斯》篇里关于美是什么的问话,都是要通过美的现象,对美的本质作深入的哲学思考。

普罗提诺认为寻找美是什么的回答要从探究物体美开始。他说:"首先要研究的问题在于:呈现于各种物体的美是什么呢?是什么在吸住观众的眼睛,使他们在观照中感到欣喜呢?如果我们能找出物体美是什么,我们也许就可以用它作为阶梯去观照其他事物的各种美。"② 关于物体美是什么,从古希腊起就有毕达哥拉斯派提出的美是各部分之间的对称和比例之说,罗马时代的西塞罗也坚持认为美在各部分与全体的比例对称和悦目的颜色。这种看法在当时很流行。普罗提诺认为这种学说极不合理,他批驳说:"对于持这种见解的人来说,美的东西就不可能是一种单纯的东西,而只能是一种复合的东西,而且这东西全体都应该美,各部分分开来看就不是美的,只有作为全体的部分来看才能是美的。但是全体如果是美的,它的各部分也应该美。一切美的东西当然不能由丑的部分来形成,它所包含的一切都美。"③ 接着他举例说,日光、黄金,它们的颜色是单纯的,还有单纯的声音,都不能由各部分的比例对称来得到它们的美。至于转到美的事业、美的学问、美的德行,更不能把美的根由归到比例对称。在美的事业、法律、知识或学术里能见出什么比例对称呢?德行的美、心灵的美,在什么意义上可以说能见出比例对称的各部分呢?这充分说明,美不在物体形式上的比例对称。

---

① [古罗马] 普罗提诺:《九章集》,载《西方美学家论美和美感》,商务印书馆1980年版,第53页。
② [古罗马] 普罗提诺:《九章集》,载《西方美学家论美和美感》,商务印书馆1980年版,第56页。
③ [古罗马] 普罗提诺:《九章集》,载《西方美学家论美和美感》,商务印书馆1980年版,第56页。

那么，在普罗提诺看来，物体美究竟是什么呢？他认为，心灵之所以一见到物体美就感觉它美，是因为心灵最接近比它更高的真实界（即理念世界或神），所以它一旦看到某些东西和自己同类或有同类的痕迹，便欣喜若狂地欢迎它们，因而回想到自己和属于自己的一切。物体美和真实界的美是类似的。普罗提诺接着说："为什么它们都美呢？依我看，它们之所以美，是由于分享得一种理念。"① 就是说，物体之所以美并非由于它们的本质，而是由于分享了理念。分享之说，使人想到柏拉图分有之说，柏拉图认为具体事物的美是由于分有了美本身，即美的理念。普罗提诺这里的理念，应该是指由太一直接流溢出的努斯，即纯粹的理智。他说："理念是由理智的实质产生的，一切事物之所以美，都由于理念。"② 为什么物体分享到理念才能美呢？普罗提诺的解释是："等到理念来到一件东西上，把那件东西的各部分加以组织安排，化为一种凝聚的整体，在这过程中就创造出整一性，因为理念本身是整一的，而由理念赋予形式的东西也就必须在由许多部分组成的那一类事物所允许的范围之内，变为整一的。一件东西既化为整一体了，美就安坐在那件东西上面，就使那东西各部分和全体都美。"③ 这里提出的整一的概念是一个重要概念。因为理念本身是整一的，所以由理念赋予形式的东西也就变为整一的，并因此获得美。普罗提诺进一步指出，当理念来到一个单纯的或各部分同质的东西上面，就使那东西在全体上显得美。这仿佛是大自然匠心独运，有时把美授予一整座房屋和其中各部分，有时把美授予一块单纯的石头。总之，"物体美是由分享一种来自神明的理念而得到的"④。

结合探讨美是什么，普罗提诺也论述了什么是丑。既然美是分享理念而来的，那么当物质没有取得理念时自然是丑的。他说："凡是无形式而注定要取得一种形式和理念的东西，在还没有取得一种理念和形式时，对

---

① ［古罗马］普罗提诺：《九章集》，载《西方美学家论美和美感》，商务印书馆1980年版，第54页。原译中"理式"均改为"理念"。
② ［古罗马］普罗提诺：《九章集》，载《西方美学家论美和美感》，商务印书馆1980年版，第58页。
③ ［古罗马］普罗提诺：《九章集》，载《西方美学家论美和美感》，商务印书馆1980年版，第54页。
④ ［古罗马］普罗提诺：《九章集》，载《西方美学家论美和美感》，商务印书馆1980年版，第54页。

于神圣的理性就还是丑的，异己的。这就是绝对丑。此外，凡是物质还没有完全由理念赋予形式，因而还没有有一种形式和理性统辖着的东西也是丑的。"① 可见，美和丑的本质区别，在于物质和事物是否由理念赋予形式。

在普罗提诺所分的美的等级中，比物质美更高级的是心灵美或灵魂美。他认为心灵也是因理念而美。一切美德都在于净化，心灵的伟大就在于对尘世事物的鄙视，摆脱肉体和物质的污染。他说：

> 心灵一旦经过净化，就变成一种理念或理性，就变成无形体的，纯然理智的，完全隶属于神，神才是美的来源，凡是和美同类的事物也都是从神那里来的。所以化为理性的心灵就更加美。②

理性以及从理性而来的东西，对于心灵是一种符合本质的美。心灵由理性而美，其他如行为和事业之类的各种事物之所以美，都是由于心灵在那些事物上印上了它自己的形式。物体之所以能称为美，也是心灵所使然。心灵作为一种神圣的东西、作为美的一部分，使它所能接触和统辖的一切东西都变成美的，美到它们所能达到的限度。通过对心灵美的论述，普罗提诺完成了一切美皆在于理念这一命题，同时也阐明了心灵美或灵魂美如何高于行为美和物体美的原因。

结合论述心灵美，普罗提诺还说明了美和善的关系。他认为，美和善都是凭理性去认识的东西，心灵的善和美都是从神那里来的。所以，"美也就是善；从这善里理性直接得到它的美"③。美与善、丑与恶，两者是一致的，都要用同一方法去研究。如果需要区分美和善，那么我们可以说，美是第一原则。美是摆在善前面的，在美后面的我们称为自然的善。"美

---

① ［古罗马］普罗提诺：《九章集》，载《西方美学家论美和美感》，商务印书馆1980年版，第54页。
② ［古罗马］普罗提诺：《九章集》，载《西方美学家论美和美感》，商务印书馆1980年版，第57页。
③ ［古罗马］普罗提诺：《九章集》，载《西方美学家论美和美感》，商务印书馆1980年版，第58页。

是理念所在的地方，善在美后面的，是美的本源。"① 这表明在普罗提诺看来，虽然美和善都来自理念，但善比美更为根本。

普罗提诺关于美的本质的论述，和柏拉图的美是理念说是一脉相承的。他继承了他所认为的柏拉图最重要的美学思想，同时又以独创的方式对它加以发展。柏拉图的理念是通过理智和理性把握的关于存在的绝对本质，是绝对、真实的实在；他认为美的理念是一切美的事物之所以是美的唯一真实原因。普罗提诺关于美在于分享理念的主张，同样把理念作为美的本原；他所说的理念，即"努斯"或宇宙理性，和柏拉图的理念是相等的。但他将"努斯"或理念纳入由最高的理性神"太一"派生宇宙的超自然世界图式，将"太一"之神作为美的终极本原，赋予理念以宗教色彩，并按照"太一"流溢的过程，将美分为理智美、灵魂美、行为事业美、物体美等不同等级，实质上肯定了美的多样性。此外，他将亚里士多德的"形式"说和"理念"说、"流溢"说结合起来解释美的本质，认为现实世界中美和美的事物乃至美的灵魂不是分离的，美就存在于具体事物之中。这样，普罗提诺就为美学提供了一个崭新的形而上学基础。

第二节 审美观照是灵魂上升之途

普罗提诺认为，人是灵魂与身体的结合体，灵魂是使人成为存在的形式，身体是质料。人的灵魂本是由努斯和世界灵魂流溢出的精神实体，特别表现在它的理性部分。但作为质料的身体不免因物质和情欲生恶，污染灵魂，使之迷失理性。灵魂如果要摆脱肉欲的恶和因物质化而得来的杂质，恢复理性，就必须走上升之路，净化灵魂，向理性升华，回归太一，与神合一，这是人生的最高目的。他进而指出，灵魂上升最终在观照中与神合一的途径有三种：一是完善道德，沉思德性；二是掌握辩证法，直通理智；三是审美观照，回归太一、集真善美为一体的神圣境界。

按照普罗提诺的看法，审美观照作为灵魂上升之路，是从现实世界的感性美察知美的理念，通过灵魂净化、道德完善与辩证法逐渐升华而把握

---

① ［古罗马］普罗提诺：《九章集》，载《西方美学家论美和美感》，商务印书馆1980年版，第58页。

灵魂美与理智美，最终目的是在观照中回归美的终极本源和最高形式、集真善美为一体的太一。实现这种审美观照不是依靠感官，而是借助灵魂。普罗提诺说："至于最高的美就不是感官所能感觉到的，而是要靠灵魂才能见出的。灵魂判定它们美，并不凭感官。要观照这种美，我们就得向更高处上升，把感觉留在下界。"① 在审美观照中领会美必须依赖于这种专为审美而设的灵魂的功能，这种灵魂功能在判断审美的事情时，是以它本身的理念为准绳，而用它来判断的，正如用尺来衡量直线那样。普罗提诺把这种为审美而设的灵魂的功能又称作"内心视觉"或"内在眼睛"。他说：

> 凝注你的眼神去观照吧，因为只有这种眼睛，才能观照那伟大的美。但是如果这眼睛曾经被罪恶的污汁弄得昏暗而还没有经过洗濯，或是它较软弱无力，它就支持不住看光线过强的东西，尽管东西摆在它面前，他也还是视而不见，因为眼睛如果要能观照对象，就得设法使自己和那对象相近似，眼睛如果还没有变得像太阳，它就看不见太阳；灵魂也是如此，本身如果不美也就看不见美。所以一切人都须先变成神圣的和美的，才能观照神和美。②

总之，审美观照需要依靠美的灵魂，要观照神和最高的美必须使自己先变成神圣的和美的。普罗提诺分析道：灵魂如果不加节制，追求欲乐，就会染上许多肉体方面的杂质，甘心与许多物质性的东西合在一起，吸收异己的理念。这样，它就会由于混杂了较低级的东西而蜕化变质，丑就依附到它身上，就显不出它原有的美。如果要恢复美，就要做一番洗濯清洁的工夫，还回它的原来面目，这就需要灵魂的净化。他说："只有在清除了由于和肉体结合得太紧而从肉体染来的种种欲望，摆脱了其他情欲，洗净了因物质化而得来的杂质，还纯抱素之后，它才能抛掉一切从异己的自

---

① ［古罗马］普罗提诺：《九章集》，载《西方美学家论美和美感》，商务印书馆1980年版，第60页。原译中"心灵"改为"灵魂"。

② ［古罗马］普罗提诺：《九章集》，载《西方美学家论美和美感》，商务印书馆1980年版，第63页。

然得来的东西。"① 一切美德都在于净化。灵魂的伟大之处就在于对尘世事物的鄙视，就是避开尘世事物引导灵魂向上的念头。"灵魂一旦经过了净化，就变成一种理念或一种理性，就变成无形体的，纯然理智的，完全隶属于神，神才是美的来源。"②

审美观照是灵魂逐步上升的过程。灵魂要达到对于最高的本原的美的观照，须经过最尖锐的、最紧张的斗争，须做出一切努力。首先，要抛下肉眼的观照在外面，不再回头去欣赏以前所醉心的肉体的光彩，不去追逐肉体美。要像俄底修斯逃开女妖喀尔刻或者女神卡吕普索那样，尽管触目尽是悦目的颜色而身处种种感性的美之中，也不肯流连忘返。必须抛弃这一切，不用肉眼来看，就好像闭上眼睛，另换一种视觉，把人人都能有但甚少有人能运用的这种"内心视觉"或"内在眼睛"唤醒过来。这种内心视觉在初醒觉的时候，还不能看见光辉灿烂的最高的美。首先应该是使灵魂自己学会看美的事业，然后去看美的行为，不是艺术所成就的，而是品德好的人所做出的行为；接着就看做出美的行为的人们的灵魂。那么，怎样才能看到好人的灵魂美呢？普罗提诺提出方式是"把眼睛折回到你本身去看"③，返心内视，观照自己内心世界，在本身看出美来，也就是使自己灵魂变成美的。他比喻说，如果在你本身还看不出美，你就应该学创造美的雕像的雕刻家那样做，凿去石头中不需要的部分，再加以切磋琢磨，把曲的雕直，把粗的磨光，直到把你自己的雕像雕得放射出德行的光辉。这时，你已成为一种其大无穷、其形难状、不增不减的光辉，如果你已达到这种境界，你就会立刻变成你所见得境界。虽然身在尘世，实际上已经升到上界，从此便可以用这种眼睛去观照那伟大的美。这里，普罗提诺特别提到观照上述这类非感性事物美时所产生的心理感受，他说："一旦见到它们，我们就感到一种远比在上述见到物体美的情况之下更为强烈的喜悦和惊惧，因为我们现在所接触的是真实界事物，见到这种美所产生的情绪

---

① ［古罗马］普罗提诺：《九章集》，载《缪灵珠美学译文集》第1卷，中国人民大学出版社1987年版，第244页。
② ［古罗马］普罗提诺：《九章集》，载《西方美学家论美和美感》，商务印书馆1980年版，第57页。
③ ［古罗马］普罗提诺：《九章集》，载《西方美学家论美和美感》，商务印书馆1980年版，第63页。

是心醉神迷,是惊喜,是渴念,是爱慕和喜惧交集。"① 这种描述对我们认识各种高级美所引起的美感心理活动很有启发。

审美观照的最高境界和最终目的是灵魂上升,回归"太一",观照集真善美为一体的神的美。普罗提诺指出:当灵魂升到上界,转身向善,观照到神时,便把一切与神对立的东西都抛弃掉了,灵魂就纯然独立,一个人面对一个人似地面对着神,神就是一切所依存、一切所向往,一切凭他而存在、而生活、而思维,因为他就是生命、理性和存在的原因。他描述观照到神,即最高的本原的美时的感受说:

> 如果一个人观照到这种神,在愿望使自己和神契合为一体之中,他会感受到什么样强烈的爱慕和希冀,会怎样的惊喜交集!凡是还没有观照到神的人,可以像向往善一样去向往他,但是已经观照到神的人,就会为着他的美而热爱他,充满着狂热和狂喜,以一种真正的爱和热烈的希冀去爱他,就会耻笑一切其他形式的爱,鄙视过去那僭称美的事物。②

这里值得注意的有两点:一是观照到神的人会与神契合为一体,进入人神合一的状态。"人变为神的心智,实质上就是进入神中。"二是观照到神会感受到强烈的爱慕,充满狂热和狂喜,进入神圣之爱的迷狂。这是一种人神一体、主客不分、超越自我、进入迷狂的神圣境界和神秘体验。进入这种神圣境界观照美本身就是人生最大的幸福。普罗提诺说:"谁能达到这种观照谁就享幸福,谁达不到这种观照谁就是真正不幸的人。因为不幸的人不是没有见过美的颜色和物体,或是没有掌握过国家权势的人,而是没有见过唯一的美本身的人。"③

普罗提诺的审美观照和灵魂上升说与柏拉图的美的观照和灵魂回忆说

---

① [古罗马] 普罗提诺:《九章集》,载《西方美学家论美和美感》,商务印书馆1980年版,第61页。

② [古罗马] 普罗提诺:《九章集》,载《西方美学家论美和美感》,商务印书馆1980年版,第62页。

③ [古罗马] 普罗提诺:《九章集》,载《西方美学家论美和美感》,商务印书馆1980年版,第62页。

有着紧密的联系。柏拉图认为，人要认识美本身须经过一个逐渐上升的过程，其实质是人对自己的灵魂的回忆。人生下来之前，他的不死的灵魂本来就具有属于理念世界的美本身的知识。当见到尘世的美，就引起对于上界里真正的美的回忆，并追忆到生前观照那美的景象时所引起的狂喜，于是陷入迷狂状态。普罗提诺在此基础上发展成灵魂上升观照本原之美的学说。但他的理论却和柏拉图的理论有着很大区别，在普罗提诺看来，审美观照作为灵魂上升之途，是对于灵魂来源的太一之神的回归，而不是对于自己身前不死灵魂的回忆。通过审美观照，摆脱尘世事物的污染和丑恶，灵魂得到净化和升华，回复神性，与神合一，这是人生的最高目的和最大幸福。显然，审美观照在这里已经被完全宗教化了。普罗提诺所说的迷狂，也不是柏拉图所说的灵魂回忆的欣喜若狂，而是人神合一、进入神中的一种宗教式的狂热的神秘体验。此外，他提出审美观照须凭借内心视觉或内在眼睛，这也是一个新看法。通过"返心内视"，观照自己的内心深处，使灵魂得到净化和升华，最终达到人神合一的神圣境界，这种观点被中世纪神学哲学和美学广泛传播，对西方美学思想发展产生了重要影响。

第三节 艺术美的本源和作用

在《九章集》第六卷的《论理性美》一章中，普罗提诺专门论述了艺术美的问题，主要是讨论艺术美的本质和来源，此外还涉及艺术模仿、艺术作用等。为了说明艺术美的来源，普罗提诺拿一块石头和一个由石头制作的雕像进行比较说明：

> 假定有两种东西，例如两块石头并列在一起，其中一块还不成形，还未经艺术点染，另一块却已经由艺术降伏过，变成神与人的雕像，——如果是神，也许是某一位美神或诗人；如果是人就不是某某个别的人，而是各种人的美的综合体。这块已由艺术按着一种理念的美而赋予形式的石头之所以美，并不因为它是一块石头（否则那块未经点染的顽石也就应该一样美），而是由于艺术所赋予它的那种理念。这种理念原来并不在石头材料里，而是在被贯注到顽石里之前就已在构思的心灵里。理念先存在于艺术家心里，并不是他有眼睛和手，而

是由于他的艺术。①

　　这里明确指出，雕像之艺术美，不在石头材料本身，而是艺术所赋予它的那种理念。艺术按照一种理念的美赋予形式于石头，才产生出雕像的艺术美。可见，艺术美来源于理念或理念的美。这种理念先存在于艺术家构思的心灵里，然后被贯注到石头里，从而赋予形式于石头形成艺术美。艺术家心灵中存在的理念，就是从太一流溢出的努斯的理念。艺术家的心灵可以说是从理念美到艺术美的一个中介。从理念美赋予形式于石头的观点中，可以明显看出其受到亚里士多德形式与质料关系之说的影响。

　　按照普罗提诺对美的等级的划分，心灵美是比一切现实事物美更高级的美。艺术作品的美是由艺术家心灵中的理念赋予的，但它却不完全等同于艺术家心灵中的理念美。所以，普罗提诺接着指出，艺术家心里原已构思成的这种美，比起体现于雕像的美要高级得多，不能完全转移到石头上去，只能留在他心里，转移到石头上所产生的美就相对低下些。总之，这种较低的美不能在石头上保持艺术家心里原来构思的那样纯洁，只能美到石头被艺术家降伏的程度。可见，艺术美由于要借助物质材料，所以还不是纯粹的理念美。

　　结合探讨艺术美的本质和来源，普罗提诺论述了艺术模仿的问题。艺术模仿之说，是古希腊美学中流行的一种思想，柏拉图和亚里士多德都主张艺术模仿说，但两人所说的内容却很不相同。前者主张艺术模仿理念，后者主张艺术模仿现实。普罗提诺的艺术模仿之说包含着对理念的模仿，但主要是来自亚里士多德的艺术模仿现实说。他反对有人借口艺术模仿自然来贬低艺术，肯定了艺术对于现实的模仿。他说："模仿的艺术——绘画、雕塑、舞蹈、哑剧姿势——大部分是尘世的，它们模仿感官所感觉到的原型。"② 但他认为，模仿绝不是对于现实事物的复制，并着重指出："各种艺术并不只是抄袭肉眼可见的事物，而是要回溯到自然所由造成的那些原则。还不仅如此，许多艺术作品是有独创性的，因为艺术本身既然

---

　　① [古罗马] 普罗提诺：《九章集》，载《西方美学家论美和美感》，商务印书馆1980年版，第59页。

　　② [古罗马] 普罗提诺：《九章集》，载 [波] W. 塔塔科维兹《古代美学》，杨力等译，中国社会科学出版社1990年版，第424页。

第三章 宗教美学的肇始者

具有美的来源，当然就能了解外在事物的缺陷。例如，菲狄亚斯雕刻天神宙斯，并不按着肉眼可见的蓝本，而是按照他的理解，假如宙斯肯现身给凡眼看，他理应像个什么样子。"① 这里从两个方面说明了艺术作品和其所模仿的对象的区别，一是艺术作品在模仿自然事物时，还要回溯到自然所由造成的原则即理念，也就是上文提到的艺术家所赋予的心灵中的理念；二是艺术作品的美能够弥补外在事物的缺陷，按照事物理应的样子来塑造事物形象。这和前文提到由石头制作的雕像时所说的雕像应该是各种人的美的综合体在意思上是一样的，讲的就是艺术的典型化和理想化。所以，普罗提诺认为，艺术作品"所具有的美比外在的现实美更高些更美些"②。这些看法与柏拉图认为艺术只是"摹本的摹本"，不能反映现实的本质和达到真理的看法有很大的区别，而和亚里士多德认为艺术真实可以比实际生活更高、更典型、更理想的观点倒是不谋而合。

在论述艺术模仿时，普罗提诺提到艺术模仿感官所感觉的原型，这里已经触及艺术的形象化特点问题。他还说过，艺术家所画的画是艺术家创造出的形象，他尤其称赞埃及人在神庙里创造的绘画用形象来表达智慧的才能，说："依我看，埃及的智人凭借正确的知识和本能，认识了这个道理：他们要是想以智慧来阐明甚么，就从不使用那些表示语言命题和代表声音谈话的文字符号，而总是绘出形象来表达，给每一事物绘一个形象，把形象可在神庙里以显示事物的细节，所以每一形象是一种知识和智慧，而且是本质的和全面的知识，而不是抽象的思想和意见，然后从这种全面的存在产生个别事物的映象，揭露了详细的道理，说明了事物所以然的原因，从而使人赞叹造物是多么美。"③ 这里所讲用描绘的事物的形象，而不是用抽象思想和文字符号来表达智慧和说明事物的道理，其实就是一种形象思维的方法，它是艺术不同于其他知识形式的根本区别所在。

普罗提诺肯定艺术的积极作用。他认为艺术美将现实生活的感性美与

---

① ［古罗马］普罗提诺：《九章集》，载《西方美学家论美和美感》，商务印书馆1980年版，第60页。
② ［古罗马］普罗提诺：《九章集》，载《缪灵珠美学译文集》第1卷，中国人民大学出版社1987年版，第250页。
③ ［古罗马］普罗提诺：《九章集》，载《缪灵珠美学译文集》第1卷，中国人民大学出版社1987年版，第256—257页。

灵魂的理念美融为一体，将感性世界的美提升至灵魂、理智的美，因而高于自然美，是沟通现实世界与灵魂和理念世界的重要环节。艺术美融合着道德美，能促使灵魂实现净化和升华，向美的神圣理智高升。他认为音乐包含属于理智的和谐和节奏，能使听众和理智世界相接触，"音乐以其舒缓的力量影响心灵，使人变得完美"①。又说："当人们凝神观看绘画作品时，虽然用自己的眼睛，却从中认识到它们不过是存在于太一中的现实感官世界的模仿品而已。他们为之激动，并最终回忆起真理。这是一种产生出强烈爱情的经验。"②所以，欣赏艺术作品的美，使心灵受到感染和激动，让灵魂得到净化，像所有审美观照一样，也是灵魂上升、最终观照"太一"、达到人神合一的重要途径。这种看法固然带有将艺术作用宗教化的倾向，但它充分肯定了艺术的积极作用和社会功能，和柏拉图贬低艺术的社会价值、否定艺术对人心的积极影响的主张是有很大不同的。从思想联系上看，它和亚里士多德重视艺术审美教育作用的艺术净化说有着较大相似之处。

　　普罗提诺的美学横跨古希腊罗马和中世纪两个时代。他上承古希腊柏拉图和亚里士多德的美学思想，但又有着独创性的发展。"他的美学就形而上学基础和美的经验分析两方面而言，都是崭新的。"③同时，它还下启中世纪美学，对中世纪基督教神学美学产生了直接的、重大的影响。尽管普罗提诺的学说中没有主张基督教神学的思想痕迹，但他完成的哲学宗教化和美学宗教化的思想体系，却被后来的基督教教父们融入基督教神学之中，被基督教神学哲学和神学美学奉为圭臬。中世纪首位最重要的基督教神学美学家奥古斯丁对普罗提诺的《九章集》赞叹不已，他的某些美学论述几乎是对普罗提诺著述逐字逐句的复述。通过奥古斯丁，普罗提诺的美学对整个中世纪基督教美学和基督教艺术都产生了深远的影响。

---

① ［古罗马］普罗提诺：《九章集》，载［波］W. 塔塔科维兹《古代美学》，杨力等译，中国社会科学出版社1990年版，第424页。
② ［古罗马］普罗提诺：《九章集》，载［波］W. 塔塔科维兹《古代美学》，杨力等译，中国社会科学出版社1990年版，第424页。
③ ［波］W. 塔塔科维兹：《古代美学》，杨力等译，中国社会科学出版社1990年版，第410页。

第四章 古典主义的美学法典

——布瓦洛的《诗的艺术》

在 17 世纪风靡法国的古典主义文艺思潮中,产生了一部对当时和后来都有很大影响力的美学著作,这就是布瓦洛(Nicolas Boileau-Despréaux,公元 1636—1711 年)的《诗的艺术》(1669 – 1674)。布瓦洛终生从事诗歌创作和戏剧研究,年轻时曾和拉辛、莫里哀有交往。1677 年和拉辛同时被任命为国王的史官。1684 年当选为法兰西学院院士。如果说高乃依、拉辛和莫里哀三大戏剧作家代表着古典主义文艺创作的最高成就,那么布瓦洛则是古典主义文艺理论的最高权威。他的《诗的艺术》一书总结了古典主义创作的成就和经验,表达了古典主义的美学原则和文艺理想,被人们称为"古典主义的美学法典"。

第一节 没有笛卡尔的笛卡尔美学

布瓦洛《诗的艺术》是对法国古典主义文艺创作经验的理论总结。法国古典主义文艺是继意大利文艺复兴之后欧洲文艺发展的又一个高峰。为了区别于文艺复兴时期效仿古希腊、罗马的古典主义文化运动,也有人把它称为"新古典主义"。法国古典主义文艺思潮是特定的历史条件下的产物。法国的中央集权的君主制度,资产阶级对王权的让步和妥协,是它形成的社会政治基础;笛卡尔的理性主义则为它的形成提供了哲学基础。古典主义文艺创作遵循绝对王权的政治标准和艺术标准,在思想内容上歌颂绝对王权,尊重君主专制所需要的道德规范,提倡以"温和折中""自我克制"为主要内容的理性;在题材选择上突出宫廷和贵族的生活,并借用古代故事,赋予它崇高悲壮的色彩;在艺术表现上要求结构严谨完整,语言简洁明晰,严格遵守各种体裁的高低类别和人为法则。古典主义文学的代表作家中，以高乃依、莫里哀、布瓦洛、拉辛、拉封丹等最为著名。布瓦洛和古典主义喜剧创建者莫里哀及悲剧作家拉辛，都是古典主义文学最繁荣时期的作家代表。

在古典主义文艺形成过程中，法兰西学士院起了重要作用。法兰西学士院是经路易十三亲自批准成立的政府学术团体，主要由符合绝对王权要求的作家、评论家、学者等组成。基本任务是统一文字，为法语制订规则，确立共同的美学标准，评判诗人的作品并使之符合王权的要求。1636年高乃依以西班牙民族英雄熙德的故事为题材创作了悲剧《勒·熙德》，一经公演便轰动了巴黎，为法国古典主义戏剧的发展奠定了基础。但这部作品却引起贵族阶级右翼作家的指责。法兰西学士院官方文艺批评家夏普兰在黎士留的授意下发表了《法兰西学士院关于〈熙德〉的感想》，通过评论《熙德》及其争论，力图把整个文学纳入古典主义的固定的范式，强调理性高于一切，号召向古代作家学习，把悲剧和史诗划为高级体裁，其他则为低级体裁，规定戏剧创作必须遵循"三一律"，较系统地提出了古典主义的文艺思想和美学原则，对古典主义文艺创作起了规范作用。

布瓦洛在《诗的艺术》中总结和提出的古典主义的美学原则和文艺理想，不仅是以古典主义文艺的成就和经验为来源的，而且是以笛卡尔的理性主义为哲学基础的。笛卡尔是近代唯心主义的唯理论的第一个代表，他强调"理性""良知"的作用。所谓"理性""良知"，按照笛卡尔的解释，就是指人人具有的善于判断和辨别真假的能力。他说："那种正确地作判断和辨别真假的能力，实际上也就是我们称之为良知或理性的那种东西，是人人天然地均等的。"① 又说："说到理性或良知，既然它是唯一使我们成为人并且使我们与禽兽有区别的东西，所以我很愿意认为它在每一个人身上都是完整的。"② 在笛卡尔看来，理性是一种先天的、与生俱来的普遍的人性，是真理性的认识的来源。人对于一切都应当诉诸理性的权威，把它们"放在理性的尺度上校正"。这种哲学观点反对盲从和迷信，在当时具有反对宗教神学的进步意义。

---

① 北京大学哲学系外国哲学史教研室编：《西方哲学原著选读》，商务印书馆1985年版，第362页。

② 北京大学哲学系外国哲学史教研室编：《西方哲学原著选读》，商务印书馆1985年版，第362页。

在认识论方面，笛卡尔还提出了"天赋观念论"。他认为人有三种观念："有一些是我天赋的，有一些是从外面来的，有一些是我自己制造出来的。"① 所谓"从外面来的"观念，就是通过感官获得的感觉经验或感性认识。笛卡尔认为这种观念常常是混乱的错觉、是不可靠的认识，如他说："有许多经验逐渐破坏了我以前加给我的感官的全部信任。因为我多次看到，有些塔我远看好像是圆的，而我近看却是方的；耸立在塔顶上的巨大塑像从塔底下看却是小小的塑像，这样，在其他无数场合中，我都看出根据外部感官所下的判断是有错误的。"② 所谓"自己制造出来的"观念，就是由心灵虚构和捏造的观念，如美人鱼、飞马以及其他这一类的怪物。笛卡尔认为这种观念纯属虚妄，不能作为认识依据。所谓"天赋的"观念，是指理性本身固有的、与生俱来的观念，也可以说是一种不证自明的知识，像数学的原理、逻辑的范畴、思维的"我"、绝对完美的上帝之类观念，笛卡尔都说它们是天赋的、理性所固有的。天赋观念不是通过感官来的，而是由澄明而专一的心灵产生的，所以它也就是笛卡尔所说的"直觉"。天赋观念具有清楚明白的普遍性和必然性，所以笛卡尔把它们当作绝对真理。他认为以天赋观念为基础，运用类似数学的推理方法，通过从概念到概念的理性演绎，就可以获得确实性的知识。笛卡尔看到了理性认识比感性认识更深刻、更能反映事物的本质，看到了思维的能动性和认识的主观能动作用，这是有积极意义的。但他贬低感性认识，否认理性认识和思维活动需以感性认识为基础，而把理性认识说成是"天赋的"，这就使他的理性主义具有了唯心主义的先验论的性质。

笛卡尔创立的近代理性主义哲学，为近代理性主义美学的形成和发展奠定了基础。他的理性主义基本原则在继之而来的法国古典主义文艺思潮和美学思想中得到全面贯彻和体现。古典主义文艺思潮和美学思想的出发点，就是作为普遍永恒的人性的理性。不过，就笛卡尔本身的思想而言，并没有提出一套系统的美学思想。除了早年写的《音乐提要》以及后来的《致麦尔生神父的信》等之外，他对于一些具体的美学问题的论述仅散见

---

① ［法］笛卡尔：《第一哲学沉思集》，载北京大学哲学系外国哲学史教研室编译《十六—十八世纪西欧各国哲学》，商务印书馆 1975 年版，第 167 页。
② ［法］笛卡尔：《第一哲学沉思集》，庞景仁译，商务印书馆 1986 年版，第 80—81 页。

于哲学著作中，其中涉及美、美感以及想象和诗歌创作等问题。尽管如此，"十七世纪的文学界，各方面都体现了笛卡尔连第一句话也从未写过的笛卡尔美学"①。而布瓦洛把笛卡尔的理性主义全部应用到观察和研究文艺问题上来，他的《诗的艺术》实际上就是理性主义在美学理论上完整的系统的体现，堪称一部没有笛卡尔的笛卡尔美学。

就西方美学思想传统而言，布瓦洛的《诗的艺术》显然受到古罗马贺拉斯《诗艺》的影响。贺拉斯在《诗艺》中提出的文艺"寓教于乐"说、人物性格类型说、效仿古典说等，都被布瓦洛吸收到自己的美学理论中来，并且按照古典主义文艺实践经验作了新的补充和发挥。不仅如此，在书的写法上，也可以明显看出《诗艺》对《诗的艺术》影响的痕迹。除此之外，布瓦洛还从古希腊罗马的其他文艺理论和美学著作中汲取了理论营养，如亚里士多德的《诗学》、朗吉努斯的《论崇高》等。不过，他在接受这些理论时，也都是从理性主义的哲学思想和古典主义的文艺经验来理解和说明的。

《诗的艺术》是用诗体写成的，全书有一千多行，共分四章。第一章总论对于文艺创作的要求；第二章论次要诗体，如牧歌、悲歌、颂歌等；第三章论主要诗体，即悲剧、史诗、喜剧；第四章论作家的道德修养。全书所涉及的理论问题相当广泛，对创作所定的清规戒律也相当繁多，这里仅就其中一些重要的美学理论问题加以论述和评价。

第二节　崇尚理性的美学原则

第三节　类型化凝固化的创作理论

参见《彭立勋美学文集》（第三卷）《趣味与理性：西方近代两大美学思潮》第十三章"布瓦洛"。

---

① ［美］凯·埃·吉尔伯特、［德］赫·库恩：《美学史》上卷，夏乾丰译，上海译文出版社 1987 年版，第 264 页。

第五章　美学学科建立的标志

——鲍姆加登的《美学》

第一节　美学作为独立学科的诞生

第二节　美学的定义和研究对象

第三节　美的认识与诗的特性

参见《彭立勋美学文集》（第三卷）《趣味与理性：西方近代两大美学思潮》第十六章"鲍姆加登"。

第六章 趣味心理研究的开拓者
——休谟的《论趣味的标准》

休谟（David Hume，公元 1711—1776 年）是英国经验论哲学的完成者，也是经验主义美学的集大成者。他出生于苏格兰爱丁堡，1722 年进爱丁堡大学学习，后来辍学回家，专心自学，起初主要学习法律和文学，后来转而系统地学习哲学和批评学（即美学）。他一生主要从事哲学研究，也撰写了一些有关政治和经济等方面的论文。做过教师、秘书、图书馆管理人员，也担任过英国政府部门官员。在巴黎任职期间，和狄德罗等法国启蒙思想家交往甚密。

休谟生活在英国资产阶级"光荣革命"结束到产业革命开始的社会变革的时代。从资产阶级革命胜利到 18 世纪中叶，正是英国资本主义经济大发展并为即将到来的产业革命做好物质和技术准备的时期。作为一位启蒙思想家，休谟顺应时代的潮流，其思想反映了取得革命胜利的资产阶级的利益、愿望和要求。在哲学认识论上，休谟继承并贯彻了洛克和 G. 巴克莱的经验论观点，提出了怀疑论，即不可知论的认识论学说。和一切经验论哲学家一样，休谟坚持认为一切知识来源于感觉经验。他断言：印象是观念的原因，人心中的一切观念不论是简单的还是复合的，都起源于简单印象。休谟关于观念起源的理论不只是他的认识论的重要内容，也是他的哲学体系的基础。在回答"感觉印象从何而来"这一认识论的根本问题时，休谟表现出怀疑论和不可知论观点，认为感觉"是由我们不知的原因开始产生于心中"的，对物质和精神何为本源问题避免作明确回答。休谟在经验论的基础上建立了近代欧洲哲学史上第一个不可知论的哲学体系，对当时和后世西方哲学的发展都产生了广泛影响。

休谟把自己的哲学称为"人的科学"或"人性科学"，他所建立的精神哲学体系直接以人性本身为研究对象，不仅包括认识论学说、社会伦理和政治学说,而且包括"研究人类的鉴别力和情绪"的批评学(即后来的美学),所以,他的哲学认识论以及社会政治和伦理思想也都影响着他的美学思想。在《人性论》(1739–1740)、《人类理解研究》(1748)和《道德原则研究》(1751)等主要哲学著作中,休谟都有关于美学问题的丰富论述。此外,他还写有《论趣味的标准》《论悲剧》《论艺术和科学的兴起和发展》等关于美学的论文,从而把英国经验主义美学研究推向一个高峰。《论趣味的标准》发表于1757年,是一篇研究审美趣味问题的专题论文,在英国经验派美学趣味理论的形成和发展中起到了关键作用。

第一节 趣味:英国经验派美学的关键词

我们要科学认识休谟的《论趣味的标准》在西方美学思想发展中的地位和作用,就需要了解经验派美学对审美经验和审美心理研究的发展过程。西方美学发展到近代,出现了一个明显的变化。伴随着西方近代哲学的中心问题从本体论转向认识论,美学研究的主要对象也由审美客体转向审美主体,对人的审美经验和审美心理的研究开始上升到美学研究的主要地位,这一趋向在英国经验派美学中表现得尤其突出,因而成为英国经验派美学的一大特点。经验派美学十分重视和强调对审美经验的研究,并将它置于美学研究的中心地位。这有两方面的原因。从哲学基础方面看,经验主义哲学作为一种认识论,不仅将认识主体问题作为哲学的一个中心问题,而且极为重视对作为认识主体的人的感性认识和感觉经验的研究,包括人的感觉、记忆、想象、情感、情绪、意欲等心理活动,这些都是经验主义哲学家重点研究的对象。从霍布斯、舍夫茨别利到休谟,几乎都结合研究人性,对人的情感问题作了系统而深入的研究。他们对美学问题特别是审美经验的研究,就是同关于人性、人的情欲等问题的研究结合着的。从美学本身方面看,经验主义美学对美和艺术的研究,都是从感性经验出发的,也就是以审美主体的经验作为基础的。经验主义美学家既不是通过逻辑思辨去追寻美的本质的形而上学的结论,也不是用理性去确定艺术内容和形式的原则和规范,他们所注重的是审美欣赏和艺术创作主体的内部体验和心理过程,并由此去考察和研究美的本质和艺术的特点。这就使关于审美经验的研究自然处于美学研究的中心地位。

虽然西方古代对于审美经验也有许多心理学描述，但仅仅是处于一种萌芽状态，它既不系统，也不深刻。真正现代意义上的完整的审美经验的心理学研究，还只能说是从英国经验主义美学才开始的。经验主义美学家自觉地以心理学的方法探讨和解释审美经验问题，对形成审美经验的心理能力、审美经验的心理因素和心理过程、审美经验的情感性质和心理特点、美感的共同性和差异性的心理基础、审美能力的先天因素和训练培养等问题，都作了全面、深入的研究，提出了诸如"内在感官""想象快感""趣味""敏感""同情""巧智"以及"观念联想"等一系列概念和范畴，所有这些概念和范畴都是围绕着趣味理论和学说展开的。趣味成为英国经验派美学中的一个关键词，以致有的西方美学史家把18世纪英国美学发展阶段称为趣味的世纪。

趣味（taste）是英国经验派美学家用来指称人的审美力、鉴别力、欣赏力的一个特殊审美范畴。经验派美学家对于审美力、鉴赏力的考察和研究，可以追溯到"内在感官"说的创导者——舍夫茨别利。舍夫茨别利认为，审辨美丑、善恶不能靠通常的、外在的五种感官，而必须靠一种在人心中的"内在感官"（inner sense）。所谓"内在感官"，就是指人天生就具有的审辨美丑和善恶的特殊心理能力，它既指审美感，也指道德感，这两者在根本上是相通的和一致的。内在感官植根于自然和人性，"人对于事物中崇高优美性有共同而自然的感觉"。内在感官既能感知事物的外表形象，辨识比例和声音，也能感觉到情感的会意与不会意，审视情操和思想，从而能感觉与发现事物和情感的丑恶与美好。舍夫茨别利之所以将人心中审辨美丑善恶的特殊能力称为"内在感官"，主要是因为它在起作用时和视觉、听觉等外在感官具有同样的直接性，不需要经过思考和推理，所以，它在性质上还不是理性的思辨能力，而是类似感官作用的直觉能力。不过，舍夫茨别利又指出内在感官不是属于人的"动物性的部分"，而是要借助于人心和理性，所以，它属于一种高级的感官，这其实已经触及审美感中直觉与理性的关系问题。可以说，舍夫茨别利通过"内在感官"说，开辟了审美经验的心理分析的新途径，对经验主义美学趣味理论的形成和发展产生了重要影响。

舍夫茨别利的"内在感官"说通过他的继承者哈奇生的发展而得到进一步完善。哈奇生着重研究人接受和理解美的观念的能力，他把这种特殊能力称作"美感"(sense of beauty)。他认为人有两种感官:一为接受简单观念、感知对自己身体的利害关系的外在感官;二为接受复杂观念、感知事物价值(善恶美丑)的内在感官。接受简单观念的外在感官只能感到较微弱的快感;接受复杂观念的内在感官却可获得较强大的快感。哈奇生说:"我们将把我们感受匀称美、秩序美、和谐美的能力称之为内在的感官。"① 这就将"内在感官"和"美感"认作同一概念了。哈奇生指出美感或内在感官具有两大特点:其一,内在感官具有和外在感官相类似的直接性,"它的快感并不起于对有关对象的原则、比例、原因或效用的知识,而是立刻就在我们心中唤起美的观念"②。其二,内在感官不涉及利害观念。"这种感官不同于因期待利益的自私而生的快乐","是必然令人愉快,而且直接令人愉快的"。③ 这些论述不仅清楚地指出了审美的内在感官和普通外在感官的区别,而且具体接触到美感心理的特点,和后来休谟提出的趣味理论是一致的。有的西方美学家就将哈奇生的"内在感官"说直接称为"初创的趣味理论"。

和"内在感官"说相并立,艾迪生提出了"想象快感"说来解释审美经验。他认为想象的快感是来自视觉对象的快感,它既可直接来自眼前对象,也可来自记忆、想象形成的视觉对象之意象。前者为初级想象快感,如欣赏自然对象产生的快感;后者为次级想象快感,如欣赏艺术作品产生的快感。想象的快感以意象为基本内容,主要通过想象引起惊愕、惊奇以致愉快、兴奋等情感。它既不同于感官的生理满足产生的快感,也不同于悟性的思考活动产生的快感,其突出特点是具有直觉性和非自觉性。"我们不知不觉就被所见的事物的对称感动,立刻称赞一个对象的美,而无须探讨它所以然的原因或诱因。"④ 想象的快感不仅比悟性快感更容易获得,而且更能吸引人、感动人。虽然这些对美感经验的论述都是描述性的,但

---

① [英] 哈奇生:《论美和德行两种观念的根源》,载 [苏] 奥夫相尼科夫《西方美学史》,吴安迪译,陕西人民出版社 1986 年版,第 125 页。
② [英] 哈奇生:《论美和德行两种观念的根源》,载 [美] D. 汤森编《美学:西方传统经典读本》,波斯顿:琼斯与巴特利特出版社 1966 年版,第 122 页。
③ [英] 哈奇生:《论美和德行两种观念的根源》,载 [美] D. 汤森编《美学:西方传统经典读本》,波斯顿:琼斯与巴特利特出版社 1966 年版,第 123 页。
④ [英] 艾迪生:《旁观者》,载《缪灵珠美学译文集》第 2 卷,中国人民大学出版社 1987 年版,第 36 页。

却接触到美感心理的构成因素和特点等重要问题,特别是关于美感中想象与快感互相交织的观点,非常富于启发性。艾迪生还对"趣味"的心理内涵作了分析,指出良好的趣味应当包括热烈的想象力和敏锐的判断力,并使二者达到结合。趣味在一定意义上是人们生来就具有的,但仍要用些方法来培育它和提高它,这些观点也是后来休谟在《论趣味的标准》中所探讨的问题。

尽管趣味理论在"内在感官"说和"想象快感"说中已有了发展基础,但"趣味"作为一种美学范畴的提出以及理论的完整建构,却是由休谟首先完成的。在《论趣味的标准》中,休谟分析了趣味的内涵、心理构成和特点,论证了趣味多样性的原因及其共同性的关系,对当时众说纷纭的趣味的普遍标准是否存在问题做出了明确回答,指出了培养和提高审美趣味能力的途径,形成了一个独特完整的趣味理论体系。如果说对感受和领会美的特殊心理能力的探讨,构成了英国经验主义美学的一个基本主题,那么休谟的趣味理论则集其大成,在英国经验派美学发展中具有承上启下的关键作用。后来,伯克继承并发展了休谟提出的趣味理论,写了《论趣味》一文,对趣味的性质和心理构成、趣味的普遍原则和共同基础、趣味的差异性等问题作了进一步研究。几乎同时,杰拉德也写了《论趣味》,着重研究了趣味的内涵和标准问题,并将"趣味""内在感官""想象快感"诸说统一起来,进一步扩大了趣味所感受的范围。至此,趣味理论便作为英国经验派美学的核心理论,对后来西方美学关于审美经验、审美心理的研究产生了重大而深刻的影响。

第二节 趣味的心理构成和特点

休谟之所以撰写《论趣味的标准》专门探讨趣味问题,是和他对美学研究对象的理解密切相关的。他认为,作为人的科学的基础的"人性"本身主要由两个部分构成,即理智和情感,它们应分别由不同学科加以研究。对"理智"的研究属于认识论,而对"情感"的研究则属于伦理学和美学。趣味和情感是美学和伦理学的研究对象,正如理智是认识论和逻辑学的研究对象。他说:"逻辑的唯一目的在于说明人类推理能力的原理和作用,以及人类观念的性质;道德学和批评学研究人类的鉴别力和情绪。"① 又说:"伦理学和美学与其说是理智的对象,不如说是趣味和情感的对象。道德的和自然的美,只会为人所感觉,不会为人所理解的。如果我们企图对这一点有所论证,并且努力地确定它的标准,那么我所关心的则是一种新的事实,即人类一般的趣味。"② 休谟提出美学属于情感研究领域,以趣味和情感为对象,所以必然会将趣味问题作为美学研究的中心问题。

休谟特别重视审美趣味研究,还与他对美和美感关系的看法有关。人们经常提到休谟在《论趣味的标准》中所表述的一个论断:"美不是客观存在于任何事物本身里的性质,它只存在于观赏者的心中。"③ 这虽然是休谟在转述一种哲学观点中讲的,但也符合他自己的看法。他在《论怀疑派》里也说:"在美丑之类情形之下,人心并不满足于巡视它的对象,按照它们本来的样子去认识它们;而且还要感到欣喜或不安,赞许或斥责的情感,作为巡视的后果,而这种情感就决定人心在对象上贴上'美'或'丑'、'可喜'或'可厌'的字眼。"④ 这就是说,美是由审美主体的情感附加给对象的。尽管休谟在美的论述中,也讲到对象方面引起美感的某些性质,但他的基本观点是把美的本质看作对象适合于主体心灵而引起的愉快情感,正是审美主体的这种情感和感受决定着对象的美与丑,换言之,不是美引起美感,而是美感决定美。正因为如此,他认为对于审美主体情感和感受,即趣味的研究对于美学特别重要。

按照休谟的理解,趣味和理智不同,属于情感领域,所以情感是趣味的基本性质,也是它的心理构成的主要因素。他非常重视情感在美感生成中的关键作用,努力探寻情感在美的形成中发挥作用的特殊形式。在探讨审美愉快情感发生的原因时,休谟提出了审美同情说。他认为,大多数种类的美感都是由同情作用这个根源发生的,同情是人性中一个强有力的原则。一切人的心灵在其感觉和作用方面都是类似的,凡能激动一个人的任

---

① [英]休谟:《人性论》上册,关文运译,商务印书馆1983年版,第7页。
② 北京大学哲学系外国哲学史教研室编译:《十六—十八世纪西欧各国哲学》,商务印书馆1975年版,第670页。
③ [英]休谟:《论趣味的标准》,吴兴华译,载古典文艺理论译丛编辑委员会编《古典文艺理论译丛》(5),人民文学出版社1963年版,第4页。引文略有改动。
④ [英]休谟:《论怀疑派》,载《西方美学家论美和美感》,商务印书馆1980年版,第109页。

何感情,也总是别人在某种程度内所能感到的,一切感情都可以由一个人传到另一个人,而在每个人的心中产生相应的活动。这种人与人之间在感情上的互相感应和传达便是同情作用。同情对于我们的美感有一种巨大的作用,"我们在任何有用的事物方面所发现的那种美,就是由于这个原则发生的"。"例如一所房屋的舒适,一片田野的肥沃,一匹马的健壮,一艘船的容量、安全性和航行迅速,就构成这些各别对象的主要的美。在这里,被称为美的那个对象只是借其产生某种效果的倾向,使我们感到愉快。那种效果就是某一个其他人的快乐或利益。我们和一个陌生人既然没有友谊,所以他的快乐只是借着同情作用,才使我们感到愉快。"① 按休谟的解释,同情作用是基于因果关系的观念的联想。当我们看到任何情感的原因时,我们的心灵也立刻被传递到其结果上,并且被同样的情感所激动。看到对象的效用,我们便会联想它可以给其拥有者带来利益和引起快乐的效果,所以借着同情也感到愉快。

除了情感,休谟认为感觉、联想、想象等也是趣味心理活动的必要构成因素。感觉是趣味的基础,感官不健全,不可能获得完善的审美感受。联想和想象在美感发生中起着重要作用。上文提到的审美同情说,就包括联想和想象的作用。对美的正确感受离不开想象力,想象力愈强,愈能增强趣味的敏感性和易感性。"多数人所以缺乏对美的正确感受,最显著的原因之一就是想象力不够敏感,而这种敏感正是传达较细致的情绪所必不可少的。"② 休谟认为在美的创造的心理活动中,想象力更为重要。他说:"诗歌中甚至雄辩中的美,许多是靠虚构、夸张、比喻,甚至滥用和颠倒词语的本来意义形成的。要想制止这种想象力的奔放,叫各种表现手法都合乎几何学那样的真实性和准确性,那是极其违背文艺批评规律的。"③

关于趣味的心理构成,伯克在稍后的《论趣味》一文中也有探讨。他认为感觉、想象、理解、情感是趣味包括的基本心理功能,而想象力和情感则是审美趣味中最活跃的因素。休谟尽管认为理性不是趣味的基本组成

---

① [英] 休谟:《人性论》下册,官文运译,商务印书馆1983年版,第618页。
② [英] 休谟:《论趣味的标准》,吴兴华译,载古典文艺理论译丛编辑委员会编《古典文艺理论译丛》(5),人民文学版出版社1963年版,第7页。
③ [英] 休谟:《论趣味的标准》,吴兴华译,载古典文艺理论译丛编辑委员会编《古典文艺理论译丛》(5),人民文学版出版社1963年版,第4—5页。

部分，但也认为它对趣味的正确运用具有不可缺少的指导作用。伯克则认为理解力也是趣味的基本组成部分，比休谟更进了一步。

第三节　趣味的差异性及其原因

第四节　趣味的普遍标准及其形成

参见《彭立勋美学文集》（第三卷）《趣味与理性：西方近代两大美学思潮》第十章第四节"趣味的心理特点和标准"。

第七章　英国经验主义美学的杰作
——伯克的《关于崇高与美两种观念根源的哲学探讨》

第一节　崇高感和美感的心理根源

第二节　崇高和美的对象的性质

第三节　诗画表现崇高和美的比较

参见《彭立勋美学文集》（第三卷）《趣味与理性：西方近代两大美学思潮》第十一章"伯克"。

第八章 启蒙运动美学的卓越成果

——《狄德罗美学论文选》

在18世纪法国启蒙运动的杰出代表人物中，思想最为进步和丰富、对美学和文艺理论贡献最大的就是狄德罗（Diderot，公元1713—1784年）。恩格斯说："如果说，有谁为了'对真理和正义的热诚'（就这句话的正面的意思说）而献出了整个生命，那么，例如狄德罗就是这样的人。"[①] 的确，狄德罗怀着启蒙思想家的理想和信念，进行了毕生的战斗。他曾因写作《供明眼人参考的谈盲人的信》，论述唯物主义和无神论，批判宗教和神学，而被封建统治者投入监狱。但残酷迫害却丝毫未能削弱他的斗争意志，从1750年起，他主持编纂著名的《百科全书》（即《科学、艺术和工艺详解辞典》），为这部浩瀚的巨著献出了一生中的大部分精力。通过《百科全书》的编撰，狄德罗团结和组织了当时一大批先进的思想家和各个知识领域的代表人物，形成"百科全书派"，狄德罗自然也就成为"百科全书派"当之无愧的首领。

狄德罗的美学和文艺理论，是以唯物主义哲学思想作为理论基础的。在哲学上，狄德罗继承和发展了英国和法国的唯物主义路线，并充分吸收了18世纪自然科学的新成果，坚持物质第一性、意识第二性的唯物主义原则。他认为我们应该在自然中，而不是在自己的头脑中把握物体。按照物质与运动不可分割、运动是绝对的原则，狄德罗提出了自然界是不断发展的观点，否认形而上学的不变论，从而使他的唯物主义闪耀着辩证法的光辉。在认识论上，狄德罗继承和发展了英国唯物主义经验论，坚持唯物主义反映论。他认为认识是对于客观世界的反映，"感觉是我们一切知识的

[①] 《马克思恩格斯选集》第4卷，人民出版社1972年版，第228页。

来源"①。同时，他又提出认识客观世界有三种主要方法，即对自然的观察、思考和实验，力图把感性和理性、认识与实验结合起来。列宁说："狄德罗非常接近现代唯物主义的看法。"② 这是对狄德罗哲学思想的高度评价。不过，狄德罗毕竟没有超越机械的、形而上学的唯物主义的局限，在社会历史领域中仍然是属于历史唯心主义的。

狄德罗博学多才，对文艺也有广泛的兴趣和研究。他既是美学家，也是作家。在美学方面，他的贡献也是多方面的。不管是美的理论还是艺术理论，无论是戏剧还是小说、绘画，他都做过认真的研究，提出了一系列的创见。他的主要美学著作有：《关于美的根源及其本质的哲学探讨》（又名《论美》）、《关于〈私生子〉的谈话》、《论戏剧诗》、《演员奇谈》、《画论》等。这些都已收集在人民文学出版社编辑出版的《狄德罗美学论文选》中。

第一节 "美在关系"说

狄德罗探讨美的本质问题的专著，是他于1750年为《百科全书》撰写的《论美》一文。此文后来又以"关于美的根源及其本质的哲学探讨"的题名编入《狄德罗全集》。该文一开始，狄德罗就指出，对手美的根源、美的本质是什么的问题，人们的看法是各不相同的。"人们谈论最多的事物，象命运安排似的，往往是人们最不熟悉的事物；许多事物如此，美的本质也是这样。"③所以研究美的本质问题存在一定的困难。而为了解决这些困难，必须首先分析一下那些对美写过卓越论著的作者的见解，也就是要把逻辑的研究和历史的研究结合起来。在这种研究方法指导下，狄德罗分别考察了从古希腊到18世纪西方部分论美的代表性著作，分析了其中提出的各种美的本质的学说，可以说是用唯物主义观点对以前的美论作了一个初步的总结。

在狄德罗以前的美学家所提出的各种美的学说中，从人对于美的主观

---

① 《狄德罗哲学选集》，江天骥等译，生活·读书·新知三联书店1956年版，第96页。
② 《列宁选集》第2卷，人民出版社1972年版，第30页。
③ 《狄德罗美学论文选》，人民文学出版社1984年版，第1页。

第八章　启蒙运动美学的卓越成果

感受来规定美的本质和来源，认为美在于人的精神的感觉和愉快，是一种相当普遍也相当有影响的看法。狄德罗是坚决反对这种看法的。为此，他在《论美》中着重分析了德国理性论美学家沃尔夫和英国经验论美学家哈奇生对于美的论述。沃尔夫等认为"有的事物使我们喜欢，有的使我们讨厌，这种差别成了美和丑。使我们喜欢的叫作美，使我们讨厌的叫作丑"。狄德罗认为这种看法以及类似关于美的定义"并非来自美的本质，而仅仅是来自人们对美的存在所感到的效果"[①]，其根本缺陷是"把美和由美引起的快感"混为一谈。事实上，事物的美与不美并不决定于是否能引起人的快感。"尽管有些事物本身不美但能给人以快感，有些虽然美却不能给人快感。"[②] 例如就嗅觉和味觉这两种感官所产生的感受来说，它们的所有对象便都是这样的。英国经验论美学家哈奇生继承和发展了舍夫茨别利的观点，用"内在感官"来解释美所引起的快感的根源。所谓内在感官本指人们辨别美好事物的能力，但哈奇生却认为美须依赖美的内在感官，把美理解为由内在感官所接受的一种"观念"。他把美分为绝对美和相对美，却认为绝对美并非存在于事物和对象本身，而是要依赖看到事物和判断事物的心灵。"根据他们的说法，美这个词就如同其他表示感觉观念的名词一样，指的是精神的感觉。"对于这种看法，狄德罗作了较为详细的剖析。他认为哈奇生所说的内在感官只是一种推测，没有办法证明它的"现实性"，因而由内在感官所接受的"观念"去规定事物的美是没有根据的。哈奇生一方面认为绝对美的存在需依赖判断事物的心灵；另一方面又不能不承认事物本身具有打动内在感官的性质才能显得是美的事物，这就在理论上陷于自相矛盾。所以，狄德罗称哈奇生的美论是一种"显然奇怪有余而根据不足的学说"。从狄德罗对于美在主观感觉和快感说的批评可以看出，他一开始就抓住了美的本质争论中的一个根本问题，即美是客观事物本身存在的，还是由人的感觉产生的？而且对这个问题做出了明确的回答。正如狄德罗在哲学上从来不混淆唯物主义和唯心主义的界限，而是把基本的哲学派别鲜明地对立起来一样，他在美学上也是从来不混淆客观的美论和主观的美论的界限，而是把两者的分歧鲜明地对立起来。他在分析

---

① 《狄德罗美学论文选》，人民文学出版社 1984 年版，第 4 页。
② 《狄德罗美学论文选》，人民文学出版社 1984 年版，第 21 页。

批判主观的美论时抓着其要害,指出它是把美和美感混淆起来进而用美感去代替美。这就指出了主观的美论在理论原则和认识方法上的根本错误,从而为廓清唯心主义美学及其影响做出了独特的贡献。

狄德罗也考察了美在事物本身的形式的观点,并对这种观点进行了批判。美在形式的观点可以追溯到古希腊的毕达哥拉斯派的"美在比例与和谐"说。这种观点后来不仅被唯物主义美学家所继承和发展,而且不少唯心主义美学家在从对象方面去规定美的特征时,也还是沿袭着大体类似的说法,如中世纪美学家圣奥古斯丁认为"整一""和谐"是美的显著特征;瑞士哲学家克鲁萨规定美的特征"就是多样化、统一、规则、秩序、比例";哈奇生提出"多样化中寓有一致性"就是美的普遍原则;等等。狄德罗一一分析了这些观点,他说:"把一切美都归结为统一,或整体中各部分之间的精确比例,或当作整体来说的那一部分中各部分之间的精确比例,并以此类推,以至于无穷;在我看来与其说这构成美的本质,毋宁说是构成完善的本质。"[1] 同时他还指出,"多样化中寓有一致性的原则并不是一个普遍原则","这个原则一点也不适用于另一类型的美,即抽象真理和普遍真理所证明的美"[2]。狄德罗认为美固然与形式有密切关系,但美的形式却不等于美的本质。他说:"在千百个场合里,我们以为使我们喜欢的只是美的形式,而美的形式也的确是我们叹赏的主要原因,但并非唯一的原因。"[3] 所有这些论述表明,狄德罗是不同意仅从事物的形式因素去寻求美的本质的,因此,他不仅与过去的唯心主义美论划清了界限,而且其思想和过去的机械唯物主义的、形式主义的美论也有明显的区别。

狄德罗也不赞成美是实用的学说,在这方面他的论述是很有说服力的。他驳斥道:"如果实用是美的唯一基础,那么,一切的浮雕、暗纹、花瓶,总之,所有的装饰都变得是可笑而多余的了。但是,在以使人喜欢为唯一目标的事物中可以看到对模仿的爱好。我们常常会欣赏某些形状,但并不是出于实用的观点去欣赏。"[4]

在考察和分析了以往的各种有代表性的美论之后,狄德罗便明确地提

---

[1] 《狄德罗美学论文选》,人民文学出版社1984年版,第21页。
[2] 《狄德罗美学论文选》,人民文学出版社1984年版,第22页。
[3] 《狄德罗美学论文选》,人民文学出版社1984年版,第20页。
[4] 《狄德罗美学论文选》,人民文学出版社1984年版,第20—21页。

出了他自己对于美的本质的见解。他认为美的本质必须是"美的一切物体所共有的品质",有了这个品质存在,物体就美;没有这个品质存在,物体便不美。"总而言之,是这样一个品质,美因它而产生,而增长,而千变万化,而衰退,而消失。然而,只有关系这个概念才能产生这样的效果。"① 由此,狄德罗提出了"美在关系"说:

> 我把凡是本身含有某种因素,能够在我的悟性中唤起"关系"这个概念的,叫作外在于我的美;凡是唤起这个概念的一切,我称之为关系到我的美。②

按照狄德罗的理解,美是由事物本身存在着的真实的关系构成的,这种真实的关系能够被人所感觉并在悟性中唤起"关系"的概念,因此,"对关系的感觉就是美的基础"③,"就哲学观点来说,一切能在我们心里引起对关系的知觉的,就是美的"④。

在阐述上述美的定义时,狄德罗首先指出构成事物的美的各种关系是事物本身客观存在着的,而不是由人的主观所创造的,不是由人的观念移植到对象上去的。他说:"一个物体之所以美是由于人们觉察到它身上的各种关系,我指的不是由我们的想象力移植到物体上的智力的或虚构的关系,而是存在于事物本身的真实的关系,这些关系是我们的悟性借助我们的感官而觉察到的。"⑤ 人能够借助感官在悟性中对事物唤起"关系"的概念,因而感受到事物的美,但是,"我的悟性不往物体里加进任何东西,也不从它那里取走任何东西。不论我想到还是没想到卢浮宫的门面,其一切组成部分依然具有原来的这种或那种形状,其各部分之间依然是原有的这种或那种安排,不管有人还是没有人,它并不因此而减其美"⑥。由此而得出的结论必然是:美是在事物本身中客观存在着的,是不以人的主观意

---

① 《狄德罗美学论文选》,人民文学出版社 1984 年版,第 24—25 页。
② 《狄德罗美学论文选》,人民文学出版社 1984 年版,第 25 页。
③ 《狄德罗美学论文选》,人民文学出版社 1984 年版,第 34 页。
④ 参见文艺理论译丛编辑委员会编《文艺理论译丛》1958 年第 1 期,人民文学出版社 1958 年版,第 34 页。
⑤ 《狄德罗美学论文选》,人民文学出版社 1984 年版,第 31 页。
⑥ 《狄德罗美学论文选》,人民文学出版社 1984 年版,第 25 页。

识为转移的，也是不依存于人的主观意识的。这个结论充分表明，狄德罗是以唯物主义哲学作为理论基础去解决美的本质问题的，是坚定地捍卫和发展客观的美论的，因而他所提出的"美是关系"的定义也就是一个唯物主义的美的定义。

为了更深入地阐明美是客观存在的，狄德罗在美的定义中区别了"外在于我的美"和"关系到我的美"。这种区别不是美在客观和美在主观的区别，而是指客观存在的美与人的认识的不同关系。所谓"外在于我的美"是指存在于事物本身而还没有被人感觉和认识的美，所谓"关系到我的美"则是指已经被人感觉和认识到的事物本身的美。按照狄德罗的理解，美是客观存在的，不以人的主观意识为转移，不管有人还是没有人，卢浮宫的门面并不因此而减其美；但是客观存在的美只有人才能认识，才能判别它为美，卢浮宫的门面在没有人时固然不减其美，"但这只是对可能存在的，其身心构造一如我们的生物而言，因为，对别的生物来说，它可能既不美也不丑，或者甚至是丑的"①。所以，"关系到我的美"须以"外在于我的美"作为客观根据；"外在于我的美"又须以"关系到我的美"而被人所认识。显然，这两种美的区分表现出了狄德罗对美的客观存在与人的认识的关系的辩证理解，它是为了更有说服力地论证美是一种客观存在。

狄德罗不承认有所谓"绝对美"，但他认为美可分为"真实的美"和"相对的美"两种。这两种美的区别还是由于事物本身的关系的不同，以及它在人心中所唤起的关系的概念的不同。他说：

> 我们可以向读者断言，不论他们是从大自然中，还是从绘画，道德，建筑，音乐中借取例证，他们将发现，他们把那些本身会有某种因素能够唤起"关系"这个概念的一切，叫作真实的美，而把凡能唤起与应作比较的东西之间的恰当关系的一切叫作相对的美。②

真实的美是由事物本身构成部分之间的关系形成的，因此我们孤立地

---

① 《狄德罗美学论文选》，人民文学出版社1984年版，第25页。
② 《狄德罗美学论文选》，人民文学出版社1984年版，第28页。

对它本身进行观察，就可以唤起关系的概念，认识它的美。例如我们孤立地观察一朵花或一条鱼，"在它们的构成部分之间看到了秩序、安排、对称、关系"，从这个意义上说，一切花或一切鱼都是美的，这就是真实的美。相对的美是一事物和其他应作比较的事物之间的关系构成的，因此我们须将这一事物与其他事物联系起来进行观察，才能唤起关系的概念，认识它的美。例如我们把这朵花、那条鱼与别的花和别的鱼联系起来观察，看到在花类和鱼类中，这朵花、那条鱼"实际的关系"最多，在我心中唤起的关系的概念也最多，于是我们说它们在花类中、鱼类中是美的，这就是相对美。由于事物与可比较的他事物之间有好多种联系和关系，因此也就会存在好几种相对美。比如一朵马兰花，可以在马兰花中是美的，在花类中是美的，在植物中是美的，在大自然的产物中是美的，等等。总之，随着事物之间关系的变化，相对美亦发生变化。

我们知道，在狄德罗之前，英国美学家哈奇生曾经把美分为"绝对的美"和"相对的美"两种。据此，有的论者认为狄德罗关于"真实的美"和"相对的美"的区分只是"沿用着"哈奇生的分法，狄德罗所说的"真实的美""即哈奇生所说的'绝对的美'"。这种论断是与事实相左的。固然，狄德罗关于两种美的区分可能受到哈奇生的启发和影响，但是，狄德罗所说的两种美与哈奇生所说的两种美，在概念和实际含义上都是有很大区别的。哈奇生所说的绝对的美，按照他的解释"是指我们从对象本身里所认识到的那种美，不把对象看作某种其他事物的摹本或影像，从而拿摹本和蓝本进行比较"，但他断然否定绝对美是对象本身所固有的性质，反而认为它是"人心所得到的一种认识"[1]，这与狄德罗认为真实的美是由事物本身存在的内部关系构成的在意思上完全不同。至于哈奇生所说的相对的美，按解释是"把这对象看作另一事物的摹本或与另一事物相类似"，所以它是"以蓝本和抄本之间符合或统一为基础的"[2]，并且也是取决于人的认识。这与狄德罗把相对的美理解为由客观事物之间的相互关系构成的也是有很大差别的。狄德罗在《论美》中对哈奇生的"绝对的美"和

---

[1] 北京大学哲学系美学教研室编：《西方美学家论美和美感》，商务印书馆1980年版，第97页。

[2] 北京大学哲学系美学教研室编：《西方美学家论美和美感》，商务印书馆1980年版，第98页。

"相对的美"之说做过认真分析批判,认为"他们这种区分所根据的,与其说是事物,不如说是美在我们心里引起的快感的各种源泉"①。至于哈奇生对相对美的论述,狄德罗则认为它是"显然奇怪有余而根据不足的学说"。所以,我们认为那种断定狄德罗区分"真实的美"和"相对的美"是沿袭哈奇生旧说的看法是没有根据的。

狄德罗关于真实美和相对美的区分对于构成美的本质的事物的实际的关系作了进一步分析,从而使"美在关系"的定义得到具体的展开。关于相对美的论述,包含对于美的辩证看法,特别值得重视。按照狄德罗的看法,相对美须通过一事物与他事物的联系和关系才能见出,事物之间的联系和关系是多种多样的,由之而构成的美也是多种多样的;事物之间的联系和关系是变化发展的,由之而产生的美也是变化发展的。对于事物的美不能孤立地、静止地去看,而要从事物之间的普遍联系和变化发展中去看。对此,狄德罗曾以高乃依的悲剧《贺拉斯》中"让他死!"这句话为例,作了生动有力的说明。如果向一个对这出戏一无所知也不明白这句话何所指的人,问他对这个名句作何感想,那么被问者由于不知道"让他死!"是什么意思,会回答说:他觉得这既不美也不丑。但是,如果告诉他这是一个人在被问及另一个人应该如何战斗时所做的答复,这场战斗关系到祖国的荣誉,而战士正是这位被问者的儿子,是他剩下的最后一个儿子,而且这个年轻人的对手是杀死了他的两个兄弟的三个敌人,老人这句话是对女儿说的,他是个罗马人。于是,随着这句话和当时环境之间的关系被介绍出来,"让他死!"这句原先既不美也不丑的回答就逐渐变美,终于显得崇高伟大了。但是,如果把环境和关系改变一下,把"让他死!"从老贺拉斯口中搬到莫里哀笔下的喜剧人物司卡班口中,那么这句话就将变成滑稽、逗趣的了。可见,随着事物与周围环境和他事物之间关系的改变,事物的美也在改变。总之,"美总是随着关系而产生,而增长,而变化,而衰退,而消失"②。狄德罗能够用普遍联系和变化发展的观点论证美的产生和发展,说明他的美论中具有深刻的辩证法因素,这在旧唯物主义美学家中是十分难能可贵的。

---

① 《狄德罗美学论文选》,人民文学出版社 1984 年版,第 10 页。
② 《狄德罗美学论文选》,人民文学出版社 1984 年版,第 29 页。

第八章 启蒙运动美学的卓越成果

狄德罗对"关系"概念所包含的具体内容、含义没有作明确的说明，但从论述中可以肯定，他所说的"关系"既存在于自然事物之中，也存在于社会事物之中；既包括自然事物内部及自然事物之间的自然关系，也包括社会事物内部及社会事物之间的社会关系，当然也可以包括自然事物和社会事物之间所形成的实际关系。从西方美学史上对于美的本质的探讨来看，有的主张美在自然属性，有的主张美在社会属性，这场争论延绵不绝。但理论和实际都表明，无论把美归结为自然属性还是社会属性，都具有极大的机械性、片面性，都难以避免机械的形而上学的唯物主义的缺陷。我们说美存在于事物本身，是通过事物的自然属性或社会属性表现的，但是这并不是说美的本质就是事物的自然属性或社会属性，单从事物的自然属性和社会属性也不能解释事物何以为美。再从主张美是自然属性或美是社会属性的观点看，它们往往都只着眼于某一种类的美，便以偏概全，想用它来规定一切美的本质，结果不能不在理论上陷于捉襟见肘的境地。主张美是自然属性的完全无视社会美，并且对复杂的美的现象无法做出合理的说明；主张美是社会属性的完全无视自然美，在他们看来，自然美只是社会美的象征、暗示，是社会美的特殊表现形式，这当然缺乏说服力。狄德罗的"美在关系"的论点，和上述两种观点显然是有原则区别的。所谓"关系"既不是指自然属性本身，也不是指社会属性本身，既存在于自然事物中，也存在于社会事物中，这就避免了旧的美论中的机械论和片面论。从寻求美的本质的途径来看，狄德罗的"美在关系"说和马克思后来提出的"美的规律"的论点是比较接近的。

不过，作为美的定义，"美在关系"的提法并不是十分恰当的。对于"关系"这个概念，总的说来，狄德罗的理解还是比较模糊的。世界上一切物体、一切事物都具有某种关系，但是并不是一切物体、一切事物都是美的。关系是各种各样的，究竟什么关系才是美呢？这个问题，狄德罗在《论美》中似乎已经意识到了，但是，他却没有能够加以分析并做出明确的回答。因此，他的"美在关系"说虽然能使人得到新的启发，却并没有完满地解决美的本质是什么的问题。而且，狄德罗在阐述中往往把事物的关系的数量的多少作为决定事物美丑的一个条件，这又表现出他仍然没有彻底摆脱机械唯物主义的局限。

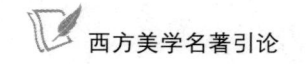

第二节 现实主义艺术理论

狄德罗的"美在关系"说构成了他的唯物主义的美学思想基础,在这个基础之上他建立了系统的、完整的现实主义艺术理论。艺术和现实的关系是现实主义艺术理论中的核心问题。狄德罗以这个问题为中心,对艺术的真实性问题、艺术的典型性问题、艺术想象和虚构问题以及艺术的倾向性和社会作用问题等,都作了认真的探讨和精辟的论述,从而将西欧的现实主义艺术理论推进到一个新的阶段。

在狄德罗之前,欧洲的现实主义艺术经历了古代希腊罗马、文艺复兴、古典主义等几个发展阶段。不同时期的艺术理论家在总结各自时代现实主义艺术经验的基础上,对艺术的真实性问题都发表过许多很好的意见。狄德罗继承了这方面的理论传统,但他对艺术真实性的强调是自觉地运用唯物主义哲学的反映论来观察和研究文艺现象的结果,因而具有更为坚实的理论基础,也具有更为完备的理论形态。他说:

> 只有建立在和自然万物的关系上的美才是持久的美……艺术中的美和哲学中的真理有着共同的基础。真理是什么?就是我们的判断符合事物的实际。模仿的美是什么?就是形象与实体相吻合。①

这段话显然表明,狄德罗对艺术美的看法是以唯物主义反映论为基础的,并且是同"美在关系"说相一致的。其中最值得注意的,就是狄德罗将艺术中的美和真看成是完全一致的,认为艺术美就是"形象与实体相吻合"。所谓"形象与实体相吻合",也就是具体形象的真理,换句话说,就是艺术的真实。这样,狄德罗也就肯定了艺术美必须以艺术的真实性作为前提,艺术的真实性和艺术美一样,同为艺术不可缺少的根本属性。基于这个认识,狄德罗把真实地反映现实作为艺术的首要任务,把"真实、自然"作为对艺术创作的基本要求,作为衡量艺术作品的基本标准。他说:"任何东西都敌不过真实","一切和自然与真实相悖的东西都是可笑和可

---

① 《狄德罗美学论文选》,人民文学出版社1984年版,第114页。

厌的"。① 他把"要真实！要自然！"作为向作家提出的创作口号；把"何等自然！何等真实！"作为赞扬优秀作品的评语。他向作家艺术家重复着同一个要求："必须把事情如实表现"，"把他们所看到的自然如实地显示给我"，"把自然和真实表现给我们看"。② 如果在创作中按照一般的技巧来处理题材与真实地显示自然不一致，那就宁可放弃这种艺术技巧的考究；如果艺术中的某种旧习惯和偏见阻碍了真实地表现自然，那就要冲破这些习惯和偏见加给艺术的束缚。狄德罗是重视艺术的道德教育作用的，即使如此，他也反对离开艺术的真实性原则去追求道德目的，反对艺术作品中对善的"过分美化"和对恶的"过分丑化"。他说："无论过分美化或是过分丑化，我都不能容忍。善和恶同样也可能被刻画得过分。"③ 总之，艺术的思想倾向性必须与反映现实的真实性相一致，不能离开艺术的真实性去追求思想倾向性。狄德罗的这些看法，充分说明他是把艺术的真实性看作艺术的生命的，是把艺术真实性原则作为创作的基本原则的。像他这样论述和强调艺术真实性的重要意义的学者，在以前的美学和文艺理论家中还是少见的。

  狄德罗对艺术真实性的要求是全面的。他认为艺术作品中的每一个构成因素都应当体现出"真实、自然"的要求，无论是人物、情节、环境、布局，还是语言、布景、服饰、表演，从内容到形式都不能和真实性相违背。在《理查逊赞》中，狄德罗称赞英国感伤主义小说家理查逊的作品达到了"字字真实"。他写道："他的惨剧的内容是真实的，他的人物具有最大的现实性，他刻画的性格取自社会，他叙述的事件在一切文明国家的风习中都存在，他所描绘的热情一如我切身的体验。"④ 也就是说，理查逊小说中对人物、事件、环境乃至情感的描绘都是具有真实感的。对于理查逊小说中细节描写的真实，狄德罗也是赞赏的，认为"正是这些细节的真实使心灵能够接受伟大事件的强烈印象"。

  狄德罗坚持认为，艺术的真实只能来自现实生活。在这方面，他继承了亚里士多德关于艺术是现实的模仿的理论传统，强调艺术要模仿自然。

---

① 《狄德罗美学论文选》，人民文学出版社 1984 年版，第 209 页。
② 《狄德罗美学论文选》，人民文学出版社 1984 年版，第 213 页。
③ 《狄德罗美学论文选》，人民文学出版社 1984 年版，第 203 页。
④ 《狄德罗美学论文选》，人民文学出版社 1984 年版，第 249—250 页。

在《画论》中，他指出自然是画家的范本，因此，画家"需要对自然的更严格的模仿"，并说"如果认真仔细地模仿自然，就根本不会有什么矫揉造作"。他主张画家到现实生活中去，直接感受和研究自然的真实面貌，做一个"对自然的精确的观察者"。他对那些关在画院里照着摆出矫揉造作姿态的模特儿写生的学生们说："你们到乡间小酒店去，你们会看到人们在发怒时的真实动作。你们要寻找公众聚会的场景；观察街道、公园、市场和室内，这样，你们对生活中的真实动作就会有正确的概念。"[①] 他还指出学生依样画葫芦地学习老师的绘画，陈陈相因，而不去观察和研究自然真实面貌，是造成绘画中形象不真实的根源。这些看法都表现出狄德罗是把艺术的真实性牢牢植根于现实生活的基础之上的，是符合唯物主义反映论的。

在狄德罗之前，古典主义文艺理论家布瓦洛也提出诗人要研究自然、模仿自然。但古典主义者心目中的"自然"，是一种由理性统辖的自然，主要是指普遍的自然人性。所以，在古典主义看来，模仿自然和体现理性本来就是一回事。艺术要达到真实，最根本的还是要依靠理性、符合理性。自然须经过封建的、资产阶级的文化的清洗，才能真正成为艺术模仿的对象。布瓦洛把诗人模仿自然的范围限制在"认识都市、研究宫廷"，就是基于这种原因。狄德罗所理解的作为艺术模仿对象的"自然"，和古典主义有很大的不同。他说：

> 诗人需要的是什么？是未经雕琢的自然，还是加过工的自然；是平静的自然，还是动荡的自然？他喜欢纯净肃穆的白昼的美呢，还是狂风阵阵呼啸，远方传来低沉而连续的雷声，或闪电所照亮的上空中黑夜的恐怖？他喜欢波平如镜的海景，还是汹涌的波涛？……诗人需要的是巨大的、野蛮的、粗犷的气魄。[②]

这就是说，诗人不应当只是模仿经过理性和文化清洗的"彬彬有礼"的自然，而应当努力模仿原始的、粗犷的、动荡的自然。就社会生活来

---

① 《狄德罗美学论文选》，人民文学出版社1984年版，第368页。
② 《狄德罗美学论文选》，人民文学出版社1984年版，第206页。

说，就是要反映尖锐的矛盾冲突、"惊心动魄的景象"、"非常的事变"、"必欲畅抒胸怀而后快"的情感。也只有在这时，自然才为艺术提供范本。这些看法显然是针对古典主义的，同时它也启示了近代现实主义艺术发展的方向。通过这些鲜明的艺术主张，我们已经可以强烈地感受到狄德罗作为法国启蒙运动的伟大人物，"为行将到来的革命"呼唤、呐喊的战斗精神。

狄德罗虽然强调自然是艺术的范本，但他同时也指出艺术美不等于自然美，艺术真实不是对自然的简单抄袭。他再三说明，艺术家不应当是自然的"纯粹的模仿者、普通自然景色的抄袭者"，而应当是"理想的、充满诗意的自然的创造者"。在《演员奇谈》中，他批评舞台上"过分忠实地模仿真实的自然"的表演，认为这种简单的模仿"即便是最美的自然，也是不允许的"。他写道："戏剧里所谓真是什么意思，指的是不是按照事物的本来面目表现它们？绝对不是。要这么理解，真就成了普通常见的。那么舞台上的真到底是什么东西呢？这里指的是剧中人的行动、言词、面容、声音、动作、姿态与诗人想象中的理想范本保持一致，而且演员往往还要夸大这个理想范本。"[①] 所谓"理想范本"，实际上就是指诗人所创造的典型形象，它不是对生活中某一个真实人物的临摹，而是集中、概括了生活中许多人物的共同特点而创造出来的。对此，狄德罗举例说："比亚科员是某一伪君子，格里则尔神父是某一伪君子，但是都不是标准的伪君子。金融家杜那尔是某一吝啬鬼，但是他不是标准吝啬鬼。标准吝啬鬼和标准伪君子是根据世上所有的杜那尔和格里则尔创造出来的。这要显示他们最普遍最显著的特点，而不是其中某一个人的精确肖像，因此任何一个人都不能在这里面认出他自己。"[②] 这段话可以说是对将生活中人物加以典型化以创造艺术的典型人物的精辟概括。由此可以看出，狄德罗是把艺术真实和典型化问题互相联系在一起的。艺术真实是对生活进行集中概括和典型化的结果，所以它"便不复是自然"，而是比自然的真实更高、更理想、更具有普遍性。

在古典主义美学著作中，所谓典型化被解释成了类型化。如布瓦洛在

[①] 《狄德罗美学论文选》，人民文学出版社1984年版，第291页。
[②] 《狄德罗美学论文选》，人民文学出版社1984年版，第309页。

《诗的艺术》中虽然也看到人性在各人身上的表现有不同的特点,但又把人物的性格特点仅仅按照人物的类别加以区分,并且将它们凝固化,似乎每类人物的性格特点都是永不变易的。他由于片面强调理性和普遍性,而忽视了人物的个性。狄德罗在理论上注意纠正古典主义的片面性。他虽然认为典型人物要表现出某类人物"最普遍最显著的特点",要成为"理想的范本",但是也很重视人物的个性差异。他指出现实生活中的人物个性本来就是丰富多彩的、千差万别的。"这就同树上的叶子一样,没有两张叶子是同样绿的;没有两个人的动作和体态是完全一样的。"既然如此,艺术家必须充分表现出人物之间的个性差别,才能避免一般化、雷同化,也才能反映出生活的真实面貌。他提醒画家说:"对于一个跟别人一起前来的人和一个为利害所趋而行动的人,对于一个身边没有别人的人和一个受人注视的人,如果你抓不住其间的区别,那就把画笔摔到火里烧掉吧。否则的话,你一定会把你所画的形象都变得经院化。"[①] 综合狄德罗对于艺术真实和典型形象的看法,就是既要植根于自然,又要超越自然;既要概括事物的普遍性,又要表现事物的个别性;既要反映事物的本质联系,又要描绘事物的真实外貌。比起他的许多前辈,狄德罗的这些看法显得全面得多、完备得多。

艺术真实既是由艺术家对现实生活进行加工改造并加以典型化而创造的,就不能不看到虚构和想象的重要作用。在这方面,狄德罗也有相当精辟的论述。他指出艺术和历史、艺术的真实和历史的真实的一个重要区别,就是前者需要而且容许有虚构,而后者则与此相反。他说:

历史家只是简单地、单纯地写下了所发生的事实,因此不一定尽他们所能把人物突出,也没有尽可能去感动人和提起人的兴趣。如果是诗人的话,他就会写出一切他认为最感人的东西。他会想象出一些事件。他可以杜撰言词。他会对历史添枝加叶。对于他,重要的一点是做到奇异而不失为逼真。[②]

[①] 《狄德罗美学论文选》,人民文学出版社1984年版,第396页。
[②] 《狄德罗美学论文选》,人民文学出版社1984年版,第160—161页。

第八章 启蒙运动美学的卓越成果

这里明确指出历史只记下发生的事实,而艺术则可以虚构、杜撰;历史记录事实,不以刻画人物形象和感动人为目的,而艺术则通过虚构塑造人物形象,以感动人为目的。通过这种比较分析,艺术真实的特殊品格就显得更为明显了。艺术的真实虽然是经过虚构创造出来的,但它在反映现实生活上却可以达到历史所没有的"逼真性"。这是为什么呢?对此,狄德罗的回答是:"在自然界中我们往往不能发觉事件之间的联系,同时由于我们不认识事物的整体,我们只在事实中看到命定的相随关系,而诗人却要在他的作品的整个结构中贯穿一个明显而容易觉察的联系。所以比起历史学家来,他的真实性虽少些,而逼真性却多些。"① 这就是说,在自然的事件或历史的事实中,事物之间的联系往往是隐蔽的、偶然的,而在诗人运用典型化方法虚构的艺术的真实中,事件之间却显示出明显的、必然的联系,更充分地反映出现实的本质规律,这就是狄德罗所说的"逼真性"。出于这个原因,他认为"诗的目的比历史的目的更广泛"②。

艺术虚构和典型化都离不开想象。狄德罗称"想象是人们追忆形象的机能",他说:当人们运用想象的时候,"也就是说由抽象的、一般的声音转化为比较不抽象的、比较不一般的声音,一直到他获得某一种明显的形象表现,也就是到达理智的最后一个阶段,即理智休息的阶段。到这时候,他成了什么呢?他就成了画家或者诗人"③。这里最值得重视的有两点:第一,肯定只有想象才是创造形象的心理能力,想象的结果是要"获得某一种明显的形象表现";第二,肯定想象是以理智为基础的,因此不能将它和理性对立起来。想象之所以能够成为艺术典型化的重要心理功能,就在于它既是不脱离感性形象的,又是渗透着理性因素的。

为了阐明想象对于艺术创作的重要性,狄德罗将艺术和哲学、艺术的真实和哲学的真实进行了比较分析。他说:"诗里的真实是一回事,哲学里的真实又是一回事。为了真实,哲学家说的话应该符合事物的本质,诗人说的话则要求和他所塑造的人物性格一致。"④ 哲学家从大量的事实和现象中抽出它们的本质、规律、一般性、普遍性,从而形成哲学的真理。艺

---

① 《狄德罗美学论文选》,人民文学出版社1984年版,第157页。
② 《狄德罗美学论文选》,人民文学出版社1984年版,第161页。
③ 《狄德罗美学论文选》,人民文学出版社1984年版,第162页。
④ 《狄德罗美学论文选》,人民文学出版社1984年版,第196页。

术家则要通过他所塑造的形象和性格，使本质规律寓于感性形象之中，一般性、普遍性寓于特殊性、个别性之中。所以，艺术真实不同于哲学中对真理的抽象概括，它是形象的真实，是真理的形象体现。由此，狄德罗认为艺术家和哲学家在达到真实的途径和方式上也是不同的。他说："把一系列必然相联的形象按照它们在自然中的先后顺序加以追忆，这就叫作根据事实进行推理。如已知某一现象，而把一系列的形象按照它们在自然中必然会先后相联的顺序加以追忆，这就叫作根据假设进行推理，或者叫作想象，按照你所选的不同目标，你就是哲学家或者诗人。"[①] 根据狄德罗的看法，哲学家认识世界的真理，主要是通过"推理"；艺术家创造艺术真实，主要是通过"想象"。推理须根据事实，而想象可以在事实的基础上进行假设。但想象和推理都可能是"合乎逻辑"的，也就是说是能够反映客观事物和现象的"必然联系"的。这里，狄德罗已经触及哲学的抽象思维和艺术的形象思维的联系和区别。这样结合着艺术的特征来论述艺术的真实性问题，显示出狄德罗对艺术规律的理解是极其深刻的。

第三节　戏剧创作和表演理论

狄德罗对戏剧艺术有着精湛的研究，在戏剧理论上也做出了重大贡献。他在这方面的功绩，首先就表现在对于"严肃剧"的提倡和与此相适应的现实主义戏剧理论的建立。

在狄德罗把注意力集中到戏剧问题上的时候，有两方面的情况影响着法国戏剧的发展。一方面，作为17世纪法国文学主潮的古典主义在相当大的程度上仍然统治着18世纪的法国剧坛，不少戏剧作家照常按古典主义的创作原则进行写作。古典主义在法国文坛兴起的时候，是具有一定的历史进步意义的。它在戏剧领域曾经取得了巨大的成就，产生了像高乃依、拉辛、莫里哀这样杰出的悲剧和喜剧作家。但是，它毕竟是君主专制政治的产物，其内容具有明显的保守性。它的创作首先是为宫廷服务的，必然要迎合宫廷和贵族的趣味。与封建等级制度相适应，古典主义把文学也分成

[①] 《狄德罗美学论文选》，人民文学出版社1984年版，第163页。

不同的等级，在戏剧中规定了悲剧和喜剧之间的严格界限。悲剧是"高贵的"体裁，用来表现帝王将相；喜剧是"卑下的"体裁，用以表现低贱人物。古典主义悲剧家主张从古希腊罗马文学和历史中寻找题材，同当代保持相当大的距离。同时要求悲剧中人物品性须与贵族的身份一致，风格须庄严、典雅，语言则须力戒粗俗、采用韵文。这些界线和清规戒律不仅导致作品中形象不够真实、自然，而且严重限制了资产阶级生活内容的充分表现。到了18世纪，古典主义虽然仍然在戏剧中占据统治地位，但它已违背时代要求，逐渐成了日趋没落的封建专制制度的工具，阻碍着戏剧艺术向前发展。另一方面，随着时代的发展，新兴的资产阶级日益壮大，他们迫切要求在文学艺术和戏剧中表现自己的生活和思想。旧有的悲剧和喜剧体裁都不适应于完成这个新的任务，因为悲剧须表现王公贵族，无法容纳资产阶级的形象；喜剧则须嘲笑卑下人物，而资产阶级也不甘心在舞台上充当这样的角色。所以，为了表现新的阶级、反映新的生活，必须对传统的悲、喜剧进行改革。早在文艺复兴时期，意大利剧作家瓜里尼和西班牙剧作家维加就曾经主张打破悲剧和喜剧的传统界限，建立一种"悲喜混杂剧"。到了17、18世纪之交，英国又出现了一种既不是悲剧也不是喜剧的感伤剧。法国人把这种戏剧称为"泪剧"，它是用散文的语言表现普通人的日常生活，具有新的特色。狄德罗面对新时代对戏剧的要求，一方面批判古典主义强加于戏剧的清规戒律；另一方面总结随时代发展应运而生的新剧种的经验，从理论上加以提高和阐明，从而提出了建立新的"严肃剧"的主张。

在《关于〈私生子〉的谈话》（1757）和《论戏剧诗》（1758）两篇重要文艺论文中，狄德罗对建立"严肃剧"的主张作了全面、深刻的理论阐述。他提出戏剧系统的范围并不限于悲剧和喜剧，在传统的悲剧和喜剧之外，还应有一种介乎悲剧和喜剧之间的剧种。这种剧种应该叫作"严肃剧"。为什么需要有这个剧种呢？狄德罗的理由是：

> 一切精神事物都有中间和两极之分。一切戏剧活动都是精神事物，因此似乎也应该有个中间类型和两个极端类型。两极我们有了，就是喜剧和悲剧。但是人不至于永远不是痛苦便是快乐的。因此喜剧

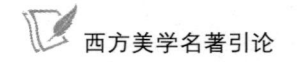

和悲剧之间一定有个中心地带。①

狄德罗试图从现实生活和文艺创作两方面为严肃剧种的建立寻找根据。他认为生活中最普遍的行动并不是非悲即喜，它们可能既没有使人发噱的笑料，也没有令人战栗的危险，但是仍然具有令人感兴趣的东西。可是，悲剧和喜剧都不是以这些生活中最普遍的行动为对象，这就不能不使戏剧反映生活受到极大局限。而严肃剧恰恰就是以生活中最普遍的、引人兴趣的行动作为对象，所以，"这类戏剧如果成立，就没有什么社会情境和重要的生活情节不能归到戏剧体系这部分或那部分了"②。捍卫古典主义戏剧规则的人们总是把古希腊、罗马戏剧奉为典范，狄德罗却认为即使古代作家的剧作也并不都是非悲剧即喜剧。他以罗马剧作家泰伦斯的《婆母》为例，质问道："这出戏是属于哪一类型呢？属于喜剧吗？里面并没有使人发笑的字眼。属于悲剧吗？剧中并无恐怖、怜悯或其他强烈的感情的激发。可是剧里仍有令人感兴趣的东西。"③ 可见，在悲剧和喜剧之外，是应该而且可以有一个中间类型的剧种存在的。这种见解对于坚持悲剧和喜剧有不可逾越界限的传统的古典主义戏剧法则，无疑是一个挑战。

如前所述，在狄德罗之前，早已有些戏剧理论家和作家提出过将悲剧和喜剧混合为一种新剧种的主张，它们当然也可以说是狄德罗倡导的严肃剧理论的先驱。但是，狄德罗所说的严肃剧却不是完全如他的先驱者所主张的那样，仅仅是悲剧和喜剧的简单凑合和混杂。要求将悲剧中的帝王和喜剧中的平民在同一个剧本出现，使伟大和卑贱、哀怜和笑谑互相交织，这固然也具有冲破悲、喜剧界限的作用，却不能建立一种真正的、具有特殊性质的新剧种。狄德罗是不赞成这种悲喜混杂剧的，"因为在这种戏剧里，人们把相互距离很远而且本质截然不同的两种戏剧混在一起了"④。想用不易看出的色调来把两种本质各异的东西调和起来是根本不可能的，它只能破坏戏剧的统一性。狄德罗比他的先驱者们大大地向前跨进了一步，他不是只从戏剧形式来提出问题，而是站在时代生活的前列，从现实生活

---

① 《狄德罗美学论文选》，人民文学出版社1984年版，第90页。
② 《狄德罗美学论文选》，人民文学出版社1984年版，第90—91页。
③ 《狄德罗美学论文选》，人民文学出版社1984年版，第90页。
④ 《狄德罗美学论文选》，人民文学出版社1984年版，第92页。

及其变化出发来考察戏剧的改革问题。所以,他要建立的严肃剧是一个真正的、具有特殊性质的新剧种。狄德罗所说的严肃剧,就是市民剧,也就是后来所谓的"正剧"。从西欧戏剧的发展史来看,狄德罗正是从新的时代需要出发,对市民剧的性质和要求从理论上做出概括的第一人。

狄德罗阐述严肃剧的特殊性质,首先强调的是它与传统的悲剧和喜剧在反映对象和表现内容上的区别。他认为严肃剧按其描写对象的不同,也可以分为"严肃喜剧"和"家庭悲剧",但两者都不同于传统的喜剧和悲剧。传统的喜剧"以人的缺点和可笑之处为对象",严肃喜剧则"以人的美德和责任为对象";传统的悲剧"一向以大众的灾难和大人物的不幸为对象",家庭悲剧则"以家庭的不幸事件为对象"。无论是强调描写人的责任,还是提倡描写家庭生活,都在指明严肃剧应以普通人的常见的日常生活为对象。这个新的对象必将为戏剧诗人提供丰富的源泉,并使戏剧创作和现实生活产生紧密的联系,从而引起戏剧创作在题材、主题、人物、情节等内容方面的新变化。古典主义悲剧创作不是从现实生活中,而是从历史、传说中吸取题材和情节,这就使戏剧严重脱离了新时代的现实生活。狄德罗反其道而行之,坚决主张新剧种的内容要立足现实生活,提出和讨论当代的各种重要的社会问题。他呼吁新剧种要选取"人类的实际生活所供给的题材","而且一定要和现实生活很接近",要描写"我们周围的不幸",展现"现实的场面",总之,要使戏剧反映的生活"距离我们比较近"。狄德罗说:"一部作品,不论是什么样的作品,都应该表现时代精神。"[①] 新剧种当然也不例外,作为应运而生的新时代的产物,新剧种必以表现新的时代精神为己任,所以,"在正剧里,风格应是更有力,更庄严,更高尚,更激烈,更富于我们叫作感情的东西"[②]。当然,所谓"接近现实生活"、所谓"表现时代精神",对于狄德罗来说并不是抽象的、空洞的东西,它们是包含着特定的内容和含义的。虽然狄德罗并没有用明确的概念说明他主张严肃剧所表现的现实生活和时代精神就是资产阶级的现实生活和时代精神,但是,从他把新剧种的性质明确规定为"市民的"来看,从他强调剧情要"带有家庭性质"、要"有力地描写人的责任"来看,他无

[①] 《狄德罗美学论文选》,人民文学出版社 1984 年版,第 85 页。
[②] 《狄德罗美学论文选》,人民文学出版社 1984 年版,第 135 页。

疑是要求将资产阶级的生活、人物、情感、愿望作为新剧种反映和表现的根本内容。狄德罗曾经按照他的严肃剧的理论创作了两个剧本——《私生子》和《家长》。这两个剧本都不算成功，但它们却足以证明狄德罗对严肃剧在内容上的期待是什么。这两个剧本都是以市民阶级的人物作为主角，以家庭关系为纽带展开情节，或是赞美青年之间忠于友情的"美德"，或是表现父女、父子之间应尽的"责任"，其目的都是要以资产阶级的理想人物的形象，去取代古典主义戏剧中的贵族阶级的人物形象。

古典主义戏剧为了适应宫廷贵族的审美情趣和需要，追求庄严、典雅的风格，极尽矫揉造作、精雕细琢之能事，致使戏剧从内容到形式都显得不够真实、不够自然。时代生活越是向前发展，固守僵化的古典主义形式、法则就越是妨碍着戏剧真实、自然地反映现实生活。针对这一积弊，狄德罗反复强调戏剧创作和表演必须"真实""自然"，并且把它作为新剧种创作的基本的艺术原则之一。他说："在艺术中，如同在自然界一样，一切都是相互联系着的，人们如果接近真实的某一方面，也就会接近它的很多别的方面。那时我们在舞台上将看到一些自然的情景，而这正是一向与天才以及巨大效果为敌的礼仪所摒弃的东西。我将不倦地向我们法国人呼吁：真实！自然！"[①] 要做到这一点，就必须打破古典主义为戏剧创作设置的各种藩篱，坚持一切从真实地表现现实生活出发，使戏剧的内容和形式都接近现实生活中真实和自然的情景。他说："如果一旦你们的戏剧中最细小的情景都是自然和真实的，那么你们不久就会觉得一切和自然与真实相悖的东西都是可笑和可厌的。"[②] 在这方面，狄德罗和亚里士多德一样，特别推崇古希腊悲剧家索福克勒斯，要戏剧家们"学习他的菲罗克忒忒斯！"菲罗克忒忒斯是希腊神话中的神箭手，他参加希腊远征特洛亚的大军，中途被蛇咬伤，被同伴遗弃在一个荒岛上。索福克勒斯在悲剧中描写他倒在岩洞口，身上穿着破烂的衣衫，在地上打滚，发出含混不清的痛苦的号叫。这种描写在古典主义剧作中是不会出现的。然而狄德罗却称赞它说："布景是粗野的，剧中不讲排场，只有真实的声音，真实的语言，简单而自然的剧情。如果这样的景象倒不如衣着华丽、油头粉面的人物的

---

① 《狄德罗美学论文选》，人民文学出版社1984年版，第77页。
② 《狄德罗美学论文选》，人民文学出版社1984年版，第209页。

第八章 启蒙运动美学的卓越成果

景象更使我们感动,那准是我们的鉴赏力退化了。"[1] 很明显,在狄德罗看来,只有做到真实、自然,才能使戏剧更加感人,才能符合当代人的审美趣味。为了使戏剧创作和表演达到真实、自然,狄德罗对于人物性格刻画、情节场面处理、语言台词运用,以至舞台布景、服饰化装和演员表演,都提出了一定的要求,并使之与古典主义的陈规旧法相对立。古典主义戏剧强调表现贵族阶级的英雄人物要加以夸张和理想化,把他们写成"论勇武天下无敌,论道德众美兼赅:纵然是在弱点上也显出英雄气概"(布瓦洛:《诗的艺术》)。狄德罗反对这种"对性格的漫画式的夸张",他认为对人物的过分美化或过分丑化都会违背真实、自然的原则,必须"对人作如实的描写"。古典主义悲剧是用堂皇典丽、格律谨严的韵文来表现宫廷贵族华丽阔绰的生活和高贵身份的人物,语言风格矫揉造作,与真实、自然地表现日常生活和普通人物格格不入,所以,狄德罗主张新剧种要"摒弃那种匀称的语言",不用韵文而改用散文。"台词则应该依据自然","每一种性格都有一种与之相适应的格调"。这种主张对于古典主义戏剧来说,是在艺术形式上的根本改造,具有很大的进步意义。古典主义戏剧表演讲究服饰的奢华浓艳、景象的富丽堂皇,这也是导致不自然、不真实的一个重要因素。对此狄德罗断然指出:"豪华破坏一切。富丽堂皇的景象未必就美。""越是严肃的戏剧体裁,服装就越要简朴。"[2] 为此,狄德罗在戏剧创作和表演中大力倡导"简朴美",这在当时是有着扭转舞台风尚和端正观众审美趣味的积极作用的。

从真实、自然地反映生活出发,狄德罗在戏剧理论上创造性地提出了情境说。在西方,对于悲剧的描写对象,传统的看法是强调行动或情节。亚里士多德关于"悲剧是行动的模仿"和悲剧成分中"最重要的是情节"的看法,仍然是古典主义悲剧创作遵循的重要法则。此外,古典主义戏剧家也强调人物性格的描写,不过,他们所理解的性格往往是指某一类型人物的普遍特性,如"老实""荒唐""骄矜""自私"等。在古典主义文艺理论家看来,这些不同类型的人的性格,都是天生的、凝固不变的,与社会环境和条件没有关系。而戏剧特别是喜剧,就是以这种性格作为主要描

---

[1] 《狄德罗美学论文选》,人民文学出版社1984年版,第77页。
[2] 《狄德罗美学论文选》,人民文学出版社1984年版,第211页。

写对象的，至于人的社会处境则被放在次要的地位。狄德罗认为这种理论和创作原则不符合新剧种反映现实生活的要求。他提出用"社会处境"或"情景"代替所谓"性格"来作为新剧种的主要描写对象。他说：

> 到目前为止，在喜剧里，性格是主要对象，处境只是次要的。今天，处境却应成为主要对象，性格只能是次要的。过去，人们从性格引出情节线索，一般是找些能烘托出性格的场合，然后把这些情景串起来。现在，作为作品基础的应该是人物的社会地位、其义务、其顺境与逆境等。依我看，这个源泉比人物性格更丰富、更广阔，用处更大。①

狄德罗所说的"社会处境"或"情景"，既包括人的社会地位、身份，所承担的义务、责任，也包括人的社会环境、生活条件，其核心内容则是人物生活于其中的特定的社会关系。我们知道，狄德罗在提出"美是关系"说时，虽然对"关系"概念的内容没有作进一步说明，但在分析相对美时却特别提到了社会关系和社会环境。他认为艺术的美就是"形象与实体相吻合"，真实地反映现实生活。而要做到这一点，就应该真实地描写社会关系、社会环境。所以，狄德罗的社会情境说是"美在关系"说的必然延续，两者是有内在联系的。为什么新剧种要以社会处境或情景作为主要对象呢？因为在狄德罗看来，社会处境"这个源泉比人物性格更丰富、更广阔、用处更大"。他写道："社会处境！从这块土壤里能抽出多少重要的情节、多少公事和私事、多少尚未为人所知的真理、多少新的情况啊！""世界上也许没有任何东西比各种社会情景对我们更为陌生、更应该使我们发生兴趣了。"② 人的全部社会生活条件、人与人之间的各种社会关系构成了现实生活的主要内容，现实生活中的每一个人都是处在一定的社会关系之中并在其中行动着、思想着、追求着。社会关系以及由此而形成的社会情境不仅内容丰富，而且千变万化。从这方面说，狄德罗强调新剧种要以社会处境和情景作为主要对象、主要内容，对于戏剧接近现实生活、加

---

① 《狄德罗美学论文选》，人民文学出版社1984年版，第107页。
② 《狄德罗美学论文选》，人民文学出版社1984年版，第108页。

强社会内容无疑是具有很大的积极意义的。狄德罗不是不重视人物性格的描写，他明确指出"把人物性格刻画得好"是使作品获得成功的必要条件。可是，他同样明确指出"人物性格要根据情境来决定"①。所以，只有从舞台上人物的真实情境出发，"按照情景去决定你的人物的性格"，才能将性格刻画得真实、生动、感人。古典主义文艺理论家往往把人的性格看成天生的、固定不变的，看不到它与社会条件、社会环境的关系。狄德罗则强调环境对性格的决定作用，强调性格是随社会条件的变化而变化的。这种见解从一个方面揭示了人物性格和社会环境之间的有机联系，是对现实主义戏剧理论的一个重要贡献。

传统的喜剧在人物性格刻画上主要采用性格对比手法，例如戏里出现一个焦躁粗暴的人物，接着必出现一个平静温和的人物与之相对照。这种性格对比虽然能产生强烈效果，但是又容易导致不真实、不自然。因此，它也受到狄德罗的批评。狄德罗指出，在实际生活中人们的性格只是各有不同，极少截然对立，因此，在戏剧中强调性格对比，不利于真实地反映生活；同时硬要将对立性格的人物拽在一起，也会使剧情的开展显得不自然。"十有其九，对比要求这样一场戏，而故事的真实性却要求另一场戏。"此外，性格对比还有单调、贫乏、技巧外露、矫揉造作等毛病。因此，狄德罗主张用性格的千差万别代替性格的截然对立。同时，他还结合情境说，另提出一种对比说。他说："真正的对比是人物性格和情境之间的对比，是不同的利害之间的对比。"② 例如写阿尔赛斯特恋爱，就让他爱上一个风流的女子；如果是阿尔巴贡，就让他爱上一个贫苦的女子。人物性格和情境之间的对比，人物的不同利害之间的对比，具有更为丰富、更为深刻的社会内容，因而也会给戏剧冲突提供新的动力。狄德罗主张戏剧冲突要建立在人物和环境、人物不同利害相互冲突的基础之上。"情境要有力地激动人心，并使之与人物的性格发生冲突，同时使人物的利害互相冲突。应该使一个人不破坏别人的意图就不能达到自己的目的，或者使大家关心同一件事，然而每个人希望这件事按照他的打算进展。"③ 这些看法

---

① 《狄德罗美学论文选》，人民文学出版社1984年版，第179页。
② 《狄德罗美学论文选》，人民文学出版社1984年版，第179页。
③ 《狄德罗美学论文选》，人民文学出版社1984年版，第179页。

和后来黑格尔的"冲突"说已经相当接近了。

以上说明,狄德罗关于严肃剧及其创作理论,和他对艺术与现实关系的现实主义理解是完全一致的,也是反映着时代对于文学艺术的新的要求的,它不仅在法国戏剧理论发展史上标志着一个新阶段,而且直接影响着欧洲戏剧的发展。和狄德罗相呼应,莱辛在德国也大力倡导"市民剧"。他们所提倡的新剧种,在19世纪以后为各国戏剧家所广泛采用,终于成为欧洲戏剧的主要类型之一。

狄德罗在戏剧艺术研究方面的另一内容,是以往戏剧理论家很少过问的戏剧表演艺术。他的《演员奇谈》就是一篇系统地论述戏剧表演艺术的美学论文。这篇论文所讨论的中心问题是:演员在表演角色时是否应当动感情?究竟应当凭理智去表演,还是应当凭感情去表演?对于这个问题,狄德罗的基本看法是:演员不应当凭感情去表演,他在表演角色时应当"不动感情",不受剧中人感情的驱使,不使自己成为剧中人。恰恰相反,演员应当头脑冷静,善于控制自己,"他必须是一个冷静的、安定的旁观者",凭思索、判断力和想象力去表演角色。为了把这两种不同的表演方法对照起来说明它们的优劣,狄德罗分析了它们所产生的完全不同的效果:

> 凭感情去表演的演员总是好坏无常。你不能指望从他们的表演里看到什么一致性;他们的表演忽强忽弱,忽冷忽热,忽而平庸,忽而卓越,今天演得好的地方明天再演就会失败,昨天失败的地方今天再演却又很成功。但是另一种演员却不如此,他表演时凭思索,凭对人性的钻研,凭经常模仿一种理想的范本,凭想象和记忆。他总是始终如一,每次表演用同一个方式,都同样完美。①

所以在狄德罗看来,最优秀的演员不是易动感情的演员,而是有卓越判断力和头脑冷静的演员。"他不是用情感,而是用头脑去完成一切。"在这方面,狄德罗特别推崇当时著名的法国女演员克莱蓉,认为她不是靠一时的感情冲动表演,而是始终遵循事先经过研究而塑造出的理想范本。

---

① 《狄德罗美学论文选》,人民文学出版社1984年版,第281—282页。

第八章 启蒙运动美学的卓越成果

"当她一旦上升到她塑造的形象的高度,她就控制得住自己,不动感情地复演自己。"① 她一方面表演着角色;另一方面又在判断自己,判断她在观众中间产生的印象。在这个时刻,她是双重人格:既是娇小的克莱蓉,也是伟大的亚格里庇娜(拉辛的悲剧《布里塔尼居斯》中的人物)。狄德罗认为,只有不凭感情而凭理智表演的演员,才能应付裕如地表演各种性格和各种角色,才能每次都同样成功地扮演同一角色,才能准确地、恰如其分地模仿理想的范本,才能摆脱自然禀赋的局限而在艺术上达到炉火纯青的地步。

狄德罗认为演员在表演时不是受自己感情的支配,也不是去体验角色的感情,而是在理智控制下,去"模仿一种理想的范本"。这种理想的范本是演员以戏剧脚本为基础,经过自己的揣摩、钻研,通过想象把它作为一个完美的形象创造出来的。演员在戏剧脚本的基础上可以进行再创造,他塑造的理想的范本有可能远远超过戏剧诗人写作时的理想范本,但是这个理想范本并非他本人。凡理想的范本都是经过作家和演员的创造而对生活进行典型化的结果,它和自然中个别的模特儿有着很大差距。演员的表演只有认真模仿理想的范本,才能在舞台上创造出艺术的真实。"舞台上的真到底是什么东西呢?这里指的是剧中人的行动、言词、面容、声音、动作、姿态与诗人想象中的理想范本保持一致,而且演员还要夸大这个理想范本。"② 所以,演员的才能不是多情善感,而是要能依靠卓越的判断力、丰富的想象力去创造一个理想的范本,然后在表演时准确地模仿这个理想的范本。"她的才能在于虚拟一个伟大的幽灵,然后天才地模仿这个幽灵。"③ 演员在模仿理想的范本时,虽然头脑冷静、不动感情,但是他却能出色地表现感情丰富的人的感受,而且能使观众信以为真,被表演所感动,这是什么原因呢?"这是因为,正当他使你心情激动的时候,其实他在听他自己说话;他的全部才能并不如你想象的那样在于易动感情,而在于毫厘不爽地表现感情的外在标志,使你信以为真。"④ 越是伟大的演员,越是熟悉这些感情的外在标志,他越能根据塑造得最好的理想范本最完善

---

① 《狄德罗美学论文选》,人民文学出版社 1984 年版,第 283 页。
② 《狄德罗美学论文选》,人民文学出版社 1984 年版,第 291 页。
③ 《狄德罗美学论文选》,人民文学出版社 1984 年版,第 314 页。
④ 《狄德罗美学论文选》,人民文学出版社 1984 年版,第 286 页。

地把这些外在标志扮演出来,所以尽管他丝毫不动感情、头脑冷静地进行表演,却能欺骗观众、打动观众。

关于戏剧表现艺术,在西方戏剧理论家和演员中有两大派,即表现派和体验派。表现派强调理智,强调表现,认为演员在表现角色情感的同时,应当始终保持冷静,不为所动。体验派则强调情感,强调体验,认为演员在表演时应当生活于角色的生活之中,感受角色的感情。狄德罗的戏剧表演理论,从基本倾向看是接近表现派的。表现派和体验派中都出现过成功的表演艺术家,但若从其理论主张来看,则都带有一定的片面性。表现派强调理智过度会牺牲情感,体验派强调情感过度也会丧失理智,这都不利于角色的创造。狄德罗突出地揭示了演员表演时审美心理的内在矛盾,认为演员的激烈情感应受到理智的节制,这是合理的。他进而认为作家、诗人在直接受到感情驱遣时往往写不出好文章,只有痛定思痛,使感情受到理智控制时才能做出好文章,这也是符合创作规律的。但是,他在强调演员要凭理智、要头脑冷静时,也表现出忽视情感体验,以致把情感与理智、体验与模仿绝对对立起来的倾向,甚至提出大诗人、大演员"是世上最不易动感情的人"。这种看法不仅与创作和表演的实际很不相符,而且也和狄德罗自己一贯重视情感在文艺创作中作用的观点互抵触。事实上,作家创作也好,演员表演也好,都需要将理与情两者辩证地统一起来。虽然狄德罗的表演艺术理论在这方面不够完备,但他提出的矛盾和问题仍给人以深刻启发,特别是他强调演员表演要"凭他了解和模仿一切自然的能力",要靠长期积累的经验以及事先对于角色的反复揣摩、认识和研究,这都是完全符合唯物主义的认识论和反映论的。

第九章 现实主义美学的一座丰碑

——莱辛的《拉奥孔》

在18世纪德国启蒙运动和德国民族文学的发展中,莱辛(Lessing,公元1729—1781年)是一位具有极其重要地位的人物。他是美学家、文艺理论家,同时也是剧作家,在美学理论和戏剧创作两方面都做出了杰出的贡献。他的主要美学著作是《拉奥孔》(1766)和《汉堡剧评》(1767–1769)。这两部著作在当时就对德国和西欧文学艺术的发展产生了很大影响。他和狄德罗一起,为唯物主义美学的发展和现实主义艺术理论的建立作了不懈地努力,从而在西方美学思想史上开创了一个新时代。

第一节 德国启蒙运动美学的杰出代表

莱辛的美学著作充满着启蒙主义者的战斗精神,这是时代生活在他的美学思想上留下的深刻烙印。莱辛生活的时代,德国封建势力猖獗而又腐败,德意志国家四分五裂,政治经济十分落后。对当时的德国来说,最迫切的任务就是要进行资产阶级民主革命,实现民族统一。但是由于封建割据,在德国不可能产生一个强大的资产阶级。德国资产阶级在经济上对封建势力有很大的依赖性,这就决定了它在政治上的软弱性和妥协性。从内部看,当时德国还没有立即进行政治革命的条件,也不可能像法国启蒙运动那样形成鲜明的反封建反教会的政治运动。这就使德国启蒙运动的直接目标不在进行资产阶级革命,而在实现德意志的民族统一。德国启蒙运动的领导人物从莱辛、赫尔德到歌德和席勒,都认为要达到民族统一,必须建立统一的民族文化和民族文学。莱辛作为时代的先进的知识分子,自觉地意识到时代提出的要求,勇敢担负起了批判封建势力,唤醒民族意识,建立统一的民族文化和民族文学的历史任务。他的美学著作和创作活动都同他所面临的历史任务息息相关，因而，深刻的理论阐述和解决实际问题互相结合，便成了他的美学理论的鲜明特点。

莱辛的哲学思想基本上属于唯物主义范畴。他认为只有斯宾诺莎的哲学才是唯一真正的学说，不存在物质和精神两个实体，只有一个实体，那就是永恒地存在、不受神的干预而按自己的规律发展的自然界。他有一些形而上学观点，但也有辩证法的因素。在社会历史观上，莱辛认为推动社会发展的是自然环境，道德、教育、政体、宗教，这是由人的生理上的原因所决定的，这些看法显然没有摆脱唯心主义历史观点。

莱辛的一生都是与德国民族文学的发展息息相关的。德国启蒙运动从1748年到1770年进入鼎盛时期，莱辛就是这一时期的代表人物。他的名字和作品与这个时期紧密相连。在文学方面，莱辛的主要成就是戏剧创作。首先从喜剧开始，接着又创作了悲剧，最后还写了寓意剧。悲剧《萨拉·萨姆逊小姐》是莱辛第一部具有划时代意义的剧作，也是德国第一部市民悲剧。《爱米丽雅·伽洛蒂》是莱辛最成功的悲剧，受到歌德的高度评价。他的戏剧创作标志着一种真正属于德意志民族自己的，同时又与整个欧洲文学息息相关的德意志民族戏剧的正式诞生。此外，莱辛还写作了许多寓言和诗歌。他的寓言代表了德国寓言发展的最后一个高潮。在文艺理论和美学方面，莱辛贡献了两部影响巨大的名著：《拉奥孔》和《汉堡剧评》。这两部理论著作都是同当时影响和阻碍德国民族文学发展的不同文艺思想和美学观点进行论战的产物。莱辛在著作中批判了法国古典主义以及它在德国的代表戈特舍德，廓清了影响德国文学健康发展的各种理论主张，指出了德意志民族文学发展的新方向，为德国现实主义文学和戏剧理论的发展奠定了基础，而这一切都与德国启蒙运动追求的目标直接相关。作为德国启蒙运动第一位杰出代表，莱辛在创作和理论上的贡献对当时和后世的影响都是巨大的。海涅称莱辛是"德国文坛上的阿米尼乌斯，他把我们的戏剧从异族的统治下解放出来"。俄国美学家和文艺批评家车尔尼雪夫斯基认为歌德、席勒"思想中凡是一切健康的东西，都是莱辛所启示的"，"歌德与席勒不过是把莱辛所做事业加以完成"。[①]

莱辛写作《拉奥孔》，和此前德国启蒙运动内部发生的一场大论战有

[①] 《车尔尼雪夫斯基论文学》中卷，辛未艾译，上海译文出版社1979年版，第266页。

着密切关系。18世纪40年代末,在德国文坛上展开了一场引起全德国注意的论战,这就是戈特舍德和苏黎世派的文学论争。戈特舍德是德国启蒙文学早期的代表人物,是文艺理论家兼戏剧家。他主张以法国古典主义原则为标准改革德国戏剧,用布瓦罗的《诗的艺术》来指导德国民族文学发展的方向。这种主张既不符合德国民族传统,也不适合资产阶级对文学的需要,因此逐渐遭到同时代人的反对。以瑞士人博特默和布赖丁格为首的苏黎世派,进而批评戈特舍德所崇奉的法国古典主义,推崇英国资产阶级革命诗人弥尔顿。这一派的主张较符合当时德国资产阶级的需要,所以赢得了论争的胜利。这场论争所涉及的中心问题是德国新文学应当向谁学习,却忽视了德国民族文学的发展只能在自己的基础上开辟新的道路。莱辛是在这场论战之后成长起来的学者,他虽然在总的方向上较接近苏黎世派,但在某些问题上也和这一派有分歧。不过,他认为对于正在形成之中的德国民族文学来说,最主要的障碍还是古典主义。在《拉奥孔》中,莱辛一方面反对戈特雪德所提倡的法国古典主义,以及体现宫廷贵族趣味的仿古牧歌诗体、寓意画和历史画;另一方面也反对苏黎世派和温克尔曼所宣扬的描绘体诗和静穆文艺理想,可以说是在两条战线上展开斗争。这部著作表面上看讨论的是一个诗画区别的抽象学术问题,实际上接触到了要使文艺从封建宫廷趣味下解放出来必须解决的重要理论问题,是具有革命意义的。

《拉奥孔》这部著作通过厘清诗画区别,阐明了文学的特点,开辟了德国文学发展新方向,在文学界产生了解放思想的作用。歌德在他的自传《诗与真》中回顾说:"我们要设想自己是青年,才能想象莱辛的《拉奥孔》一书给予我们的影响是怎样,因为这本著作把我们从贫乏的直观的世界摄引到思想的开阔的原野了。"[①] 他对莱辛在《拉奥孔》中阐明的卓越思想作了简要归纳,并对它在当时所产生的巨大影响作了充分肯定。他说:"造型艺术家要保持在美的境界之内,而语言艺术家总不能缺少任何一种含意,但可以溢出美的范围以外。前者为外部的感觉而工作,而这种感觉只有由美可以得到满足;后者诉诸想象力,而想象力还可以跟丑恶合得来;莱辛这种卓越的思想的一切结果,像电光那样照亮了我们,从前所有

[①] 《歌德自传——诗与真》(上),刘思慕译,人民文学出版社1983年版,第323页。

的指导的和判断的批评，都可以弃如敝屣了，我们认为已从一切弊病解放出来，相信可以带着怜悯的心情来俯视从前视为那样光辉的十六世纪了。"① 这充分表明，无论从当时所产生的实际影响来看，还是从深远的历史意义来看，《拉奥孔》在西方美学史上都占有非常突出的地位。

第二节　论画与诗的界限

《拉奥孔》的副标题是"论画与诗的界限"。这部美学名著所讨论的基本理论问题是诗与画究竟有什么区别？诗与画的创作各应当遵循什么法则？问题的提出是从比较拉奥孔这个题材在古典雕塑和古典诗中的不同的处理引起的。

据希腊神话传说，拉奥孔是特洛伊的一个祭师。在希腊兵攻打特洛伊城时，他曾劝告特洛伊人不要中希腊人的木马计，结果触怒偏爱希腊人的海神，海神于是遣两条巨蟒把他和他的两个儿子一起缠死。这个题材曾分别被古代艺术家表现在造型艺术和诗中。相传是公元前1世纪创作的希腊雕刻拉奥孔，生动地表现了拉奥孔父子和巨蟒搏斗时的痛苦挣扎情景。稍后的古罗马诗人维吉尔的史诗《伊利特》中，也描绘了这幅图景。但诗与画在表现拉奥孔被巨蟒缠绕的痛苦时，却有一个很明显的不同之点：在诗中，拉奥孔被描写成"向着天发出可怕的哀号"，激烈的痛苦情感通过哀号尽情地表达出来；在雕塑中，拉奥孔的面孔只是表现出焦急的叹息，苦痛的情感表现得并不那么强烈。为什么拉奥孔在雕刻中不能像在诗中那样张口哀号呢？对于这个问题，德国艺术史家温克尔曼认为古典艺术理想是要"显出一种高贵的单纯和静穆的伟大"，所以不能在雕刻中表现出过分激烈的痛苦表情。莱辛不同意这种观点。他认为古希腊艺术在描写英雄时，总是充分地表现他们作为真正的人的情感的，所以表现哀号和表现伟大的心灵并不矛盾。对于拉奥孔雕像为什么要做出同诗中不同的处理，莱辛另提出新的解释，认为这是由于造型艺术和诗各有自己的特点和要求，这就接触到了诗与画的区别这个重要理论问题。

关于诗与画的关系，西方传统的有影响力的看法是"诗画一致说"。

---

① 《歌德自传——诗与真》（上），刘思慕译，人民文学出版社1983年版，第323页。

第九章 现实主义美学的一座丰碑

古希腊诗人西摩尼德斯就说过"画是一种无声的诗,而诗则是一种有声的画"(莱辛在《拉奥孔》"前言"中转述了这句话)。罗马文艺理论家贺拉斯在《诗艺》中也有"诗歌就像图画"①的说法。这些看法被后人当作信条。虽然在莱辛以前,画家达·芬奇和经验论派美学家伯克也提出过诗画有异的看法,但并没有受到重视。占优势的还是诗画一致说。18世纪的许多古典主义理论家都持这种观点,并且将这种观点同古典主义的美学主张结合起来,一方面为当时宫廷贵族所爱好的寓意画和历史画作辩护;另一方面又倡导诗要用画一样绚丽的色彩和明晰的表达方式"装饰"自然。莱辛在《拉奥孔》中所着重批评的英国诗学教授斯彭司和法国文艺批评家克路斯伯爵的观点,和古典主义的诗画一致说也是完全相同的。斯彭司穿凿附会地用古画去说明古诗,克路斯企图从古诗中找绘画的题材,都是将诗与画完全混为一谈。问题在于这种被古典主义宣扬的诗画一致说,通过高特舍特对古典主义的推崇也影响到德国文学。苏黎世派虽然不同意高特舍特对法国古典主义的崇奉,但也赞成诗画一致说,因为他们要为英国汤姆生等人描绘自然和农村田园生活的描绘体诗辩护。德国著名的艺术史家温克尔曼在德国开创了研究希腊古典艺术的风气。他在《论古代雕刻绘画作品的模仿》(1755)一文中,也还是坚持诗画一致说,认为"绘画可以和诗有同样宽广的界限,因此画家可以追随诗人"。以上情况说明,诗画一致说在当时的德国文艺界确有很大影响力,并且有把艺术引入迷途的危险。对此,莱辛在《拉奥孔》"前言"中已经明确指出。他说,艺术批评家们从"诗与画的一致性"出发,"时而把诗塞到画的窄狭范围里,时而又让画占有诗的全部广大领域","它在诗里导致追求描绘的狂热,在画里导致追求寓意的狂热"。②莱辛之所以在《拉奥孔》中要着重讨论画与诗的区别和界限问题,就是针对上述错误的观点和趣味。它首先是为了批判古典主义的美学教条,其次是为了纠正苏黎世派和温克尔曼的错误看法。

在《拉奥孔》中,莱辛主要是从以下几个方面论述了画与诗的区别和界限。

---

① [古希腊]亚里士多德、[古罗马]贺拉斯:《诗学·诗艺》,罗念生、杨周翰译,人民文学出版社1982年版,第156页。

② [德]莱辛:《拉奥孔》,朱光潜译,人民文学出版社1979年版,第3页。

从模仿媒介上看，画是用空间中的形体和颜色，而诗是用在时间中发出的声音，即语言。前者是在空间中并列的符号（莱辛又称"自然的符号"），后者是在时间中先后承续的符号（莱辛又称"人为的符号"）。

从模仿对象上看，画只宜于表现在空间中并列的事物，即"物体"；诗只宜于表现在时间中先后承续的事物，即"动作"。因此，物体连同它们的可以眼见的属性是绘画所特有的题材，而动作则是诗所特有的题材。由于一切物体不仅在空间中存在，而且也在时间中存在，物体在持续期间内的每一顷刻都可以现出不同的样子，成为一个动作的中心，因此，绘画也能模仿动作，但是只能通过物体、用暗示的方式去模仿动作。绘画在它同时并列的构图里，只能运用动作中的某一顷刻，所以就要选择"最富于孕育性的那一顷刻"[①]。所谓"最富于孕育性的那一顷刻"就是既包含过去，也暗示未来，"可以让想象自由活动的那一顷刻"[②]。这种顷刻不是激情顶点的顷刻，因为"到了顶点就到了止境"，想象就被捆住了翅膀。所以，画家在描绘动作时应选取发展顶点前的一顷刻，这一顷刻最利于想象活动，能产生最大效果。拉奥孔雕像之所以不表现哀号，而只表现叹息，原因之一即在于此。另外，动作并非独立地存在，须依存于人或物。所以诗也能描绘物体，但是只能通过动作，用暗示的方式去描绘物体。例如荷马在诗中如果描绘某一物体或个别事物，便是通过它在动作中所起的作用，而且一般只用它的某一个特点。这种方法就是化静为动，借动作暗示静态。

从模仿法则来看，画须表现物体美，所以，"美是造型艺术的最高法律"[③]；诗则完全不去为美而描写物体美，它的首要法律应该是"真实"。莱辛所理解的美的规律，还是指物体形式美的规律。他说："物体美源于杂多部分的和谐效果，而这些部分是可以一眼就看遍的。"[④] 所以物体美要求这些部分同时并列，各部分并列的事物既然是绘画所特有的题材，那么只有绘画才能模仿物体美。造型艺术以美为最高法律，所以它所追求的其他东西就必须服从美，如果和美不相容，就须让路给美。对于人物表情的

[①] ［德］莱辛：《拉奥孔》，朱光潜译，人民文学出版社1979年版，第83页。
[②] ［德］莱辛：《拉奥孔》，朱光潜译，人民文学出版社1979年版，第18页。
[③] ［德］莱辛：《拉奥孔》，朱光潜译，人民文学出版社1979年版，第14页。
[④] ［德］莱辛：《拉奥孔》，朱光潜译，人民文学出版社1979年版，第111页。

处理也须遵循这个创作法则。在拉奥孔雕像中，雕塑家要在既定的身体苦痛的情况下表现出最高度的美。而身体苦痛情况下的激烈的形体扭曲和最高度的美是不相容的，所以他不得不把身体的苦痛冲淡，把哀号化为轻微的叹息。这就是在雕塑中拉奥孔没有张口哀号的另一个理由。至于诗就不同了，诗人只能把物体美的各因素先后承续地展出，这就不可能产生它们在按并列关系去安排出来时所产生的和谐效果。所以诗不宜用罗列的方法描绘物体美，它要在描绘物体美时能和造型艺术争胜，必须选用另外的方法。一是通过描写美所引起的效果来间接地表现物体美，如荷马史诗中描写海伦的美，就是通过特洛伊国元老们看见海伦时所产生的印象和议论来写的。二是"化美为媚"，"媚就是动态中的美"，如诗中描写阿尔契娜的眼睛"娴雅地左顾右盼，秋波流转"，就是写媚。

由于美是造型艺术的最高法律，所以绘画作为美的艺术来说，拒绝表现丑；而诗虽不宜描绘物体美，却可以表现丑。

以上就是莱辛在《拉奥孔》中对画与诗之间的区别所做的主要论述。此外，莱辛也谈到画和诗对欣赏者所起作用的差别。画是作用于人的视觉，由视觉来接受的；而诗则是作用于人的听觉，由听觉来接受的。所以，"维吉尔写拉奥孔放声号哭的那行诗只要听起来好听就够了，看起来是否好看就用不着管。谁如果要在这行诗里要求一幅美丽的图画，他就失去了诗人的全部意图"[①]。不过，这些差别根本上还是由诗和画模仿的媒介或手段的不同而产生的，所以莱辛认为诗和画的最重要的区别还是它们之间在模仿对象和模仿方式上的区别。

为了充分揭示诗与画各自特殊的艺术规律，莱辛往往结合它们对欣赏者所产生的心理效果来进行分析。他特别强调欣赏者在接受艺术作品时想象活动的重要性，认为艺术应当给欣赏者以想象自由活动的天地。诗和画都要按照它们各自的特点，充分调动欣赏者的想象活动，越是能激发欣赏者的想象，就越是能够产生强烈的艺术效果。例如绘画既然只能运用动作中的某一顷刻，那就必须考虑怎样使所选择的这一顷刻最有利于让欣赏者的想象自由活动。这就是绘画为什么不能选择动作的顶点，而应该选择顶点之前的顷刻来表现的心理根据。又如诗人避免直接描绘物体美，却可以

[①] ［德］莱辛：《拉奥孔》，朱光潜译，人民文学出版社1979年版，第22页。

从美的效果上去写美。由于这种写法"能让每个人的想象有自由发挥的余地",所以也可与画争胜。

《拉奥孔》虽然着重是讨论诗与画的区别和界限,但莱辛并不否认诗画之间的一致和联系。他指出诗和画都是模仿的艺术,出于模仿概念的一切规律同样适用于诗和画。诗和画的模仿对象虽然有区别——"物体及其感性特征是绘画所特有的对象","动作是诗所特有的对象",但是,画家通过物体也能模仿动作,诗人通过动作也能模仿物体。从模仿媒介和方式上看,诗和画固然区别很明显,但也不是毫无联系的。按照莱辛的《拉奥孔》遗稿中的写作提纲,现在发表的《拉奥孔》(共二十九章)仅仅是全书的第一部分。在没有成书的部分提纲和笔记中,莱辛就准备进一步讨论诗和画在模仿媒介上的互相联系问题。前文已指出,莱辛认为绘画是用"自然的符号",而诗则是用"人为的符号",但在提纲的笔记中,莱辛又写道:"不过在这方面诗与画的差别也不像一眼乍见的那么大,诗并不只是用人为的符号,它也用自然的符号,而且它还有办法把它的人为的符号提高到自然符号的价值和力量。"有人认为莱辛在论诗与画的关系时完全忽略了二者之间的一致和联系,这是不了解莱辛思想的全貌。

不过,就《拉奥孔》来说,莱辛的主要批评和论争对象则是"诗画一致说"。如果我们联系到前面介绍的理论论争的背景来看,那么莱辛强调诗和画区别的现实意义和进步意义就一目了然了。可以说,这是莱辛为反对古典主义美学原理、建立新的现实主义美学原则所进行的巨大理论工作的一个极其重要的部分。它不仅为造形艺术的革新提供了理论基础,而且为诗和文学的发展指出了新的方向。从美学本身发展来说,莱辛关于诗画比较的研究,大大开阔了美学的视野,将不同种类艺术的比较研究提高到了一个新的理论水平。虽然在莱辛之前,也有艺术家、美学家论及诗画区别的问题,但像《拉奥孔》这样全面、系统、完整地从理论上阐明这一问题的著作,则是前所未有的。莱辛关于诗画界限的论述,对后来的许多重要美学家都产生过很大影响。

就诗与画界限问题的论述来看,也表现出莱辛美学思想上的局限性。寻找诗与画的区别当然是可以的,但莱辛往往把两者的区别讲得绝对化,以致显出某种片面性。例如,他认为美是造型艺术的首要法律,而诗的首要法律则是真实,这就把艺术中的美和真实对立起来了。由于这样绝对化

第九章 现实主义美学的一座丰碑

地看问题,他就得出了雕刻为了美应该牺牲表情的真实,而诗为了表情的真实则应该牺牲美的片面结论,这种看法显然是不符艺术创作的实际的。黑格尔在《美学》中分析《拉奥孔》时说:"尽管它表现出极端痛苦,高度的真实,身体的抽搐,全身筋肉的跳动,它却仍保持美的高贵品质,而丝毫没有流于现丑相,关节脱臼和扭曲。"① 这就是说,在拉奥孔雕像中,表情的真实和美的表现并不是对立的,而是达到了完美统一,这才是辩证的、符合实际的看法。又如,莱辛认为诗不描绘物体美,而画也不表现丑,这也是一种不符艺术作品实际的绝对化的看法。古希腊造型艺术中并不是完全没有丑的形象的描绘,近代绘画中更有许多以描绘丑的人物为对象的艺术杰作。莱辛之所以得出这些片面性的结论,主要还是因为他对美有一种形式主义的看法。《拉奥孔》中论美,主要讲的是直接作用于视觉的物体美(包括形体的美、颜色的美、表情的美),也就是形式方面的美。虽然在"前言"中莱辛也说过:"美这个概念本来是先从有形体的对象得来的,却具有一些普遍的规律,而这些规律可以运用到许多不同的东西上去,可以运用到形状上去,也可以运用到行为和思想上去。"② 可是,在具体分析诗与画的区别时,莱辛却几乎忽略了诗所表现的人的行为和精神世界也可以是美的。所以,他不了解诗中对于人的行为及精神世界的真实的描写,正是构成艺术美的前提和基础。此外,莱辛对造型艺术的看法,在许多方面也还是受到温克尔曼的影响。他虽然不同意温克尔曼的诗画一致说,不同意将造型艺术的理想搬到诗中,但是对造型艺术本身,却同意了温克尔曼的一些观点,如"美是造型艺术的最高法律""表达物体美是绘画的使命"等。温克尔曼在《古代艺术史》中就说过:"形式的美乃是希腊艺术家们的首要目的",艺术家"需要在最优美的形象中选择最优美的加以表现,他在相当程度上与欲念的表现相联系,而这种表现又不能对描绘的美有所损害"。③ 比较莱辛和温克尔曼的这些看法,几乎是完全一致的。它们的病根都在于仅从形式上看美,因而把造型艺术中美的表现和内容表情的真实互相割裂开来了。歌德说:"古人的最高原则是意蕴,

---

① [德] 黑格尔:《美学》第 3 卷,朱光潜译,商务印书馆 1979 年版,第 187 页。
② [德] 莱辛:《拉奥孔》,朱光潜译,人民文学出版社 1979 年版,第 1 页。
③ 参见《世界艺术与美学》(第 2 辑),文化艺术出版社 1983 年版,第 359、383 页。

而成功的艺术处理的最高成就就是美。"① 这才是将艺术中真实的内容与美的表现互相统一起来的辩证看法，是对温克尔曼和莱辛的片面看法的一个匡正。

此外，莱辛在讨论诗与画的区别时，也比较缺乏历史观点。这一点在当时就曾受到德国艺术批评家、"狂飙突进"运动的领袖赫尔德的批评。艺术本来是社会生活的反映，各种艺术门类和体裁都是在历史发展中产生和形成的。随着社会历史的发展变化，艺术门类和体裁也会发生变化。不但各门艺术之间会形成区别，就是在同一门艺术中，也会形成不同种类、不同体裁的区别；甚至同一种类、同一体裁，随着社会历史发展，也会在形式上发生各种变化。造型艺术是这样，诗或文学也是这样。而莱辛在分析诗和画的界限和特殊规律时，却没有能够充分考虑到这一点。他在分析古希腊造型艺术、史诗和悲剧时，都很少联系它们所由产生的社会历史条件来谈，而是简单地把从其中抽出的法则看作永恒不变的规律，这或许就是导致他把画与诗的特点弄得绝对化的另一个原因。

第三节 现实主义的诗学理论

《拉奥孔》所讨论的中心问题虽然是诗与画的界限问题，但它的真正意义却又不限于这个问题本身。通过诗与画的区别的研究，莱辛对于诗的本质、诗的创作的特殊规律作了新的阐明，从而建立了他的现实主义的诗学理论，并为正在形成的德国资产阶级文学寻求到一条新的发展途径。

莱辛一生的主要活动是在文学方面，在文艺中他所最关心的还是文学。建立统一的德国民族文学，使文学成为反封建、反教会的武器，是德国启蒙运动领袖们的共同理想和追求，莱辛尤其如此。他接受了亚里士多德的看法，认为"戏剧体诗是最高级的诗"，并且把他的主要精力用在戏剧创作和戏剧理论的建设方面。他对于文学与戏剧的理想和主张，在《汉堡剧评》中有着集中的阐述。但是，《汉堡剧评》中的许多重要的现实主义文学观点在《拉奥孔》中已经提出来了。《拉奥孔》的进步意义主要就是通过对于诗的现实主义美学原则的论述表现出来的。

---

① 参见黑格尔《美学》第1卷，朱光潜译，商务印书馆1979年版，第24页。

在《拉奥孔》中，莱辛与温克尔曼在美学思想上的分歧，主要是通过对于诗的特点的分析上表现出来的。温克尔曼认为古典艺术的理想是"高贵的单纯和静穆的伟大"。他说："正如大海的深处经常是静止的，不管海面上波涛多么汹涌，希腊人所造的形体在表情上也都显出在一切激情之下他们仍表现出一种伟大而沉静的心灵。"① 这就是所谓"静穆的伟大"。温克尔曼不仅把"静穆"看作古典艺术的理想，而且还把这种理想当作画和诗共同追求的目标，当作衡量画和诗的共同的标准。他认为雕像中的拉奥孔忍受着痛苦，和索福克勒斯悲剧中的菲罗克忒忒斯忍受痛苦，都一样是古典"静穆"理想的表现。根据这种理想，艺术是不能表现出激烈的情感的。莱辛不同意温克尔曼认为古典诗不表现激烈情感的看法，也坚决反对将温克尔曼的"静穆"的艺术理想运用到诗或文学中来。他说：

尽管荷马在其他方面把他的英雄们描写得远远超出一般人性之上，但每逢涉及痛苦和屈辱的情感时，每逢要用号喊、哭泣或咒骂来表现这种情感时，荷马的英雄们却总是忠实于一般人性的。在行动上他们是超凡的人，在情感上他们是真正的人。②

在索福克勒斯笔下，菲罗克忒忒斯也没有像温克尔曼所说的那样克制感情、忍受痛苦，他由痛苦而发出的哀怨声、号喊声和粗野的咒骂声响彻了希腊军营，搅乱了一切祭祀和宗教典礼，以致人们把他抛弃在荒岛上。这些悲观绝望和哀伤的声音由诗人模仿过来，也响彻了整个剧场。莱辛坚持认为诗和画有不同的特点和要求，不能把对画的要求和原则生硬地搬到诗中来。尽管绘画的理想美可以是温克尔曼所说的"静穆"，可是诗的理想美所要求的却不是静穆，而是静穆的反面。"因为他们所描绘的是动作而不是物体，而动作则包含的动机愈多，愈错综复杂，愈互相冲突，也就愈完善。"③ 这种要求在文学中表现动作、运动、矛盾、冲突的新的艺术理想，同所谓"静穆"的理想形成了鲜明的对照，充分反映出新兴资产阶级

---

① ［德］莱辛：《拉奥孔》，朱光潜译，人民文学出版社 1979 年版，第 5 页。
② ［德］莱辛：《拉奥孔》，朱光潜译，人民文学出版社 1979 年版，第 8 页。
③ ［德］莱辛：《拉奥孔》，朱光潜译，人民文学出版社 1979 年版，第 204 页。

要求文艺积极参与变革现实斗争的需要，在当时具有很大的进步意义。车尔尼雪夫斯基深刻地理解了莱辛这一新的诗学理论的实质，他从《拉奥孔》中导出的结论是："行动，行动，这就是诗的力量，就是使得诗变成一种特殊对象的东西。所以，人的生活就是诗的唯一的根本的对象，唯一的根本的内容，戏剧因素应该成为诗的力量的基础。在诗中不应当有任何停滞不动的、任何僵硬的、抽象的东西。"①

在莱辛看来，诗的目的不是去描绘静态的物体美，而是要反映动态的、变化发展的现实生活。因此，对于诗来说，首要的法律不是形式美，而是真实地描绘现实。他说："真实与表情应该是艺术的首要的法律；自然本身既然经常要为最高的目的而牺牲美，艺术家也就应该使美隶属于他的一般意图，不能超过真实与表情所允许的限度去追求美。"②诗要真实地描绘行动中的人物，就要真实地、充分地描写他们的内心世界和情感。莱辛对希腊斯多葛派提倡压制情感的禁欲主义十分反感，认为斯多葛派的"一切都缺乏戏剧性"。针对温克尔曼的看法，他强调真实地描绘情感和表现人物的伟大心灵完全是可以统一的。他以索福克勒斯悲剧中描写的菲罗克忒忒斯为例说：

> 他的哀怨是人的哀怨，他的行为却是英雄的行为。二者结合在一起，才形成一个有人气的英雄。有人气的英雄既不软弱，也不倔强，但是在服从自然的要求时显得软弱，在服从原则和职责的要求时就显得倔强。这种人是智慧所能造就的最高产品，也是艺术所能模仿的最高对象。③

这里，莱辛提出了他对于文学中应当表现的英雄人物的理想。既有服从原则的英雄行为，又有服从自然的人的情感；既是"英雄"，又有"人气"，这样的人物才是真实自然而又伟大、理想的人物。与此相对照，莱辛指出古罗马悲剧中的人物犹如格斗场上的斗士，隐藏一切情感，歪曲一

---

① 《车尔尼雪夫斯基论文学》中卷，辛未艾译，上海译文出版社1979年版，第425页。
② [德] 莱辛：《拉奥孔》，朱光潜译，人民文学出版社1979年版，第18页。
③ [德] 莱辛：《拉奥孔》，朱光潜译，人民文学出版社1979年版，第30页。

切自然本性,"流露出经过训练和勉强做作的痕迹"。这种矫揉造作和浮夸的描写,正是古罗马悲剧衰亡的重要原因。这虽然是在分析古代艺术,实际上也就是在批判古典主义僵化的美学教条,而代之以现实主义的人物描写原则。

为了充分论证诗或文学真实描写情感的必要性,莱辛还结合读者或观众的欣赏心理,从文学的作用方面作了说明。他认为诗和文学只有真实地描写人物的情感,才能打动读者的情感,使读者产生同情和共鸣,也只有这样的作品才具有强烈的感染力。莱辛很重视文学作品对读者的情感作用,他多次谈到"同情"这种欣赏的心理活动,并指出读者的同情总是同作品中有关人物所表现的情感"成正比例的"。这和古典主义美学一味强调"理性",不重视情感作用的观点,也是很不同的。

在人物性格的刻画上,莱辛认为诗和画的要求也是不同的。画中的人物包括神和精灵,都是"人格化的抽象品",他们只具有一般的性格特点,不表现个别的、偶然的东西,只有这样,才能使人认得出他们。诗人则不然,诗须要真实地反映生活,不能只表现"人格化的抽象观念",而必须描绘出"活的能行动的人物"。这些人物(包括神和精灵)"在具有他们的一般性格之外,还各有一些其他特性和情感"[1]。诗人"可以让这种人物现出每一特殊具体情境所要求的种种变化,而丝毫不至于使我们看不见他的本质"[2]。这就是说,诗既要表现人物的一般的、共同的性格,也要表现人物的个别的、特殊的、偶然的个性特点,表现人物性格在各种具体情境中的发展变化。比如对于雕刻家来说,女神维纳斯就只代表"爱",艺术家只能使其具有爱的对象使我们心醉神迷的一些品质,也就是使我们纳入"爱"这个抽象概念里去的一些品质。所以,艺术家只须表现她具有贞静羞怯的美和娴雅动人的魅力,而不能表现她的复仇欲望和忿恨情绪。但是,"对于诗人来说却不如此,维纳斯固然代表爱,却还不只是爱,在爱这个性格以外,她还有自己的个性,因而她能爱慕也能怨恨。难怪她在诗人的作品里往往怒火大发,特别是点燃这怒火的正是受到损害的爱情"[3]。

---

[1] [德] 莱辛:《拉奥孔》,朱光潜译,人民文学出版社1979年版,第54页。
[2] [德] 莱辛:《拉奥孔》,朱光潜译,人民文学出版社1979年版,第209页。
[3] [德] 莱辛:《拉奥孔》,朱光潜译,人民文学出版社1979年版,第54页。

总之，诗人可以在一般性格和个性的统一中，多方面地、变化发展地刻画人物性格，从而使人物成为像生活本身一样丰满的、有血有肉的形象。这里，莱辛所谈的实即文学中人物的典型化问题。他把造型艺术中的人物看作"人格化的抽象品"固然失之片面，但强调诗或文学必须从这种艺术桎梏中解脱出来，却有非常重要的现实意义。我们不应该忘记，古典主义的艺术原则表现在人物刻画上，就是片面强调人物的类型性、普遍性而忽视人物个性，并且把人物性格看成是凝固的、永不变易的。如果不冲破这些僵化的原则，现实主义的文学就不可能向前发展。《拉奥孔》强调诗要描写个性、要描写发展变化的性格，其重要意义正在于此。

按照莱辛的看法，诗在反映广阔的现实生活方面较之绘画有更大的优越性。"诗的范围较宽广，我们的想象所能驰骋的领域是无限的，诗的意象是精神性的，这些意象可以最大量地，丰富多彩地并存在一起而不致互相掩盖，互相损害，而实物本身或实物的自然符号却因为受到空间和时间的局限而不能做到这一点。"[1] 这还是就模仿方式来看诗的优越性，更重要的还在于诗的模仿对象和题材比画要宽广得多。画家仅以物体美为模仿对象，而诗人则有"整个无限广阔的完善的境界供他模仿"[2]。诗虽然不宜直接描写物体美，但是它可以刻画人物的高贵品质，表现出精神内容方面的美。诗往往有很好的理由把非图画性的美看得比图画性的美更重要，"有一些美是由诗随呼随来的而却不是画所能达到的"[3]。诗的优点还在于它可以描写被画拒绝表现的丑。形体的丑看起来不顺眼，违反我们对秩序与和谐的爱好，会引起我们的厌恶。在绘画里如果表现丑，丑的一切力量会同时发挥出来，它所产生的效果并不比在自然里减弱多少，所以虽经艺术模仿，仍然令人不愉快。既然如此，形体的丑单就它本身来说，就不能成为绘画（作为美的艺术）的题材。至于诗的情况就不同了。"在诗里形体的丑由于把在空间中并列的部分转化为在时间中承续的部分，就几乎完全失去它的不愉快的效果，因此仿佛也就失其为丑了，所以它可以和其他形状更紧密地结合在一起，去产生一种新的特殊的效果。"[4] 这种新的特殊的效

---

[1] ［德］莱辛：《拉奥孔》，朱光潜译，人民文学出版社1979年版，第41页。
[2] ［德］莱辛：《拉奥孔》，朱光潜译，人民文学出版社1979年版，第22页。
[3] ［德］莱辛：《拉奥孔》，朱光潜译，人民文学出版社1979年版，第51页。
[4] ［德］莱辛：《拉奥孔》，朱光潜译，人民文学出版社1979年版，第137页。

果是什么呢？据莱辛分析，无害的丑可以增强喜剧性，有害的丑可以引起恐怖感。由于丑和其他因素的结合，可以形成一种快感和痛感相结合的混合情感，"这比最纯粹的愉快还更有吸引力"①。这里，莱辛从诗与画对于丑的不同表现方式，以及由此而产生的不同的心理效果，论证了诗何以能够描写丑，是很富于创造性和启发性的见解。结合丑在诗和画中所产生的不同心理效果，莱辛还讨论了亚里士多德关于自然界引起反感的事物，在真实的模仿中会产生快感的看法。他认为并不是一切自然中令人不愉快的事物，经过模仿都能变成使人愉快的。这个看法也很值得注意。不过，在莱辛的理解中，丑和美一样主要是从形式方面来看的，所以他所谈的只是"形体丑"，这就使所论的问题有较大局限性。他在第三章中曾经提到"通过真实与表情，能把自然中最丑的东西转化为一种艺术美"的看法，可惜在论及诗何以能表现丑时，又没有将这一看法展开。

结合讨论丑这个美学范畴，莱辛还讨论了与此相关的"嫌厌"和"恐怖"等美学范畴。嫌厌和丑所引起的情感反应是相类似的，嫌厌的情感和丑所引起的情感在性质上属一类，它们都是不可能通过艺术模仿转化为快感的那一类不愉快的感觉。由于可嫌厌的东西所产生的不愉快的效果比丑更加强烈，所以它不能就它本身作为诗或画的题材。绘画应该绝对避免描绘嫌厌的对象，正如它应绝对避免描绘丑的形体一样。但是，因为嫌厌的东西经过文字的表达就被大大地冲淡了，所以"诗人至少可以运用可嫌厌的对象的某些方面，作为一种产生混合情感的因素，正如他用丑来加强这种混合情感，可以产生很好的效果那样"②。诗人运用可嫌厌的东西的某些方面，可以加强可笑性和恐怖性，这两者都是形成痛感和快感相结合的混合情感的因素。前者如阿里斯多芬的喜剧中描写苏格拉底正在张口望天，作天文观察时，一只鼬鼠从屋檐上拉屎，屎恰好落在他的嘴里。尊严与礼仪的表象和可嫌厌的东西形成反衬，于是产生可笑性。后者如荷马史诗里描写赫克托的尸首被战车拖着走，满脸污血，头发也被血和泥凝成一团。这是惹人嫌厌的，因此也更令人恐怖，更能感动人。

除此之外，莱辛在《拉奥孔》的笔记中还论及"崇高"这个美学范

---

① [德] 莱辛：《拉奥孔》，朱光潜译，人民文学出版社1979年版，第139页。
② [德] 莱辛：《拉奥孔》，朱光潜译，人民文学出版社1979年版，第140页。

畴,提出了诗比绘画更宜表现崇高的看法。他说:"体积的巨大有助于产生崇高的印象,这种崇高通过在绘画中的缩小就会完全消失,绘画中的最高的楼台,最陡最粗犷的峭坡和悬崖甚至不能引起它们在自然中所能引起的那种恐怖和昏眩的影子,而在诗中它们却能在适当的程度上引起这种效果。"

综上所述,莱辛认为诗或文学在反映现实上有自己的特长和优越性,所以他反对将绘画的理想和规律移置诗或文学中去。他强调诗以整个现实生活为模仿对象,不应限于模仿物体美;诗要在行动中刻画人物性格,在动态和冲突中表现生活的发展变化,不应追求静穆的艺术理想;诗要真实地表现人物情感,充分地显示人物丰满的个性,不应为了形式美而牺牲内容的真实表现,为了一般性格而忽视个性描写。诗既可以表现美,也可以表现丑;既可以表现崇高,也可以表现可笑、嫌厌、恐怖。总之,现实生活有多么丰富,诗所表现的内容也就有多么丰富,它所产生的特殊的审美效果和感染力量,是绘画无法与之匹敌的。显然,莱辛这些看法极大地丰富了现实主义艺术理论,对当时充斥在文学中的形式主义和死气沉沉的古典主义艺术教条,进行了一次大扫荡。难怪车尔尼雪夫斯基称它是一种"新的诗歌理论",并说:"从亚里士多德的时期以来,没有一个人能够像莱辛那么正确深刻地理解诗的本质。"[1] 由此可见,《拉奥孔》在西方美学史和文艺史中的崇高地位和历史意义。

---

[1] 《车尔尼雪夫斯基论文学》中卷,辛未艾译,上海译文出版社1979年版,第425页。

第十章　批判哲学的美学体系

——康德的《判断力批判》上卷

第一节　美学在康德哲学体系中的地位

第二节　美的分析

第三节　崇高的分析

第四节　艺术、天才和审美理念

第五节　历史贡献与调和特点

参见《彭立勋美学文集》（第三卷）《趣味与理性：西方近代两大美学思潮》第二十章"康德美学及其对经验主义和理性主义的调和"。

第十一章 现代美育理论的开创之作

——席勒的《审美教育书简》

席勒（Johann Christoph Friedrich von Schiller，公元 1759—1805 年）是 18 世纪德国狂飙突进文学运动的主要代表作家之一，也是德国古典美学的重要代表人物之一。在德国古典美学发展中，席勒上承康德，下启黑格尔，在推动德国古典美学从主观唯心主义向客观唯心主义的转变中起到了重要的中介作用。席勒的美学著作都是在受到康德哲学影响以后写成的。从 1792 年到 1796 年，席勒连续发表了一系列美学论文，包括《卡里亚斯，或论美》《论秀美与尊严》《审美教育书简》《论崇高》《论质朴的和多情的文学》等，其中最重要、影响最大的便是《审美教育书简》。从 1793 年到 1794 年，席勒把自己研究美学的心得陆续写成若干封书信，寄给丹麦国王奥古斯滕堡公爵，以酬谢后者在他困难时期给予他的慷慨帮助。1794 年 2 月哥本哈根宫邸发生火灾，所有信件被焚。后应奥古斯滕堡公爵的要求，席勒根据原稿整理出这套书信，并对原稿作了较大修改和补充，于 1795 年在他自己创办的《季节女神》杂志上连载。1801 年这套书信收入《短小散文集》，题为"审美教育书简"。这部著作问世以来，一直产生着巨大影响。青年黑格尔曾两次认真地研究席勒的这部著作，在他早期著作中可以明显看到席勒思想的影响。车尔尼雪夫斯基曾经引用席勒《审美教育书简》中的论述来阐发自己的进步美学思想。席勒关于通过审美教育恢复人性完整性，实现人的全面发展的理想，经过马克思的革命改造，重新得到科学的阐明。

第一节 人性的分裂与美育的目的

在《审美教育书简》的头两封信中，席勒对自己研究美学和审美教育问题的哲学基础和原因作了说明。席勒的美学研究是从研究康德哲学和美

第十一章　现代美育理论的开创之作

学开始的。在1971年写给克尔纳的信中，席勒说他被康德的《判断力批判》所吸引并进行了深入研究，可见他的美学研究是以康德哲学和美学为基础的。在《审美教育书简》中，他申明自己的看法"大多以康德的原则为依据"①。不过，他也表示自己并不拘于门户之见。关于研究美学的方法论，他认为应"使它的对象与知性相接近而使它的对象离开感官"②，也就是说，美虽然与感觉密切相关，但要把握它的本质就必须通过知性分析，而不能依靠感觉经验，这也显然受到了康德的影响。依据先验的方法来提出和阐明美学问题，形成《审美教育书简》在研究方法上的一个重要特点。

康德的哲学和美学体系，探求的是一个关系人类最终前途的命题：从自然向人的生成问题，美学被视为从必然王国向自由王国发展的必然环节，是连接自然的必然和道德的自由的一座桥梁。在论述美、崇高、艺术等各种美学问题中，康德都将人是目的作为准绳。他认为作为目的的人是自由存在者，这只能通过自然的必然和道德的自由的统一才能实现。"只有人不顾到享受而行动着，在完全的自由里不管大自然会消极地给予他什么，这才能赋予他作为一个人格的生存的存在以一绝对的价值。"③ 这个基本思想同样贯穿在席勒的《审美教育书简》中。通过美和审美教育，使自然的人成为审美的人，进而达到道德的人，从而实现人的自由，正是席勒在书简中所要阐发的主题。不过，席勒虽然从康德出发，但他所达到的结论却远远超越了康德的美学思想，比康德前进了一大步。对此，黑格尔曾做过评价，他说："席勒的大功劳就在于克服了康德所了解的思想的主观性与抽象性，敢于设法超越这些局限，在思想上把统一与和解作为真实来了解，并且在艺术里实现这种统一与和解。"④ 康德只是在思想活动中主观地、抽象地去解决审美中感性和理性的统一，用主观合目的性去解决自然界的必然与理性的自由之间的矛盾，这种和解与统一"无论就判断来说，还是就创造来说，都还只是主观的，本身还不是自在自为的真实"⑤。席勒

---

① ［德］席勒：《审美教育书简》，载《席勒经典美学文论》，范大灿等译，生活·读书·新知三联书店2015年版，第205页。
② ［德］席勒：《审美教育书简》，载《席勒经典美学文论》，范大灿等译，生活·读书·新知三联书店2015年版，第205页。
③ ［德］康德：《判断力批判》上卷，宗白华译，商务印书馆1987年版，第45页。
④ ［德］黑格尔：《美学》第1卷，朱光潜译，商务印书馆1979年版，第76页。
⑤ ［德］黑格尔：《美学》第1卷，朱光潜译，商务印书馆1979年版，第75—76页。

则将这一矛盾的解决建立在人的自我实现这个更为现实的基础之上,论证了感性与理性、必然与自由二者相互转化的辩证统一,也就是将二者的相互转化和统一"作为真实来了解",这就突破了康德的局限。

席勒研究美和美育问题,是和他对于人性和时代问题的思考紧密联系在一起的。关注美和艺术问题,对于他来说,并非单纯出于对理论的兴趣,而是基于对于时代现状的观察和思考。他首先自问道:在当今道德世界的事物对人有着更切身的利害关系、时代的状况迫切地要求建立真正的政治自由的情况下,"为审美世界寻找一部法典,是不是有点不合时宜呢?"[①]接着他就回答说:"我不想生活在另一世纪,也不想为另一世纪而工作。"人是时代的公民,"在选择他的事业时要倾听时代的需要和风尚"。[②] 就是说,他选择美和艺术问题来研究,并不是想脱离时代和现实,而正是要服从时代的需要。但是,时代的需要和风尚并不利于艺术。艺术是自由的女儿,他只能从精神的必然,而不能从物质的最低需求中接受条规。可是,如今是需要支配一切,有用是这个时代崇拜的大偶像,一切力量都要侍奉它。在这个时代的喧嚣市场上艺术正在消失,艺术的精神功绩没有分量。所以,席勒表示,尽管哲学家和通达人士都把目光聚集在政治舞台上,他却违抗这迷人的诱惑,"让美在自由之前先行"[③]。他说:

> 这个题目同时代需要的密切程度并不亚于同时代趣味的密切程度;人们在经验中要解决的政治问题必须假道美学问题,正是通过美,人才可以走向自由。[④]

由此可见,席勒是把美和美育问题看作解决政治问题,使人走向自由的必经之路,从而赋予了美和美育研究以时代使命。

---

① [德]席勒:《审美教育书简》,载《席勒经典美学文论》,范大灿等译,生活·读书·新知三联书店2015年版,第209页。
② [德]席勒:《审美教育书简》,载《席勒经典美学文论》,范大灿等译,生活·读书·新知三联书店2015年版,第209页。
③ [德]席勒:《审美教育书简》,载《席勒经典美学文论》,范大灿等译,生活·读书·新知三联书店2015年版,第211页。
④ [德]席勒:《审美教育书简》,载《席勒经典美学文论》,范大灿等译,生活·读书·新知三联书店2015年版,第211页。

第十一章　现代美育理论的开创之作

为了研究人走向自由的过程，席勒考察和分析了人类社会的历史发展。他指出，人从感官的轻睡中苏醒过来，认识到自己是人，发现自己已处在国家中。最初的自然国家是历史地自然形成的，它源于力，受盲目的物质必然的支配，一切都是靠强制而产生的，故亦称强制国家。当人从童年期进入成年期，就不再满足于这种强制国家，要求建立伦理国家，它源于法则，受道德必然的支配，一切都是人的自由选择。理性要建立自己的国家就得废弃自然国家，这样，为了推论的道德的人就得牺牲现实的物质的人。因此，为了保证道德社会在观念中形成的同时，物质社会也能继续运行，就必须找到一根支柱。这根支柱既不在人的自然性格之中，也不在人的伦理性格之中，它是同两者都有连带关系的第三种性格（即美的性格）。正是这种性格开辟了从纯粹是力的支配过渡到法则支配的道路。因此，关键在于使人身上的这两种性格统一起来，达到性格的完整。既不能为了达到道德的一体性而损伤自然的多样性，也不能为了保持自然的多样性而破坏道德的一体性。席勒认为，只有在这种条件下，理想中的国家才能成为现实，国家与个人才能达到和谐统一。"只有在有能力有资格把强制国家变成自由国家的民族里，才能找到性格的完整性。"①

接着，席勒把观察和分析的视野转向当代，他问道：当代展示给我们的是否是这样一种性格呢？回答是否定的。他分析说，当今世界人已经觉醒，自然国家的基础已经动摇，看起来已有物质的可能性可以建立理想的国家，但是还缺少道德的可能性。现在仍然没有完整的性格，一切希望只是徒劳的美梦。一方面是粗野，另一方面是懒散，人类堕落的这两个极端汇集在同一个时代里。在为数众多的下层阶级中，我们看到的是粗野的、无法无天的冲动；在上层文明阶级中，则显出一幅懒散和性格败坏的、令人作呕的景象，这两种弊病并存是当今时代的特征。席勒这里对时代的看法，明显地是对法国大革命及其社会后果的认识。法国大革命动摇了封建专制国家的基础，进行社会改造的客观条件似乎已经具备。但是，法国大革命的进程却暴露出许多问题，在席勒看来，这正说明进行社会改造的主观条件还没有成熟。席勒的看法一方面反映了当时代表德国市民阶层的思

---

① ［德］席勒：《审美教育书简》，载《席勒经典美学文论》，范大灿等译，生活·读书·新知三联书店 2015 年版，第 222 页。

想家的软弱性；另一方面也表明他已经觉察到资产阶级革命的局限性，预见到它所建立的社会并不能达到人的真正自由。这促使他思考达到真正自由的另外的道路。

席勒指出，在时代性格上，人类现在的形式与过去的，特别是古希腊的形式形成鲜明对照。古希腊人具有性格的完整性。"他们既有丰富的形式，同时又有丰富的内容；既善于哲学思考，又长于形象创造；既温柔，又刚毅，他们把想象的青春和理性的成年结合在一个完美的人性里。"① 古希腊人之所以能够保持完整的人性，其重要原因是他们的国家虽然组织简单，却是一个和谐的整体。在他们的国家里，每个个人都享有独立的生活，必要时又能成为整体。

与此相对照，现代人就完全不是这样。在近代，由于文明的发展和国家变成强制国家，人只能发展他身上的某一种力，从而破坏了他天性的和谐状态，成为与整体没有多大关系的、残缺不全的、孤零零的碎片。席勒指出："给近代人造成这种创伤的正是文明本身。只要一方面由于经验的扩大和思维更确定因而必须更加精确地区分各种科学，另一方面由于国家这架钟表更为错综复杂因而必须更加严格地划分各种等级和职业，人的天性的内在联系就要被撕裂开来，一种破坏性的纷争就要分裂本来处于和谐状态的人的各种力量。"② 由于人们把自己的活动限制在一定的范围，因而随之在自己身上建立了一个主宰，这个主宰在不少情况下是以压制其他的天禀为己任的。席勒进一步分析说：

> 现在，国家与教会、法律与道德习俗都分裂开来了；享受与劳动、手段与目的、努力与报酬都彼此脱节了。人永远被束缚在整体的一个孤零零小碎片上，人自己也只好把自己造成一个碎片。他耳朵里听到的永远只是他推动的那个齿轮发出的单调乏味的嘈杂声，他永远不能发展他本质的和谐。他不是把人性印在他的天性上，而是仅仅变

---

① [德]席勒：《审美教育书简》，载《席勒经典美学文论》，范大灿等译，生活·读书·新知三联书店2015年版，第228页。
② [德]席勒：《审美教育书简》，载《席勒经典美学文论》，范大灿等译，生活·读书·新知三联书店2015年版，第230页。

成他的职业和他的专门知识的标志。①

这种情况对人造成了严重的后果，人日益沦为专业分工的奴隶，已经丧失了全面发展的可能。

以上席勒对古代希腊社会的看法显然受到温克尔曼等德国启蒙思想家的影响，是将古希腊奴隶制社会理想化了。虽然这并不完全符合历史实际，但席勒却以它为标准对现存社会进行了深刻的批判。席勒对近代社会中由于劳动分工而对人的自由发展带来的危害，在一定程度上作了揭露，朦胧地意识到近代社会存在着人的异化问题。当然，由于历史观上的局限，他还不可能对此做出深刻的、科学的说明。

席勒承认，对于文明的发展和人类的进步来说，这种人性的片面发展是绝对必要的。但个人却为了这种世界的目的而牺牲了自己，失去了他的性格的完整性。他认为，人不能为了某种目的而忽略自己，"培养个别的力，就必须牺牲这些力的完整性，这肯定是错误的"②。因此，近代人要做的就是通过更高的艺术（即审美教育）来恢复人们天性中被破坏的这种完整性。在席勒看来，要恢复人的天性的完整性不能指望现在的国家，同样也不能指望观念中的理想国家，因为它本身必须建立在更好的人性之上。要改革国家、获得政治自由，必须首先改善时代的性格，恢复人的天性的完整性。接着，席勒便指出：

> 为了这个目的，必须找到一种国家不能给予的工具，必须打开尽管政治腐败不堪但仍能保持纯洁的源泉。③
>
> 这个工具就是美的艺术，这些泉源就是在美的艺术那不朽的典范中启开的。④

---

① ［德］席勒：《审美教育书简》，载《席勒经典美学文论》，范大灿等译，生活·读书·新知三联书店2015年版，第231页。
② ［德］席勒：《审美教育书简》，载《席勒经典美学文论》，范大灿等译，生活·读书·新知三联书店2015年版，第237页。
③ ［德］席勒：《审美教育书简》，载《席勒经典美学文论》，范大灿等译，生活·读书·新知三联书店2015年版，第246页。
④ ［德］席勒：《审美教育书简》，载《席勒经典美学文论》，范大灿等译，生活·读书·新知三联书店2015年版，第247页。

综上所述，席勒从分析近代国家导致人性的分裂，到提出通过审美教育恢复人性的完整性，始终是围绕着人的问题来说明美和美育问题，是以人为中心，从人的本性的历史演进中来认识美和美育的地位与作用。在他看来，美和审美乃是克服人性的分裂、恢复人性的完整性的必由之路和有效工具，这也正是他重视和倡导审美教育的原因和目的。门罗·C. 比尔兹利在《美学简史：从古希腊至当代》中指出，《审美教育书简》这部思想丰富的著作"充满着对人和人类的关怀及人道精神"[①]，这正是席勒美学的突出特色。

第二节　游戏冲动与美的本质

席勒指出，时代在两条歧路上彷徨，一方面沦为粗野；另一方面沦为疲软和乖戾，必须通过美克服这双重的混乱。但是，有人怀疑甚至反对美能起到这样的作用，并从经验中提出可怕的理由。经验也确实证明，在一个民族里，国家的繁荣与艺术的昌盛并不一定是同时共存的，政治的自由与审美修养的高度发展并一定不是携手并进的。对此，席勒认为，经验并不是可以判决这样一个问题的法庭。经验中所说的美是否有理由配用这个名称，必须要由预先提出的美的概念来认清。这个美的概念不是源于经验，它"必须在抽象的道路上去寻找，必须从感性和理性兼而有之的天性的可能性中推论出来，一言以蔽之，美必须表现出它是人的一个必要的条件。因此，我们现在必须使我们自己提高到人的纯粹概念上"[②]。

席勒用先验的方法对人的纯粹概念进行高度抽象，从人身上分辨出持久不变的和经常变化的两种状态，前者称为人格，后者称为人的状态。人格置身于自身之中，永不变化；状态取决于外界的规定，随着时间永远变化。抽象的人格就是自我、绝对主体、形式或理性；抽象的状态就是现象、世界、物质、材料、内容或感性。这两者在绝对存在（神性）那里是同一的，而在有限存在（经验之人）那里永远是不同一的。人同时是绝对

[①] ［美］门罗·C. 比尔兹利：《美学简史：从古希腊至当代》，麦克米伦公司1966年版，第225页。

[②] ［德］席勒：《审美教育书简》，载《席勒经典美学文论》，范大灿等译，生活·读书·新知三联书店2015年版，第259页。

存在和有限存在，人只有在变化时，他才存在；也只有在保持不变时，他才存在。

由此，就产生了对人的两种相反的要求，同时也就是感性和理性兼而有之的天性的两项基本法则。第一项法则要求绝对的实在性，人必须把凡是形式的东西转化为世界，使他的一切天禀表现为现象。第二项法则要求绝对的形式性，人必须把他身内凡是仅仅是世界的东西消除掉，把一致带入他的一切变化之中；换句话说，他必须把一切内在的东西外化，给一切外在的东西加上形式。①

这样，人便受着两种相反的力的驱使去完成双重任务：使我们身内的必然转化成现实，使我们身外的现实服从于必然的规律。这两种力推动我们去实现各自的对象，它们形成两种冲动。第一种冲动可称为感性冲动。"它是由人的物质存在或者说是由人的感性天性而产生的，它的职责是把人放在时间的限制之中，使人变成物质。"② 它要求变化和实在性。由于它扬弃了人的人格，把人局限在某种事物和某个瞬间，存在受到最大限度的限制，人不可能达到完善的程度。第二种冲动可称为形式冲动。"它来自人的绝对存在，或者说来自人的理性天性；它竭力使人得以自由，使人的各种不同的表现得以和谐，在状态千变万化的情况下保持住人的人格。"③ 它扬弃时间和变化，它要现实事物是必然的和永恒的，它要永恒的和必然的事物是现实的，换句话说，它要求真理和合理。这样，你就已经把个别事件当作一切事件的法则，把生活中的一个瞬间当作永恒来看待。什么地方形式冲动在支配，存在在那里就会得到最高程度的扩展。

感性冲动和形式冲动乍看起来是彼此对立的，人性的一体性好像被这种极端对立给破坏了，那么，怎样才能把它恢复过来呢？席勒解释说，这

---

① ［德］席勒：《审美教育书简》，载《席勒经典美学文论》，范大灿等译，生活·读书·新知三联书店 2015 年版，第 265 页。
② ［德］席勒：《审美教育书简》，载《席勒经典美学文论》，范大灿等译，生活·读书·新知三联书店 2015 年版，第 267 页。
③ ［德］席勒：《审美教育书简》，载《席勒经典美学文论》，范大灿等译，生活·读书·新知三联书店 2015 年版，第 269 页。

两种冲动虽然互相矛盾，但它们并不在同一个对象之中，不可能彼此冲突。感性冲动固然要求变化，但它并不要求变化也要扩大到人格及其领域，并不要求更换原则。形式冲动要求一体性和保持恒定，但它并不要求状态也同人格一起固定不变，并不要求感觉统一。因此，这两种冲突从根本上说并不是对立的。监视这两种冲突，确定它们各自的界限，这是文明的任务。文明给这两者同样的合理性，它不仅面对感性冲动维护理性冲动，而且也面对理性冲动维护感性冲动，既要培养感觉功能，又要培养理性功能。"什么地方这两种特性相统一，人在什么地方就会把最大的独立性和自由同生存最高的丰富性结合在一起。"① 所以，两种冲动都需要有限制，都必须放松，保持在各自的范围之内。

席勒进一步指出，感性冲动和理性冲动之间的相互作用，只是理性提出的一个任务，人只有在他的生存达到尽善尽美的地步时才能完全达成这个任务。因此，这是最根本意义上的人的人性观念，是一种无限，人在时间的过程中能够越来越与之接近，但永远不会达到。但是，假使有这个情况：人同时有这双重经验，即他既意识到自己的自由同时又感觉到他的生存，他既感到自己是物质同时又认识到自己是精神，在这样的情况下，人就会完全地观照到他的人性，成为无限的一种表现。假使这种情况能够在经验中出现，将会在人身内唤起一个新的冲动，即游戏冲动。席勒说：

> 感性冲动要求变化，要求时间有一个内容；形式冲动要废弃时间，不要求变化。因此，这两个冲动结合在一起进行活动的那个冲动，即游戏冲动所指向的目标就是，在时间中扬弃时间，是演变与绝对存在、变与不变合二为一。②

感性冲动和形式冲动都须强制人心，一个通过自然法则；另一个通过精神法则。"当两个冲动在游戏冲动中结合在一起活动时，游戏冲动就同时从精神方面和物质方面强制人心，而且因为游戏冲动扬弃了一切偶然

---

① ［德］席勒：《审美教育书简》，载《席勒经典美学文论》，范大灿等译，生活·读书·新知三联书店 2015 年版，第 274 页。
② ［德］席勒：《审美教育书简》，载《席勒经典美学文论》，范大灿等译，生活·读书·新知三联书店 2015 年版，第 280 页。

第十一章　现代美育理论的开创之作

性,因而也就扬弃了强制,使人在精神方面和物质方面都得到自由。"① 游戏冲动将使我们的形式特性和物质特性都成为偶然的,它把形式送入物质之中,把实在送入形式之中,既使感觉和热情同理性观念相一致,又使理性法则同感官的兴趣相调和。

接着,席勒便从游戏冲动中演绎出美的概念。他说:

> 感性冲动的对象,用一个普通概念来说明,就是最广义的生命,这个概念指一切物质存在以及一切直接呈现于感官的东西。形式冲动的对象,用一个普通概念来说明,就是本义的和转义的形象,这个概念包括事物的一切形式特性以及事物对思维的一切关系。游戏冲动的对象,用一种普通的说法来表示,可以叫作活的形象,这个概念用于表示现象的一切审美特性,一言以蔽之,用于表示最广义的美。②

按照席勒的理解,美是游戏冲动的对象——活的形象。要成为活的形象,必须形象是生活,生活是形象。只有形式在我们的感觉里活着,生活在我们的知性中取得形式时,才会成为活的形象,才会产生美。游戏冲动是形式冲动与感性冲动之间的共同体,是实在与形式、偶然与必然、受动与自由的统一。只有这样的统一才会使人性的概念完满实现。人既不仅仅是物质,也不仅仅是精神。因此,美作为人性的完满实现,既不可能是绝对纯粹的生活,也不可能是绝对纯粹的形象。美是两个冲动共同的对象,也就是游戏冲动的对象,是活的形象。这就是说,之所以美,是因为美强迫人接受绝对的形式性与绝对的实在性这双重法则。"因而理性做出了断言:人同美只应是游戏,人只应同美游戏。说到底,只有当人是完全意义上的人,他才游戏;只有当人游戏时,他才完全是人。"③ 席勒认为人同美只应是游戏,在游戏冲动中人才能得到自由。这和他在《卡里亚斯,或论

---

① [德] 席勒:《审美教育书简》,载《席勒经典美学文论》,范大灿等译,生活·读书·新知三联书店2015年版,第280页。
② [德] 席勒:《审美教育书简》,载《席勒经典美学文论》,范大灿等译,生活·读书·新知三联书店2015年版,第283—284页。
③ [德] 席勒:《审美教育书简》,载《席勒经典美学文论》,范大灿等译,生活·读书·新知三联书店2015年版,第288页。

美》中提出的"美是现象中的自由"[①]的看法是一致的。

席勒对美的概念或美的本质的结论,是在用先验方法对人性进行完全抽象的分析后得出的。在席勒那里,人或人性是脱离了社会的历史的具体内容的纯粹抽象的东西,人性被当成永恒不变的存在,这显然是一种唯心的形而上学的观点。以此作为探求美的本质的理论根据,当然是不正确的。但他认为美是人性的完满实现,主张通过美恢复人性的完整性,是具有进步的历史意义的。他认为美是活的形象,是感性和理性的统一,物质和形式的统一、必然和自由的统一包含着辩证的、合理的内容。这种看法虽然受到康德的启发,却比康德的美学思想大大前进了。在《卡里亚斯,或论美》中,席勒已明确表示要"从客观的角度提出美的概念"[②],这就超越了康德的主观的美的概念。黑格尔在《美学》中特别赞扬了席勒关于"美就是理性与感性的统一"的看法,并认为"这种统一就是真正的真实"。[③] 他的"美是理念的感性显现"的基本思想实际上就是席勒观点的进一步发展。

席勒继续指出,美是从两个对立原则的结合中产生的,美的最高理想就是实在与形式尽可能最完美地结合和平衡。但这种平衡永远只是观念,在现实中是绝对不可能达到的。在现实中,总是一个因素胜过另一个而占优势,因此,观念中的美是一种不可分割的单一的美,而经验中的美则永远是一种双重的美。理想美虽然是不可分割的、单纯的,但在不同关系中显示出溶解的和振奋的特性,因而在经验中就有溶解的美和振奋的美。这两种美的作用各不相同,所以在经验中美的作用是矛盾的。美在现实中的不同作用不是来自美的一般概念,而是来自它作用的对象,即人在经验中的不同状态。人在经验中基本上处于两种状态,一种是紧张状态;另一种是松弛状态。因而,美在经验中对人的作用也有两种:适用前者的是溶解作用,以恢复和谐为目标;适用后者的是振奋作用,以恢复力为目标。美在紧张的人身上恢复和谐,在松弛的人身上恢复振奋,并以这种方式本着

[①] [德]席勒:《卡里亚斯,或论美》,载《席勒经典美学文论》,范大灿等译,生活·读书·新知三联书店2015年版,第34页。

[②] [德]席勒:《卡里亚斯,或论美》,载《席勒经典美学文论》,范大灿等译,生活·读书·新知三联书店2015年版,第18页。

[③] [德]黑格尔:《美学》第1卷,朱光潜译,商务印书馆1979年版,第78页。

它的本性把受到限制的状态再带回到绝对状态，使人成为一个他自身就是完整的整体。最后使美的两种对立的种类变成理想美的一体性，人性的两种对立的形式变成理想的人的一体性。

第三节 审美状态与人的自由

席勒深入论述了美对人的作用。他指出，感性的人通过美被引向形式与思维，精神的人通过美被带回物质，交给感性世界。美把思维与感觉这两种对立的状态连接起来。可是这两者之间没有一个折中状态，前者是由经验确定的；后者是由理性直接确定的。只有圆满地解决这个矛盾，才能找到贯穿美学迷宫的线索。为此，就必须一方面承认对立，严格区分这两种对立状态；另一方面承认结合的可能性，扬弃对立，使这两者完全统一，从而使这两种状态在第三种状态中彻底消失，美就是通过这种审美一体性对感觉发生作用。美本身并不是最终目的，而只是为人类从感觉进到思维铺平道路。"美之所以能成为一种手段，把人从物质引向形式、从感觉引向法则，从一种受限制的存在引向绝对存在，这并不是因为它帮助思维，而是因为它为思维创造了可以根据思维自身的规律来进行外显的自由。"①

席勒指出，如果人是完全的，他的感性和理性两种冲动都已经发展，他就开始有自由；相反，当人是不完全的，两种冲动中有一种被排除的时候，他就必定没有自由。不过，通过重新给人以"完全"，自由也必定能够再恢复过来。人始于单纯的生活，终于形式。人先是处于感性规定的状态，然后才过渡到理性规定的状态。处于前一种状态时，人还没有开始是人，感性支配一切。但是现在人需向思维过渡，在思维状态中，理性又成了支配力。人不可能直接从感觉转向思维，要从感性规定状态进入理性规定状态，只有一种办法，即给原来的规定，也就是感性规定树立一种对立面，通过理性规定与感性规定的对立达到彼此之间的平衡。所以，心绪从感觉过渡到思想要经过一个中间心境，在这种心境中感性与理性同时活

---

① ［德］席勒：《审美教育书简》，载《席勒经典美学文论》，范大灿等译，生活·读书·新知三联书店2015年版，第308页。

动,但正因为如此,它们那种起规定作用的力又互相抵消,通过对立引起了否定。席勒说:

> 在这种中间心境中,心绪既不受物质的也不受道德的强制,但却以这两种方式进行活动,因而,这种心境有理由被特别地称为自由心境。如果我们把感性规定的状态称为物质状态,把理性规定的状态称为逻辑的和道德的状态,那么,这种实在的和主动的可规定的状态就必须称为审美状态。①

审美的可规定性与纯粹的无规定性虽然都是一种无限,但后者是空的无限,前者是充实了内容的无限。美在心绪中不产生任何具体的个别结果,不论是智力的还是道德的。美只是"从天性方面使人能够从他自身出发为其所欲为——把自由完全归还给人,使他可以是其所应是"②,而这种自由正是人在感觉时或思维时由于片面的强制而被剥夺的。所以,美的作用就是通过审美生活再把由于人进入感性的或理性的被规定状态而失去的人性重新归还给人。这样,"我们就必须把在审美心境中又还给人的功能看作是一切赠品中最高贵的赠品,即赠予了人性"③。在这一点上,美同我们原来的创造者——自然是一致的,因为自然也只不过给了我们取得人性的功能。如果自然是人的本来创造者,那么,我们可以把美称为人的"第二'创造者'"。

席勒分析说,在审美状态中,我们人性的纯洁完整地表现了出来。在置身美的享受的片刻,我们均衡地主宰我们的承受力和能动力,轻而易举地同时转向严肃和游戏,转向抽象思维和观照。"精神的这种高尚的宁静和自由再与刚毅和精明相结合,就是真正的艺术作品把我们从禁锢中解脱出来所需要的那种心境,这是检验真正美的品质的最可靠的试

---

① [德]席勒:《审美教育书简》,载《席勒经典美学文论》,范大灿等译,生活·读书·新知三联书店2015年版,第316页。
② [德]席勒:《审美教育书简》,载《席勒经典美学文论》,范大灿等译,生活·读书·新知三联书店2015年版,第320页。
③ [德]席勒:《审美教育书简》,载《席勒经典美学文论》,范大灿等译,生活·读书·新知三联书店2015年版,第320页。

第十一章 现代美育理论的开创之作

金石。"[1] 尽管这种纯粹的审美效果在实际中是不会有的，但伟大的艺术家总是努力使他的作品接近于这种审美理想。他善于消除某种艺术种类特有的局限，又善于保持这种艺术特有的长处，通过聪明地运用这种艺术的特点，使它具有普遍的性质，达到完美风格。同时，他还克服了他所加工的特殊材料所具有的局限，用形式来消除材料，使形式起作用，材料不起任何作用。这就是艺术大师的真正秘密。

席勒进一步指出，人从感觉的被动状态到思维和意愿的主动状态的转移，只能通过审美自由的中间状态来完成，"要使感性的人成为理性的人，除了首先使他成为审美的人以外别无其他途径"[2]。由于审美心境，理性的自主性在感性领域已经显示出来，感觉的支配在它自己之中就会被打破，物质的人已经净化提高到这种地步，只要按照自由的法则，他就能发展成精神的人。"因此，文明的最重要任务之一，是使人在他纯粹的物质生活中也受形式的支配，使人在美的王国能够达到的范围内成为审美的人，因为道德状态只能从审美状态中发展而来，而不能从物质状态中发展而来。"[3] 为此，人必须在受自然目的的支配的时候就已经为了适应理性目的而训练自己，必须以一定的精神自由——按照美的法则——来实现他的物质规定。

这里，席勒将人的发展分为物质状态、审美状态、道德状态三个不同的时期或阶段。人在他的物质状态中只承受自然的支配，在审美状态中他摆脱了这种支配，在道德状态中他控制了这种支配。只要人处在他最初的物质状态，仅仅被动地接受感性世界，他就与感性世界是完全一体的，世界对他来说还不存在。只有当他在审美状态中把世界置于他自己的身外或观赏世界时，他的人格才与世界分开，对他来说才出现了世界。观赏（反思）是人同他周围的宇宙的第一个自由的关系。美是自由的观赏的作品，我们同它一起进入观念世界，但我们并没有因此脱离感性世界，就像认识

---

[1] ［德］席勒：《审美教育书简》，载《席勒经典美学文论》，范大灿等译，生活·读书·新知三联书店 2015 年版，第 324 页。

[2] ［德］席勒：《审美教育书简》，载《席勒经典美学文论》，范大灿等译，生活·读书·新知三联书店 2015 年版，第 329—330 页。

[3] ［德］席勒：《审美教育书简》，载《席勒经典美学文论》，范大灿等译，生活·读书·新知三联书店 2015 年版，第 332 页。

真理时那样。真理是抽象的纯正产物，但美的意象却与感觉互为因果。席勒说：

> 当我们因美而感到赏心悦目时，我们就分辨不出主动与被动之间的这种更替，在这里，反思与情感完全交织在一起，以至使我们以为直接感觉到了形式。因此，美对我们来说固然是对象，因为有反思作条件，我们才对美有一种感觉；但同时美又是我们主体的一种状态，因为有情感作条件，我们对美才有一种意象。因此，美固然是形式，因为我们观赏它；但它同时又是生活，因为我们感觉它。总之，一句话，美既是我们的状态又是我们的行为。①
>
> 当享受美或审美统一体的时候，在材料与形式之间、被动与主动之间发生着一种瞬息的统一和相互调换。这恰好证明这两种天性的可相容性，即无限在有限中的可实现性，从而也证明了最崇高的人性的可能性。②

这样，席勒就对审美状态如何能使人获得最崇高的人性，为人找到通向自由的途径，给予了完整的回答。

在《审美教育书简》的最后，席勒对人如何从强力国家走向审美国家进行了历史的考察和分析。他指出，因为审美心境才产生自由，因而审美心境不可能来自自由，它必定是自然的馈赠。由于自然偶然提供的有利条件，感官与精神、感受力与创造力才幸运地得以均衡发展，这种均衡是美的灵魂和人性的条件。人摆脱了动物状态进入人的状态的标志，是对假象的喜爱、对装饰和游戏的爱好。事物的假象与事物的实在性不同，前者是人自己的作品，后者是事物自身的作品。假象有审美假象和逻辑假象，前者不同于现实和真理，后者与现实和真理相混淆。只有审美假象才是游戏，而逻辑假象只是欺骗。美的艺术的本质就是假象，鄙视审美假象，就等于鄙视一切美的艺术。人之所以由实在提高到假象是出于自然本身，它

---

① ［德］席勒：《审美教育书简》，载《席勒经典美学文论》，范大灿等译，生活·读书·新知三联书店2015年版，第348页。
② ［德］席勒：《审美教育书简》，载《席勒经典美学文论》，范大灿等译，生活·读书·新知三联书店2015年版，第349页。

给人配备了两个感官,这两个感官使人仅仅通过假象就能认识到现实的东西。当人开始用眼睛来享受,而且观看对他来说具有了独立的价值,他立即就在审美方面成为自由的,游戏冲动就立刻开展起来。纯粹的假象与实在性有严格区别,把假象与实在分得越仔细,给前者的独立性越多,就不仅越发扩大了美的王国,而且也越发严守了真理的界限。席勒这里提出的审美假象概念,和游戏冲动、审美自由、艺术本质等概念具有紧密联系,是一个具有普遍意义的重要概念。

席勒指出,人从纯粹的物质状态到审美游戏是一个逐步发展的过程,人最初的原始状态只满足最低的需要。随后他就开始要求有剩余,最初只是要求物质的剩余,不久,在物质的剩余之外还要有审美的附加物,以便满足形式冲动的要求。动物活动的动力如果是为了维持生存,它就是在工作;如果是剩余的生命刺激它行动,它就是在游戏。自然从需求的强制或物质的严肃开始,再经过剩余的强制或物质游戏,然后转入审美游戏。观念自由交替的游戏虽是人所特有的,但它仍然属于人的动物生活,还是物质性的。等到想象力试用一切自由形式的时候,物质性的游戏就最终飞跃到审美游戏。这时人必须摆脱一切物质的束缚,在整个感觉方式上发生一场彻底的革命。"我们在什么地方发现有对纯粹假象作无利害关系的自由评价的痕迹,我们就能推断出那里人的天性已发生了这样一场变革,人身上的人性已真正开始。"[①] 最初的审美游戏受到感性冲动的干扰,与感性冲动还难以区分。它经历了从低级到高级的发展过程,最初以外界事物为乐,最后以自己为乐。首先是通过属人的东西,最后是通过人本身。审美游戏到了高级阶段,美本身就成为人追求的对象,这时就建立起美的假象的王国。席勒说:

> 在力的可怕王国的中间与在法则的神圣王国的中间,审美的创造冲动不知不觉地建立起第三个王国,即游戏和假象的快乐王国。在这个王国里,审美的创造冲动给人卸去了一切关系的枷锁,使人摆脱了一切称为强制的东西,不论这些强制是物质的,还是道德的。

[①] [德]席勒:《审美教育书简》,载《席勒经典美学文论》,范大灿等译,生活·读书·新知三联书店2015年版,第363页。

如果说，在权力的强力国家中，人与人以力相遇，人的活动受到限制，而在义务的伦理国家中，人与人以法则的威严相对立，人的意愿受到束缚，那么，在美的交往范围之内，即在审美国家中，人与人只能作为形象彼此相见，人与人只能作为自由游戏的对象相互对立，通过自由给予自由是这个国家的基本法则。①

席勒认为，只有在这样的审美国家里，才能恢复人性的完整，才能在个体身上建立起和谐，才能实现自由和平等的理想。

黑格尔在评价席勒的《审美教育书简》时指出："在这部书里，席勒的基本出发点是：每一个人都有本领去实现理想的人性。"② 可以说，这部著作的核心问题就是人如何去实现人性的完整和人的自由问题。席勒通过抽象的分析和反复的论证，就是要阐明只有通过审美和美育，才能使分裂的人性重新恢复完整，才能实现依靠政治变革无法实现的政治自由。他对审美活动在提高人的品格、促进人的全面发展中的作用的论述，对人类从必然王国到自由王国的猜想，包含着许多积极的、合理的内容，至今仍然能给人以启发。但是，他寻找的由审美教育取代社会变革走向政治自由的道路，以及在审美游戏基础上构想的自由平等的审美王国，却是一种没有现实和科学根据的、无法实现的空想。就连席勒自己也表示，这种审美假象国家仅"存在于任何一个心绪高尚的灵魂之中"，只能在个别少数卓越出众的人当中找到。正如梅林在《席勒评传》所说："这种审美哲学的唯心主义自己就宣示为一种游戏。"③ 席勒最终并没有找到通向人的自由、实现从必然王国进入自由王国的正确道路。

---

① ［德］席勒：《审美教育书简》，载《席勒经典美学文论》，范大灿等译，生活·读书·新知三联书店 2015 年版，第 369 页。
② ［德］黑格尔：《美学》第 1 卷，朱光潜译，商务印书馆 1979 年版，第 77 页。
③ 参见《席勒经典美学文论》，范大灿等译，生活·读书·新知三联书店 2015 年版，第 202 页。

第十二章 德国古典美学的集大成者

——黑格尔的《美学》

黑格尔（Hegel，公元1770—1831年）是德国古典美学的集大成者。正如他的哲学是德国古典唯心主义哲学发展的高峰一样，他的美学也是德国古典唯心主义美学发展的高峰。黑格尔第一次使美学成为一门完整的系统的历史科学，从而在美学领域起了划时代的作用。他的三卷巨著《美学》，受到马克思和恩格斯的高度评价；他的美学思想，成为马克思主义美学思想的一个重要来源。

黑格尔的一生主要是从事学术活动和教育活动。大学毕业后，他先后担任过家庭教师、大学讲师、中学校长、大学教授等。教学和著述占去了他一生中的大部分时间。但是，他和康德不同，不是对政治漠不关心，而是非常关注现实的社会政治。从政治思想上来看，黑格尔一生经历了曲折复杂的发展道路。青年时代，他深受法国大革命的影响，具有激进的资产阶级民主思想。法国大革命爆发时，他表现出热烈拥护的积极态度；但当革命发展到雅各宾派专政时，他又产生了动摇。不过，他始终没有抛弃法国革命的理想。青年黑格尔像启蒙运动者一样，无情地批判宗教，抨击当时德国封建制度的腐朽性。1815年拿破仑失败后，欧洲的政治形势发生巨变，此后，黑格尔思想日趋保守。1818年，他应普鲁士政府的邀请，担任柏林大学的哲学教授，在著作中赞颂普鲁士国家，承认普鲁士专制的合理性。可见，黑格尔的晚年时期的政治思想与青年时期有很大差距。这种变化是当时德国社会阶级斗争和政治斗争的复杂情况的反映。

黑格尔的美学是建立在他的客观唯心主义的哲学体系的基础之上的。他的美学本身就是他的客观唯心主义的哲学体系的一个组成部分。所以，我们在分析《美学》这部巨著之前，必须首先对他的客观唯心主义哲学体系以及美学在其中所占的地位有一个了解。

第一节 美学：绝对精神自我认识的一种形式

在哲学上，黑格尔继承了康德、费希特、谢林等人的唯心主义基本路线，同时又对他们作了这样或那样的批判。他在欧洲哲学史上创立了最庞大的客观唯心主义体系，并且第一个系统地阐发了唯心主义辩证法。黑格尔认为，在自然界和人类社会出现以前，就有一种精神的实体存在。这种精神实体不是人或人类的精神，而是客观独立存在的某种宇宙精神。黑格尔把它叫作"绝对精神"或"绝对理念"。"绝对精神"或"绝对理念"是黑格尔哲学的最基本的概念，黑格尔的整个哲学体系就是对"绝对精神"的自我运动和自我认识的辩证发展过程的论述。按照黑格尔的论述，"绝对精神"是整个世界的基础和本原，是构成宇宙万物及其一切现象的核心和灵魂。由于绝对精神自身包含着内在矛盾，因而不断地运动、变化和发展。自然界、人类社会和人的思维都不过是绝对精神的外在表现，是绝对精神实现自己的发展过程中的一个阶段。根据黑格尔的划分，绝对精神自我运动、自我认识的过程经历了三个基本阶段：逻辑阶段、自然阶段，精神阶段，所以，他的哲学体系相应地也是由"逻辑学""自然哲学""精神哲学"这三个部分组成的。在逻辑阶段，"绝对精神"仅仅作为纯粹抽象的概念而存在，"绝对精神"的运动和发展只表现为纯粹抽象的概念的转化和过渡。"逻辑学"的内容就是论述概念的辩证运动，它包括三个部分："存在论""本质论"和"概念论"，这三个部分就是"绝对精神"在逻辑阶段自我发展过程所经历的三个阶段。在自然阶段，"绝对精神"不再像以前以纯粹概念的形式表现出来，而是披上了自然的、物质的外衣，以感性事物的形式出现。用黑格尔的话说，就是"绝对精神""自我异化"或"外在化"为自然的、物质的存在。"绝对精神"在自然阶段的发展分为三个阶段："机械性""物理性""有机性"；"自然哲学"也相应划分为"力学""物理学""有机物理学"三个领域。在精神阶段，"绝对精神"扬弃了外在性的自然——这个与它自身不相适应的形式，而回复到自身，重新作为精神而出现。这也就是说，"绝对精神"体现到了人类历史之中；"精神哲学"就是描述精神产生自己、发展自己的过程。黑格尔把精神发展的过程分为三个阶段："主观精神""客观精神""绝对精神"；

"精神哲学"也就相应分为这三个部分。黑格尔哲学体系所描述的"绝对精神"从逻辑阶段经自然阶段到精神阶段的转化,也就是由思维、精神转化为存在、物质,又由存在、物质转化为思维、精神的过程,这是他的唯心主义的思维与存在同一说的直接表现。在黑格尔看来,精神、思维是整个世界的基础和本质,不是物质、存在决定精神、思维,而是精神、思维派生物质、存在。"这样,一切都被弄得头足倒置了,世界的现实联系完全被颠倒了。"①

黑格尔的美学作为他的哲学体系的一个组成部分,是包括在"精神哲学"的范围之内的。"精神哲学"的最后部分是"绝对精神"。从精神发展过程说,"绝对精神"是"主观精神"和"客观精神"的完全统一,是通过漫长曲折的辩证发展过程之后,完完全全回复到它自身,达到了完全认识自己的阶段。"绝对精神"的自我发展过程又包括三个阶段:"艺术""宗教""哲学"。这三个阶段也是"绝对精神"自我认识的三种形式。黑格尔认为,艺术、宗教、哲学三者的内容是相同的,它们的对象都是"绝对精神","这三个领域的分别只能从它们使对象,即绝对,呈现于意识的形式上见出"②。也就是说三者在表现形式上各异,艺术是以"感性观照的形式"表现;宗教是以"想象或表象"的形式表现;哲学是以抽象概念的形式表现。按照黑格尔的三段式,宗教是对艺术的否定,而哲学又是对宗教的否定,于是,"艺术和宗教这两方面在哲学里统一起来了"③。在黑格尔看来,哲学乃是"绝对精神"的最后完成,是"绝对精神"认识自己的最高形式。到这里,一切矛盾都调和了,发展也最后停止了。

黑格尔的美学作为"精神哲学"中一个组成部分,就是专门研究艺术的。他在《美学》一开头就规定美学的对象和范围"就是艺术,或则毋宁说,就是美的艺术"④,指出美学所讨论的"并非一般的美,而只是艺术的美"⑤。所以,他认为美学的正当名称应该是"艺术哲学"。根据这种理解,黑格尔的《美学》总共分为三个主要部分:第一部分——艺术美的普遍的

---

① 《马克思恩格斯选集》第3卷,人民出版社1972年版,第64页。
② [德]黑格尔:《美学》第1卷,朱光潜译,商务印书馆1979年版,第129页。
③ [德]黑格尔:《美学》第1卷,朱光潜译,商务印书馆1979年版,第133页。
④ [德]黑格尔:《美学》第1卷,朱光潜译,商务印书馆1979年版,第3页。
⑤ [德]黑格尔:《美学》第1卷,朱光潜译,商务印书馆1979年版,第3页。

理念，讲艺术美的基本原理（即第一卷）；第二部分——艺术美的特殊表现形式，讲三种艺术类型：象征型艺术、古典型艺术与浪漫型艺术（即第二卷）；第三部分——艺术美的个别化，讲各门艺术的体系：建筑、雕刻、绘画、音乐、诗歌等（即第三卷）。

黑格尔的美学是以他的客观唯心主义哲学体系为基础的，所以他的美学的基本观点是唯心主义的。但是，在黑格尔的唯心主义哲学中却充满了丰富的辩证法思想，这是他的哲学的"合理的内核"和最大的成果。他认为整个世界都是一个辩证发展的过程，有力地批判了形而上学的思维方法。他把辩证法提升为普遍规律，并把辩证法、认识论和本体论结合了起来。黑格尔的辩证法贯穿在他的整个唯心主义哲学体系中，并且和唯心主义体系之间存在着深刻的矛盾，这一切也表现在他的美学思想中。他把辩证法运用在对于美和艺术的分析中，从而使他的美学能够把美的艺术的理论和艺术发展的历史结合起来，在辩证的历史观点的基础之上，建立起他自己的庞大的艺术哲学体系。恩格斯说："黑格尔的思维方式不同于所有其他哲学家的地方，就是他的思维方式有巨大的历史感作基础。"作为例证，恩格斯特别提到黑格尔的《美学》，称赞它"到处贯穿着这种宏伟的历史观，到处是历史地、在同历史的一定的（虽然是抽象地歪曲了的）联系中来处理材料的"[1]。这正是黑格尔在美学上大大胜过前人的地方，也正是他的《美学》的特殊价值所在。

第二节　美是理念的感性显现

黑格尔在《美学》第一卷中，首先对美的概念作了总的考察和论述。他从客观唯心主义出发，提出了自己的美的定义。他说：

> 美就是理念，所以从一方面看，美与真是一回事。这就是说，美本身必须是真的，但是从另一方面看，说得更严格一点，真与美却是有分别的。说理念是真的，就是说它作为理念，是符合它的自在本质与普遍性的，而且是作为符合自在本质与普遍性的东西来思考

---

[1]　《马克思恩格斯选集》第 2 卷，人民出版社 1972 年版，第 121 页。

的。……真,就它是真来说,也存在着。当真在它的这种外在存在中是直接呈现于意识,而且它的概念是直接和它的外在现象处于统一体时,理念就不仅是真的,而且是美的了。美因此可以下这样的定义:美就是理念的感性显现。①

这个美的定义在黑尔格全部美学中具有提纲挈领的地位,其他一切论述可以说都是以这个定义为中心而展开的,因而我们在认识黑格尔美学思想时,一开始就必须抓住这个核心。

按照黑格尔自己的解释,他这个美的定义或概念可以从三个层次来理解。一是理念,这是"内容、目的、意蕴";二是感性显现,这是外在表现,即上述"内容的现象与实在";三是这两方面的互相融贯、互相统一,也就是内在的理性内容与外在的感性形式的有机统一。如上所述,黑格尔从他的客观唯心主义出发,认为整个世界都是绝对理念自我发展、自我认识的一个过程,都是由理念创造出来的。美和艺术也是理念自我发展到一定阶段的产物,是理念自我认识的一种形式,因此也是由理念所创造出来的。所以,他认为美的内容、美的来源就是理念。他说:"我们已经把美称为美的理念,意思是说,美本身应该理解为理念,而且应该理解为一种确定形式的理念,即理想。"② 这就是上文中"美就是理念"的含义。

美是理念这种看法并不是黑格尔的首创。远在古希腊,柏拉图就提出过这种看法。柏拉图认为美在理念而不在个别事物,个别事物的美是由于分享了美的理念,然后才成其为美。黑格尔虽然也说美是理念,但是他所说的理念和柏拉图所说的理念是有根本区别的。在柏拉图那里,理念是抽象地存在于另外一个世界中,和客观存在及现象是对立的。对此,黑格尔进行了批判。他说:"我们对于美这个逻辑理念必须更深刻地更具体地去了解,因为柏拉图式的理念是空洞无内容的。"③ 在黑格尔那里,理念不是空洞的、抽象的,而是具体的、和客观存在统一在一起的。他说:"理念

---

① [德] 黑格尔:《美学》第1卷,朱光潜译,商务印书馆1979年版,第142页。
② [德] 黑格尔:《美学》第1卷,朱光潜译,商务印书馆1979年版,第135页。
③ [德] 黑格尔:《美学》第1卷,朱光潜译,商务印书馆1979年版,第27页。

不是别的，就是概念，概念所代表的实在，以及这二者的统一。"① 在黑格尔哲学里，概念是指事物的普遍性和本质，它是片面的、抽象的，概念和具体的客观存在相结合达到二者统一，概念才变为理念。所以，"理念就是概念与客观存在的统一"②。这种统一并不是概念与实在的单纯的中和，而是概念的自生发，即概念从它本身中生发出实在，并在这实在里实现了自己。所以，这种统一是一个辩证发展的过程，按照黑格尔的三段式，就是"正"（概念）、"反"（概念所代表的实在）、合（概念与实在的统一），也就是否定之否定的过程。概念首先在自身里生发出实在作为对立面，以否定自身的抽象性和片面性，然后才由概念与实在的统一来否定这对立，通过否定之否定重新肯定自己。例如"人之所以为人"的概念，只有普遍性，所以还是抽象的、片面的。但这概念本身已潜含着它所代表的实在——个别具体的人作为对立面。经过否定之否定，人的普遍性体现于个别具体的人，也就是概念的普遍性与实在的个别性统一起来，这就是理念。

黑格尔认为，概念只有普遍性，实在只有个别性，所以两者如果孤立地、抽象地看都是不真实的。只有概念与实在的统一，即理念才是真实的。理念因此也就是自在自为的真理，他说："理念就是真理；因为真理即是客观性与概念相符合。""一切现实事物之所以具有真理性，都是通过理念并依据理念的力量。"③ 既然在黑格尔看来，理念便是真，而美就是理念，所以"美与真是一回事"。这就是说，就其内容和来源来说，美和真都是理念。美本身只是理念的一种表现形式，它必须是真的。尽管黑格尔的真理观是头脚倒置的，但是他肯定美和真具有内在联系，美必须以真为基础，却是一个非常深刻的、合理的思想。

然而，美毕竟不同于真，真的理念和美的理念是有区别的。作为真的理念，是就理念本身来说的，它是纯粹思维的对象。因为就理念本身来说的理念虽是自在自为的真实，但是还只有普遍性，而尚未化为具体对象的真实，所以作为思考对象的不是理念的感性的外在的存在，而是这种外在

---

① ［德］黑格尔：《美学》第 1 卷，朱光潜译，商务印书馆 1979 年版，第 135 页。
② ［德］黑格尔：《美学》第 1 卷，朱光潜译，商务印书馆 1979 年版，第 137 页。
③ ［德］黑格尔：《小逻辑》，贺麟译，商务印书馆 1981 年版，第 397—398 页。

存在里面的普遍性的理念。可是作为美的理念却与此不同。黑格尔说："就艺术美来说的理念并不是专就理念本身来说的理念，即不是在哲学逻辑里作为绝对来了解的那种理念，而是化为符合现实的具体形象，而且与现实结合成为直接的妥帖的统一体的那种理念。"① 也就是说，一方面，美的理念应该符合理念的本质，应该是理念；另一方面，它又应具有一种定性，显现为具体形象。这种与外在现实结合成为直接的统一体，显现为具体形象的理念就不仅是真的，而且是美的了。可见美与真、美的理念与真的理念的区别，就在于前者须使理念得到感性显现，而后者则不具备这个特点。据此，黑格尔认为美的最妥当的定义，便应是"美是理念的感性显现"。理念的感性显现，是理念自否定即自生发的过程。在这里，理念是内容，是本质的东西，它始终占据主导的地位，是它自己把自己显现为感性的具体形象。所以，"感性的客观因素在美里并不保留它的独立自在性，而是要把它的存在的直接性取消掉（或否定掉），因为在美里这种感性存在只是看作概念的客观存在与客观性相"②。

黑格尔强调在美的对象中，实在的东西与观念性的东西、感性的东西与概念、客体的东西与主体的东西，必须达到互相融合和协调统一。他说："正是概念在它的客观存在里与它本身的这种协调一致才形成美的本质。"③ 单纯的概念和单纯的客观存在、互相分裂的主体和对象都是片面的、有限的、不自由的。但是，在美的对象中上述两方面统一起来了，因而也就取消了两方面的片面性、有限性、不自由性。所以，黑格尔强调"美本身却是无限的、自由的"④，美既不是有限的知性的对象，也不是有限的意志的对象；既不受知性的局限，也不受欲念和目的的局限。

黑格尔关于美的定义，显然是从他的客观唯心主义哲学体系推演出来的。正如他把整个世界都看成是绝对理念自我发展、自我认识的过程一样，美和艺术在他看来也是从绝对理念中所派生出来的。美的内容、美的根源都是理念，只有理念自己把自己显现为感性形象，美才能出现，这无异于说一切现实事物的美都是理念自生发的结果，客观现实本身是没有真

---

① ［德］黑格尔：《美学》第1卷，朱光潜译，商务印书馆1979年版，第92页。
② ［德］黑格尔：《美学》第1卷，朱光潜译，商务印书馆1979年版，第142—143页。
③ ［德］黑格尔：《美学》第1卷，朱光潜译，商务印书馆1979年版，第143页。
④ ［德］黑格尔：《美学》第1卷，朱光潜译，商务印书馆1979年版，第143页。

正的美的。这种头足倒置的看法自然是错误的。但是，在黑格尔关于美的定义中，却蕴藏着丰富的辩证法，包含着关于美的本质特点的精辟阐述。他在定义中提出了美是理性内容和感性形式、普遍性和个别性相统一的重要思想，从而在美学史上具有里程碑式的巨大意义。

黑格尔关于美的定义包含着理念和形象两种因素，前者是指美的理性内容，后者是指美的感性形式。对于美和艺术来说，最重要的就是使这两者结合成为融合无间的统一体。他说：

> 艺术的任务在于用感性形象来表现理念，以供直接观照，而不是用思想和纯粹心灵性的形式来表现，因为艺术表现的价值和意义在于理念和形象两方面的协调和统一，所以艺术在符合艺术概念的实际作品中所达到的高度和优点，就要取决于理念与形象能互相融合而成为统一体的程度。①

> 艺术的内容就是理念，艺术的形式就是诉诸感官的形象。艺术要把这两方面调和成为一种自由的统一的整体。②

黑格尔讲美的理念，实际上就是讲艺术。在他看来，只有艺术才能最充分地体现美的理念。他反复强调美和艺术必须把理念和形象、内容和形式、心灵的东西和感性的东西统一起来，既反对忽视美和艺术的理性内容的片面性，也反对忽视美和艺术的感性形式的片面性。在美和艺术的理性内容和感性形式的统一中，黑格尔又强调理性内容是起主要作用的，因为正是理性内容才能对美的对象起灌注生气的作用，并使之达到观念性的统一。美和艺术的内容本身就决定了它必须有与之相符合的一种感性形式和形象。因为"艺术的内容本身不应该是抽象的"，而应该是具体的。单纯的抽象的心灵性和理智性的东西，就不能作为艺术的内容。例如"太一"，"这种不是按照神的具体真实性来理解的神就不能作为艺术的内容"。"希腊的神不是抽象的，而是个别的，最接近人的自然形状的"，所以也最适宜于艺术的表现。由于艺术内容本身是具体的，所以它才能呈现为感性形

---

① ［德］黑格尔：《美学》第 1 卷，朱光潜译，商务印书馆 1979 年版，第 90 页。
② ［德］黑格尔：《美学》第 1 卷，朱光潜译，商务印书馆 1979 年版，第 87 页。

象，使它的表现形式也是个别的、具体的。黑格尔说："艺术内容和表现两方面都有这种具体性，也正是这种两方面同有的具体性才可以使这两方面结合而且互相符合。"① 这说明美和艺术的感性形象形式是由它所表现的理性内容本身所决定的，在美和艺术中，理性内容与感性形式的互相符合和统一是具有必然性和内在根据的。

所谓美是理性内容和感性形式的统一，换种说法也就是理念的普遍性和现象的个别性的统一。黑格尔说："概念与个别现象的统一才是美的本质和通过艺术所进行的美的创造的本质。"② 所以，美必须具有内在意蕴的普遍性，同时又必须具有外在现象的个别性。艺术如果没有抓住事物的普遍性，就不能通体生气灌注而成其为美。但是这种普遍性在艺术中又不是"抽象形式的普遍性"，而是"仍然融合在个性里"。否则，单纯抽象的普遍性也不属于以美为其特征的艺术。总之，在美和艺术中，"普遍的东西应该作为个体所特有的最本质的东西而在个体中体现"，成为"普遍性与特殊事物的统一体"。③

美是在于理性内容，还是在于感性形式？这是西方美学中一直存有争议的问题。到 17、18 世纪，英国经验论派美学和大陆理性论派美学围绕这个问题继续展开论战。理性论派从目的论出发，认为美虽然是属于感性认识，但美的事物应该符合它的本质所规定的内在目的，也就是说符合"完满"的概念，才算是美的。因此，美虽然是感性的，但它的基础却是理性。人之所以能够认识美，是因为人先天地具有理性概念，外在事物的"完满性"恰好符合了内在的理性概念，于是才感到事物是美的。经验论派则与此不同，它强调的是美的感性形式方面。经验论派认为人的一切知识都是来自感性经验，美也是来自感性经验。经验中的快感与不快感就是形成美与丑的真正的本质。美以快感为基础，而引起快感则是事物的感性形式方面的因素。总之，理性论派强调美在理性，经验论派强调美在感性，各执一端，因而都带有片面性。康德的美学是企图调和理性论派和经验论派的美学思想的。一方面，他认为美只涉及快与不快的感情和对象的

---

① ［德］黑格尔：《美学》第 1 卷，朱光潜译，商务印书馆 1979 年版，第 88—89 页。
② ［德］黑格尔：《美学》第 1 卷，朱光潜译，商务印书馆 1979 年版，第 130 页。
③ ［德］黑格尔：《美学》第 1 卷，朱光潜译，商务印书馆 1979 年版，第 88 页。

外在形式，不凭借概念，不涉及利害，没有任何特定目的；另一方面，他又认为对于美的判断必须具有普遍性和必然性，具有主观的合目的性，也就是要符合理性概念的要求。对于康德的美的分析，黑格尔在《美学》中作了详细考察，他说："我们在康德的这些论点里所发现的就是：通常被认为在意识中是彼此分明独立的东西其实有一种不可分裂性。美消除了这种分裂，因为在美里普遍的与特殊的，目的与手段，概念与对象，都是完全互相融贯的。"① 黑格尔肯定了康德在美的分析中企图使感性与理性、特殊与普遍、必然与自由等对立面达到统一的努力，认为他的学说对于了解美的概念"确是一个出发点"。同时，他也指出了康德的不足，因为"这种像是完全的和解，无论就判断来说，还是就创造来说，都还只是主观的，本身还不是自在自为的真实"②。也就是说，在康德那里，上述对立面的统一还只是在思想中完成的，所以纯粹是主观的。黑格尔克服了康德的缺点，进一步证明这种统一不仅在人的思想中进行着，而且在现实世界中也一直在进行着，所以既是主观的也是客观的。这就使这种统一"得到更高的了解"。康德美学是充满了内在矛盾的，他始而强调"美在形式"，继而又认为"美是道德的象征"；一方面强调美不能凭借概念，另一方面又指出艺术要以概念作为基础，要以理性理念为内容。美在感性形式还是在理性内容的矛盾，在康德美学中始终没有被完全解决。到了黑格尔，明确提出美是理念内容与感性显现的统一，并且充分论证了二者达到统一的内在根据。这就在西方美学史上，最完满地解决了这个争论很久的问题。因此，我们可以说，黑格尔的美的定义在当时西方美学思想发展中是具有总结意义的。

第三节　自然美和艺术美

黑格尔认为美学研究的对象是艺术美，所以美学就是"艺术哲学"。他说："根据'艺术哲学'这个名称，我们就把自然美除开了。"③ 可是事

---

① ［德］黑格尔：《美学》第 1 卷，朱光潜译，商务印书馆 1979 年版，第 75 页。
② ［德］黑格尔：《美学》第 1 卷，朱光潜译，商务印书馆 1979 年版，第 175—176 页。
③ ［德］黑格尔：《美学》第 1 卷，朱光潜译，商务印书馆 1979 年版，第 4 页。

第十二章 德国古典美学的集大成者

实上,他在《美学》中还是既讨论了自然美,也讨论了艺术美。在讨论自然美和艺术美的关系时,黑格尔明确提出艺术美高于自然美。他说:"我们可以肯定地说,艺术美高于自然。因为艺术美是由心灵产生和再生的美,心灵和它的产品比自然和它的现象高多少,艺术美也就比自然美高多少。"① 根据黑格尔的唯心主义哲学,心灵是高于自然的。只有心灵才是有自意识的、独立自在的整体,所以它是无限的、自由的、自在自为的;而自然则不具有心灵的这些特征,它是有限的、不自由的、非自在自为的。所以,黑格尔认为任何一个无聊的幻想如果是经过了人的头脑,它也就比任何一个自然的产品要优越些,"因为这种幻想见出心灵活动和自由"。此外,像太阳这种自然物,由于"它本身不是自由的,没有自意识的",所以我们也就不把它作为独立自为的东西来看待。按照黑格尔的定义,美是理念的感性显现,所以它是无限的、自由的、自在自为的;而自然却是有限的、不自由的、不是独立自为的,所以自然根本不符合美的定义,像太阳这种自然物,我们"不把它作为美的东西来看待"。

黑格尔还指出,心灵高于自然,心灵美高于自然美,这里的"高于"不仅是一种量的分别,而且是一种质的分别。他说:"只有心灵才是真实的,只有心灵才涵盖一切,所以一切美只有在涉及这较高境界而且由这较高境界产生出来时,才真正是美的,就这个意义来说,自然美只是属于心灵的那种美的反映,它所反映的只是一种不完全不完善的形态,而按照它的实体,这种形态原已包涵在心灵里。"② 根据黑格尔的唯心主义哲学,只有理念才是永恒存在的、永远真实的,"因为理念是自在自为的存在,也就是说,是返回自身的存在"③,所以说,只有作为理念的心灵才是真实的;而自然则是从理念"异化"出来的,是理念的"他在"形式,所以自然作为理念、心灵的外壳,只是一种暂时的、不真实的存在。因此,只有作为理念的心灵产生出来的艺术美才真正是美,而作为理念的"他在"形式的自然美,只是美的一种"不完全不完善的形态",所以自然美必然低于艺术美。也就是基于上述理由,黑格尔才主张"要把自然美排除于美学

---

① [德]黑格尔:《美学》第1卷,朱光潜译,商务印书馆1979年版,第4页。
② [德]黑格尔:《美学》第1卷,朱光潜译,商务印书馆1979年版,第5页。
③ [德]黑格尔:《自然哲学》,梁志学等译,商务印书馆1980年版,第28页。

范围之外"①。

黑格尔虽然轻视自然美，但他并不否认自然美的存在。因为按照黑格尔的哲学体系，自然也是理念发展的一个阶段，自然界的整个丰富多彩的内容都是理念所给予的，所以，自然也是理念的一种表现形态，具有不同水平的理念的显现。这样，自然也就有着不同水平的美。黑格尔说："理念的最浅近的客观存在就是自然，第一种美就是自然美。"②这就是说，自然是理念的最低级的显现，所以，自然美是属于低级的美。正是在这个意义上，黑格尔把自然美当作"美的第一种存在"。

在"自然哲学"中，黑格尔将"绝对理念"在自然阶段的发展分为"机械性""物理性""有机性"三个阶段。在考察自然美时，黑格尔也认为它和自然发展的三阶段相适应，有一个产生和发展的过程。首先在机械性阶段，概念直接沉没在客观存在里，以致见不出主体的观念性的统一，所以不能有自然美。其次在物理性阶段，概念以这样的方式显出它的身份：因为它作为统摄它的一切定性的整体，变成了实在，所以其中个别物体虽各有独立的客观存在，而同时却都统摄于同一系统。例如太阳系就是以这样方式存在的客观存在，其中太阳就是作为全太阳系的统一而存在。不过这种观念性的统一还只是自在的；在这里概念究竟还是沉没在它的实在里，还没有显现为这种实在的观念性和内在的自为存在。所以，在这个阶段也不可能有自然美。只有到了有机性阶段，出现了有生命的自然事物，这第三种自然显现的方式才是理念的一种客观存在形式。生命是灵魂及其身体的统一，灵魂在它的身体里既见出主体性的统一，又见出实体性的统一。所以，生命比起无机自然要高一层。只有生命的东西才是理念，也就是说，"在有生命的有机体里，我们所看到的是一种外在的东西，内在的东西就在这外在的东西里显现出来，这就是说，这外在的东西在它本身上显现出内在的东西，这就是它的概念"③。所以，黑格尔认为只有有生命的自然事物才是美的。他说："我们只有在自然形象的符合概念的客体性相之中见出受到生气灌注的互相依存的关系时，才可以见出自然的美。"④

---

① ［德］黑格尔：《自然哲学》，梁志学等译，商务印书馆1980年版，第6页。
② ［德］黑格尔：《自然哲学》，梁志学等译，商务印书馆1980年版，第149页。
③ ［德］黑格尔：《美学》第1卷，朱光潜译，商务印书馆1979年版，第157页。
④ ［德］黑格尔：《美学》第1卷，朱光潜译，商务印书馆1979年版，第168页。

第十二章 德国古典美学的集大成者

"自然作为具体的概念和理念的感性表现时,就可以称为美的。"① 以上两段话也可以说是黑格尔给自然美所下的定义。在自然美中,黑格尔反复强调的是精神、理念的作用。在自然从低级到高级发展的过程中,精神、理念的作用显现得越多,美的程度也就越高。他把这种精神、理念的作用称为"内在的生气灌注"或"主观的观念性的统一"。正是通过生气灌注的作用,有机体各个部分(差异面)才能形成具有内在必然性和协调一致性的统一体。这虽然并没有超越美是"寓多样于统一"的看法,但是强调导致多样成为统一的是"生气灌注作用",亦即"观念性的统一",却是黑格尔的创见。

黑格尔认为自然美作为理念的感性表现、作为内在的生气灌注,之所以能使人觉得美,可以从以下三点得到说明:第一,由于它符合我们"对于生命的观念",符合我们"对于某一物种的定型具有的习惯的观念"。② 我们说一个动物美或丑,就是由于这种原因,因为活动和敏捷才见出生命的较高的观念性,所以我们对于懒虫、两栖动物都不起美感。混种动物则由于不符合我们对于某一物种的定型的习惯的观念,尽管令人惊奇,却显得不美。第二,由于显现出"外在和谐"。例如对一片自然风景的观照,一方面它是由一系列复杂对象联系在一起的许多不同的有机的或是无机的形体,例如山峰的轮廓,蜿蜒的河流、树林、草棚、民房、城市、宫殿、道路、船只,天和海,谷和壑之类;"另一方面在这种万象纷呈之中却现出一种愉快的动人的外在和谐,引人入胜"③。第三,"自然美还由于感发心情和契合心情而得到一种特性"④,例如寂静的月夜、平静的山谷、小溪蜿蜒地流着、一望无边波涛汹涌的海洋的雄伟气象,以及星空的肃穆而庄严的气象,便是属于这一类。"这里的意蕴并不属于对象本身,而是在于所唤醒的心情。"⑤ 有时我们说动物美,也是因为"联系到人的观念和人所特有的心情"。从以上分析可以见出,黑格尔并不认为自然美是在自然本身,而往往是将它和人的观念、人的心情联系在一起。所以他说:"自然

---

① [德]黑格尔:《美学》第1卷,朱光潜译,商务印书馆1979年版,第168页。
② [德]黑格尔:《美学》第1卷,朱光潜译,商务印书馆1979年版,第169页。
③ [德]黑格尔:《美学》第1卷,朱光潜译,商务印书馆1979年版,第170页。
④ [德]黑格尔:《美学》第1卷,朱光潜译,商务印书馆1979年版,第170页。
⑤ [德]黑格尔:《美学》第1卷,朱光潜译,商务印书馆1979年版,第170页。

· 143 ·

美只是为其他对象而美,这就是说,为我们,为审美的意识而美。"① 这种观点完全否定了自然美是一种客观存在的现象,显然是不符合实际的。后来,车尔尼雪夫斯基从唯物主义立场上,对黑格尔否认自然本身有美的观点作了有力的批判。

在黑格尔看来,自然美的顶峰是动物的生命。动物的生命虽然已经表现出生气灌注,却还是很有局限性的。因为动物的生命不能看到它自己的灵魂,不是"自己意识到的自我",所以它只是"自在"的而不是"自为"的。"动物的灵魂,像我们已经说明的,不是自为地成为这种观念性的统一;假如它是自为的,它就会把这种自为存在的自己显现给旁人看见。"② 只有作为有自意识的具体的统一体,自我才把自己显现给旁人看见。可是动物却不能做到这一点,它只能使人从观照它的形状而猜想到它有灵魂。黑格尔认为,这就是自然美的基本缺陷。"也就是这种缺陷使得我们有必要去进一步认识理想,即艺术美。"③

黑格尔说:"我们真正研究对象是艺术美,只有艺术美才是符合美的理念的实在。"④ 艺术美的必要性就是由于自然美有缺陷,是不完满的美。艺术美的要求就在于须把心灵的生气灌注现象按照它们的自由性,表现于外在事物,同时使这外在事物符合它的概念,从而达到完满的美。在艺术美中,心灵自为地把理念显现于感性形象,理念和外在现实、心灵和形象是结合为统一体而且都包含在这统一体里,所以才真正见出自由和无限。关于艺术美的这一本质特点,黑格尔以人的形体为例来作最浅近的说明。在人体上,整个灵魂究竟在哪一个特殊器官上最能充分地显现出来呢?那就是在眼睛上。因为灵魂不仅要通过眼睛去看事物,而且也要通过眼睛才被人看见,所以灵魂集中在眼睛里。"艺术也可以说是要把每一个形象的看得见的外表上的每一点都化成眼睛或灵魂的住所,使它把心灵显现出来。"⑤ 黑格尔说:

---

① [德] 黑格尔:《美学》第1卷,朱光潜译,商务印书馆1979年版,第160页。
② [德] 黑格尔:《美学》第1卷,朱光潜译,商务印书馆1979年版,第171页。
③ [德] 黑格尔:《美学》第1卷,朱光潜译,商务印书馆1979年版,第171页。
④ [德] 黑格尔:《美学》第1卷,朱光潜译,商务印书馆1979年版,第183页。
⑤ [德] 黑格尔:《美学》第1卷,朱光潜译,商务印书馆1979年版,第198页。

第十二章　德国古典美学的集大成者

艺术把它的每一个形象都化成千眼的阿顾斯①，通过这千眼，内在的灵魂和心灵性在形象的每一点上都可以看得出。不但是身体的形状、面容、姿态和姿势，就是行动和事迹，语言和声音以及它们在不同生活情况中的千变万化，全都要由艺术化成眼睛，人们从这眼睛里就可以认识到内在的无限的自由的心灵。②

这就是说，艺术必须使它的外在形象的每点都像眼睛一样，能够充分地显现出内在的灵魂和心灵，也就是形象上的每一点都要显现出理念。也只有达到这种形象和心灵、外在现实和理念的融合无间和高度统一，才能产生艺术美。黑格尔又称这种艺术美为"理想"。

艺术如何才能使形象上的每一点都化成灵魂的眼睛，从而成为艺术美、艺术理想呢？黑格尔从以下三个方面作了说明：

第一，艺术美的根源既然在灵魂，那么这种灵魂究竟应该是怎样的呢？黑格尔认为，单纯的自然物如石头、植物之类还不配称为灵魂。能感觉的心灵作为自然生命（如昆虫之类低等动物）也是有局限的，因为它们"只是自在地出现于实在，还不能返躬自察，来认识到自己"。"只有受到生气灌注的东西，即心灵的生命，才有自由的无限性"③，因为它是自觉的，能以本身为认识的对象。心灵是人所特有的，"而人作为心灵却复现他自己，因为他首先作为自然物而存在，其次他还为自己而存在，观照自己，认识自己，思考自己。"④ 所以只有人的心灵才是艺术的来源和表现内容。"但是就连心灵也只是由于实现了它的普遍性，而且把它自己所定的目的提高到这种普遍性，它才是自由无限的。"⑤ 所以，艺术所表现的是"普遍的无限的绝对的心灵"。

第二，艺术须对外在现象进行"清洗"，把现象中凡是不符合概念的东西一齐抛开，把被偶然性和外在形状玷污的事物还原到它与它的真正概念的和谐，只有这样，它才能把理想表现出来。譬如画家画人像，不应该

---

① 阿顾斯（Argus），希腊神话中的怪物，据说有一百只眼。
② [德]黑格尔：《美学》第1卷，朱光潜译，商务印书馆1979年版，第198页。
③ [德]黑格尔：《美学》第1卷，朱光潜译，商务印书馆1979年版，第199页。
④ [德]黑格尔：《美学》第1卷，朱光潜译，商务印书馆1979年版，第39页。
⑤ [德]黑格尔：《美学》第1卷，朱光潜译，商务印书馆1979年版，第199页。

将人物的表面形状"完全依样画葫芦地模仿出来",而应该"把足以见出主体灵魂的那些真正的特征表现出来","因为艺术理想始终要求外在形式本身就要符合灵魂"。① 如拉斐尔所画的圣母像,其所展示的一些面孔、腮颊、眼、鼻和口的形式,单就其为形式而言,就已与幸福的、快乐的、虔诚的而且谦卑的母爱完全契合。

第三,艺术理想的本质在于使外在事物还原到具有心灵性的事物,使外在现象成为心灵的表现。黑格尔指出:

> 但是这种到内在生活的还原却不是回到抽象形式的普遍性,不是回到抽象思考的极端,而是停留在中途一个点上,在这个点上纯然外在的因素与纯然内在的因素能互相调和。……因为个别的主体性既含有一种有实体性的内容(意蕴),同时又使这内容显现为外在的,它所处的就是一个中途点,在这个点上,内容的实体性不是按照它的普遍性而单独的抽象地表现出来,而是仍然融会在个性里。②

这样,外在现象也就解脱了单纯的有限性,而与灵魂的内在生活结合为一种自由的、和谐的整体。出于这个缘故,理想也才能托身于它自己融合在一起的那种外在现象里,享着感性方式的福气,自由自在,自足自乐。理想由此才真正是美的。

从以上对艺术美的本质特点及其形式所做的分析可以看到,黑格尔反复强调的是外在形象和内在心灵、外在形式和精神内容、个别性和普遍性必须互相调和、互相融合,"结合为一种自由和谐的整体",实际上,这讲的就是艺术典型。通过艺术美的分析,黑格尔深刻地揭示出艺术典型的要义就是要使内在的普遍性在外在形象里"显现为活的个性",也就是要使个性成为内在普遍性的充分显现。这种艺术典型亦即艺术美。所以,艺术美的创造离不开典型化。黑格尔说:"理想就是从一大堆个别偶然的东西之中所拣回来的现实"③,"艺术作品的任务就在于抓住事物的普遍性,而

---

① [德] 黑格尔:《美学》第 1 卷,朱光潜译,商务印书馆 1979 年版,第 200 页。
② [德] 黑格尔:《美学》第 1 卷,朱光潜译,商务印书馆 1979 年版,第 201 页。
③ [德] 黑格尔:《美学》第 1 卷,朱光潜译,商务印书馆 1979 年版,第 201 页。

把这普遍性表现为外在现象之中,把对于内容的表现完全是外在的无关重要的东西一齐抛开"①。这可以说是对于艺术创造的典型化的含义及其重要性所做的精彩论述。

艺术美既然是外在形式与精神内容的统一,这就要涉及艺术的理想表现对于自然的关系问题,也就是说,"艺术究竟根据现前的外在形状照实描绘呢?还是要对自然现象加以提炼和改造呢?"在这个问题上,黑格尔既反对当时德国流行的"追求空洞理想"的观点,也反对另一种同样流行的"妙肖自然"的观点。关于后者,他批评说:"每个人看到日常家庭故事以及它的妙肖自然的描绘,心里都感到生厌了。"② 因为这一切麻烦和苦恼,每个人在他自己家里都可以看到,而且还比在戏剧里所看到的更好、更真实些。为什么黑格尔反对艺术妙肖自然呢?因为在他看来,艺术固然也要从自然中取得它的外在形式,但是它和自然却有根本区别。艺术是比自然更高的东西。关于这一点,黑格尔是从以下几方面加以说明的。首先,艺术是由人创造的,它用"观念性把本来没有价值的事物提高了"③。在艺术里的自然是经过观念化的自然,不是生糙的自然。所谓"观念化",就是把自然纳入心灵,受到心灵的渗透和影响,成为表现心灵的材料。"心灵把全部材料的外在的感性因素化成了最内在的东西。"④ 就这个意义说,艺术也就是征服了自然。其次,自然地存在着的东西都只是一种个别体,它们是个别分立的。可是艺术作为来自心灵及其观念成分的东西,不管它如何活像实物,都必须具有普遍性,把这普遍性表现为外在现象之中。所以,黑格尔强调艺术要从自然中提炼出本质的、显出特征的东西,不必"把所有的细节都要按照实际存在情况一一描绘出来","如果把每件事或每个场合中现在目前的东西按其细节一一罗列出来,这就必然是干燥乏味、令人厌倦,不可容忍的"⑤。最后,黑格尔认为平凡的自然也可以用作艺术题材,但是由于"艺术家通过他自己的理解,使这种内容变得更深广",结果显得并不平凡,反而达到了高度的完美。例如荷兰画家的风俗

---

① [德]黑格尔:《美学》第1卷,朱光潜译,商务印书馆1979年版,第211页。
② [德]黑格尔:《美学》第1卷,朱光潜译,商务印书馆1979年版,第207页。
③ [德]黑格尔:《美学》第1卷,朱光潜译,商务印书馆1979年版,第210页。
④ [德]黑格尔:《美学》第1卷,朱光潜译,商务印书馆1979年版,第209页。
⑤ [德]黑格尔:《美学》第1卷,朱光潜译,商务印书馆1979年版,第214页。

画，所表现的虽是平凡的自然，却并不像一般人所设想的那样平凡。因为它是画家从当前现实生活中选择来的，表现了和自然斗争以及和敌人斗争的胜利感和民族自豪感。"正是这种在无论大事小事上，无论在国内还是在海外所表现的市民精神和进取心，这种谨慎的清洁的繁荣生活，这种凭仗自己的活动而获得一切快慰和傲慢，组成了荷兰画的一般内容。"[①]"正是这种新唤醒的心灵的自由活泼被画家掌握住和描绘出来了，荷兰画的崇高精神也就在此。"[②]这里，黑格尔完全是从16、17世纪荷兰的现实生活和历史发展出发，分析荷兰画家如何在貌似平凡的风俗画题材中，体现出了普遍的时代精神，从而在平凡的题材中显示出不平凡的内容，这种分析集中地体现了他的现实主义文艺观点。

综上所述，黑格尔对于自然美和艺术美的基本观点是认为艺术美高于自然美，自然美是低级的美，艺术美才是高级的美。由于他是从客观唯心主义体系出发来看待自然美和艺术美，认为自然美和艺术美都是理念的感性显现，都是来自理念，所以必然要否认自然本身有美，也必然要否认艺术美是来自现实生活，这表现出他的理论的根本弱点。尽管如此，黑格尔对于艺术美的本质特点以及艺术美与自然美关系的看法，却是深刻地体现了他的辩证法的。他强调在艺术美中形象与心灵、形式与内容、个别与普遍必须达到自由和谐的统一，强调艺术应该将自然的东西加以"清洗""提炼"，抓住"本质的、显出特征的东西"，"抓住事物的普遍性"，而不要一一罗列"自然的个别细节"，强调"艺术家必须是创造者"，应当充分发挥在艺术创造中的主观能动作用，而不应止于"搜集和挑选"，等等。这些都是符合艺术美及其创造的客观规律的，其论述也是非常精辟的。黑格尔生活的时代，一方面消极的浪漫主义文艺思潮正在兴起；另一方面自然主义文艺倾向也初露端倪。前者"遗世独立""怕沾染有限事物"，后者"逼肖自然"，见不出艺术和自然的区别。黑格尔对艺术美及其与自然关系的看法，是注意克服这两方面的片面性的，因此显得尤为珍贵。

[①] [德]黑格尔：《美学》第1卷，朱光潜译，商务印书馆1979年版，第216页。
[②] [德]黑格尔：《美学》第1卷，朱光潜译，商务印书馆1979年版，第217页。

第四节 人物性格理论

如上所述，黑格尔的《美学》主要是研究艺术美的。所谓艺术美，按照黑格尔的解释，就是理念通过感性形式得到了显现的艺术形象。理念是怎样转化为艺术形象的呢？这就涉及人物性格问题。黑格尔说："性格就是理想艺术表现的真正中心。"[①] 他认为艺术表现的中心对象是人及其心灵，艺术美的中心问题就是人物性格问题。性格是普遍精神力量在个别人物身上的具体体现，因而也就是理念的感性显现。艺术美只有在描写人物性格上，才能得到最完满、最充分的表现。但是，性格并不是抽象的东西，它具体表现在动作上。人物的动作是由外因和内因的相互矛盾和推动而形成的。形成人物动作的外因，黑格尔称为"情境"；形成人物动作的内因，黑格尔称为"情致"。"情境"是"一般世界情况"在人物的客观环境方面的具体化；"情致"是"普遍力量"在人物的主观情绪方面的具体化。所以，黑格尔在《美学》第一卷第三章中分别论述了"一般世界情况""情境"和"动作"（包括"情致"），也就是"作为性格整体中的各个因素"，集中地讨论了艺术中的人物性格问题。

一 关于"一般世界情况"

所谓"一般世界情况"，也就是人物所处的社会时代背景。用黑格尔的说法，就是"艺术中有生命的个别人物所借以出现的一般背景"[②]。它把"心灵现实的一切现象都联系在一起"，"形成一般的精神方面的客观存在"。[③] 从黑格尔列举的具体内容看，它包括一定时代的教育、科学、宗教、法律、道德乃至财政、家庭生活以及其他类似现象的"情况"。在这里，黑格尔着重讨论了"一般情况应该具有怎样的性质，才可以显出符合理想的个性"这个问题，他认为理想的人物个性必须具有"独立自足性"，也就是说能够支配环境，能够个人决定自己的行动并对行动负责，具有个性自

[①] ［德］黑格尔：《美学》第1卷，朱光潜译，商务印书馆1979年版，第300页。
[②] ［德］黑格尔：《美学》第1卷，朱光潜译，商务印书馆1979年版，第251页。
[③] ［德］黑格尔：《美学》第1卷，朱光潜译，商务印书馆1979年版，第251页。

由。要实现这一点，就必须达到个性与普遍性的交融和统一。"只有在个性与普遍性的统一和交融中才有真正的独立自足性，因为正如普遍性只有通过个别事物才能获得具体的实在，个别的特殊的事物也只有在普遍性里才能找到它的现实存在的坚固基础和真正内容（意蕴）。"[①] 所以，只有普遍性与个别性直接统一才是艺术的理想，也才是形成理想的人物性格的理想的世界情况。这种理想的世界情况，黑格尔认为就是"英雄时代"或"史诗时代"。在"英雄时代"，人物个性是比较独立自由的，他们能够按照个人的意志去行动，而不与社会发生对立。例如希腊英雄们便都出现在法律尚未制定的时代，或者他们自己就是国家的创造者，正义和秩序、法律和道德都是由他们制定出来的。"这种有实体性的东西与个人的欲望，冲动和意志的直接的统一就是希腊道德的特点，所以在这种情况之下，个人自己就是法律，无须受制于另外一种独立的法律，裁判和法庭。"[②] 古代英雄都是些个人，他们根据自己性格的独立自足性，服从自己的专断意志，承担和完成自己的一切事务。例如赫克里斯就是这样的英雄，他具有完满的独立自足的能力和膂力，为了实现正义和公道，他出于自己意愿的自由选择，承担了无数辛苦的工作。没有什么法律规定的约束可以取消他按照自己个性去独立行动的权利。同时，在"英雄时代"，"个人在本质上是个整体，客观行动既是由他做出来的，就始终是属于他的"。人物既然同他的全部意志、行为和成就直接联系在一起，那么就能对自己行为的后果完全负责。独立自足的英雄性格是不肯推卸自己的责任的，例如俄狄浦斯就是如此。尽管打死父亲娶母亲完全出于他的无知，但当他知道之后，却完全承认了这宗罪行，并把自己当作一个弑父娶母者来惩罚。根据以上理由，黑格尔认为"英雄时代"是最理想的"一般的世界情况"。在这样的情况里，个人行动与社会理想是统一的，普遍的理想最能通过个人的行为体现出来，所以也最有利于形成独立自由的人物性格。

与"英雄时代"对立的有两种世界情况，一种是"牧歌式的情况"；另一种是"散文气味的现代情况"。黑格尔认为这两种情况都不适宜于形成具有"独立自足性"的人物性格，因而也都不是艺术所要表现的理想的

---

① ［德］黑格尔：《美学》第1卷，朱光潜译，商务印书馆1979年版，第230—231页。
② ［德］黑格尔：《美学》第1卷，朱光潜译，商务印书馆1979年版，第237页。

世界情况。所谓"牧歌式的情况",即牧歌诗人和作家所描写的田园牧歌式的生活情况。在这种时代,自然能满足人所感到的一切需要,人也在天真纯朴的状态中与自然相处相安。乍看起来这种情况似乎带有几分理想色彩,可是从它所特有的内容(意蕴)来看,却没有什么旨趣可以作为表现理想的基础和土壤。"因为这种乡村牧歌式生活和人生一切意义丰富深刻的复杂的事业和关系都失去了广泛的联系","它没有英雄性格所有的那些重大的动机,例如祖国、道德、家庭等等,以及这些动机的发展"。[①] 所以它形成的人物性格显不出较高尚的理想,不能成为理想的人物性格。

所谓"散文气味的现代情况",即资产阶级的社会情况。在这种情况下,法律、道德和政治的关系和制度都已形成,"作为一个个人,不管他向哪一方转动,他都隶属于一种固定的社会秩序,显得不是这个社会本身的一种独立自足的既完整而又是个别的有生命的形象,而只是这个社会中的一个受局限的成员"[②]。所以,个人自作决定和自由行动的独立自足性是很小的。现代个人已不再像英雄时代那样,可以看成是具有普遍性的法律道德规律的体现者;相反,"在这种普遍性里个人的生命显得是被否定了的或是次要的,无足轻重的"。人物行动既然主要决定于外因而不是自己的自由选择,因此个人对它也不能负有多大责任。总之,在这种情况下,个人与社会处于对立地位,不能体现个人行动与社会普遍理想的统一,所以也就不能形成具有独立自足性的理想性格,不适宜作为艺术所表现的理想的世界情况。

在分析"一般世界情况"时,黑格尔指出了人物性格和社会时代背景的联系,强调个人性格需与普遍的社会力量统一起来,并具体分析了不同的时代背景对个人性格形成的巨大影响,这是一个很大的贡献。关于人物性格和时代的关系,恩格斯后来有非常重要的论述。他指出,艺术作品中的主要人物应"是他们时代的一定思想的代表,他们的动机不是从琐碎的个人欲望中,而正是从他们所处的历史潮流中得来的"[③]。黑格尔的认识虽然没有达到这个高度,但他看到了人物性格和历史时代是有紧密联系的。

[①] [德]黑格尔:《美学》第 1 卷,朱光潜译,商务印书馆 1979 年版,第 243 页。
[②] [德]黑格尔:《美学》第 1 卷,朱光潜译,商务印书馆 1979 年版,第 247 页。
[③] 《马克思恩格斯选集》第 4 卷,人民出版社 1972 年版,第 343 页。

他把"独立自足性"作为理想的人物性格的主要特征，认为个性独立自由才符合艺术的理想，这鲜明地反映出新兴资产阶级在艺术上对理想人物的要求。他认为"英雄时代"个人与社会统一，个人既有行动的独立自由，又可以代表社会的普遍理想，因而最适宜形成理想的个性，也最适宜艺术的繁荣；而近代资产阶级社会则是个人与社会分裂，个人既丧失了行动的独立自由，也代表不了社会的普遍理想，因而不利于形成理想的个性，也不利于艺术的发展。这种看法也包含合理的因素，它很容易使我们想起马克思关于"希腊艺术和史诗同一定社会发展形式结合在一起"的著名论断，以及资本主义生产对于艺术和诗歌"是敌对的"著名论断。不过，黑格尔由此对艺术的发展得出悲观主义的结论，认为艺术的黄金时代已经一去不复返了，这和马克思认为共产主义社会必然会出现真正的艺术繁荣的科学论断就相距甚远了。

二 关于"情境"

所谓"情境"，就是推动人物行动的具体的客观环境。黑格尔说："情境一方面是总的世界情况经过特殊化而具有定性，另一方面它既具有这种定性，就是一种推动力，使艺术所要表现的那种内容得到有定性的外观。"① 也就是说"一般世界情况"经过具体化、特殊化，成为有定性的环境，这才是情境。在这种具体化过程中，情境揭开冲突和纠纷，从而成为一种机缘，引起不同人物作不同反应，这才形成具体的动作。所以，情境是处于一般世界情况和具体动作这两端的中间阶段。

黑格尔认为"情境"有三种。第一种是"无定性"的情境，普遍力量还处于未分裂状态，"还保持着普遍性的形式"，因而还是没有定性的。例如古代庙宇建筑就是如此，它表现出"一种在严峻的静穆中泰然自足的神情"。第二种是"平板状态"的情境，情境由普遍性转到特殊化，有了定性，但这种定性还没有产生矛盾对立，"还不是在本质上见出差异和冲突"。例如古希腊早期神像雕刻和许多抒情诗便是如此。以上两种情境，都不是激发真正动作的原因，所以黑格尔认为它们都不是理想的情境。理想的情境应该是第三种，即见出"冲突"的情境。黑格尔说："只有在定性现出

---

① ［德］黑格尔：《美学》第1卷，朱光潜译，商务印书馆1979年版，第254页。

本质上的差异面,而且与另一面相对立,因而导致冲突的时候,情境才开始见出严肃性和重要性。"① 冲突不是动作,但它却是形成真正动作的出发点。人物性格只有在冲突中才能充分显现出来。"因为人格的伟大和刚强只有借矛盾对立的伟大和刚强才能衡量出来……环境的互相冲突愈众多,愈艰巨,矛盾的破坏力愈大而心灵仍能坚持自己的性格,也就愈显出主体性格的深厚和坚强。"② 黑格尔指出,这种充满冲突的情境"特别适宜于用作剧艺的对象"。

冲突也有三种。第一种是"自然的情况所产生的冲突",如自然所带来的疾病、罪孽和灾害,破坏了原来的生活的和谐,结果造成差异对立。黑格尔认为,这种冲突单就它们本身而言是没有什么意义的。之所以用作艺术的题材,只是因为自然灾害可以发展出心灵的分裂以作为它的结果。例如,索福克勒斯的悲剧《菲罗克忒忒斯》的冲突就是起于主人公的脚被毒蛇咬伤。第二种是"由自然条件产生的心灵冲突"。凡是以自然的家庭出身为基础的冲突都属于这一类。例如,莎士比亚的《麦克白》的冲突就是起于主人公是国王最近且最长的亲属,在王位继承上有优先权。在这类冲突中,黑格尔还提到阶级出身差别所产生的冲突,以及天生性情造成的主体情欲所产生的冲突。第三种是"由人的行动本身引起来的"冲突,"这种方式的冲突的根源在于精神的力量以及它们之中的差异对立"③,也就是两种对立的普遍力量的矛盾斗争。黑格尔认为只有这种冲突才是"真正重要的矛盾",才是理想的冲突的情境。在这种冲突中,"一方面须有一种由人的某种现实行动所引起的困难、障碍和破坏;另一方面须有本身合理的旨趣和力量所受到的伤害。只有把这两方面定性结合在一起,才是这后一种冲突的深刻的根源"④。例如莎士比亚的悲剧《哈姆雷特》就是这样的冲突。这个冲突起于他的父亲被暗中谋杀,他的母亲很快就嫁给谋杀者,因而侮辱了死者的魂灵。

黑格尔关于"情境"的理论,实际上讨论了人物性格和具体环境的关系问题。他认为人物须受到情境的推动,才能引起动作,从而"使个别人

---

① [德] 黑格尔:《美学》第 1 卷,朱光潜译,商务印书馆 1979 年版,第 250 页。
② [德] 黑格尔:《美学》第 1 卷,朱光潜译,商务印书馆 1979 年版,第 228 页。
③ [德] 黑格尔:《美学》第 1 卷,朱光潜译,商务印书馆 1979 年版,第 270 页。
④ [德] 黑格尔:《美学》第 1 卷,朱光潜译,商务印书馆 1979 年版,第 271 页。

物现出他们是怎样的人物"。所以，情境对于人物性格具有重要作用。他说：

> 一般地说，情境一方面是总的世界情况经过特殊化而具有定性，另一方面它既具有这种定性，就是一种推动力，使艺术所要表现的那种内容得到有定性的外观。特别是从后一个观点看来，情境供给我们以广阔的研究范围，因为艺术的最重要的一方面从来就是寻找引人入胜的情境，就是寻找可以显现心灵方面的深刻而重要的旨趣和真正意蕴的那种情境。①

此外，黑格尔又指出"情境本身还不是心灵性的东西，还不能组成真正的艺术形象"，"只有把这种外在的起点刻画成为动作和性格，才能见出真正的艺术本领"。② 这就是说，环境描写必须与性格刻画结合和统一起来，为表现人物性格服务。黑格尔关于人物性格和环境的互相依存、互相统一的辩证思想具有很高的价值。它和后来恩格斯提出的"典型环境中的典型人物"的重要美学思想，是有着内在联系的。

结合情境问题，黑格尔着重地讨论了矛盾冲突，这也是他对美学和文艺理论的一个重要贡献。按照黑格尔的冲突说，人物性格的冲突是根源于普遍力量的分裂和对立。普遍力量本是抽象的，浑整的，结合到具体的情境和具体的人物，它才"得到定性"。在这具体化或得到定性的过程中，它才"现出本质上的差异面，而且与另一方面相对立，因而导致冲突"。冲突既然是两种普遍力量的矛盾斗争，那么它们本身必须是有辩护道理的。黑格尔说："在真正的美里，冲突所揭露的矛盾中每一对立面还是必须带有理想的烙印，因此不能没有理性，不能没有辩护的道理。"③ 冲突引起人物的动作和反动作，经过否定的否定，使冲突消除而达到调和统一。这些看法充满辩证法，论证了冲突的必然性，揭示了冲突和性格的互相依存关系，能够给人以深刻的启发。

---

① ［德］黑格尔：《美学》第1卷，朱光潜译，商务印书馆1979年版，第254页。
② ［德］黑格尔：《美学》第1卷，朱光潜译，商务印书馆1979年版，第274页。
③ ［德］黑格尔：《美学》第1卷，朱光潜译，商务印书馆1979年版，第279页。

三 关于"动作"

黑格尔说:"能把个人的性格、思想和目的最清楚地表现出来的是动作,人的最深刻方面只有通过动作才见诸现实。"① 如果说一般世界情况和情境是形成人物性格的外部条件,那么动作就是人物性格的具体表现。把动作作为一种完整的运动来表现,这是诗才有的本领,至于其他种类的艺术只可以在动作过程中抓住某一顷刻把它表现出来。

关于艺术所表现的动作,黑格尔提出了以下三个要点:第一,引起动作的普遍力量;第二,发出动作的个别人物;第三,以上两方面的统一——人物性格。在分析以上三个要点时,黑格尔提出了著名的"情致说"和"理想性格说"。

什么是"情致"呢?黑格尔解释说,它是那种"不是本身独立出现的而是活跃在人心中,使人的心情在最深处受到感动的普遍力量"②。就是说,情致是"普遍力量"和个别人物相统一而形成的人物的主观情绪。所谓"普遍力量",就是指一定时代所流行的伦理、宗教、法律等方面的观念和理想,它们都是来自黑格格尔所说的绝对理念,是"某一绝对理念的儿子"。按照黑格尔的说法,作为理念的普遍力量要在艺术中得到表现,必须具体化。普遍力量具体化为"神","神"与个别人物结合起来,便形成人物性格中的"情致"。也就是说,"情致"是由"神们"即各种"普遍力量"演变而来的,但它又不能脱离个别人物独立存在和出现,而是要"活跃在人心中",成为人物的一种主观情绪力量。所以黑格尔说:"'情致'是一件本身合理的情绪方面的力量,是理性和自由意志的基本内容。"③ 例如,悲剧《安提戈涅》的女主角不顾国王禁令收葬她的弟兄所表现出的兄妹情谊,就是一种情致。黑格尔认为属于艺术的情致范围是很窄的,其中主要是"恋爱、名誉、光荣、英雄气质、友谊、母爱、子爱之类的成败所引起的哀乐"等。黑格尔认为情致来自普遍力量和理性,同时又必须具体化为个别人物的主观情绪,这是体现了普遍与特殊、理性与情感

---

① [德]黑格尔:《美学》第1卷,朱光潜译,商务印书馆1979年版,第278页。
② [德]黑格尔:《美学》第1卷,朱光潜译,商务印书馆1979年版,第295页。
③ [德]黑格尔:《美学》第1卷,朱光潜译,商务印书馆1979年版,第295页。

相统一的辩证思想，也体现出艺术的特殊规律。但是，从他所讲的情致的范围来看，基本上是一些所谓普遍永恒的人性。他一方面认为个人的"情致"来自"一般世界情况"中的"普遍力量"，而"一般世界情况"是随历史发展的；另一方面又认为这种"情致"是些普遍永恒的人性。这就显得自相矛盾了。

黑格尔很重视情致在艺术中的作用。艺术的中心是人物的性格，人物性格须具体表现为行动，而驱遣人物采取行动的内因正是情致。例如在埃斯库罗斯的悲剧中，希腊神话中的英雄俄瑞斯特为替父报仇杀死自己的母亲，就是由情致所驱使的。黑格尔说："我们应该把'情致'只限用于人的行动，把它了解为存在于人的自我中而充塞渗透到全部心情的那种基本的理性的内容（意蕴）。"[①] 情致不但是决定人物行动的内因和力量，而且是使艺术具有强烈感动力的主要因素和来源。黑格尔说：

> 情致是艺术的真正中心和适当领域，对于作品和对于观众来说，情致的表现都是效果的主要的来源。情致所打动的是一根在每个人心里都回响着的弦子，每一个人都知道一种真正的情致所蕴含的价值和理性，而且容易把它认识出来。情致能感动人，因为它自在自为地是人类生存中的强大的力量。[②]

> 艺术应该通过什么来感动人呢？一般地说，感动就是在感情上共鸣，人们，特别是现在的人们，往往是太容易受感动了。……但在艺术里感动的应该只是本身真实的情致。[③]

情致在本质上需要一种表现，这就形成人物性格。黑格尔于是由情致的探讨进入对人物性格的探讨。他说："情致如果要达到本身具体，像理想的艺术所要求的那样，就必须作为一个丰富完整的心灵的情致而达到表现"，"而在具体活动状态中的情致就是人物性格。"[④] 按照黑格尔的理解，情致是构成人物性格的具体内容，而人物性格则为各种情致的集中表现。

---

① ［德］黑格尔：《美学》第1卷，朱光潜译，商务印书馆1979年版，第296页。
② ［德］黑格尔：《美学》第1卷，朱光潜译，商务印书馆1979年版，第296页。
③ ［德］黑格尔：《美学》第1卷，朱光潜译，商务印书馆1979年版，第296—297页。
④ ［德］黑格尔：《美学》第1卷，朱光潜译，商务印书馆1979年版，第300页。

第十二章 德国古典美学的集大成者

因此,他对理想的人物性格的要求,便处处都是联系情致来谈的。

在黑格尔看来,只有人物性格才是理想艺术表现的真正中心。前面所讨论的各个方面,都是"性格整体中的各个因素",它们在性格中都统一在一起了。黑格尔说:"真正的自由的个性,如理想所要求的,却不仅要显现为普遍性,而且还要显现为具体的特殊性,显现为原来各自独立的这两方面的完整的调解和互相渗透,这就形成完整的性格。"① 这就是说,自由的个性、完整的性格,必须是普遍性和特殊性的互相渗透和统一,这可以说是黑格尔对艺术中理想的性格的总体要求。在这个总体要求下,黑格尔从三个方面来研究人物性格,对艺术中理想的人物性格提出了以下三个具体要求。

首先,性格要具有丰富性。"因为人不只具有一个神来形成他的情致;人的心胸是广大的,一个真正的人就同时具有许多神,许多神只各代表一种力量,而人却把这些力量全包罗在他的心里。"② 所以,人物性格必须具有丰富的内容,显出丰满性和多方面性。荷马所写的人物性格就是如此。在荷马笔下,每一个英雄都是许多性格特征的充满生气的总和。阿喀琉斯是个最年轻的英雄,但是他一方面有年轻人的力量;另一方面也有人的一些其他品质,荷马借种种不同的情境把他的这种多方面的性格都揭示出来了。所以,关于阿喀琉斯,我们可以说:"这是一个人!高贵的人格的多方面性在这个人身上显出了它的全部丰富性。"③ 通过这些分析,黑格尔总结荷马所写的人物性格的特色说:"每个人都是一个整体,本身就是一个世界,每个人都是一个完满的有生气的人,而不是某种孤立的性格特征的寓言式的抽象品。"④ 可见黑格尔要求人物性格要完整、丰满、有血有肉,而反对将人物抽象化、单一化。

其次,性格要具有明确性。"要显出更大的明确性,就须有某种特殊的情致,作为基本的突出的性格特征,来引起某种确定的目的、决定和动作。"⑤ 所以,性格既要丰富、多样,又要"有一个主要的方面作为统治

---

① [德]黑格尔:《美学》第1卷,朱光潜译,商务印书馆1979年版,第301页。
② [德]黑格尔:《美学》第1卷,朱光潜译,商务印书馆1979年版,第301页。
③ [德]黑格尔:《美学》第1卷,朱光潜译,商务印书馆1979年版,第303页。
④ [德]黑格尔:《美学》第1卷,朱光潜译,商务印书馆1979年版,第303页。
⑤ [德]黑格尔:《美学》第1卷,朱光潜译,商务印书馆1979年版,第304页。

的方面"。例如莎士比亚所写的朱丽叶,是从许多关系的整体中显出她的性格,像她对父母、保姆、巴里斯伯爵以及神父劳伦斯的各方面关系都写到了。"尽管有这些复杂的关系,她在每一种情境里也一心一意地沉浸在自己的情感里,只有一种情感,即她的热烈的爱,渗透到而且支持起她的整个的性格。"① 总之,性格既要保持丰富性、完满性,又要有主导的性格特征,把多方面的特质融会成一个整体,达到多样与一致的统一。

最后,性格要具有坚定性。所谓坚定性,就是要"一贯忠实于它自己的情致所显现的力量",使性格成为一个"本身坚定的统一体"。② 性格的坚定性与前文提到的"独立自足性"是一致的,具有坚定性和决断性的性格须根据自己的意志发出动作,并且对自己的行动负责任。人物性格还必须"自己与自己融贯一致",不能在一个人物性格里摆上许多不能融会成一个统一体的差异面,因而使性格失其为性格。例如莎士比亚,他的特点正在于把人物性格描绘得果断而坚强。哈姆雷特固然没有决断,但是他所犹疑的不是应该做什么,而是应该怎样去做。结合人物性格的坚定性问题,黑格尔对近代资产阶级感伤主义、颓废主义的文艺进行了切中要害的批判。他描述这派作家笔下的主角的特点说:"这种'幽美的灵魂'对于人生的真正有价值的道德方面的旨趣是漠不关心的,他只孤坐默想,像蜘蛛吐丝一样,从自己肚子里织出他的主观的宗教和道德的幻想。""这就产生了永无止境的忧伤抑郁,愤愤不平,悲观失望……没有人能同情这种乖戾心情,因为一个真正的人物性格必具有勇气和力量,去对现实起意志,去掌握现实。"③ 从这里可以看出黑格尔的人物性格的理想是积极的、健康的,是与文艺中的病态表现对立的,在当时具有纠正时弊的作用。

黑格尔所说的理想的性格也就是典型性格。他运用辩证法观察文艺现象,总结艺术创作经验,提出理想的性格应该是一定社会的普遍力量与具体个性的统一,性格的丰富性、多样性与明确性、坚定性的统一,是符合艺术的特点和规律的,也是符合现实主义文艺精神的。他的许多合理的思想、精辟的论述,都由马克思、恩格斯在其美学著作中加以批判地吸收和

---

① [德]黑格尔:《美学》第1卷,朱光潜译,商务印书馆1979年版,第305页。
② [德]黑格尔:《美学》第1卷,朱光潜译,商务印书馆1979年版,第311页。
③ [德]黑格尔:《美学》第1卷,朱光潜译,商务印书馆1979年版,第309页。

继承了。不过，黑格尔的人物性格理论像他的整个美学思想一样，终究是从客观唯心主义的理念论出发的。他一再强调人物性格是植根于普遍永恒的理念，这就使他看不到人物性格所反映的具体的社会历史内容。只有到了马克思主义美学建立以后，运用辩证唯物主义和历史唯物主义来观察分析人物性格问题，才使典型人物性格的问题得到了完全科学的说明。

第五节　悲剧和喜剧理论

黑格尔的《美学》是由三个主要部分组成的。在讨论了艺术美的基本原理之后，《美学》又分别论述了艺术美发展的各种类型和各门艺术的体系。这两部分中包括了黑格尔的艺术史观，内容相当丰富。本书此处仅就其中包括的一个理论问题——悲剧和喜剧的本质问题，略作介绍和分析。

依照黑格尔的看法，艺术美是理念与形象的统一。由于理念和形象之间三种不同的关系，便形成了象征型艺术、古典型艺术和浪漫型艺术三种艺术类型，它们显示了艺术发展的三个阶段。而各门艺术则组成了艺术类型的真正存在。在象征型艺术中，理念本身不确定，形象也不确定，理念和形象还不能互相符合，其代表是古代东方建筑；在古典型艺术中，理念与形象达到了完满的和谐一致，其代表是希腊雕刻；在浪漫型艺术中，对内心生活的侧重使理念溢出了形象，又形成了理念与形象的不一致，其代表是绘画、音乐、诗歌。在各门艺术中，黑格尔认为最重要的是诗歌。他说："诗比任何其他艺术的创作方式都要更涉及艺术的普遍原则。"① 诗包括史诗、抒情诗和戏剧体诗。其中，黑格尔又认为戏剧体诗最重要。因为"戏剧无论在内容上还是在形式上都要形成最完美的整体，所以应该看作诗乃至一般艺术的最高层"②。了解了黑格尔以上的理论构架，才能明白悲剧和喜剧理论在他的全部美学体系中所占的地位。

有人曾经说过，如果谈论黑格尔的艺术哲学而不去考察他关于悲剧的本质的概念，那就等于演《哈姆雷特》这出戏缺了丹麦王子的角色。从悲剧理论在黑格尔美学中所占的重要地位来讲，这个说法是有道理的。黑格

---

① ［德］黑格尔：《美学》第3卷，朱光潜译，商务印书馆1981年版，第14页。
② ［德］黑格尔：《美学》第3卷，朱光潜译，商务印书馆1981年版，第240页。

尔的悲剧理论是以他的冲突说为基础的。他认为悲剧的本质是表现两种对立的普遍伦理力量的冲突及其和解。悲剧冲突具有以下三个因素：

悲剧冲突的动力。黑格尔说："形成悲剧动作情节的真正内容意蕴，即决定悲剧人物去追求什么目的的出发点，是在人类意志领域中具有实体性的本身就有理由的一系列的力量。"① 这就是说，悲剧冲突的真正内容和动力是各种本身合理的伦理力量，属于这种力量的有：夫妻、父母、儿女、兄弟姊妹之间的亲属爱；国家的政治生活、公民的爱国心以及统治者的意志；宗教生活；等等。真正的悲剧人物性格就要有这种本身合理的伦理力量作为动力，要有这种优良品质。这些伦理力量是具有普遍性的，"是处在人世现实中的神性的因素"②，这种神性的因素也就是实体性，它提供引起动作的内容，同时也就在动作本身中展现出它的本质。

悲剧冲突的形成。各种不同的伦理力量须由抽象概念转化为具体现实，显现于动作，从而使自己获得实现。在悲剧中，它们进入人类的意志，化为各种特殊化的孤立的力量，各自提出片面性的极端的要求，悲剧人物就是这些特殊化要求的体现者。悲剧中相互对立的人物各自代表一种伦理力量，追求某一种人类情致所决定的某一具体目的，这样，各种力量之间原有的和谐就被否定，从而转向互相对立，导致不可避免的冲突。冲突中对立的双方，就它们本身来说都是合理的，但它们在实现自己要求时，却要否定和损害对方的同样合理的力量，因此，它们就陷入了罪过和不正义之中。黑格尔说：

> 这里基本的悲剧性就在于这种冲突中对立的双方各有它那一方面的辩护理由，而同时每一方拿来作为自己所坚持的那种目的和性格的真正内容的却只能是把同样的辩护理由的对方否定掉或破坏掉。因此，双方都在维护伦理理想之中而且就通过实现这种伦理理想而陷入罪过中。③

---

① ［德］黑格尔：《美学》第3卷，朱光潜译，商务印书馆1981年版，第284页。
② ［德］黑格尔：《美学》第3卷，朱光潜译，商务印书馆1981年版，第285页。
③ ［德］黑格尔：《美学》第3卷，朱光潜译，商务印书馆1981年版，第286页。

这段话最集中地表现了黑格尔对悲剧冲突的实质和特性的理解,对于掌握黑格尔关于悲剧的本质的概念至关重要。

悲剧冲突的解决。悲剧的人物性格各有辩护的理由和必然性,同时又有起损害作用的片面性。悲剧冲突的解决,就是通过代表片面性和特殊化要求的悲剧人物的毁灭,使破坏伦理的实体和统一的片面的特殊因素遭到否定,"把伦理的实体和统一恢复过来",以显示"永恒的正义"。[①] 正因如此,黑格尔认为悲剧所产生的心理效果不仅是亚里士多德所说的"恐惧与怜悯",而且是"在单纯的恐惧和悲剧的同情之上还有调解的感觉。这是悲剧通过揭示永恒正义而引起的"[②]。在阐明悲剧理论时,黑格尔举出的最有代表性的例子就是索福克勒斯的悲剧《安提戈涅》。剧中女主人公安提戈涅的弟兄因争王位,借外兵进攻祖国忒拜,在战斗中被打死。国王下令禁止人收葬他。和国王的儿子订了婚的安提戈涅不顾禁令,收葬了她的弟兄。国王于是下令把她烧死,结果她自杀了,王子也自杀了。黑格尔认为,这个悲剧中冲突的双方都受到一种伦理力量的鼓舞。国王的禁令是照顾到国家安全的王法,安提戈涅安葬弟兄是表现骨肉至亲的情谊。它们都是有道理的,但是处在互相对立的情境中,它们又都具有片面性。双方都把片面的特殊因素推向极端,互相否定,因而变成一种错误。通过冲突的解决,双方都遭到毁灭。这种悲剧结局所否定的只是双方具有的片面性,而不是国家王法和骨肉情谊这两种普遍的伦理力量。对立双方通过冲突的解决,重新取得"和解",恢复到冲突以前的统一,这就是"永恒的正义"的胜利。

黑格尔对于悲剧理论的突出贡献,就是用矛盾冲突的观点解释悲剧的本质,强调悲剧来自具有普遍性的重大力量之间的冲突,并且指出这种冲突及其导致的悲剧结局都是具有必然性的。黑格尔所说的导致悲剧冲突的不同伦理力量,实际上就是不同的社会道德观念,因而悲剧冲突在本质上也就是一种社会性的冲突。这说明黑格尔对悲剧本质的理解比前人大大前进了一步。但是,黑格尔的悲剧理论也是从客观唯心主义出发的。他只是把精神性的伦理实体当作造成悲剧冲突的原因,而看不到社会现实中的矛

[①] [德] 黑格尔:《美学》第3卷,朱光潜译,商务印书馆1981年版,第287页。
[②] [德] 黑格尔:《美学》第3卷,朱光潜译,商务印书馆1981年版,第289页。

盾斗争才是产生悲剧冲突的真正源泉。这样，他就看不到形成悲剧冲突的社会阶级基础。他认为悲剧冲突的双方都是合理的、正义的，但由于它们各自具有片面性，又都是有罪的、不正义的。这种看法完全抹杀了悲剧冲突的双方之间正义和非正义、善与恶、有罪与无罪的原则界限。他认为悲剧冲突的解绝不是靠矛盾双方的斗争，而是靠矛盾双方的退让与和解，并宣称这种"和解"即"永恒正义"的胜利。这显然是用矛盾调和来代替辩证法的革命精神。所有这些带有唯心色彩的看法，既不符合艺术中大量优秀的悲剧创作的实际，也表现出他在理论上的根本弱点。

关于喜剧的原则，黑格尔是将它和悲剧对照比较来看的。依黑格尔的看法，冲突和动作是一切戏剧所特有的因素，悲剧和喜剧的差异就要看冲突和动作中起决定作用的本质性的因素有何不同。"这有两方面，一方面是在实质上合乎道德的伟大的理想，即在人世中实际存在的那种神性的基础，亦即个别人物性格及其目的中所包含的绝对永恒的内容意蕴；另一方面是完全自由自决的主体性格。"[①] 前一方面，黑格尔称为"实体性因素"；后一方面，黑格尔称为"主体性"。这两者都是产生冲突和动作的"基本根由"。悲剧和喜剧的区别就是"要看在个别人物，动作和冲突中起决定作用的是实体性的因素还是主观任意性，愚蠢和乖僻"[②]。如果说在悲剧里是永恒的实体性因素以和解的方式达到胜利，那么在喜剧里情况就相反，"无限安稳的主体性却占着优势"。

喜剧动作内容的基本特点，黑格尔认为主要表现于以下几个方面：

第一，喜剧人物所追求的目的本身没有实体性，因此不能使自己实现。例如贪吝，无论就它所追求的目的来看，还是就它所采取的卑鄙手段来看，都显出它本身根本是无意义的。同时因为它在目的和手段上都毫无力量去防御阴谋诡计和拐骗之类，也就不能达到其目标。所以，尽管主体以非常认真的样子，采取周密的准备，去实现一种本身渺小空虚的目的，他的意图仍然要失败。喜剧中也有一种与此相反的情况："个别人物本想实现一种具有实体性的目的，但是为着实现，他们作为个人，却是起完全

---

① ［德］黑格尔：《美学》第3卷，朱光潜译，商务印书馆1981年版，第283页。
② ［德］黑格尔：《美学》第3卷，朱光潜译，商务印书馆1981年版，第284页。

相反作用的工具。"① 这就造成了目的和人物之间的矛盾，使所幻想的目的不能实现，例如阿里斯托芬的喜剧《公民大会妇女》。在这部作品中，妇女们建议建立一种新政体，但她们却照旧保留妇女们的全部情趣和情欲。此外还有第三种情况，就是运用外在偶然事故导致情境的转变，使得目的和现实之间形成了喜剧性的矛盾。

第二，喜剧人物作为主体使自己成为完全的主宰，他们自信能驾驭一切。"主体一般非常愉快和自信，超然于自己的矛盾之上，不觉得其中有什么辛辣和不幸；他自己有把握，凭他的幸福和愉快的心情，就可以使他的目的得到解决和实现。"② 由于喜剧人物追求的目的本身渺小且无足轻重，因此在意图失败时，"他也并不感到遭受什么损失，他认识到这一点，也就高高兴兴地不把失败放在眼里，觉得自己超然于这种失败之上"③，不是灰心丧气，而是一笑置之。如果说悲剧人物是通过性格的片面性遭到毁灭以显示实体性的胜利，那么，"喜剧人物却单凭自己而且就在自己身上获得解决，从他们的笑声中我们就看到他们富有自信心的主体性的胜利"④。

第三，喜剧性自始至终要涉及目的本身和主体性格之间的矛盾对立，这就迫切地需要一种解决方案。但"在这种喜剧性解决之中遭到破灭的既不是实体性因素，也不是主体性本身"⑤。喜剧作为真正的艺术，也要显示出绝对理性，但不是用遭到破灭的事例来显示，"而是把绝对理性显示为一种力量，可以防止愚蠢和无理性以及虚假的对立和矛盾的现实世界中得到胜利和保持住地位"⑥。例如，阿里斯托芬的喜剧中开玩笑的对象只是雅典民主制度下的一些流弊，像古代信仰和古代道德的败坏、诡辩，悲剧中的哭哭啼啼、无聊的闲言蜚语和争辩之类，这些正是与当时政治、宗教和艺术的真理相抵触的。他把这些描绘出来，使我们看到这类蠢人所干的蠢事，以自作自受的方式而得到解决。另外，"单纯的主体性在喜剧里也不应遭到破灭"⑦。也就是说，喜剧中遭到毁灭的只是空虚的无足轻重的东

---

① [德] 黑格尔：《美学》第3卷，朱光潜译，商务印书馆1981年版，第292页。
② [德] 黑格尔：《美学》第3卷，朱光潜译，商务印书馆1981年版，第291页。
③ [德] 黑格尔：《美学》第3卷，朱光潜译，商务印书馆1981年版，第292页。
④ [德] 黑格尔：《美学》第3卷，朱光潜译，商务印书馆1981年版，第290页。
⑤ [德] 黑格尔：《美学》第3卷，朱光潜译，商务印书馆1981年版，第293页。
⑥ [德] 黑格尔：《美学》第3卷，朱光潜译，商务印书馆1981年版，第293页。
⑦ [德] 黑格尔：《美学》第3卷，朱光潜译，商务印书馆1981年版，第293页。

西，主体本身并没有遭到什么损害，所以他仍安然自得。

在分析喜剧冲突和动作内容的特点时，黑格尔指出喜剧性和可笑性是两个不同的审美范畴，不能混为一谈。可笑的现象并不都具有喜剧性。例如笨拙或无意义的言行尽管可以惹人笑，但它本身却没有多大喜剧性。喜剧性较之可笑性有较深刻的要求。另外，黑格尔还提出真正的喜剧性应是"由剧中人物本身感觉到的"，而不应是"由听众感觉到的"。[①] 喜剧人物的喜剧性并不仅在对旁人可笑，主要是对自己可笑。他认为真正的喜剧家阿里斯托芬的基本原则是喜剧人物逗自己笑，而后来的喜剧，特别是近代喜剧则是专逗听众笑了。这种喜剧见不出古代喜剧中喜剧人物那种爽朗的谑浪笑傲的精神，所以没有真正的喜剧性；具有古代喜剧优点的，黑格尔认为只有莎士比亚的喜剧。

黑格尔关于喜剧性本质的概念，主要是根据希腊古典喜剧总结出来的。它并没有把喜剧的审美特点全面地概括进去。但是，它较之以前的各种喜剧理论却更带思辨的色彩。他认为喜剧性在于目的与实现、目的内容与主体性格的矛盾，这是一个深刻的见解。按照他的理解，喜剧人物的特征在于他们在意志、思想以及在对自己的看法等方面，都自以为有一种独立自足性，但是通过他们自己和他们的内外两方面的依存性，这种独立自足性马上就被消灭了。这种假想的、虚幻的独立自足性之所以被消灭，是由于它碰上了外在的情境，与喜剧人物自己假想的身份不符合。这就是说，喜剧人物的主体性格、主观方面是假想的、虚幻的，与外在情境是矛盾的。喜剧所表现的不过是在超现实的幻想中生活的人物，经过种种与现实碰壁的可笑情境，最后仍不得不回到现实生活而结束，这对于我们把握、认识喜剧人物性格的特点是很有启发性的。不过，黑格尔从体系的需要出发，认为喜剧破坏了体现绝对真理于现实世界的企图，把精神和物质的同一割裂开来，所以，艺术发展到喜剧就到了顶峰，就马上导致艺术的解体，这是让事实屈从其体系格式的又一表现。他认为喜剧人物主要来自社会下层，说"喜剧性更多地出现在社会下层的实际生活中"[②]，这仍是受到西方传统喜剧观念的影响，表现了阶级的偏见。

[①] ［德］黑格尔：《美学》第3卷，朱光潜译，商务印书馆1981年版，第316页。
[②] ［德］黑格尔：《美学》第3卷，朱光潜译，商务印书馆1981年版，第316页。

第十三章 俄国革命民主主义美学的代表作

——车尔尼雪夫斯基的《艺术与现实的审美关系》

被列宁称为"俄国社会民主主义的先驱者"之一的车尔尼雪夫斯基（Н. Г. Чернышевский，公元 1828—1889 年），是俄国解放运动第二阶段，即资产阶级民主主义革命时期的杰出思想家和活动家。他在哲学、政治经济学、美学、文学批评以及文学创作等方面都有重要建树，他的美学思想在唯物主义美学发展中占有重要地位。

车尔尼雪夫斯基的主要活动时期，是俄国 19 世纪五六十年代农奴制改革和农民运动蓬勃发展时期。在政治观点上，他捍卫农民利益，宣传农民革命的思想，主张推翻专制农奴制，没收地主土地分给农民，通过农民公社实现社会主义。这些观点使他成为一位杰出的革命民主主义者，同时也是一位空想社会主义者。因为他幻想通过旧的、半封建的农民公社过渡到社会主义，没有看见而且也不可能看见：只有资本主义和无产阶级的发展，才能为社会主义的实现创造物质条件和社会力量。他一生同沙皇专制制度进行斗争，他的革命民主主义立场直接影响到他的美学思想。

在哲学思想上，车尔尼雪夫斯基是一个唯物主义者。他批判贝克莱、康德、黑格尔等唯心主义观点，捍卫唯物主义的基本原则，同时力图以唯物主义精神改造黑格尔的辩证法。在他的主要哲学著作《哲学中的人本主义原理》中，他明确地把"精神和物质的关系"看作哲学的基本问题，并认为只有唯物主义才能解决这个问题。车尔尼雪夫斯基把自己的哲学称作"人本主义"，正说明他深受费尔巴哈哲学思想的影响。在《艺术与现实的审美关系》的"第三版序言"中，他称自己是费尔巴哈的"追随者"，并声称"这本小册子里一切具有更广泛的性质的思想都属手费尔巴哈"①。费尔巴哈的人本主义认为"人"是自然界的一部分,反对把人割裂为精神和肉体,反对精神是第一性的唯心主义,但是它把人仅仅看成是生物界的人,而没有把人理解为社会和历史的人,这就把人抽象化了。在《哲学中的人本主义原理》中,车尔尼雪夫斯基说:"这个原理(指人本主义——引者)是要把人看作只具有一种本性的生物,而不应该把人的生命切成属于各种不同本性的几半,应该把人的活动的每个方面看作是从头到尾都包括在内的人的整个机体的活动,而如果它是人的机体中某个特殊器官的特殊机能,那么,就应该在它和整个机体的天然联系中去考察这个器官。"②这仍然是和费尔巴哈一样,把人作为生物学上的人来看待。列宁指出:"费尔巴哈和车尔尼雪夫斯基所用的术语——哲学中的'人本主义原理'——是狭隘的。无论是人本主义原理,无论是自然主义,都只是关于唯物主义的不确切的肤浅的表述。"③

《艺术与现实的审美关系》是车尔尼雪夫斯基于1855年出版的学位论文,当时作者仅二十七岁,但它却成为作者美学思想的代表作,其后来的其他美学著作,如对《艺术与现实的审美关系》的"作者自评""第三版序言",以及《当代美学概念批判》《论崇高与滑稽》(这两篇在作者生前没有发表)等,大都是对学位论文中提出的思想的补充、解释和发挥。在"第三版序言"中,车尔尼雪夫斯基写道:"作者需要写的这篇论文的主题是关涉文学的。他想用他觉得是从费尔巴哈的思想中得出的结论来解释那些关于艺术、特别是诗歌的概念,以满足这个要求。这样,我正在给它写序的这本小书,就是一个应用费尔巴哈的思想来解决美学的基本问题的尝试。"④ 这段话对于我们了解《艺术与现实的审美关系》一书的写作主旨和指导思想是至关重要的。紧紧地把握住这一基本思想线索,我们就可以更好地认识车尔尼雪夫斯基在美学上的重大贡献和不可避免的局限性。

---

① [俄] 车尔尼雪夫斯基:《艺术与现实的审美关系》,周扬译,人民文学出版社1979年版,第9页。
② 《车尔尼雪夫斯基选集》(下卷),季谦等译,生活·读书·新知三联书店1959年版,第294页。
③ 《列宁全集》第38卷,人民出版社1959年版,第78页。
④ [俄] 车尔尼雪夫斯基:《艺术与现实的审美关系》,周扬译,人民文学出版社1979年版,第4页。

第十三章 俄国革命民主主义美学的代表作

第一节 "美是生活"的定义

车尔尼雪夫斯基试图应用费尔巴哈思想来解决的"美学的基本问题",首先就是美是什么的问题,亦即"美的概念"问题。在《艺术与现实的审美关系》中,他首先批判了黑格尔派流行的美的概念,即"美就是观念在个别事物上的完全的显现"的定义。他指出这个定义既"太空泛","也太狭隘"。说它太空泛,是因为它只说明在那类能够达到美的事物和现象中间,只有其中最好的事物和现象才是美的;但是它并没有说明为什么事物和现象的类别本身有些是美的,有些却不美。根据黑格尔派的美的定义,凡是出类拔萃的东西就是美的。可是,车尔尼雪夫斯基指出:"一切美的东西都是出类拔萃的东西。但并非所有出类拔萃的东西都是美的。"[①] 说黑格尔派的美的定义太狭隘,是因为按照这个定义,美的事物一定要包含所有在同类事物中堪称为好的东西,兼有同类事物的一切优点,这就否定了同一类事物中"美的典型的多样性"。车尔尼雪夫斯基对黑格尔派"美是观念与形象的统一"的说法也表示不同意。他认为这种说法不能说明一般的美的特征,而只能说明艺术美的特征,即"只有当艺术家在他的作品里传达出了他所要传达的一切时,他的艺术作品才是真正美的"。但是,"美好地描绘一副面孔"和"描绘一副美好的面孔",这是两件全然不同的事。"观念与形象的统一"虽然适用于美的艺术,却不适用于美的自然。车尔尼雪夫斯基在这里主要是根据"尊重现实生活、不信先验假设"的认识原则,对黑格尔派的美的定义本身进行批判。与此同时,他也肯定了上述美的定义的正确方面,那就是:"'美'是在个别的、活生生的事物,而不在抽象的思想。"[②]

在批判黑格尔派的唯心主义美的定义之后,车尔尼雪夫斯基接着就提出他自己的定义。他说:

[①] [俄] 车尔尼雪夫斯基:《艺术与现实的审美关系》,周扬译,人民文学出版社1979年版,第4页。

[②] [俄] 车尔尼雪夫斯基:《艺术与现实的审美关系》,周扬译,人民文学出版社1979年版,第4页。

是生活；任何事物，我们在那里面看得见依照我们的理解应当如此的生活，那就是美的；任何东西，凡是显示出生活或使我们想起生活的，那就是美的。①

这个关于美的论点共有三句话。第一句"美是生活"是定义，接着两句是对这一定义的补充解释和特别说明。"任何事物，我们在那里面看得见依照我们的理解应当如此的生活，那就是美的。"这就是说，所谓"美是生活"并不是包括一切社会生活的事物和现象，而是只包括"应当如此的生活"的事物和现象。社会生活中的丑的事物和现象，不属于"应当如此的生活"范围之内，所以是排除在美的定义之外的。"任何东西，凡是显示出生活或使我们想起生活的，那就是美的。"这就是说，自然界的美的东西，由于它是"显示出生活或使我想起生活的"，所以才是美的。所以，自然美也是符合上述"美是生活"的定义的。

为什么说"美是生活"呢？车尔尼雪夫斯基是怎样得出这个定义的呢？他是从人对美的感受出发的。他说："美的事物在人心中所唤起的感觉，是类似我们当着亲爱的人面前时洋溢于我们心中的那种愉悦。我们无私地爱美，我们欣赏它，喜欢它，如同喜欢我们亲爱的人一样。由此可知，美包含着一种可爱的，为我们的心所宝贵的东西。"② 而在人觉得可爱的东西中最有一般性的、人觉得世界上最可爱的，就是生活。由此可见，车尔尼雪夫斯基使用的方法是由人的美感寻找美的特性，最后再由美的特性推导出美的本质。

为了证实上述美的定义，车尔尼雪夫斯基分析了现实中各种美的表现。在分析人体美时，车尔尼雪夫斯基强调处于不同社会地位的人，由于生活条件的不同，对"应当如此的生活"理解不同，因而对于人体美的看法也就不同。如他所说，在普通农民看来，"丰衣足食而辛勤劳动"就是"应当如此的生活"，所以，鲜嫩红润的面色、强壮结实的体格就成了乡下美人的必要条件。而上流社会的美人就完全不同了，因为在上层阶级的人

---

① ［俄］车尔尼雪夫斯基：《艺术与现实的审美关系》，周扬译，人民文学出版社1979年版，第6页。
② ［俄］车尔尼雪夫斯基：《艺术与现实的审美关系》，周扬译，人民文学出版社1979年版，第5—6页。

第十三章　俄国革命民主主义美学的代表作

看来,唯一值得过的生活是"奢侈的无所事事的生活",这种生活需要寻求"强烈的感觉、激动、热情",因而也就会很快使人憔悴。所以,病态、柔弱、苍白、慵倦,在上流社会的人们的心目中,就具有了特殊的美的价值。车尔尼雪夫斯基力图用上述例证说明:"凡是我们看见其中表现了生活,尤其是表现了我们陶醉的那种生活、我们自己也倾心向往的那种生活的那一点,就是我们认为是人体美的那一点。"①

在分析自然美时,车尔尼雪夫斯基认为一切自然界的事物的美,都不过是人的生活的一种暗示。如他所说,对于动物,我们所喜爱的是它适度的丰满和形象的对称。为什么呢?因为我们在这点上发现它与人的健美生活的表现有相同之处。对于植物,我们喜欢的是它色彩的新鲜和形状的多样。又是为什么呢?因为那显示着力量横溢的蓬勃生命。至于太阳和日光之所以美,那也是"因为它们是自然界一切生命的源泉,同时也因为日光直接有益于人的生命的机能,增进他体内器官的活动,因而也有益于我们的精神状态"②。据此,车尔尼雪夫斯基总结说:"构成自然界的美是使我们想起人来(或者,预示人格)的东西,自然界的美的事物,只有作为人的一种暗示才有美的意义。"③

车尔尼雪夫斯基力图从人的生活中探求美的本质,他的"美是生活"的定义,出发点是唯物主义的。和黑格尔派的唯心主义的"美在观念"说相对立,车尔尼雪夫斯基是肯定美的客观性的,他在说明自己的美的定义与黑格尔派的美的学说的根本区别时指出:

> 在通常的概念中,主要的是观念,在我们的概念中,主要的是生活;就审美范围而言,别人把生活了解为仅仅是观念的表现,而我们却认为生活就是美的本质。因此,我们不认为美的物象照它存在于现实中的这个样子是不十分美的,我们也不认为想象力的干涉能够把美注入物象之中;我们认为自然美是真正美的,而且十分美的,而一般

---

① [俄]车尔尼雪夫斯基:《美学论文选》,缪灵珠译,人民文学出版社1959年版,第59页。
② [俄]车尔尼雪夫斯基:《艺术与现实的审美关系》,周扬译,人民文学出版社1979年版,第10页。
③ [俄]车尔尼雪夫斯基:《艺术与现实的审美关系》,周扬译,人民文学出版社1979年版,第10页。

· 169 ·

美学家却认为自然美不是真正美的，不是十分美的，不过通过我们的想象力我们才觉得它十分美罢了。①

从这段话看来，车尔尼雪夫斯基显然既不同意美是客观观念的表现，也不同意美是主观想象的产物，他是反对唯心主义美学对于美的本质的观点的。他认为真正的美是客观现实生活本身，事物和现象之所以美，是因为美本来就客观地存在于现实界的事物和现象之中。这种看法，无疑是坚持了唯物主义的基本原则的。

车尔尼雪夫斯基充分看到了美与人类社会生活的联系，在这一点上，他和那些仅从事物的自然形式中去解释美的本质的观点也有原则性的区别。如果从西方美学史上美的学说的发展演变来看，车尔尼雪夫斯基"美是生活"的定义无疑是一个前进，普列汉诺夫称它是"天才的发现"，也并不过分。但是，在车尔尼雪夫斯基美的论点中，也存在着严重的缺陷，这主要表现在：

第一，车尔尼雪夫斯基虽然认为"生活就是美的本质"，但他对于"生活"的概念却缺乏科学的理解，带有费尔巴哈人本主义所不可避免的抽象性、局限性。费尔巴哈所理解的"人"，不是处于一定历史条件和社会关系中的人，而仅仅是生物学意义上那种有生命、有肉体的自然人。车尔尼雪夫斯基从这种观点来理解人的生活，于是便把"生活"基本上等同于抽象的、自然人的"生命"概念。他说："世界上最可爱的就是生活；首先是他愿意过，他所喜欢的那种生活；其次是任何一种生活，因为活着到底比不活好；但凡活的东西在本性上就恐惧死亡，恐惧不存在，而爱生活。"② 又说："假使说生活和它的显现是美的，那么，很自然的，疾病和它的结果就是丑。"③ 这些说法，很显然是把生活归结为生命、健康等自然特性，而忽视了生活这一概念所应当包括的具体的社会历史存在的客观内容，基本上是从生物学的观点来理解人的生活的。这就必然走向脱离社会

---

① ［俄］车尔尼雪夫斯基：《美学论文选》，缪灵珠译，人民文学出版社1959年版，第64页。
② ［俄］车尔尼雪夫斯基：《艺术与现实的审美关系》，周扬译，人民文学出版社1979年版，第6页。
③ ［俄］车尔尼雪夫斯基：《艺术与现实的审美关系》，周扬译，人民文学出版社1979年版，第8页。

历史存在、脱离客观社会实践，抽象地看待人的生活的历史唯心主义。马克思说："人的本质并不是单个人所固有的抽象物。在其现实性上，它是一切社会关系的总和。"① 又说："社会生活在本质上是实践的。"② 不理解人的社会关系、社会实践，就不能科学地理解社会生活的本质。而这一点恰恰是车尔尼雪夫斯基所不能做到的，因而，他要用生活来解释美也就缺乏正确的哲学基础。

第二，车尔尼雪夫斯基"美是生活"的定义虽然出发点是唯物主义的，是力图肯定美是在客观现实事物本身的，但是，当他对定义作进一步解释和说明时，却陷入了不可避免的自相矛盾之中，从而否定了他的唯物主义的出发点。一方面，他认为美存在于现实生活中，现实生活本身就是美的，它是不依存于人的主观意识而独立存在的；另一方面，他又认为只有当我们在对象上看到"依照我们的理解应当如此的生活""我们自己倾心向往的那种生活"，对象才是美的。这样一来，一个对象之所以美，便不是由于它本身的原因，而完全是由于它符合了我们自己"应当如此的生活"的主观的观念，也就是说，美是依存于人的主观意识的东西。我们知道，不同时代、不同阶级或阶层的人对于"应当如此的生活"的主观理解和观念是有很大差异的，如果都用各自的主观观念来规定美的本质，那么美的本质就是绝对相对的。这显然是错误的。在我们看来，社会生活中的美的事物、美的人物都是由于自身而美，它们美的本质并不是由各个人所理解的主观的生活概念所规定的，而是由于它们符合了社会生活发展的客观规律，代表了推动社会历史前进、促进人类社会实践向前发展的客观要求。所以，美的本质不是绝对相对的。车尔尼雪夫斯基由于不理解"社会生活发展的客观过程"（普列汉诺夫语），所以，在对美的本质的理解中不能把唯物主义贯彻到底。

第三，如果从车尔尼雪夫斯基对于自然美的解释来看，他的美的定义的缺陷也就显得更突出。如上所述，车尔尼雪夫斯基在肯定美的客观性时，坚决地批判了否认自然本身有美，而认为自然美是由人的主观想象注入对象之中的唯心主义的观点。但是，他又一再指出，自然之所以美，是

---

① 《马克思恩格斯选集》第 1 卷，人民出版社 1979 年版，第 18 页。
② 《马克思恩格斯选集》第 1 卷，人民出版社 1979 年版，第 18 页。

由于它"使我们想起生活""使我们想起人"。这样一来，自然美就不是存在于自然本身，而是由人的联想、想象所形成的。这不是重新回到他所批判的唯心主义美学观点上去了吗？所以，车尔尼雪夫斯基"美是生活"的定义，虽然从根本上说是唯物主义的，但在结合实际的具体论述中，却因费尔巴哈人本主义的局限和旧的思想方法的影响，最终表现出不彻底性。

第二节 崇高和悲剧的概念

《艺术与现实的审美关系》中所要解决的另一个美学基本问题，是崇高和悲剧的本质。关于崇高，车尔尼雪夫斯基首先批判了流行的美学体系中关于崇高的两个定义，即"崇高是观念压倒形式"和"崇高是'无限'的显现"，这两个定义代表了黑格尔派的关于"崇高"的理论。黑格尔在《美学》中说："崇高一般是一种表达无限的企图，而在现象领域里又找不到一个恰好能表达无限的对象。""因此，用来表现的形象就被所表现的内容消灭掉了，内容的表现同时也就是对表现的否定，这就是崇高的特征。"[1] 上述两个"崇高"的定义，实际上就是从黑格尔的"崇高"理论中提取出来的。按照黑格尔派的看法，崇高与滑稽都是美的变种，是由于美的两个要素即观念与形象之间不同的关系而产生的。观念与形象的纯粹的统一就是美，但观念与形象之间并不总是均衡的：有时观念占优势，把它的无限性对我们显示出来，把我们带入绝对观念的领域、无限的领域，这便是崇高；有时形象占优势，歪曲了观念，这便是滑稽。车尔尼雪夫斯基对黑格尔派这种崇高理论是持否定态度的。

在批评"崇高是观念压倒形象"这个定义时，车尔尼雪夫斯基提出了两点反驳。首先，观念压倒形象的结果，得出来的只是丑的或模糊的东西。但是丑和模糊这两个概念都与崇高的概念完全不同，"并不是每一种崇高的东西都具有丑或朦胧模糊的特点；丑的或模糊的东西也不一定带有崇高的性质"[2]。其次，"观念压倒形象"，指的是对象本身由于在它内部发

---

[1] ［德］黑格尔：《美学》第 2 卷，朱光潜译，商务印书馆 1979 年版，第 79、80 页。
[2] ［俄］车尔尼雪夫斯基：《艺术与现实的审美关系》，周扬译，人民文学出版社 1979 年版，第 12 页。

第十三章　俄国革命民主主义美学的代表作

展的力量的过剩而毁灭。但是，由于内在力量压倒它的暂时显现而发生的毁灭本身，还不能算崇高的标准。"只有那被毁灭的现象本身的伟大，才能使它的毁灭成为崇高。"[1] 由此，车尔尼雪夫斯基得出结论："崇高是观念压倒形象"这条定义并不适用于崇高。

对于"崇高是'无限'的观念的显现"这个定义，车尔尼雪夫斯基也提出两点反驳。第一，这个定义用普通的话来表现就是："凡能在我们内心唤起'无限'的观念的，便是崇高。"但是，"我们觉得崇高的是事物本身，而不是这事物所唤起的任何思想；例如，卡兹别克山的本身是雄伟的，大海的本身是雄伟的，凯撒或伽图个人的本身是雄伟的"[2]。第二，"我们觉得崇高的东西常常决不是无限的，而是完全和无限的观念相反"[3]。例如见不到海岸的时候，海好像是无边际的；可是看见岸比看不见岸的时候，海看起来要雄伟得多。所以，"无限"的观念并不一定是与崇高的观念相联系的。

以上说明，车尔尼雪夫斯基在批判黑格尔派的崇高理论时，所根据的也还是"尊重现实生活，不信先验的假设"的唯物主义原则。他对黑格尔派两个崇高定义的驳斥，都是在于说明它们不符合事实，在理论上自相矛盾。除了否定黑格尔派的观点之外，车尔尼雪夫斯基这里提出的一个比较重要的看法是肯定崇高在于"事物本身"，在于"现象本身的性质"，而不是在于人的任何观念和思想。他说："我们对于崇高的本质的看法是承认它的实际现实性，但人们通常却认为，仿佛现实中的崇高事物之所以显得崇高，只是由于有我们的想象干预。"[4] 这就是说，崇高是客观的，不是主观的。这种看法和他主张美是客观的唯物主义思想是一致的，既不同于黑格尔的崇高来源于绝对理念的看法，也不同于康德的崇高来源于主观思想感情（道德情操、理性观念）的看法。

---

[1] ［俄］车尔尼雪夫斯基：《艺术与现实的审美关系》，周扬译，人民文学出版社1979年版，第13页。

[2] ［俄］车尔尼雪夫斯基：《艺术与现实的审美关系》，周扬译，人民文学出版社1979年版，第14页。

[3] ［俄］车尔尼雪夫斯基：《艺术与现实的审美关系》，周扬译，人民文学出版社1979年版，第15页。

[4] ［俄］车尔尼雪夫斯基：《艺术与现实的审美关系》，周扬译，人民文学出版社1979年版，第19页。

那么，到底什么是崇高呢？崇高的定义应该是什么呢？车尔尼雪夫斯基认为有一条很简单的崇高的定义，似乎能完全包括而且充分说明一切属于这个领域内的现象。这个定义就是：

> 一件事物较之与它相比的一切事物要巨大得多，那便是崇高。
> 一件东西在量上大大超过我们拿来和它相比的东西，那便是崇高的东西；一种现象较之我们拿来和它相比的其他现象都强有力得多，那便是崇高的现象。①

为说明这个定义，车尔尼雪夫斯基既举了自然现象为例，也举了社会现象为例。前者如勃兰克峰和卡兹别克山比我们所习见的平常的山巨大得多，伏尔加河比很多河都要宽得多，所以成为崇高的现象；后者如凯撒之为大将和政治家，远远超越了当时其他所有的大将和政治家，奥赛罗的爱和妒忌远比常人更为强烈，所以都是崇高的人。总之，"'更大得多，更强得多，'——这就是崇高的显著特点"②。

我们知道，康德在论数学的崇高时，认为崇高"就是全然伟大的东西"，"是一切和它较量的东西都是比它小的东西"。③ 康德以后的美学家的著作中，也有的认为崇高是超越于周围事物的结果，"一件事物必须和周围的事物相比较，才能显出自己的崇高"。车尔尼雪夫斯基承认他所提出的崇高的定义和这种思想是很接近的，但他又指出他的定义和这种类似的意见有两点区别。其一，这种思想通常只用于空间的崇高，而他却把它应用到一切种类的崇高上去；其二，他给崇高下定义时，将数量的比较和优越从崇高之次要的特殊的标志提升到主要的和一般的标志。

显然，车尔尼雪夫斯基这个崇高的定义是把数量上的"巨大得多"作为崇高的本质和特点的，这就很难说明崇高作为一个美学范畴的特殊内容和特殊意义。事实上，仅仅数量上、体积上"巨大得多"，并不能说明某

---

① ［俄］车尔尼雪夫斯基：《艺术与现实的审美关系》，周扬译，人民文学出版社1979年版，第17页。
② ［俄］车尔尼雪夫斯基：《艺术与现实的审美关系》，周扬译，人民文学出版社1979年版，第17页。
③ ［德］康德：《判断力批判》（上卷），宗白华译，商务印书馆1964年版，第89页。

一事物和现象何以为崇高,而且所谓"巨大得多"也没有一个确定的标准。如果像车尔尼雪夫斯基所说,勃兰克峰和卡兹别克山之所以崇高,是因为它们比习见的平常的山和山丘"巨大得多",那么它们与珠穆朗玛峰相比,不就又显得矮小得多了吗?它们又如何能成为崇高呢?这种仅从数量上的特点来规定崇高本质的看法,显然是把复杂的问题简单化了。如果用它来说明社会现象和精神领域中的崇高,那就更显得捉襟见肘、破绽百出。

再则,车尔尼雪夫斯基关于崇高的定义,强调事物的崇高是由于人将它和其他事物进行比较的结果,也就是强调人的比较辨别在确定事物为崇高中的决定作用。他明确指出,崇高和美一样,都和人的概念、和人对事物的看法有关。"任何东西,凡是我们在其中看见我们所理解和希望的,我们所欢喜的那种生活的,便是美的。任何东西,凡是我们拿来和别的东西比较时显得高出许多的,便是伟大。"① 这样一来,车尔尼雪夫斯基便遇到了他在美的定义中所遇到的同样的矛盾。一方面,他认为"崇高的是事物本身",而并非我们的想象力所移入的;另一方面,他又认为崇高依赖于人的比较、人的认识,也就是说,崇高并不在于事物本身,而是依赖于把它们同另一些事物加以比较的主体。这个矛盾显然是难以解决的。

按照黑格尔派的美学体系,美是观念与形象的均衡,崇高是观念压倒形象,所以美与崇高这两个概念之间有着直接联系。可是,按照车尔尼雪夫斯基的看法,美是生活,崇高是比一切近似的或相同的东西都大得多的东西,所以,"美与崇高是完全不同的两个概念"②,彼此之间没有任何内在联系。崇高的对象可能是美的,也可能是丑的。崇高的对象在本质上同美的对象有所不同,正如崇高感同美感有所区别那样。"美感的主要特征是一种赏心悦目的快感,但是我们都知道伟大在我们心中产生的感觉的特点完全不是这样的;静观伟大之时,我们所感到的或者是畏惧,或者是惊叹,或者是对自己力量和人的尊严的自豪感,或者是肃然拜倒于伟大之

---

① [俄] 车尔尼雪夫斯基:《艺术与现实的审美关系》,周扬译,人民文学出版社1979年版,第19页。

② [俄] 车尔尼雪夫斯基:《艺术与现实的审美关系》,周扬译,人民文学出版社1979年版,第20页。

前，承认自己的渺小和脆弱。"[①] 这些对于美与崇高、美感与崇高感不同的看法，和康德的美学观点倒是更为接近的。

关于悲剧，车尔尼雪夫斯基同意将它看作崇高的最高、最深刻的一种。在论述他自己对于悲剧的概念之前，他先介绍了黑格尔派的悲剧理论。其要点是：人在活动中把意志加以外在世界，破坏了大自然的自然进程，和支配外在世界的必然规律发生冲突。大自然及其规律起而反抗，引起反作用，结果主体自受痛苦和毁灭。主体虽死，却能在他的净化了的和胜利了的事业中长存。"这一切的运动便叫作命运或者'悲剧'。"悲剧有各种不同的形式，最高形式是道德冲突的悲剧。悲剧双方表现为道德律的两种要求之间的斗争。两种要求在它的片面性中既是合理又是不合理的，因而双方在反对对方的斗争中同样陷于非正义，招致灭亡或痛苦，这样，悲剧双方的片面性也就消失了，互相矛盾的倾向终于和解。车尔尼雪夫斯基由此认为黑格尔派的悲剧理论包含两个要点：第一，悲剧的概念是和命运的概念联结在一起的，人的悲剧命运通常表现为人与命运的冲突，表现为命运干预的结果；第二，伟大人物的性格里总有弱点，在杰出人物的行动当中，总有某些错误或罪过，这弱点、错误或罪过就毁灭了他。但是这些必然存在于他性格的深处，使得这些伟大人物正好死在造成他的伟大的同一根源上。根据以上认识，车尔尼雪夫斯基把他对于黑格尔派悲剧理论的批判，也就集中在讨论"命运的问题"和"弱点与道德上的罪过"两个问题上。

关于"命运的问题"，车尔尼雪夫斯基主要是对命运的观念的发生发展作了若干历史考察，指出用命运的概念来解释悲剧的本质是"为了把非科学的人生观和科学的概念调和起来"。关于"弱点与道德上的罪过"，他认为伟大人物的死亡和他自己的罪过没有必然联系。"伟大人物的苦难和毁灭是没有什么必然性的，不是每个人死亡都是因为自己的罪过，也不是每个犯了罪过的人都死亡，并非每个罪过都受到舆论的惩罚，等等。因此，我们不能不说，悲剧并不一定在我们心中唤起必然性的观念，必然性的观念绝不是悲剧使人感动的基础，也不是悲剧的本质。"[②]

[①] [俄] 车尔尼雪夫斯基：《美学论文选》，缪灵珠译，人民文学出版社1959年版，第97—98页。

[②] [俄] 车尔尼雪夫斯基：《艺术与现实的审美关系》，周扬译，人民文学出版社1979年版，第30页。

第十三章　俄国革命民主主义美学的代表作

车尔尼雪夫斯基所批判的这两个问题，其实并不是黑格尔派悲剧理论中的要点。黑格尔的悲剧理论是他关于对立面的统一和斗争、肯定和否定的辩证法思想在美学中的具体应用。他用矛盾冲突的观点来解释悲剧，把悲剧的本质看作不同伦理力量之间的冲突，这个思想是深刻的，也有其合理的一面。黑格尔不满足于仅仅把悲剧看作个人之间的矛盾冲突和个人的悲惨遭遇，而力图寻找这些个人背后的更深刻的普遍性的力量。他认为各种具有普遍性的伦理力量才是悲剧冲突的原动力，悲剧人物就是这些伦理力量的体现者。悲剧人物所代表的特定的伦理力量，就它们本身来说是合理的，但它们在实现自己的要求时却侵犯了对方同样合理的权利。为此，它们就有过错，就应当受到惩罚，于是代表它们的片面性的悲剧人物就遭到毁灭。正因如此，在黑格尔看来，悲剧人物的悲惨结局是必然的，悲剧是具有必然性的。车尔尼雪夫斯基在批判黑格尔的悲剧理论时，并没有对他这些深刻思想进行认真的分析，而在论及黑格尔悲剧理论的关键之点时，仅仅根据"伟大人物的苦难和毁灭是没有什么必然性的"这个大前提，就否定了黑格尔关于悲剧的必然性的思想，这就使他的批判显得简单而无力。而且他用于否定悲剧必然性的这个大前提本身也只是一句似是而非的判断，是不能作为否定悲剧的必然性的充分理由的。

在否定了黑格尔关于悲剧的必然性的思想之后，车尔尼雪夫斯基接着对悲剧的本质做出了自己的解释。他说：

> 悲剧是人物的苦难或死亡，这苦难或死亡即使不显出任何"无限强大与不可战胜的力量"，也已经完全足够使我们充满恐怖和同情。无论人的苦难和死亡的原因是偶然还是必然，苦难和死亡反正总是可怕的。①

紧跟这段话之后，他又提出了悲剧的定义："悲剧是人生中可怕的事物"，并说："这个定义似乎把生活和艺术中一切悲剧都包括无遗了。"②

---

① ［俄］车尔尼雪夫斯基：《艺术与现实的审美关系》，周扬译，人民文学出版社1979年版，第30页。
② ［俄］车尔尼雪夫斯基：《艺术与现实的审美关系》，周扬译，人民文学出版社1979年版，第31页。

究竟如何看待车尔尼雪夫斯基这个悲剧定义呢？我们不能不说它是过于笼统又过于简单了。人生中可怕的事物、人的苦难和死亡，并不一定都能构成悲剧。例如一个人偶然被正在建筑的房屋的墙壁塌下来压死，或者忽然被毒蛇咬伤，这都可说是人生中可怕的事，但由此造成的苦难和死亡却不一定是悲剧性的。在批判黑格尔的悲剧理论时，车尔尼雪夫斯基否定了悲剧的必然性，而在此处，他又进一步强调悲剧的偶然性。虽然他也承认在大多数艺术作品中，"人所遭遇到的可怕的事物，或多或少是不可避免的"；但是随即他又说："艺术中所描写的可怕的事物，几乎总是不可避免的，这一点正确到什么程度，是很可怀疑的，因为，在现实中，在大多数情形之下，可怕的事物完全不是不可避免的，而纯粹是偶然的。"[①] 显然，车尔尼雪夫斯基并没有正确了解悲剧中偶然性和必然性的关系，而是把两者对立起来了。在这个问题上，黑格尔的看法比车尔尼雪夫斯基的观点要深刻得多。在黑格尔看来，在悲剧中占支配地位的始终是必然性，虽然这种必然性往往借助于偶然性而表现出来。"真正的悲剧以历史必然性的观念作基础。"（普列汉诺夫语）黑格尔强调悲剧中的必然性是正确的，问题是他不能对这种必然性做出科学的解释。车尔尼雪夫斯基不是在黑格尔关于悲剧必然性的深刻思想的基础上前进，而是根本否认悲剧与必然性观念的联系，以至于把悲剧看作纯粹偶然的可怕事件，这就无法看到悲剧矛盾冲突的深刻性，也无法真正说明悲剧的实质。应该说，这个不可避免的局限性，主要也是由于费尔巴哈的人本主义不了解人的社会历史制约性、不理解社会冲突的必然性所造成的。

第三节 艺术美和现实美的关系

在讨论了美与崇高的本质的概念之后，车尔尼雪夫斯基接着就来讨论"关于艺术之本质的概念"。这里所要解决的第一个基本问题，就是艺术中的美与现实中的美的关系问题。他在《艺术与现实的审美关系》的"结论"中说："作者的任务是研究艺术作品与生活现象之间的审美关系的问

[①] ［俄］车尔尼雪夫斯基：《艺术与现实的审美关系》，周扬译，人民文学出版社1979年版，第31页。

题，并且考察那种认为真正的美（那是被视为艺术作品的主要内容的）不存在于客观现实中、而只能由艺术来体现的流行见解是否正确。"① 可见艺术和现实、艺术美和现实美的关系问题，正是作者试图在书中加以研究和考察的中心问题。对于这个问题的研究和考察，不仅和前面讨论的美的定义等问题密切相联，而且还要涉及艺术的起源、艺术的内容以及艺术的作用等一系列艺术理论的基本问题。所以，车尔尼雪夫斯基特别重视这个问题，并且在著作中用了大量的篇幅来讨论它。

在艺术美和现实美的关系问题上，黑格尔是主张艺术美高于现实美的。他说："我们可以肯定地说，艺术美高于自然。因为艺术美是由心灵产生和再生的美，心灵和它的产品比自然和它的现象高多少，艺术美也就比自然美高多少。"② 按照黑格尔的唯心主义哲学，只有理念才是永恒的、真实的存在，而自然则是从理念"异化"出来的，是一种暂时的、不真实的存在。因此，只有作为理念的心灵产生出来的艺术美才真正是美，而作为理念的"他在"形式的自然美，只是美的一种"不完全不完善的形态"，所以，自然美必然低于艺术美。车尔尼雪夫斯基是反对黑格尔这种观点的。虽然他在学位论文中没有直接提到黑格尔，却详细地引述了黑格尔派美学的代表人物——费肖尔批评现实中美的缺点的文字，然后就对方贬低现实美的论点逐一作了批驳。在黑格尔派美学看来，"客观现实中的美有缺点，这破坏了美，因此我们的想象就不得不来修改在客观现实中见到的美，为的是要除去那些与它的现实的存在分不开的缺点，使它真正地美"③。在车尔尼雪夫斯基看来，事情恰恰相反，"现实中的美，不管它的一切缺点，也不管那些缺点有多么大，总是真正美而且能使一个健康的人完全满意的"④。依照黑格尔派美学的看法，"艺术是由于人们企图弥补美的缺陷而产生的，那些缺陷使得现实中实际存在的美不能令人完全满意。

---

① ［俄］车尔尼雪夫斯基：《艺术与现实的审美关系》，周扬译，人民文学出版社 1979 年版，第 30 页。
② ［德］黑格尔：《美学》第 1 卷，朱光潜译，商务印书馆 1979 年版，第 14 页。
③ ［俄］车尔尼雪夫斯基：《艺术与现实的审美关系》，周扬译，人民文学出版社 1979 年版，第 32 页。
④ ［俄］车尔尼雪夫斯基：《艺术与现实的审美关系》，周扬译，人民文学出版社 1979 年版，第 39 页。

艺术所创造的美是没有现实中的美的缺陷的"①。依照车尔尼雪夫斯基的看法，事情恰恰不是这样的。"一般地说，艺术作品具有在活的现实的美里面可以找到的一切缺陷"，"假若艺术真是从我们对活的现实中的美的缺陷的不满和想创造更好的东西的企图产生出来的，那末，人的一切美的活动都是毫无用处、毫无结果的，人们既见到艺术不能达到他们原来的意图，也就会很快放弃美的活动了"。②

车尔尼雪夫斯基是怎样具体地批驳黑格尔派美学对现实美的责难，并为现实美辩护的呢？这主要集中在以下几点上。

第一，黑格尔派美学认为，自然中的美是无意图的，艺术中的美是照人的意图制造的，所以，现实美不如艺术美。车尔尼雪夫斯基则指出，有意图的产品不一定都比无意图的产品有更高的价值。人的力量远弱于自然的力量，他的作品比之自然的作品粗糙、拙劣、呆笨得多，自然中的美虽然不能说是有意图的，但是，也不能说自然根本就不企图产生美。"当我们把美了解为生活的丰富的时候，我们就必得承认，充满整个自然界的那种对于生活的意向也就是产生美的意向。"③自然美的无意图性毫不妨碍它的现实性。另外，艺术家和诗人有意图的努力，对美的关心也不一定就是艺术美的真正来源。艺术家和诗人内心也有许多倾向影响他对美的努力，损害他的作品的美。所以，艺术虽因意图性而有所增益，同时却也因它而有所丧失。

第二，黑格尔派美学认为，现实中的美是少见的，不如艺术美。车尔尼雪夫斯基则认为，现实美并不稀少。美的和雄伟的风景非常之多，随处可见；人生中美丽动人的瞬间也总是到处都有。人的生活充满美和伟大事物达到什么程度，全以他自己为转移。生活是无限广阔和丰富多彩的，只有在平淡无味的人看来它才是空虚而平淡无味的。比起现实美来，艺术中的美则显得更为稀少，因为伟大的诗人和艺术家是很少的，正如同任何种

---

① ［俄］车尔尼雪夫斯基：《艺术与现实的审美关系》，周扬译，人民文学出版社1979年版，第52页。
② ［俄］车尔尼雪夫斯基：《艺术与现实的审美关系》，周扬译，人民文学出版社1979年版，第58页。
③ ［俄］车尔尼雪夫斯基：《艺术与现实的审美关系》，周扬译，人民文学出版社1979年版，第43页。

类的天才人物都很少一样。

第三，黑格尔派美学认为，现实中的美是瞬息即逝的、不经常的，艺术美则不然。对此，车尔尼雪夫斯基批驳说，现实美的迅速变化和不经常，一点也不妨碍它之所以为美，反而使它更能成为活生生的美。"每一代的美都是而且也应该是为那一代而存在"；"当美与那一代一同消逝的时候，再下一代就将会有它自己的美、新的美，谁也不会有所抱怨的"。[①] 活着的人不喜欢生活中固定不变的东西，所以他永远看不厌活生生的美，而固定不变的、千篇一律的美却会使他厌倦。自然不会变得陈腐，它总是与时俱进，新陈代谢；艺术却没有这种再生更新的能力，而岁月又不免要在艺术作品上留下印迹。在艺术中，美也不总是永久的。不仅艺术作品易于湮没或偶然损毁，而且文明的发展、思想的变迁、趣味的改变有时也会剥夺诗歌和艺术作品中所有的美，有时竟使它变为不愉快甚或讨厌的东西。

第四，黑格尔派认为，现实中的美只有从一定的观点上看才是美的，它包含许多不美的部分和细节，故较之艺术美要低。车尔尼雪夫斯基则认为这种对现实美的指责同样可以用在艺术美上。一处美的风景当然只有从某一点看才最美，但是，一幅画也必须从一定的地方来看，它所有的美才能显示出来。艺术作品几乎都要从一定观点上来看才是美的。因为如果我们不能置身到创造那些作品的时代和文化里去，那些作品在我们看来是一点也不美的。如果说现实中的美包含不美的部分或细节，那么艺术中不也是如此吗？几乎没有一件艺术作品是找不到缺点的——太阳上也有黑点。假如在自然和活人中没有完美的话，那么在艺术中就更难找到了。但是，美并不等于完美。在生活的任何领域寻求完美，都不过是抽象的、病态的或无聊的幻想而已。

以上就是车尔尼雪夫斯基对黑格尔派关于现实美和艺术美关系的论点所做的主要批驳。通过这些批驳，车尔尼雪夫斯基强调他与黑格尔派的分歧的焦点在于：后者认为现实中的美不是真正的美，而他则认为"客观现实中的美是彻底地美的"；后者认为艺术美无条件地高于自然美，而他则认为"艺术创作低于现实中的美的事物"。这两种对现实美和艺术美的不

[①] [俄] 车尔尼雪夫斯基：《艺术与现实的审美关系》，周扬译，人民文学出版社1979年版，第45页。

同看法，是基于对美的本质的两种不同理解。正如车尔尼雪夫斯基在《艺术与现实的审美关系》的"作者自评"中所说：

> 假如说美是"观念在各别事物中的彻底表现"，那么在现实事物中就不可能有美，因为观念只有在宇宙整体中而不是在各别事物中彻底表现；由此推论，则只有我们的幻想才能把美带到现实中来，而美的真正领域就是幻想的领域，因此体现幻想之理想的艺术就高于现实。……反之，从他所提供的"美是生活"这个概念就得到如下结论：真正的美是现实的美，而艺术（他这样想）是不能创造出可以与现实现象相媲美的东西的。①

车尔尼雪夫斯基对艺术美和现实美关系的看法，显然也是他应用费尔巴哈的思想来解决美学的基本问题的结果。尊重现实，反对虚幻的想象，是费尔巴哈哲学思想的基本原则。车尔尼雪夫斯基在他的学位论文的"第三版序言"中指出，费尔巴哈对现实世界和想象世界关系的观点和以前流行的黑格尔的观点是完全不同的。按照这种观点，"想象世界仅仅是我们对现实世界的认识的改造物，而这种改造物是我们的幻想按照我们的愿望而产生的，改造物同现实世界事物在我们心中所引起的印象比较起来，在强度上是微弱的，在内容上是贫乏的"②。这种对现实世界的推崇，从根本上说是唯物主义的。车尔尼雪夫斯基应用这种观点来解决现实美和艺术美的关系问题，必然要推崇现实美，肯定现实中的美是真正美的，也就是要肯定现实中的美是艺术美的来源，这又一次表现出他在解决美学基本问题上的唯物主义立场。

但是，肯定现实中的美是真正美的，却不一定就能肯定现实美高于艺术美，因为这是两个不同的问题。车尔尼雪夫斯基没有经过更多的论证，就从第一个问题引出第二个问题的结论，这是明显地把两个不同的问题混为一谈了。为了证明艺术美是远远低于现实美的，他也分析了各种艺术与

---

① 《车尔尼雪夫斯基选集》（上卷），周扬等译，生活·读书·新知三联书店1958年版，第127页。
② ［俄］车尔尼雪夫斯基：《艺术与现实的审美关系》，周扬译，人民文学出版社1979年版，第9页。

第十三章　俄国革命民主主义美学的代表作

现实的关系,但他从中得出的结论却是不符事实的、非常勉强的、自相矛盾的。如在论雕塑时说:"没有一个雕像在面孔轮廓的美上不是远逊于许多活人的面孔的","一个雕像的美决不能超过一个活人的美"。① 又如在论绘画时说:"绘画的颜色比之人体和面孔的自然颜色,只是粗糙得可怜的模仿而已,……绘画把最好的东西描绘得最坏,而把最坏的东西描绘得最令人满意。"② 而在论诗时,则一再强调:"诗歌作品中的形象对于真实的、活的形象的关系……无非是对现实的一种苍白的、一般的、不明确的暗示罢了。"③ 这些论断都表现出极大的片面性,根本不符合艺术作品的实际情况。如果车尔尼雪夫斯基的论断能够成立,那么,米开朗基罗的雕塑、拉斐尔的绘画、塞万提斯的小说、莎士比亚的戏剧……还有什么必要存在呢? 还有,在论及音乐时,车尔尼雪夫斯基为了论证现实美高于艺术美,便认为只有自然的歌唱才可能有真挚的感情;而人工的歌唱,即艺术的歌唱则只讲究技巧,必然缺乏感情。但是,随即他又说:"一个熟练的富于感情的歌唱者能够钻进他所担任的角色里面去,内心充满歌中所要表现的情感,在这情形下,他登台当众歌唱,唱得比另外一个不登台当众、仅仅由于表现丰富的情感而歌唱的人更好;但是在这种情形下,那歌唱者就不再是一个演员,他的歌唱变成了自然本身的歌唱,而不是艺术作品。"④ 这不仅不符合事实,而且在论证上前后矛盾,不能自圆其说。

　　车尔尼雪夫斯基之所以会得出艺术美低于现实美的片面结论,除了他在思想方法上的问题之外,主要还是由于他所应用的费尔巴哈的思想本身的局限性。马克思说:"从前的一切唯物主义——包括费尔巴哈的唯物主义——的主要缺点是:对事物、现实、感性,只是从客体的或者直观的形式去理解,而不是把它们当作人的感性活动,当作实践去理解,不是从主

---

① ［俄］车尔尼雪夫斯基:《艺术与现实的审美关系》,周扬译,人民文学出版社1979年版,第63页。
② ［俄］车尔尼雪夫斯基:《艺术与现实的审美关系》,周扬译,人民文学出版社1979年版,第64页。
③ ［俄］车尔尼雪夫斯基:《艺术与现实的审美关系》,周扬译,人民文学出版社1979年版,第71页。
④ ［俄］车尔尼雪夫斯基:《艺术与现实的审美关系》,周扬译,人民文学出版社1979年版,第69页。

观方面去理解。"① 费尔巴哈的唯物主义是人本主义的，它具有直观的、形而上学的性质。他不理解真正的实践活动，不了解实践在认识中的重大作用，不了解人的认识的主观能动性。这恰恰也就是车尔尼雪夫斯基美学思想的局限性的哲学根源。车尔尼雪夫斯基正确地把艺术作品看作现实的反映，却把这种反映说成"只是生活现象的可怜的再现"，认为"艺术作品任何时候都不及现实的美和伟大"。②他无法理解艺术创造中主观和客观的辩证统一关系，也看不到艺术家在反映现实中的主观能动作用。他认为"从诗人和他的人物的关系上来说，诗人差不多始终只是一个历史家或回忆录作家"③，这就是说，诗人只能记述现实中真实的人物、真实的事件，而不能对现实生活进行加工改造和艺术概括。他甚至说："现实中有许多的事件，人只须去认识、理解它们而且善于加以叙述就行，它们在历史家、回忆录作家或者逸事搜集家的纯粹散文的叙述中不同于真正的'诗歌作品'的，只有下面几点：它们比较简洁，场景、描写以及诸如此类的细微末节的发展较少。而这就是诗歌作品和真实事件的精确的散文叙述的主要区别。"④ 这显然是把艺术创作和纪录真人真事混为一谈了。正因如此，车尔尼雪夫斯基也看不到创造的想象在艺术创作中的重要作用。他坚持唯物主义立场，批判唯心主义的虚假的幻想是正确的，但是他却由此认为一切想象的产品都不如现实的直接印象，"想象的形象只是现实的一种苍白的，而且几乎总是不成功的改作"⑤，这就走向另一个极端了。具体到艺术创作上，他明确地说："'创造的想象'的力量是很有限的：它只能融合从经验中得来的印象；想象只是丰富和扩大对象，但是我们不能想象一件东西比我们所曾观察或经验的还要强烈。"⑥ 这就是说，想象对于印象只能在

---

① 《马克思恩格斯选集》第1卷，人民出版社1979年版，第16页。
② [俄] 车尔尼雪夫斯基：《艺术与现实的审美关系》，周扬译，人民文学出版社1979年版，第86页。
③ [俄] 车尔尼雪夫斯基：《艺术与现实的审美关系》，周扬译，人民文学出版社1979年版，第74页。
④ [俄] 车尔尼雪夫斯基：《艺术与现实的审美关系》，周扬译，人民文学出版社1979年版，第75—76页。
⑤ [俄] 车尔尼雪夫斯基：《艺术与现实的审美关系》，周扬译，人民文学出版社1979年版，第102页。
⑥ [俄] 车尔尼雪夫斯基：《艺术与现实的审美关系》，周扬译，人民文学出版社1979年版，第62页。

量上有所扩大,不能在质上有所增强。所以,他又说:"诗人'创造'性格时,在他的想象面前通常总是浮现出一个真实人物的形象,他有时是有意识地,有时是无意识地在他的典型人物身上'再现'这个人。"① 这实际上已经把创造的想象贬低到记忆的表象的水平,说不上是真正的创造性的想象了。它既不符合艺术创作的实际,也与心理学的科学成果大相径庭。比起黑格尔在《美学》中关于艺术中创造性想象的作用的精辟论述,车尔尼雪夫斯基的理论弱点就更加明显了。

车尔尼雪夫斯基在考察艺术和现实的关系时,对于艺术典型化的意义和作用也没有予以正确的理解。他在批判黑格尔派美学观点时,批驳了"美是绝对的"这一看法,肯定了美的个体性,指出"我们作为不能越出个体性范围的个体的人,是很喜欢个体性的,很喜欢同样不能越出个体性范围的个体的美的"②。这包含正确的思想。但是,车尔尼雪夫斯基却没有真正理解个别与一般的辩证关系。他过于强调个别性而贬低了一般性,甚至认为"一般不过是个别的一种苍白的、僵死的抽象"。他对现实事物和艺术形象中个别与一般的关系也有错误的看法。一方面,他认为现实中任何真人真事,"那原来之物在个性上已具有一般的意义",本身就是真正的典型人物;另一方面,又认为诗的形象具有更大的概括性、一般性,就会"把一切个别的东西抛弃","写出的不是活生生的人"。③ 就前一方面说,他是把现实中的一切个别都当作典型;就后一方面说,他又是把艺术中的典型和类型化混为一谈。这就使他不能认识典型化在艺术创作中的作用,也必然要否认艺术中的形象可以比现实中的人物具有更大的典型性、更完美。所以他说:"在情节、典型性和性格化的完美上,诗歌作品远不如现实。"④ "诗是企图但又决不能达到我们在现实生活中的典型人物身上常常

---

① [俄]车尔尼雪夫斯基:《艺术与现实的审美关系》,周扬译,人民文学出版社1979年版,第72页。
② [俄]车尔尼雪夫斯基:《艺术与现实的审美关系》,周扬译,人民文学出版社1979年版,第52页。
③ [俄]车尔尼雪夫斯基:《艺术与现实的审美关系》,周扬译,人民文学出版社1979年版,第52页。
④ [俄]车尔尼雪夫斯基:《艺术与现实的审美关系》,周扬译,人民文学出版社1979年版,第76页。

见到的东西的，因此，诗的形象和现实中的相应的形象比较起来，显然是无力的，不完全的、不明确的。"① 这里，充分表现出车尔尼雪夫斯基的唯物主义带有形而上学的性质，他不理解艺术和现实之间的辩证关系，所以只是看到了现实生活的美，却看不到艺术作品所反映的生活可以而且应该比现实生活更高、更典型、更美。

由于车尔尼雪夫斯基认为现实美高于艺术美，所以他也反对黑格尔关于艺术的起源是由于人有填补现实中美的缺陷的要求的看法。那么，为什么人还是需要和偏爱艺术呢？这就涉及艺术的目的和作用问题。应该说，车尔尼雪夫斯基关于这个问题的阐述，是他的学位论文中有关艺术理论的论述中最精彩的部分。他首先指出"艺术的第一目的是再现现实"②，"艺术的第一个作用，一切艺术作品毫无例外的一个作用，就是再现自然和生活"③。虽然这种看法在美学史上并不是新的东西，在他之前的俄国革命民主主义批评家别林斯基也早就论述过，但是车尔尼雪夫斯基也不仅仅是重复已有的结论。尽管他对"再现现实"也有机械的、简单的理解，可是他还指出"再现说"与黑格尔所批判的"自然模拟说"有别，并引用黑格尔的话，认为艺术要"尽可能去复写现实中已经存在的事物"，这不仅是多余的，而且是不可能的。这实际上又是订正了对"再现"的机械的、简单的理解。另外，车尔尼雪夫斯基认为所谓"再现"只是提供"形式的原则"，因而需要进一步规定它的内容。接着就讨论了艺术的内容问题，他指出："艺术的范围并不限于美和所谓美的因素，而是包括现实（自然和生活）中一切能使人……发生兴趣的事物；生活中普遍引人兴趣的事物就是艺术的内容。"④ 这种看法大大扩充了艺术反映现实生活的范围，使艺术和现实生活、和整个人生有了更为广泛、更为密切的联系，应该说是对现

---

① ［俄］车尔尼雪夫斯基：《艺术与现实的审美关系》，周扬译，人民文学出版社1979年版，第71页。

② ［俄］车尔尼雪夫斯基：《艺术与现实的审美关系》，周扬译，人民文学出版社1979年版，第81页。

③ ［俄］车尔尼雪夫斯基：《艺术与现实的审美关系》，周扬译，人民文学出版社1979年版，第86页。

④ ［俄］车尔尼雪夫斯基：《艺术与现实的审美关系》，周扬译，人民文学出版社1979年版，第91页。

第十三章　俄国革命民主主义美学的代表作

实主义艺术理论的一个重要贡献。

在"再现现实"之外，车尔尼雪夫斯基还提出"艺术的另一个作用是说明生活"①。他说：

> 艺术的主要作用是再现现实中引起人的兴趣的事物。但是，人既然对生活现象发生兴趣，就不能不有意识或无意识地说出他对它们的判断；诗人或艺术家不能不是一般的人，因此对于他所描写的事物，他不能（即使他希望这样做）不作出判断；这种判断在他的作品中表现出来，就是艺术作品的新的作用，凭着这个，艺术成了人的一种道德的活动。②

本来，艺术作品不只是反映着客观的现实生活，而且也表现着作家艺术家对现实生活的理解和评价，艺术的现实性和思想性、认识作用和教育作用总是联系在一起的。所谓说明生活、判断生活，对于艺术作品来说，当然不能用抽象概念，而仍然是要通过艺术形象自然流露出来。但是，强调艺术的思想性和教育作用并不意味着忽视艺术的特点。在这个问题上，车尔尼雪夫斯基也是继承了别林斯基的现实主义的理论传统的。不过，他把这个问题讲得更明确，并且从更高的角度来审视这个问题。他要求艺术"成为人的生活教科书"③，从而使艺术影响社会生活的巨大作用得到了更充分的说明。

总的来说，《艺术与现实的审美关系》是车尔尼雪夫斯基应用费尔巴哈的思想来解决美学问题的尝试。虽然由于费尔巴哈的思想的局限，它在关于美、关于崇高和悲剧、关于艺术美和现实美的关系等基本问题的论述中存在着缺陷和不足，但是，他解决美学问题的出发点是唯物主义的。他

---

①　［俄］车尔尼雪夫斯基：《艺术与现实的审美关系》，周扬译，人民文学出版社1979年版，第94页。

②　［俄］车尔尼雪夫斯基：《艺术与现实的审美关系》，周扬译，人民文学出版社1979年版，第96页。

③　［俄］车尔尼雪夫斯基：《艺术与现实的审美关系》，周扬译，人民文学出版社1979年版，第100页。

批判了黑格尔派的唯心主义美学观点，试图以唯物主义原则作指导去说明美的本质，肯定美的客观存在。他对艺术的内容、艺术的目的和作用，都作了明确的说明和重要的补充论述，从而发展了现实主义艺术理论。所以，他的这部著作对于唯物主义美学的发展是做出了重要贡献的，对于当时革命民主主义的现实主义文艺运动的发展也起到了有力的推动作用。

第十四章 作为精神哲学的表现论美学

——克罗齐的《美学原理》

19世纪中叶以后，随着西方哲学从近代到现代的转折，西方美学的发展产生了很大的变化。从那时到现在的一百多年中，在欧美各国出现了形形色色的现代美学流派和思潮。人们一般把它统称为现代西方美学。它既与马克思主义美学有着根本区别，又与从文艺复兴之后产生的西方近代美学有很大不同。

在现代西方美学中，意大利哲学家和美学家克罗齐（B. Croce，公元1866—1952年）是一个具有相当影响力的人物。克罗齐的主要美学著作是《作为表现科学和一般语言学的美学》（1902），以下简称《美学》。这是他的四卷本《精神哲学》的第一部，也是他所写的第一部著作。《精神哲学》的其他三部是《逻辑学》（1905—1909）、《实践哲学》（1909）、《历史学》（1914）。《美学》分理论和历史两部分。《美学原理》（又译《美学的理论》）是此书的第一部分。此外，他还出版了《美学纲要》（1913）。

克罗齐的美学是他的精神哲学的一个组成部分。在分析他的《美学原理》之前，我们必须先对他的精神哲学的理论体系以及美学在他的哲学体系中的地位有一个大致了解。

在哲学流派上，克罗齐属于新黑格尔主义。他承袭了黑格尔把绝对精神当作世界本源的客观唯心主义的观点，但是他又把黑格尔所说的先于人而存在的绝对精神和人的主观的心灵混为一谈，从而带上了更多的主观唯心主义的成分。克罗齐否认人以外的自然界和物质世界的存在，认为只有精神才是唯一的真实的实在，一切经验和认识的对象都是由精神创造的。所以，他的哲学只研究精神活动，称为"精神哲学"（或"心灵哲学"）。他说："精神就是整个实在；……除了精神没有其他实在；除了精神哲学，没有其他哲学。"① 在克罗齐哲学体系中，有时也提到"物质""自然"的概念，但他认为"自然"只是"精神辩证法"活动的一个方面，"物质"不过是精神的"假定"。总之，整个世界是精神活动的体现，人的一切认识和行动的对象无不是精神的产物。这就是克罗齐所要建立的"纯粹精神哲学"的根本点。正是从这一点出发，他认为黑格尔的唯心主义和康德的唯心主义都不够彻底。克罗齐的认识论和唯物主义反映论是根本对立的。在他看来，认识不是反映现实，而是由精神"创造"现实的过程，也就是精神自我认识的过程。他把修正过的康德哲学、黑格尔哲学同柏格森哲学、马赫主义等结合在一起，组成了一个庞大而复杂的唯心主义思想体系。

根据克罗齐的精神哲学，哲学只以精神活动为研究对象。他把精神活动分为认识活动和实践活动两大类。认识活动又分为直觉和概念两种；实践活动又分为经济和道德两种。这四种精神活动各不相同，但又互相联系，形成一个由低到高的阶梯，即认识的（直觉→概念）→实践的（经济→道德），克罗齐称它们为精神活动的"四阶段或四度"。这四阶段都是后者包含了前者：概念包含了直觉，经济包含了概念，道德包含了经济，而道德又通向新的直觉。四阶段都各有其正价值和反价值：在直觉活动中为美与丑；在概念活动中为真与假；在经济活动中为利与害；在道德活动中为善与恶。以上四种精神活动，即精神活动的全部内容，此外再没有其他形式。整个世界的变化都是在这四种精神活动范围内进行的。这四种活动各有专门科学负责研究。研究直觉的是美学；研究概念的是逻辑学；研究经济活动的是经济学；研究道德活动的是伦理学。这四门合起来就是哲学，也就是历史。克罗齐强调，在四种精神活动中，直觉是最基本的活动，也是其他精神活动的基础。直觉不依赖概念，而概念却须依赖直觉。在各种活动中，唯有直觉是独立的，其余三者都有所依赖。他认为只有直觉才能掌握事物的内容，而概念的理智活动却只能抓住事物之间的关系，所以理智是无能的。这表明克罗齐的哲学具有明显的反理性主义倾向。

克罗齐的《美学原理》作为他的《精神哲学》的第一部著作的理论部

---

① 金增嘏主编：《西方哲学史》下册，上海人民出版社1985年版，第514页。

分，并不限于讨论普通的美学问题。他初步论述了精神活动的四个阶段及其相互之间的关系，从中可以看出他的全部哲学的雏形，以及美学在其全部哲学中的地位。他讨论美学问题，都是从"直觉论"这一基本的哲学思想出发的。因为克罗齐把"直觉"和"表现"看作同一的，所以，他的美学理论被西方美学家称为"表现论"美学。

第一节 直觉：克罗齐美学的出发点

克罗齐把美学称为"直觉（或表现的知识）的科学"，他的全部美学观点都是建立在"直觉即表现"这个基本论点之上的。他说："美学只有一种，就是直觉（或表现的知识）的科学。这种知识就是审美的或艺术的事实。"① 又说："我们已经坦白地把直觉的（即表现的）知识和审美的（即艺术的）事实看成统一，用艺术作品做直觉的知识的实例，把直觉的特性都付与艺术作品，也把艺术作品的特性都付与直觉。"② 按照他的美学公式，直觉即表现，就是审美，就是艺术，也就是美。所以，我们要分析《美学原理》中的美学思想，必须从分析"直觉即表现"这个基本论点入手。

前面我们已指出，克罗齐认为直觉是一种精神活动，在精神活动的四阶段中，直觉是最低的阶段，但它却是全部精神活动的基础。那么，直觉这种精神活动究竟具有什么特点呢？《美学原理》一开始就是讨论直觉的性质。概括说来，克罗齐认为直觉有以下特点。

第一，直觉是远离理智而独立的低级的感觉活动。按照克罗齐的理解，认识活动包含两个阶段，低级阶段为直觉，高级阶段为概念。概念不能脱离直觉，而直觉却不依存概念。在《美学原理》中，克罗齐把直觉和逻辑（理智）这两种认识形式对比加以说明："知识有两种形式：不是直觉的，就是逻辑的；不是从想象得来的，就是从理智得来的；不是关于个体的，就是关于共相的；不是关于诸个别事物的，就是关于它们中间关系的；总之，知识所产生的不是意象，就是概念。"③ 这里所说的直觉的认识

---

① ［意］克罗齐：《美学原理》，朱光潜译，作家出版社1958年版，第14页。
② ［意］克罗齐：《美学原理》，朱光潜译，作家出版社1958年版，第12页。
③ ［意］克罗齐：《美学原理》，朱光潜译，作家出版社1958年版，第1页。

形式，从认识过程上看是和理智即理性认识相对立的，从认识内容上看则是完全和事物的共相、关系即本质意义不相关的。这就是说，所谓直觉实际上只是相当于一种低级的感性认识活动。按照马克思主义的认识论，人的认识阶段固然有感性和理性之别，但感性认识和理性认识不是毫不相关的，而是辩证统一的。理性认识依赖于感性认识，感性认识有待于发展到理性认识。但是按照克罗齐的看法，作为低级的感性活动的直觉是和理性认识截然分割、毫不相关的。他一再强调"直觉是离理智作用而独立自生的"，"直觉知识可离理性知识而独立"①，这就片面地将直觉的认识和理性的认识完全对立起来了。

克罗齐不仅把直觉同理智完全对立起来，同时也把直觉同属于感性认识中的知觉区别开来。他认为知觉是对于眼前实在事物的知识，可是，在直觉中还不能有实在与非实在的区别。所以，"直觉品就不能说是对于实在判别是非的，就还不是知觉品而是纯粹的直觉品"②。这就是说，纯粹的直觉是在知觉的认识以下的，连事物是什么也不能分辨的那种最低级、最原始的感觉活动。据此，克罗齐认为只有婴儿难辨事物真伪的那种混沌的感受和纯朴的心境，才是纯粹的直觉。可见，直觉不仅与理性认识无关，而且和感性认识中的知觉也有根本区别。知觉已具有一定概括性，要涉及对象的内容、意义，而直觉则只是对事物产生一种很混沌的形象，完全不涉及对象的内容、意义。不仅如此，克罗齐还认为直觉中混沌的形象，根本不是在具体时空中的对象。他说："我们可以离开空间时间而有直觉品：例如天的一种颜色，一种情感的色调，一声苦痛的嗟叹，一种意志的奋发，在意识中成为对象，都是我们的直觉品，它们的形成都与空间时间无关。"③ 这种与时空无关的直觉当然更不可能是知觉了。

第二，直觉是心灵赋予物质以形式的活动。克罗齐虽然认为直觉是一种认识的形式，却否认它是客观现实的反映。他在论及直觉的形成和作用时说："在直觉界线以下的是感受，或无形式的物质。这物质就其为单纯的物质而言，心灵永不能认识。心灵要认识它，只有赋予它以形式，把它

---

① ［意］克罗齐：《美学原理》，朱光潜译，作家出版社1958年版，第2页。
② ［意］克罗齐：《美学原理》，朱光潜译，作家出版社1958年版，第3页。
③ ［意］克罗齐：《美学原理》，朱光潜译，作家出版社1958年版，第4页。

纳入形式才行。单纯的物质对心灵为不存在,不过心灵须假定有这么一种东西,作为直觉以下的一个界线。"① 又说:"物质与形式并不是我们的两种作为,互相对立,它们一个是在我们外面的,来侵袭我们,撼动我们;另一个是在我们里面的,常要吸收那在外面的,把自身和它合为一体。物质,经过形式打扮和征服,就产生具体形象。这物质,这内容,就是使这直觉品有别于那直觉品的:这形式是常住不变的,它就是心灵的活动;至于物质则为可变的。"② 这两段话的中心意思是,直觉是赋予本来无形式的物质以形式的一种心灵活动。这种直觉活动,克罗齐又称为"心灵综合作用"。这种心灵综合作用就是要把物质纳入形式,物质被赋予形式就产生具体形象,这种具体形象也就是直觉品。这里最值得注意的是,克罗齐用来规定直觉活动的两个概念——"物质"和"形式",都是具有特定含义的。克罗齐所说的"物质"并不是我们所说的客观的物质存在。我们在前文已经指出,克罗齐的哲学体系只承认有精神活动的存在,不承认有物质世界的存在。在他看来,整个现实世界都是由精神活动所创造的,都只是精神活动的体现。他所说的要由心灵来赋以形式的"物质",并不是和精神相对的客观世界,而只是由精神所假定的一种东西,是心灵活动所利用的"材料"。这种"材料"并不来自物质世界,而是来自精神世界。在克罗齐使用的概念中,"物质"和"感受"(sensation)、"印象"(impression)、"情感"(feeling)是完全同义的。和"物质"相对立的就是"形式"。"物质"感受""印象""情感"都是"无形式的"、"被动的"、未经心灵认识的。心灵要认识它,就必须赋予它以形式。形式须通过心灵的综合作用,由心灵所创造,所以"它就是心灵的活动"。它和物质的区别就是"活动"和"被动"的区别。物质通过心灵的综合作用得到形式,感受、印象、情感也就得到对象化,形成具体意象。这就是直觉的心灵活动。由此可见,克罗齐所说的直觉,不是客观现实的反映,而是主观感受和情感的表现,直觉的来源不是客观现实,而是主观心灵。

第三,直觉就是表现。克罗齐认为直觉是赋予物质以形式的心灵活动,物质、感受、印象、情绪一旦经心灵的综合作用,获得形式,那么这

---

① [意] 克罗齐:《美学原理》,朱光潜译,作家出版社1958年版,第5页。
② [意] 克罗齐:《美学原理》,朱光潜译,作家出版社1958年版,第5—6页。

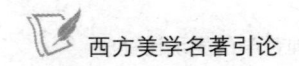

个形式，就是表现。所以，直觉和表现其实是一回事。他说：

> 每一真直觉或表象同时也是表现。没有在表现中对象化了的东西就不是直觉或表象，就还只是感受和自然的事实。心灵只有借造作、赋形、表现才能直觉。若把直觉与表现分开，就永没有办法把它们再联合起来。①

克罗齐这里所说的"表现"（expression）一词，和普通的用法与含义有根本的区别。按照普通用法，"表现"一词大致有以下两种意义：一种为克罗齐所谓的"自然科学的意义"，即人的内心感觉流露于外在形体上，如恐惧时面色灰白，愤怒时咬牙切齿。克罗齐认为这些情绪流露的自然表现，和依照审美原则把情绪表现出来"中间有天渊之别"。在这些"自然科学意义的表现之中简直就没有心灵意义的表现"，因此它和直觉的表现完全是两回事。另一种意义的"表现"是指艺术家借助于物质媒介或手段，将内心里已形成的思想感受传达出来，如文学家借文字将内容"表现"出来等，克罗齐称这种艺术传达活动为"直觉的外射"，认为它是属于"物理的事实"，而不属于"审美的事实"，是实践的活动而不是认识的活动，所以也不是直觉的表现。克罗齐所说的"表现"和前面两说都不同，它是指心灵赋予印象以形式，使其成为具体意象的活动，这具体意象在心内形成，即是表现。所以，在克罗齐的概念中，"表现"和"直觉"、"心灵综合作用"等都是同义的，它们都是指心灵本身的活动。"直觉是表现，而且只是表现"，明确这一点，对于了解克罗齐"直觉＝表现＝艺术＝美"的美学公式，是十分重要的。

第二节 "艺术即直觉"说

在确定了直觉的性质和特点以后，克罗齐便把这种直觉的或表现的知识等同于艺术的或审美的事实，把直觉的特性看作艺术的特性。他说："我们已经坦白地把直觉（即表现的）知识和审美的知识（即艺术的）事

---

① ［意］克罗齐：《美学原理》，朱光潜译，作家出版社1958年版，第7页。

实看成统一，用艺术作品做直觉的知识的实例，把直觉的特性都付与艺术作品，也把艺术作品的特性都付与直觉。"① 由此，克罗齐得出了"艺术即直觉"的结论，并以此作为他的艺术定义。他说：

> 艺术是什么——我愿意用最简单的方式说，艺术是幻象或直觉。简单地把直觉作为艺术的定义，就已经替艺术下了完整的定义。②

按照克罗齐的理解，哪里出现直觉，哪里就有了艺术。当人以直觉的方式在心中形成一个具体意象时，也就是成就了一件艺术作品。人人都能够直觉，因此人人都能够进行艺术活动。艺术的直觉或直觉品与一般的直觉或直觉品没有种类上的分别，也没有强度上的分别，它们的分别只是宽度上的和经验的。"有些人本领较大，用力较勤，能把心灵中复杂状态尽量表现出来。这些人通常叫作艺术家。有些很繁复而艰巨的表现品不是寻常人所能成就的，这些就叫作艺术作品。"③ 叫作艺术的表现品或直觉品，与通常叫作"非艺术"的表现品或直觉品比较，它们的界限只是经验、相对的。所以，克罗齐不同意"艺术的天才"的说法，他认为"人是天生的诗人"④，有些人天生成大诗人，有些人天生成小诗人，天才就是人性本身。既然人人有直觉，人人有艺术天才，所以少数艺术家创作的作品才能为大多数人所欣赏。这种看法在否定艺术只是属于少数天才人物的观点方面有一定的合理性，但是，把每个人的直觉都等同于艺术创造，否认艺术家需有更高的艺术修养和创作才能，这又是片面的、不符合实际的。

从艺术（即审美）就是直觉（即表现）这个根本观点出发，克罗齐对审美或艺术的性质提出了以下几点重要看法。

第一，审美或艺术都是主观精神的产物，不是客观现实的反映。克罗齐认为审美既不单纯在内容（指单纯的印象、情感、材料），也不单纯在形式（指心灵的活动和表现），而是印象、情感借心灵的活动和表现而得

---

① ［意］克罗齐：《美学原理》，朱光潜译，作家出版社1958年版，第12页。
② ［意］克罗齐：《美学原理·美学纲要》，朱光潜等译，外国文学出版社1983年版，第209、229页。
③ ［意］克罗齐：《美学原理》，朱光潜译，作家出版社1958年版，第13页。
④ ［意］克罗齐：《美学原理》，朱光潜译，作家出版社1958年版，第14页。

到形式。他说:"材料指未经审美作用阐发的情感或印象,形式指心灵的活动和表现……在审美的事实中,表现的活动并非外加到印象的事实上面去,而是诸印象借表现的活动得到形式和阐发。"① 按克罗齐的解释,无论是"材料""情感""印象",还是"形式""心灵""表现",都不过是主观精神的活动,所以,从"情感""印象"得到形式和表现的审美和艺术,必然是主观精神的产物,是心灵本身的表现。这就完全否定了审美或艺术的客观现实来源。由此可以见出审美或艺术即直觉说的主观唯心主义的性质。

第二,审美或艺术是一种低级的感性认识活动,和理性、理智的认识是无关的。根据克罗齐的精神活动的四阶段说,直觉是离理智作用而独立自主的,所以,作为直觉的"审美的知识完全不依靠理性的知识"。直觉与理性的对立和区别,也就是艺术与科学的对立和区别。他说:

> 直觉的知识(表现品)与理性的知识(概念),艺术与科学,诗与散文诸项的关系,最好说是双度的关系。第一度是表现,第二度是概念。第一度可离第二度而独立,第二度却不能离第一度而独立。②

换句话说,艺术与直觉可以离开科学和理性而独立存在,科学与理性却不能离开艺术和直觉而独立存在。科学与理性给我们的是共相和本体,而艺术与直觉给我们的却是个别和现象。"心灵想到了共相,就破坏了表现,因为表现是对于殊相的思想。"所以,审美或艺术是绝对排斥对于共相的认识和理性的作用的。经过这样严格的区别,克罗齐就只能将审美或艺术归结为低级的、原始的、简单的感性活动,它所提供的只能是朦胧的、混沌的、不知意义的形象。关于这一点,朱光潜先生在《文艺心理学》中有如下转述和说明:"'美感经验'可以说是'形象的直觉'。形象是直觉的对象,属于物;直觉是心知物的活动,属于我,在美感经验中所以接物者只是直觉,物所以呈现于心者只是形象。心知物的活动除直觉以外,还有知觉和概念。物可以呈于心者除形象以外,还有许多与它相关

---

① [意]克罗齐:《美学原理》,朱光潜译,作家出版社1958年版,第15页。
② [意]克罗齐:《美学原理》,朱光潜译,作家出版社1958年版,第24—25页。

第十四章　作为精神哲学的表现论美学

的事项，如实质、成因、效用、价值等。在美感经验中，心所以接物者只是直觉而不是知觉和概念，物所以呈于心者是它的形象本身，而不是与它有关的事项，如实质、成因、效用、价值等意义。"①

审美或艺术究竟只是一种单纯的感性活动，还是感性与理性的统一？艺术认识的内容究竟是只关系着对象的形式、现象，还是关系着对象的形式和内容、现象和本质的统一？这是在如何看待审美或艺术的性质和特性上存在着的一个原则分歧。克罗齐的艺术即直觉说显然是主张前者而否定后者。用感性和理性相统一的观点来说明审美和艺术的性质，是德国古典美学的一个基本观点，是美学思想上的一大发展。克罗齐继承康德、黑格尔的唯心主义传统，却抛弃了这个非常有价值的基本观点。在后来所写的《美学纲要》中，他特别批评了德国古典美学家关于"在艺术的意象里可以见出感性与理性的统一"的看法。他把感性认识活动和理性认识活动的对立加以绝对化，把作为感性认识的直觉提到独尊的地位，把审美或艺术归结为直觉的活动，这就抽去了审美或艺术的一切理性内容，否定了审美或艺术的任何思想意义。这可以说是将非理性主义的审美和艺术理论发展到极端，因而也是完全违背审美和艺术性质的。

由于克罗齐否认艺术和理性思考有关，所以他也反对艺术种类说。因为把艺术分成不同种类，就意味着丢开在审美中所依据的个别的表现事实，而要涉及共相和概念。这样一来，"原是表现品的观照者，现在却变成推理者"②。既已开始作科学的思考，就已不复作审美的观照。克罗齐认为艺术分类需经科学的思考当然是不错的，但他认为考虑艺术种类就必定破坏审美（欣赏或创作），却是与事实不符的。

克罗齐有时也不得不承认直觉和艺术中还是有概念、理念的因素，但他强调这些混化在直觉品里的概念、理念，"已成为直觉品的单纯原素"，所以不再是概念和理念。如果从艺术中的理性内容具有特殊的表现形式来看，克罗齐这种说法是有一定启发性的，但他据此否定艺术和理性认识有关，则是根本错误的。

克罗齐关于直觉与理性、艺术与科学相对立的看法，显然是受到意

---

① 《朱光潜美学文集》第1卷，上海文艺出版社1982年版，第13页。
② ［意］克罗齐：《美学原理》，朱光潜译，作家出版社1958年版，第33页。

大利历史哲学派美学家维柯的影响。他在《美学的历史》(《美学》第二部分)中称赞维柯是"美学科学的发现者",肯定了维柯将诗和哲学、幻想和知性对立起来的观点。维柯在《新科学》中提出:"诗人们可以说是人类的感官,而哲学家就是人类的理智。"[①]这已经表现出将诗与理性对立起来的倾向,克罗齐则进一步发展了这一倾向,有的论者认为克罗齐关于直觉与理性、艺术与科学对立的看法,对分清形象思维与抽象思维的区别做出了贡献。这是值得商榷的,因为克罗齐所说的直觉不过是低级的感性认识,是剥夺了一切理性内容的,不能将它完全和形象思维混为一谈。

第三,审美或艺术是独立的、"无目的"的活动,它和任何实践活动都是相对立的,既和实践的功利活动无关,也和实践的道德活动无关。根据克罗齐的精神哲学,整个精神活动分为认识和实践两类。认识活动和实践活动是属于低高"两度"的关系。认识活动是离开实践活动而独立的,实践活动却不能离开认识活动。"直觉就其为认识活动来说,是和任何实践活动相对立的。"[②]审美或艺术既然是直觉,当然就须排除实践活动。克罗齐承认用文字或其他媒介将心中的意思和情感表达出来,是一种实践的事实,但却认为这并不是审美的事实,也不在审美的范围之内。因为"审美的事实在对诸印象作表现的加工之中就已完成了。我们在心中做成了文章,明确地构思了一个形状或雕像,或是找到一个乐曲的时候,表现品就已产生而且完成了,此外并不需要什么"[③]。前面我们说过,克罗齐认为直觉在内心中形成,即表现,也就是艺术。所以,艺术作品(审美的作品)都是"内在的",不是"外现的"。将艺术用物质手段"传达"或"外射"出来,只是实践的活动,却不是艺术的活动。依照克罗齐对精神活动的分类,实践活动中也包含低高"两度",即经济和道德。经济的价值是利害,道德的价值是善恶。可是,艺术既与经济的利害无关,也与道德的善恶无关。艺术不可能是功利的活动,因为功利的活动是倾向求得快感和避免痛感的,而艺术则和"有用""快感""痛感"之类的东西无缘。艺术也不可能是一种道德的活动。一个审美意象可能显现出一个道德上可褒或可贬

---

① [意]维柯:《新科学》,朱光潜译,人民文学出版社1986年版,第152页。
② [意]克罗齐:《美学原理·美学纲要》,朱光潜等译,外国文学出版社1983年版,第213页。
③ [意]克罗齐:《美学原理》,朱光潜译,作家出版社1958年版,第47页。

第十四章 作为精神哲学的表现论美学

的行为，但是这个意象本身在道德上是无所谓褒贬的。所以，道德的区分根本就不能用于艺术。从道德上加给艺术的目的，如：把人们引向善良，使人们憎恨邪恶，纠正或改善风俗习惯，传播勤劳朴素的生活理想等，都是道德学说的派生物。它们是艺术做不到的。由此，克罗齐断定："也就艺术之为艺术而言，寻求艺术的目的是可笑的。"① 就艺术对于科学、实践和道德都是独立的而言，也就艺术无目的而言，"为艺术而艺术"是正确的。这样，克罗齐就为现代西方美学和艺术理论中提倡"为艺术而艺术"、排斥艺术的社会作用的思潮，构筑了完整的美学理论形态。

第三节 "美即表现"说与审美快感说

克罗齐认为任何精神活动都是价值与反价值两对立面的统一。"价值是自由生展的活动，反价值则与此相反。"② 心灵活动自由发展则有成功的表现、理解或道德行为，即为价值；心灵活动被动发展，互相矛盾而受到阻碍，则有不成功的表现、理解或道德行为，即为反价值。直觉的或审美的活动，其价值与反价值就是美和丑。所以，克罗齐便从直觉即表现说出发，进一步讨论了美、丑概念以及与此相关的审美快感问题。

按照克罗齐的理解，直觉是赋予印象、情感以形式的心灵活动。印象、情感在未经心灵的观照与综合作用以前，还是被动的、自然的。印象、情感经过心灵的观照和综合作用才得到形式，形成具体形象，这便是表现。表现有成功的，也有不成功的。成功的表现就是美，不成功的表现就是丑。据此，克罗齐对美的概念做出了自己的解释。他说：

> 我们觉得以"成功的表现"作"美"的定义，似很稳妥；或是更好一点，把美干脆地当作表现，不加形容字，因为不成功的表现就不是表现。③
>
> 美与丑的奥妙都可以纳在"成功的表现"和"不成功的表现"这

---
① ［意］克罗齐：《美学原理》，朱光潜译，作家出版社1958年版，第47页。
② ［意］克罗齐：《美学原理》，朱光潜译，作家出版社1958年版，第72页。
③ ［意］克罗齐：《美学原理》，朱光潜译，作家出版社1958年版，第73页。

两个平易的定义里面。①

因为不成功的表现就不是表现（还没有克服活动与被动的矛盾），所以，美就是表现。

前面我们曾指出，克罗齐所说的"表现"和我们通常所说的"表现"在意思上是很不相同的。他所谓的"表现"，是指心灵赋予物质以形式的活动，也就是一种精神活动，是在人的内心中进行的。既然如此，美当作表现，必然也被看作一种精神活动或主观内心的产物。而且，克罗齐所谓表现的成功与不成功，也是指的心灵活动能否自由产生发展，印象、情感能否恰如其分地被意象表现出来，说到底，美当作表现的价值，只能是由心灵活动本身来决定的。所以，在美是主观的还是客观的这个美学的根本问题上，克罗齐是直言不讳地主张美是主观心灵的。他认为美是"属于心灵的力量"，"凡是不由审美的心灵创造出来的，或是不能归到审美的心灵的东西，就不能说是美或丑"。② 这显然是要由审美意识活动来规定事物的美丑，创造事物的美丑，而否认美是存在于客观事物之中的、是不依赖于人的主观心灵而客观存在的。由此，克罗齐断然否定自然本身有美，而认为一切自然美都是人的心灵的发现和创造。他说只有当人以审美的方式去欣赏自然界事物时，自然才显得美。比如，"如果我们把头摆在两条腿中间去观照自然风景，如此把物我之间习惯的关系消去，那自然风景就会以纯意象现于目前"③，这样，自然就会变为直觉品，也就成为美。再如，"有眼光和想象力的人们对于自然风景所指点出来的各种观点，后来有几分知道审美的游人到那里朝拜时，就跟着那些观点去看，这就形成了一种集体的暗示"④，这种借助于人的想象力所形成的集体暗示，就是使自然显出美的原因。总之，自然美在于人的心灵的观照和主观的想象。"如果没有想象的帮助，就没有那一部分自然是美的；有了想象的帮助，同样的自然事物或事实就可以随心情不同，显得有时有表现性，有时毫无意味，有时表现这个，有时表现那个，愁惨的或欢欣的，雄伟的或可笑的，柔和的

---

① [意] 克罗齐:《美学原理》，朱光潜译，作家出版社1958年版，第74页。
② [意] 克罗齐:《美学原理》，朱光潜译，作家出版社1958年版，第97页。
③ [意] 克罗齐:《美学原理》，朱光潜译，作家出版社1958年版，第91页。
④ [意] 克罗齐:《美学原理》，朱光潜译，作家出版社1958年版，第91页。

或是滑稽的。"① 这种说法和后来移情说的提倡者里普斯的看法——自然美是移情作用的产物,实质上是一样的,都是把自然美看作人的主观想象和心情的表现,自然的美丑也都是以人的主观想象和心情为转移的,离开了人的精神活动,自然美也就不存在。这种看法和克罗齐主张精神活动创造整个世界的主观唯心主义的基本立场,是恰相吻合的。

从表现的成功与不成功来界定美与丑,克罗齐还引出了一些其他的结论。他认为"美现为整一,丑现为杂多"②。所谓"整一",就是指美的艺术作品"是完整的融会,通体就只有一种价值。生命流注于全体,不退缩到某某个别部分"③。我们不能只是指出它的某某部分为美,而是感到它的通体都美。所以,克罗齐强调"每个表现品都是一个整一的表现",强调"艺术作品的整一性与不可分性"④。这虽然还是从人的心灵活动本身来讲的,但指出艺术美应是一种通体融会的有机整体,还是有意义的。另外,克罗齐还指出,美没有程度上的差别,而丑却必有程度上的差别。他说:"所谓较美的美,较富于表现性的表现,较恰当的恰当,是不可思议的。丑却不同,它有程度上的差别,从颇丑(或几乎是美的)到极丑。"⑤ 这就是说,美是绝对的,不能比较的;丑是相对的,可以比较的。这种看法实际上否定了艺术作品的美还可以进行比较,还可以做出程度不同的评价,于艺术欣赏和批评的实践是大相径庭的。

克罗齐认为成功的表现,就价值方面来说是美;而就效果方面来说,便产生审美的快感。所以,审美的快感不同于一般的快感,而是同表现联系在一起的一种快感。"诗人或其他艺术家在初次见到(直觉到)他的作品,在他的印象获得形式,而他的面孔放射出创造者的神圣的喜悦的时候,他所感到的就是纯粹的审美的快感。"⑥ 前面我们说过,克罗齐认为艺术和审美不是功利的实践的活动,和"利害""快感""痛感"之类的东西是无缘的。所以,克罗齐在讲审美的快感时,特别注意将它与经济的、

---

① [意] 克罗齐:《美学原理》,朱光潜译,作家出版社1958年版,第91页。
② [意] 克罗齐:《美学原理》,朱光潜译,作家出版社1958年版,第73页。
③ [意] 克罗齐:《美学原理》,朱光潜译,作家出版社1958年版,第73页。
④ [意] 克罗齐:《美学原理》,朱光潜译,作家出版社1958年版,第19页。
⑤ [意] 克罗齐:《美学原理》,朱光潜译,作家出版社1958年版,第74页。
⑥ [意] 克罗齐:《美学原理》,朱光潜译,作家出版社1958年版,第74页。

道德的、理智的活动所产生的快感严格区别开来。"美学上的快感主义"把艺术和审美所产生的快感与一般感官方面的快感混为一谈，克罗齐是反对这种学说的。他也批评了审美的快感主义的其他表现，如游戏说、性欲说、同情说等。他认为审美的快感与非审美的快感的根本分别在于：审美的快感起于见到成功的表现，而非审美的快感则起于实用需要的满足。例如一个艺术家由于他的印象获得形式，得到表现，产生喜悦，这是审美的快感；而他在工作完成时，由于沾沾自喜的心情得到满足，甚至想到他的作品所能得到的经济的利益，这就是非审美的快感。在欣赏和创作中，审美的快感和非审美的快感可能混杂在一起，审美的快感也往往为起于题外事实的快感所加强。但是，真正的审美的快感与陪伴的或偶来的其他快感还是不同的。例如，"一个人做了一天工作，进戏院去看喜剧，他所尝到的就是一种混合的快感：休息与娱乐的快感，笑着在他的棺材上拔去一根钉似的快感，这种快感只是剧作者与演剧者的来自艺术的真正审美快感的陪伴"①。克罗齐的这些看法，对于分清审美快感与非审美快感的区别，探索审美快感的特殊性，还是有启发性的。不过，他自己把审美快感仅仅归结为由心灵自由生长获得成功的表现所产生的，却并没有科学地解释审美快感的来源和特质。同时，他在强调审美快感与非审美快感区别时，把审美的快感和理智的满足、道德的满足完全对立起来，也表现出绝对化的倾向。这和他前面强调艺术的独立，与真和善的目的无关，在思想逻辑上是一致的。

  由于克罗齐将审美的快感限于成功的表现所生的快感，所以，他认为由艺术作品的内容和表象所引起的各种变化多样的快感与痛感，都是属于"同情的感觉"或"外表的感觉"，而与纯粹的审美的快感有区别。例如，我们陪着戏剧或小说中的人物、图画中的形体或音乐的曲调一齐焦急发抖、欢欣鼓舞、胆战心惊、笑、哭或想望。这些感觉、情绪和实际生活的感觉、情绪在性质上相同，但是却不像艺术之外实际生活所引起的感觉、情绪那样强烈，它们在分量上是冲淡了的。克罗齐认为，由艺术作品的内容和表象所引起的"同情的感觉"或"外表的感觉"，既不同于实际生活中的感觉，也不同于审美的快感，它们就是直觉品、表现品本身。他说：

---

  ① ［意］克罗齐：《美学原理》，朱光潜译，作家出版社1958年版，第74页。

"它们究竟是什么呢？可不就是一般感觉经过对象化，经过直觉和表现么？它们当然不能像实际生活中的感觉那样热烈生动地搅扰我们，因为那些感觉是素材，而它们是形式，是活动；那些感觉是真正生活中的感觉，而它们是直觉品、表现品。"① 这些看法，对于我们探讨艺术中的情感活动与生活中的情感活动的关系、审美的快感与艺术内容引起的各种情感的关系，也有一定借鉴作用。但是，克罗齐把艺术中的情感活动都说成是由心灵创造的低级原始的直觉，却是根本错误的。对于这些情感活动与审美快感的关系，克罗齐也没有科学地加以阐明。

第四节 审美创造和再造的统一

在《美学原理》中，克罗齐还论述了审美创造和再造（欣赏）以及二者的统一问题。

克罗齐将审美的创造（艺术的创造）的全过程分为四个阶段：第一个阶段，诸印象；第二个阶段，表现，即心灵的审美的综合作用；第三个阶段，快感的陪伴，即美的快感或审美的快感；第四个阶段，由审美事实到物理现象的翻译（声音、音调、运动、线条与颜色的组合之类）。这四个阶段中，克罗齐指出"真正可以算得审美的，真正实在的，最重要的东西是在第二阶段"②，即表现这个阶段。第四个阶段只是为了给心灵中已造成的表现品或直觉品制造一些"备忘工具"，以便我们看到它们时，可以把原已造成的表现品或直觉品回想起来。这些"备忘工具"不过是引起审美的再造的"物理的刺激物"，它们属于"物理的事实"，而不属于审美的事实。克罗齐把这种用媒介传达直觉品的活动，又称作"直觉的外射"或"艺术的外射"。他认为直觉和艺术本身是与实践活动和物理事实无关的，只有直觉的外射或艺术的外射，才同实践活动和物理事实有关。审美的活动虽然常伴随实践的活动，审美的事实虽然常与物理事实有联系，但是两者之间的关系纯粹是外在的。单就审美活动或审美事实来说，审美或艺术的创造在表现阶段也就完成了。在心中获得表现品并得到审美的快感，就

---

① ［意］克罗齐：《美学原理》，朱光潜译，作家出版社1958年版，第75页。
② ［意］克罗齐：《美学原理》，朱光潜译，作家出版社1958年版，第88页。

是真正的审美创造或艺术创造的标志。这实际上是完全否定了特殊的物质材料和手段对于艺术家创作活动的重要意义。

克罗齐认为，作为直觉的备忘工具的物理的事实，虽然本身并非艺术和审美的事实，但是它却是使人们进行审美的再造或回想，以便窥见艺术的必要的刺激物。因为记忆的心灵的力量，需借助于物理的事实的刺激，才能使人所创造的直觉品可以再造或回想起来。那些叫作诗、散文、小说、悲剧的文字组合，叫作交响乐、奏鸣曲的声音组合，叫作图画、雕像、建筑的线条组合，便都是再造或回想所用的物理的刺激物。克罗齐所谓审美的再造或回想，就是指艺术的鉴赏或审美的判断。他指出："再造或回想的历程就依下列次序：e，物理的刺激物；d—b，原有艺术综合所伴着的那些物理的事实（如声音、音调、模仿的姿态、线条与颜色的组合之类）所生的知觉；c，快感或痛感的陪伴，这也是再造（或回想）起来的。"① 这个过程和创造的过程，在阶段的顺序上刚好是相反的。

克罗齐指出，审美的创造与审美的再造虽然所经历的阶段的次序是不同的，但两者却是统一的，因为两者都要用直觉，都要形成美丑价值并产生审美的快感或痛感。他描述审美创造的过程说："某甲感到或预感到一个印象，还没有把它表现，而在设法表现它。他试用种种不同的字句，来产生他所寻求的那个表现品，那个一定存在而他还没有找到的表现品。他试用文字组合 M，但是觉得它不恰当，没有表现力，不完善，丑，就把它丢掉了；于是他再试用文字组合 N，结果还是一样。……经过许多其他不成功的尝试，有时离所瞄准的目标很近，有时离它很远，可是突然间（几乎像不求自来地）他碰上了他所寻求的表现品，'水到渠成'。霎时间他享受到审美的快感或美的东西所产生的快感。"② 这个寻找表现品、发现美、产生审美快感的过程，在审美再造或欣赏中是和审美创造中一样的。克罗齐描述审美鉴赏过程说："现在如果有另一个人，我们称它为乙，要来判断那个表现品，决定它是美还是丑，他就必须把自己摆在甲的观点上，借助于甲所供给他的物理的符号，再循原来的程序走一过。如果甲原来看清楚了，乙（既已把自己摆在甲的观点）也就会看得清楚，看见这表现品是

---

① ［意］克罗齐：《美学原理》，朱光潜译，作家出版社1958年版，第89—90页。
② ［意］克罗齐：《美学原理》，朱光潜译，作家出版社1958年版，第109页。

第十四章 作为精神哲学的表现论美学

美的。如果甲原来没有看清楚，乙也就不会看清楚，就会发现这表现品有些丑，正如甲原来发现它有些丑。"① 这就是说，审美的欣赏和创造不仅在过程上是一样的，而且欣赏者与创造者在观点上、在所得的表现品的价值上，也都是一样的。欣赏与创造的统一，也就是鉴赏力与天才的统一。德国古典美学家康德认为创造须凭天才，欣赏只凭鉴赏力，鉴赏力或趣味判断和天才是对立的。克罗齐不同意这种看法，他说：

> 批评和认识某事为美的那种判断的活动，与创造那美的活动是统一的。唯一的分别在情境不同，一个是审美的创造，一个审美的再造。下判断的活动叫作"鉴赏力"，创造的活动叫作"天才"；鉴赏力与天才在大体上所以是统一的。②

正因如此，所以艺术家应有批评家的鉴赏力，批评家也应有几分艺术家的天才。要判断但丁，我们就必须把自己提升到但丁的水平。"在观照和判断的那一顷刻，我们的心灵和那位诗人的心灵就必须一致，就在那一顷刻，我们和他就是二而一。"③

克罗齐指出，艺术的创作和欣赏具有一致性和内在联系，创作里有欣赏的成分，欣赏里也有创作的成分，这从实际来看是有合理因素的。他纠正了康德将鉴赏力与天才对立起来的观点，在美学思想史上也有一定的意义。不过，克罗齐在强调创作与欣赏的统一时，认为两者在过程上完全没有差别，欣赏者的再造和创作者的创造，在观点、评价、感受上都是完全一致的，却是不符合实际的。欣赏与创作固然具有内在联系，但两者在具体过程以及心理活动上还是有较大差别的。鉴赏力与创作才能虽然也有关系，但两者也不是等同的。鉴赏力很高的人不一定有很高的创作才能。欣赏者的再造固然须以创作者的创造品为基础，须达到基本一致，但再造与创造在观点、评价、印象、感受上，却难得达到"二而一"的完全一致。恰恰相反，欣赏者与艺术家在对艺术作品的感受和看法上存在差异，以及

---

① ［意］克罗齐：《美学原理》，朱光潜译，作家出版社 1958 年版，第 110 页。
② ［意］克罗齐：《美学原理》，朱光潜译，作家出版社 1958 年版，第 111 页。
③ ［意］克罗齐：《美学原理》，朱光潜译，作家出版社 1958 年版，第 112 页。

欣赏者之间在对同一部艺术作品的感受和看法上存在差异的情况，倒是经常发生的。连克罗齐自己也不得不承认"判断的分歧却是一个无可置疑的事实"。因为"无终止的社会的变动，以及我们个人生活的内心状态的变动"，必然会使不同的欣赏者对同一作品产生不同的印象。但克罗齐又认为这种心理情况的差别是可以克服的。他认为通过"历史的解释"，就能够"把在历史过程中已经改变的心理情况在我们心中恢复完整"，"以便我们去看一个艺术品（一个物理的东西）如同作者在创作时看它一样"。① 这种解释十分牵强，对欣赏者提出这样的要求（达到与作者在创作时完全一样），既不可能，也无必要，因为它不符合艺术欣赏的客观规律。克罗齐之所以要坚持欣赏与创作的完全一致，根底还是在于他认为审美或艺术就是直觉或表现的基本看法。既然一切审美和艺术活动都是直觉的或表现的活动，创作和欣赏作为直觉或表现的活动，当然也必然是完全一致的。正如他自己所说："表现的活动，正因其为活动，不是随意任便，而是心灵的必然，它只有一个正确的方法，去解决某一固定的审美问题。"② 说到底，克罗齐的创造与欣赏统一说，还是建立在"直觉即表现"这一主观唯心主义的哲学公式之上的，这可以说是"万变不离其宗"。

克罗齐的《美学原理》是以"语言学与美学的统一"作为全书结论的。他认为，语言学和美学的研究对象都是表现，两者都是"表现的科学"。语言是表现，艺术也是表现。所以，"艺术的科学与语言的科学，美学和语言学，当作真正的科学来看，并不是两事而是一事"③。这种看法可以说是将"直觉即表现"说发展到了极致，也确实是克罗齐的独创。但是，它也最明显地暴露出克罗齐美学的错误和乖谬。对此，《近代美学史评述》一书的作者、英国的李斯托威尔有如下批评："把美学和语言科学或语言学等同起来，是由于完全混淆了这些科学的实际研究对象。语言科学，无疑是研究句法、语源以及词汇的历史，怎么能够把丰富多彩的美感经验局限在通常意义上的语言里面，并把它们等同起来呢？再者，如果所

---

① ［意］克罗齐：《美学原理》，朱光潜译，作家出版社1958年版，第116页。
② ［意］克罗齐：《美学原理》，朱光潜译，作家出版社1958年版，第110页。
③ ［意］克罗齐：《美学原理》，朱光潜译，作家出版社1958年版，第131页。

说的话都是艺术,那么,每一个人,一当他学会了调弄舌头,从婴儿的喃喃学语开始,就已经事实上是诗人了。这一错误是如此彰明昭著,以至三尺孩童都可以辨识其非了。"[1] 这段批评应该说是相当中肯的,这大概也就是西方某些美学家和哲学家认为克罗齐的美学理论"不过是哲学上的失常现象"和"怪事"的原因之一吧。

---

[1] [英]李斯托威尔:《近代美学史评述》,蒋孔阳译,上海译文出版社1980年版,第129—130页。

第十五章 实用主义的美学经典

——杜威的《艺术即经验》

20世纪的西方美学，思潮更迭，学派林立，各种不同观点的美学著作可谓汗牛充栋。但是，真正具有重要学术创新价值、在美学发展中产生重大影响、经得起历史检验的著作并不多。美国著名实用主义哲学家杜威（John Dewey，公元1859—1952年）的《艺术即经验》（1934）便是这些为数不多的著作之一。翻开近几十年欧美出版的西方经典美学著作选本，杜威的这部名著都被视为必选的20世纪最重要的美学著作之一。美国著名美学家门罗·C. 比尔兹利在20世纪出版的《美学简史：从古希腊至当代》中评价《艺术即经验》说："人们普遍认为，这是我们这个世纪到现在为止用英语（也许是用所有语言）写成的美学著作中最有价值的一部。"[1]

杜威是实用主义哲学的集大成者。他早年在约翰·霍普斯金大学获得哲学博士学位。曾任芝加哥大学、哥伦比亚大学教授，美国心理学会、美国哲学学会会长。杜威一生写了大量著作，其中最能体现他的哲学观点的有《哲学的改造》（1920）、《经验与自然》（1925）、《确定性的寻求》（1929）、《逻辑：探究的理论》（1938）、《人的问题》（1946）以及《认知与所知》（1949）等。他自称其哲学为"经验的自然主义"和"工具主义"，并竭力把哲学理论广泛运用于政治、教育、宗教、道德以及现实生活的许多领域，使其产生了广泛的影响。他的《艺术即经验》就是实用主义哲学理论在美学领域的具体运用和体现。

---

[1] ［美］门罗·C. 比尔兹利：《美学简史：从古希腊至当代》，麦克米伦公司1966年版，第332页。

第十五章　实用主义的美学经典

第一节　经验：杜威美学的核心范畴

在《经验与自然》一书中，杜威将自己建立的哲学称为"经验的自然主义"或"自然主义的经验主义"，强调把经验当作哲学思想的出发点。经验是他哲学思想的核心范畴，也是他美学思想的哲学基础。我们要深入理解杜威美学思想，首先要从深入分析他所阐明的经验范畴入手。

经验这一概念，西方古代哲学中早已有之。近代哲学的认识论转向，使经验问题成为哲学研究和讨论的中心问题。尽管各派对经验性质和作用的认识存在分歧，但都把经验当作主观意识，当作主体对于对象的一种认识。这实际上就是把认识的主体和认识的对象分属两个不同的领域，将经验和自然、精神和物质的关系看作二元分立的关系。唯物主义和唯心主义在经验的来源问题上虽然彼此对立，但在把精神和物质、经验和自然分割开来上则是一致的。杜威认为，这种建立在主、客分裂二元论基础上的经验概念，是被传统哲学非经验的反思所歪曲的产物。他说："自17世纪以来，这种把经验和主观自私的意识等同起来的对经验的概念，就一直和全部由物理对象构成的自然对立起来，并且大大地蹂躏了哲学。"① 他之所以要重新解释经验，就是要纠正对经验概念的误解，进而改造传统哲学二元论的思维方式。

杜威认为，经验和自然不是互相隔绝和对立的，而是互相联系和结合的。"经验并不是把人和自然隔绝开来的帐幕；它是不断地深入自然的心脏的一种途径。"② "经验是关于自然的，也是发生在自然以内的。"③ 自然是被经验的对象，当它和另一种自然对象——人的机体相联系时，就是事物如何被经验到的方式。经验就是主体和对象、有机体和环境之间的相互作用和过程。杜威这种看法是以达尔文的生物进化论为基础的，认为人作为生物有机体，为了生存必须对环境做出反应，并且要适应于环境。人与环境的交互作用在彼此之间确立了连续性，使有机体和环境、主体和对

---

① [美] 杜威：《经验与自然》，傅统先译，江苏教育出版社2005年版，第10页。
② [美] 杜威：《经验与自然》，傅统先译，江苏教育出版社2005年版，第3页。
③ [美] 杜威：《经验与自然》，傅统先译，江苏教育出版社2005年版，第3页。

象、经验和自然连接成一个不可分割的统一整体。所以,在杜威看来,经验既不是主观对对客体的认识,也不是独立的精神存在,而是主体和客体、有机体和环境的相互作用和有机统一,也就是人的行为、活动和过程。

对于经验这个不可分割的整体,杜威作了进一步的具体分析和阐明。他说:

> "经验"是一个詹姆士所谓具有两套意义的字眼。好像它的同类语"生活"和"历史"一样,它不仅包括人们做些什么和遭遇些什么,他们追求些什么,爱些什么,相信和坚持些什么,而且也包括人们是怎样活动和怎样受到反响的,他们怎样操作和遭遇,他们怎样渴望和享受,以及它们观看、信仰和想象的方式——简言之,能经验的过程。"经验"指开垦过的土地,种下的种子,收获的成果以及日夜、春秋、干湿、冷热等等变化,这些为人们所观察、畏惧、渴望的东西;它也指这个种植和收割、工作和欣快、希望、畏惧、计划,求助于魔术或化学、垂头丧气或欢欣鼓舞的人。它之所以是具有"两套意义"的,这是由于它在其基本的统一之中不承认在动作与材料、主观与客观之间有何区别,但认为在一个不可分析的整体中包括着它们两个方面。①

这里,杜威指出经验范畴的内涵包括不可分割的"两个方面"或"两套意义",它们分别是被经验的事物和能经验的过程。杜威在其他地方也明确称这两方面为"所经验的对象和能经验的活动""能经验的主体和被经验到的自然"。被经验的事物,包括人们所做、所遭遇、所追求、所爱的事物,人们所观察、畏惧、渴望的东西等,属于自然和客体;能经验的活动包括人们的活动、反响、操作、渴望、享受,以及他们观看、信仰和想象的方式,人们的劳动、工作、希望、畏惧、计划、失落和欢欣等,属于人和主体。无论从对象还是从主体来看,这里所包含的内容都大大超出了传统哲学把经验仅仅看作人对客体的认识的观念。杜威认为,将一切经验过程都当作认识的一种方式,是一种武断的"理智主义",它和原始所

---

① [美]杜威:《经验与自然》,傅统先译,江苏教育出版社2005年版,第8页。

经验到的事实背道而驰。因为事物在它们是被认知的对象之前，它们便已是为我们所对待、使用、作用与运用、享受和保持的对象，是被享有的事物。人们并不是首先认识事物，而是拥有、使用和享受事物，由此而产生的人的意志和情感、希望与信仰等在经验中具有更重要的地位，这实际上肯定了经验包括非理性的内容。

杜威对经验的独特理解和阐释，突破了传统哲学把经验当作一个认识论概念的看法，纠正了近代哲学中居于支配地位的将人与自然、主观和客观、心灵与物质割裂分立的二元论，后者代表着西方现代哲学试图超越以二元对立为特征的传统形而上学的思潮。从认识和实践来看，强调经验和自然、主体和对象、主观和客观的相互联系、相互作用是不可分割的统一，确有其合理性。但是，杜威对经验的解释，是以有机体适应环境的学说作为基础的，具有明显的生物学色彩。他在否定主客、心物分裂的二元论时，也将自然和物质世界的客观存在问题排除在哲学研究范围之外。

在具体阐述经验和自然的关系时，杜威提出了两种互相矛盾的观点。一方面，他承认自然是经验的对象，不等于经验本身；经验的存在，需要以生物有机体和特殊的环境为先决条件。这实际上是肯定了经验的存在是以自然为前提，而自然界的存在是不以经验为转移的。另一方面，他又把自然界和环境的存在当作人的经验对象化了的存在，因而它们的存在要以人经验到它们为转移。他说："凡是我们视为对象所具有的性质，应该是以我们自己经验它们的方式为依归的，而我们经验它们的方式又是由于交往和习俗的力量所导致的。"[①] 这就是说，自然界和环境作为经验对象存在要依赖于人的经验。诚然，自然界和客观事物在人的实践中成为人的对象化的存在，但是，如果将此无限夸大，否定自然界和物质世界是不以人的意志为转移的客观存在，就会通向唯心主义。

杜威认为经验和历史、生活、文化具有同样的意义。他认同泰勒的文化概念，认为文化是一个错综复杂、变化多端的整体，包括知识、信仰、艺术、道德、习俗等。其中，他特别重视以艺术形式表现出来的经验。正如他所说："艺术既代表经验的最高峰，也代表自然界的顶点。"[②] 他从经

[①] ［美］杜威：《经验与自然》，傅统先译，江苏教育出版社2005年版，第12页。
[②] ［美］杜威：《经验与自然》，傅统先译，江苏教育出版社2005年版，第5页。

验出发研究艺术,把艺术研究当作经验范畴的运用和延伸。这样,他便从经验转向艺术,从哲学走向美学。

第二节 作为经验的审美和艺术的性质

《艺术即经验》是杜威的美学专著,也是实用主义美学的代表作。在该书第一章中,杜威便开宗明义,指出他的任务是要"恢复作为经验的精炼和强化形式的艺术作品与公认的构成经验的日常事件、活动和苦难之间的连续性"①。流行的传统艺术观念把艺术从日常经验的事物中分离出来,一味地强调艺术的超脱性、精神性、独立性,使之不再同具体经验中的事物相联系,从而使人们对艺术的产生和性质产成了错觉。要建立另一种审美哲学,就必须依靠一种新的研究方法,恢复审美经验与生活的正常过程之间的延续关系,把艺术和美感与经验联系起来,从人们的日常经验中去寻找和说明艺术和美感的萌芽和根源。如果说,《经验与自然》是要纠正传统哲学对经验概念的错误理解,重建经验和自然的联系;那么,《艺术即经验》就是要纠正流行艺术哲学对艺术观念的错误认识,重建艺术和经验的联系。

杜威认为,经验是审美和艺术的萌芽,"艺术的根源存在于人的经验之中"②,所以必须要探寻经验的审美性质。如前所述,杜威把经验理解为作为有机体的人与周围环境的相互作用。在这种相互作用过程中,存在着人与环境相协调的丧失和统一的恢复这种周期性运动。人作为活的存在物不断地与周围的事物失去与重建平衡。"在两种可能的世界里,审美经验不会发生。在一个单是不断变动的世界中,变化不会被积累;它不是朝向一个终极的运动,因此就没有稳定和休止。可是,同样真实的是,一个完成和结束了的世界,没有暂时停止和危机等特征,也不会提供任何转化的机会。在一切都已完成之处,没有完满。"③但是,人与环境的交互作用,是变化与稳定、失衡与平衡、冲突与和谐、欲望与实现的往复循环。据

---

① [美] 杜威:《艺术即经验》,纽约:企鹅普特南出版公司1980年版,第3页。
② [美] 杜威:《艺术即经验》,纽约:企鹅普特南出版公司1980年版,第3页。
③ [美] 杜威:《艺术即经验》,纽约:企鹅普特南出版公司1980年版,第16—17页。

此，杜威指出：

> 由于我们生活在其中的实际的世界，是运动与到达顶点、中断与重新联合的结合，所以活的生物的经验可以具有审美的性质。生命存在物不断地与周围的事物失去平衡又重建平衡。从失调（disturbance）转向和谐（harmony）的片刻是生命最强烈的片刻。①

也就是说，在生活过程从不规则运动恢复到统一和谐的那一刻，它就获得了审美性质。"审美不是通过无益的奢侈或超验的理想而从外部侵入经验之中的，而是属于每一个正常的完整经验之特征的清晰而强烈的发展。"②

为了阐明普通日常经验是如何发展成审美经验的，杜威提出了一个重要概念："一个经验"（an experience）。依他的看法，由于人与环境的互动，经验不断地发生。然而，由于外在干扰或内在惰性，经验往往达不到预定目的，不能形成完整经验。与这些普通经验不同，有一种经验是真正完满的经验，这就是所谓的"一个经验"。杜威解释说：

> 当所经验的材料走完其过程而达到完善时，我们就拥有了与上述经验不同的一个经验。那时，也只有那时，经验才在内部形成整体，并在总的经验之流中与其他经验区别开来。一件作品以一种令人满意的方式完成，一个问题得到解答，一个游戏玩结束；一种境遇，不管是吃一餐饭、玩一盘棋、做一次谈话、写一本书，或者参加一场政治活动，都会完满发展，其结果是一个圆满完成而不是一个中断。这样一种经验是一个整体（whole），并且带有自己的个性化的性质（individualizing quality）和自我满足（self-sufficiency）。它就是一个经验。③

这里，杜威指出"一个经验"是内部实现整合、得到完全发展的经

---

① ［美］杜威：《艺术即经验》，纽约：企鹅普特南出版公司1980年版，第17页。
② ［美］杜威：《艺术即经验》，纽约：企鹅普特南出版公司1980年版，第46页。
③ ［美］杜威：《艺术即经验》，纽约：企鹅普特南出版公司1980年版，第35页。

验,具有整体性、独特性、自足性。这可以说是指出了"一个经验"与其他经验不同的具体特点。对于这些特点,他在以后的论述中多有展开。其中,最重要的是整体性,其他特性也都是由整体性产生并包含在整体性之中的。他还说:"一个经验具有一个整体,这个整体使它具有一个名称,那餐饭、那场暴风雨、那次友谊的破裂。这一整体的存在是由渗透在全部经验中的单一的性质构成的,尽管它的组成部分是变化的。"① 又说:"在一个经验中,流动是从某件事到某件事。由于一部分引起另一部分,所以这一部分是继续此前的一部分,每一部分都获得一种自身的独特性。持续的整体由于强调其多种色彩的相连的阶段而呈现出多样化。"② 杜威进一步指出,在形成经验的整体中,情感性起着重要作用。"情感是运动和结合的力量。它选择适合的东西,再用自己的色彩渲染所选的东西,因而赋予外表上根本不同和互相区别的材料一个质的统一。因此,它在一个经验的多种多样的部分中,并通过这样的部分,提供了统一性。当整体一经这样被描绘,经验就具有了审美的特征,尽管它主要不是一种审美经验。"③

在杜威看来,凡是具有上述特点的完整的一个经验,便都具有了审美性质。但是一个经验却不等于审美经验。"一个经验(按其所包含的意义说)与审美经验既有相通性,也有相异性。"④ 一个经验的审美性质虽然为审美经验提供了基础和来源,但是,审美经验却不等于一般的审美性质,而是比一般审美性质具有更高的要求。杜威并没有明确界定审美经验和具有审美性质的一个经验的区别究竟有哪些方面。但是,他用描述方法说明了一个经验成为审美经验的条件和要求:

> 在一个独特的审美经验中,那些在其他经验中属于屈从的特征取得主导地位;从属的特征变成了统治的特征,正是依靠这些特征,经验成了完整、完全而又独立的经验。⑤

使一个经验成为审美经验的独特之处在于,将抵抗、紧张和本身

---

① [美] 杜威:《艺术即经验》,纽约:企鹅普特南出版公司1980年版,第37页。
② [美] 杜威:《艺术即经验》,纽约:企鹅普特南出版公司1980年版,第36页。
③ [美] 杜威:《艺术即经验》,纽约:企鹅普特南出版公司1980年版,第42页。
④ [美] 杜威:《艺术即经验》,纽约:企鹅普特南出版公司1980年版,第54页。
⑤ [美] 杜威:《艺术即经验》,纽约:企鹅普特南出版公司1980年版,第55页。

倾向于分离的刺激，转化为一种向着包容一切而又臻于完善的结局的运动。①

结合他在其他地方的阐述，可以说他认为审美经验就是具有审美性质的一个经验的特征取得了主导地位，从而使这些特征得到了清晰、强烈、集中、完善的发展。

审美经验是艺术产生和发展的基础，然而，审美经验并不完全属于艺术，艺术也不能等同于审美经验。杜威认为在英语中没有一个词明确地包含艺术的与审美的这两个词所表示的意思。艺术和审美属于两个过程："'艺术的'主要指生产的行为，而'审美的'主要指感知和欣赏的行为。"② 艺术表示一个做或造的过程。每一种艺术都以某种物质材料，以身体或身体外的某物，使用或不使用工具来做某事，从而制作出某件可见、可听或可触摸的东西；而审美是指一种鉴别、感知、欣赏的经验，它代表一种消费者而不是生产者的立场。但是，在一个经验中做与受是互相联系的，所以不能将艺术和审美之间的区别扩展到将它们分开。一方面，艺术作为生产和审美作为享受是相互支持的。"要使一部作品成为真正艺术的，它必须同时也是审美的——也就是说，适合欣赏的接受感知。"③ 艺术家在制作时也将接受者的态度体现在自身中。艺术家不断地制作再制作，直到他在知觉中对他所做的感到满意为止。艺术家的直接知觉和鉴赏力指导着他去制造。所以，艺术中的生产过程与接受中的审美是有机地联系在一起的。另一方面，审美、欣赏的接受活动也不是被动性的，它与创作者的活动具有类似之处。为了进行感知和欣赏，观赏者必须创造他自己的经验。他的创造必须包括与作品创作者所经历的相类似的关系，并按照自己的观点和兴趣完成这些活动。"没有一种再创造的活动，对象就不会作为艺术作品被感知。"④ 这里，杜威区别了"艺术产品"和"艺术作品"，前者是物质的、潜在的；后者是能动的、被经验的，只有后者才可以被称为艺术。这些看法揭示了艺术和审美的辩证关系，是颇为深刻的。

---

① ［美］杜威：《艺术即经验》，纽约：企鹅普特南出版公司1980年版，第56页。
② ［美］杜威：《艺术即经验》，纽约：企鹅普特南出版公司1980年版，第46页。
③ ［美］杜威：《艺术即经验》，纽约：企鹅普特南出版公司1980年版，第48页。
④ ［美］杜威：《艺术即经验》，纽约：企鹅普特南出版公司1980年版，第54页。

将艺术与日常生活经验相分离,导致传统和流行的艺术理论把美的艺术高高供奉,将其与实用艺术、大众艺术彼此分割和对立起来。杜威从艺术与经验的连续性出发,反对对艺术的这种人为分割。他认为审美和实用、美的艺术和实用艺术并不存在截然的界限,对它们做出分割的观点是简单地依照对某种现存社会状况的接受做出的,是外在于作品本身的。具有实用价值的作品同样可以具有审美和艺术价值,例如,黑人雕塑家所做的偶像对他们的部落群体来说具有最高的实用价值,但是,由于艺术家在制作中完美的生活与体验,它们现在是美的艺术,在20世纪对已经变得陈腐的艺术起着革新的作用。杜威还指出,把美的艺术与大众艺术分割开来是现代资本主义社会条件下形成的。一些人把博物馆、画廊、歌剧院中的作品称为大写字母A开头的艺术,奉为经典,却把大众艺术排除在艺术门外。这种区分造成了严重的后果。"当这些对象被文雅之士定评为美的艺术作品时,由于它们高高在上,人民大众就会觉得它们显得苍白无力,他们出于审美饥渴就会去寻找廉价而粗俗的东西。"① 这些论述带有艺术民主性的色彩,值得肯定。

第三节 从经验看审美和艺术的表现性

艺术的表现或表现性是艺术理论历来研究的一个重要问题。但是,如何看待感情与表现的关系以及艺术表现的性质,却一直存在分歧,其中影响较大是表现主义和形式主义两种表现理论。前者把艺术表现看成作家艺术家个人感情的发泄,是创作者的自我表现;后者认为艺术的表现性仅仅在于客观事物和艺术形式本身,与意义无关。杜威认真审视和批判了这些流行的表现理论,他从艺术与经验的联系出发,对艺术的表现行为(the act of expression)和表现性对象(the expressive object)重新进行了考察和研究,形成了艺术表现的新理论。

杜威认为,表现的行为根源于经验中的冲动。每一个经验,不管其重要性如何,都随着一个冲动。冲动来源于人和环境作用中产生的需要,是有机体整体的运动。冲动是任何完满的经验的最初的一步,只有冲动才能

---

① [美]杜威:《艺术即经验》,纽约:企鹅普特南出版公司1980年版,第6页。

导致表现，但是仅仅受本能的冲动所支配的活动并不是表现。如果纯粹是冲动，那只是一次发泄，情感的发泄是表现的一个必要但不充分的条件。发泄是消除、排解；表现则是留住，向前发展，努力达到完满。那些被称为自我表现的活动，就其本身而言只是一种情感的发泄，而不是表现。

那么，情感的发泄怎样才能转变成表现的活动呢？杜威认为必须具备两个条件。首先，情感的表现需要借助和通过材料和媒介。媒介与表现行为之间的联系是内在的。一个发泄的活动缺乏媒介，只有在材料被使用而起媒介作用时，才有表现与艺术。杜威分析说，从词源上讲，表现的行为是压出（express）。当葡萄在榨酒机中被压碎时，汁就被压出了。"要想压出果汁，既需要有葡萄，也需要有榨酒机；同样，要构成情感的表现，既需要有内在的情感和冲动，也需要有周围的、作为阻力的对象。"① 没有对于客观状况的控制，没有为了使刺激得以体现而为物质材料造型，就没有表现。杜威强调，在表现行为中，内在情感和外在材料始终是互相结合、互相作用的，二者不能分割。他说：

> 所有关于表现行为性质的错误观点都源于这样一种看法：一个情感是在其内部完成的，只有在其表露出来以后，才会对外在的材料施加影响。但实际上，一个情感总是朝向、来自或关于存在于事实中或者思想中的某种客观的事物。②

在表现活动中，情感发挥着对所呈现的材料进行选择和结合的引导作用。情感就像磁铁一样将适合的材料吸向自身，对材料的选择和组织，既是所经验到的情感的性质的一个功能，也是对它的一个检验。在与客观材料相互作用过程中，内在情感也发生了很大变化。总之没有情感，就没有艺术，但如果直接显示，尽管有情感而且很强烈，其结果也不是艺术。情感只有在间接地被使用在寻找材料上，并被赋予秩序，而不是被直接发泄时，才会被充实并向前推进。"审美情感是通过对客观材料的发展和完

---

① ［美］杜威：《艺术即经验》，纽约：企鹅普特南出版公司1980年版，第64页。
② ［美］杜威：《艺术即经验》，纽约：企鹅普特南出版公司1980年版，第66—67页。

成而转化了的天然情感。"① 这样的一种情感的"客观化"就是审美和艺术的表现。

另外,情感的表现需要融入先在经验所赋予的价值和意义。杜威认为,没有一种从内向外的情感发泄,就没有表现,但是,所发泄的情感"必须通过接受先在经验所赋予的价值以进行清理,才能成为一个表现行动"。他举例说,一个婴儿的哭与笑,与他转头去追逐光线一样,没有表现什么。当这个婴儿长大后,他知道特定的动作会造成不同的结果,哭与笑带来周围人不同反应。因此,他开始知道他所做的动作的意义,这时他就具有了做出真正表现行为的能力。在艺术表现活动中,存在着一种当下具体存在的特征与过去经验已经在人格中加以吸收的价值之间的紧密联系。杜威分析道:

> 当对于题材的激动走向深入时,它便激起了许多来自先前经验的态度与意义。它们在被唤醒进入活动以后,就成为有意识的思想与情感,成为情感化的意象(emotionalized images)。②

所以,在情感的表现中,融汇着思想和意义,它们是一种"情感化的思维"或"情感化的思想"。这种直接依据色彩、语调、图像所做的思维,是与用语词所做的思维不同的运作过程。艺术表现的价值和意义只能由直接可见与可听的性质来表现,不能从它们可被用语词表达的含义上来问它们具有什么意义。这里既肯定了艺术表现中思想与情感的关联,又指出了艺术表现中意义和情感与具体形象融合为一的特点,特别是情感化的意象、情感化的思维等提法,显示了艺术表现的思维特点,颇为可取。

在考察和分析了表现行为之后,杜威又考察和研究了表现行为的结果,即作为艺术作品的表现性对象。作为个人活动的表现行为与作为客观结果的表现性对象是有机联系在一起的。在分析表现行为时,杜威批判了认为表现仅仅是个人情感发泄过程的观念,而在分析表现性对象时,他又批评了主张艺术对象纯然是已经存在的其他对象的再现的理论。他指出,

---

① [美]杜威:《艺术即经验》,纽约:企鹅普特南出版公司1980年版,第79页。
② [美]杜威:《艺术即经验》,纽约:企鹅普特南出版公司1980年版,第65页。

第十五章 实用主义的美学经典

艺术对象并不是原有对象本身的再现,即像照相机那样如实地再现自然景观中的物体。精确地再现一个具体物体,在表现性上必然是有限的。它们或者只是如人们有时说的那样"现实主义地"表现一个事物,或者表现一般化的事物的种类,通过它们我们认识到所属的物种——人、树、圣徒,或其他什么事物。这不是艺术表现具有的性质,艺术知觉不是仅仅再现客观对象本身,而是主客体相互作用的结果,是实际的景观与艺术家带入的东西相互作用后产生的应变量。它所提供的是艺术家自身所经历的关于这个世界的一个新经验。艺术家先前的经验方面和状态被熔铸进了他创造的新经验的对象之中,从而给予新创造的对象以表现性。杜威以凡·高描绘罗纳河铁桥的绘画为例,分析艺术家的内在情感与外部事物如何融合在一个体现新经验、具有独特意义的对象中,从而形成艺术对象的表现性,他说:

> 这幅画不是仅仅对罗纳河上的个那座特定的桥的"再现",也不是对一颗破碎的心,甚至不是对凡·高自己凄凉的情感的'再现',这凄凉情感首先不知何故被刺激起来,然后又被景色吸收(并进入)于其中。他的目的是,通过对任何在场的人可能"观察"到的、成千上万的人已经观察过的材料进行绘画的呈现,从而提供一种如同具有其自身的独特意义的新的经验对象。情感的骚动与外部事件融合在一个对象中,它的"表现性"既不是体现为两者的分离,也不是体现为两者的机械结合,而是体现在"彻底地使人心碎"的意义上。他并没有倾泻这种凄凉的情感;这是无法做到的。他用某种相当特别的眼光选择并组合了一个外在题材——这就是表现。并且,就他成功完成的程度而言,这幅画必然是表现性的。①

这段叙述可以说把艺术表现性形成的原因和内在机制精妙、深入地揭示出来了。

杜威指出,正确理解艺术对象中直接感性材料与由于先前经验而与它结合的材料之间的关系问题,是正确认识对象表现性问题的核心。由于看

---

① [美]杜威:《艺术即经验》,纽约:企鹅普特南出版公司1980年版,第86页。

· 219 ·

不到两者是内在的和固有的整合，导致了两个相互对立却同样错误的关于表现的性质的观念。一种观念认为，审美的表现性仅仅属于直接的感性形式，与所表现的题材和意义无关。这就是弗莱倡导的形式主义理论，该理论把绘画的审美表现性归结为属于线条和色彩本身。对此，杜威批评道："在一位艺术家能够依据他的绘画中色彩和线条关系的特点而重构他面前的景色之前，他先要依据由先前经验将意义和价值引入其中的感知来观察景色。"① 艺术家对于景色的重构，不能排除他过去与环境交往中所提供的意义，他对各种题材先前的经验已经熔铸进新审美视觉的再造之中。"不同的线条和不同的线条关系在下意识中已经充满着价值，这些价值是我们在每一次与周围世界接触时的所作所为而形成的。绘画中的线条与空间关系的表现性只有在这个基础上才能被理解。"② 这种批评和分析的确是相当深刻的。与此相对立的另一种错误观念，是否认直接的感觉性质具有任何表现性，而将表现性完全归因于所联想到的材料，如浮龙·李的移情说。对此，杜威也给予了批评，他指出："艺术对象的表现性应归于这样一个事实，即它呈现出一种经受材料与行动材料的彻底而完全的相互渗透，而行动材料包括对来自我们过去经验的材料的重新组织。因而，在这种相互渗透中，行动材料不是通过外在的联想的方式，也不是通过强加在感觉性质上的方式而增添的材料。"③ 如果过去的经验材料没有与艺术作品的直接感性性质融为一体，它们就只是外在的联想和提示，而不是对象本身的表现性的一部分。

总的看来，杜威从审美和艺术的经验性质出发，对审美和艺术的表现性作了新的探索和阐述，构建了独特的表现理论。它比较深入地揭示了艺术表现的特殊规律和的审美特点，颇具启发性。对于艺术表现中主体与客体、情感与材料、情感与思想、表现与再现、形式与意义等关系的论述，也比较全面、辩证、深刻，多有可圈可点之处，它在杜威艺术理论中是比较精彩的部分。

---

① ［美］杜威：《艺术即经验》，纽约：企鹅普特南出版公司1980年版，第89页。
② ［美］杜威：《艺术即经验》，纽约：企鹅普特南出版公司1980年版，第101页。
③ ［美］杜威：《艺术即经验》，纽约：企鹅普特南出版公司1980年版，第103页。

第四节　思想价值与当代意义

综上所述，杜威《艺术即经验》一书的主旨，是要从经验出发重新审视艺术的性质、特征和作用，恢复艺术和经验、审美经验和日常经验、审美情感和日常情感之间的有机联系和统一，以纠正将艺术和审美与普通经验和日常生活隔离分裂的传统和流行艺术观念。正是这一主旨，集中体现出杜威美学思想的创造性。他从各个方面对艺术问题展开的论述都是围绕着这一主旨，并由此获得了新的视点。杜威认为传统和流行的各种美学和艺术理论都是从艺术本身和抽象的艺术概念出发，去寻找艺术问题的解答，而他要提出新的理论，必须采用新的研究方式。他说："为了理解艺术产品的意义，我们必须暂时忘记它们，避开它们，以求助于经验的普通力量与条件；通常情况下，我们并不把这样的力量和条件看作是审美的。我们必须通过绕道，已达到一种艺术理论。"[1] 正是这种从经验出发的新的美学研究方式，引出了一系列与传统艺术观念迥异的理论结论。

和以往的艺术理论不同，杜威在《艺术即经验》中并没有对艺术是什么做一个抽象概括、表述明确的定义，他对艺术性质的界定主要是用描述的方法，用众多的事例和反复的论证对艺术的经验性质和特征进行描述性的阐述。这使得他的许多论述缺乏概念的明晰性和逻辑的严密性，正是这一点受到致力于艺术概念分析和看重逻辑性的分析美学家的诟病。但是，杜威对艺术定义的回避，从另一方面看也使他的艺术论说具有广泛包容性和开放性。正如门罗·C.比尔兹利所说，《艺术即经验》"极富于启发性"，"每一次重新读它，都会产生意外的新见识"。[2] 它的更重要价值与其说在于个别理论和结论，不如说在于观察艺术的视角和研究艺术的路径。正是后者使他的理论不仅在当时而且在今天仍然具有特殊价值。

杜威把艺术和审美纳入经验范畴，强调艺术和审美与日常生活经验的连续性，扩大了人们对艺术和审美认识的视野，拓展了美学和艺术研究的

---

[1]　[美] 杜威：《艺术即经验》，纽约：企鹅普特南出版公司1980年版，第4页。
[2]　[美] 门罗·C.比尔兹利：《美学简史：从古希腊至当代》，麦克米伦公司1966年版，第332页。

对象和范围，为艺术发展开辟了广阔的空间，因而对美学和艺术理论建设、对艺术实践发展都具有重要的作用和影响。尽管在 20 世纪中叶，由于分析美学在西方和美国的盛行，杜威的美学曾经一度被冷落，但是，从 20 世纪末叶以来，西方美学和艺术理论家又纷纷将目光投向杜威美学。这和西方当代艺术和审美实践发生的巨大变化和新的转向有着密切关系。

　　从 20 世纪下半叶以来，随着时代条件的变化，从西方开始，在审美和艺术领域发生了许多新的、重要的转变，致使美学和艺术研究产生转向。首先是艺术日常生活化打破艺术与非艺术的壁垒，引起关于艺术边界问题的大讨论。20 世纪下半叶开始，波普艺术、行动绘画、人体艺术、大地艺术、环境艺术、观念艺术、照相写实主义艺术等西方现代艺术和后现代艺术流派先后登场，其共同特点是向传统艺术概念发起挑战，企图突破传统审美和艺术范畴，打破艺术与实际生活的界限，推动艺术日常生活化。艺术的触觉伸展到过去人们并不认为是艺术的层面，使如何重新界定艺术与非艺术的界限成为一个无法回避的理论问题。分析美学试图以现代和后现代艺术实践为基础重新确立艺术的边界。阿瑟·丹托和乔治·迪基把沃霍尔的《布里洛盒子》和杜尚的《泉》（两者都把日常用品置入博物馆或画廊展览而称为艺术品）作为案例进行分析，提出了"艺术界"理论和"艺术惯例"说，但至今未得到美学和艺术理论界的共识。其次是日常生活审美化填平生活审美与艺术审美的鸿沟，使美学研究领域扩大并转向实际生活。随着现代工业创意设计的发展，人们的衣食住行都渗透着美的观念。审美的态度渗透在大众日常生活的各个层面，审美经验大大超越了艺术的范围，与人们的日常生活经验融为一体，这就是后现代主义所谓的"审美泛化"。随着审美活动和审美经验领域的扩大，美学的疆域也得到极大的扩展，包括日常生活美学、环境美学、生态美学、身体美学等实用美学成为美学研究的新热点。最后是大众文化和文化产业与艺术相互渗透，消除高雅艺术与大众艺术的界限，形成艺术走向大众和生活的新方式和新形态。大众文化的崛起是后现代时期的一大文化景观，美国文化批评家詹明信称它为"审美的民本主义"。他说："在现代主义的巅峰时期，高等文化跟大众文化（或称商业文化）分别属于两个不同的美感经验范畴，今天，后现代主义把两者之间的界限彻底取消了。后现代主义为我们今天的文化带来一种全新的文本——其内容形式及经验范畴，皆与昔日的文化产品大相径庭。"① 在当代科技条件下，借助于大众传媒技术，精英艺术与大众艺术之间的界限被消融了。大众艺术和文化产业互为推手，文化产业的发展，使艺术由手工制作变为机械复制和大批量生产，为艺术走向大众、走向社会、走向日常生活开辟了广阔的道路。信息技术产生的网络影视、网络音乐、网络动漫、网络文学等文艺新形态，给人们带来全新的审美体验。

　　面对上述审美和艺术实践中产生的新变化和出现的新问题，美学和艺术研究必须从理论上做出新的阐释和回答。对于如何理解正在发生的艺术日常生活化与日常生活审美化的变化进程来说，杜威的美学思想无疑是一把合适的钥匙。因此，一些美学家和艺术理论家在构建新的美学和艺术理论中，不约而同地回到杜威的美学思想中去寻找思想资源，并从新的审美和艺术实践需要出发，对杜威的美学思想进行新的阐释。接受美学的创始人汉斯·罗伯特·耀斯在《审美经验与文学解释学》中探讨了"关于审美经验和日常现实世界中其他意义领域之间的关联"问题，这与杜威探讨的主题几乎是相同的。作者称赞《艺术即经验》一书是"审美经验领域的一项开创性成果"。他通过对杜威关于审美经验与日常经验关系的理论的分析和评论，重新探讨了日常生活中审美经验的地位、特征和界定问题。他认为审美经验不仅和艺术相关联，也与日常世界具有密切联系。"审美经验可以与日常世界或者任何现实进行交流，并能够消除虚构和现实之间的对立。"② 这无疑是杜威美学思想的发展。美国当代实用主义美学家、身体美学的倡导者理查德·舒斯特曼坦承杜威的美学思想对他的理论产生了最大的影响。在《实用主义美学》一书中，他重新审视了杜威旨在恢复审美经验同生活的正常过程之间的连续性的审美自然主义，认为杜威的连续性美学，揭示了艺术与生活、美的艺术与实用艺术、高级艺术与通俗艺术、时间艺术与空间艺术、审美的与认识的和实践的等传统二分观念在根本上的连续性，是对当代审美和艺术实践的最好辩护。他说："重新思考艺术即经验，激发我努力为大众文化的艺术合法性进行辩护，而且，通过把生

---

　　① ［美］詹明信：《晚期资本主义的文化逻辑》，陈清侨等译，生活·读书·新知三联书店、牛津大学出版社1997年版，第424页。
　　② ［德］汉斯·罗伯特·耀斯：《审美经验与文学解释学》，顾建光等译，上海译文出版社1997年版，第184页。

活塑造成艺术的样式，它也能给生活之美的伦理理想打下基础。艺术不再局限于某种在传统上有特权的形式和媒体（由历史上艺术过去的实践所认可和统治），作为审美经验的有目的的生产，艺术变得更值得向未来的在大量不同生活经验的素材中的实验开放，对这些生活经验进行审美塑造和美化。"① 这可以说是对杜威美学当代价值的最好注脚。

　　杜威的美学思想强调审美和艺术与经验的连续性，强调艺术与生活不可分割的联系，并从经验出发解释艺术的来源、性质和特征，丰富了西方美学和艺术理论，其中符合艺术客观规律的观点和论述是我们构建美学和艺术理论可供借鉴的思想资料。但是，他用人的经验的对象代替客观存在的现实世界，因而无法理解艺术是对客观现实的审美反映这一本质特征。他强调审美经验和日常经验的连续性，却没有明确地指出审美经验的要素是什么以及它与其他经验如何不同。在强调艺术同日常生活的联系时，他没有充分认识到艺术既源于生活又高于生活的基本规律。对于科学的美学和艺术理论来说，杜威美学的局限性也是十分明显的。

---

① ［美］理查德·舒斯特曼：《实用主义美学》，彭锋译，商务印书馆2002年版，第86页。

第十六章 存在主义的艺术哲学

——海德格尔的《艺术作品的本源》

在西方20世纪存在主义哲学的形成和发展中，德国哲学家海德格尔（Martin Heidegger，公元1889—1976年）无疑是最具代表性、最有影响的人物。海德格尔早年就读于弗赖堡大学并获得博士学位，后历任马堡大学、弗赖堡大学教授。1933年希特勒上台后，被任命为弗赖堡大学校长。1955年从弗赖堡大学退休后专事著述。海德格尔一生学术著作甚多，其学术思想发展变化也很大。20世纪20年代末，他发表了代表作《存在与时间》（1927），认为人是领悟自身之存在的存在者，是"此在"，它是追问存在的意义的出发点，建立了通过"此在"的生存状况分析寻求存在的意义的基础存在论。30年代初期，海德格尔的思想发生转向，他从对"此在"的生存状况的分析转到侧重于阐述存在的意义之被遗忘的过程，突出讨论了"存在之真理"问题，其间的主要著作有《柏拉图的真理学说》（1942）、《论真理的本质》（1943）等。从1947年发表《关于人道主义的书信》起，海德格尔又明确提出存在的更深刻的根源在于"天道"的显露，追问存在的意义也就成了"天道"的探寻，这一时期主要著作有《林中路》（1950）、《走向语言之途》（1959）等。

海德格尔作于20世纪30年代的《艺术作品的本源》（1950年收入《林中路》正式出版）是他美学思想的代表作，集中而完整地表达了他对艺术本质问题的看法。他在这部著作的开头说："对艺术作品之本源的追问就是追问艺术作品的本质之源。"[1] 这是海德格尔美学思想的主题。通过对艺术本质的追问去思考和认识艺术之谜，是他在这部著作中所要达到的目的。海德格尔对艺术问题的思考是从他的存在论哲学和真理观出发的，他

---

[1] ［德］海德格尔：《海德格尔文集·林中路》，孙周兴译，商务印书馆2017年版，第1页。

探讨艺术本质问题的思维方式迥异于西方传统美学,所提出的艺术本质的理论几乎前所未有,可以说为艺术理论研究开辟了一种新的思路和新的视野,因而在20世纪以来的西方美学发展史上,受到高度关注和重视。

第一节 探索艺术本源的新路径

海德格尔为什么要探讨艺术问题?他对艺术本质的追问基本思路是什么?他探讨艺术问题的路径和传统美学有什么根本区别?要了解这些问题,必须首先了解海德格尔的基础存在论哲学以及后期哲学思想的转向。

海德格尔在其前期哲学代表著作《存在与时间》中建立了基础存在论。他认为西方传统形而上学仅仅将目光聚焦于存在者,而遗忘了存在是什么,致使存在的意义仍然隐藏在晦暗中。而存在论的基本任务,就是要澄清存在的意义。它不是追问存在者是什么,而是追问存在者怎样存在。如何去掇取存在的意义呢?海德格尔认为必须从"此在"出发。"此在"是海德格尔哲学的独特的、关键的术语,它其实就是指人这种存在者。确立此在的"优先地位",通过对此在特加阐释以进入存在,便是海德格尔存在论的基本思路。他把此在的存在称为生存,着重分析了此在的基本结构——"在世",认为此在与世界处于不可分割的联系之中,由此对以主客二分为基本特点的传统形而上学作了批判。但他认为世界的存在完全依赖于人的存在,又陷入了主观主义,终究未能跳出主体形而上学。

海德格尔后来自觉感到出现的问题,开始了后期的哲学思路的转向,由前期从此在出发追问存在,着重于对此在的生存状态的分析,转到着眼于存在本身,集中探讨存在之真理。由此,"存在之真理"问题成为他在20世纪三四十年代思考和研究的哲学主题。海德格尔对艺术本质问题的思考和探讨,就是围绕着存在之真理问题展开的,他以存在之真理的思考为基础研究艺术,同时也以艺术研究论证和丰富对存在之真理的哲学思考。

正是由于海德格尔研究艺术的出发点和哲学基础完全不同于传统美学,所以他探讨艺术本质的路径也迥异于传统美学。传统美学的艺术本质论是以主客二分的认识论为基础的,而这恰恰是海德格尔的存在论所批判的对象。传统美学对艺术本质的探究要么从既定的概念出发,要么从主体的体验出发,在海德格尔看来,这两条路都不能达到目的。从概念或理念出发的艺术研究在西方长期占有统治地位。黑格尔的美学便是根据形而上学而做的沉思。但海德格尔认为这样从基本原理和更高级概念做出推演，是得不到艺术的本质的。"因为这种推演事先也已经看到了那样一些规定性，这些规定性必然足以把我们事先就认为是艺术作品的东西呈现给我们。"① 至于另一种途径，海德格尔称之为"美学的考察"。美学把艺术作品当作一个对象，而且把它当作 aisthesis 的对象，即广义上的感性知觉的对象，这种知觉称为体验。于是，"人体验艺术的方式，被认为是能说明艺术之本质的"②。实际上，这类谈论所用的语言"并不认真对待一切本质性的东西"，往往只不过是一些肤浅的论述。

在《存在与时间》中，海德格尔称自己的哲学探索是现象学存在论，他对胡塞尔的现象学作了存在论的改造，使之成为存在论的方法。他在《艺术作品的本源》中探索艺术本质，用的就是现象学方法，排除了既定的理论和经验，"面向事情本身"，即存在本身。研究艺术现象，必然涉及三个方面：艺术家、艺术作品和艺术。海德格尔首先从分析三者的关系入手，寻找探究艺术本质的切入点。艺术家、艺术作品、艺术三者互相循环、互为本源。艺术家是作品的本源；作品是艺术家的本源。艺术家和作品都通过一个第一位的第三者而存在，那就是艺术。但艺术和作品也是互为依赖、互相循环的，双方都只能从对方获得答案。于是，我们只能在艺术无可置疑地起现实作用的地方寻找艺术的本质。海德格尔说："为了找到在作品中真正起支配作用的艺术的本质，我们还是来探究一下现实的作品，追问一下作品：作品是什么以及如何是。"③

海德格尔认为，为了找到真实的艺术，必须找到艺术作品直接的和全部的现实性，必须弄清作品的物因素。"所有作品都具有这样一种物因素。"④在建筑中有石质的东西，在绘画中有色彩的东西，在语言作品中有话音，在音乐中有声响……作品的物因素是本真的东西筑居于其上的基础。为了弄清作品的物因素，必须弄清物之存在，亦即物之物因素。通常所说的物是指自然物和用具，纯然物即本真的物，是连用具也排除在外的。西方思

---

① ［德］海德格尔：《海德格尔文集·林中路》，孙周兴译，商务印书馆2017年版，第3页。
② ［德］海德格尔：《海德格尔文集·林中路》，孙周兴译，商务印书馆2017年版，第73页。
③ ［德］海德格尔：《海德格尔文集·林中路》，孙周兴译，商务印书馆2017年版，第3页。
④ ［德］海德格尔：《海德格尔文集·林中路》，孙周兴译，商务印书馆2017年版，第4页。

想对物之物性的解释概括起来有三种，即：物是其特征的载体；物是感官上被给予的多样性之统一体；物是具有形式的质料。海德格尔对其逐一进行了考察分析，认为这三种解释都没有把握物因素的本质，不足以用来把握作品的物性因素。流行的关于物的概念阻碍了人们去发现物之物因素、器具之器具因素，当然也就阻碍了人们对作品之作品因素的研究。为此，应该回转到存在者那里，从存在者之存在的角度去思考存在者本身。长期以来，在对存在者的解释中，器具存在一直占据着十分重要的优先地位。器具是通过我们人自己的制作而进入存在的，在物与作品之间占据了一个特别的中间地位。要认识物之物因素和作品之作品因素，首先要找出器具之器具因素。

海德格尔指出，要找到器具之器具因素，就要径直去描绘一个器具。为此，他选了一双农鞋作为例子。但这不是一双农鞋的实物，而是凡·高的一幅画着农鞋的著名油画。按照常识，器具的器具存在就在其有用性中。但是，在凡·高的画上除了一双农鞋再无别的，这双农鞋的用处和所属只能归于无。然而，面对画上的这双农鞋，我们却进入了另一个天地。海德格尔描写道：

> 从鞋具磨损的内部那黑洞洞的敞口中，凝聚着劳动步履的艰辛。这硬梆梆、沉甸甸的破旧农鞋里，聚集着那寒风料峭中迈动在一望无际的永远单调的田垄上的步履的坚韧和滞缓。鞋皮上粘着湿润而肥沃的泥土。暮色降临，这双鞋底在田野小径上踽踽而行。在这鞋具里，回响着大地无声的召唤，显示着大地对成熟的谷物的宁静的馈赠，表征着大地在冬闲的荒芜田野里朦胧的冬眠。这器具浸透着对面包的稳靠性的无怨无艾的焦虑，以及那战胜了贫困的无言的喜悦，隐含着分娩阵痛时的哆嗦，死亡逼近时的战栗。这器具属于大地（Erde），它在农妇的世界（Welt）里得到保存。[①]

海德格尔进一步分析指出，凡·高的油画揭开了这器具即一双农鞋真正是什么。"器具之本质存在"，即农鞋这个器具的存在意义，我们称之为

---

① ［德］海德格尔：《海德格尔文集·林中路》，孙周兴译，商务印书馆2017年版，第20页。

可靠性。凭借可靠性，这器具把农妇置入大地的无声的召唤之中，农妇才把握了自己的世界。于是，这个存在者进入它的存在之无蔽之中。古希腊人把存在者之无蔽状态命名为 άληθεια，即我们所说的真理。在艺术作品中存在者是什么和存在者如何被开启出来，存在者走进了它的存在的光亮里，作品的真理就出现了，存在者的真理便已被置入其中了。据此，海德格尔认为，"艺术的本质或许就是：存在者的真理自行设置入作品"①。这样，通过现象学存在论方法，从寻求艺术作品的现实性出发，回到存在者，海德格尔重新对艺术的本质做出了界定。

第二节 艺术本质：存在者之真理自行设置入作品

艺术的本质是存在者之真理自行设置入作品，换言之，艺术就是置入作品的存在者之真理。这可以说是海德格尔首创的存在论的艺术定义，这个定义的核心是作品与真理、真理与艺术的关系。因此，要深入理解这一艺术定义，需要弄清作为艺术而发生出来的真理本身究竟是什么？真理在作品中如何可能发生？真理自行置入作品是什么意思？这些问题正是海德格尔在《艺术作品的本源》中所论述的重点问题。

我们在前文指出，海德格尔对艺术问题的思考是围绕存在之真理问题展开的，而存在之真理问题是他于 20 世纪 30 年代思想转向后的哲学主题。在作于 20 世纪 30 年代初的《论真理的本质》中，海德格尔全面批判了传统的、流俗的真理概念，明确提出了存在主义真理观。他说："'真理'并不是正确命题的标志，并不是由人类'主体'对一个'客体'所说的、并且在某个地方——我们不知道在哪个领域——'有效'的命题的标志；不如说，'真理'乃是存在者之解蔽，通过这种解蔽，一种敞开状态才成其本质（west）。"② 长期以来，传统哲学都是从认识论来讲真理，真理便意味着知识与事实的符合一致，表达知识的命题与事实的符合一致被当作真理的本质。海德格尔认为这种真理的本质是未曾被经验和未曾被思考过的东西。如果事实本身没有处于无蔽领域之中，它又能怎样显示自身，命题

---

① [德] 海德格尔：《海德格尔文集·林中路》，孙周兴译，商务印书馆 2017 年版，第 23 页。
② [德] 海德格尔：《海德格尔选集》（上），孙周兴选编，上海三联书店 1996 年版，第 225 页。

又如何能与事实相一致呢？他追索西方思想的开端，认为希腊词语 άληθεια 即存在者之无蔽状态，就是我们所说的真理。"真理是存在者之为存在者的无蔽状态。"① 按照海德格尔的理解，真理是作为澄明与遮蔽的原始争执而发生的，澄明与遮蔽的原始争执就是存在之真理。"就其本身而言，真理之本质即是原始争执。"② 在这种原始争执中，发生在存在者整体中的敞开的中心被争得了。在存在者整体中间有一个敞开的住所、一种澄明，唯当存在者站进和出离这种澄明的光亮领域之际，存在者才能作为存在者而存在。由于这种澄明，存在者才在确定的和不确定的程度上是无蔽的；存在者之无蔽即存在者之真理源于存在之真理。所以，存在者之真理也是一种争执，在这种争执中，存在者整体之无蔽亦即真理被争得了。

那么，在艺术作品中真理作为这种无蔽是如何发生的呢？海德格尔认为，艺术作品建立一个世界和制造大地，世界和大地按其自身各自的本质形成争执，从而进入澄明与遮蔽的争执之中，作品因之是那种争执的实现过程，在这种争执中存在者之真理便在作品中自行发生了。

对此，海德格尔选择了一件建筑作品——希腊神庙，加以具体描述和说明。希腊神庙单朴地置身于巨岩满布的岩谷中。这个建筑作品包含着神的形象，并且在这种隐蔽状态中，通过敞开的圆柱式门厅让神的形象进入神圣的领域。贯通这座神庙，神在神庙中在场。

> 正是神庙作品才嵌合那些道路和关联的统一体，同时使这个统一体聚集于自己周围；在这些道路和关联中，诞生和死亡，灾祸和福祉，胜利和耻辱，忍耐和堕落——从人类存在那里获得了人类命运的形态。这些敞开的关联所作用的范围，正是这个历史性民族的世界。出自这个世界并在这个世界中，这个民族才回到它自身，从而实现它的使命。③

这个建筑作品阒然无声地屹立于岩石上。作品的这一屹立道出了岩石

---

① ［德］海德格尔：《海德格尔文集·林中路》，孙周兴译，商务印书馆2017年版，第75页。
② ［德］海德格尔：《海德格尔文集·林中路》，孙周兴译，商务印书馆2017年版，第45页。
③ ［德］海德格尔：《海德格尔文集·林中路》，孙周兴译，商务印书馆2017年版，第29—30页。

第十六章 存在主义的艺术哲学

那种笨拙而无所促迫的承受的幽秘,同时也照亮了人在其上和其中赖以筑居的东西。海德格尔称它为"大地","神庙作品阒然无声地开启着世界。同时把这世界重又置回到大地之中"①。通过对神庙作品的描述,海德格尔认为,建立一个世界和制造大地,乃是作品之作品存在的两个基本特征。

这里需要弄清楚海德格尔所说的世界和大地的内涵是什么。"世界"这一术语最早出现在《存在与时间》一书中,书中通过对此在在世的分析,对世界提出了一种新的解释,认为世界是此在本身的一种性质,"世界本质上是随着此在的存在展开的"②。所以,世界离不开人。转向之后的海德格尔虽然更多着眼于存在本身而非此在,但他这里所讲的世界仍然脱离不了人的内容。他说:"世界是自行公开的敞开状态,即在一个历史性民族的命运中单朴而本质性的决断的宽阔道路的自行公开的敞开状态。"③"由于一个世界开启出来,世界就对一个历史性的人类提出胜利与失败、祝祷与亵渎、主宰与奴役的决断。"④ 可见,世界关乎历史性民族和人类的命运,关乎人的历史和生存。一块石头是无世界的,植物和动物同样也没有世界。相反,凡·高画中的农妇却有一个世界,因为她居留于存在者之敞开领域中。神庙赋予人类以他们自身的展望,所以才开启了一个世界。"大地"一词的德文中包含土地、地球等含义,海德格尔这里使用它,既有自然物的意思,也有构成艺术作品的质料的意思。他说:"在被当作对象的作品中,那个看来像是流行的物的概念意义上的物因素的东西,从作品方面来了解,实际上就是作品的大地因素。"⑤ 又说:"作品把自身置回到石头的硕大和沉重、木头的坚硬和韧性、金属的刚硬和光泽、颜料的明暗、声音的音调和词语的命名力量之中。作品回归之处,作品在这种回归中让其出现的东西,我们称之为大地。"⑥ 海德格尔进一步指出,在艺术作品中,世界和大地由于各自本性而形成对立和争执,世界是敞开领域和敞

---

① [德]海德格尔:《海德格尔文集·林中路》,孙周兴译,商务印书馆2017年版,第30—31页。
② [德]海德格尔:《存在与时间》,陈嘉映等译,生活·读书·新知三联书店1999年版,第233页。
③ [德]海德格尔:《海德格尔文集·林中路》,孙周兴译,商务印书馆2017年版,第37页。
④ [德]海德格尔:《海德格尔文集·林中路》,孙周兴译,商务印书馆2017年版,第54页。
⑤ [德]海德格尔:《海德格尔文集·林中路》,孙周兴译,商务印书馆2017年版,第61页。
⑥ [德]海德格尔:《海德格尔文集·林中路》,孙周兴译,商务印书馆2017年版,第35页。

开状态。大地的本质是自行锁闭，世界不能容忍任何锁闭，因为它是自行公开的东西。大地是庇护者，它总是倾向与把世界摄入它自身并扣留在它自身中。世界和大地本质有别，互相争执，却相依为命，相互统一。世界建基于大地，大地穿过世界而涌现出来。作品建立一个世界并制造大地，同时就完成了这种争执。作品因之成为澄明与遮蔽的争执的实现过程，在这种争执中，存在者整体之无蔽亦即真理便被争得了。

> 在神庙的矗立中发生着真理。这并不是说，在这里某种东西被正确地表现和描绘出来了，而是说，存在者整体被带入无蔽状态并保持于无蔽状态中。……在凡·高的油画中发生着真理。这并不是说，在此画中某种现存之物被正确地临摹出来了，而是说，在鞋具的器具存在的敞开中，存在者整体，亦即在冲突中的世界和大地，进入无蔽状态之中。[①]

由此，海德格尔从作品建立世界和制造大地——世界与大地争执——存在者整体之无蔽，顺理成章地完成了对"作品的本质就是真理的发生"这一命题的逻辑推论，并划清了存在论艺术本质观与认识论艺术本质观的根本区别。

海德格尔对世界与大地构成艺术作品的两个基本特征，世界与大地互相争执又互相统一，并在争执中显示存在者之真理的论述，可以说是他关于艺术本质理论中最富有创造性的部分，它不但从观点、概念到话语都是以前的艺术理论中所没有的，而且其中涉及艺术作品中物与人、象与意、隐与显等多个对立方面的辩证统一关系，其含意非常深刻，对我们深入理解艺术本质特征很有启发意义。

第三节 艺术作品的创作、保存及诗意

结合艺术本质是存在者之真理自行置入作品这一基本规定，海德格尔探讨了艺术的创作、保存和诗意问题，借此也进一步具体论述了真理是如

[①] [德]海德格尔：《海德格尔文集·林中路》，孙周兴译，商务印书馆2017年版，第46页。

何在作品中自行发生和生成的。

按照海德格尔的理解,真理之发生就是真理在通过真理自身敞开的争执和领地中设立自身。真理并非事先在某处自在地现存着,然后再在某个地方把自身安置在存在者中去。真理在生成之中。敞开性之澄明和在敞开中的设立是共属一体的,它们是真理之发生的同一个本质。真理发生有多种方式,真理把自身设立于由真理开启出来的存在者之中的一种根本性方式,就是真理自行设置入作品。此外,真理设立自身的方式还有建立国家的活动、本真生活、本质性的牺牲(宗教)和思想者的追问(哲学)。由于真理的本质在于把自身设立于存在者之中,从而才成其为真理,所以在真理的本质中存在着与作品的牵连,作品乃是真理本身得以在存在者中间存在的一种突出可能性。

海德格尔指出,作品中真理之发生需要创作参与。创作是什么?创作的本质是由作品的本质决定的。作品的本质就是真理的发生。在作品中真理之生发起着作用,所以,"我们就可以把创作规定为:让某物出现于被生产者之中"①。真理之进入作品的设立是一个存在者的生产。"当生产过程特地带来存在者之敞开性亦即真理之际,被生产者就是一件作品。这种生产就是创作。作为这种带来,创作毋宁说是在与无蔽状态之关联范围内的一种接受和获取。"② 可见,海德格尔所说的创作,并非我们通常理解的艺术家的创作活动,即艺术家对生活素材进行构思和加工以塑造艺术形象并使其对象化。他所谓创作就是真理把自身设立于作品的生产过程,生产过程把存在者置入敞开领域带来存在者之真理,作为这种"带来",创作是对存在之真理的一种接受和获取。

海德格尔分析说,通过创作而生产的作品的被创作存在,具有以下两个特性。其一,作品的被创作存在通过裂隙(Riβ)让真理被固定于形态之中;真理作为世界与大地的争执被置入作品中。争执将存在者本身带入裂隙,裂隙是描绘存在者之澄明的涌现的基本特征的剖面图。在作品创作中,作为裂隙的争执必定被置回到大地之中并被固定起来,这种争执乃是

---

① [德] 海德格尔:《海德格尔文集·林中路》,孙周兴译,商务印书馆2017年版,第51页。
② [德] 海德格尔:《海德格尔文集·林中路》,孙周兴译,商务印书馆2017年版,第54页。

形态（Gestalt）。"作品的被创作存在意味着：真理之被固定于形态中。"①大地与世界的争执在作品的形态中固定下来，并通过这一形态才得以敞开出来。其二，作品的被创作存在由冲力而构成唯一性。在艺术作品中，被创作存在本身以特有的方式被寓于作品中，从创作品中突现出来。"在艺术家以及作品形成的过程和条件都尚不为人知的时候，这种冲力，被创作存在的这个'如此'（Daβ），就最纯粹地从作品中出现了。"② 作为这个"如此"的无声的冲力进入敞开领域中。这种冲力越是本质性地进入敞开领域中，作品就变得越是令人意外，越是孤独。那唯一性，即作品存在着这一事实的唯一性也就愈加明朗。虽然海德格尔的上述分析使用了生僻难懂的词语，但它指出被创造的作品存在具有形态化和唯一性的特点，对于深入认识艺术创作的基本规律和特点还是颇具启发性的。

　　海德格尔进一步指出，被创造的作品存在不但需要创作，而且需要保存。如果作品没有被创作便无法存在，因而本质上需要创作者；同样地，如果没有保存者，被创作的东西也将不能存在。唯有保存，作品在其被创作存在中才表现为现实的，亦即作品式地在场着的。"作品之保存意味着：置身于在作品中发生的存在者之敞开性中。"③ 作品之保存并不是把人孤立于其私人体验，而是把人推入与在作品中发生着的真理的归属关系中，逗留于在作品中发生的真理那里。海德格尔所说的作品的保存，类似于我们通常所说的作品的接受，但他认为保存并非对作品的欣赏、体验和享受。保存并没有把作品强行拉入纯然体验的领域。"在保存意义上的知道与那种鉴赏家对作品的形式、品质和魅力的鉴赏力相去甚远。"④ 经过对作品创作和保存的分析，海德格尔重新定义艺术说："艺术就是：对作品中的真理的创造性保存。"⑤

　　结合艺术本质与存在者之真理的发生的关系，海德格尔还探讨了艺术的诗意创造本质问题。他说：

---

① ［德］海德格尔：《海德格尔文集·林中路》，孙周兴译，商务印书馆2017年版，第55页。
② ［德］海德格尔：《海德格尔文集·林中路》，孙周兴译，商务印书馆2017年版，第57页。
③ ［德］海德格尔：《海德格尔文集·林中路》，孙周兴译，商务印书馆2017年版，第59页。
④ ［德］海德格尔：《海德格尔文集·林中路》，孙周兴译，商务印书馆2017年版，第60页。
⑤ ［德］海德格尔：《海德格尔文集·林中路》，孙周兴译，商务印书馆2017年版，第64页。

作为存在者之澄明与遮蔽，真理乃是通过诗意创造而发生的。凡艺术都是让存在者本身之真理到达而发生；一切艺术本质上都是诗（Dichtung）。①

由于艺术的诗意创造本质，艺术就在存在者中间打开了一方敞开之地，在此敞开之地的敞开性中，一切存在遂有不同之仪态。这里，海德格尔区分了宽泛意义上的诗艺创造与作为语言作品的狭义的诗，指出后者只是前者的一种方式，只是真理之澄明着的筹划的一种方式。同时，他还论述了诗与语言的关系，认为语言本身就是根本意义上的诗，诗歌在语言中发生，是因为语言保存着诗的原始本质。诗乃是存在者之无蔽状态的道说（die Sage）。真正的语言是那种道说之生发，在其中，一个民族的世界历史性地展开出来，而大地作为锁闭者得到了保存。总之，作为真理之自行设置入作品，艺术就是诗。不仅作品的创作是诗意的，作品的保存同样也是诗意的。这些论述颇为新颖，有助于揭示艺术深藏的内在意蕴。

第四节 深刻意蕴与理论困境

海德格尔的艺术本质论，从探寻思路、基本观点到词语概念、论述方式，都具有前所未有的独特性，和我们熟悉的西方传统艺术理论几乎对不上号，确实从思维方式到理论观点都超越了建立在主客二分认识论基础上的传统艺术理论。传统艺术理论或把艺术本质理解为对客观对象的模拟和反映，或将艺术本质看作艺术家主观情感的表现，或将形式及形式美当作艺术的本质特征，等等。而这些理论恰恰是海德格尔所批判的对象，他以主客一体的存在论为基础，从存在之真理出发，对艺术本质做出新的解释，建构了全新的艺术哲学，拓展了艺术探讨的理论视野。

海德格尔认为艺术的本质是真理之自行设置入作品。作品建立一个世界并制造大地，世界和大地在争执和统一中被带进敞开领域，存在者之无蔽亦即真理在作品中发生。在这里，海德格尔反复强调，艺术作品所敞开的世界是历史性民族的世界，是与人类存在和人类命运相关联的世界，是

---

① ［德］海德格尔：《海德格尔文集·林中路》，孙周兴译，商务印书馆2017年版，第64页。

揭示出人的生存价值和意义的世界。艺术乃是"一个民族的历史性此在的本源"①。这就充分肯定了艺术与人生的紧密联系及其社会历史意义。美国美学家门罗·C. 比尔兹利指出,海德格尔所要回答的美学问题是:"从最深刻的意义上看,艺术以什么样的方式,对人的存在的真实性的实现产生作用。"② 这正是海德格尔艺术本质论深刻的思想意蕴所在。海德格尔哲学对人类生存命运的关注和思考,对当代思想界产生深刻影响。他对艺术的社会历史意义的强调,与此是紧密联系的。面对技术制造和环境破坏等所造成的人类生存困境,海德格尔提出"人诗意地栖居"这一重要哲学命题。他认为人之栖居以诗意为基础,作诗是本真的让栖居。人以神性度量自身,根据诗意之本质而作诗。"这种诗意一旦发生,人便人性地栖居在这片大地上。"③ 这就将艺术和诗同人类生存命运的关联提升到一个新的高度。

不过,海德格尔的艺术本质论也存在许多理论上让人困惑难解之处。首先,他对艺术本质的界定仅限于艺术与真理、作品与真理的关系。"艺术的本质是存在者之真理自行置入作品"和"作品的本质就是真理的发生"两个具有定义性质的表述,都是从艺术与存在者之真理的关系出发,来规定艺术的本质。为了强化这一结论,海德格尔批判了西方传统美学一直认为艺术是与美有关的,而与真理无关的看法,指出了传统美学理论将真理归属于逻辑而把美留给美学的弊端。的确,在西方美学中,从休谟到康德,我们都可以看到将理智与情感、认识与审美分属于逻辑和美学的倾向。海德格尔指出它们的片面性也是对的,但是,他反过来只讲艺术与真理相关,而与美无关,认为"不能根据被看作自为的美来理解艺术",这是否也是一种片面性看法呢?当然,海德格尔在论述艺术本质时,也论及美,并且给美下了一个定义:"美是作为无蔽的真理的一种现身方式。"④这实际上是将美与真理等同起来了,所以他说:

---

① [德] 海德格尔:《海德格尔文集·林中路》,孙周兴译,商务印书馆2017年版,第72页。
② [美] 门罗·C. 比尔兹利:《美学简史:从古希腊至当代》,麦克米伦公司1966年版,第374页。
③ [德] 孙周兴选编:《海德格尔选集》(上),上海三联书店1996年版。第480页。
④ [德] 海德格尔:《海德格尔文集·林中路》,孙周兴译,商务印书馆2017年版,第46页。

第十六章　存在主义的艺术哲学

美与真理并非比肩而立的。当真理自行设置入作品，它便显现出来。这种显现（Erscheinen）——作为在作品中的真理的这一存在和作为作品——就是美。因此，美属于真理的自行发生（Sichereignen）。①

这里只强调美与真理的一致，却忽视了两者的区别，忽视了美的独特性质，从而也就掩盖了艺术的审美特质。在我们看来，艺术作为人的头脑掌握现实的一种特殊方式，它与哲学、道德、宗教等掌握现实的方式的根本区别，正在于它是人对现实的一种审美掌握。如果忽视了艺术的审美特质，那就不可能全面完整地阐明艺术的本质。海德格尔认为，真理之发生和设立自身有许多方式。艺术作为真理自行设置入作品，只是真理之发生的一种根本方式。此外，建立国家、本真生活、宗教、哲学也都是真理设立自身和现身运作的不同方式。但是，他却始终没有说明各种真理发生方式究竟有何区别，这与他忽视艺术的审美特性是密切相关的。

其次，海德格尔对艺术本质的规定和论证存在着相互矛盾和含混模糊之处。他在提出艺术本质是真理自行设置入作品的规定之后，同时提出了两个需要回答的问题，即真理本身是什么？以及真理如何"自行设置入作品"并在作品中自行发生？关于第一个问题，海德格尔对真理做出了完全不同于传统看法的理解，这里我们暂不评论。单说第二个问题，真理是如何自行设置入作品并在作品中自行发生？他的论述呈现出模棱两可、相互矛盾的特质。正如海德格尔自己所说，在"真理之自行设置入作品"的命题中，真理同时既是设置行为的"主体"，又是设置行为的"客体"，这是一种根本性的模棱两可。是先行存在的真理作为主体将自身自行设置入作品之中，还是通过人的创作和保存，将真理作为客体设置入作品之中？这在艺术本质规定中始终是含混模糊的。海德格尔自己也不得不承认，在"真理之设置入作品"这一标题中，"始终未曾规定但可规定的是，谁或者什么以何种方式'设置'"。在论述艺术的创作中，海德格尔解释真理之自行置入作品说："因为真理的本质在于把自身设立于存在者之中从而才成其为真理，所以在真理之本质中就包含着那种与作品的牵连（Zug zum

---

①　［德］海德格尔：《海德格尔文集·林中路》，孙周兴译，商务印书馆2017年版，第76页。

Werk），后者乃是真理本身得以在存在者中间存在的一种突出可能性。"①这就是说，真理本身已经先于存在者自在地存在着，真理的本质要求把自身设立于存在者，所以包含着与作品的牵连，成为在作品中自行发生的突出可能性。这和他在另一处否认真理事先存在的说法显然是是自相矛盾的。实际上，这就是将真理本身当作自行置入作品的主体，而回避了人的作用。这也许就是海德格尔虽然认为探求艺术本质涉及艺术家、艺术作品和艺术三个方面，但在论述中却极少提到艺术家的根本原因。在谈到"作品的纯粹自立"时，海德格尔说："正是在伟大的艺术中（我们在此只谈论这种艺术），艺术家与作品相比才是某种无关紧要的东西，他就像一条为了作品的产生而在创作中自我消亡的通道。"② 如此忽视艺术家在创作中的地位和作用，让人颇感惊讶。艺术是经过艺术家的创造性精神活动，对现实生活的加工改造和能动反映。看不到艺术家在作品创造中的能动作用，是难以深刻认识艺术的本质的。海德格尔矢口否认艺术是一种"精神现象"，实际上也就是否认了艺术的意识形态属性，这与他忽视艺术家的能动作用是相关的，这无异于在通往艺术本质的道路上设置了一座屏障，要真正解开艺术之谜是不可能的。

---

① ［德］海德格尔：《海德格尔文集·林中路》，孙周兴译，商务印书馆2017年版，第53页。
② ［德］海德格尔：《海德格尔文集·林中路》，孙周兴译，商务印书馆2017年版，第28页。

第十七章　现象学的审美经验理论体系

——杜弗莱纳的《审美经验现象学》

德国哲学家胡塞尔创立的现象学哲学,是20世纪影响最大、最广泛的西方现代哲学思潮之一。受其影响形成的现象学美学,产生了两位具有世界影响的现象学美学家。一位是波兰美学家R.英伽登;另一位是法国美学家M.杜弗莱纳(Mikel Dufrenne,公元1910—1995年)。前者侧重于文学艺术作品的本体论研究,后者侧重于艺术的审美经验研究。如果说英伽登是现象学美学理论体系的奠基者,那么杜弗莱纳则可被视为现象学美学理论体系的完成者。杜弗莱纳曾任法国美学协会主席、《美学评论》杂志社社长。他的代表作是《审美经验现象学》(1953),这本著作以独特完整的现象学美学体系,为他带来了现象学美学当代巨擘的声誉。权威现象学史家施皮格伯格在《现象学运动》一书中对这部著作在现象学美学中的重要地位给予了极高评价。此外,杜弗莱纳还著有多卷本论文集《哲学与美学》,继续阐明《审美经验现象学》中的主要观点并作了进一步发展。

现象学美学建立在现象学哲学基础之上。杜弗莱纳主要通过法国存在主义哲学家萨特和梅洛-庞蒂接受了胡塞尔的现象学哲学。他认为,现象学的理论和方法和审美经验研究具有内在的统一性。"审美经验在它是纯粹的那一瞬间,完成了现象学的还原。"[①] 在呈现中被给予的和被还原为感性的审美对象,也就是现象学还原所想要达到的现象。他还认为"审美经验揭示了人类与世界的最深刻和最亲密的关系"[②],它在意向性概念中可以得到深刻阐明。《审美经验现象学》就是把现象学理论和方法贯穿在对审美经验的研究中,从而对审美经验、审美对象、审美知觉、审美主客体关

---

① [法] M.杜弗莱纳:《美学与哲学》,孙非译,中国社会科学出版社1985年版,第53页。
② [法] M.杜弗莱纳:《美学与哲学》,孙非译,中国社会科学出版社1985年版,第3页。

系等问题做出了独到的现象学分析,构建了原创的完整的现象学的审美经验理论体系。

第一节 审美经验与审美对象

杜弗莱纳在《审美经验现象学》引言中明确指出:"描述由艺术引起的审美经验是本书专注的主要内容。"① 他不仅把分析审美经验作为他自己的任务,而且还认为整个美学的任务也在于研究审美经验。他说:美学"主要的是把握本原,即审美经验本身的意义,这既包括构成审美经验的东西,又包括审美经验所构成的东西"②。以审美经验为中心研究美学,这是杜弗莱纳美学研究的显著特点,他的《审美经验现象学》就是一部名副其实的现象学审美学著作。

审美经验既包括欣赏者的审美经验,也包括艺术创作者的审美经验。杜弗莱纳选择欣赏者的审美经验作为研究对象,他说:"我想要描述、随后进行先验分析并从中引出形而上学意义的审美经验,指的是欣赏者的而不是艺术家本人的审美经验。"③ 为什么要选择研究欣赏者的审美经验呢?因为在杜弗莱纳看来,研究艺术家的创作经验有滑向心理主义的危险,而且艺术创作者久久不能平静的激情和欣赏者对于审美对象的静观,是两种不同的审美经验。欣赏者应该比艺术家创作作品时更需要有鉴赏作品的能力。所以,欣赏者的经验是一种独特而关键的审美经验,更值得重视和研究。

研究审美经验从何入手呢?杜弗莱纳认为,首先其面临的是审美经验和审美对象的关系问题,这也是现象学美学提出和探讨的一个关键的美学问题。按照胡塞尔的意向性学说,意识活动总是指向某个对象,意识活动和意识对象作为纯粹意识的有机因素,二者是不可分割的。一切意识都是关于对象的意识;一切对象都是意识的对象。意识存在着一种基本的结

---

① [法] M. 杜弗莱纳:《审美经验现象学》,[英] 爱德华·S. 凯西等译,伊文斯顿,1973年,第IXVⅲ页。
② [法] M. 杜弗莱纳:《美学与哲学》,孙非译,中国社会科学出版社1985年版,第1页。
③ [法] M. 杜弗莱纳:《审美经验现象学》,[英] 爱德华·S. 凯西等译,伊文斯顿,1973年,第XIV页。

构，即意向性，意识对象便是由意识的意向性所构成的东西。现象学美学把这种理论贯穿在对审美经验和审美对象的研究中，认为正如意向性永远表现着意识和对象的相互依赖关系一样，审美经验和审美对象也是相互依赖、相互制约、不可分割的。一方面审美经验构成着审美对象，另一方面审美对象又规定着审美经验。如果说离开了审美经验，我们便不能了解审美对象，那么同样可以说，离开了审美对象，我们也不能认识审美经验。我们当然应该用审美对象来界定审美经验，然而，审美对象只能作为审美经验的关联物来界定自己。这样就产生了一个循环：用审美经验来界定审美对象，又用审美对象来界定审美经验。这个循环集中了主体—客体关系的全部问题，也集中了现象学审美经验研究的全部问题。

　　杜弗莱纳认为，为了克服这种循环造成的理论困难，可以从审美经验中区分出审美对象和审美知觉，对其分别加以研究。《审美经验现象学》便是把界定审美对象作为分析审美经验的首要问题。关于审美对象的界定，杜弗莱纳首先提出的是方法问题。如前所述，现象学美学认为审美对象是在审美经验中形成并与审美经验相关联的。那么，是否可以从审美经验出发去界定审美对象呢？杜弗莱纳认为不能这样做，原因是如果从审美经验出发，那就要力图使审美对象从属于审美经验，结果是赋予审美对象以宽泛的意义，即把被任何种类的审美经验审美化了的一切客体都看作审美对象。这样一来，审美对象就可以包括自然界中的对象，以及艺术家在着手创作以前想象中的意象等。但是，在这里为审美经验所下的定义是不严格的，因而也就不能赋予审美对象以严格的定义。根据现象学创始人胡塞尔晚年提出的"主体际性"（intersubjectivity）的概念，尽管没有意识便没有对象，但我们却可以预先设定意识对象并先于意识论述。作为"意向性的分析"，现象学方法倾向于从分析意识对象开始，而把分析意识活动（意识对象的必然关联）放到下一步。因为分析涉及经验的对象要比分析作为行为的经验方便些。所以，现象学美学界定审美对象的方法是"把经验从属于对象，而不是把对象从属于经验"，这样才能赋予审美对象以严格的意义，并进而为审美经验找到准确的定义。

　　既然不能从审美经验出发去界定审美对象，那么，究竟从何入手来为审美对象下定义呢？杜弗莱纳明确提出，现象学美学的途径是"要通过艺术作品来界定对象自身"，也就是说"从艺术作品的基础上出发给审美对象下定义"①。这样做的好处是:"由于没有人怀疑艺术作品的存在和完美作品的真实无伪,因之根据与作品关系来给审美对象下定义,审美对象就很容易确定了。"② 只要我们把艺术作品作为世界上存在物加以研究,就找到了审美对象存在的基础。

尽管杜弗莱纳主张从艺术作品出发去界定审美对象,但他反复强调的是审美对象和艺术作品之间的区别,并把区分审美对象和艺术作品作为进一步界定审美对象的关键问题。他虽然承认艺术作品是界定审美对象的基础,但是又强调审美对象只能在观赏者的审美知觉中才能形成,所以离不开主体的审美知觉,这也是英伽登曾一再强调的看法。杜弗莱纳说:"审美对象是审美地被知觉的对象,亦即作为审美物被知觉的对象。"③ 但是,艺术作品作为一种存在物,可能被这样一种知觉所把握,这种知觉或者忽视其审美特质,例如观看演出时心不在焉;或者想要理解和解释它而不是感受它,例如艺术批评家所可能做的那样。在这样非审美地被感知时,艺术作品还不能成为审美对象。只有当艺术作品被审美地感知时,艺术作品才能实现它的审美特质,形成审美对象。他说:

> 审美对象乃是作为艺术作品被感知的艺术作品,这个艺术作品获得了它所要求的和应得的、在欣赏者顺从的意识中完成的知觉。④
> 审美对象和艺术作品的区别是:必须在艺术作品之上加上审美知觉,才有审美对象的显现。⑤

总之,审美对象就是被审美地感知的艺术作品。

前文说过,杜弗莱纳主张以艺术作品为基础来界定审美对象,但是,

---

① [法] M. 杜弗莱纳:《审美经验现象学》,[英] 爱德华·S. 凯西等译,伊文斯顿,1973年,第 I i 页。
② [法] M. 杜弗莱纳:《审美经验现象学》,[英] 爱德华·S. 凯西等译,伊文斯顿,1973年,第 I ii 页。
③ [法] M. 杜弗莱纳:《审美经验现象学》,[英] 爱德华·S. 凯西等译,伊文斯顿,1973年,第 I ii 页。
④ [法] M. 杜弗莱纳:《审美经验现象学》,[英] 爱德华·S. 凯西等译,伊文斯顿,1973年,第 I ii 页。
⑤ [法] M. 杜弗莱纳:《审美经验现象学》,[英] 爱德华·S. 凯西等译,伊文斯顿,1973年,第 IXV 页。

在说明了审美对象和艺术作品的区别之后,他又提出审美对象只能依凭审美知觉才能界定自己,审美知觉是审美对象的基础,从而强调审美对象和审美知觉是互相关联、不可分割的,"审美对象只有在审美知觉中才能完成"①。例如博物馆中展出的美术作品,如果没有被参观者进行审美的感知,那么这些作品便不是作为审美对象而存在;如果它们只是被修养不高的人漫不经心地打量一下,那么这些作品在这个人面前也没有作为审美对象而存在。

杜弗莱纳对审美对象所做的分析和界定,无疑是相当独特的。"审美对象"这个概念虽然在西方美学理论中早已有之,但不同的美学家对它的理解和解释并不完全一致。在当代西方影响甚大的"审美态度"理论中,审美对象简单地被理解为审美态度的衍生物,这种理论认为存在着一种特殊的审美态度——主体的某种精神状态,任何对象,无论它是人工制品还是自然对象,只要主体对它采取一种审美态度,它就能变成一个审美对象。总之,审美对象是由审美态度决定的。世界上并不存在一种固定不变的审美对象,审美对象与非审美对象也没有严格区别,一切要以审美主体的态度为转移。如果我们将杜弗莱纳对审美对象的界定和上述理论加以比较,就会看出它们之间的差别。杜弗莱纳不但将审美对象严格地限制在艺术作品的范围内,而且明确提出艺术作品是审美对象形成的基础。虽然艺术作品必须经过审美感知才能变为审美对象,但是审美感知或审美态度却不是构成审美对象的唯一条件。对于现象学美学家来说,与其说审美对象是由审美感知或审美态度决定的,不如说是由作为客体的艺术作品和作为主体的审美知觉共同创造的。正是从这里出发,现象学美学把审美对象和艺术作品看成是既互相联系又互相区别的东西,从而赋予了审美对象以严格的定义。现象学美学对审美对象与艺术作品、审美对象与审美知觉相互关联的阐述,形成了一套逻辑严密、自成一体的审美对象的学说,它较之以前的有关审美对象的论述,不但在理论上更为完备,而且在内容上也更为丰富。但是,也由于现象学理论和方法上的固有的弊病,免不了使现象学美学家对于审美对象的界定时常显得自相矛盾,如杜弗莱纳一方面声称界定审美对象不能从属于审美经验;另一方面又说审美对象只能依凭审

---

① [法] M. 杜弗莱纳:《美学与哲学》,孙非译,中国社会科学出版社1985年版,第67页。

经验才能界定自己。虽然杜弗莱纳首先强调要通过艺术作品界定审美对象，反对将审美对象从属于审美知觉，可是，他又强调"审美知觉是审美对象的基础"，"审美对象只有通过审美知觉才能实现"，也就是承认仍然要由审美知觉去界定审美对象。这里仍然存在着由于意识和对象的往复循环所造成的理论困难。

第二节 审美对象的形成和本质

杜弗莱纳指出，为了描述和把握审美对象，必须进一步研究艺术作品是如何转化为审美对象的，也就是说，审美对象是如何在艺术作品的基础上出现的。他认为，艺术作品和审美对象是互相参照、互相依赖才能被理解的。审美对象的形成离不开艺术作品，而艺术作品也只有成为审美对象才能真正成为艺术作品。但是，审美对象毕竟不等于艺术作品。艺术作品只是审美对象未被感知时留存下来的东西——在显现以前处于可能状态的审美对象。那么，艺术作品如何才能转化成审美对象呢？杜弗莱纳认为，从艺术作品的潜在的存在到审美对象得以出现，需要两个条件：一个是作品要充分呈现。也就是说，至少对某些艺术而言，或在一定意义上对所有艺术而言，作品必须得到表演。另一个是要有一个欣赏者，或者要比有一个欣赏者更好的观众出现在作品面前。

首先，艺术作品必须要有充分的感性呈现，这是审美对象形成的前提条件。对此，杜弗莱纳以瓦格纳的歌剧为例进行描述。瓦格纳写了一个剧本和一个乐谱，就是写在纸上的、印刷出的那些符号，这就是作品吗？是又不是。作品虽然已经存在，但尚未上演、尚未呈现。音乐作品只有演奏时才是音乐作品，这就是呈现。通过演奏，它有了被人们听到的可能，即以它特有的方式呈现在人的意识中，并成为这个意识的一个审美对象的可能。我们可以阅读没有音乐的歌剧剧本，但那是戏剧体诗，而绝非歌剧这个审美对象。如果可能我们也可以阅读乐谱，但这些符号写出来只是一种指示，命令演奏者应该将其变为声音，命令听众应该作为声音来听，而不是作为符号来读。我们来到上演歌剧的歌剧院，全神贯注地观赏舞台上的表演，通过在我们面前表演的故事，领略在造型、图画和几乎是舞蹈的一致配合下的音响的激扬。我们所感知的是歌唱，是配有音乐的歌唱。我们来听的就是这歌词和音乐的整体。这个整体对我们来说就是实在的东西，就是它构成审美对象。通过上述描述，杜弗莱纳总结说："无法替代的东西，也就是成为作品的实质本身的东西，就是仅仅在其呈现时才能给予的感性，就是我试图沉浸在其中的这种音乐的满溢，就是我试图把握其细微差别并跟随其展开的这种色彩、歌唱与乐队伴奏的结合。"① 他把这种作品的呈现称为"感性的最高峰"，观赏者正是通过这种感性，获得内在于感性的意义。

杜弗莱纳认为，作品的感性呈现离不开作品的表演。他说："作品必须呈现于知觉。为了从潜在的存在过渡到实际的存在，作品必须经过表演。"② 这里所说的"表演"，其意义比我们通常理解的要广泛，大体相当于英伽登所说的"具体化"。作品的表演有两种形式：一种是表演者不是作者的艺术，这种艺术中表演构成与创作有明显区别的一个阶段，通过表演才能把自己呈现为审美对象，如戏剧作品；另一种是表演者即作者的艺术，如画家绘制或"表演"肖像画，雕刻家雕刻或"表演"半身像，这里的创作就是表演。艺术家先是进行冥思苦想，产生创作要求，继而调动各种创作工具，给予作品以具体存在。这两种表演形式既有不同之处，又有相似之处。向实现作品的表演者要求的东西，也就是向边创作边表演的作者要求的东西。对于艺术作品而言，问题就是过渡到一种它的呈现相当于它的存在的具体存在。这种呈现就是审美对象出现的前提条件。通过这些分析，杜弗莱纳总结说："艺术作品的存在只是随艺术作品的感性呈现而出现。感性呈现使我们能把艺术作品作为审美对象来理解。"③

其次，需要欣赏者的参与，这是审美对象得以形成的必要条件。杜弗莱纳指出，审美对象需要公众欣赏，为了完成作品艺术家需要欣赏者的合作，作品是通过欣赏者才得到自己的充分现实性的。审美对象之所以只能显示，任何知识之所以不能与之相当，任何翻译之所以不能取代于它，都

---

① ［法］M. 杜弗莱纳：《审美经验现象学》，［英］爱德华·S. 凯西等译，伊文斯顿，1973年，第11页。
② ［法］M. 杜弗莱纳：《审美经验现象学》，［英］爱德华·S. 凯西等译，伊文斯顿，1973年，第19页。
③ ［法］M. 杜弗莱纳：《审美经验现象学》，［英］爱德华·S. 凯西等译，伊文斯顿，1973年，第44页。

是因为它的根本现实性首先存在于感性之中。"但感性是知觉者和知觉物的共同作用。"① 审美对象的出现需要有承认它是审美对象的知觉，只有当欣赏者集中注意，只依照知觉全神贯注于作品的时候，作品才作为审美对象出现在他面前。杜弗莱纳进一步指出，欣赏者以双重职能作用于作品。一方面，他们是"表演者"，在欣赏中协助表演，为审美知觉创造了最有利的环境。另一方面，欣赏者又是"见证人"，在欣赏中进入作品与作品构成一致，在作为欣赏者的同时属于作品。"见证人在感知的同时，或者就小说而言，在想象的同时，进入作品的世界。其目的不是作用于它，也不是被它作用，而是为了作证，使整个世界通过他的呈现而获得意义，使作品的创作意图得以实现。"② 也就是说，欣赏者同时参与了作品的再创造。

　　杜弗莱纳对审美对象形成条件的分析和探讨，基本上是从艺术的审美实际经验出发的，不仅描述和分析具体详尽，而且有许多新的提法和见解，揭示了创作和欣赏的许多审美规律，是颇具理论价值的。其中所论"感性是知觉者和知觉物的共同作用"中的"感性"一词，法文原文为 le sensible，英译为 the sensuous 或 the sensuous element，中文又译作"审美要素"。它是杜弗莱纳审美经验理论中的一个核心概念，是审美对象赖以构成和审美主客体形成统一的关键因素。

　　在描述审美对象的形成之后，杜弗莱纳系统论述了审美对象的存在，探讨了审美对象的本质问题。这可以说是审美对象论述中最富有理论色彩的部分。在杜弗莱纳之前，现象学美学家对审美对象的存在和本质问题已有各种学说，其中有代表性的是萨特和英伽登提出的理论。萨特将审美对象看作想象的对象，认为它既没有物的本质，又没有表象的本质，它"是由一种想象意识构成和把握的"东西，是非现实的。杜弗莱纳不同意这种看法。他认为作为审美对象的意义的非现实之物不是想象物，它存在于审美对象之内，存在于感知物之中。想象物和感知物不是二元的，而是统一的。英伽登的观点则是将审美对象看作理智的对象，认为文学对象是他律的，是由意识的主观活动构成的意义体系。杜弗莱纳也不同意这种看法。

---

　　① ［法］M. 杜弗莱纳：《审美经验现象学》，［英］爱德华·S. 凯西等译，伊文斯顿，1973年，第48页。
　　② ［法］M. 杜弗莱纳：《审美经验现象学》，［英］爱德华·S. 凯西等译，伊文斯顿，1973年，第59页。

他认为，在语言艺术中，词本身具有意义，意义内在于语言。词语不会消失在自己的意义后面，它们像事物一样被感知，并且最终赋予自己的意义以这种可感知物的同样特质。所以，即使在语言艺术中，审美对象也不仅仅是一个观念的存在，它仍然是知觉对象。由此，杜弗莱纳指出："审美对象实质上是知觉对象，这就是说，审美对象是注定被知觉的，它只有在知觉中才能被完成。"①

依据存在主义哲学家梅洛－庞蒂的主客体调和的理论，杜弗莱纳认为作为审美对象的知觉对象是主体与客体形成的整体，是梅洛－庞蒂所说的"自在—为我们"这一公式的体现。它既是自在的，又是为我们的。审美对象由两个世界构成，一个是再现世界，如小说中的背景、人物、事件等；另一个是表现世界，表现出唤起情感时得到传达的特质，并赋予再现物以意义。他说：

> 表现世界如同再现世界的灵魂，再现世界如同表现世界的躯体。联合它们的关系使它们不可分离。它们共同构成审美对象的世界，通过这个世界审美对象获得一种深度。②

表现使审美对象超越自身，走向一种意义。审美对象因而含有创造它的那个主体的主体性，"主体在审美对象中表现自己；反过来，审美对象也表现主体"③，因此，我们把审美对象当作是一个"准主体"（quasi subject）。

审美对象既要求统一性，又要求自律。它展现为两个方面。首先，审美对象具有感性的充实性和鲜明性。"它把感性当作自身印象深刻的、对本身有价值的东西来把握。"④ 感性对知觉行使一种统治权，唤起感知的迫切性、超越性和自信性。在这方面，审美对象已经有别于普通对象。普通

---

① ［法］M. 杜弗莱纳：《审美经验现象学》，［英］爱德华·S. 凯西等译，伊文斯顿，1973年，第218页。
② ［法］M. 杜弗莱纳：《审美经验现象学》，［英］爱德华·S. 凯西等译，伊文斯顿，1973年，第190页。
③ ［法］M. 杜弗莱纳：《审美经验现象学》，［英］爱德华·S. 凯西等译，伊文斯顿，1973年，第196页。
④ ［法］M. 杜弗莱纳：《审美经验现象学》，［英］爱德华·S. 凯西等译，伊文斯顿，1973年，第225页。

对象是通过贫乏的、暗淡的和短暂的感觉出现的，这些感觉很快就消失在概念之后。而审美对象的特质是用它这种激发感性抹去其余的能力来衡量的。对象的感性使我们心醉神迷，我们完全沉湎在感性之中，只有感性在我们心中回荡。另外，审美对象具有内在于感性的意义。审美对象的感性不是作为纯感性而出现的。"它具有一种意义，这种深长意义有助于构成感性并把感性作为自身加诸我们。"① 面对审美对象，我们必须首先发现感性，即审美对象的全部现实，并且在某种程度上把它孤立开来，进而把握它的意义。这种意义不是外加的观念意义，而是既内在于感性又是感性所特有的意义。审美对象本身含有它自身内在的意义，所以它是自律存在，这种意义不仅是再现对象的明显意义。审美对象通过再现对象，还向我们陈述另外一些东西。这些东西，它不是明白陈述的，而是把我们引入它自己的一个独特的情感性质的世界来表现的。这种意义在我们更深入地与对象进行交流时才能体会到。根据以上分析，杜弗莱纳对审美对象的本质或特质作了归纳。他说：

审美对象就是在感性的高峰实现感性与意义的完全一致，并因此引起感性与理解力的自由协调的对象。②

在杜弗莱纳看来，这也就是艺术作品的审美价值所在。在《审美经验现象学》中，杜弗莱纳曾说"我们不去界定美，而只考察什么是对象"，但在后来的《美与哲学》中，他仍然回答了"美到底是什么"的问题，认为"美是感性的完善，它以某种必然性的面目出现"，"美是某种完全蕴含在感性之中的意义，没有它，对象将毫无意义"。③ 可见，他在这里对审美对象本质的概括实际上也就是对美是什么的回答。

杜弗莱纳对审美对象存在和本质的论述，逻辑严密，自成一体，其中不乏独到新颖的见解。尽管美和审美中感性与理性关系问题在康德和黑格尔的美学中已有深入研究和探讨，但杜弗莱纳运用现象学观点和方法对这

---

① ［法］M. 杜弗莱纳：《审美经验现象学》，［英］爱德华·S. 凯西等译，伊文斯顿，1973年，第226页。
② ［法］M. 杜弗莱纳：《美学与哲学》，孙非译，中国社会科学出版社1985年版，第25页。
③ ［法］M. 杜弗莱纳：《美学与哲学》，孙非译，中国社会科学出版社1985年版，第20页。

个问题做出的重新思考和阐明，从研究出发点、论述内容和阐释方式上看，都是具有新意和特色的。通过对审美对象中的主体与客体、再现与表现、感性与意义相互依存和统一关系的深入探讨和阐述，杜弗莱纳揭示了美和审美中的一些根本性、本质性问题，对美学研究进一步思考和解决这些问题是具有重要启发作用的。

第三节　审美知觉的过程和特点

杜弗莱纳从审美经验中区分出审美对象和审美知觉分别加以研究，所以，他的审美经验现象学既包括审美对象现象学，也包括审美知觉现象学。前者不但为后者作准备，而且还必须以后者为前提。审美对象是在审美知觉中完成的，要深入研究审美对象和审美经验，必须专门研究审美知觉。杜弗莱纳指出，对审美知觉的专门探讨主要是阐明审美知觉自身的特征。为此，他通过对审美知觉与普通知觉进行比较，同时将知觉的三个阶段——呈现、再现与思考，与审美对象的三个方面——感性、再现对象和表现世界进行配合对比，分三个阶段系统阐明了审美知觉的独特性以及其在审美对象形成中的特殊作用。

杜弗莱纳对审美知觉特性的分析，集中在对审美知觉三个阶段中呈现与感知、再现与想象、思考与情感等关系的论述中。其中，比较新颖独特的见解主要有以下几点：

第一，审美对象的感性呈现，必须由身体来接受，具有感受的直接性。杜弗莱纳说："审美对象首先是感性的完全高峰，它的全部意义是在感性中被给予的。感性当然必须由身体来接受。所以审美对象首先呈现于身体，立刻吸引身体同它相结合。"[①] 这里的身体，就是指感官——视觉和听觉。审美愉快是由身体感受的，这种愉快是纯真的愉快。审美对象的意义本身因内在于感性必须通过身体。"只有意义首先被身体接受和体验，只有身体从开始是有智力的，意义才能由感觉去读解或由思考去阐明。"[②]

---

① ［法］M. 杜弗莱纳：《审美经验现象学》，［英］爱德华·S. 凯西等译，伊文斯顿，1973年，第339页。
② ［法］M. 杜弗莱纳：《审美经验现象学》，［英］爱德华·S. 凯西等译，伊文斯顿，1973年，第341页。

作品词句的意义——至少在诗的语言中——只有凭借词句在我身上唤起的共鸣和引起的反应才能弄懂。对意义的体验是贯穿在对词句给说它的口和听它的耳所产生的感性效果的体验之中的。身体同审美对象的立刻结合，不同于身体与普通对象的接触。后者通常导致使用这些对象的行动，而前者则"导致对这些对象的神圣化的静观"①，对审美对象的感知是"无利害关系的感知"。杜弗莱纳的这些论述表明，审美感知是审美对象在感官中的直接呈现，具有感受的直接性，并且导致审美静观的产生。

第二，在审美对象的再现中，知觉与想象互相结合，想象参与审美知觉完成构造形象的功能，但不脱离再现对象的外观。杜弗莱纳认为，想象是精神与肉体之间的纽带，具有使形象得以显现的功能。它调动知识，并把通过经验获得的东西转变成可见的东西。他说："想象的基本功能是把这种经验转变成可见的东西，赋予它再现状态。"② 想象包括先验的想象和经验的想象，先验的想象是一种观看的可能性，经验的想象则把外观转变成对象。"在经验阶段和先验阶段，想象总是一种试图获得可见物的能力。"③ 它们的结合引起一些形象，使我们走上通向可见物的道路，并不断借助于知觉以求得确认。这充分说明了想象使经验再现并形成形象的功能，以及它和知觉的紧密联系。所以，在审美知觉中想象的作用是不可或缺的。不过，杜弗莱纳又指出，想象在审美知觉中的作用是有一定限定的。想象可以引起知觉，但没有丰富知觉的义务。审美对象的再现对象只有通过外观才能存在，外观的意义必须在它自身寻找，这就给予外观一种内在必然性，并因此一下子成为可理解的东西。想象只是更好地感知外观而不是预感其他东西，只是在外观之中而不是在外观之外观看意义。他说：

> 想象力当然应该活跃于外观直至再现对象获得某种确定性：绘画的线条当然应该为我们构成图形，小说的字句应该构成故事，舞蹈演

---

① [法] M. 杜弗莱纳：《审美经验现象学》，[英] 爱德华·S. 凯西等译，伊文斯顿，1973年，第343页。
② [法] M. 杜弗莱纳：《审美经验现象学》，[英] 爱德华·S. 凯西等译，伊文斯顿，1973年，第349页。
③ [法] M. 杜弗莱纳：《审美经验现象学》，[英] 爱德华·S. 凯西等译，伊文斯顿，1973年，第349页。

第十七章　现象学的审美经验理论体系

员的蹦蹦跳跳应该构成一连串舞姿。构成这种具有意义的整体当然需要想象。但是尽管想象力的干预在这里和在任何知觉中一样，是为了赋予再现对象以确定性，它仍然是有节制的，它不唤起那些借口丰富知觉的意义而使知觉阻塞的形象，它并不一直达到完成想象物。①

如果在听音乐时，任凭自己去想象，例如在听到德彪西的交响诗的和声、节奏、旋律时只把它当作想象的题材，那么对音乐的理解就只能像不懂音乐的人所理解的那样。想象的任务是在外观中把握再现对象，而不是用一个更加真实的、外观如其类似物的想象对象来代替再现对象。所以，杜弗莱纳认为，审美对象不是萨特所说的想象的东西，而仍然是感知对象，想象在审美知觉中并不起主要作用。想象在审美中的作用问题是美学史上一直被探讨的课题，杜弗莱纳从审美对象是知觉对象的观点出发，重新阐明审美知觉中想象与知觉的特殊关系以及想象的特殊作用，丰富了对这一课题的探讨，是富有新意的。

第三，在审美知觉中，情感和思考互相依存，彼此交替，推动审美经验走向高峰。杜弗莱纳认为，由于审美对象被人们认出是通过它的表现性，而聚集在表现中的那些情感便构成决定性的契机。在审美知觉中读解表现需要求之于情感，并与思考相结合。审美知觉的思考通向情感，形成具有理解性的更深刻的审美情感，以读解审美对象的表现和意义。他指出，对审美对象的感知涉及理解能力的构成活动。审美对象显示出来的那种必然性，需要借助理解力去把握。所以，"审美对象要求思考。由于审美对象是为我们创造的，由于它是某人力求向我们表示什么的一种符号，因而它更加迫切地要求思考"②。但是，对于审美对象的思考，不同于一般认识将对象纳入概念的确定性的思考。对审美对象的思考可以有两种：一种是对审美对象结构的思考和对再现对象的意义的思考。这种思考是寻求阐释的思考，它使审美经验中的直接因素被破坏，失去了它特有的魅力。另一种形式的思考则可以把我们带回来与审美对象接触。这不是把我们与

---

① ［法］M. 杜弗莱纳：《审美经验现象学》，［英］爱德华·S. 凯西等译，伊文斯顿，1973年，第360页。
② ［法］M. 杜弗莱纳：《审美经验现象学》，［英］爱德华·S. 凯西等译，伊文斯顿，1973年，第388页。

对象隔离的思考，而是使我们依附对象的思考，"通过依附性思考，我听从作品，不是作品听从我，我听任作品把它的意义置入我的内心"①。我不再把作品完全看成一个应该通过外观去认识的物，而是相反，把它看成一个自发地和直接地具有意义的物，亦即把它看成一个准主体。有关审美对象的"共感思考"（sympathetic reflection）就是这样进行的。这种思考竭力从内部而不是从外部去把握作品，它通过持续的注意熟悉对象，达到与对象同体。理解不再是通过发现作品外部的一个原因，而是通过对作品内部必然性的感觉得到的。"共感思考在情感中达到顶峰。"② "它通向情感，情感也可能启发它。"③ 审美情感就是这种深度的情感，它有别于普通的印象，情感而非印象才是对象中表现的保证。深度是对有深度的人而言的，审美情感之所以有深度，是因为对象达到所有构成我的东西。"面对审美对象，我既不是先验我思意义上的一种纯意识，也不是一种纯观照，因为这种观照充满了我之所是的一切。只有我属于审美对象，审美对象才真正属于我。"④ 这种情感是我把自己整个存在都介入进去的相通行为，它要达到对象所表现的东西的内心，就如同要使我们呈现于哈姆雷特的世界，让我们被他感动、被他侵占。这种深度的审美情感具有智力无法达到的那种理解力，使我们能够读解审美对象的表现。这种理解不再是解释，而是情感，一种进入对象深处的情感。杜弗莱纳说：

   思想首先培养情感，然后阐明情感；反过来，情感首先诉诸思考，然后指导思考。思考和情感的交替构成对审美对象愈益充分理解的、辩证的前进运动。⑤

---

  ① ［法］M. 杜弗莱纳：《审美经验现象学》，［英］爱德华·S. 凯西等译，伊文斯顿，1973年，第393页。
  ② ［法］M. 杜弗莱纳：《审美经验现象学》，［英］爱德华·S. 凯西等译，伊文斯顿，1973年，第393页。
  ③ ［法］M. 杜弗莱纳：《审美经验现象学》，［英］爱德华·S. 凯西等译，伊文斯顿，1973年，第395页。
  ④ ［法］M. 杜弗莱纳：《审美经验现象学》，［英］爱德华·S. 凯西等译，伊文斯顿，1973年，第404页。
  ⑤ ［法］M. 杜弗莱纳：《审美经验现象学》，［英］爱德华·S. 凯西等译，伊文斯顿，1973年，第423页。

审美对象本身的召唤使情感和思考这种交替成为可能，因为它既需要思考，也需要情感。只有这两方面不断相互参照，审美对象才能通过客观存在的确实性达到富有表现力的主体性，成为作为完美对象的"准主体"。所以，"审美经验在情感中达到高峰，但又不能脱离思考。它处于情感和思考这二者的交接点上"①。杜弗莱纳的这些论述深刻阐明了审美知觉中情感与思考的特殊性以及两者之间的特殊关系，可谓鞭辟入里，从观点、论述到话语，都给人以新颖独到的感觉，其中许多见解不仅符合审美实际，而且具有辩证法和理论深度，是特别值得重视的。

第四节　现象学美学特点与审美主客体关系

从美的本质转向审美经验研究，是 20 世纪以来西方现代美学实现的一个重大转变。杜弗莱纳的审美经验现象学就是这种美学转向的典型代表。对于杜弗莱纳来说，把美学的任务和对象确定为研究审美经验，更多的是出于一种自觉的哲学意识。胡塞尔的现象学认为，哲学研究既不应从物质出发，也不应从精神出发，而是要回到"事物本身"，也就是回到"现象"，以此作为哲学研究的出发点。所谓"现象"，就是指呈现于人的意识中的一切东西。回到现象，也就是返回到人的意识领域，从呈现在意识中的现象之中去把握事物的观念的、先验的本质。杜弗莱纳认为审美经验就是现象学还原所寻求的现象，美学从审美经验出发和现象学哲学从现象出发是一致的，正如现象学哲学要求回到事物本身、回到现象本身，美学也应回到审美经验。他指出：审美经验处于根源的位置上，处在人类在与万物混杂中感受到自己与世界的亲密关系的这一点上。所以，只有审美经验才是美学的原点和出发点。如果研究审美经验，就可以实现现象学为哲学规定的任务。我们可以说，杜弗莱纳的审美经验现象学研究，既是从现象学走向审美经验，也是从审美经验走向现象学。

杜弗莱纳的审美经验研究，突出特点是始终在审美经验和审美对象的互相依存关系中来阐明审美经验。以往的审美经验理论都是着眼于审美主

---

① ［法］M. 杜弗莱纳：《审美经验现象学》，［英］爱德华·S. 凯西等译，伊文斯顿，1973年，第 424 页。

体,主要从审美主体意识活动中去寻找审美经验的性质和特点。有的从心理学出发,将审美经验归结为心理距离,或等同于移情作用;有的从某种哲学观念出发,将审美经验看成直觉,或归结为情感、无意识活动;等等。而杜弗莱纳从现象学对审美经验的研究,却基本上摆脱了将审美经验的分析局限于审美主体的心理态度和意识活动的传统模式,而从审美经验与审美对象的相互联系中,从审美主体和审美客体的相互作用中,来阐明审美经验的特点和实质。胡塞尔的意向性理论认为,意向性结构将意识对象和意识活动合二为一。意识活动和意识对象作为纯粹意识的有机因素,二者是不可分割的。他说:"在广义上,一个对象——'不论它是否是现实的'——是在某种意识关联体中'被构成的'。"① 是"对象和意识之间的本质关联体"。杜弗莱纳便是将意向性理论运用在审美经验研究中,据此认为,审美经验和审美对象是相互依存、不可分割的。一方面审美经验构成着审美对象,另一方面审美对象又规定着审美经验。如果说,离开了审美经验,我们便不能了解审美对象,那么同样可以说,离开了审美对象,我们也不能认识审美经验。他的审美经验现象学便是以此为基础,将审美经验区分为审美知觉和审美对象,先从艺术作品出发,在与审美知觉的结合中阐明审美对象,再结合审美对象阐明审美知觉,从而通过二者结合阐明审美经验的本质和特征。他的许多深刻见解,如审美对象是在感性的高峰实现感性与意义完全融合的对象,审美知觉是感性与理解力的自由协调,审美经验以情感为节点实现主体与对象的融汇交流,等等,都是在审美经验与审美对象互相依存、审美知觉与审美对象互相结合的前提下进行研究而获得的。尽管这里仍然无法摆脱审美经验和审美对象往复循环的理论困境,但毕竟开辟了一条审美经验研究的新途径,构建了一种原创的审美经验理论体系,这无疑是对西方现代美学的重要贡献。

在杜弗莱纳的现象学审美经验论述中,贯穿的一个核心理论问题,就是审美中主体和客体的关系问题。这是西方美学中长期存在争议的一个问题。胡塞尔把意向性的概念置于哲学思考的中心,通过这一概念,他重新提出了主客体关系这一老问题,通过意识的意向性结构,论证了主体和客体、意识和意识的对象是相互关联而不可分割的。这也是现象学美学家探

---

① [德]胡塞尔:《纯粹现象学通论》,李幼蒸译,商务印书馆1996年版,第327—328页。

讨审美中主体和客体关系问题的理论依据。杜弗莱纳认为，意向性的概念所表明的主体与客体的特殊相关性，即主体与客体的姻亲关系，在审美经验中可以得到最充分的说明。一方面，审美对象必须通过审美知觉才能实现；另一方面，审美知觉也必须在指向审美对象中才能存在。所以，在审美经验中，其达到了知觉与对象、主体与客体、意识活动与意识对象的互相依存和统一。在阐明审美对象和知觉主体怎样共同形成审美经验时，杜弗莱纳指出：作为审美对象的构成成分和审美知觉的指向对象的感性或审美要素，是知觉主体和审美对象共有的某种东西。审美要素"是知觉者与知觉物的共同作用"①，它表明主体和客体、意识和对象在审美中具有同一性。审美要素作为中介物，联结着两种主要的审美深度——被表现世界（审美对象）的深度和这一世界的观察者（审美主体）的深度，这两种深度都涉及情感。按照杜弗莱纳对审美知觉过程的分析，"审美知觉最高峰是揭示作品表现性的那种情感"②，"通过情感，唯有通过情感，人这一主体才在审美对象之中呈现"③，情感体现了两种审美深度的相互作用。"情感不仅是审美知觉的顶点，而且也是主体和客体融合在审美经验之中，从而实现一种独特的'交流'的关节点。"④ 所以，通过情感这种关键因素，知觉主体和审美对象便达到了谐调一致。

现象学美学在分析审美经验时，将审美主体和审美客体结合起来进行研究，强调审美中主体和客体之间的互相关联和互相作用，这种看法和以往美学研究强调主客分离和对立的观点及方法有着明显的不同，其中包含着一些有价值并富有启发性的论点。对于那些以主客二元对立为基础，将审美对象简单地看作引起审美经验的刺激物，或者将审美知觉简单地看作对审美对象的接受的观点来说，现象学美学对审美中主客体关系的新见解，无疑是提出了一种严重的挑战。但是，现象学美学对审美中主客体关

---

① ［法］M. 杜弗莱纳：《审美经验现象学》，［英］爱德华·S. 凯西等译，伊文斯顿，1973年，第XIVⅲ页。
② ［法］M. 杜弗莱纳：《审美经验现象学》，［英］爱德华·S. 凯西等译，伊文斯顿，1973年，第49页。
③ ［法］M. 杜弗莱纳：《审美经验现象学》，［英］爱德华·S. 凯西等译，伊文斯顿，1973年，第XXX页。
④ ［法］M. 杜弗莱纳：《审美经验现象学》，［英］爱德华·S. 凯西等译，伊文斯顿，1973年，第XXXⅰ页。

系的分析，并不是建立在一种正确的哲学基础之上的，因为现象学的理论和方法是以意识的存在、意识的活动为基础、为前提的。胡塞尔的意向性概念是和所谓先验的概念相关联的。他认为意识不仅总是指向对象，而且具有"构造"对象的能动作用。意识构造对象的活动是"先验的"，先验的"构造"是意识的一种形式的能力、规范的能力，是将特殊事物的经验加以统一并使其具有意义的必要的前提条件。由于意识的这种活动、这种"构造"是先验的，所以胡塞尔又把它称为"先验的意识"。尽管杜弗莱纳对胡塞尔的先验意识和主观唯心主义有所保留并为其辩解，说它既反对自然主义，又反对唯心主义，可是，胡塞尔关于先验的意识、先验的构造的理论与康德的先验唯心主义却是一脉相承的，它的基本立场是主张世界是由人的意识活动"构造的"，也就是意识"构造"对象、主观创造客观。杜弗莱纳对于审美中主、客体关系的基本观点和这一基本立场是一致的。他不仅强调审美对象是由审美经验、审美知觉所"构造"的，而且也肯定审美主体和对象的协调和统一是在先验的意识、先验的构造中实现的。为此，他在"审美经验批判"部分，从现象学进到先验论和本体论，提出了"情感先验"（the affective a priori）理论。

杜弗莱纳说："审美经验运用一种真正的情感先验，这种先验与康德所说的感性先验和知性先验的意思相同。"① 在他看来，先验表示一个主体在万物面前所处的绝对地位，以及主体瞄准、体验与改造万物的方式和主体联系万物以创造自己的世界的方式。在审美经验中起先验作用的东西，就是对象中的情感经验，即处在对象世界的根源的某种情感特质（affective quality）。"审美对象的世界是按一种情感特质构成的；这种情感特质对它起着先验作用。"② 情感特质作为主体先验的构成因素，构成了审美对象，并赋予审美对象以统一性和意义。被自己的情感特质界定的主体实际上总与一个世界有关，"这个世界不是主体认识的世界，而是主体在其中认识自己并就此成为他自己的世界。这个世界与主体的联系如此紧密，以致作为它的基础的情感先验就是主体：莫扎特就是明朗，贝多芬就是

---

① [法] M. 杜弗莱纳：《审美经验现象学》，[英] 爱德华·S. 凯西等译，伊文斯顿，1973年，第437页。
② [法] M. 杜弗莱纳：《审美经验现象学》，[英] 爱德华·S. 凯西等译，伊文斯顿，1973年，第447页。

第十七章　现象学的审美经验理论体系

悲伤激烈"①。杜弗莱纳进一步分析说，情感特质作为先验既是宇宙论的，又是存在的；既先于主体，又先于客体；既构成主体，又构成客体。主体与客体互相依存、不可分离，拉辛创造了拉辛的世界，拉辛的世界创造了拉辛。"拉辛和拉辛的世界之所以处于平等地位，那是因为两者都被看作从属于一种我们可以称之为前拉辛的情感特质。"② 所谓"前"，就是强调情感特质的先验性。先验具有本体论意义，"先验只是因为它是存在的一种属性，这种属性既先于主体又先于客体，并使主客体的亲缘关系成为可能，所以他同时是客体和主体的一种规定性"③。显而易见，杜弗莱纳的情感先验理论不过是另一种形式的先验唯心论，他以此为基础构建的审美主客体关系理论，同建立在辩证唯物主义的实践论和能动的反映论的哲学基础之上的科学的审美主客体辩证统一的理论，显然是具有本质区别的。

---

① ［法］M. 杜弗莱纳：《审美经验现象学》，［英］爱德华·S. 凯西等译，伊文斯顿，1973年，第449页。
② ［法］M. 杜弗莱纳：《审美经验现象学》，［英］爱德华·S. 凯西等译，伊文斯顿，1973年，第454页。
③ ［法］M. 杜弗莱纳：《审美经验现象学》，［英］爱德华·S. 凯西等译，伊文斯顿，1973年，第455—456页。

第十八章 符号学的艺术理论探讨
——苏珊·朗格的《艺术问题》

第一节 符号学美学的兴起和特点

符号学是研究符号的一般理论的科学。它研究符号的本质、符号的意义、符号的发展规律、符号与人类各种活动的关系等。虽然对于符号的研究有着古老的历史,但符号作为一门学科,是 19 世纪末 20 世纪初才兴起的。美国实用主义哲学创始人皮尔斯和瑞士语言学家索绪尔对符号学的创立做出了重要贡献。20 世纪 30 年代,美国哲学家莫里斯系统地总结了符号应用的规律,他的著作《符号学说的基础》《符号、语言和行动》给符号学奠立了科学基础,使符号学正式成为一门独立的科学。

符号学理论在各个领域得到广泛应用。它和哲学认识论有着重要联系;语言、文学、音乐、建筑、宗教等领域都有自己的符号学问题。德国新康德主义哲学家恩斯特·卡西尔将符号学广泛应用于人类文化领域的研究中,进一步扩大了符号学的范围。卡西尔认为,人的特点就在于他的符号活动,人就是进行符号活动的动物。一切文化现象,诸如语言、神话、艺术和科学等,都是人类符号活动的结果。"所有这些文化形式都是符号形式。"[①] 神话、艺术也是一种符号的形式,它们和语言一样,都是运用符号形式来表示人类的各种经验的。卡西尔一生著述颇丰,虽然没有专门的美学著作,但在《符号形式的哲学》(1923 – 1929)、《语言与神话》(1925)、《文化科学的逻辑》(1942)、《人论》(1944)等著作中,都涉及美学问题,对于推动符号学美学的形成起了开创性作用。

---

① [德] 恩斯特·卡西尔:《人论》,甘阳译,上海译文出版社 1985 年版,第 34 页。

第十八章 符号学的艺术理论探讨

卡西尔强调艺术的符号特性。他认为艺术是一种特殊的符号形式的创造。按照卡西尔的说明，人类所创造的一切符号形式，都是为了使人类经验能够被他所理解和解释。所以，作为一种特殊的符号形式的艺术，既不是对物理事物的模仿，也不是强烈感情的流溢。它是对实在的再解释，不过不是靠概念而是靠直观，不是以思想为媒介，而是以感性形式为媒介。从对实在的再解释、对人类经验的深层的认识来说，艺术和科学所担负的任务都是相同的。但是，艺术和科学作为两种不同的符号形式却具有明显区别。在科学中我们得到的是概念的解释，在艺术中我们得到的是直观的解释。卡西尔说："有着一种概念的深层，同样，也有一种纯形象的深层。前者靠科学来发现，后者则在艺术中展现。前者帮助我们理解事物的理由，后者则帮助我们洞见事物的形式。在科学中，我们力求把各种现象追溯到它们的终极因，追溯到它们的一般规律和原理。在艺术中，我们专注于现象的直接外观，并且最充分地欣赏着这种外观的全部丰富性和多样性。"① 在考察和阐明艺术特性时，卡西尔明显受到康德美学思想的影响。他将康德的观点和他的符号形式哲学结合起来，进一步强调审美和艺术的特性即在于对于对象纯形式的直观。他说："在艺术中我们是生活在纯粹形式的王国中而不是生活在对感性对象的分析解剖或对它们的效果进行研究的王国中"，"它并不追究事物的性质或原因，而是给我们以对事物形式的直观"。② 审美经验和普通感觉经验的根本区别，就在于它专注于对象的形式，审美享受"是对形式的享受"③。这些看法带有浓厚的形式主义色彩。卡西尔虽然也承认艺术表现情感，但他强调审美和艺术中的情感不同于日常经验中的实在情感。"在审美和艺术中，所有的情感在其本质和特征上都经历了某种质变过程。情感本身解除了它们的物质重负，我们感受到的是它们的形式和它们的生命而不是它们带来的精神重负。"④ 情感体现在"激发美感的形式"中，而卡西尔的哲学和美学思想直接影响了苏珊·朗格。

苏珊·朗格（Susanne Langer，公元 1895—1985 年）是美国当代哲学

---

① ［德］恩斯特·卡西尔：《人论》，甘阳译，上海译文出版社 1985 年版，第 215 页。
② ［德］恩斯特·卡西尔：《人论》，甘阳译，上海译文出版社 1985 年版，第 183 页。
③ ［德］恩斯特·卡西尔：《人论》，甘阳译，上海译文出版社 1985 年版，第 203 页。
④ ［德］恩斯特·卡西尔：《人论》，甘阳译，上海译文出版社 1985 年版，第 189 页。

家和艺术理论家,符号学美学的完成者和著名代表人物。她生于纽约,早年师从怀海特和卡西尔,并获得哲学博士和文学博士学位,后来在美国多所大学任教,被聘为教授。在哲学和美学思想上,苏珊·朗格深受卡西尔的影响。她在卡西尔人类文化哲学的艺术理论的基础上发展和完善了符号学的艺术理论,形成了完整的独创的符号学的美学体系。同时,她还继承了美国实用主义、经验主义哲学传统,力求在经验分析的基础上对艺术做出哲学概括。朗格著述甚丰,主要著作有《哲学新解》(1942)、《符号逻辑导论》(1953)、《情感与形式》(1953)、《艺术问题》(1957)、《心灵:论人类情感》(1967)等。其中,《情感与形式》是其最著名的美学著作。在这本美学巨著中,朗格延续了卡西尔的符号学的哲学思想和美学思想,进一步把符号区分为推理的符号(即语言的符号)和表现的符号(即非语言的符号),并运用表现符号—情感符号理论来解释艺术问题,提出了一种新的美学理论和艺术哲学。书中从艺术符号引出艺术定义,对表现、创造、符号、意义、直觉、生命力和有机形式等概念和范畴详细作了阐释,并对各类艺术符号的创造分别作了细致的分析说明。《艺术问题》是朗格继《情感与形式》之后的一部重要著作。虽然这本书作为多次讲演的结集,不如《情感与形式》那样系统,但它突出了《情感与形式》中的主要观点,不仅作了更为明晰、透彻的阐述,而且使其得到了进一步的发展、完善。正如朗格在本书《前言》中所说:"虽然这里面的每一次讲演看上去似乎都是为了解决一个专门的问题,实际上却是从各个不同的方面射向艺术的中心问题(亦即艺术的本质问题)的聚光灯。"在《艺术问题》中,朗格以她提出的艺术定义为中心,对"与艺术有关的哲学问题"进行了独特的探讨,其中关于艺术本质与作用、艺术创造与欣赏以及各类艺术相互关系的一系列见解,都是符号学美学的重要的新成果。乔治·迪基在《美学引论》中,称朗格的艺术表现符号论是"当代最有影响的艺术哲学之一","是当代最流行的理论"。[1]

在现代西方美学界,一般将卡西尔和朗格的符号学美学和艺术理论统称为"卡西尔—朗格的符号说"。符号学美学不仅提出了一种新的艺术理论、艺术观念,而且从研究方法、研究角度来看也有许多新颖、独特之

---

[1] [美]乔治·迪基:《美学引论》,美国博布斯—梅墨尔公司1971年版,第78、79页。

处。力图从人类文化活动的总体和发展中来揭示艺术的本质、特征和功能，是符号学美学的重要特点。卡西尔的艺术哲学本来就是他的人类文化哲学的一个组成部分，它不是孤立地就艺术本身研究艺术，而是从艺术与人类所创造的"文化世界"的相互关系中，从艺术与其他各种文化形式的联系和区别中，去考察和研究艺术的性质和特点。卡西尔强调人类的各种文化形式是一个有机整体。"语言、艺术、神话、宗教决不是互不相干的任意创造。他们是被一个共同的纽带结合在一起的。"① 各种文化形式都是人为了展示自己的本性，为了使人类经验能够被认识和理解而建造的符号世界。艺术与语言、宗教、科学的区别，不仅与它们的基本统一性不相排斥，而且是与统一性互相依存的。艺术和各种文化形式是"同一主旋律的众多变奏"②，这些看法具有辩证因素。苏珊·朗格在阐述各种不同艺术的符号创造时，就是紧密结合人类历史和文化活动的发展来说明它们的形成和特点的。

符号学美学的另一个重要特点，是从符号学角度结合审美经验来研究艺术的本质和特性。卡西尔和朗格都强调艺术是一种特殊的符号形式，并且着重研究艺术的符号形式和其他符号形式的区别。卡西尔论述了艺术的符号和语言的符号在目的和特征上的不同之处。朗格进一步发挥了这一观点，明确区分出语言符号和非语言符号、推理性形式和表现性形式，从而使艺术与语言、艺术与科学的区别得到进一步强化。无论是卡西尔还是朗格，都力图从审美经验的分析中去把握艺术的特性，去寻找艺术与非艺术的界限。卡西尔强调艺术是对于形式的直观，认为将情感赋予审美形式，是将日常经验转变为审美经验和艺术的关键。朗格进一步完善了形式与情感关系的理论，并且以此作为揭示审美经验和艺术特性内在奥秘的钥匙。西方美学自康德以后，对形式和情感关系的研究，越来越成为人们理解审美和艺术的关键。"整个艺术心理学必然要讨论关于形式对情感和情感对形式的关系问题。"③ 而朗格正是抓住这个关键问题来探讨艺术的特性，提出了许多新颖、独特的见解。当然，无论是卡西尔还是朗格，他们从符号

---

① [德] 恩斯特·卡西尔：《人论》，甘阳译，上海译文出版社1985年版，第87页。
② [德] 恩斯特·卡西尔：《人论》，甘阳译，上海译文出版社1985年版，第91页。
③ 英、美、加三国合编：《世界艺术百科全书》，《美术译丛》1982年第2期。

学角度对审美经验和艺术的分析毕竟是偏重于感性、偏重于形式的,这就使他们对艺术特性的阐述难免存在相当大的偏颇。

第二节 艺术：表现人类情感的符号形式

在《情感与形式》中,朗格从符号论出发,提出了一个艺术的定义,即:"艺术,是人类情感的符号形式的创造。"① 在《艺术问题》中,她又以不同的表述方式,反复地重申了这一艺术定义。她说:

> 我曾经大胆地为艺术下了如下的定义,这就是:一切艺术都是创造出来的表现人类情感的知觉形式。②
> 在我看来,所谓艺术,就是"创造出来的表现性形式"或"表现人类情感的外观形式"。③

总之,艺术是创造出来的表现人类情感的符号形式或表现性形式,这就是朗格对艺术的中心问题——艺术的本质问题所做的独特回答。

朗格的这个艺术定义,是由一系列具有特定含义的概念组成的,其中,至关重要的是符号、形式、情感、表现性四个基本概念。还有一些重要概念,如虚象、幻象、抽象化,它们没有直接出现在朗格的艺术定义中,但她在说明和解释艺术定义中的有关概念时,却经常要结合说明这些相关的概念。在《艺术问题》中,朗格的艺术理论大部分都是在说明、解释、区分各种专门概念,因此,我们要弄清她的艺术定义,了解她对艺术本质问题的看法,必须从说明她的这些专门概念入手。

朗格对艺术本质的基本看法,就是将艺术看作人类创造的一种"特殊符号形式"。为什么说是一种特殊的符号呢?因为根据语义学和分析哲学中为符号下的定义,符号是"一种可以通过某种不言而喻的或约定俗成的

---

① [美]苏珊·朗格:《情感与形式》,刘大基等译,中国社会科学出版社1986年版,第51页。
② [美]苏珊·朗格:《艺术问题》,滕守尧等译,中国社会科学出版社1983年版,第75页。
③ [美]苏珊·朗格:《艺术问题》,滕守尧等译,中国社会科学出版社1983年版,第105页。

第十八章 符号学的艺术理论探讨

传统或通过某种语言的法则去标示某种与它不同的另外的事物的事物"[1]。如果按照符号的一般定义,艺术品就不能称作符号,但艺术品却具有符号的某些功能。所以,这是一种与纯粹符号不同的特殊的符号。朗格指出,迄今为止,人类创造出的一种最为先进和最令人震惊的符号就是语言。"语言是理性思维的符号形式",是"推论性的形式",它能表达我们称之为观念的东西,也能表达我们称之为"事实"的东西。但是,语言作为"推论性的形式",它的用途是有限度的。有大量可知的经验是不能通过推论性的形式表现出来的,当然也就是不能通过语言表现出来的。这些经验就是我们有时称为主观经验方面的东西或直接感受到的东西。这些东西常常被人们称为"情绪""情感",它们是一些交融为一体而不可分割的"主观现实"或"内在生活"。"对于这样一些内在的东西,一般的论述——对词语的一般性运用——无论如何是呈现不出来的。即使谈及,也只能是一种一般的或浮浅的描绘。那些真实的生命感受,那些互相交织和不时地改变其强弱程度的张力,那些一会儿流动、一会儿又凝固的东西,那些时而爆发、时而消失的欲望,那些有节奏的自我连续,都是推论性的符号所无法表达的。主观世界呈现出来的无数形式以及那无限多变的感性生活,都是无法用语言符号加以描写或论述的,然而它们却可以在一件优秀的艺术品中呈现出来。"[2] 艺术品表现人的"主观世界""内在生活",不是运用"推论性符号",而是运用一种特殊的符号。这种符号不是诉诸像语言符号那样的"推论性形式",而是诉诸另一种形式——"表现性形式"。"一种表现性形式也就是一种,知觉的或想象的整体,这一整体可以展示出整体内容的各个部分、各个点,甚至各种特征和方位之间的特定关系模式。因此,用这种整体就可以再现出另一种具有同种关系模式的整体。"[3] 朗格认为,艺术品都是一种"表现性形式",这种表现性形式又可称作"艺术符号"。在朗格使用的专门概念中,"表现性形式"和"艺术符号"是同一含义的两个概念。"所谓艺术符号,也就是表现性形式。"[4] 在《情感与形式》中,朗格把艺术品称为"艺术符号",引起了不少批评。为了避免引

---

[1] [美] 苏珊·朗格:《艺术问题》,滕守尧等译,中国社会科学出版社1983年版,第125页。
[2] [美] 苏珊·朗格:《艺术问题》,滕守尧等译,中国社会科学出版社1983年版,第128页。
[3] [美] 苏珊·朗格:《艺术问题》,滕守尧等译,中国社会科学出版社1983年版,第19页。
[4] [美] 苏珊·朗格:《艺术问题》,滕守尧等译,中国社会科学出版社1983年版,第134页。

起歧义，她后来更多地使用了"表现性形式"这一概念，认为"表现性形式"比"艺术符号"这个名称要好得多。但是，在《艺术问题》中，她仍然是经常把两个概念混用。总之，在她看来，"一件艺术品就应该是一种不同于语言符号的特殊符号形式"①，或者说，"是一种在某些方面与符号相类似的表现性形式"②。

朗格认为，弄清"艺术符号"不同于其他符号，特别是语言符号的区别和特点，对于理解艺术的本质是重要的。艺术符号作为一种特殊的符号，作为表现性形式，虽然具有符号的某些功能，但不具有符号的全部功能。它不能像纯粹的符号那样，去代替另一件事物，也不能像语言符号那样，去表现一个概念。艺术符号的主要功能是"将经验形式化并通过这种形式将经验客观地呈现出来以供人们观照"③，换句话说，它是要"为情感、主观经验的表象或所谓的'内在生活'的种种特征赋予形式"④。这种功能，朗格称之为"逻辑表现功能"，这才是每一个艺术符号、每一件优秀的艺术作品所应具备的功能。据此，朗格强调艺术的符号作用不是再现，而是表现。她说：

> 通常，人们总以为艺术是再现某种事物的，因此总认为它的符号作用就是再现。然而，这种看法恰恰是我所不同意的。在我看来，艺术甚至连一种秘密的或隐蔽的再现都不是，因为很多艺术品是什么东西也没有再现的。一座建筑、一件陶器或一种曲调。并没有有意在再现任何事物，但它们仍然是美的，当然，许多非再现性的作品有时也可能是丑的和低劣的。然而，任何作品，如果它是美的，就必须是富有表现性的，它所表现的东西不是关于另外一些事物的概念，而是某种情感的概念。当然，同样的道理也适合于再现性的艺术。这就是说，如果一件再现性的艺术品想成为美的，它就必须像一件非再现性的艺术品那样，富有表现性。⑤

---

① ［美］苏珊·朗格：《艺术问题》，滕守尧等译，中国社会科学出版社1983年版，第120页。
② ［美］苏珊·朗格：《艺术问题》，滕守尧等译，中国社会科学出版社1983年版，第122页。
③ ［美］苏珊·朗格：《艺术问题》，滕守尧等译，中国社会科学出版社1983年版，第128页。
④ ［美］苏珊·朗格：《艺术问题》，滕守尧等译，中国社会科学出版社1983年版，第128页。
⑤ ［美］苏珊·朗格：《艺术问题》，滕守尧等译，中国社会科学出版社1983年版，第120页。

朗格的意思是，艺术并不一定是再现的，但必须是表现的。无论是非再现性艺术品，还是再现性艺术品，如果它是美的，就必须是富有表现性的。只有表现性，才是艺术符号的主要功能，才是区别艺术与非艺术、艺术作品的美与不美的标准和尺度。"'表现性'（在其确定的意义上说来）是所有种类的艺术的共同特征"，"因为通过它们就可以确定什么是艺术，什么是非艺术"。①

艺术作品作为"表现性的形式"或"艺术符号"，它的主要功能在于使主观经验得到供人观照的形式，在于表现。那么，它所表现的具体东西又是什么呢？朗格直截了当地回答说："它所表现的东西就是人类的情感。当然，这里所说的情感是指广义的情感。亦即任何可以被感受到的东西——从一般的肌肉觉、疼痛觉、舒适觉、躁动觉和平静觉到那些最复杂的情绪和思想紧张程度，还包括人类意识中那些稳定的情调。"② 在另一处，朗格又解释说："所谓情感活动，就是指伴随着某种十分复杂但又清晰鲜明的思想活动所产生的有节奏的感受，还包括全部生命感受、爱情，自爱，以及伴随着对死亡的认识而产生的感受。"③ 总之，艺术是情感的表现，艺术品是将情感呈现出来供人观赏的，艺术符号所表现的东西就是人类情感。这种情感是指广义的情感，"亦即人所能感受的一切"，一切主观经验或"内在生活"，从一般的主观感觉、感受到最复杂的情绪、情调、情感。凡是令人难以捉摸的、不可用言语表达的主观世界的"情感生活"，都可以由艺术品来加以表现。"艺术品在本质上就是一种表现情感的形式，它们所表现的正是人类情感的本质。"④

这里应该注意的是，朗格虽然认为艺术是情感的表现，但她却一再强调"艺术家表现的决不是他自己的真实情感，而是他认识到的人类情感"。例如一个舞蹈，它的可感知的形式表现了人类情感的种种特征，这是它的创造者对各种人类情感的认识的一种表现，而不是演员个人的情感的表现、不是舞蹈演员本人情感的征兆。她强调说：

---

① [美] 苏珊·朗格：《艺术问题》，滕守尧等译，中国社会科学出版社1983年版，第13页。
② [美] 苏珊·朗格：《艺术问题》，滕守尧等译，中国社会科学出版社1983年版，第14页。
③ [美] 苏珊·朗格：《艺术问题》，滕守尧等译，中国社会科学出版社1983年版，第109页。
④ [美] 苏珊·朗格：《艺术问题》，滕守尧等译，中国社会科学出版社1983年版，第7页。

艺术品的情感表现——使艺术品成为表现性形式的机制——根本就不是征兆性的。一个专门创作悲剧的艺术家，他自己并不一定要陷入绝望或激烈的骚动之中。事实上，不管是什么人，只要他处于上述情绪状态之中，就不可能进行创作，只有当他的脑子冷静地思考着引起这样一些情感的原因时，才算是处于创作状态中。然而对于自我表现来说，却根本不需要构思，也不需要冷静清晰地阐述。①

按照朗格的理解，艺术家所要表现的情感，"决不是他自己的真实情感，而是他认识到的人类情感"②。艺术作为情感的表现，不是艺术家的。"自我表现"不是艺术家个人情感的自然流露，也不是情感呈现出来的征兆（就像啼哭是啼哭者情绪失调的症状一样）。我们知道，从19世纪初叶开始，在西方美学中表现论的艺术观越来越占有突出的地位。一般的表现论的艺术理论，大都认为艺术是艺术家主观情感的表现，有的则明确主张艺术就是艺术家的"自我表现"。朗格虽然也认为表现性是艺术的必备特征，主张艺术是情感的表现，但是却明确地将"表现"与"自我表现"区别开来，认为艺术并非表现艺术家个人的情感。这是朗格的艺术理论的一个非常显著的特色。由于她强调艺术所表现的是艺术家认识到的人类情感，强调艺术家对情感生活的认识、理解，使情感理智化，强调艺术品"是艺术家为自己认识到的机体的、情感的和想象的生命经验画出的图画"③，所以，有的西方美学家甚至认为她的美学观点严格说来并不是属于表现论的，而是"一种单纯的模仿的艺术理论"④。

从以上分析可以看出，朗格的艺术定义实际上包括两个互相联系的、不可分割的方面：一方面是使情感意义得到显示的符号形式；另一方面是符号形式所表现的情感意义。朗格强调说，在艺术品中，符号形式和它所表现的情感意义（或"意味"），这两者是直接融合为一体的。这是艺术符号与语言符号的又一个重要区别。一个语言符号，比如一个词，它仅仅是一个记号，在领会它的意义时，我们的兴趣就会超出这个词本身而指向它

---

① [美] 苏珊·朗格：《艺术问题》，滕守尧等译，中国社会科学出版社1983年版，第23页。
② [美] 苏珊·朗格：《艺术问题》，滕守尧等译，中国社会科学出版社1983年版，第25页。
③ [美] 苏珊·朗格：《艺术问题》，滕守尧等译，中国社会科学出版社1983年版，第87页。
④ [美] 乔治·迪基：《美学引论》，美国博布斯—梅墨尔公司1971年版，第78页。

第十八章　符号学的艺术理论探讨

的概念。词本身仅仅是一个工具，它的意义存在于它自身之外的地方，一旦我们把握了它的内涵或识别出某种属于它的外延的东西，我们便不再需要这个词了。然而一件艺术品便不同了，它并不把欣赏者带往超出它自身之外的意义中去，如果它表现的意味离开了表现这种意味的感性的或诗的形式，这种意味就无法被我们掌握。在一件艺术作品中，情感意味并不是由符号形式象征出来的，而是情感意味直接地包含在符号形式之中。符号形式不是象征着情感意味，而是本身就包含着情感意味。我们看到的或直接从中把握的是浸透着情感的意象，而不是标示情感的记号。据此，朗格概括艺术的符号形式与情感内容的相互关系说：

在我看来，艺术符号的情绪内容不是标示出来的，而是接合或呈现出来的。一件艺术品总是给人一种奇特的印象，觉得情感似乎是直接存在于它那美的或完整的形式之中。①

一件优秀的艺术品所表现出来的富有活力的感觉和情绪是直接融合在形式之中的，它看上去不是象征出来的，而是直接呈现出来的。形式与情感在结构上是如此一致，以至于在人们看来符号与符号表现的意义似乎就是同一种东西。②

朗格认为艺术形式或艺术符号与它所表现的情感生活，两者之间具有结构上的一致性和逻辑上的类似性，"艺术形式与我们的感觉、理智和情感生活所具有的动态形式是同构的形式"，"艺术品就是'情感生活'在空间、时间或诗中的投影"③，这就是形式与情感、符号与意义在艺术中能达到直接融合，以致一件艺术品看上去就是情感本身的原因。

为了防止人们的误解，朗格在《艺术问题》中，还提出了"艺术符号"和"艺术中的符号"的区别问题。她指出，"艺术符号"是指作为一个整体来说的艺术品。"这种艺术符号是一种单一的有机结构体，其中的每一个成分都不能离开个结构体而独立地存在，所以单个的成分就不能单

---

① ［美］苏珊·朗格：《艺术问题》，滕守尧等译，中国社会科学出版社1983年版，第129页。
② ［美］苏珊·朗格：《艺术问题》，滕守尧等译，中国社会科学出版社1983年版，第24页。
③ ［美］苏珊·朗格：《艺术问题》，滕守尧等译，中国社会科学出版社1983年版，第24页。

独地去表现某种情感。"① 这就是说，艺术符号是一种单一的和不可分割的符号，它的意味并不是各个部分的意义相加而成的，像语言符号中不同的字和词加到一起就构成整句话的整体意思那样。在语言符号中，每个字每个词都有自己单独的意义；但在艺术符号中，其中每一个成分如果离开了整体就无法单独赋以意味。至于"艺术中的符号"，那就不同了。艺术作品中可以包含着种种符号，它们都具有自己的意义，而且是一些可以用语言表达出来的意义。如人们熟悉的大圣人头上的光环、代表女性的玫瑰花、代表贞洁的百合花等等，这类符号都分别象征着不同的意义。然而，这些符号的含义却不是整个艺术品传达的"意味"的构成成分，它只能作为传达这种意味的形式的构成成分或表现性形式的构成成分，它们所起的作用是一般性符号所能起到的作用。总之，艺术符号和艺术中的符号之间的区别，既是发挥功能上的区别，又是类型上的区别。

苏珊·朗格对艺术本质的理解和她提出的艺术定义，固然是对符号论的一种应用，但它同当代西方比较流行的一些艺术理论，也有着明显的联系。在《艺术问题》中，她非常推崇英国艺术评论家克莱夫·贝尔提出的"艺术乃是'有意味的形式'"的美学论点。所谓"有意味的形式"，按照贝尔的解释，就是艺术作品的"线条和色彩构成的关系和组合"，而这些关系和组合是能够唤起审美情感的。贝尔认为这种"有意味的形式"便是一切真正的艺术所应具有的一种基本性质，朗格完全同意贝尔的这种看法。在《情感与形式》一书中，她称"有意味的形式""是各类艺术的本质"，"是我们所以把某些东西称为'艺术品的原因所在"。② 在《艺术问题》中，她直接把"有意味的形式"和她所说的"表现性形式"看成同一含义的术语，并经常将两者交互并用。贝尔在《艺术》中强调形式和表现，否定再现在艺术和审美中的地位和作用，这和朗格强调只有表现性才是区别艺术与非艺术的标尺的观点也是互相吻合的。此外，朗格的某些论点和格式塔心理学美学的代表人物鲁道夫·阿恩海姆在《艺术与视知觉》一书中提出的观点，也有明显的类似。例如她认为形式与情感之间具有结

---

① ［美］苏珊·朗格：《艺术问题》，滕守尧等译，中国社会科学出版社1983年版，第129页。
② ［美］苏珊·朗格：《情感与形式》，刘大基等译，中国社会科学出版社1986年版，第33页。

构上的一致性，形式对于情感的表现不是象征，而是包含。这很容易使我们想起阿恩海姆的"异质同构"论。按照这一理论，"造成表现性的基础是一种力的结构"①，外在事物和形式之所以能直接表现内在情感，就是因为它们的"力的图式"在结构上是一致的。

在《情感与形式》中，朗格批评了克罗齐和科林伍德的表现论的美学观点。虽然在强调艺术表现情感这方面，朗格和后者是一致的，但科林伍德认为艺术是"一个人情感的吐露"，是"自我表现的活动"，这是朗格所不同意的。如前所述，朗格反对只把艺术看作艺术家本人情感的自我表现，而强调艺术所表现的是艺术家认识到的人类情感。再者，朗格强调艺术必须将情感形式化、客观化，使之直接包含在表现性形式或艺术符号中。然而，按照克罗齐和科林伍德的表现说，艺术表现却不需要媒介和外在形式，所谓艺术表现只是发生在艺术家头脑中的活动，是在艺术家头脑中形成的意象，作为表现的艺术品在艺术家创造可感知时形象之前就已经完成了。这与朗格强调艺术是一种符号形式的创造的观点，当然是相矛盾的。

尽管如此，朗格在理解艺术本质上毕竟是强调情感、强调表现的，在这一点上，她的理论和当代西方美学理论的基本倾向是完全一致的。在朗格看来，只有人的情感、人的主观世界、内心生活，才是艺术表现的内容。任何一件艺术品，"本质上都是内在生活的外部显现，都是主观现实的客观显现"，一切艺术形象都是"主观经验和情感的对象化"。这种主观现实、内心生活是同客观现实、外部事物不同的对象，它们分别为语言符号和艺术符号所把握。"推理符号系统——语言——能使我们认识到我们周围事物之间的关系以及周围事物向我们自身的关系，而艺术则是使我们认识到主观现实、情感和情绪。"② 这些看法显然是把主观情感、内心生活与客观现实、社会存在分割开来了，既否定了主观情感有它的客观来源，也否定了客观现实、客观事物是艺术反映的对象。这是既不符合艺术创作的实际，又同辩证唯物主义的反映论原则相违背的。艺术创作虽然必须而

---

① ［美］鲁道夫·阿恩海姆：《艺术与视知觉》，滕守尧等译，中国社会科学出版社1984年版，第625页。
② ［美］苏珊·朗格：《艺术问题》，滕守尧等译，中国社会科学出版社1983年版，第66页。

且应当表现人的主观情感和内心生活，应当以此作为艺术反映的特殊对象，但是艺术的反映对象又不仅限于人的主观情感和内心生活，它以人的整个社会生活和客观现实作为反映对象。人的主观情感和内心生活虽然也是社会生活的组成部分，但不是人的社会生活的全部，并且主观情感和内心生活本身也只不过是客观现实生活的一种反映。艺术通过描写和表现人的主观感情和内心生活，仍然是要反映客观现实和整个社会生活。所以，把艺术仅仅看作主观情感的表现，把表现主观情感和反映客观现实截然对立起来，也就会否认艺术是客观的社会生活的反映。这样，也就不可能科学地阐明艺术的本质。

在强调情感表现的同时，朗格也强调表现形式，并且把形式看作构成艺术本质的因素。她认为只有"表现性形式"和"艺术符号"才能显示出艺术的表现活动和其他活动的区别。探讨艺术符号和语言符号、表现性形式和推理性形式的区别，成为她说明艺术本质和特性的一个关键。在这方面，最易看出形式主义美学理论对于朗格的艺术理论的深刻影响。艺术虽然也有形式问题，而且对于艺术来说，形式问题还是相当重要的问题，但是，决定艺术本质和特征的又不仅仅是形式问题。然而，在朗格的艺术定义中，符号形式问题既是她理解艺术本质的出发点，也是她的定义的最后归属。所以，她才把贝尔提出的"有意味的形式"看作艺术的"精髓本质"。西方有的美学家指出，对形式的过分强调，是恩斯特·卡西尔、克莱夫·贝尔、罗杰·弗莱、苏珊·朗格和阿恩海姆的艺术理论的共同特征。这种说法指明了西方当代美学中的一个基本倾向，即符合实际的。艺术首先是对客观现实生活的认识和反映，是反映社会生活的一种特殊的审美的意识形态，因此，对于了解艺术的本质来说，艺术的思想内容应当是主要的、根本的。而一切形式主义美学对于艺术本质的理解，却恰恰是抛弃了这个主要的、根本的方面，这样规定出的种种艺术定义，也就必然只能是舍本逐末。艺术作品可不可以说是一种特殊的符号呢？从某种方面、某种意义上说，当然是可以的。艺术创作首先是艺术家对现实生活的审美的认识和反映，其次是对现实生活的艺术的表现和传达。艺术家对现实生活的感受、认识、体验，他的审美意识，首先在脑海里构思为艺术形象。为了使这种构思的艺术形象为读者、观众所把握，它必须通过一定的物质手段来加以客观化。这种被物质手段客观化的艺术形象，对于再现艺术家对现实生活的认识和表现艺术家的思想感情来说，是具有符号性质的。因此，从艺术的传达功能方面说，艺术可以被看作一种特殊性质的符号。但是，艺术创造的整个性质、艺术的本质，并不仅仅是由艺术的传达功能或传达手段决定的。朗格的艺术定义的根本缺陷之一，就是把艺术当作不过是一种传达手段，当作仅仅是创造出来为传达包含在符号内部的一定意义的一种特殊的符号。她根本看不到艺术是反映社会生活的一种特殊的社会意识形态，而把艺术的整个性质归结为一种传达功能。她把艺术的性质称作艺术符号，并使之与语言符号并列，实际上也就是把艺术看作另一种语言符号，这样，艺术的社会意识形态性质便被掩盖了。这又怎么能够真正科学地解决艺术的本质问题呢？

第三节 幻象、艺术抽象和艺术知觉

要进一步了解苏珊·朗格的艺术理论，了解她的艺术定义，还必须注意到她所使用的另外一些专门术语：幻象或虚象、艺术抽象以及艺术知觉等等。对这些术语的阐述，构成了朗格关于艺术创造、欣赏以及艺术分类的理论。

朗格认为，艺术品作为表现性形式或特殊的符号，是一种创造品。人们通常把一首乐曲称为"创造品"，而把一双鞋子称为"产品"，这说明艺术创造和其他类型的生产活动之间是有区别的。这种区别是什么呢？对此，朗格用一件普通的产品和一幅画的对比作了回答。她说，一件普通的产品，比如一双鞋子，它是拿皮革制造出来的，皮革是原来就存在的材料，而鞋子就是由皮革构成的，它虽然有变化，但仍然是一个皮革制品。然而一幅画就与此不同了。虽然绘画是通过色彩在画布上"创造"出来的，但绘画本身却不是一件"色彩—画布"构造物，而是一种特定的空间结构；这个空间结构是从可见的形状和色块中浮现出来的，但在此之前它却并不存在于房间里。从这种具体的比较中，朗格提出了自己的观点。她认为艺术创造和其他类型生产活动的区别，就在于它们所创造的东西不同。其他类型生产活动创造的是和原来的物质材料一样的实物，而艺术创造所产生的却是和原来使用的物质材料完全不同的另一种东西，这另一种东西，朗格称之为"虚象"或"幻象"。她认为，艺术家的整个创造过程中都在创造着这个幻象。每一种艺术都要创造出一种特殊的幻象，幻象是任何一种艺术创造的"最基本的创造物"。所以，对于朗格来说，要说明艺术创造的实质，就必须分析艺术创造的特殊产物——幻象。

那么，究竟什么是朗格所说的"幻象"或"虚象"呢？让我们先引述她在《艺术问题》关于"幻象"所讲的两段话：

> 每一门艺术都有自己的基本幻象，这种幻象不是艺术家从现实世界中找到的，也不是人们在日常生活中使用的，而是被艺术家创造出来的。艺术家在现实世界中所能找到的只是艺术创造所使用的种种材料——色彩、声音、字眼、乐音等等，而艺术家用这些材料创造出来的却是一种以虚幻的维度构成的"形式"。[①]

> 我们说艺术形象是一种幻象，这仅仅是指艺术形象是非物质的。这就是说，它不是由画布、色彩等事物构成的，而是由互相达到平衡的形状所组成的空间构成的，在这些形状中蕴含着能动的关系、张力和弛力等等。这种空间与实际的空间是不一样的，因为在实际的空间中不存在这种具有一定的组织结构的形象。[②]

以上两段论述说明，朗格所说的幻象或虚象就是指艺术家创造的艺术形象或表现性形式，之所以把它称作幻象或虚象，是因为它不是真实的、实际存在的，而是过去任何时候和任何地方都没有见到过的，是完全被艺术家创造出来的，还因为它虽然是用各种物质材料创造的，却不是一种物理事实，也不是物质材料本身，而是以虚幻形式存在的、位于虚空中的感性形象。这种虚幻形象仅仅是为欣赏者的知觉而创造和存在的，并且也仅仅存在于知觉之中。例如，"绘画是一种虚象，它可以被眼睛看到，但不能用手触摸到；它的可见空间虽然无限广大，然而却不具有任何通常的声学特性，以便为耳朵所感知；存在于其中的那些坚固的立体虽然是显而易见的，但却不能象感觉普通的物理事物那样去感觉它们，因为它们仅仅存在于视觉之中，整幅画都是一幅只能为视觉感知的空间，它不是别的，而

---

① [美]苏珊·朗格：《艺术问题》，滕守尧等译，中国社会科学出版社1983年版，第76页。
② [美]苏珊·朗格：《艺术问题》，滕守尧等译，中国社会科学出版社1983年版，第33页。

是一种虚象"①。

朗格进一步指出,每一门艺术都创造出特定的基本幻象,这种基本幻象便是每门艺术的本质特征。不同门类的艺术是由不同的幻象构成的,绘画创造的幻象不同于音乐的幻象,音乐的幻象也不同于舞蹈的幻象,如此等等。对绘画、音乐、舞蹈、诗等艺术门类各自创造的幻象及其区别,朗格也作了一些具体的、比较的分析。例如,她认为绘画所创造的是一种"虚幻的空间幻象",而音乐所创造的则是一种"虚幻的时间幻象"。"音乐所揭示的是一种由声音创造出来的虚幻时间,它本质上是一种直接作用于听觉的运动形式。……虚幻时间与音乐之间的关系就像虚幻的空间与绘画之间的关系。"② 如果说在绘画中空间的体积是虚幻的,那么在音乐中则是时间的运动是虚幻的。又如舞蹈,朗格认为它所创造的是既不同于音乐也不同于绘画的"力的虚象"。"我们从一个完美的舞蹈中看到、听到或感觉到的应该是一些虚的实体,是使舞蹈活跃起来的力,是从形象的中心向四周发射的力或从四周向这个中心集聚的力,是这些力的相互冲突和解决,是这些力的起落和节奏变化。"③ 总之,舞蹈演员创造了一种活跃的力的形象、动态的形象,但我们看到的这种"力",却不是由演员的肌肉活动所产生的那些引起实际动作的物理力,而仅仅是为知觉而创造的"虚的实体",即力的虚象。至于诗,朗格指出:"诗人用语言创造出来的东西是一种关于事件、人物、情感反应、经验、地点和生活状况的幻象。"④ 她强调正是这种幻象构成了所谓"诗的意象"或"外观",这种创造出来的诗的外观并不一定要与真实的事物、事实、人物或经验的外观等同或对应,它在标准状态下是一种纯粹的虚构事物。

通过对于以上诸种艺术所创造的幻象的比较,朗格肯定地指出:"每门艺术都是由它创造出来的基本幻象来规定的,而不是由它所使用的材料和技巧来规定的。"⑤ 每门艺术都有自己独特的材料,但是它也可以运用其他艺术使用的材料。例如,雕塑中可以运用绘画所特有的标准材料——色

---

① [美] 苏珊·朗格:《艺术问题》,滕守尧等译,中国社会科学出版社 1983 年版,第 27 页。
② [美] 苏珊·朗格:《艺术问题》,滕守尧等译,中国社会科学出版社 1983 年版,第 39 页。
③ [美] 苏珊·朗格:《艺术问题》,滕守尧等译,中国社会科学出版社 1983 年版,第 5—6 页。
④ [美] 苏珊·朗格:《艺术问题》,滕守尧等译,中国社会科学出版社 1983 年版,第 142 页。
⑤ [美] 苏珊·朗格:《艺术问题》,滕守尧等译,中国社会科学出版社 1983 年版,第 78 页。

彩，诗中也可以运用音乐所特有的标准材料——乐音，但是雕塑仍然是雕塑，诗仍然是诗。因为它们虽然使用了其他艺术所特有的标准材料，但是它们的基本创造物——基本幻象，却并不因此而有所改变。正是这种独特的基本创造物、基本幻象，才使这一门类艺术和另一门类艺术互相区别开来。

朗格的艺术创造幻象说，曾经受到广泛的批评。这不仅因为"幻象"这个词很易引起误解，而且由于她借这个词所说明的问题，并没有多大的理论意义和实际意义。因为艺术形象是艺术家对现实生活进行加工改造而创造的，它并不是实际生活本身；艺术形象的塑造固然要借助于一定的物质材料，它和这种物质材料却不是一回事。这都是显而易见的问题。如果朗格的幻象说，仅仅是为了说明这些早已为大家所了解和清楚的问题，那是大可不必在名词术语上故弄玄虚的。

朗格的幻象说和她提出的艺术抽象的理论是联系在一起的。创造一种幻象，需要通过艺术的抽象；幻象在艺术中的作用，也就是要抽象出"有意味的形式"。所以，幻象的原则和艺术抽象的原则，在朗格看来实在是不可分的。朗格非常强调艺术抽象在艺术创造中的作用，她说：

> 一件艺术品就是一个符号，艺术家的任务自始至终都是制造符号，而符号的制造又需要抽象。……一件艺术品的意义只能包含在它提供给某一感官或全部感官的形式之中，而人对它的把握又必须借助于想象。而要做到这一点，一件艺术品就必须是从作为媒介的具体材料中抽象出来的"有意味的形式"。[①]

正是基于上述理由，朗格才认为"一切真正的艺术都是抽象的"[②]。"抽象"对理解任何关系和认识纯粹形式都是不可缺少的，所以不管是艺术家还是逻辑学家，同样都在自发地以同样熟练的技巧从事着"抽象"活动。

但是，朗格进一步指出，我们从一件艺术品中见到的抽象和科学、数学、逻辑中的抽象是不同的。艺术抽象和科学抽象是两种不同的抽象方

[①] [美] 苏珊·朗格：《艺术问题》，滕守尧等译，中国社会科学出版社 1983 年版，第 168 页。
[②] [美] 苏珊·朗格：《艺术问题》，滕守尧等译，中国社会科学出版社 1983 年版，第 156 页。

式,"这两种根本不同的从具体体现物或范例中抽象出形式的方法要归结于艺术活动和科学活动之间的基本区别"①。艺术抽象是艺术直觉过程,科学抽象是科学推理过程。"既然艺术直觉过程和科学推理过程从起点上开始,即从逻辑直觉上开始就有了分歧,它们以后的整个智力发展过程也就必然不同,这就造成这两个领域内的'抽象'活动的不同。"② 科学抽象是依靠概括能力或普遍化能力,"通过这种概括,就为每一个事物赋予了名称,这种名称随之又把这一事物的种类加以确定"③。这就是科学和语言所具有的最基本的抽象功能,这种抽象的结果就是创造出推理性符号或概念,即帮助我们把握一般事实的理性推理形式。可是,艺术抽象却是另一种情况。一件艺术品是一种特殊的事物,而且永远保持着这种特殊性,它是"这一个",而不是"这一类",它是独特的,而不是样板性的。所以,艺术的抽象形式是从一种特殊的现象中直接抽象出来的,它不需要先找出几个范例,然后从这些范例中抽象出一种一般的式样,最后再以符号对这一式样进行表现。在艺术中,仅仅是对其中的一个范例进行天才的构造,并给它赋予一种符号的特性和性能。据此,朗格对不同于科学抽象的艺术抽象的方式作了如下概括:

> 艺术家所面临的问题,就是对某种特殊的事物加以抽象地处理,使它以某种具体的形式呈现出来,而这一步骤又不像逻辑中使用的渐进式概括法那样,还要从某一类相似的事物中抽象出它们的共同形式。在艺术抽象中,通常要做的第一件事就是设法使得将要加以抽象处理的事物看上去虚幻,使它具有艺术品所应具有的一切非现实成分。……与此同时,还必须使这件由纯粹的形象构成的实体尽量简化,以便使人的视觉、听觉和构造性想象(如文学)在任何时候都能直接把握它的整体样式。④

---

① [美]苏珊·朗格:《艺术问题》,滕守尧等译,中国社会科学出版社1983年版,第157页。
② [美]苏珊·朗格:《艺术问题》,滕守尧等译,中国社会科学出版社1983年版,第159页。
③ [美]苏珊·朗格:《艺术问题》,滕守尧等译,中国社会科学出版社1983年版,第162页。
④ [美]苏珊·朗格:《艺术问题》,滕守尧等译,中国社会科学出版社1983年版,第169—170页。

朗格认为艺术抽象和科学抽象的不同，是由于艺术活动和科学活动、艺术认识方法和科学认识方法的不同，这说明她重视艺术和科学的区别。她指出艺术品必须保持特殊性、具体性，使事物的外观表象突出出来，这也是符合艺术本身的特点的。可是，朗格把艺术创造看作"抽象"活动，把艺术形象看作艺术抽象的产物，这却是令人难以理解的。这种说法不仅与艺术品须创造特殊的、具体的、可感的艺术形象的特点相矛盾，而且也不符合作为现实生活的审美认识和表现的艺术创作的客观规律。朗格说："不管是在艺术中，还是在逻辑中（逻辑把科学抽象发展到了高峰），'抽象'都是对某种结构关系或形式的认识，而不是对那些包含着形式或结构关系的个别事物（事件、事实、形象）的认识。"① 这就是说，艺术抽象实质上只不过是一种对于形式的认识和创造，而根本不是对现实生活的一种反映形式。这样一来，艺术创造活动也就仅仅被当成了一种抽象出形式符号的活动，而不是对于现实生活的艺术认识和概括。这也显示出朗格的艺术理论的形式主义倾向。追求抽象的形式表现是西方许多现代艺术流派的一个共同特点，和这种艺术实践相适应，不少艺术理论往往认为创造抽象形式，比起反映现实生活内容，对于艺术是更为根本的、更重要的目的，艺术抽象和再现生活因此也就被放在互相对立的地位。朗格在谈到艺术抽象时，认为艺术形式的创造一方面要尽量删去它的"现实成分"；另一方面又要尽量"简化"。这很容易使我们想起克莱夫·贝尔的形式主义美学理论，贝尔在《艺术》中同样认为"有意味的形式"是通过删除再现成分和采用简化手段而得到的，他说："没有简化，艺术不可能存在，因为艺术家创造的是'有意味的形式'，只有简化，才能把有意味的东西从大量无意味的东西中抽取出来。"② 这种看法可能就是朗格的艺术抽象说的一个来源。

关于欣赏问题，朗格提出了艺术知觉说。什么是艺术知觉呢？朗格说："在我看来，所谓艺术知觉，就是对艺术品的表现性的知觉。"③ 艺术的表现性形式或幻象都是对知觉而存在的。对于形式及其所表现的意味，

---

① ［美］苏珊·朗格：《艺术问题》，滕守尧等译，中国社会科学出版社1983年版，第156页。
② ［美］克莱夫·贝尔：《艺术》，周金环等译，中国文联出版公司1984年版，第149—150页。
③ ［美］苏珊·朗格：《艺术问题》，滕守尧等译，中国社会科学出版社1983年版，第56页。

第十八章 符号学的艺术理论探讨

欣赏者不是通过推理性判断去感受它,也不能通过推理性的语言去表达它,而只能通过欣赏者的艺术知觉去把握它。在艺术作品中,"情感并不是再现出来的,而是由全部幻象,即由艺术符号排列和组合起来的幻象表现出来。它要么是被直接从艺术符号中把握到,要么是根本就把握不到,而发现或把握这种'生命的意味'的能力,就是我所说的'艺术知觉',这是一种洞察力或顿悟能力"①。据此,朗格认为艺术知觉是把握艺术的表现性形式及其所表现的意味的一种特殊能力,它不是一种推理性的思辨能力,而是一种"顿悟能力"。这种顿悟能力也就是"直觉",所以"对艺术意味(或表现性)的知觉就是一种直觉"②。关于"直觉",西方哲学中有多种解释,朗格反对把直觉看成一种先验的神秘的活动或特殊的天赋。她根据洛克在《论人类理解力》中的论述,另提出一种解释。洛克把直觉看作一种"直接看到真理"的洞察力,"是一种无须借助于其他任何概念的知觉"。由此,朗格指出:"所谓直觉,就是一种基本的理性活动,由这种活动导致的是一种逻辑的或语义上的理解,它包括对各式各样的形式的洞察,或者说它包括着对诸种形式特征、关系、意味、抽象形式和具体实例的洞察或识认。"③

在西方现代美学中,强调艺术知觉是同强调艺术的形式联系在一起的。有的美学家甚至因此把艺术创作和鉴赏的规律仅仅归结为一个知觉的问题,如阿恩海姆便声称艺术是建立在知觉的基础之上的,并将艺术的分析变成了对知觉结构的分析。阿恩海姆认为事物和形式本身之所以具有表现性,是它们与被表现的内在情感在"力的图式"上具有结构上的一致性,而对这种以"力"作媒介的表现性的知觉,就是审美知觉。如果我们把阿恩海姆对审美知觉的看法和朗格的艺术知觉说稍加比较,就可以看出它们是多么相似。和阿恩海姆仅仅强调审美知觉与形式表现有关一样,苏珊·朗格也认为艺术知觉或直觉"只与事物的外观呈现有关"。但是,正如不能把艺术仅仅归结为符号形式一样,也不能把艺术欣赏仅仅看成一个艺术知觉问题。艺术欣赏不能脱离对于形象和形式的感知,欣赏的心理过

---

① [美] 苏珊·朗格:《艺术问题》,滕守尧等译,中国社会科学出版社1983年版,第57页。
② [美] 苏珊·朗格:《艺术问题》,滕守尧等译,中国社会科学出版社1983年版,第62页。
③ [美] 苏珊·朗格:《艺术问题》,滕守尧等译,中国社会科学出版社1983年版,第62页。

程也就不能不包含知觉。但是，艺术欣赏是一种很复杂的意识活动，它包含许多心理因素，各种心理因素之间又以特有的方式互相联系、互相作用。对于这种复杂微妙的心理活动，仅仅用艺术知觉或直觉是难以做出完整的、科学的说明。总之，朗格煞费苦心地用许多含混难懂的名词术语构造的艺术理论，从欣赏到创造，以至对艺术本质的理解，都是从形式符号出发，并且以形式符号问题为中心的。这种艺术理论虽然包含着不少合理因素，但由于受到形式主义观点的限制，因而对于真正科学地阐明艺术的本质、正确地揭示艺术创造和欣赏的规律，是具有较大局限性的。

后　记

　　学习和研究西方美学史需要精读几本西方美学名著。为此，我近几年在给本科生和研究生讲授西方美学史课程时，精选了不同时期、不同美学派别、不同美学思潮中有重要影响的部分代表作，逐一进行了较为详细的介绍、分析和评论。本书就是这样陆续在教学中思考写成的。另外两篇是我近年来发表的美学论文，因为都是论述西方美学名著的，故亦收入本书。其中的《〈1844年经济学哲学手稿〉审美理论初探》还可以从一个侧面说明马克思是如何批判地继承、改造和发展西方古典美学思想的，也算是本书的一个小结。

　　为了突出重点，深入剖析，本书对每本名著的内容评述，不求面面俱到，而是着重分析其中有代表性、有独创性、有较大影响或有较大现实意义的论点和范畴，并力求逻辑和历史的统一。为了便于参考阅读原著，文中引文均采用现已出版的译文。个别地方参照原文，对译文略有改动。

　　本书在写作过程中，参阅了国内出版和发表的一些西方美学史论著，从美学界一些知名学者和专家那里得到许多启发和教益。中国社会科学院文学研究所涂武生同志认真地审阅了本书初稿，给予了很大鼓励，也提出了很好的修改意见。对此，谨致以衷心的感谢。

1986年6月29日

美学的现代思考

序

汝 信

　　彭立勋同志是是我国美学园地上的一位辛勤的耕耘者，他的一系列美学著作颇得学术界的好评，对我国的美学研究作出了贡献。最近他又将十几年来发表的美学论文结集出版，我有幸先睹为快，并高兴地为之作序。

　　本书内容丰富，包括审美理论、文艺理论、中外美学思想比较研究、西方现代美学、城市美学等各方面，这充分说明作者的美学研究视野开阔，兴趣广泛。但是，从收入文集的这些论文可以看出，虽然它们涉及的问题不同，却始终围绕着一个基本目标，正如作者在《后记》中所说，就是"要在马克思主义指导下，在继承传统美学思想精华和吸纳当代美学优秀成果的基础上，对以审美和艺术为中心的现代美学问题作一些新的探讨，以促进中国化的科学的现代美学的建设"。我以为，作者在本书中是很好地实现了他的这一目标的。

　　美学研究要以马克思主义理论为指导，这是一个重大的原则问题，必须坚持。当然，这绝不是意味着马克思主义经典作家已经为我们准备好一切美学问题的现成答案，只需到他们的著中去寻章摘句加以整理就行了。马克思主义是发展的科学，以马克思主义为指导去研究美学，就是要善于运用马克思主义的立场、观点和方法，去探讨现时代美学发展中出现的新情况和新现象，对新问题作出新的回答。这样做的结果，自然也会使马克思主义美学本身得到进一步的丰富和发展。彭立勋同志正是朝着这个方向作了可贵的探索，他从现时代的新视角去研究马克思《1844年经济学哲学手稿》和其他经典著作，着重探讨了马克思主义的审美理论，论述了意识形态论与审美论的统一，新意迭出，他的这种努力是应该予以充分肯定的。

　　作者的意图是要探讨如何推动美学从传统走向现代，建立适应于新时代需要的现代美学。我觉得这抓住了当前我国美学研究发展的一个关键。近几十年来，包括中国在内的整个世界已经和正在继续发生急剧的变化，无论是社会生产力、经济结构、政治制度、人们的社会关系、生活方式，或是思想意识，文化、道德、价值观念以至审美观念和趣味，都变得面目一新，与前大不相同了。面对这样迅速变化的世界，墨守陈规，采取以不变应万变的态度显然是没有出路的。我们的美学研究要跟上历史发展的潮流，适应于新时代的要求，也必须自身进行变革和更新，在理论上有所突破和创新。当然，在进行变革和创新时要注意处理好传统和现代的关系。我完全赞同作者的观点，要努力在传统和现代之间建立一种联系，而不应抛弃传统，全盘否定传统美学在现代的价值。无论中国或外国，都有悠久的美学思想传统，从孔子、柏拉图、刘勰到康德、黑格尔，这份优秀的文化遗产是人类创造的共同精神财富。现代美学的发展不能离开传统美学的基础，它应是传统在新的历史条件下合乎规律的继续和发展，而不应该是传统的断裂。我们当前美学研究所面临的问题是怎样从当代的现实出发，紧密结合审美和艺术实践，以革新的精神去挖掘和弘扬古今中外美学思想中的精华，并以此为基础融汇创新，根据现时代的要求去建立有中国特色的新的美学理论。彭立勋同志在这方面已经做了有益的尝试，我衷心祝贺他的这部论文集的出版，并希望它能促使我国更多的美学研究工作者去从事这项十分有意义的工作。

汝　信
1996 年 8 月

《1844年经济学哲学手稿》
审美理论初探

马克思的《1844年经济学哲学手稿》（以下简称手稿）中直接涉及美学的文字并不是很多，但它所包含的内容却十分丰富，其中对于人的审美活动和美感的论述尤其占有较大分量和突出地位。它涉及生产劳动和审美活动的关系、美感和美的关系、审美感觉在美感中的作用、审美感觉的产生和历史发展、人的全面发展和美感的高度发达的关系等问题，并且在辩证唯物主义的基础上给予了科学解决。手稿的审美理论不仅在美学发展上具有重大的革命意义，对于我们今天的现实生活、审美教育和艺术实践也具有重要的指导作用，需要我们认真地、深入地进行研究。

马克思在手稿中之所以特别着重论述审美问题，首先是因为他正在研究的经济和哲学问题与此有密切关系。无论是分析异化劳动、私有制，还是论证共产主义，手稿探讨的中心始终是人的问题，这就自然涉及作为人的本质力量之一的审美感觉的形成和发展问题。此外，也由于在德国古典哲学中，对于审美问题的探讨一直占有突出地位，由此形成了一个影响巨大的理论传统。从康德、席勒到黑格尔、费尔巴哈，没有一个是不研究审美问题的。手稿中对于审美问题的探讨，显然受到德国古典美学的影响；但马克思对这些问题的解决，却远远超过了德国古典美学。我们要深刻认识手稿的审美理论所包含的丰富的革命内容，就必须把它同德国古典美学中的审美理论进行比较分析。

一

人类审美活动的根源究竟是什么？这是德国美学家曾经多次接触并力图加以解决的问题。在康德之后，席勒在他的《审美教育书简》

中对这个问题作了较为集中的探讨。马克思在手稿中也讨论了这个问题。但是由于他们的哲学出发点不同，他们对问题的解决方式也有原则性的区别。

席勒对人的审美活动的分析，完全是从抽象的人性论出发的。他用先验的方法对人进行抽象分析，从而得出两个基本概念："人格"（Person）和"状态"（Zustand）。"人格"是持久不变的主体、理性、形式；"状态"是经常变化的对象、感性、物质。这两个抽象的对立因素在人里面都不能独立存在，必须互相依存，才能形成完整的统一体。由此在人身上就产生出两个相反的要求。第一个要求是"感性冲动"，它产生于人的感性本质；第二个要求是"理性冲动"，它产生于人的理性本质。前一个冲动要"把我们自身以内的必然的东西转化为现实"，后一个冲动要"使我们自身以外的实在的东西服从必然的规律"。这两种冲动如果互相对立，人性的统一就会被破坏。所以，要恢复人性的统一，就需借助于文化教养，让感性和理性结合起来，在人身上唤起一种新的冲动，即"游戏冲动"。在"游戏冲动"中，人把生活和形象、感性和理性、物质和精神等都统一起来，人就进入自由的审美的王国，人"才是完全的人"。席勒说："作为一个普通的概念来看，游戏冲动的对象可以叫做活的形象，这个概念指现象的一切审美的品质，总之，指最广义的美。"① 又说："在审美的国度里，人就只须以形象的身份呈现于人，只作为自由游戏的一种对象而与人对立。通过自由去给予自由，这就是审美的国度的法律。"② 这样，席勒就从对人性的抽象的分析中，认证了人的审美活动的根源和性质。席勒把人性当成脱离了社会历史的抽象的东西，把感性和理性说成是人所固有的本性，这当然是一种超社会超历史的唯心主义观点。从这种观点出发来分析人的审美活动，自然无法真正揭示出审美活动的社会历史根源。尽管在席勒对审美活动的分析中，确实包含着一些深刻的、辩证的看法和猜测。

和席勒的出发点根本不同，马克思在手稿中是从人的生产劳动的实践活动出发来分析人的审美活动，探求它的根源。在马克思之前，黑格尔也

---

① 北京大学哲学系美学教研室编：《西方美学家论美和美感》，商务印书馆1980年版，第176页。

② 北京大学哲学系美学教研室编：《西方美学家论美和美感》，商务印书馆1980年版，第179页。

曾用实践的观点来考察人的审美活动的成因。他说:"人还通过实践的活动来达到为自己(认识自己),因为人有一种冲动,要在直接呈现于他面前的外在事物之中实现他自己,而且就是这实践过程中认识他自己。人通过改变外在事物来达到这个目的,在这些外在事物上面刻下他自己内心生活的烙印,而且发现他自己的性格在这些外在事物中复现了。人这样做,目的在于要以自由人的身份,去消除外在世界的那种顽强的疏远性,在事物的形状中他欣赏的只是他自己的外在现实。"① 黑格尔所表述的这个思想当然是相当深刻的。他认为人通过实践活动,在外在现实中复现自己、观照自己,以满足心灵自由的需要,这就是艺术和审美的根本起源。但是,黑格尔所说的"实践"不是指人的客观物质的感性活动,而是一种把思想外化于现实世界的精神活动。马克思说:"黑格尔唯一知道并承认的劳动是抽象的精神的劳动。"② 所以,他所理解的"实践的活动"就是精神、意识的对象化,这仍然是一种唯心主义观点。马克思在手稿中讲实践,不是指黑格尔所说的精神活动,而是指人的物质感性活动,指人类改造自然界的生产劳动。马克思说:"通过实践创造对象世界,即改造无机界,证明人是有意识的类存在物,也就是这样一种存在物,它把类看作自己的本质,或者说把自身看作类存在物。"③ 按照马克思的理解,人的生命活动和动物的有根本的区别。动物和它的生命活动是直接同一的,它不把自己和自己的生命活动区别开来;人则把自己的生命活动本身变成自己的意志和意识的对象。他的生命活动是有意识的,"有意识的生命活动把人同动物的生命活动直接区别开来。正是由于这一点,人才是类存在物"④。由于马克思当时还没有完全摆脱费尔巴哈人本主义思想的影响,他在论述人和动物的区别时,仍然使用了费尔巴哈的哲学术语。但费尔巴哈认为人和动物的区别是"意识"或"类意识";马克思则认为是劳动,即"有意识的生命活动"或"自由的自觉的活动"。人和动物的根本区别,不是表现在人的意识中,而是直接表现在人的生产劳动中。所以,马克思说:"正是在

---

① [德] 黑格尔:《美学》,朱光潜译,商务印书馆1979年版,第38页。
② 《马克思恩格斯全集》第42卷,人民出版社1979年版,第163页。
③ 《马克思恩格斯全集》第42卷,人民出版社1979年版,第96页。
④ 《马克思恩格斯全集》第42卷,人民出版社1979年版,第96页。

改造对象世界中，人才真正地证明自己是类存在物。"①

那么，人的生产劳动和审美活动有什么必然联系呢？这仍然要从人的生产劳动和动物活动的区别中去进行分析。马克思说："动物只是按照它所属的那个种的尺度和需要来建造，而人却懂得按照任何一个种的尺度来进行生产，并且懂得怎样处处都把内在的尺度运用到对象上去；因此，人也按照美的规律来建造。"② 这段极为重要的文字有两点意思是十分明确的：第一，人在生产劳动中是"按照美的规律来建造"的，换句话说，人的生产劳动是同美的创造具有内在的必然联系的。这是人的生产劳动和动物的活动的明显区别之一。动物是不能从事美的创造的，只有人在他的劳动中才能进行美的创造。第二，人的生产劳动之所以必然同美的创造活动相联系，是由于人的劳动和动物的活动不同，人"懂得按照任何一个种的尺度来进行生产，并且懂得怎样处处都把内在的尺度运用到对象上去"。怎样理解这两句话呢？从马克思在手稿中对人的劳动所做的全面分析中可以受到启发。关于人的劳动和动物的活动的区别，马克思在上面所引的这一段话之前有如下论述："动物的生产是片面的，而人的生产是全面的；动物只是在直接的肉体需要的支配下生产，而人甚至不受肉体需要的支配也进行生产，并且只有不受这种需要的支配时才进行真正的生产；动物只生产自身，而人再生产整个自然界。"③ 这里所说人的生产不受直接的肉体需要的支配，不像动物那样只生产自身，而是全面地再生产整个自然界，就是人"懂得按照任何一个种的尺度来进行生产"的含义。那么，人"懂得怎样处处都把内在的尺度运用到对象上去"又是什么意思呢？马克思在分析人的劳动时，认为它是"自由的活动"，并且能"自由地对待自己的产品"。什么是自由呢？恩格斯说："自由不在于幻想中摆脱自然规律而独立，而在于认识这些规律，从而能够有计划地使自然规律为一定的目的服务。"④ 他还说："我们对自然界的整个统治，是在于我们比其他一切动物强，能够认识和正确运用自然规律。"⑤ 人在劳动中能够认识和正确运用自

---

① 《马克思恩格斯全集》第 42 卷，人民出版社 1979 年版，第 97 页。
② 《马克思恩格斯全集》第 42 卷，人民出版社 1979 年版，第 97 页。
③ 《马克思恩格斯全集》第 42 卷，人民出版社 1979 年版，第 96—97 页。
④ 《马克思恩格斯全集》第 3 卷，人民出版社 1972 年版，第 153 页。
⑤ 《马克思恩格斯全集》第 3 卷，人民出版社 1972 年版，第 518 页。

然规律，使自然规律为一定的目的服务，所以，人的劳动是自由的活动。这就是"把内在尺度运用到对象上去"所包含的意义。所谓"内在尺度"，就是指为人所认识和掌握，并为一定目的服务的自然规律，也可以说是自然规律和人的目的的统一。人只有按照所认识的自然规律、按照事物内在固有的规律来改造自然，才能"在自然物中实现自己的目的"。正如列宁所说："外部世界、自然界的规律，乃是人的有目的的活动的基础。"① 总之，人的生产劳动是全面的、自由的，是能够认识和运用自然规律和各种事物的内在规律，以实现预定的目的。所以，人的劳动便成为"按照美的规律来建造"的美的创造活动。

生产劳动既然同时也就是一种美的创造活动，因此也就和人的审美活动密不可分。马克思说："这种生产是人的能动的类生活。通过这种生产，自然界才表现为他的作品和他的现实。因此，劳动的对象是人的类生活的对象化：人不仅象在意识中那样理智地复现自己，而且能动地、现实地复现自己，从而在他所创造的世界中直观自身。"② 人通过生产劳动正确运用自然规律改造了自然界，同时也就"给自然界打上自己的印记"。这一点动物不能做到，只有人才能做到。人通过生产劳动改造客观世界，不仅仅获得了物质生活资料，满足了物质需要；而且通过他所创造的世界能动地、现实地复现自己，使"他自己的生活对他是对象"，也就是"在他所创造的世界中直观自身"，从而得到精神上的满足。当人不仅通过思维，"而且以全部感觉在对象世界中肯定自己"③ 时，就会在形象世界的对象中直观到人的自由活动和创造力量，产生一种愉悦的感情，这时，人就是在进行审美活动了。

马克思克服了席勒和黑格尔对审美活动的唯心主义解释，从生产劳动出发来考察和论证审美活动的根源，使人的审美活动得到了社会历史的科学说明。它告诉我们，审美活动是社会生活的产物，其根源只能到生产劳动中去寻找：是劳动先于审美，而不是审美先于劳动。那种把审美和艺术的根源归结为人的天性、精神或游戏的看法，由于脱离了人的物质生产实

---

① ［苏］列宁：《哲学笔记》，人民出版社 1974 年版，第 200 页。
② 《马克思恩格斯全集》第 42 卷，人民出版社 1979 年版，第 97 页。
③ 《马克思恩格斯全集》第 42 卷，人民出版社 1979 年版，第 125 页。

践来考察审美活动，终究要陷入历史唯心主义的窠臼。

不过对于马克思关于生产劳动和审美活动关系的论述，我们也不能作简单的、狭窄的理解。如有人据手稿中"在他所创造的世界中直观自身"这句话，便认为人对劳动产品的享受就是美感，就是审美活动。[1] 其实，人的劳动产品并不都是美的。对于劳动产品的享受也可能是占有它、消费它，然而占有和消费却是为了实用，而不是审美或美感。马克思在分析私有制下人的本质异化时说，私有制使人对人的产品的感性的占有，"仅仅被理解为直接的、片面的享受"，"理解为占有、拥有"，结果造成人的感觉的异化，使人丧失了美感。可见把对产品的享受都说成是美感和审美活动，是不符合马克思的原意的。仅仅从对劳动产品的享受来理解马克思关于生产劳动和审美关系的论述，不仅难以划清审美活动和非审美活动的界限，而且会把生产劳动和审美的关系简单化、片面化，不利于历史地、全面地说明审美活动的社会历史根源。还有人把马克思的论述引申为"美感起于生产劳动中的喜悦"，这也是值得商榷的。事实上，生产劳动中产生的喜悦，其内容和性质也是各式各样的，不尽是美感。劳动中得到的"乐趣"也不能简单地一概称为审美活动。如果把"生产劳动中的喜悦"或"乐趣"和美感等同起来，不仅会混淆美感和非美感的区别，而且还会把生产劳动和审美活动混为一谈，以致认为生产劳动"同时也就是人对世界的艺术的掌握"，"劳动创造正是一种艺术创造"。[2] 这就抹杀了实践和认识、社会存在和社会意识的界限，和马克思主义基本原理大相径庭了。

二

马克思在考察和分析审美活动时，对于人的审美感觉能力在审美中的作用以及审美感觉能力的形成作了深入细致的分析，并在辩证唯物主义的基础上对这些问题予以科学的解决。

在德国古典美学中，康德是从唯心主义观点出发来解释美感的。他在

---

[1] 参见〔苏〕巴尔特洛夫《哲学中革命变革的起源》，刘坯坤译，中国社会科学出版社1981年版，第146页。

[2] 文艺报编辑部编：《美学问题讨论集》第6集，作家出版社1964年版，第186页。

哲学上否定反映论，认为审美的规定只可能是主观的，审美判断既不依靠对象，也不是对对象的认识。他说："为着要判断一件事物美或不美，我们并不用理解把表象联系到对象以便认识，而是用想象（也许结合理解在一起）把表象联系到主体以及主体的快或不快的感受……它不涉及对象中的任何东西，只涉及主体如何受到表象的影响而自己的有所感受。"[①] 这就否认了美感是由美引起的，是对美的对象的能动的反映。马克思在手稿中一反康德的上述论点，明确指出："只有音乐才能激起人的音乐感"[②]，就是说，美感是由美的对象所激起的，是对于美的对象能动的反映。从美和美感的关系上说，前者是第一性的；后者是第二性的，这就在美学中坚持了唯物主义的反映论。

在肯定美感是对于美的对象的反映的前提下，马克思着重分析了人的主体方面的审美感觉能力在美感形成中的作用。在这方面，马克思可能较多地受到费尔巴哈的影响。在费尔巴哈的唯物主义学说中，感觉论具有突出的地位。费尔巴哈把人看成是自然的产物和自然的客体，他赋予作为人与自然直接沟通的要素的感官以重大的意义。无论是他的认识论，还是他的人本学，都强调感官、感觉的作用。他说："在感觉里面，尤其在日常的感觉里面，隐藏了最高深的真理。"[③] "只有通过感觉，一个对象才能在真实的意义之下存在。"[④] 费尔巴哈用感觉不仅证明了自然界对象的存在，而且证明了对象性的人的存在。他强调只有通过感觉同客观对象的相互关系，通过对对象的感性知觉，才能从对象看到人所特有的感性知觉能力的显示过程。他说："如果你思想无限的东西，你就是思想和肯定思维能力的无限性；如果你感受无限的东西，你就是感受和肯定感情能力的无限性。理性的对象就是对象化的理性，感情的对象就是对象化的感情。如果你对于音乐没有欣赏力，没有感情，那么你听到最美的音乐，也只是像听

---

① ［德］康德：《判断力批判》上卷，宗白华译，商务印书馆1964年版，第39—40页。译文有改动。
② 《马克思恩格斯全集》第42卷，人民出版社1979年版，第125—126页。
③ ［德］费尔巴哈：《未来哲学原理》，洪谦译，生活·读书·新知三联书店1955年版，第58页。
④ ［德］费尔巴哈：《未来哲学原理》，洪谦译，生活·读书·新知三联书店1955年版，第58页。

到耳边吹过的风,或者脚下流过的水一样。"① 费尔巴哈从他带有人本主义特点的唯物主义感觉论出发,十分强调人的审美感觉能力在美感形成中的作用。他说:"如果我的灵魂的审美力是坏的,我怎么能感觉到一幅美的图画是美的呢? 我自己虽然不是画家,没有亲手产生出美的力量,我却有审美的感觉、审美的理智,所以我才感觉到在我外面的美。"② 这和上文所说的如果一个人"对于音乐没有欣赏力",便不能欣赏"最美的音乐"是一个意思。马克思在手稿中吸收了费尔巴哈这一思想,以全面地、辩证地阐明审美中对象和主体的关系,说明美感的形成既是来源于美的对象,同时又须有和美的对象相适应的主体的审美感觉能力。否则,就不可能形成作为美的能动反映的美感。马克思说:"对于没有音乐感的耳朵说来,最美的音乐也毫无意义,不是对象,因为我的对象只能是我的一种本质力量的确证,也就是说,它只能象我的本质力量作为一种主体能力自为地存在着那样对我存在,因为任何一个对象对我的意义(它只是对那个与它相适应的感觉说来才有意义)都以我的感觉所及的程度为限。"③

马克思这段话虽然是着重强调人的审美感觉能力在美感形成中的作用,但联系前面所说的"只有音乐才能激起人的音乐感"和全段文字的完整意思来看,是完全符合辩证唯物主义的认识论,即能动的、革命的反映论的。然而,有的论者却不顾这段话的完整意思,片面地加以引申,从而得出美感决定美的结论,并把它说成是马克思的思想。有的文章为了认证所谓"在美感中,主体先于客体"和"超美感的、不以人的意志为转移的美……是没有的"论点,便引出马克思这段话作为论据。文章中说:"超美感的美也是根本不存在的。在现实中不存在的东西,在艺术中也不存在。艺术品本身不过是一种媒介,假如它不能引起欣赏者的美感,它仍然是不美的。没有主体的对象不是对象。正如马克思所说,对于非音乐的耳,最美的音乐也没有意义。"④ 这就是说,现实中的美、艺术中的美都不

---

① 北京大学哲学系外国哲学史教研室编译:《十八世纪末—十九世纪初德国哲学》,商务印书馆 1975 年版,第 551 页。
② 北京大学哲学系外国哲学史教研室编译:《十八世纪末—十九世纪初德国哲学》,商务印书馆 1975 年版,第 571 页。
③ 《马克思恩格斯全集》第 42 卷,人民出版社 1979 年版,第 126 页。
④ 高尔泰:《美学研究的中心是什么》,《哲学研究》1981 年第 4 期。

能离开欣赏者的美感而存在，是完全由欣赏者的美感所决定的、所创造的。这样一来，美不是只有在人的美感中、意识中才能存在吗？不是否定了美是一种客观存在吗？这种唯心主义美学观点怎样能说是马克思的美学思想呢？马克思虽然认为"对于没有音乐感的耳朵说来，最美的音乐也毫无意义，不是对象"，但这种音乐毕竟还是"最美的"。这就是说，欣赏者主观方面的审美能力固然对美感的形成具有重要作用，但对象的美却不是由欣赏者的美感所决定的。换句话说，美是客观的，不以欣赏者的美感和意识为转移。只有从辩证唯物主义的认识论，即能动的革命的反映论出发，才能正确地、全面地理解马克思对于美与美感、审美能力与美感形成的关系所做的科学论述。

既然审美感觉能力在美感形成中具有重要作用，那么，这种感觉能力又是怎样产生的呢？对于这个问题，费尔巴哈是无力回答的。因为费尔巴哈的唯物主义是直观的唯物主义，它的主要缺点是："对事物、现实、感性，只是从客体的或者直观的形式去理解，而不是把它们当作人的感性活动，当作实践理解。"① 费尔巴哈看到了人的感觉和动物的感觉的区别，看到了只有人才具有审美感觉。他说："感官是人和动物共通的，但只有在人身上，感官的感觉从相对的、从属于较低的生活目的的本质成为绝对的本质、自我目的、自我享受。只有人，对星星的无目的的仰望能够给他以上天的喜悦，只有人，当看到宝石的光辉、如镜的水面、花朵和蝴蝶的色彩时，沉醉于单纯视觉的欢乐；只有人的耳朵听到鸟儿的啭声、金属的铿锵声、溪流潺潺声、风的飒飒声时，感到狂喜；……因此，人之所以为人，就因为他的感性作用不像动物那样有局限，而是绝对的，是由于他的感官的对象不限于这一种或那一种可感觉的东西，而是包括一切现象、整个世界、无限的空间；而且他们所以常常追求这些，又仅仅是为了这些现象本身，为了美的享受。"② 但是，为什么人的感觉不同于动物的感觉？为什么只有人才具有审美感觉？费尔巴哈却不理解。他只看到自然的人，却看不到人的社会性，看不到人的认识和认识能力的发展对于社会实践的依

---

① 《马克思恩格斯全集》第1卷，人民出版社1972年版，第16页。
② 《费尔巴哈哲学著作选》上卷，荣振华等译，生活·读书·新知三联书店1959年版，第212—213页。

赖关系。结果，他把人所特有的审美感觉看成是人天生所具有的一种直观的能力，这就在历史观上陷入了唯心主义。

和费尔巴哈的直观唯物主义不同，马克思在手稿中不是脱离人的社会实践，孤立地、静止地考察人的感觉和认识能力，而是通过人的历史发展，在社会实践的基础上研究人的感觉和认识能力的形成和发展过程，从而使人的审美感觉的形成问题也得到了社会历史的科学解决。马克思指出："五官感觉的形成是以往全部世界历史的产物。"① 就是说，人的感觉不是像费尔巴哈所认为的那样，单纯是自然界的赋予，是人性所固有的自然特性，而是整个人类社会实践的结果，是在劳动中、在人类改造自然界的实践活动中产生并在这个过程中发展的历史的产物。包括人的感觉在内的人的全部认识和认识能力的发展问题，只是通过社会实践才能得到科学说明。马克思说："理论的对立本身的解决，只有通过实践方式，只有借助于人的实践力量，才是可能的；因此这种对立的解决绝不只是认识的任务，而是一个现实生活的任务。"② 又说："工业的历史和工业的已经产生的对象性的存在，是一本打开了的关于人的本质力量的书，是感性地摆在我们面前的人的心理学。"③ 这里，马克思把人的感性不仅理解为感觉、直观的认识，而且理解为人的实际活动、感性的物质活动，理解为劳动、实践，并且把后一方面放在主要的、决定的地位。他强调社会实践对于人的感觉和认识的决定作用，强调要从社会实践中寻求感觉和认识发展的根源，这就确立了辩证唯物主义认识论之第一的和基本的观点——实践的观点，为科学地解决人的感觉和认识的形成和发展问题提供了一把钥匙。

在手稿中，马克思从辩证唯物主义的认识论出发，科学地阐明了人的审美感觉能力在劳动实践中的形成问题。马克思说："人的眼睛和原始的、非人的眼睛得到的享受不同，人的耳朵和原始的耳朵得到的享受不同，如此等等。"④ 人的视觉和听觉作为审美感官所特具的审美感觉能力是在生产劳动中产生的。正如马克思所指出，人的生产和动物的生产是有根本区别的。动物的活动只是局限于满足直接的肉体需要的范围之内，它的活动只

---

① 《马克思恩格斯全集》第42卷，人民出版社1979年版，第126页。
② 《马克思恩格斯全集》第42卷，人民出版社1979年版，第127页。
③ 《马克思恩格斯全集》第42卷，人民出版社1979年版，第127页。
④ 《马克思恩格斯全集》第42卷，人民出版社1979年版，第125页。

是对自然的消极适应。与此相联系的，动物的一切感觉也只局限于它们的生物本能的生存活动。动物的感官也反映着客观世界，但是动物只是在生物学地适应外界的过程中感受外界，它只能消极地反映客观世界，只能片面地感知事物的某种符合它们存在需要的自然属性，所以它对客观世界的感觉只能停留在低级的水平上。人的生产则不同，人能摆脱直接的肉体需要，再生产整个自然界。人的劳动是一种有意识、有目的活动，它不是消极地适应自然界，而是要在正确认识和利用客观规律的基础上，对自然界进行改造，使自然界为自己的目的服务。人的劳动作为有意识、有目的改造自然界的社会活动，既改造着作为客体的自然，也改造着作为主体的人本身，形成和发展着人的各种主观认识能力。人的认识器官是在劳动中发展起来的。"首先是劳动，然后是语言和劳动一起，成了两个最主要的推动力，在它们的影响下，猿的脑髓就逐渐地变成人的脑髓；……在脑髓进一步发展的同时，它的最密切的工具，即感觉器官，也进一步发展起来了。"① 在劳动过程中，人的感觉器官的完善化是和脑髓的发展同时进行的；正是在劳动的推动下，人的感官逐渐脱离动物的自然本能而具有了社会的性质。"鹰比人看得远得多，但是人的眼睛识别东西却远胜于鹰。"② 人的感觉不只是局限于感知符合生物本能需要的事物的自然属性，而是较之动物更为宽广、丰富和深刻。整个自然界、客观事物多种性能和特征，都可以为人所感知和反映。正如人在实践上能够把整个自然界"变成人的无机的身体"一样，人在认识上也能把整个自然界当作"人的精神的无机界"，当作"人必须事先进行加工以便享用和消化的精神食粮"。③ 人在改造客观外界的实践的基础上，不断扩大、丰富自己的感性认识，并通过思维上升到理性认识，反映客观外界的规律性。这样，人就能使自己的感觉和理性直接统一起来，在个别的现实现象的感知中理解它的普遍性，在人所创造的对象世界中直观自身，从而得到美的享受。恩格斯说："人的思维的最本质和最切近的基础，正是人所引起的自然的变化，而不单独是自然界本身；人的智力是按照人如何学会改变自然界而发展的。"④ 人的实践

---

① 《马克思恩格斯全集》第3卷，人民出版社1972年版，第512页。
② 《马克思恩格斯全集》第3卷，人民出版社1972年版，第512页。
③ 《马克思恩格斯全集》第42卷，人民出版社1979年版，第95页。
④ 《马克思恩格斯全集》第3卷，人民出版社1972年版，第551页。

活动,"人所引起的自然界的变化",是包括感觉在内的人认识发展的"最本质和最切近的基础"。明白了这一点,对于马克思在手稿中所做的"人的感觉、感觉的人性,都只是由于它的对象的存在,由于人化的自然界,才产生出来的"① 论断,就可以有一个正确的理解了。所谓"人化的自然界",并不是指人和自然之间所发生的意识关系,而是指人和自然之间所发生的实践关系。人化的自然界只有通过人的实践才能形成。所以,说人的感觉由于人化的自然界才产生出来,也就是说,人的感觉只能在社会实践中才能形成。由此可见,人的审美感觉能力绝不是如费尔巴哈所说,是什么天生的自然本能;而是在人改造自然的实践活动中,以"人所引起的自然界的变化"即"人化的自然界"为基础而产生和发展起来的。费尔巴哈所无法解释的人类审美感觉之谜,就这样由马克思在实践观点的基础上解开了。

三

马克思在手稿中不仅考察了人的审美感觉在社会实践中的形成,还结合对私有制和共产主义的论证,分析了人的审美感觉在社会历史过程中的发展变化,揭露了资本主义私有制对人的美感的戕杀,展示了在共产主义条件下,人的美感必将在人的本质的全面发展中得到高度发达的光辉前景。

在马克思之前,席勒在《审美教育书简》中已经模糊地意识到近代社会中存在着人性的分裂和异化问题。他以古代社会和近代社会进行对比,认为在希腊人身上,形式和内容、感官与心灵、哲学与艺术和谐地统一在一起,"想象力的青春和理性的成熟结合在一种完美的人性里"。而近代社会中的人就完全不是这样,一方面由于科学技术的严密分工;另一方面由于复杂的国家机器造成职业和等级之间的严重差别,人性发生分裂,人失去了本来的和谐与完整。他描写现代社会下人性异化的现象说:"国家和教会、法律和习尚现在是分裂开了;享受同工作分离了,手段同目的分离了,努力和奖励分离了。由于永远束缚在整体的一个小碎片上,人自身也

---

① 《马克思恩格斯全集》第42卷,人民出版社1979年版,第126页。

就成为一个碎片了；当人永远只是倾听他所转动的车轮的单调声音，他就不能够发展自己存在的和谐，他并不在自己的天性上刻下人性的特征，而是仅仅成为自己的业务和自己的科学的一个刻印。"① 在这种情况下，人也就失去了发展美感的可能。席勒对于资本主义社会对人的和谐自由发展所产生的危害有一定的认识，但是由于他不了解资本主义社会的经济关系，他对所谓人性分裂的根源的认识是不深刻的。尤其错误的是，他竟然把人性的分裂和堕落，反过来当作现代社会的病根，进而又把艺术和审美教育作为治疗这一病根的药方。他说："若要把感性的人变成理性的人，唯一的路径是先使他成为审美的人。"② 又说："只有审美的趣味才能导致社会于和谐，因为它在个体身上奠定和谐。"③ 这就是说，只有通过审美活动，使人成为"审美的人"，才能使人性恢复其完整，使人得到和谐自由的发展。这里，席勒看到了人的全面的自由发展和高度发达的美感之间的关系，但是，作为一个唯心主义者，他看不到使人获得全面自由发展的只能是物质实践活动和社会条件的变革，反而认为只有审美活动才是社会改革的途径，这就把事情的真实关系完全弄颠倒了。

席勒在《审美教育书简》中所提出并努力解决的上述问题，如人的异化、人的全面发展、美感和艺术在人的全面发展中的地位和作用等，马克思在手稿中也都进行了探讨。在一些论点上，马克思可能受到席勒的启发，但是，马克思是在新的思想基础上来研究这些问题的，因而对于这些问题的解决也和席勒有原则性的区别。

马克思不仅揭露了私有制下人的异化现象，而且分析了异化的实质及根源，指出人的异化不过是劳动异化的一种表现。马克思指出，"劳动的对象是人的类生活的对象化"，"异化劳动从人那里夺去了他的生产的对象，也就从人那里夺去了他的类生活"，"也就把人的类生活变成维持人的肉体生存的手段"。④ 这样，就造成了"人的本质同人相异化"，使人丧失

---

① ［德］席勒：《审美教育书简》，《古典文艺理论译丛》1963 年第 5 册，第 97 页。
② 北京大学哲学系美学教研室编：《西方美学家论美和美感》，商务印书馆 1980 年版，第 181 页。
③ 北京大学哲学系美学教研室编：《西方美学家论美和美感》，商务印书馆 1980 年版，第 179 页。
④ 《马克思恩格斯全集》第 42 卷，人民出版社 1979 年版，第 97 页。

了人的类特性、类本质。在这种情况下,各人都为谋生为私利而活动,人和对象的全部关系仅仅就成了占有和拥有的关系。"私有制使我们变得如此愚蠢而片面,以致一个对象,只有当它为我们拥有的时候,也就是说,当它对我们说来作为资本而存在,或者它被我们直接占有,被我们吃、喝、穿、住等等的时候,总之,在它被我们使用的时候,才是我们的。"① 和这些条件相适应,人的感觉也发生了很大变化。"一切肉体和精神的感觉都被这一切感觉的单纯异化即拥有的感觉所代替。"② 人失去了作为人的本质力量的一切感觉,只有拥有感这一种感觉得到发展,于是人的感觉也同人的本质一样被异化出去,人的感觉显得极端贫乏。

这种异化所造成的严重后果,就是使人降低到动物的水平,使人的感觉变得像动物一样原始、粗野,使人丧失了所特有的审美感觉。马克思对此作了极深刻论证。他说:"囿于粗陋的实际需要的感觉只具有有限的意义。对于一个忍饥挨饿的人说来并不存在人的食物形式,而只有作为食物的抽象存在;食物同样也可能具有最粗糙的形式,而且不能说,这种饮食与动物的饮食有什么不同。忧心忡忡的穷人甚至对最美丽的景色都没有什么感觉;贩卖矿物的商人只看到矿物的商业价值,而看不到矿物的美和特性;他没有矿物学的感觉。"③ 马克思的意思是,在私有制条件下,人的感觉只限于粗陋的实际需要,只感到对自己有利、有用的东西。对于贫困的人说来,他的感觉就变得更其粗糙。一个饥饿的人并不去注意食品的美观、味道和其他特征,而只把它视为充饥的手段,在这方面他同动物没有什么区别。一个十分穷困、整天为生活奔波的人甚至面对最美丽的景色,也往往毫无美的感觉。另外,对于那些商品的占有者来说,也只能感到对自己有利、有用的东西。例如贩卖矿物的商人感到对自己有利有用的只是获取利润,所以他只能看到矿物的商业价值,而看不到矿物的美的特性,没有美的感觉。马克思这些论述,深刻地揭露出资本主义社会条件的存在,成为人类美感和艺术发展的严重桎梏。明白了这一点,也就能更好地理解马克思后来所说的"资本主义生产就同某些精神生产部门如艺术和诗

---

① 《马克思恩格斯全集》第42卷,人民出版社1979年版,第124页。
② 《马克思恩格斯全集》第42卷,人民出版社1979年版,第124页。
③ 《马克思恩格斯全集》第42卷,人民出版社1979年版,第126页。

歌相敌对"① 的科学论断。

在手稿论共产主义的几节中，马克思着重探讨了在新的社会条件下人的全面发展及其与美感发展的关系问题。马克思纠正了席勒把审美活动当作达到人的自由、实现社会改造的唯一途径的偏颇，科学地论证了只有通过客观社会条件的变革，即消灭资本主义私有制、建立新的社会制度——共产主义，才能为人的全面自由的发展和美感的高度发达开辟无比宽广的道路。这显示出马克思正在形成中的唯物史观的作用。马克思指出，随着共产主义对私有制的积极的扬弃，人的异化必将消除，"人以一种全面的方式，也就是说，作为一个完整的人，占有自己的全面的本质"②。新的社会条件"创作着具有人的本质的这种全部丰富性的人，创造着具有丰富的、全面而深刻的感觉的人"③。在这种情况下，社会本质如此多方面地深入人的一切本质力量之中，它不仅改变着人的全部个性，而且改变着他对世界的全部关系，包括他对对象世界的感觉和认识能力。马克思说："私有财产的扬弃，是人的一切感觉和特性的彻底解放；但这种扬弃之所以是这种解放，正是因为这些感觉和特性无论在主体上还是客体上都变成人的。"④ 从主体上说，"需要和享受失去了自己的利己主义性质"；从客体上说，"自然界失却了自己的纯粹的有用性，因为效用成了人的效用"。由于实物世界成了全社会的财富，每个人都有可能作为社会的人，以人的方式掌握世界，这就为人的一切感觉，包括审美感觉的发展创造了充分的条件。

这里，马克思具体地论述到新的社会条件下人的审美感觉的发展问题。他说："所以社会的人的感觉不同于非社会的人的感觉。只是由于人的本质的客观地展开的丰富性，主体的、人的感性的丰富性，如有音乐感的耳朵、能感觉形式美的眼睛，总之，那些能成为人的享受的感觉即确证自己是人的本质力量的感觉，才一部分发展起来，一部分产生出来。"⑤ 这段话的内容极为丰富。首先，马克思认为"社会的人的感觉不同于非社会的人的感觉"。这里所指谓"非社会的人"是指私有制下异化的人，而

---

① 《马克思恩格斯论艺术》第 1 卷，中国社会科学出版社 1982 年版，第 206 页。
② 《马克思恩格斯全集》第 42 卷，人民出版社 1979 年版，第 123 页。
③ 《马克思恩格斯全集》第 42 卷，人民出版社 1979 年版，第 126 页。
④ 《马克思恩格斯全集》第 42 卷，人民出版社 1979 年版，第 124 页。
⑤ 《马克思恩格斯全集》第 42 卷，人民出版社 1979 年版，第 126 页。

"社会的人"则是指随着私有制的废除扬弃了异化的人。这就说明,人的审美感觉是具有社会历史制约性的,是随着社会历史的发展而发展的。其次,马克思指出,在私有制扬弃以后的社会里,人的主体的审美感觉的丰富和发展,是"由于人的本质的客观地展开的丰富性"。这里,马克思吸收了费尔巴哈关于人的本质对象化的观点。费尔巴哈认为,"人没有对象就不存在",人在对象上面才能意识到他自己。所以,"人的本质是在对象上面向你显示出来的:对象是人的显示出来的本质,是人的真正的、客观的'我'"①。这个观点集中表现了费尔巴哈的人本主义的特点,由于费尔巴哈不懂得实践,他对人的对象化的理解只是感性的、直观的。马克思对这一观点进行了改造,把人的本质对象化解为人的实践活动的结果,并用它来表述辩证唯物主义认识论的一个重要观点。按照马克思的观点,人的本质力量是在他同对象之间发生的能动和受动的关系中形成和发展起来的。人在劳动和各种社会实践中能动地改造世界,使自己的本质力量对象化,创造出体现人的本质力量的对象;同时又通过认识、享用和消化这些对象,客观地确证和发展自己的人的主体的本质力量。但是在私有制条件下,劳动异化造成了人的异化和对象的异化,主体和对象都成了狭隘的非人的东西。共产主义扬弃了异化,才使主体和对象都同时获得了解放。"只有当对象对人说来成为人的对象或者说成为对象性的人的时候,人才不致在自己的对象里面丧失自身。只有当对象对人说来成为社会的对象,人本身对自己说来成为社会的存在物,而社会在这个对象中对人说来成为本质的时候,这种情况才是可能的。"② 所以,只有在扬弃了私有制以后,人的本质才可以通过对象客观地展开它的丰富性。与此相适应,人的感觉也得到了自己的对象,得到了运用和发展的天地。于是,主体的、人的感性的丰富性,如各种审美感觉、审美能力才一部分发展出来,一部分产生出来。最后,马克思在这里把人的审美感觉称作"确证自己是人的本质力量的感觉",就是说,人的审美感觉是人的本质力量的一种确证。因此,人的本质力量的全面发展,必须包括人的审美感觉、审美能力的高度发

---

① 北京大学哲学系外国哲学史教研室编译:《十八世纪末—十九世纪初德国哲学》,商务印书馆1975年版,第547页。
② 《马克思恩格斯全集》第42卷,人民出版社1979年版,第125页。

达、提高、培养人的审美感觉能力是人的全面发展的一个不可缺少的方面。在共产主义条件下，人的本质将得到全面发展，它将是"人的本质力量的新的证明和人的本质的新的充实"①。与此相伴随，作为人的本质力量确证之一的审美感觉、审美能力也必将得到全面的、高度的发展。

显然，马克思以上论述，是对共产主义社会人的崭新精神面貌、人的美感的高度发达所做的天才预言和热情歌颂。马克思和恩格斯在《德意志意识形态》中说："在共产主义社会里，没有单纯的画家，只有把绘画作为自己多种活动中的一项活动的人们。"② 这和手稿中对共产主义社会人的美感高度发展的论述可以互相参照。它告诉我们：在彻底摆脱了私有制观念的一切羁绊的共产主义社会，全面发展了的人不仅能创造出标志着高度发展水平的科学文化，而且还能创造出极其丰富多彩的文学艺术。人类的审美活动必将结出瑰丽烂漫的花朵，文学艺术必将出现历史上从未有过的繁荣昌盛。毫无疑问，手稿中所包含的这个极为重要的马克思主义美学思想，在美学上具有难以估量的革命意义，它对于我们今天的现实生活和文学艺术的发展，都具有巨大的指导作用。

（原载于《马克思手稿中的美学问题》，黑龙江人民出版社 1984 年版）

---

① 《马克思恩格斯全集》第 42 卷，人民出版社 1979 年版，第 132 页。
② 《马克思恩格斯全集》第 3 卷，人民出版社 1960 年版，第 460 页。

马克思美学思想的哲学基础问题

马克思美学思想的哲学基础是什么？对于这个问题，我国美学界存在不同看法。以前有一种看法，认为马克思美学思想是以辩证唯物主义的认识论或反映论作为哲学基础的；现在又有一种观点，认为"马克思美学思想不仅不是在认识论中形成的，而是突破了认识论的局限"，它的哲学基础"是历史唯物主义，而不是反映论"。两种不同看法的分歧焦点涉及马克思哲学的历史唯物主义和认识论关系问题。笔者认为，将历史唯物主义和辩证唯物主义认识论或反映论分割开来和对立起来的看法，既不符合马克思哲学思想的实际，也不符合马克思美学思想的实际，应当从辩证唯物主义和历史唯物主义的统一、认识论和实践论的统一去理解马克思美学的哲学基础。这里我想结合马克思美学思想的几个重要论点，对马克思美学思想的哲学基础问题做一些具体分析。

一

马克思在《1844年经济学哲学手稿》（以下简称《手稿》）中提出了"美的规律"的重要论点，由"美的规律"为论点去探求马克思美学思想的哲学基础，无疑是正确的。关于"美的规律"，马克思是在论述人的生产和动物的生产之区别时提出来的。马克思说，"动物只是按照它所属的那个种的尺度和需要来建造，而人则懂得按照任何种的尺度来进行生产，并且懂得怎样处处都把内在的尺度运用到对象上去，因此，人也按照美的规律来建造。"[①] 马克思通过人改造无机界、创造对象世界的实践活动来论述美的规律，这和美学史上对于美的本质的探讨途径是完全不同的，是美

---

① ［德］马克思：《1844年经济学哲学手稿》，人民出版社1985年版，第53—54页。

学史上的革命性变革。虽然马克思在写作《手稿》时，新的世界观还没有完全形成，但是已经具有了历史唯物主义的因素。从人的生产劳动的实践去论述美的规律，已经在哲学基础上具有了历史唯物主义的性质。

但是，从生产实践来论述美的规律是不是和哲学认识论或反映论完全没有关系呢？恐怕不能这样简单地去看。这里首先要弄明白的是"美的规律"究竟是客观存在的，还是由人的主观意识所创造的？显然，马克思指的是人在生产中建造物体时要"按照美的规律"，而不是要从主观上去创造美的规律。也就是说，美的规律并不是由人的主观意识和意志所决定和创造的，而是人在进行生产和建造物体时所应当依照或遵循的一种客观的标准和法则。再从前后文语意关系上看，"人也按照美的规律来建造"是承接前面的分句而来的，并用"因此"一词连接，这就表明，马克思所讲的"美的规律"和前面提到的"任何种的尺度"和"内在的尺度"两者是互相对应且基本一致的。而"尺度"按照通常的说法，也就是事物的标准，也就是说，任何事物的尺度都是客观存在的，是事物所包含的质和量的直接统一所规定的，是事物本身所固有的，它是不能由人的主观意识和意志所决定和创造的。有的论者认为，"种的尺度"是指对象所具有的客观规律；而"内在的尺度"则指人的主观目的，和客观规律没有关系，这种理解恐怕是不妥当的。我们知道，黑格尔在《逻辑学》中也讲到"内在的尺度"，但它是用来和事物的"外在的尺度"相对，以说明"尺度的内在的发展"的。马克思这里使用"内在的尺度"的哲学术语，显然受到黑格尔的影响。再说，人的主观目的作为"内在的尺度"也不是完全脱离客观规律的。列宁说："人的目的是客观世界所产生的，是以它为前提的"，"人在自己的实践活动中面向着客观世界，以它为转移，以它来规定自己的活动"。[①] 就是说，人的主观目的只能来自客观世界并以客观世界为转移，它必须反映和符合客观规律。只有这样，才能使主观和客观相统一，实现人的对象化，按照美的规律来建造。人的主观意志不能创造、改变和消灭客观规律，只能认识和利用客观规律来改造客观世界，这就有一个需要正确认识客观规律的问题，即认识论问题。这是"按照美的规律来建造"的前提。

---

① ［苏］列宁：《哲学笔记》，人民出版社 1974 年版，第 201、200 页。

其次，要理解马克思对"美的规律"的论述，还要弄明白人的生产和美的规律的关系。马克思再三强调人的生产和动物受直接的肉体需要支配的生产不同，人的生产是"自由的有意识的活动"。什么是自由呢？恩格斯说："自由不在于幻想中摆脱自然规律而独立，而在于认识这些规律，从而能够有计划地使自然规律为一定的目的服务。"① 他还说："我们对自然界的整个统治，是在于我们比其他一切动物强，能够认识和正确运用自然规律。"② 就是说，人的生产之所以是"自由的有意识的活动"，根本上就在于人在生产中能够认识和正确运用客观规律，使客观规律为一定的目的服务。人能够正确认识和运用客观规律，使自然规律为一定的目的服务，也就是使"物种的尺度"和"内在的尺度"相结合，因而才能产生美的规律，并按照美的规律来建造。由此可见，马克思在这里讲人的生产和动物生产的区别，分析人的劳动的特性，阐述美的规律，都是和哲学认识论相关联的。

从美学史上看，美学研究首先要解决的问题，就是美和美感的关系问题，换句话说，就是美是客观的还是主观的问题。而对这个美学基本问题的解决，总是和哲学认识论相联系的。列宁说："辩证唯物主义认识论的基础是承认外部世界及其在人脑中的反映。"③ 存在和意识何者为第一性的问题，是哲学的基本问题，同时也是"认识论的基本问题"。马克思论美，正是首先从认识论的基本问题出发，肯定了美的客观性。他把美称作"美的规律"，认为事物的美即在于事物本身体现了美的规律，并且把美的规律看作美的认识和美的创造的本原。生产劳动之所以能够成为美的创造活动，从根本上说就在于人能够认识和运用美的规律。所以，从人的生产来看，美的规律既是形成人的美的认识、美的观念的根源，又是人的美的创造的客观依据。这就否定了美是主观观念的唯心主义美学观点，肯定了美是不依赖人的意识、感觉或美感而客观存在着的。所以，考察美的规律既要着眼于历史唯物主义实践论，也要着眼于辩证唯物主义认识论，把两者结合起来，这样才能对其做出全面理解。

---

① 《马克思恩格斯选集》第3卷，人民出版社1972年版，第153页。
② 《马克思恩格斯选集》第3卷，人民出版社1972年版，第518页。
③ 《列宁选集》第2卷，人民出版社1972年版，第10页。

二

　　马克思在《手稿》中提出了"人化的自然界"的哲学命题。要从"人化的自然"的论点去推导马克思美学思想的哲学基础，就必须对上述命题做出符合《手稿》原意的回答。

　　从整体上来看，马克思在《手稿》中讲到"人化的自然"，原是讲自然与人对立统一的辩证关系。但在具体意义上，《手稿》则是在两种不同的含义上使用这一命题的。在第一种含义上，马克思是从人的生产劳动这一基本社会实践来讲"人化的自然"，如马克思所说："整个所谓世界史不外是人通过人的劳动而诞生的过程，是自然界对人说来的生成过程。"① 又说："工业是自然界同人之间、因而也是自然科学同人之间的现实的历史关系。因此，如果把工业看作人的本质力量的公开的展示，那么，自然界的人的本质，或者人的自然的本质，也就可以理解了。"② 就是说，人类通过劳动和工业，认识和利用了客观自然规律，对自然进行能动地改造，使自己的目的变为现实，从而也就在自然界打下自己的印记。显然，这里所讲的"人化的自然"原是人类长期生产劳动的历史的产物，是人和自然之间所发生的实践关系。

　　马克思讲"人化的自然"的另一含义，是说明和论证私有财产的废除如何使人与自然的关系发生变化。在私有制下，劳动异化形成人的异化和对象的异化，主体和对象两方面都成了狭隘的非人的东西。共产主义扬弃了异化，使人和对象都发生了深刻变化：在主体方面，"需要和享受失去了自己的利己主义性质"，变成社会的人的需要和享受；在客体方面，"自然界失去了纯粹的有用性，因为效用成了人的效用"。对象世界不再是异己的、同人对立的，它"变成了通过人并且为了人而创造的社会的、属人的对象"；自然界不再仅仅是人为维持肉体生存所需的对自己有用的对象，而成了人借以发展自己的全面本质、体现人的全面丰富的本质的对象。在这里，所谓"人化的自然"，就是指作为对象的自然和作为主体的人的本

---

① ［德］马克思：《1844年经济学哲学手稿》，人民出版社1985年版，第88页。
② ［德］马克思：《1844年经济学哲学手稿》，人民出版社1985年版，第85页。

质力量是相适应的，因而自然可以成为"人的"对象，向人展开它的怀抱，使人的本质力量得以充分发展和对象化。

由此可见，马克思在《手稿》中讲"人化的自然"，不论从哪一种意义上去理解，都不是专门讲美学问题的。那么，马克思讲"人化的自然"是否和美学毫无关系呢？也不是的。马克思说："只是由于人的本质的客观地展开的丰富性，主体的、人的感性的丰富性，如有音乐感的耳朵、能感受形式美的眼睛，总之，那些能成为人的享受的感觉，即确证自己是人的本质力量的感觉，才一部分发展起来，一部分产生出来。因为不仅是五官感觉，而且所谓的精神感觉、实践感觉（意志、爱等等），一句话，人的感觉、感觉的人性，都只是由于它的对象的存在，由于人化的自然界，才产生出来的。"① 从这段论述看，马克思这里提出"人化的自然界"这一命题，原是为了论证人的感觉的形成和发展。这里所说的"感觉"并不是专指审美感觉，但也是包括审美感觉在内的。因此，从美学思想上看，这里论述的主要是作为审美主体的人的审美感觉能力的形成和发展问题。从"人化的自然"来推导马克思美学思想的哲学基础，就要研究马克思是如何解决人的审美感觉能力的形成和发展问题的。马克思在这里是通过人的历史发展，在社会实践的基础上研究人的感觉和认识能力的形成和发展过程。马克思说："五官感觉的形成是以往全部世界历史的产物。"② 就是说，人的感觉不是像费尔巴哈所认为的那样，单纯是自然界的赐予和人性所固有的自然特性，而是整个人类长期的社会实践的结果。

马克思不仅科学地阐明了人的审美感觉在生产劳动和社会实践中的产生，而且结合对私有制和共产主义的论证，分析了人的审美感觉在社会历史进程中的发展变化。在私有制下，人和对象都被异化，人的感觉也由于异化而变得象动物一样原始、粗陋，人丧失了人所特有的审美感觉。共产主义扬弃了异化，感觉主体和感觉对象都获得解放。于是，主体的、人的感性的丰富性，即各种审美感觉才得到进一步发展。显然，这些分析都是从实践和历史来看人的认识能力，包括审美感觉能力的形成和发展，既是从实践和认识关系的辩证唯物主义认识论出发的，又包含有极为深刻的历

---

① ［德］马克思：《1844年经济学哲学手稿》，人民出版社1985年版，第83页。
② ［德］马克思：《1844年经济学哲学手稿》，人民出版社1985年版，第83页。

史内容，具有历史唯物主义的因素，是建立在两者相统一的哲学基础之上的。

三

马克思对于艺术的性质有非常丰富、非常深刻的论述，这自然是我们考察马克思美学思想的哲学基础时应给予特别重视的。但可惜的是有的论者在论述马克思美学思想的哲学基础时，并没有对马克思的艺术理论作全面考察和准确理解。如所谓马克思"从生产观点看文艺"，就是"把文艺作为生产实践来看"；"从生产观点看文艺"不同于"从反映论去看文艺"等，就是不符合马克思美学思想的实际的，再由此去推导马克思美学思想的哲学基础，当然也不能得出科学的结论。

诚然，马克思多次提到艺术是一种生产，但他从来没有讲过艺术是物质生产的实践。恰恰相反，他总是把艺术作为精神生产部门之一，作为与物质生产不同的范畴而提出来的。如在《〈政治经济学批判〉导言》中，马克思提出"物质生产的发展例如同艺术生产的不平衡关系"[1]，在《剩余价值理论》中，马克思指出"资本主义生产就同某些精神生产部门如艺术和诗歌相敌对"[2]。这都明显地把文艺作为不同于物质生产的精神生产来看待，由此怎么能得出马克思是"把文艺作为生产实践来看"的结论呢？我们说艺术是一种生产，所指的是精神生产，而不是物质生产，正如我们说艺术是一种实践，所指的是艺术实践，而不是生产实践。这两种生产、两种实践在整个社会生活中是属于不同的范畴的。艺术生产、艺术实践是属于社会意识的范畴，而物质生产、生产实践则属于社会存在的范畴，前者是社会精神活动；后者是社会物质活动。否认文艺是一种社会意识形态，是一种社会精神现象，那就会严重混淆精神生活和物质生活、社会意识和社会存在的界限，违背历史唯物主义的基本原理。

如果我们按照马克思的原意，把艺术生产和物质生产的关系理解为社会意识和社会存在、精神生活和物质生活的关系，那么，我们就应该承

---

[1] 《马克思恩格斯选集》第2卷，人民出版社1972年版，第112页。
[2] 《马克思恩格斯全集》第26卷，人民出版社1972年版，第296页。

认，从生产观点看文艺和从反映论观点看文艺不仅不是对立的，反而从根本上来说是一致的。马克思在谈到精神生产和物质生产的关系时指出："从物质生产的一定形式产生：第一，一定的社会结构；第二，人对自然的一定的关系。人们的国家制度和人们的精神方式由这两者决定，因而人们的精神生产的性质也由这两者决定。"① 这就是说，人们的精神生产的性质归根到底是由物质生产的一定形式所产生的社会生产方式所决定的。这也就是说社会意识是由社会存在决定的，是反映一定的社会存在的。无论从生产观点看文艺，还是从反映论观点看文艺，马克思都是把文艺看作反映社会存在的社会意识形态之一，二者并没有什么本质的区别。列宁说："意识总是反映存在的，这是整个唯物主义的一般原理。看不到这个原理与社会意识反映社会存在这一历史唯物主义的原理有着直接的和不可分割的联系，这是不可能的。"② 马克思关于文艺是由物质生产方式决定的精神生产部门之一的论断，关于文艺是反映社会存在的社会意识形态之一的论断，都是运用历史唯物主义原理研究文艺现象所得出的科学结论；同时，它们也都是建立在与历史唯物主义原理有着不可分割的联系的"意识反映存在"这一"整个唯物主义的一般原理"的基础之上的。从这里绝对得不出马克思美学思想的哲学基础只是历史唯物主义，而不是反映论或马克思主义认识论的结论，而只能推导出马克思美学思想的哲学基础是辩证唯物主义和历史唯物主义的统一。

四

主张马克思美学思想和认识论无关的文章，还以马克思对艺术特性的论述作为立论的根据。有的文章认为马克思在《手稿》中讲到感觉与思维不同，也就是论述科学与艺术、思维与美感的区别。"在马克思看来，美感不是思维；艺术不同于科学"，"所以，从认识论的角度，把艺术当作一般思维去把握，显然不能（至少不能充分地）揭示艺术的本质和特性。要想科学地充分地揭示艺术的本质和特性，首先必须把艺术与科学、美感与

---

① 《马克思恩格斯全集》第26卷，人民出版社1972年版，第296页。
② 《列宁选集》第2卷，人民出版社1972年版，第330页。

思维区别开来,突破认识论的局限"。这些看法也都是值得商榷的。

说马克思是从"感觉与思维不同"来看美感和艺术的特性,乃至认为美感、艺术只是感觉"不是思维",这种观点在马克思美学思想中是找不到任何根据的。所谓马克思在《手稿》中讲过感觉与思维不同,所据原是"人不仅在思维中,而且以全部感觉在对象世界中肯定自己"一句话,然而马克思这句话是在论述私有财产废除条件下人的本质力量对象化时讲的,主要在于说明人的本质力量对象化的不同方式,并不是论述美感和艺术的特征,这里完全没有论述美感、艺术和科学的区别的意思。从马克思对美感和艺术的一贯论述来看,他从来没有排除美感和艺术中思维的因素和作用,更没有把美感和艺术同感觉混为一谈。不然就无法理解他对于像巴尔扎克、狄更斯这类杰出的作家和作品所作的评价,如称赞他们"对现实关系具有深刻理解";作品中"揭示的政治和社会真理,比一切职业政客、政论家和道德家加在一起所揭示的还要多";等等。美感和艺术不是单纯的抽象思维活动,它的思维活动具有与抽象思维不同的特点,这是事实。但由此不能认为美感、艺术中没有思维的成分和因素,只是感觉,这样看待艺术的特性是不符合马克思美学思想的。

那么,马克思究竟是如何看待艺术的特性的呢?让我们看看马克思在《〈政治经济学批判〉导言》中的著名论述:"整体,当它在头脑中作为被思维的整体而出现时,是思维着的头脑的产物,这个头脑用它所专有的方式掌握世界,而这种方式是不同于对世界的艺术的、宗教的、实践—精神的掌握的。"① 这段话的主要意思是说明理论的科学的掌握世界的方式,有别于艺术的、宗教的、实践—精神的掌握世界的方式。而所说艺术的掌握世界的方式也就是指艺术的特征,指艺术与科学的区别。有的文章认为马克思的这一观点"不是在认识论中形成的,而是突破了认识论的局限"。而笔者的看法则恰恰相反,因为这里所说的"掌握",主要的意思就是"认识"或"反映"。列宁在《黑格尔〈逻辑学〉一书摘要》中写道:"把握=反映。"② 而"把握""掌握"都是一个意思,所以,所谓"掌握世界的方式"主要意思就是"认识世界的方式"或"反映世界的方式"。马克

---

① 《马克思恩格斯选集》第2卷,人民出版社1972年版,第104页。
② [苏]列宁:《哲学笔记》,人民出版社1974年版,第194页。

思用艺术掌握世界的方式来说明艺术的特性，也就是认为艺术和科学的区别在于反映世界、认识世界的方式不同。就是说，前者是以概念形式进行的抽象思维活动，后者是以形象形式进行的形象思维活动。这正说明马克思是以反映论作为哲学基础来考察艺术的特征，不是和哲学认识论毫无关系的。

马克思关于艺术掌握世界的方式不同于理论掌握世界的方式的论述，这使我们完全可以有根据的肯定，以马克思主义认识论作为哲学基础来揭示艺术的本质和特征是正确的和科学的。那种认为以认识论作为哲学基础，便只能"把艺术当作一般思维去把握"的看法，同马克思关于存在有不同的认识或反映世界的方式的论述，显然是不一致的。从马克思的论述可以明白，认识世界的方式既有理论的抽象思维，也有艺术的形象思维。以认识论作为哲学基础，既可研究抽象思维，也可以研究形象思维。人为地把马克思主义哲学认识论与形象思维对立起来，认为既要讲形象思维，就不能讲认识论（即"突破认识论"）；既要讲认识论，就不能讲形象思维（只能讲"一般思维"），这种观点不符合马克思主义经典作家的有关文艺的论述，也不符合人类认识活动的实际情况。

所谓要揭示艺术的特性就不能以认识论作为哲学基础的论点，还有一个理由是"认识论不研究想象特别是情感问题；但是，艺术却不能没有情感和想象"，因此，"要把握艺术中的情感与想象，也需要突破认识论的局限"而"求助于心理学"。这也是一种似是而非的看法。研究艺术的特征，不能不研究艺术中的情感和想象等多种心理活动。但是，这种研究和探讨不是要排除哲学认识论，而正是需要以马克思主义认识论作为哲学基础。因为包括想象和情感在内的一切心理现象，都是客观现实在人脑中的反映。心理活动的内容，如马克思所说："不外是移入人的头脑并在人的头脑中改造过的物质的东西而已。"① 列宁也指出："物质、自然界、存在、物理的东西是第一性的，而精神、意识、感觉、心理的东西是第二性的。"② 就是说，心理的东西只能来源于客观物质世界，是客观物质世界的反映。所以，只有以辩证唯物主义的认识论作为哲学基础，"承认外部世

---

① 《马克思恩格斯全集》第23卷，人民出版社1972年版，第24页。
② 《列宁选集》第2卷，人民出版社1972年版，第147页。

界及其在人脑中的反映",才可能科学地说明一切心理现象。如果脱离了辩证唯物主义的认识论,否认艺术中的情感和想象是现实生活的反映,那就可能会像某些西方的美学和艺术心理学著作那样,认为艺术的本质就是个人直觉的创造、主观感情的对象化或者下意识的发露,这显然是同马克思主义美学背道而驰的。

五

否认马克思美学思想的哲学基础是辩证唯物主义和历史唯物主义相统一的整个马克思主义哲学,将作为马克思美学思想哲学基础的历史唯物主义同辩证唯物主义的认识论分割开来、对立起来,这种看法不仅不符合马克思美学思想的实际,也不符合马克思主义哲学思想的实际。因为它把历史唯物主义和辩证唯物主义的认识论看成是各自分立的,认为历史唯物主义可以脱离辩证唯物主义而孤立地形成和存在,从而也就完全割裂了马克思主义哲学的两个组成部分——辩证唯物主义和历史唯物主义直接的不可分割的联系。列宁说:"一般唯物主义认为客观真实的存在(物质)不依赖于人类的意识、感觉、经验等等。历史唯物主义认为社会存在不依赖于人类的社会意识。在这两种场合下,意识都不过是存在的反映,至多也只是存在的近似正确的(恰当的,十分确切的)反映。在这个由一整块钢铁铸成的马克思主义哲学中,决不可去掉任何一个基本前提、任何一个重要部分,不然就会离开客观真理,就会落入资产阶级反动谬论的怀抱。"[①] 在马克思主义哲学体系中,辩证唯物主义和历史唯物主义在理论上是相互贯通、相互渗透的,二者具有深刻的内在联系,是"由一整块钢铁铸成的"不可分割的整体。我们说马克思主义哲学是辩证唯物主义和历史唯物主义相统一的整体,也就是在说辩证唯物主义的认识论和历史唯物主义是相互贯通、不可分割的。马克思、恩格斯、列宁和毛泽东讲认识论,首先强调认识论的唯物论前提,在一定意义上,把马克思主义的认识论和辩证唯物主义看成是一个东西。列宁在阐明辩证唯物主义的认识论时说:"人的认识反映不依赖于它而存在的自然界,也就是反映发展着的物质;同样,人

---

① 《列宁选集》第2卷,人民出版社1972年版,第332—333页。

的社会认识（就是哲学、宗教、政治等各种不同的观点和学说）也反映社会的经济制度。"① 可见历史唯物主义关于社会意识反映社会存在的原理，同辩证唯物主义认识论关于意识反映存在的原理，是直接联系在一起的。有一种观点主张把实践论和历史唯物论看成"一个东西"，"把'实践'概念看作历史唯物主义的基础"，认为"从'实践'概念，也只能推导出：马克思美学的哲学基础主要是历史唯物主义，而不是认识论"。笔者认为，把马克思主义的实践观点仅仅作为历史唯物主义的范畴，而否认它同马克思主义认识论的密切关系，是不符合马克思主义哲学思想的。列宁说："我们已经看到，马克思在1845年，恩格斯在1888年和1892年都把实践标准作为唯物主义认识论的基础。"② 这里提到的马克思在1845年的论述，就是《关于费尔巴哈的提纲》。然而，正是在这部著作中，马克思用能动的革命的反映论批判了旧唯物主义消极的直观的反映论，明确提出了实践是辩证唯物主义认识论的基础这一根本观点。所以，实践观点既是历唯物主义的基本范畴，也是"认识论的首先的和基本的观点"③。我们说辩证唯物主义和历史唯物主义是统一而不可分割的，其不可分割的重要基石之一也在于社会实践这一范畴。所以，在美学中贯彻和运用实践观点，正说明马克思主义美学的哲学基础应当是辩证唯物主义与历史唯物主义的统一、认识论和实践论的统一。

（原载于《美学评林》第6辑，山东文艺出版社1984年版）

---

① 《列宁选集》第2卷，人民出版社1972年版，第443页。
② 《列宁选集》第2卷，人民出版社1972年版，第137页。
③ 《列宁选集》第2卷，人民出版社1972年版，第142页。

谈美学的研究对象和范围

什么是美学？美学作为一门学科，它的研究对象和范围是什么？对于这个问题，美学史上一直存在着不同的看法，至今在美学界也仍然有分歧，需要进一步研究。本文想从问题的分歧所在谈起，进一步谈谈笔者的认识和看法。

一　关于美学研究对象的不同看法

美学可以说是一门既古老又年轻的学科。说它古老，是因为早在两千多年以前，东西方一些学者的著作中，就有关于美、美感和艺术等美学基本问题的论述，有丰富的美学思想。我国春秋战国时代，一些杰出的思想家，如孔子、孟子、老子、庄子等，便从不同的哲学观点涉猎过美学问题。大约成书在战国时代的《乐记》是我国最早的一部音乐理论专著，其中涉及审美和艺术的一些重要问题。可见我国古代的美学思想是历史悠久、源远流长的。在西方，从古代希腊、罗马开始，以著名哲学家柏拉图和亚里士多德为代表，就有一些关于美学思想的专著或残篇，其中柏拉图的《大希庇阿斯篇》专门讨论了美的本质问题，亚里士多德的《诗学》专门讨论了艺术的本质和来源以及悲剧问题，对以后西方美学思想的发展产生了深刻而长远的影响。

中外古代虽有丰富的美学思想，但是对于美学的基本问题的研讨，或者是附属于哲学，或者是附属于艺术理论，还没有形成为一门独立的学科。真正把美学作为一门学科来专门研究，是在18世纪才开始的。所以，从美学作为独立学科的历史看，它又是年轻的。17、18世纪西欧理性主义和经验主义美学的发展，为美学形成为学科作了准备。1750年，德国美学家鲍姆加登（Baumgarten）第一次用"美学"（Aesthetica）这个名称，来

美学的现代思考

称呼他的研究感性认识的一部专著,从而使美学成为一门新的独立的学科。鲍姆加登所用的"Aesthetica",原文字义为直觉学或感性学,作为一门学科术语,应译为"审美学",现在流行译为美学。此后,德国古典美学的代表人物康德、黑格尔等赋予美学以更进一步的系统的理论形态,使美学真正成为一门学科有了更为坚实的基础。

在美学作为独立的学科确立以前,对于美学研究对象并没有一个明确的认识。就古代的美学著作来看,有的是偏重于美的本质的哲学探讨,如柏拉图的《大希庇阿斯篇》;有的是着重研究艺术的一般规律,如亚里士多德的《诗学》。当时对美的研究和对艺术的研究还没有形成一个具有内在联系的统一体。柏拉图文艺对话集中有很多地方讲美,也有许多地方讲艺术,但把二者结合起来讲很少。亚里士多德《诗学》中只有一两处提到美,主要讲艺术规律。可见在他们那里,美的研究和艺术的研究还没有完全形成一个有机的统一整体。

从18世纪以来,在美学科学的形成和发展中,对美学研究对象主要有以下两种不同的看法:

(一)认为美学的研究对象是美,美学是"关于美的科学"

鲍姆加登在《美学》第一章里界定美学对象时说:"美学的对象就是感性认识的完善(单就它本身来看),这就是美。"[①] 他的美学一开始便不谈简单的感性认识而讨论美感认识。他从三个方面来探讨美的问题:第一,什么样的感性认识才是美的?第二,这种感性认识要怎样安排才会是美的?第三,美的感性认识以及经过美的安排的感性认识要怎样表现才是美的?很显然,他是把美学看成是关于美的一门科学,不过他也声明过,美学所研究的规律可以应用于一切艺术,"对于各种艺术有如北斗星"。

康德的《判断力批判》使"Aesthetik"这个字普及开来,他称美学是"关于美的科学"。英国美学家鲍桑葵(B. Bosanquet)在1892年出版的《美学史》中,根据康德的理解,把美学定义为"美的哲学"。后来在《美学三讲》中,他又提出:"美学是哲学的一个部门","美学是研究艺术生活的哪一方面能找到审美态度,它的特殊价值形式是什么,它和其他

[①] [德] 鲍姆加登:《理论美学》,汉堡:梅诺尔出版社1983年版,第11页。

态度、其他经验对象有何不同。"① 以上都是把美或审美经验作为美学研究的主要对象。

（二）认为美学的研究对象是艺术，美学是"艺术哲学"

黑格尔在《美学》中开宗明义地指出："美学的对象就是广大的美的领域，说得更精确一点，它的范围就是艺术，或则毋宁说，就是美的艺术。"② 他认为用"Asthetik"这个名称来称呼这门科学是不完全恰当的，这门科学的正当名称应是"艺术哲学"，或则更确切一点，是"美的艺术哲学"。所以他说美学科学所讨论的"并非一般的美，而只是艺术的美"。他的《美学》就把自然美排除在研究范围之外。此后，丹纳的《艺术哲学》、格罗塞的《艺术的起源》、托尔斯泰的《艺术论》等也都否定美的研究的理论意义，认为美学就是艺术理论。如丹纳在《艺术哲学》中说："美学的第一个和主要的问题是艺术的定义。什么叫做艺术？本质是什么？"③

以上两种看法的分歧，主要表现在是把美学规定为关于美或审美的科学，还是关于艺术的一般理论的科学。由于它们都没有真正看到美的研究与艺术研究的内在联系，所以都有一定的片面性。车尔尼雪夫斯基似乎是看出了这种片面性，他在美学论文中同时接受了两个美学的定义。在《当代美学概念批判》中他说："美学的最简单而最好的定义是：'美学是关于美的科学'，所以美学的目的是研究美这个概念、它的各方面、以及它是怎样体现的。"④ 但在《论亚里士多德的"诗学"》中他又说："美学到底是什么呢，可不就是一般艺术、特别是诗的原则的体系吗？"⑤ 这两个定义显然是不一致的，所指的研究对象、范围也不完全一样。但车尔尼雪夫斯基没有阐明这二者是如何得到统一的。他把自己的美学学位论文命名为"艺术对现实的审美关系"，实际上认为美学的主要对象是艺术，美学主要是关于艺术的一般理论。由此可见，在马克思主义美学产生以前，在美学这门学科中，美的研究和艺术的研究如何统一的问题没有得到明确解决。

20世纪50年代以来，我国美学界在开展美学问题讨论中，对美学对

---

① ［英］鲍山葵：《美学三讲》，周煦良译，人民文学出版社1965年版，第1页。
② ［德］黑格尔：《美学》第1卷，朱光潜译，商务印书馆1979年版，第3页。
③ ［法］丹纳：《艺术哲学》，傅雷译，人民文学出版社1981年版，第11页。
④ ［俄］车尔尼雪夫斯基：《美学论文选》，缪灵珠译，人民文学出版社1959年版，第37页。
⑤ ［俄］车尔尼雪夫斯基：《美学论文选》，缪灵珠译，人民文学出版社1959年版，第125页。

象问题也有争论。其中所表现的意见分歧，同美学史上原有的分歧有密切关系。主要意见也有三种：

（一）认为美学对象主要是文艺，美学主要是文艺理论或艺术哲学

如朱光潜在《西方美学史》中说："美学必然主要地成为文艺理论或'艺术哲学'。艺术美是美的最高度集中的表现，从方法论的角度来看，文艺也应该是美学的主要对象。"① 他提出美学的主要对象是文艺的理由是：一是从历史发展看，西方美学思想一直是侧重文艺理论，根据文艺创作实践做出结论，又转过来指导创作实践。二是艺术美是美的最高度集中的表现，从方法论的角度看，文艺也应该是美学的主要对象。三是美学虽不排除对自然美的研究，但过去一些重要的美学家也大都从文艺角度去对待自然美。

（二）认为美学研究对象主要是现实美，美学是关于美的科学

如洪毅然说："人类的审美活动实践绝不仅限于艺术，社会审美意识也不仅通过艺术的形式表现出来……所以不应当把美学的研究对象缩小为主要地研究艺术。""美学既要研究自然界与艺术中一切客观现实事物本身——即美的存在诸规律，又要研究作为那种美的存在反映于人脑中的一切审美意识——即美感经验和美的观念的形成及发展诸规律。"② 他认为不应抹杀艺术学与美学的区别，"关于研究艺术本身的实质、性质和功能的科学，应当是艺术学而不是美学"。

（三）认为美学研究对象是审美关系，是研究美—美感—艺术这样一个总过程，并以艺术为主要对象

如李泽厚提出："美学基本上应该研究客观现实的美，人类的审美感和艺术美的一般规律。其中，艺术美更应该是研究的主要对象和目的。"后来又补充说："此三者又非互不相涉，拼凑而成。相反，它们是以审美关系（主观反映客观，美学认识论）为轴心的一个整体。所以，概括地说，审美关系就是美学研究的对象。"③ 而"研究审美关系——美及其反映

---

① 朱光潜：《西方美学史》，人民文学出版社 1979 年版，第 4 页。
② 四川社会科学院文学研究所编：《中国当代美学论文选》第 1 集，重庆出版社 1984 年版，第 404 页。
③ 李泽厚：《美学论集》，上海文艺出版社 1980 年版，第 179 页。

活动（美感），就必然研究这种活动的物化形态即艺术"，所以，"以审美关系为对象，就必然把艺术作中心"。总之，"美学对象就是研究美—美感—艺术这样一个总过程，它由抽象的哲学到具体的心理学和艺术学"。

后来，李泽厚又否定了"审美关系"的提法，也否定了"以艺术作为中心"的提法。他在《美学论集》中给美学下的定义是："美学实际上乃是以审美经验为中心或基地，研究美和艺术的学科。"[①] 认为现代美学实际包括三个方面或三种内容，即美的哲学、审美心理学和艺术社会学。前者是对美和审美现象作哲学的本质探讨，后两者是以艺术为主要对象作心理的或社会历史的分析考察。

二　怎样认识美学的研究对象和范围

以上说明，关于美学的研究对象问题，至今还未有一致的结论。这本身就说明美学仍然是一门尚未十分成熟的、仍在发展的学科。那么，面对这些分歧意见，我们应当如何去认识和把握美学的研究对象呢？笔者认为首先要正确认识和解决在美学这门学科中，美的研究和艺术的研究两者的相互关系问题。

从上面的介绍可以看到，关于美学研究对象的最大分歧是：一种意见只强调美学研究美；另一种意见则只强调美学研究艺术。其实，这两种意见都有片面性，它们的通病便是从不同方面把美的研究和艺术的研究割裂开来，而没有看到它们在美学中是互相联系、辩证统一的整体。

美学研究的根本问题是客观现实的美和人对美的反映，它的基本问题是美和美感。美学之所以需要并且能够成为一门独立的学科，之所以成为哲学中的一个组成部门，是同它所面对的这一特殊对象、所解决的这一特殊问题密不可分的。所以，在美学中绝不可忽视对美的本质和美感经验的研究。但是，这种对美的研究是不应同艺术相脱离的，是不可离开艺术孤立地进行的。这是因为：

第一，艺术是审美意识的集中表现，艺术美是美的高级形式。艺术是对客观现实的审美反映，但它和人们在日常生活中对客观世界的审美感受

---

① 李泽厚：《美学论集》，上海文艺出版社 1980 年版，第 1 页。

不完全一样。一方面，艺术对客观世界的审美反映较之日常的审美感受更为集中地表现了一定社会、一定阶级的审美意识（审美趣味、审美观念、审美理想等）；另一方面，艺术对客观世界的审美反映被物质形态化而获得了物质的体现，这不仅使各个时代、各个阶级的审美意识能够通过艺术而得到保存和流传，而且它本身还作为社会的普遍的审美对象，供人欣赏，给人以审美感受，从而对社会审美意识的形成和发展起着积极作用。艺术美固然来源于现实美，是现实美的反映，但是它比现实美更高、更集中、更典型，因而它也必然成为美的高级的、完备的形式，充分地体现着美的本质和规律。人们的美感经验，固然是社会生活中普遍存在的一种精神现象，但它在艺术创作、艺术欣赏活动中却得到了最全面、最充分、最丰富的体现。因为艺术创作、艺术欣赏就其本质来说，都是一种创造性的审美活动，所以也最能表现出人类审美活动的普遍规律。马克思指出，人体解剖对于猴体解剖是一把钥匙。如果脱离了作为审美意识集中表现和美的高级形式的艺术，那就难以对美的本质和审美意识的普遍规律做出科学的、完备的说明和概括，就无法研究人类审美意识的形成和发展的历史过程，使美的研究失去了丰富具体的社会历史内容。

第二，美学研究美和审美意识的本质和规律，不仅要通过艺术来进行，而且其目的也是指导人们的审美实践，主要地就是要指导人们的艺术实践。研究美的规律不仅是为了说明客观现实的美是什么、审美心理活动是如何进行的，而且要用它来指导美的创造，指导艺术创作和艺术欣赏的实践活动。美学的生命力体现在，人们之所以需要美学，就是由于它和人们的审美实践活动，特别是和艺术实践是密切相关的。如果脱离艺术来研究美，就会把美的本质、美感经验的研究单纯局限在从哲学上和心理学上作抽象分析，很难避免纯粹抽象的思辨哲学和繁琐哲学的倾向，使美学研究脱离艺术实践和社会生活实践，损害其积极作用于艺术发展的迫切任务。由于上述原因，艺术应该是美学研究的重点对象。

从另一角度来看，在美学中艺术的研究也不可与美的研究相脱离。艺术是一种社会意识形态，是一种复杂的社会现象，对于它的研究可以从各个不同侧面、不同角度去探讨。艺术作品作为对现实生活的形象反映，包含着真、善、美各种因素。但是在艺术中，真与善都必需与美相结合，必须通过美的艺术形象、美的艺术形式来表现。艺术创作不同于科学认识和道德意识的特点,而在于它是一种对现实的审美意识。艺术区别于哲学、科学、道德、宗教等其他社会意识的特质,在于它能够创造美的艺术形象,在于它能够作为一种审美对象,而引起人们的审美感受,从而发挥它所特有的社会作用。因此,如果不理解美的本质、不认识美感和审美意识的特点和规律,也就不能深入认识艺术之所以为艺术的特殊本质和特殊作用,不能深入把握艺术创作和欣赏的特殊规律。所以,对于艺术的本质特征和艺术创作的客观规律的探讨,一旦深入到问题的实质,必然要涉及美的本质和审美反映的规律问题。我们要将艺术的研究深入下去,提高哲学和方法论的高度,揭示其普遍规律,就不能不将艺术的研究与人类审美意识、美感经验的研究与美的本质的研究结合起来。

总之,对美的研究来说,由于艺术是审美意识的集中表现和美的高级形式,因此美的研究离不开艺术的研究;对艺术的研究来说,由于美和审美的特性是艺术之所以为艺术的根本特性,因此艺术的研究离不开美的研究。美的研究和艺术的研究应当也必然要结合起来,构成美学统一的研究对象。

根据以上认识,我们认为美学研究的对象应当是以客观存在的美为基础,以艺术为重点,全面研究美、美感和美的创造。美学就是研究美、美感和美的创造的最一般规律的科学。

美学研究的范围大致包括以下三方面:

(一) 研究客观存在的美

美学研究的最基本的问题,就是美的本质问题。客观存在的美的事物、美的现象是千差万别、丰富多彩的。一切美的事物和现象之所以美,就在于它们具有共同的美的本质。但美的本质究竟是什么呢?这是一个两千多年来一直困惑着许多哲学家和美学家头脑的问题。虽然从古至今,哲学家和美学家们对这个问题提出了各种各样的解答,但现在也仍然没有一个十分完备的、一致公认的结论。不过有一点应当首先明确,就是美是客观的,不是主观的。换句话说,美是不以欣赏的人的主观意识为转移的客观存在的现象。这是符合事实的,也是符合马克思主义反映论的。承认还是否认这一点,是唯物主义美学和唯心主义美学的根本分歧。美的本质问题需要回答美是什么? 美在何处? 事物何以为美? 等哲学问题。美的本质问题如何解决？直接影响着对于美感、美的创造问题的研究，因而可以说是整个美学研究的基础。

美的本质存在于各种具体的美的对象中，呈现出多种多样的美的形态。对美的形态可以按其不同性质和不同的存在领域分为自然美、社会美和艺术美。在探讨美的本质的基础上，分别对以上不同的美的种类进行研究，分析各类美的特点和规律，也是美学研究的一个重要方面。

美的形态按照其不同的表现特点，又可以分为崇高和优美、悲剧和喜剧，这就是美学史上所说的美学范畴。所谓美学范畴，也就是美学中最基本、最一般的概念。美学范畴与美的本质问题紧相联系，既涉及现实美，又涉及艺术美，对美学研究是不可缺少的。以上便是美论部分的主要研究内容。

（二）研究人对美的反映——美感

美学不仅仅局限于研究客观存在的美，它的研究范围还包括人对美的反映和反应，即美感。美感一般指人在感受美时所产生的特殊、复杂的心理活动，即美的认识和感动。但有时它也用来指作为美的反映的一切审美意识（包括审美感受、审美理想、审美趣味、审美能力等）。前者是指狭义的美感，后者是指广义的美感。美感和美的关系是反映和被反映对象的关系，美感作为一种反映美的特殊的意识活动，具有与科学的意识活动、道德的意识活动不同的特点和规律，研究美感的产生和发展、美感的性质和特点、美感的心理过程和构成因素，以及美感的种类等，便是美感论部分的主要研究内容。

（三）研究美的创造——艺术

艺术是人类美的创造的高级形态，也是美学研究的重点。艺术美是现实美的反映，它既来源于现实美，又不等同于现实美。它是人由于一定的美的要求，能动地、积极地对现实进行反映和改造的结果，是人的创作实践的精神成果。美学必须研究艺术美与现实美的关系、艺术的本质和特征、艺术的内容和形式、艺术的审美教育作用、艺术创作和欣赏的过程和规律、艺术的种类等。这些便构成了艺术论部分的主要研究内容。

三 美学与其他相关学科的关系

美学和许多相关的学科（如哲学、心理学、艺术学等）有密切的联系，但又具有独自的特性而不能为其他学科所代替。弄清美学与其他相关学科的联系和区别，能使我们更好地认识美学的特性，把握美学的研究对象和范围。

（一）美学与哲学的关系

美学与哲学有着密切联系。首先，美学研究的基本问题和哲学的基本问题密切相关。美学研究美的本质、美和美感的关系、艺术和现实的关系，这些问题都是哲学基本问题在美学中的具体表现。恩格斯说："全部哲学，特别是近代哲学的最重大的基本问题，就是思维对存在的关系问题。"[①] 在美学中如何认识美、美感、艺术的本质及其相互关系问题，和对哲学基本问题的观点是一致的。美学观点实际上是哲学观点在美学这一特殊领域的具体运用。对思维与存在的关系看法不同，对美、美感和艺术的本质及其相互关系的观点也就会不同。其次，美学是人们的审美观、艺术观的系统化和理论化的表现，而审美观、艺术观则是人们世界观的组成部分，所以它本身就是属于哲学研究的范围。在历史上，美学长期就是哲学的一部分或一个分支，是哲学性质的科学。例如在黑格尔的哲学体系中，美学就是其中的一部分。我们看到，在美学史上起了最大作用或影响最大的，往往不是一些艺术批评家，也不是心理学家，而是哲学家，如柏拉图、亚里士多德、康德、黑格尔、马克思等都是哲学家，他们对美学问题的探讨，都是哲学性质的探讨。

但是，美学和哲学也有区别。首先，二者研究对象范围不同。哲学是关于世界观的学说，它以整个客观世界作为对象，研究自然界、社会和人类思维的最一般的规律；而美学则以美和人对美的反映、美的创造作为对象，只是研究这一特殊领域的特殊规律。其次，哲学为美学提供世界观和方法论的基础，却不能代替美学去解决关于美和艺术的各种独特问题。它

[①]《马克思恩格斯选集》第 4 卷，人民出版社 1972 年版，第 221 页。

虽涉及美学的基本问题,却不能研究属于美学理论的一切问题。因此,在历史的发展中,美学逐步从哲学中分化出来而成为独立的学科。

(二) 美学与心理学的关系

美学与心理学也有密切联系。美学研究范围包括美感。美感是人对客观存在的美的主观反映和反应,包括人对美的认识和由此引起的情感活动。美感作为人的主观意识活动,是一种特殊的心理活动。因此,对于美感的研究必须借助心理学的科学成果。同时,美学研究艺术,也要研究艺术创作和艺术欣赏中的心理活动的特殊规律,这也和心理学有着密切关系。美学史上所谓心理学美学或艺术心理学,便是从心理学的角度来探讨美感或艺术活动的。18 世纪的英国经验派美学、现代心理学美学等,在从心理学的角度研究美感经验和艺术方面,都积累了不少资料。

但是,美学和心理学也有区别。首先,美学研究范围不限于与心理学有关的问题,如美的本质、现实美就不能等同于心理现象。艺术创作和欣赏也不能仅仅归结为心理方面的研究。其次,美感心理的研究也不能完全等同于一般心理学的研究,一般心理学也不能代替美感心理特殊规律的研究。

(三) 美学与艺术理论的关系

美学和艺术理论有着十分密切的关系。由于美学和艺术理论都把艺术作为研究对象,都从艺术实际出发探讨艺术的规律,并反过来指导艺术实践,所以它们之间联系得很紧密。在美学和艺术理论之间,常常表现出彼此渗透和相互转化的情况。历史上不少艺术理论著作,实际上也就是美学理论研究。也有不少美学著作,广泛地涉及艺术理论问题。前者如亚里士多德的《诗学》、莱辛的《拉奥孔》;后者如黑格尔的《美学》、车尔尼雪夫斯基的《艺术对现实的审美关系》等。所以,要在美学和艺术理论之间一一划出严格界限,把美学和艺术理论完全割裂开来是不符合历史和现实的实际情况的,也是不利于美学和艺术理论发展的。我们不能同意那种否认美学和艺术理论之间的联系,把二者绝对对立起来的观点。

但是,美学和艺术理论毕竟是两门学科,它们之间是有区别的,否认美学和艺术理论的区别,把二者完全混为一谈,认为美学就是艺术理论,这种观点也是不符合实际的。

美学和艺术理论之间有哪些区别呢？

第一，从研究范围和对象看，美学的研究对象包含客观世界的美和人对客观世界的美的反映的全部领域，着重揭示人类审美活动的普遍规律。艺术理论的研究范围和对象则限于各门不同的艺术，着重探讨各门艺术的特点和具体规律。美学虽把艺术作为研究的主要对象，却不限于研究艺术。它既要研究艺术美，又要研究现实美。现实美是艺术美的来源。美学不研究现实美，就不能弄清美的本质。现实美的问题，不仅是艺术问题。美学还要研究人们日常生活中的审美问题，如对自然美的欣赏、日常生活中的审美趣味、审美爱好、生产劳动中的美学问题等，这些都不仅是艺术问题。美学还要研究美育问题，这固然和艺术有密切关系，但也有很大一部分内容不完全属于艺术问题。这都不是艺术理论所研究的内容。

第二，从研究艺术来说，美学和艺术理论也有区别，艺术理论研究艺术，不一定涉及美感经验、审美意识，对艺术作一种非审美的外在探讨，如艺术的上层建筑性质、艺术与政治的关系等。对艺术作这种外在方面的研究，不一定联系审美意识、美感经验。而美学则要求艺术研究与审美意识、美感经验的研究联系或交融起来，美学要从审美意识的角度，通过美感经验来研究艺术，或者说通过艺术来研究美感经验、审美意识的一般规律。由于美学研究艺术是紧密联系审美意识的，所以它不是对艺术仅仅作外在的研究，而是着重内在的研究，也就是说，要注意研究艺术的审美特点、艺术创作和欣赏的审美心理问题，注意研究人的审美意识怎样表现在艺术作品里等。美学和艺术理论共同以艺术为研究对象，其区别主要就在这里。正由于此，美学虽然以艺术作为研究重点，但它研究的中心问题却是美和审美意识一般规律。

第三，从学科的性质来讲，美学是哲学性质的学科，属于哲学的一个部门，而艺术理论则是属于社会科学的部门之一，属于文艺学。美学对美、美感经验和艺术的研究，要求更大的概括性，要提高到哲学的高度。它与哲学、伦理学、心理学等学科都有密切关系。美学和哲学有着最为直接的关系。美的本质、美感、艺术的本质等问题是哲学基本问题在美学中的具体体现，美学的基本问题和哲学认识论密切相关。美学的命名人鲍姆加登就是把美学和逻辑学看成哲学中的两个不同部门，逻辑学研究理性认识（知），美学研究感性认识（情）。西方著名的美学家，从柏拉图、亚里士多德到康德、黑格尔再到克罗齐、杜威等,都是从哲学出发研究美学的。由于美学是具有哲学性质的学科,所以它对于各门艺术理论的研究具有方法论的意义。当然,美学作为一门概括性更高的学科,它也有待于具体的艺术理论研究提供更多的思想资料,所以各门艺术理论的研究成果又能够反过来丰富和推动美学的研究。这就又从两者的区别中看出了它们之间的联系。

(原载于《湖北电大学刊》1984年第4期)

在现代水平上研究审美经验

像哲学中其他各部门一样，美学在它的历史发展过程中，在研究范围和研究重点上，曾经发生过许多变化。如果说古代西方的哲学家们所着重探求的是世界的本源问题，那么，与此相适应，西方古代美学思想也主要是集中在探求美的本源的问题上。从毕达哥斯派的美在和谐说到柏拉图的美在理念说，再到奥古斯丁的美在上帝说，无一例外地都把注意力和重心放在审美客体上。比较起来，对于审美主体的认识和研究则显得不足。但是，随着近代西方哲学的研究重点从本体论转向认识论，从认识客体转向认识主体，美学研究重点也逐步从审美客体转向审美主体，对于审美主体在认识和体验美的对象时的心理活动和心理能力的探讨，在美学中越来越引起人们的注意和兴趣。推动着美学研究重点的这种转变的，首先是英国经验论派的美学家，他们在西方美学史上率先提出趣味理论，从心理学和生理学的角度对人的趣味能力和美感经验作了分析。康德批判地继承并发展了经验论派美学的趣味理论。他在《判断力批判》中对审美判断力作了深刻的哲学分析，从而使审美主体和审美经验的研究在美学中占有了突出地位。

但是，从西方传统美学的总体和主流来看，毕竟还是以美的哲学探讨作为主要内容的。审美经验分析不可能取代美的哲学研究在美学中占有主体地位。真正把审美经验的分析作为美学研究的中心对象，以致取代了美的哲学研究在美学中的主体地位的是当代西方美学。正如许多西方美学家所一致指出的，美学研究对象上的这一显著变化，是当代美学不同于传统美学的一个最为鲜明的特点。试看当代西方最有的影响的一些美学思潮和流派，从表现主义美学、自然主义美学、精神分析学的美学、格式塔心理学的美学，乃至现象学美学、符号学美学等，无一不是注重审美经验的描述和分析，并且结合着审美经验来探讨各种具体的艺术问题。由于把审美经验作为美学研究的出发点和重点对象，当代西方美学的研究命题和结构体系也相应发生了很大变化，近几年，我国美学学界对审美主体和审美经验研究的展开和深入，无疑是同当代世界美学的发展趋势相一致的。

对于一些西方美学家试图以审美经验分析取代美的哲学探讨的主张，我们当然是不同意的。因为这种回避问题的办法不仅无助于美学中根本理论问题的解决，即使对于审美经验分析本身来说也是不利的。从辩证唯物主义观点看来，审美主体的意识活动毕竟是由审美客体引起的，是对后者的一种能动的反映。如果不以美的哲学探讨作为前提和基础，审美经验的描述和分述也不可能深入进行。但是，在继续努力探讨美的本质问题的同时，加强对审美经验的研究，却是当代美学发展中一个不可忽视的任务。审美活动只能产生于审美客体和审美主体的相互关系和作用之中，主体因素的参与和影响是审美活动的一个十分重要的特点。审美的意识活动虽然是由审美客体引起的，但客体的刺激必须经过主体的心理结构的中介才能形成审美经验。从这个意义上说，如果我们不注意研究审美主体以及审美主客体的相互关系，也就不可能真正弄清审美活动的内在规律。对于审美经验的分析，固然需以美的本质的研究作为理论前提，然而，对于美的本质的认识，又不能完全脱离人们的审美意识、审美经验去进行。因为一切科学都是依赖于人们对客观现实的认识，如果不凭借人们对于客体的美的认识，就无从接触客观存在美，也不能抽象出美的本质的理论。众所周知，美的本质问题在两千多年的美学思想发展中，一直是一个众说纷纭、莫衷一是的难题。当代西方美学家对于这个问题的回避态度，显然也和这个问题的解决所遇到的困难有关。为了使美学中的这个哥德巴赫猜想逐步得到解决，还有许多艰难的路程要走，但达到这个目标可以采用多种途径。如果我们对审美经验的特性、内容、结构、功能等有了更深刻、准确的认识和把握，那么，对于唤起审美经验的客体的美的本质的理解也就可能进一步深入。

加强审美经验的研究，对于全面、深入地开展艺术问题的研究，促使美学理论与艺术实践紧密联系起来，也是具有重要意义的。有一种意见认为，审美经验分析无助于解决艺术文明的困惑，只有放弃由审美经验分析去了解艺术的企图，从审美经验分析转向"艺术纯粹分析"，即艺术的感性形成的客观分析，才能解释艺术文明。这种把审美经验与艺术研究互相割裂的看法,笔者认为是欠妥的。无论是从理论上看还是从实际上看,审美经验分析和艺术研究的深刻联系都是无法否认的。艺术毕竟是人类审美意识的一种最完善、最集中的表现形式。艺术作品的创造离不开艺术家有的审美经验,艺术作品的欣赏也离不开观赏者的审美经验。艺术作品作为审美对象,是在审美经验中获得实现的。可见,艺术的本质和审美的本质是完全统一的。要了解艺术作品是什么,首先必须对审美经验是什么做出回答。正如有的美学家所说,一种合理的审美经验理论,乃是"讨论艺术哲学诸基本概念的良好出发点"[①]。如果我们要真正认识艺术的本质特征,认识艺术创造、欣赏、批评的规律,就不能放弃对审美经验的分析。我们不否认研究艺术作品需分析它的感性形式,但是孤立地、纯粹地分析感性形式,也不能对艺术作品做出完全科学的解释。因为艺术作品不仅仅是一种感性形式的存在,而是一种为了让人们把它作为审美对象来经验而创作出来的感性形式的存在。即使分析作为客体的艺术作品的形式的结构,我们也应该研究艺术作品在审美经验中呈现的客观的性质和存在方式究竟是什么。许多研究成果表明,把艺术本体论和审美经验两者相互结合起来,对于美学研究不仅是十分必要的,而且是富有成效的。

虽然对审美经验的研究,早已引起众多美学家的重视和兴趣,但是,人们至今对它的奥秘和规律的认识还是有限的。有的当代西方美学家认为,迄今为止分析审美经验的人多半满足于赞美颂扬,而对于审美经验的主要内容进行透彻研究的人则寥寥无几。这可能对已有的研究成果估计不足,但也反映出美学界对现有的研究水平的不满。如何在更高水平上对审美经验进行全面、透彻的研究,以求得对于它的特殊性质和规律有更深入、更切实的认识,的确是摆在当代美学家面前的一项艰巨任务。许多研究者都指出,对于审美经验的分析,应当借助于多学科的共同合作,应当使美学、认识论、心理学、思维科学、社会学、文化人类学、文艺理论、文艺批评等各种学科相互交叉和结合起来,才能综合地、全方位地开展研究,并且更加富于成效。这当然是一种很重要的意见,但笔者认为,要在现代水平上对审美经验做出新的、深入的分析,还必须在更新思维方式和

[①] [美] V. C. 奥尔德里奇:《艺术哲学》,程孟辉译,中国社会科学出版社1988年版,第22页。

吸收当代科学新成果两方面做出更大的努力。

　　古典的思维方式的一个根本特点，就是按照"孤立因果链的模式"思考对象，它"把一切事物都看作由分立的、离散的部分或因素构成"①。这种思维方式在审美经验的分析中一直很有影响力，其结果就形成偏重于对审美经验的各个构成要素、各个组成部分、各种表现形式进行分离的、孤立的分析，或者简单地把某一构成要素的性质当作审美经验整体的性质，或者孤立地将某种表现形式的现象当作审美经验的全部规律。这就容易造成一叶障目，不见泰山，难免对审美经验做出片面的解释。当代科学技术已经由分化转向整合，由研究简单性现象发展到关注对象的复杂性，这就必然引起方法论基础的更新。适应这种变化，一种新的思维方法形成并发展起来，这就是系统方法。系统方法突破了习惯的思维方式，它把事物看作由各部门、各要素在动态中相互作用、相互联系而形成的系统，要求从整体出发，把对象始终作为一个有机的整体，从对象本身所固有的各个方面、各种联系上去考察对象，从系统与要素、整体与部分、结构与功能的辩证关系上去把握对象，从而能够把微观和宏观、还原论和整体论结合起来，以适应复杂性问题的解决。由于审美经验不是一种简单的、纯一的心理现象，而是一种包含着许多异质要素的多方面的复合过程，是多种异质要素共同整合的结果，它的特性和规律只有在各种异质要素的整合中才能体现出来，因此，应用系统方法这种新的思维方式或哲学方法论，对于纠正历来对审美经验的一些片面理解，全面地、整体地认识审美经验的内容、过程、特性和规律，就显得特别适合和重要。

　　运用系统方法对审美经验进行宏观研究，首先要着眼于对审美经验的整体特性的总体的分析和把握。系统方法包括要素分析但不限于要素分析，它特别强调整体性，强调综合对于分析的统摄性。以往的许多审美经验理论的一大弊病，就在于脱离整体去孤立地分析要素，乃至把其构成要素的某种特性当作整体的功能特性。众所周知，实验美学曾经分别对于形状、线条、色彩、音调、动作等所引起的感觉和情绪反应，做过许多心理实验和测量，试图由此去解释审美偏爱乃至全部审美心理活动的性质和规

---

① ［美］冯·贝塔朗菲：《一般系统论：基础、发展和应用》，林康义等译，清华大学出版社1987年版，第10页。

律。但是，这些实验和测量的数据却难以对审美经验的基本特性和普遍规律做出深入说明。它们对审美规律和解释不是捉襟见肘，便是自相矛盾，以致它们对审美经验研究的作用越来越被人们怀疑。如果从思维方式上究其原因，其失误正是由于缺乏整体性观念，脱离了审美心理的整体结构方式而孤立地、分别地考察个别组成部分。西方一些很有影响力的审美理论在解释审美经验的特性时，往往只注意到其构成要素的特殊性，所以在规定美感的特性时也仍缺乏整体观念。它们或者强调美感即直觉（即低级的感觉活动），与理智无关（克罗齐）；或者认为美感只涉及情感，不能容纳认识（康德）；或者主张美感根源于无意识的欲望，不受意识支配（弗洛伊德）；等等。实际上，直觉、情感、欲望乃至无意识的深层心理因素，都不过是审美心理、审美经验的构成要素，它们各自孤立的性质或孤立性质的相加总和，都不能构成美感的整体特性功能。按照系统论观点，系统整体水平上的性质和功能，不是由其构成要素孤立状态时的性质和功能或它们的叠加所形成的，而是由系统内各个要素相联系和作用的内部方式即结构所决定的。审美经验和其他经验的区别主要不在于其构成要素的多寡，它的整体特性也不能由它的构成要素的孤立的特性或其相加的总和来解释，而是要由它的全部心理构成要素相互联系、相互作用所形成的特性结构方式来说明。如果我们不去认真研究在审美经验中感知和理解、知觉和情感、情感和理智、想象和思维、意识和无意识等各种异质要素是以何种特殊方式相互联系和作用的，不去认真分析美感中的特殊的认识结构、情感结构以及二者之间的相互关系，我们就无法从整体上去认识和把握审美经验的特性和功能。对于人们常常遇到的特殊的审美心理现象以及常常用于描述审美经验的特殊概念和范畴，如直觉性、愉悦性、形式感、移情作用、不确定性、意象、趣味、灵感等等，也就不能从整体上给予科学的阐明。

　　为了从整体上认识和把握审美经验的特性，我们不仅应当在其内在结构要素的相互联系和作用中去进行研究，而且也应当在其各种外在表现形式的相互联系和统一中去进行分析。审美经验的外在表现形式是多种多样的，各种外在表现形式既有区别又有形式，各以不同特点显示出审美经验的共同性质和规律。我们不能只考察审美经验的一种形式，而不顾另一种形式；也不能孤立地考察各种形式，而不顾它与审美经验之间的内在联系。例如，从活动方式上来看，审美经验有审美欣赏和艺术创造两种表现形式，前者在心理过程上表现为被动的感受方面较为突出，所以又被称作审美观照或审美享受；后者在心理过程上由表现为能动和创造方面较突出，并常常伴随着激情、灵感等特殊心理活动。历来的美学家分析美感经验，往往侧重于对于审美观照和欣赏经验的考察，有的甚至将审美观照和艺术创造对立起来，而仅以前者来确定审美经验的特性，这就难免有失偏颇。如康德认为创造需凭天才，欣赏则凭鉴赏力。天才涉及的主要是理念内容，鉴赏力涉及的却是美之所以为美的形式。天才和鉴赏力是对立的，所以创造和欣赏也是对立的。由于康德主要根据鉴赏力来分析审美经验，所以便得出审美只涉及形式的片面结论，事实上，欣赏和创造作为审美经验的两种表现形式，是既有区别又有联系的，如果我们从它们与审美经验整体特性的内在联系中来考察它们各自的特点，就不会把它们互相对立起来。另外，从引起的对象来看，审美经验也可以表现为不同形式。例如自然对象、社会生活和艺术作品分别引起的审美经验，就是三种不同表现形式的经验。就艺术作品本身来说，也有偏重于表现的和偏重于再现的、偏重于形式的和偏重于内容的、偏重于抒情的和偏重于叙事的等区别，它们所引起的审美经验在表现形式上也带有各自的特点。如果我们在从宏观上分析和把握审美经验的总体特性时，不是在它们与审美经验整体的有机联系中来考察它们，看不到它们既相区别又统一的辩证关系，就有可能陷于片面性而影响到对于审美经验性质作全面的、科学的认识。

  为了使审美经验研究达到现代水平，除了需要更新思维方式外，还需要吸收现代科学的新的成果到审美经验的分析中来。如果说，更新思维方式，应用系统方法研究审美经验，是要在宏观层次上对审美经验的各种构成要素、结构层次、活动方式等在总体上、在动态中进行综合性研究，以求把握审美经验的整体特性和功能，那么，吸收现代科学的新成果，则是为了深入揭示审美经验得以产生和实现的内在机制，使审美经验研究进入打开"黑箱"的微观层次。研究审美经验的内在发生机制，也有一个方法论问题。旧唯物主义美学家以审美客体为重心，把审美经验的产生过程看作客体向主体的运动，审美经验不过是审美客体作用或刺激主体的结果。在审美经验发生过程中，客体始终是主动的，而主体则是被动的、消极的。如经验论派美学家伯克认为美感的发生是对象的某些特征"通过感官的中介,在人心上机械地起作用"的结果。这种看法虽然在强调审美经验的客观来源和制约上有其合理的一面,却忽视了审美主体在形成审美经验中的能动作用,因而不利于深入探讨审美经验发生过程中的内在机制。另外,唯心主义美学家则以审美主体为重心,把审美经验发生过程看作审美主体向客体的运动,审美经验不过是审美主体的情感、态度作用于客体的产物。在审美经验发生过程中,审美主体始终是主动的,而审美客体则是被动的,或者是派生的。如当代影响极大的审美态度理论,认为只要主体采取审美态度,任何对象都可以成为审美对象,从而产生审美经验。这种看法在发现和探索审美经验形成中审美主体的能动作用方面是有所贡献的,但是由于它忽视乃至否认审美经验发生的客观来源和制约性,因而也不利于探讨审美经验发生的内在机制。我们认为,在探讨审美经验的内在发生机制时,只有以辩证唯物主义的能动反映论作为方法论基础,才可能找到正确方向。按照辩证唯物主义的能动反映论,审美经验的发生过程既不是简单的客体向主体的运动,也不是单纯的主体向客体的运动,而是主客体之间的相互作用和双向运动的结果。这种看法既坚持了审美对象对审美经验发生客观制约性,又强调了审美主体对审美经验发生的主观能动性,是完全符合审美欣赏和艺术创造的实际的。我们要深入揭示审美经验产生和实现的内在机制,就要着重研究审美主客体相互作用的特殊过程,对其形成的特殊心理机制和生理基础给予科学说明。为此,就需要把审美经验研究植根于现代心理学、生理学、脑科学等具体科学的最新成果之上。现代感觉心理学、认知心理学、神经心理学、神经生理学、大脑科学、人工智能等现代科学技术迅速发展,人们可以期望借助这些新的成果,从不同层次和不同方面去深入揭示审美经验发生和实现的复杂的心理机制和生理基础,使审美经验的分析建立在科学的根据之上。

在深入揭示审美经验发生的内在心理机制时,应该注意探索美感产生的中介因素问题。西方美学史上,关于审美经验产生的中介因素曾有过各种理论表述,如"趣味能力"说、"鉴赏力"说、"审美观念"说等等。我国美国学界也有美学家早就对美感形成的中介因素做过理论探讨,可惜这些重要观点长期没有得到深入研究和阐明。事实上,深入研究审美经验形成的中介因素,正是揭示审美主体在审美反映中的能动作用的内在机制的一个关键问题。美感作为一个复杂的、特殊的心理过程,它的发生不能仅仅看作对某一个具体对象的直接反映，而是需要借助审美主体的一定的心理结构作中介。现代控制论、信息论和心理学的发展，无疑为我们在现代水平上分析审美经验形成的中介因素问题，提供了更加坚实的理论基础。现代控制论提出，人的意识具有"信息—调节性质"，人的心理过程表现为双重决定作用。一方面，它受外部世界获得的非约束性信息的影响；另一方面，它又由种族发生和个性发育中所积累的大脑的一切约束性信息决定。这两种决定因素——外部的和内部的、外来的和内源的——总是处于密切的联系和交互作用之中。现代心理学吸收了控制论和信息论的思想，它对知觉的研究表明，人对周围世界的反映不仅以对外部信息的生理知觉过程为前提，而且以主动地把这些信息转换为可以被理解的知觉映象和概念结构为前提。知觉和结构一方面是外部信号作用的结果；另一方面又来自主体，是主体贡献的结果。只有当一种信号可以从收信人已有的信息积累中被选择出来的条件下，这种信号才可能为收信人带来有意义的信息。这就意味着，在主体的意识中，应当存在着某种复杂的解释模型的系统，这些系统可以判读收入的神经信号。这种在人的实践和认识活动过程中所形成的各种解释模型的系统，为认识客体对象提供了"观察点""视角"和"解码系统"，因而在主体反映客体中起着中介因素的作用。[①]现代认知心理学和皮亚杰的发生认识论，也从不同角度支持了上述思想。吸收这些新的科学成果，无疑可以使我们对审美经验发生中主客体相互作用的中介因素问题获得进一步的认识和科学的说明。当然，吸收现代科学的新成果来揭示审美经验发生的内在机制，探索审美经验形成的中介因素，是一项艰巨的复杂的研究工程。一般的科学成果并不能代替对于审美经验的具体分析，一般的科学概念范畴也不能代替艺术审美中特殊的概念范畴。吸收现代科学的新成果必须从审美经验的实际出发，密切结合审美经验的特点和特殊规律，这样才有助于审美经验内在发生机制的研究，促进审美经验理论的创新和发展。我们把审美主体在实践和认识中通过形象思维形成的形象观念或意象作为美感发生的一个中介环节来加以阐述，就

[①] 参见［苏］拉札列夫《认识结构和科学革命》，王鹏令等译，中国社会科学出版社1985年版，第117页。

是在这方面做出的一种尝试。如果我们在审美经验研究中,既注意了更新思维方式,又注意了吸收现代科学的新成果;既努力从宏观上去认识审美经验的整体特性和规律,又努力从微观上去揭示审美经验的具体的内在机制,我们就有可能把审美经验研究提高到一个新水平。

(原载于《江汉论坛》1989 年第 9 期)

论审美经验的系统研究*

审美经验研究是美学的重要组成部分。在西方美学史上，柏拉图最早提出"审美观照"的概念，专门论述了审美认识和情感活动。到了近代，审美经验研究逐渐成为美学的重点。经验派美学家提出"内在感官"说、"审美趣味"论等，推动了审美心理研究。康德在综合经验派和理性派美学的基础上，对"审美判断"或"鉴赏判断"作了全面、系统分析，提出了美学史上最完整的审美经验理论体系。进入现代，审美经验进一步发展为美学的研究中心，从哲学出发和从心理学出发研究审美经验的理论和学说层出不穷，其中，克罗齐的"直觉"说、布洛的"心理距离"说、里普斯的"移情"说以及格式塔的审美知觉理论，都产生了较大影响。这些理论和学说为我们认识和研究审美经验提供了可资借鉴的理论资料，但是，它们大都具有主观性和片面性，难以科学地、全面地解释审美经验。现代系统科学的哲学方法论将研究对象作为系统来把握，形成了认识复杂系统的、新的方法论原则。从哲学上看，系统方法论是现代人类活动和科学认识的辩证范畴的发展形式。[①] 将它运用于审美经验研究，可以克服对于审美经验的主观的、片面的认识，形成关于审美经验性质、特点、构成和发展的新的看法。

一 从系统的整体性看审美经验的整体心理特性

系统论认为，整体性是系统最重要的属性。系统论的创立者贝塔朗菲

---

* 本文系根据作者1985年8月5日在敦煌全国美学讲习班上的学术讲演整理而成。
① 参见 A. K. 阿斯塔菲耶夫《苏联就辩证法与系统方法举行会议》，《哲学译丛》1980年第2期。

给系统这样定义：系统是相互作用着的诸要素的综合体。他把一般系统论看作关于"整体性"的一般科学。另一个系统论的研究者达姆讲到系统时说：系统必须以某种统一性和整体性为前提，系统的各组成部分因此而互相联系在一起。按照系统论的观点，任何一个系统的整体的特性，是不能由组成它的各个部分的特性简单地相加而引出来的。它是决定于组成整体的各个要素互相联系、互相作用而形成的一种特殊关系和联系方式，即结构方式。"联系""关系""结构"这些词是系统论非常强调的词，它强调事物内部的各种联系，强调事物内部结构，而不是孤立地分析它的各个部分。笔者认为从现代系统论的观点看，我们应该着重于审美心理整体性的研究，从审美心理的整体性上去把握审美心理的特点。

所谓审美心理的整体性，就是说审美心理是由多种心理要素组成的一种特殊的复杂的心理活动过程。各个构成要素互相联系，互相作用，形成一个有机的整体。正如现象学美学家英伽登所说，审美经验是一种多方面的复合过程，"包含了许多异质的要素"[1]。我们讲审美心理的要素，比较多地讲它的感知、想象、理解、情感，当然也有人讲到了注意、幻觉、欲望、意向等。但是审美心理的整体的特性不是由组成它的个别要素属性所决定的，也不是各个要素属性相加的总和。所以，我们理解的审美心理的整体性，是把审美心理作为一个系统来看待的。流行于20世纪的格式塔心理学（又叫完形心理学），就把人的心理现象作为一个有整体性的观念系统来加以考察，强调心理活动的整体性。在这一方面它与传统的心理学，如结构主义心理学就不大一样。格式塔，准确地讲就是统体相关、完整的现象，内部各个要素是互相联系的。完整的现象具有它本身完整的特性，所以要掌握它整体的特性，就不能把它割裂为简单的元素。而且作为一种心理现象，任何一种心理活动的整体特征都不包含于组成它的各个元素之内，它是由各个元素互相联系、互相作用形成的。美国当代美学家阿恩海姆把格式塔心理学运用于视觉艺术的研究，强调审美知觉中的完整特性，提出人们对于审美对象的欣赏是同形同构。当人们欣赏一件美术作品时，美术作品是通过物质材料形成了一个完形的结构，而这个完形结构要唤起

---

[1]［波］R. 英伽登：《审美经验与审美对象》，《哲学和现象学研究》第11卷第3期（1961年3月），第295页。

鉴赏者在力的样式上与之相同的整个心理结构的反应。所以,"眼睛在观赏一幅已经完成的作品时,总是把这一作品的完整的式样和其中各个部分之间的相互作用知觉为一个整体"①。例如,我们欣赏米开朗基罗的杰作《创造亚当》,这幅画是由色彩、线条、构图造成的一个完形结构,它通过完形结构将一个特定事件的意义加以特定化的表现,因此,它在观众心中引起的心理活动"不是分别领悟它的各种信息,而是在我们心理中产生一种活跃的关系",以完形的结构来作用于我们的整个心理。这就是把审美心理作为一个整体,特别是把审美知觉作为整体来加以分析研究,从而掌握它的整体特征。阿恩海姆认为,不仅知觉经验是一种格式塔,整个心理现象也是格式塔。"人们的诸心理能力在任何时候都是作为一个整体活动着,一切知觉中都包含着思维,一切推理中都包含着直觉。"②

根据上述这些观点,结合审美经验的实际,我们认为在把握审美心理特性时,要注意对审美心理整体性的分析。我们不能把审美心理的整体特性简单地归结为审美心理构成中某个因素的属性,也不能把它机械地看作各种构成因素的属性相加的总和。审美心理的特性、审美经验和日常经验、科学认识、道德意识的区别,主要不在于它们的心理构成因素的多寡,而在于各种构成因素互相联系、互相作用的特殊结构方式。审美心理的特性是由各构成要素之间存在的那种联系和关系的特点所决定的。所以我们必须把审美心理研究的重点放在对审美心理的特征结构方式的分析上,并由此去考察审美心理不同于其他意识活动的整体特性。

从这种观点来审视美学史上和当代美学中许多有影响力的审美心理学说,可以说他们都在不同程度上忽视了审美心理的整体性问题。许多美学家往往只承认或强调审美心理中某个要素或某些要素,从某个要素或某些要素的属性去概括、说明审美心理的特性,而忽视了各种要素之间的特殊联系和关系,这样就难免出现绝对化、片面性。比如说,强调美感仅仅是一种直觉,或者认为审美只关系情感领域,这是一种片面性,康德、克罗齐就有这种倾向。还有另一种倾向,强调理念、强调认识,认为美感只是

---

① [美] 鲁道夫·阿恩海姆:《艺术与视知觉》,滕守尧等译,中国社会科学出版社1984年版,第600页。
② [美] 鲁道夫·阿恩海姆:《艺术与视知觉》,滕守尧等译,中国社会科学出版社1984年版,第5页。

一种认识、是一种理念的活动。像新柏拉图派就有这样主张。他们都缺乏对于系统整体的研究，把审美心理中的某种要素的特性夸大了，不了解审美心理的整体性。

从系统的整体性研究审美经验，需要从审美心理各构成要素的特殊联系和结构方式上去把握审美经验的特性。首先，从直觉和理性的统一上去把握审美经验的特性。审美心理活动与科学认识活动、道德意识活动是很不相同的，我们首先要承认这个差别。一个正常的人在自己的审美实践活动和审美体验中，就会感觉到这种差别。在科学的认识活动中，人们要认识对象的本质和规律，需要经过明显的从感性认识到理性认识、从现象到本质这样一个认识的上升过程；需要经过去粗取精、去伪存真、由此及彼、由表及里这样抽象的逻辑思考，然后形成理性的认识。一般科学研究活动对对象的把握，其认识活动的阶段性是比较明确、自觉的，所以，我们现在的一般认识论都是讲科学的认识过程。但是审美恰恰从表面看来不是这样的。我们在感觉美的时候，人们在把握对象的美的时候，不是像科学认识那样，有从感性到理性的认识、从现象到本质的认识这样一种明显的、自觉的过程，当然更不需要经过什么抽象的逻辑思维。在许多情况下，审美心理活动最突出的特点是，一见到美马上整个身心便被震动、被吸引以至被陶醉，这个情况是任何人都能体验得到的。人们能够感受美，能够欣赏美，但是让他说出为什么，他往往说不出来。17世纪的唯理论派哲学家莱布尼茨指出，艺术家对于什么好、什么不好尽管很清楚地意识到，却往往不能够替他们这种审美趣味找出理由，如果有人问他，为什么不喜欢某个作品，他就会回答说："我觉得这个作品缺乏一点我说不出来的什么。"不喜欢的作品缺乏一点你说不出来的什么，那喜欢的作品就具有一点你说不出来的什么。"我说不出来的什么"这句话，在西方经常被引用。

围绕这个问题，西方美学中形成各种学说，一直到发展到克罗齐的直觉说。克罗齐讲的直觉与我们今天心理学讲的直觉意义不完全一样，它有特定的含义。克罗齐讲的直觉主要有两种含义：就主体方面讲，直觉是知觉以下的活动，即最初的、最低的感觉活动；就欣赏对象方面讲，人们感觉到的绝对不涉及内容的意义，而只是涉及对象形式、外观。他认为美感的活动就是属于人们知觉以下的最低级的心理活动，而所把握的对象也只是外观和形式，不涉及它的意义，他认为这才是真正的审美心理，也才是审美心理特殊性的表现。很显然，这种说法是不符合辩证唯物主义认识论的、不符合人们的审美实践的。我们并不否认审美活动有感性的特点，但我们不能把美感归结为克罗齐说的这种直觉活动。审美活动中感性的因素很活跃，感知、情感很活跃，这跟科学认识活动有很大的不同，甚至跟道德的意识活动也有很大的不同。但从整体上看，美感的这种感性恰恰是和理性相联系的，是不脱离理性的。过去有的美学家实际上是强调了这种联系，一些具有唯物主义思想的美学家大都是从事实出发强调了这一点。车尔尼雪夫斯基说，美感认识的根源无疑是在感性认识里，但美感认识与感性认识毕竟有本质的区别，把美感仅仅归结为一种感性认识活动是不符合实际的。在美感中理性活动渗透在感性中间，审美活动中属于感性的各种要素和属于理性的各种要素组成了一种特殊的联系和关系，从特殊联系和关系中产生了审美心理的整体属性。这种属性笔者认为黑格尔讲得很好，黑格尔就是从感性和理性的统一中间去把握审美特性的，他认为：审美也好，艺术也好，是必须有理性认识的，但他又讲理性认识不是回到抽象形式的普遍性，不是回到抽象思考的极端，而是停留在中途一个点上。在这个中途的停留点上，内容的实体性不是按照它的普遍性而单独地、抽象地表现出来，而是仍然融汇在个性里。这个思想很重要，无论是康德讲的审美观念、审美理想，还是黑格尔所说的"敏感"，他们都是讲的这点。他们并不完全脱离理性，但又不是讲抽象的理性。黑格尔讲审美是一种朦胧的概念认识，用我们今天的话讲，审美心理活动是一种形象思维，从感性和理性相统一的整体上去把握，也就是说把它作为一种形象思维来把握。

其次，要从情感和认识的统一上去把握审美经验的特性。从美感中的各种心理活动来看，情感的因素相当突出。过去我们把审美活动以至艺术创作活动仅仅作为一种认识活动来研究，是对审美活动和艺术创造特点认识不够的表现。中西对审美心理有各种各样的说法，但都强调情感活动。如果与科学认识和道德意识活动比较，并不是说科学认识和道德意识没有情感活动，而是说在它们的心理活动中，认识和情感没有达到完全的统一，而在审美的心理活动中两者却达到了完全的统一，并且往往是以情感这种形式表现出来。整个审美心理活动是用情感的外在形式表现出来的，而其中包含着认识的内容。所以关于情和理的关系，是美感研究中一个的核心问题。我们在把握审美心理的整体特点时不能只强调一个方面,因为实际上任何一种情感活动都是以认识为基础的。人的情感活动是在认识过程中产生的,总是伴随着人们的过程的。情感是对客体和人的需要之间的关系的反映,而客体和人的需要之间的关系是通过人的认识来掌握的,所以情感活动是不能脱离人的认识活动的。美感中的情感活动尤其如此。美学史上虽然有的美学家在研究审美和艺术经验时只是强调它的特点在情感,否识它和认识的联系,但是,也有许多美学家是既看到审美和艺术的情感特点,又看到审美的情感与认知具有内在的、特殊的联系的。如黑格尔就非常强调艺术家在艺术美的创造的过程中须达到理解力与情感的统一,因为"在这种使理性内容和现实形象互相渗透融会的过程中,艺术家一方面要求助于常醒的理解力,另一方面也要求助于深厚的心胸和灌注生气的情感"①。这和中国古代美学思想中强调文学创造是"寓理于情""理以导情"的传统理论是完全一致的。有的同志认为,当代西方美学家在分析审美和艺术经验时都是只强调情感的,这也是一种不全面的看法。在当代西方美学家中,固然有像科林伍德那样主张艺术是作家自我的情感的表现的,但是也有持相反的看法的,如著名符号学美学家苏珊·朗格就不赞成科林伍德的艺术主张,而另提出艺术是表现"艺术家所认识到的人类情感"的看法。根据这种看法,苏珊·朗格强调艺术中情感和认识、理解是联系在一起的;艺术作为"情感的逻辑表现"(iogical expression),实质上也是理智性的、认识性的。

　　最后,从愉悦和功利的统一上去把握审美经验的特性。审美经验的突出特点是它具有愉悦的感受和感动的心理特殊形式。审美最后的体验是愉快的、是精神上的满足,因此西方的美学家对美感的概括很多就是把美感说成是快感。应该说愉悦性确实是审美心理的最重要特性,如果忽视了这一方面,我们就不可能找到它区别于科学认识和道德意识的地方。但是美感愉悦这种心理形式的背后是不是有社会功利内容呢?我们说还是有的。康德分析美感,认为它是超功利的。当代西方美学家倾向于否认美感的功利性。但也有持相反看法的,如桑塔亚纳就提出"审美快感的特征不是无

---

① [德]黑格尔:《美学》第 1 卷,朱光潜译,商务印书馆 1979 年版,第 359 页。

利害观念"①。对于这个问题，笔者认为应当辩证地理解。如果这个功利讲的是日常的人们的物质的需要，那么审美不涉及这方面的功利，画不能吃，音乐不能穿，艺术欣赏、美的欣赏恰恰不是为了这些，人们往往是摆脱了对于物质的欲求，才能够进入审美。但是，我们所讲的功利不是指这些，不是指人们实用的物质需要，而是指人们整个社会生活的制约性。因此我们不能说美感的愉悦感情是超功利的。它虽是以愉悦的审美形式表现出来，但为什么这件事可以引起我愉悦的感觉，而那件事相反，这和一定的社会生活条件有关系，表面上看人们审美的时候不能自觉地意识到社会功利意义，实际上已不自觉地受到社会生活条件的制约。普列汉诺夫在分析为什么一些原始部落中的妇女，把脚上和手上戴着沉重的铁环当作美的装饰后说：正是一定的社会生活条件，说明了一定的社会、一定的民族、一定阶级，具有着这些而非其他的审美趣味和概念。对于不同时代、不同民族审美趣味和审美观念的差异和变化，必须从愉悦和功利的统一去解释它。

二 从系统的层次性看审美经验的心理结构

系统的另一个属性就是它的层次性或者等级性。贝塔朗菲除了强调系统的整体性外，还强调系统的等级性。他认为系统是一个等级的组织，这有几种含义。首先，在系统中各个要素以及它们之间的联系由于水平的不同而形成了各种不同的层次，这就是等级性的一个含义。另一个含义，系统中的任何一个要素都可能是较低一级的系统，系统中包含的任何要素其本身也是一个小系统；我们研究的系统又可能是比这个系统更大一些系统的要素。系统本身内部各个要素关系是按层次排列的，系统比其他更大的系统可能是一个要素，而它所包含的要素可能是比它更低一些的层次的系统，这样由低到高形成了系统的各种层次。把审美经验作为一个系统来研究，从层次性等级性上来说明审美心理结构和组成方式是比较科学的，而且可以防止片面性。

在审美活动中，审美心理各个要素之间有一种稳定的联系，这种稳定

---

① ［美］乔治·桑塔亚纳：《美感》，缪灵珠译，中国社会科学出版社1982年版，第25页。

的联系就构成了所谓的审美心理结构。因为各个要素之间的稳定的联系具有多样性与复杂性，这就决定了审美心理结构是多层次、多等级的。审美心理构成中，各个不同的要素与要素之间的联系按不同的水平而形成了不同的层次结构，因而我们在考虑审美心理的时候要注意分析它由低到高的不同层次。这样讲是把审美心理作为一个有机系统来看待的。关于审美心理多层次结构，笔者认为至少可从三方面来加以认识。首先从审美的认识活动来讲，审美的认识活动是多层次的。审美的认识活动我们谈得比较多的是：审美的感知、审美的联想、审美的想象、审美的理解，这些都属于审美认识活动的不同层次，是由浅入深、由低级到高级的认识层次，基本上是符合人们的从感性到理性、由浅入深的认识水平的。这些审美认识的不同层次以形象观念为中心，形成审美的认识结构。在审美经验理论中，各派美学家大都是承认审美感知这个层次的，因为对美的感受不能忽略感知，我们对美的事物的接触也是从感知开始的，始终不脱离感知。离开了感知，就美的欣赏而言，就无所谓美感可言、无所谓审美心理可言；就文学创作活动来说，它的审美心理构成始终离不开表象，表象还是以感知为基础的。这个方面人们的分歧不是很大，现在的分歧是是否承认审美心理的认识活动也包含由浅入深这种层次性。有的美学家否认这个层次性，认为美的认识活动就是感知，认为联想、理解与真正的审美心理是无关的。所以有的美学家讲，一加入联想与审美理解，就不是真正的美感或审美情感了。在康德分析审美判断时已流露出这种倾向，康德讲美有自由美和附庸美两种，但他认为最纯粹的审美判断是对自由美的观赏。自由美不以对象的概念为前提，说该对象应该是什么，它只是为自身而存在的美。康德认为这个范围很狭窄。他认为欣赏一朵花，如果追究这朵花究竟是什么，就不是对自由美的欣赏了。植物学家可以说花是植物的生殖器，但真正对花做自由美判断的人很少对花有这样理解，如果对花有这种理解就不是对花的自由美的欣赏。他认为，对自由美的欣赏是对对象的欣赏，而不是对对象意义的欣赏，这样他所举的自由美就非常有限。对自由美的欣赏完全不关乎对象的意义，完全没有联想以至理解活动参与，他认为这才是最纯粹的审美判断。至于附庸美就不同了，涉及对象的内容意义、概念，他认为这并不是对对象最纯粹的审美判断，这种思想为很多美学家所接受。

英国美学家贝尔的《艺术》是20世纪西方美学中很有影响的一部著

作,它主要是研究视觉艺术的,并且主要是以后期印象派的艺术实践作为基础来研究人们的审美经验的。他提出艺术是"有意味的形式"的著名论点,认为审美的情感来自艺术有意味的形式。什么叫审美情感呢?他说有意味的形式引起的情感叫审美情感;什么叫有意味的形式呢?他说能够引起审美情感的形式就叫有意味的形式。西方美学家批驳他的这种相互循环的观点,认为两者都没有说得很清楚。但有一个意思他说得很清楚,那就是他认为真正的审美情感只涉及对象的形式,而不涉及对象的内容意义。他认为产生审美情感的时刻,人的审美视野中的物体决不是激发联想的手段,而是纯形式。他排除联想,更排除理解。

把美感心理作为一种系统来考察,我们认为,审美的感知是很重要的,但它不只是这个层次,从整个审美的认识活动来看,感知毕竟还是较低的一个层次,而只是不断地进入了联想、想象、理解,审美的认识活动才能达到较高的层次。如果没有联想、想象、理解这些更高的认识活动参与,美的欣赏不可能有更深刻的美的感受,而从艺术创作来看,也不可能真正有美的创造。在一般的美的欣赏中,联想的活动对深化美感的作用是相当突出的。我们欣赏自然美,一般是因为它的形式、色彩、声音、形体,形式感比较突出,因此感知的因素在美感的认识活动中占有较为突出的地位。但是,若有联想的参与就可以把美感推向前进,获得的美感就更加强烈。苏轼的《饮湖上初晴后雨》这首诗,就是通过联想作用把对西湖景色的感受引向更深的美感。"水光潋滟晴方好,山色空濛雨亦奇。"这是写西湖本身的形态美。后两句:"欲把西湖比西子,淡妆浓抹总相宜。"这就是一种联想作用,用西湖比西子是联想,这加强了美感还是破坏了美感?加强了美感。联想和理解包含着很丰富的内容,一般的艺术欣赏都是有联想活动参与的。欣赏者总是在自己的生活经验、情感积累基础上去感受艺术作品。这里不可能没有联想,不可能没有想象活动,不可能没有更深的理解活动,不然他不可能去再创造。我们的很多艺术作品恰恰是给欣赏者以联想、想象的余地,加上欣赏者自己的理解,因而使欣赏者获得了更广、更深的艺术境界。

其次,是审美的情感活动。审美的情感是伴随着审美的认识活动而产生的,是与审美的认识活动互相作用的。审美的情感活动也是多层次的。审美感受可以从较浅的、较为简单的情感体验发展到较深的、较复杂的情感体验。由于情感与认识活动之间的不同层次的结合，与感知、联想、想象、理解不同层次的结合，它构成了各种不同的情感活动的形式。在审美感知的阶段有一定的情感活动的形式，在联想想象的阶段也有一定的情感活动的形式，而和更深的理解、更深的理智活动相结合又有一定的情感活动形式。不同水平上的情感活动与认识结合，可以形成各种不同的情感活动的形式。比如移情现象，这是审美情感活动的一个很重要的形式，是在一定水平上（主要是在联想的水平上）由于联想与情感的交互作用而形成的一个审美的情感活动的方式，这种方式对于进行艺术创作活动和艺术欣赏活动具有很重要的意义。"移情"这个词是由德国美学家费肖尔父子最早提出来的，后来又由德国心理学家里普斯对它作了更进一步的解释，里普斯不是把移情现象作为人对客观现实的反映活动来说明，有很多观点是唯心主义的，但是不能因为他的错误解释而认为不存在移情现象。其实，它是审美情感中很特殊的一种形式，我们现在的任务就是给它以正确的解释。从审美心理活动的层次来讲，它恰恰是审美的情感与联想互相作用所形成的一种情感活动层次。郑板桥画竹，就不只是画竹，实际上是人物性格的写照，他有一幅笔画题诗："咬定青山不放松，立根原在破岩中，千磨万击还坚劲，任尔东西南北风。"这就是移情作用。徐悲鸿的《奔马》，如果没有移情作用，那么他不会将马画得那么栩栩如生，这主要是在审美主体情感的作用下产生了一种类似的联想。类似的联想和审美主体的情感互相联系、互相作用，构成了一种特殊的情感活动方式，形成了一种美感的效果。中国古代画家郭熙说："真山水之烟岚，四时不同。"在画家的眼中，山水的景象四时是不一样的："春山淡冶而如笑，夏山苍翠而如滴，秋山明净而如妆，冬山惨淡而如睡。"春、夏、秋、冬四时的山峦自然景色被拟人化了，带上了人的感情。后来的画家讲的更为简要："春山如笑，夏山如怒，秋山如妆，冬山如睡。四山之意，山不能言，人能言之。"山本无什么感情可言，但在画家的眼中却成了笑、怒、妆、睡的有情之物，这显然是审美活动中的移情现象。不过这里有个特点，在这样一种移情活动中，类似联想和我们一般拟人化的类似联想也有些区别。由于情感的作用，唤起联想的事物和被联想的事物之间的联系有了更大的必然性。因而就人们的审美来讲，往往看不到联想的过程，也消解了联想的独立内容，于是自然事物的形象、其特征与人的感情活动在意识中完全融为一体。所以我们在移情现象中有一个很突出的特殊的感觉，好像自然事物本身有了情感，好像自然事物本身在活动，实际上这是人的情感联想的作用。还有很多其他的情感活动的形式，如触景生情，这是一种比较简单的活动，一般在审美感知的基础上就可以发生，当然更深的感情就有了联想活动。又如演员在舞台上表演，人物内心的体验对演员是非常重要的，斯坦尼斯拉夫斯基就非常强调演员进入角色，要求要有人物内心体验，这是一种审美体验的方式。再如我们的艺术欣赏中的同情、共鸣，这也是一种比较典型的审美感情活动的方式。这里要说明一点，过去我们有些美学家不承认审美中的这些情感活动属于美感，不承认它属于美感的心理活动，认为日常生活中的情感活动是不能进入审美经验的。笔者认为这是不符合艺术欣赏实际的。如果我们观看戏剧或电影时产生的那种喜、怒、哀、乐都不能算审美的情感活动，那么除此之外审美的情感活动还剩下什么呢？认为审美的愉悦才是审美的情感活动，那当然是一种审美的情感活动，但那是审美情感总体活动的结果，是一种总体效果。而且那种愉悦感动与这种情感也是有关的，因为这种情感若不是很强烈的，你最后得到的审美愉悦、审美满足也不会是很强烈的。所以越是激动人心的小说，越是激动人心的影片，越是打动人的感情，越是能使人得到精神上的满足，审美的愉快就越强烈。故而笔者认为这些审美情感活动都应作为审美心理来研究，不应该把它排除在审美心理研究之外。

最后，审美心理中形成的一个总体体验，我们称作审美愉快。这也是多层次的，不能把它简单化。审美在我们精神上最后获得一个总的体验，是愉快的感受与情感，这种感觉是美感的认识活动和美感的情感活动综合作用的结果。斯托洛维奇在《审美价值的本质》中讲到艺术作品有各种各样的功能，其中有审美的功能，可以使人获得愉快的感受。那么，审美功能是如何而来的呢？他认为是多种活动功能互相作用的结果，有着多种原因：有形式方面的原因，有内容方面的原因；有理智方面的原因，也有情感方面的原因，这是比较全面的分析。它是美感的认识活动和美感的情感活动相互交叉作用的结果。审美的愉快又有着由浅入深的过程，也是一个多层次的。在审美感知阶段，一般的是感官的快适的感觉。这一点我们在对自然美欣赏中感受得比较突出，艺术美的形式这方面给我们的感官方面的感受也比较突出。这个快适的感受主要是一种娱目悦耳的快感。因为我们审美的感官主要是视、听两种感官，我们审美的认识主要是通过视、听这两种感官来获得的，所以我们说感官的快适感受主要是娱目悦耳。比如在欣赏自然美的时候，春天的繁花，秋夜的明月，山清水秀，莺歌燕舞，色彩光线，声音形态，在审美感知的阶段就伴随着快乐遂意之感。在艺术欣赏中，绘画的色彩鲜明，线条柔和；音乐的音调和谐，节奏明快；舞蹈的身姿婀娜等，这些东西首先便是娱目悦耳。当然这是美感中比较低的一个层次，但这是美感向前进的一个基础，我们也不要把这个排斥在美感的愉快之外。当然它本身也不能说真正进入了美感的极境，固然它是进入美感的一个基础，就是说感官的快适与美的认识的初级阶段是相联系的，因而就美的愉悦感动来讲，它是进入美的愉悦的初级阶段。它要向高一层次发展，即向美感更深入过程的一个过渡，如果停留在这一阶段，不能说没有获得审美感受，只是非常浅薄。当然这个阶段也很重要，不经过这个阶段也不是成的。如我们参观敦煌盛唐时期的壁画，首先是线条的流畅、自然、和谐吸引了你，使你感到愉悦。但如果只是停留在这个阶段，我们还没有完全领会美的奥秘，也没有获得真正美的情感的感动。更高的层次是什么呢？应该是愉心怡神。这种更高层次的愉心怡神的活动主要还是由于理智的满足、情感的陶冶。用一种哲学的术语讲，是从对象的感性形式中感受到了真和善相结合的普遍的理性内容，理智的满足加上情感的陶冶，使我们感到分外的满足，这是一种真正的精神享受，是较高一个层次。一般的欣赏者看电影、看小说是都能达到这个层次的。真正的美感是达到了这个层次，真正的美感的愉快亦是达到了这个层次才获得的。再进到更高的层次就是达到陶情移性。这是审美的感动的几个层次，从娱目悦耳到愉心怡神到陶情移性，整体来讲是不断深入的。过去有些美学家认为美感只是一种快感，降低到最低层次，把生理上的快感也笼统叫作美感，反过来就把美感说成是生理上的快感，认为审美的快感仅仅是生理的快感，这显然是不对的，仅仅从生理的特点去解释美感显然是不够的。虽然生理的快感并不是与美感毫无联系，但是真正来讲，即便是娱目悦耳也是心理的作用。康德讲：我们先有快感，然后才感到对象的美，才认识到对象的美，这不是真正的美感。应该先有审美判断，然后才产生快感，这才是美感。他的意思实际上是讲娱目悦耳的阶段也不仅仅是生理上的快感，而是有着认识的因素。这就是说美的一切愉快的感动，毕竟是一种精神上的愉快，而不只是一种生理上的快适。总之，从审美的认识活动、审美的情感活动以及审美总体产生的愉快体验这三个方面看，美感都是由浅入深的、具有不同水平的多层次的心理结构，不能把它简单化。

三 从系统的动态性看审美经验的心理变异

系统论认为，系统的有机关联性不是静态的，而是动态的。在一般系统论中，贝塔朗菲较多地论述了系统的动态性。他认为任何系统都随时间不断地变化，动态是系统保持静态的前提。一方面，系统内部的结构不是固定不变的，而是随时间而变化的；另一方面，任何系统都是开放系统，开放系统每时每刻都处于物质、能量、信息的交换流动之中，动态性是其必然表现。审美心理作为一个系统，它也是处在不断发展变化的动态之中的。用系统论的观点来讲，它是隐蔽地含有一定动态的一种心理结构，也就是说整个审美心理的生成是在审美的主体客体的互相作用中的生成，是在同审美环境的互相作用下辩证运动的过程。我们不仅要考察审美心理是由哪些要素所组成的，它的稳固的结构是什么样的，而且要在审美心理具体生成的复杂过程中来看它是怎样发展变化的。只有考察审美心理生成的复杂过程及其动态的规律，才能对于很复杂的审美现象做出科学的解释。比如，同一部艺术作品在不同的欣赏者身上会产生不同的审美心理效应；甚至是同一个欣赏者，他欣赏同一部作品，由于审美主体方面心境的变化、生活经验的变化，或者由于审美环境的变化，时间地点不一样，生活条件不一样，他对作品的感受也不完全一样，这都是审美心理动态性的表现。在审美心理的实际发生、生成的过程中，由于主客体的互相作用，由于审美环境的作用，整个审美心理出现了类别性、差异性、变异性。就审美心理来讲，从它的稳定的结构来讲，虽然具有共同的特点，但是在具体发生审美活动的时候，由于主客体各种条件的变化，构成它的要素的变化、外界的环境条件的变化，实际的审美过程是相当复杂的，不是那么简单。条件不同的欣赏者，他在欣赏艺术的时候，欣赏美的对象的时候，他的审美心理活动不是完全一样的；不同时代、不同民族的欣赏者对美的感受、对艺术的感受也不是完全一样的。

研究审美心理活动的动态性要注意两点：第一点从系统论的观点看，审美心理的发生不是一种因果关系的链式反映，审美心理对美的反映不是一个被动的过程，而是一种能动的反映，是一个主客体互相作用的过程。皮亚杰的《发生认识论原理》讲人的认识是不断建构的产物，而认识的建构则须通过主客体的相互作用，我们认识一个对象并不是说我们只受对象本身的影响，只受对象本身信息的作用，我们作为主体不断积累起来的经验知识对我们认识对象也产生了很重要的影响。现在有些控制论的研究著作讲人的心理过程是具有双重决定作用，一个是外部世界的信息作用，叫非约束性信息；另一个是人的种族发生和个体发育中所积累在大脑中的信息作用，叫约束性信息。人的心理过程、意识活动便是由这两种信息——外部的和内部的、外来的和内源的——双重决定的。这就是说人的心理过程一方面受到外部世界的决定，另一方面又受到主体的决定。审美心理的发生是很复杂的，不是一个美的对象一定能引起我的美感，美的东西对有的人来讲不是审美对象。所以"非音乐的耳朵"并不能感受音乐的美，没有主体的条件是不行的，外界美的信息只有经过主体的某种心理结构才能被接受。主体本身、客体本身在变化，它们相互间的关系也在变化，因此审美心理必然是动态性的，这是原因之一。第二点，我们不要忽略环境的作用。从系统论来看，任何系统都是处于一定的环境之中的，系统的特性不仅受内部的各种关系的决定，而且受系统和环境之间的各种关系的影响。我们的审美活动总是发生在一定的社会、一定的时代、一定的具体审美环境之中。由于环境条件本身的变化也给我们的审美心理造成一种变化，因而审美心理也是动态性的。

　　那么，具体来说影响我们审美心理动态性的主要因素是什么呢？各种不同的变动因素怎样影响到审美心理的动态性呢？笔者认为主要是以下三个方面：首先，客体方面的因素可以造成审美心理的动态性。审美客体本身虽然都是表现为美，但是美有各种不同的形态、各种不同的种类，不但有自然美、社会美、艺术美，而且对象也有崇高的、优美的、悲剧的、喜剧的，这就是审美客体的本身带来了变化。就艺术美来讲有各种不同类型的艺术美，各种不同类型的艺术美又有各种不同的特点；不同类型的艺术美还有各种不同的方法、不同的风格创造出来的美。现实主义不同于浪漫主义，也不同于古典主义及形式主义。这个审美客体本身的千变万化就使审美心理结构形式处于变化之中。比如崇高的美感与优美的美感有很大的差别，崇高的审美心理与优美的审美心理虽然在构成要素的基本结构上有一致性，但实际上审美心理活动是各有特点的。单就审美的情感来讲，虽然崇高的美感和优美的美感在总体上都能引起人们的愉快，但是伴随着的情绪和情感反应却是很不同的。一般的优美的对象如"月下花前""溪水柳荫"，我们漫步在这些地方一方面会感到美感的愉快，同时还引起我们其他感性的快感及其他情感的愉快，总体上是愉快的、调和的。优美的美感是一种调和的混合情感，然而，崇高的审美心理活动就不是这样了。崇高对象能引起审美愉快，但同时引起我们感性的不快和其他情感的不快，虽然就整体来说，不愉快的情感最后要转化为审美的愉快，但我们在接受对象的刺激时情感却是非常复杂的、混乱的、矛盾的，所以它是一种矛盾的混和情感。我们对崇高事物的欣赏除了愉快这种情感外，往往伴随恐惧、惊叹、崇敬、赞美多种性质复杂的情绪感活动，这是在优美的情感活动中所没有的，如我们在观看敦煌艺术时，北魏的壁画给人的感受是相当独特的，它所表现的"佛"故事本身就是比较凄惨的，而且描写了一些比较残酷的场面，那些残酷的场面是为了歌颂佛崇高的精神，再加上它的整个色彩运用，造成了一种庄严的气氛，所以那种悲壮崇高的情调比较突出。可以肯定，这些画当时一定是要引起佛教徒一种非常崇高的、尊敬的感情的。不了解审美对象本身的特点，用另一种东西要求某一种艺术，要人家削足适履，那是不行的。悲剧和喜剧也有很大区别，我们不可能把欣赏《雷雨》时的心情与欣赏《今天我休息》时的心情混为一谈。虽然都是审美心理活动，但它们仍然是各有特点的。

其次，审美主体方面的因素对审美心理动态性的形成有很大的影响。审美主体的生活经验、思想感情、文化修养、个性心理特征乃至他个人的心境对审美心理产生很大的影响，生活经验、思想感情、文化修养、个性心理特征以至于心境不同的人，面对同一个审美对象，他的审美心理活动获得的感受有很大的差别，这在我们一般的日常生活的审美中都能感受得到，特别是在艺术欣赏中，审美心理差别是很明显的，不同的人对审美对象的感知、联想、想象、理解和情感反映，无不受到主体方面的条件的影响，这就使审美产生了千差万别的特点。由于审美的个体差异性，艺术中的各种不同个人风格由此产生。艺术作为一种审美现象，它从来不重复，因为个体本身是不重复的，没有两个人的生活经验、思想感情、文化修养、个性特征完全一致。

最后，审美环境的因素。从系统论来讲，各种系统都是处在一定环境中，系统与环境是相互作用的。审美环境本身的发展变动也会引起审美心理的发展变动，形成一种审美心理的动态性。审美环境一是指整个大的社会环境，二是指具体的审美环境，这两方面都对审美有很大影响。大的社会环境，简而言之，一定时代、一定民族、一定社会、一定阶段的物质生活条件以及观念形态的文化条件，这种大环境对于审美意识、审美心理产生的影响是不可低估的。任何审美主体、任何人对审美对象的信息的接受都是在一定的环境中进行的。审美主体的生活经验、文化修养、思想感情能超越生存的时代吗？能超越生存的民族吗？不能。审美主体本身是受到他生存的客观条件包括精神条件及物质条件两方面的制约的。审美环境通过审美主体强烈地影响审美心理的发生，因而审美心理具有强烈的时代性、民族性、阶段性。我们参观敦煌艺术，从北魏早期的雕塑一直看到盛唐，给人最强烈的感受便是审美心理的动态性，其变化之大令人惊异，从北魏早期佛像的身材健壮到唐代的华丽生动，从早期佛像的至高无上到唐代的慈祥亲切；风格上讲，从北魏的秀骨清像到唐代的丰满圆润，整个佛像的造型给人审美感受上的变化，实际上是各个时代社会生活化在艺术中的一种反映。在那里我们看到彩塑和壁画是多么强烈地反映着不同的时代人们的理想、人们的心灵活动，同时也看到民族文化传统在艺术中起的重要作用。它虽然接受了印度佛教石窟艺术的影响，但毕竟还是中华民族的艺术，从洞窟的建筑形式到表现的艺术内容，从具体形象的刻画到各种具体的表现手段的运用，我们都能看到在不同社会环境的作用下，我们民族长期文化传统对佛教石窟艺术的影响。这都是社会大环境的影响，因而造成了审美心理的变化和发展。其次，具体的审美环境也很重要。比如我们欣赏艺术作品的时候，一定时期的艺术评论家的评论往往对我们的欣赏有一种导向作用，整个审美的气氛对我们也有影响。某种艺术趣味、艺术爱好在一定时期往往形成一种风气。当然这种风气有它的社会根源，有社会心理方面的原因，但它一旦在某种时候形成了一种风气之后，作为一种具体审美环境，就可以对审美心理活动产生很大的影响。

总之，审美客体、审美主体以及审美环境三者互相作用，造成了审美心理的动态性，形成了审美经验的变化发展的各种规律。

[原载于《华中师范大学学报》（哲学社会科学版）1986年第6期]

审美欣赏心理分析

残缺美的奇妙效果

在罗马观景殿里,有一座残存的赫剌克勒斯的雕像。赫剌克勒斯是希腊神话中最负盛名的英雄。他敢于同严酷的自然力作斗争,也敢于同危害人类的妖魔以及凶恶的巨人作战。他的英勇、无畏和战士神的风格,作为一种典型的崇高美德,向来受到人们的尊敬和喜爱。这座残存的雕像,据说是阿波洛尼所作。但后来其头、手、脚和胸上部都缺损了,只剩下光秃秃的躯干。一般来说,残存的雕像失掉了它最美的也是最重要的自然部位,就很难再使欣赏者产生原作所能引起的美感了。可是,赫剌克勒斯雕像却不然。德国艺术史家和鉴赏家温克尔曼称赞它"是一件极其完美的作品,是流传到现代的最高艺术成就之一"。尽管这座雕像已经残缺,但是温克尔曼在观赏它时,却通过想象的积极的能动作用,好像看到了它的整个完美的躯体,领会了由完美的躯体所显示的不朽的精神。他描述自己在观赏这座雕像时的内心体验说:"在这个身体的强健的轮廓上,我看到了战胜强大巨大的英雄的不可征服的力量。……我好像觉得,这个似乎为崇高的思想所累折的脊背,上面就直接连着一个愉快地回忆着惊心动魄的十二件苦工的头。而就当在我眼前产生这样一个充满伟大和明智的头部时,其余的残缺部分也开始在我想象中形成着:在现有的部位上源源不断地聚生着什么东西,仿佛一下子把它们补全了。……这个肃穆安稳的身态表现了一种严肃、伟大的精神,表现了一个为了热爱正义而遭受了莫大苦难,赐予全国安全、赐予众生和平的大丈夫。"[①] 本

---

① [苏]阿尔巴托夫等编:《美术史文选》,佟景韩译,人民美术出版社1982年版,第66—68页。

来是一座残缺不堪的雕像，却在欣赏者的美感意识中产生了如此奇妙的效果。欣赏者在美感意识中不仅能将雕像残缺的部分"补全"，而且由表及里，丰富和充实了残存的形象的内容，切实感受到他那崇高的、庄严的灵魂。

为什么一件残缺的艺术品竟能引起欣赏者如此强烈的美感，产生如此奇妙的效果呢？这固然是由于艺术品本身仍未消失的美的魅力，但是也不能忽视欣赏者的丰富的想象力的作用。温克尔曼感受到赫剌克勒斯雕像那健美的身躯、伟大的灵魂，都是通过他在欣赏中的丰富的想象活动，才在他的美感意识中形成的。欣赏者在雕像残存部分的诱导下充分发挥了想象的积极的能动作用，使形象的再造和创造达到了有机结合，所以经过欣赏者想象作用后的艺术形象，较之残存的形象，不仅在形式上更完整、更优美，而且在内容上更丰富、更充实、更深广。欣赏者的丰富的想象活动的渗入，使审美主体在美感意识中对艺术形象会有独到的感受和发现，会领悟到作者在形象上所没有完全表现出来的内容，这不仅有助于深入体会艺术形象的内涵，增强美的认识，而且也可以使欣赏者从中获得更大的美感愉悦。这大概也正是艺术家和鉴赏家们并不愿意断臂的维纳斯雕像得到修复的原因之一吧。

当然，具有魅力的艺术作品并不总是残缺的美，对于残缺的艺术珍品的欣赏也自有其特殊性。但是，在广泛的意义上来说，就艺术作品反映生活、表达感情来看，任何一部作品都有点近似残缺的赫剌克勒斯雕像。因此，在欣赏中要达到预定的美感效果，没有欣赏者想象活动的帮助都是不行的。艺术描写生活无论如何丰富、广泛，也不可能包罗万象、面面俱到。每一部艺术作品的创作，都只能以具体有限的形象去表现无限广阔的生活内容。司马迁赞扬《离骚》"称文小而其旨极大，举类迩而见义远"（《史记·屈原传》），刘勰所谓"辞约而旨丰，事近而喻远"，"以少总多，情貌无遗"（《文心雕龙》）等，从创作上讲，都体现了有限和无限的辩证统一。作家艺术家总是力求把无限广阔、丰富、深刻的生活内容凝练地熔铸在有限的、具体的、个别的艺术形象之中，从而使艺术形象具有以一当十、以少总多、寓显于隐、不全之全的审美价值。欣赏者对于作品的感受、领会，当然不会仅仅停留在直接呈现的有限的形象本身，而是要通过有限的形象，去领会、了解它所表现的更广阔、更丰富、更深远的内容和意义，由一见十，因少知多，探隐知显，从不全之中掌握全，从而领会形象的思想、认识价值和美学价值，获得美感享受。这种从有限到无限的过渡，必须依靠欣赏者的想象作为桥梁。看齐白石画的草木虫鱼，所感受到的不仅是直接呈现于感官的草木虫鱼形象本身，而且还想象到同形象所体现出的令人欢快的清新活泼的春天般的生活。听贝多芬的《命运交响曲》，所感受到的也不只是作用于听觉的万里狂飙般的音响旋律，而且也会在脑海中呈现出为自由和民族解放而战的勇士们的精神风貌。"苍山如海，残阳如血"（毛泽东：《忆秦娥·娄山关》）的词句，不仅使人映现出一幅色彩鲜明的壮丽的自然景色画面，而且使人想象到娄山关头的血战和红军战士越关挺进的雄壮情势和豪迈气概。艺术作品中直接描绘的形象为欣赏者的想象提供了必要的诱导，而欣赏者的想象却对艺术形象作了无形的补充、扩大和延伸。当欣赏者在形象的诱导下，用自己的经验和印象在头脑中想象出新形象时，他可以领会到比作品直接描绘的形象本身更为丰富和深刻得多的思想意义与生活内容。中国古代诗论、文论中所说的"境生象外""采奇于象外""超于象外""神游象外"以及"象外之象，景外之景"等等，都是要求诗歌和文学作品中描写的"景""象"，不应仅止于直接描写的"景""象"，而是应有比形象本身更深、更远的内容和含义。换句话说，就是要通过具体感性的物象的描写，以引起人们比直接表现的具体物象更多、更广的联想和想象，从而使欣赏者体会到远远超出于具体物象本身的意蕴。试问，如果不是借助于欣赏者丰富的想象活动，那么这种奇妙的艺术效果如何能出现？欣赏者的美感经验又如何能够产生？

不仅由艺术美所引起的美感经验需要的欣赏者想象活动的参与，由自然美所引起的美感经验也往往包括审美主体丰富的想象活动。"望秋云神飞扬，临春风思浩荡"（王微：《叙画》），"诗人感物，联类不穷"（刘勰：《文心雕龙》），这在某种意义上也就是对自然美的美感中想象活动的描述。审美主体的想象活动不仅是将自然美欣赏中的美感引向深化的重要因素，也是自然美能够转化为较之更高的艺术美的必要条件。

由于想象是美感心理活动中重要的构成因素之一，对于美的意象的形成和美的感动的发生都起着必不可少的作用，所以在美学史上有不少美学家认为，想象力的参与和想象的愉快是美感的意识活动区别于其他意识活动的一个重要特征。德国古典美学家康德明确提出，鉴赏判断主要涉及人的两种认识功能,即想象力和知性。鉴赏判断就是对象的形象显现的形式恰好符合人的想象力和知性,使这两种认识功能可以和谐自由的活动而引起的快感。"鉴赏是关联着想象力的自由的合规律性的对于对象的判断能力。"① 这种看法显然是认为审美心理状态的特点和想象力的参与有关。当代英国著名美学家科林伍德也提出,单靠对于艺术品的"感官经验",还不能形成审美经验,为了获得审美经验,必须依靠"想象经验"。他说:"任何人只要使用感官,他就可以看到一幅画所包含的全部色彩和形态,就可以听到组成一部交响乐的全部音响;但是他并不因此而能够享受到一种审美经验。为了享受审美经验,他必须使用他的想象力,于是就从这种经验的第一部分前进到第二部分,前者是感觉给予的,后者则是想象中建造的。"② 尽管康德和科林伍德都未能正确解释形成审美中特殊的心理活动的客观根源,但是,却正确指出了想象在形成审美经验中的特殊地位和作用。我们可以毫不夸张地说,如果没有丰富的想象力,既不能从事真正的美的创造,也难以进行深入的美的欣赏。请记住美学家狄德罗的话:一个人在审美鉴赏中所获得的快感,是同他的想象力和敏感性成正比例而增长的。如果你想在审美活动中获得像温克尔曼观赏赫剌克勒斯雕像那样强烈的美感效果,那么,在审美实践中不断提高想象力是非常必要的。

可意会而不可言传

在审美欣赏活动中,审美主体虽然可以领会到审美对象的形式、形象所表现出的内容、意义、意味,但是又难以用逻辑的语言将这种内容、意义、意味直接、明确地表达出来。人们常说欣赏艺术作品时"可以意会而不可以言传",就是指的这种美感心理的特殊现象。读一首古诗,看一幅名画,听一段旋律优美的乐曲,欣赏一部引人入胜的影片,你都会从中获得某种感受,受到某种启发。这种感受、启发对你可能是相当新颖的、深刻的,但是要你把它用明确的、推理的语言概括出来,恐怕就不是作为欣

---

① [德] 康德:《判断力批判》上卷,宗白华译,商务印书馆1987年版,第79页。
② [英] R. G. 科林伍德《艺术原理》,王至元译,中国社会科学出版社1985年版,第153页。

赏者的你所乐于接受和易于胜任的。这种现象不能说明欣赏者的美感意识中没有理解和思考活动的参与，而是突出地表明美感中的理解和思考活动，和一般的认识活动相比，特别是和科学的认识活动相比，具有其他特点和规律。

科学认识是通过概念进行思维，达到理解，以形成理性认识；而美感意识则是通过对具体感性现象的感知，直接达到理解，在形象观念的形式中进行思维，以形成理性认识。黑格尔指出，审美认识的最主要的特点，就是将对事物的外在方面的感受和内在本质的理解这两个对立的方面包括在一个方面里，"在感性直接观照里同时了解到本质和概念"，而不是让理性认识脱离形象观照，"使概念作为概念而呈现于意识"。所以，美感中的理解不是一种抽象的概念认识，而是一种渗透在形象的感知、联想和想象之中的对于事物本质的把握。它不是用概念的形式直接表明出来，而是在形象的直接感受中自然体现出来。当然，这不是说在美感的思维活动中完全没有概念的因素和作用，而是说这种概念的因素和作用已经完全融化在形象中，化成了形象的内在灵魂，因而再也不是以概念的形式出现。康德认为鉴赏判断要涉及一种"不确定的概念"或"不能明确说出的普遍规律"，黑格尔说审美观照只是"产生一种概念的朦胧预感"，这都是讲美感中的认识虽然包含像概念那样的普遍的理性内容，却不脱离感性直观和表象，因而不同于抽象的概念认识。潘德舆《养一斋诗话》说："理语不可入诗中，诗境不可出理外。"所谓"理语"就是概念，诗中不用概念并不是不要"理"，因为这种理是非概念所表达的思想感情。叶燮在《原诗》中把这种理称为"不可名言之理"。"不可名言"者，并不是说诗歌中的思想感情不必借语言来表达。诗歌是语言的艺术，怎么可以不用语言呢？但是语言既可以表达抽象概念，也可以表示具体表象；既可以是概念性强的，也可以是形象性强的。所谓"不可名言之理"，实即不用表示抽象概念的语言直接明白地说出之理，也就是诗中之理不可以概念出之，而应使之融化在形象的想象和描写中，在形象中间接领会之，"幽渺以为理"。在这里，理性、理解、思想因为渗透在形象的感受、联想和想象中，所以是不着痕迹地发挥作用的。正如钱钟书在《谈艺录》中所说："理之在诗，如水中盐，蜜中花，体匿性存，无痕有味。""鸡声茅店月，人迹板桥霜"（温庭筠：《商山早行》），用六样景物巧妙地组合成一幅鲜明而独特的生活画面，诗人虽然没有用一字说明旅客思乡的焦急和赶路的辛苦，但是通过对这些景物的联想和想象，人们完全可以领略、理解到它蕴含的这种意义。

以上虽然多是从创作中的美感意识来谈的，但基本规律同样表现于欣赏的美感心理中，就艺术美的欣赏来说，欣赏者对艺术形象蕴含的意义、意味的理解、思考，不仅要从对艺术形象的直接感受出发，而且始终伴随着对具体形象的感知、联想、想象，是和后者结合在一起同时进行。在这里，欣赏者的理解、思考不是要脱离具体形象、形成某些抽象概念和进行逻辑推理，而是要在具体形象的感知、联想和想象之中，体会和领悟到某些非概念所表达的本质意义。由于欣赏者所获得的理解是结合着丰富的形象感受的，是理解力和想象力、思想和形象的高度融合，所以它所包含的内容很难用一些概念表达出来。"夕阳无限好。只是近黄昏"（李商隐：《乐游原》），这种渗透在古原黄昏、夕阳辉映的景物形象中的复杂思绪，是空虚怅惘的，还是流连赞叹的？"流水落花春去也，天上人间"（李煜：《浪淘沙令》），这种形象所传达的意味，是国破家亡的怨恨，还是相见无期的悲哀？这都不是单纯概念能说明的。叶燮说："诗之至处，妙在含蓄无垠，思致微妙，其寄托在可言不可言之间，其指归在可解不可解之会。"这里所讲的正是包括创作和欣赏在内的美感意识中理解和思维的特点。创作和欣赏均需通过形象传达和理解到某种含义、意蕴、意味，故曰"可言""可解"；但是这种意义、意蕴、意味，是含蓄、微妙地隐含在形象之中的，虽可品赏、体味，却难以用概念直接说出，故曰："不可言""不可解"。中国古代诗论中还有"言有尽而意无穷""含不尽之意见于言外"等说法，如果从美感的理解和思维特点的角度来看，它们和叶燮所讲的都是同一个规律：艺术形象中包含着概念所难以表达和穷尽的丰富、复杂的内容和意义，欣赏者不可能单纯从概念上去把握它。

美感意识中的理解、思考，不仅是理性与感受、思想和形象的统一，而且也是理智与情感、思想和激情的结合。科学认识中的理解和思考主要是在概念和逻辑推理的形式中进行的。概念和逻辑推理只要求符合客观真理，正确反映客观事物及其规律，不应该有也不需要有情感因素的参与。由于概念和逻辑推理的抽象性质，要从情感上给人以感染也是难以达到的。对于抽象概念，如生产关系、剩余价值、商品、货币等等，主要是理解不理解的问题，而不是感动不感动的问题。所以，概念的认识是可以不通过情感作用的。美的认识恰恰不是这样。在美的欣赏和创造中，理解、思考是在形象的形式中进行的。审美对象所理解和思考的就是寓一般于个别、寓本质于现象的形象本身，形象的感知、联想、想象和理解、思考相结合，必然会引起一定的情感。对于活生生的形象所表现的审美价值，人们不可能不抱有一定的情感态度。黑格尔说："艺术兴趣和艺术创作通常所更需要的却是一种生气，在这种生气之中，普遍的东西不是作为规则和规箴而存在，而是与心境和情感契合为一体而发生效用的。"① 这就是说，在审美和艺术创作中，对普遍的东西的理解是和审美主体的情感体验交织在一起的。"慈母手中线，游子身上衣。临行密密缝、意恐迟迟归。谁言寸草心，报得三春晖。"孟郊的这首《游子吟》可以称得上是人性美的赞歌，其中所蕴含的深刻意味，与其说是纯粹理智的产物，不如说是理智和情感共同结出的果实。中国古典美学向来重视艺术创作中理和情、思想和情感相结合的审美意识规律。刘勰在《文心雕龙》中反复强调创作中"理"和"情"、"志"和"情"是互相联系、互相渗透的，把它看作互相交织在一起的有机整体。《文镜秘府》提出诗须"抒情以人理"，《沧浪诗话》提出诗"尚意兴而理在其中"，进一步揭示了审美意识活动中"寓理于情""理在情中"的特点，这都是强调艺术创作中的思想、理性不能脱离情感而孤立存在。如果思想、理性没有被作家艺术家的感情所孵化、孕育，没有得到情感的支持和渗透，这种思想、理性对于艺术创作仍然不过是外在的东西，不可能化为艺术形象的内在灵魂。创作如此，欣赏亦然。艺术形象对于欣赏者的影响，总是思想和情感同时发生作用的。欣赏者必得被艺术形象所感动，才能自然而然地接受作品的思想。在认识形象意义的同时，欣赏者也不能不产生情感反应。所以，欣赏中理解活动总是伴随着情感活动的。欣赏者越是被艺术形象唤起的情感所感染，就越是能对形象理解得深透。总之，创作和欣赏的美感心理活动都是理解和情感的互相渗透，理解不是单纯概念的理解，而是充满情感的理解。"情感使人了解得很清楚，但从理性上又解释不清楚，因而要表明它们的时候找不到词语

---

① ［德］黑格尔：《美学》第1卷，朱光潜译，商务印书馆1979年版，第14页。

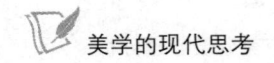

和概念来确切地表明他的思想。"① 这大概就是美感的理解往往使人感到"可以意会而不可以言传"的另一原因吧。

创造和欣赏的双向活动

美感的心理活动既发生在美的欣赏活动中,也出现在美的创造活动(主要是艺术创造)中。欣赏和创造是美感经验的两种表现形式,在心理过程、心理机制、心理结构和效应上,都具有相同的地方。然而,创造和欣赏又是两种不同的活动,艺术家和欣赏者毕竟是有区别的。像克罗齐所说,艺术创造和欣赏都是直觉,人人能直觉,人人便是艺术家;欣赏和创造是没有差别的,是"二而一"的。这不符合实际。应该承认:创造和欣赏在心理过程、心理要素大致相同的前提下,还是有一定的差别的。比如说,创造和欣赏都需要有想象的参与,但创造中的想象和欣赏中的想象在种类、特点、作用上都不是完全一样的。在艺术创造中,艺术家需要根据他对于生活的美的认识和审美评价;对生活素材进行提炼、集中、加工、改造,以创造出个别和一般、主观与客观相统一的艺术形象,从而使生活美提升为艺术美。这就要求艺术家在创作中必须充分发挥创造想象的作用,创造想象是改造已有表象而独立地创造出新形象的过程,新颖性、独立性、创造性均极为鲜明。如果没有创造想象的参与和发挥主要作用,艺术创作就很难进行。"艺术家必须是创造者,他必须在他的想象里把感发他的那种意蕴,对适当形式的知识,以及他的深刻的感觉和基本的情感都熔于一炉,从这里塑造他所要塑造的形象。"② 所以,运用创造想象来塑造新颖的艺术形象,这可以说是创造和欣赏在美感心理过程上最为显著的区别之一。清代画家石涛在《画谱》中,用"搜尽奇峰打草稿"来概括他创作山水画的经验,就是说山水画形象的塑造要在众多山峰的表象的基础上,通过选择、分析、综合,集众山峰奇美于一炉而铸之,使其典型地再现自然美。他在一首诗中写道:"名山许游未许画,画必似之山必怪。变

---

① 费霍奥语。载[意]克罗齐《美学的历史》,王天清译,中国社会科学出版社1984年版,第43页。
② [德]黑格尔:《美学》第1卷,朱光潜译,商务印书馆1979年版,第222页。

幻神奇儱懂间，不似之似当下拜。"所谓"画必似之"，就是局限于原有对真山的表象，依样画葫芦，没有任何创造。这是石涛所不取的。他主张画山要做到"不似之似"，就是说既有些像真山，又有些不像真山；既具有与种种山峰的相似之点，又是一个独特的艺术形象。他已把从许多真山的表象中分离出来的因素和特点创造性地综合在一个山的形象中，因而此山较之任何一个真山的表象更为典型、更为完美。"不似之似"说是对于艺术家将现实美加以典型化，以创造艺术美的美学原则进行科学概括，是建立在艺术家的创造想象的心理基础之上的。

对于欣赏活动，我们显然不能像艺术家这样去看待它的创造性。上文明石涛的诗句"名山许游未许画"，实际上也就是把对自然美的观赏和以自然美为对象的艺术创作加以区别了。一般对自然美的观赏，虽然也有想象活动的参与，却不需要"搜尽奇峰打草稿"，所以创造想象的作用不会像艺术创造中那样明显而突出。至于艺术的欣赏活动，则是以作品所提供的艺术形象作为感受和认识对象的。欣赏者的想象活动是由作品所描绘的形象引起的，并且是在作品的形象的基础上进行的。这样根据已有的描绘和叙述，在脑中再造出相应的新形象的过程，是再造想象，不是创造想象。在欣赏艺术作品时，艺术形象不仅规定着欣赏者想象的范围和方向，也规定着欣赏者想象的内容和性质。欣赏者想象什么，如何想象，都要受到作品所创造的形象的制约，并且以再造出与作品描绘相适应的艺术形象为目的。正如鲁迅所说，读者在阅读小说时由想象所推见的人物，虽然并不一定和作者所设想的完全相同，"不过那性格、言动，一定有些类似，大致不差"（《看书琐记》）。从这方面说，欣赏可以说是以再造想象为主的。艺术欣赏是以艺术作品作为客观基础的，不仅欣赏者的想象要受到作品中形象描绘的制约，而且欣赏者的理解、情感、评价也要受到作品中形象流露的思想感情的影响，如果否认欣赏的客观基础，片面地强调欣赏者的独立性、创造性，那就会走向艺术欣赏的相对主义。

当然，话又说回来。明确创作和欣赏是有一定差别的两种美感意识活动，并不是要在创作和欣赏之间划下一道鸿沟。从某种意义上说，区分它们之间的差别，正是为了更好地把握它们之间的互相作用、互相联系（如果两者是同一的，就无所谓互相作用和联系）。康德认为创造需凭天才，欣赏则凭鉴赏力。天才涉及的主要是理念内容；鉴赏力涉及的却是美之所以为美的形式。天才和鉴赏力是对立的，所以创造和欣赏也是对立的。就创作和鉴赏的关系来说，这种看法是从一个极端走到另一个极端：只看到两者的区别，而否认了两者的联系。我们已经说过，创造和欣赏作为美感经验的两种表现形式，在心理过程、结构、功能上大致是相同的，所以没有必要，也不应该把两者看成是完全对立的。"从更深的意义上说，创作者的经验和欣赏者的经验并非互不相关：艺术家一边创作，一边欣赏自己的作品；欣赏者通过认识艺术家的创作活动而与艺术家连在一起……并以某种方式参与创作者的创作活动。"① 创作和欣赏既是不同的，又是相通的；创造中有欣赏，欣赏中也有创造。就美感经验而言，创造和欣赏可以说是一种双向交流的活动。

艺术创造不能离开审美欣赏，这个道理是很容易明白的。艺术家必得先从生活中获得审美感受，然后才能进入创作过程。雕刻家罗丹认为真正的艺术家必须是一位生活美的发现者。"对于当得起艺术家这个称号的人，自然中的一切都是美的——因为他的眼睛，大胆接受一切外部的真实，而又毫不困难地，像打开的书一样，懂得其中内在的真实。"② 所以，真正的艺术家首先要对生活具有很高的审美鉴赏力。在创作过程中，艺术家一边构思和表现艺术形象，一边对艺术形象进行着欣赏。在这个意义上，可以说每个艺术家都是自己作品的第一欣赏者。曹雪芹写《红楼梦》，"披阅十载，增删五次"，这既是创造，也有欣赏。罗丹在创造《巴尔扎克》雕像的过程中，砍掉雕像手臂的例子，是艺术家的鉴赏和创造互相作用和结合的一个典型。艺术家对自己作品的反复琢磨和修改，都包括自己对作品的鉴赏活动在内。更不要说，作品创造出来原本就是为了给别人欣赏的。

另外，审美欣赏也不能离开创造。"欣赏也是一种创造，没有创造，就无法欣赏。"（宗白华：《艺术欣赏指要·序》）这个道理也不难懂。且不说自然美的欣赏和艺术美的创造常常是相通的，就拿艺术作品的欣赏来说，欣赏者的创造也是贯穿于欣赏之中的。欣赏者的再造想象并不只是对作品所描绘的形象的简单接受和原封不动的复制，而是要用自己已有的生

---

① ［法］M.杜弗莱纳：《审美经验现象学》，韩树站译，载《美学文艺学方法论》（下），文化艺术出版社1985年版，第597、599页。

② 《罗丹艺术论》，沈琪译，人民美术出版社1978年版，第27页。

活经验、知识积累、形象记忆和情绪记忆去想象、领会和体验艺术形象，对作品中的形象描绘作一定的改造加工和丰富补充。从美的欣赏的角度来看，呈现于欣赏者再造想象中的艺术形象，都是由作者和欣赏者共同创造的。在艺术形象所制约的范围之内，欣赏者的主观能动性有着充分发挥的余地。从这点上说，欣赏中的再造想象又是具有创造性成分的。可以说，欣赏中的想象是客观制约性和主观能动性、确定性和不确定性、再造和创造的辩证统一。西方当代的阐释学和接受美学，在研究阅读、欣赏与作品的关系时，比较重视读者和欣赏者在接受作品中的能动性，充分承认读者和欣赏者对作品意义和审美价值的创造性作用。波兰美学家罗曼·英伽登认为作品的本文只能提供一个多层次的结构框架，其中留有许多未定点，这些未定点即空白可以允许读者发挥想象力来填充。只有在读者一面欣赏，一面将本文具体化时，作品的内容意义才逐渐表现出来。应该说，这种看法是符合艺术欣赏实际的。

欣赏者的主观能动作用和创造性的渗入，使欣赏者对作品会有自己独到的发现，甚至会体会出比作者的理解更加深刻的意义，这不仅有助于深入揭示艺术形象深广的内容，而且也可以使欣赏者得到更大的审美享受。欣赏者的发现、体会、充实、提高，只要不脱离形象的客观依据，不是对作品的任意曲解，那就是欣赏者的创造性得到正确发挥的结果，是欣赏中合乎规律并富有积极意义的现象。德国画家珂勒惠支有幅题名"战场"的版画，描绘的是农民暴动被官兵镇压之后战场上的情景：黑夜中，地上布满隐约可见的尸体，近处有一位老妇人提着风灯在尸体中查看，风灯照出她一只满是筋节的手正触动一具尸体的下巴。鲁迅在这幅版画下写道："这恐怕正是她的儿子，这处所，恐怕正是她先前扶犁的地方，但现在流着的却不是汗而是鲜血了。"这可以说是作为鉴赏家的鲁迅对于画中形象的新解释、新发现，它比画中形象直接提供的东西显然要深刻和丰富得多，其意味也更为悲壮。

（原载于《美育》1987年第3期、第4期、第6期）

意识形态论与审美论的统一

——马克思主义文艺学体系建设的思考

正如马克思主义需要随着人类实践和实际生活的前进而不断向前发展一样,马克思主义文艺学也需要不断丰富和更新。因此,把建设当代马克思主义文艺学美学体系作为一项战略性的理论研究任务是非常必要的。建设当代的马克思主义文艺学体系,需要进一步领会和研究由马克思、恩格斯创立的马克思主义文艺学的基本原则,才能处理好坚持与发展的关系,使建设当代马克思主义文艺学体系沿着正确的方向前进。当代马克思主义文艺学体系也许具有许多的逻辑构架和具体形态,但毫无疑问必须贯彻马克思主义文艺学的基本原则。

恩格斯在《诗歌和散文中的德国社会主义》和致斐·拉萨尔的信中,两次论及要从美学观点和历史观点来观察和分析文艺现象。前者是分析一位作家,后者是评论一部作品,这不仅提出了马克思主义文艺批评的基本原则,而且也指明了马克思主义文艺理论建设的基本原则。文艺学的研究对象是艺术,所以这门科学及其体系理所当然地应当从研究艺术的概念开始。艺术的概念反映着人们对于文学艺术的本质属性的认识。而关于文艺的本质属性问题,从来就是文艺学研究的核心问题,也是文艺学体系的首要问题。马克思、恩格斯对文艺本质的考察,同样贯穿了历史观点和美学观点相统一的原则。他们一方面运用崭新的唯物史观,揭示并论证了文艺的意识形态本性;另一方面在实践论和能动的反映论的基础上,对文艺的审美本性作了新的界定和论说。这两方面的统一构成了马克思主义的文艺本质论,并形成贯穿马克思主义文艺学的基本原则。笔者想由此出发,谈谈对于建设当代马克思主义文艺学体系的一些思考。

一

马克思、恩格斯对于艺术本质的揭示是建立在他们所创立的新的哲学基础之上的。和以往的哲学不同，马克思主义哲学不仅在自然观上坚持唯物主义，而且在历史观上也坚持唯物主义。恩格斯把唯物史观的创立称为马克思一生中两个最重要的发现之一，是"在整个世界史观上实现了变革"[1]。马克思、恩格斯正是在唯物史观的基础上来变革以往的文艺观念的。由此而引起的文艺观念的变化，可以从恩格斯下面一段著名论述中找到最为概括、深刻的说明：

> 正像达尔文发现有机界的发展规律一样，马克思发现了人类历史的发展规律，即历来为繁茂芜杂的意识形态所掩盖着的一个简单事实：人们首先必须吃、喝、住、穿，然后才能从事政治、科学、艺术、宗教等等；所以，直接的物质的生活资料的产生，因而一个民族或一个时代的一定的经济发展阶段，便构成为基础，人们的国家制度、法的观点、艺术以至宗教观念，就是从这个基础上发展起来的，因而，也必须由这个基础来解释，而不是像过去那样做得相反。[2]

由此可见，对于文艺这种社会现象的考察，唯物史观和以往的哲学在出发点上是完全不同的。以往的哲学（以及相关的美学、文艺学）不了解包括文艺在内的各种意识形态都是由社会存在，主要是物质生活的生产方式所决定的，所以只能从艺术本身出发、囿于精神现象的范围之内来解释艺术，这样就无法发现为繁茂芜杂的文艺现象所掩盖着的文艺的根源和发展规律。而用唯物史观考察艺术，是从构成社会基础的物质生活的生产方式出发，从人类社会的全部结构和历史运动中，从文艺与经济、政治以及各种意识形态的互相联系和作用中，来考察和说明文艺的性质和发展，这才使文艺的社会根源、社会本质、社会作用和发展规律第一次得到真正科

---

[1] 《马克思恩格斯选集》第3卷，人民出版社1972年版，第40页。
[2] 《马克思恩格斯选集》第3卷，人民出版社1972年版，第574页。

学的阐释,从而使文艺学美学中对文艺本质的研究发生了革命的变革。

马克思在《〈政治经济学批判〉序言》中概括论述了历史唯物主义的基本原理,明确指出"意识形态的形式"包括"法律的、政治的、宗教的、艺术的或哲学的"各种。① 后来,恩格斯又多次阐明了文艺的意识形态性质,例如在致符·博尔吉乌斯的信中指出:"政治、法律、哲学、宗教、文学、艺术等的发展是以经济发展为基础的。但是,它们又都互相影响并对经济基础发生影响。"② 但有的论者认为只有文艺观点才是意识形态,而文学、艺术本身则不属于意识形态。这显然是不符合马克思、恩格斯论述的原意的,而且实际上所谓文艺本身(即创作、作品)也不可能是与文艺观点完全绝缘的。马克思在《路易·波拿巴的雾月十八日》中指出:"在不同的所有制形式上,在生存的社会条件上,耸立着由各种不同情感、幻想、思想方式和世界观构成的整个上层建筑。"③ 既然情感、幻想也是整个上层建筑和意识形态的构成部分,那么把与情感、幻想紧密相连的文艺创作和作品排除在意识形态之外,就是不可理解的了。

马克思、恩格斯关于文艺的意识形态性质的论述是异常全面、异常丰富的,其中既指出了文艺的性质和发展要受到经济基础的制约,又指出了文艺和其他各种意识形态的相互影响以及对经济基础的反作用;既指出了作为精神生产部门之一的艺术与一定的历史形式的物质生产的相适应的关系,又指出了艺术生产同物质生产的发展的不平衡关系;既肯定了包括文艺在内各种意识形态都同一定的物质存在条件存在着必然联系,又区分出"更高的即远离物质经济基础的意识形态"④,其中包括哲学、宗教、文艺,指出它们同自己的物质存在条件的联系"愈来愈被一些中间环节弄模糊了"⑤。经济对它们的作用往往是间接发生的,而对它们发生最大的直接影响,则是政治的、法律的和道德的反映。此外,马克思将意识形态区分不同"形式"的论点,对于考察文艺作为意识形态的特点,更具有特殊的重要意义。如果我们结合文艺实际来研究,就会看到文艺作为意识形态的

---

① 《马克思恩格斯选集》第2卷,人民出版社1972年版,第83页。
② 《马克思恩格斯选集》第4卷,人民出版社1972年版,第506页。
③ 《马克思恩格斯选集》第1卷,人民出版社1972年版,第629页。
④ 《马克思恩格斯选集》第4卷,人民出版社1972年版,第249页。
⑤ 《马克思恩格斯选集》第4卷,人民出版社1972年版,第249页。

特殊形式，不仅反映着社会的物质生活，而且反映着政治生活和精神生活，总之是反映着整个社会生活；同时文艺又是以完全不同于理论思维和宗教的特殊方式来反映整个社会生活的。对于这些特点，马克思、恩格斯在其他地方都曾论及。由此可见，马克思主义创始人是十分注重文艺这种意识形态的复杂性和特殊性的。文艺上的庸俗社会学的观点，忽视这种复杂性和特殊性，对文艺和经济、文艺和政治、文艺和阶级的关系都作了简单化、庸俗化的理解，这是对马克思主义的文艺的意识形态理论的歪曲。因此，把马克思主义的文艺意识形态论等同于文艺上的庸俗社会学，也是完全错误的。

尽管如此，马克思、恩格斯关于文艺的意识形态论仍然需要结合文艺史、文艺批评具体展开，并且也需要根据文艺实践的发展做出新的说明、新的论证，使之丰富和发展。应该说，对于文艺的意识形态性质，我们过去多是复述马克思、恩格斯已有的结论，从理论上做深入细致、富于创见的研究显然是很不够的。在建设当代马克思主义文艺学体系中理应加强这方面的探讨和研究。可是，前几年有的论者却把文艺的意识形态理论当作文学观念更新的障碍，把它贬称为"社会学研究""外部规律研究"，将它同文艺的审美特征、内部规律的研究截然对立起来，倡导所谓文艺研究要"回复到艺术自身"，以此作为新时期文艺学建设的方向。我们认为这是违背马克思主义文艺学的基本原则的，也是不符合社会主义文艺实践发展的要求的。强调要研究文艺的审美特点、艺术形式、文本结构等是可以的，但不应以此排斥文艺的意识形态性质，把它看作异于"艺术自身"的东西。如果不是这样，那就会使我们的文艺学混同于当代西方某些文艺理论、思潮、流派。其实，所谓"回到艺术自身"，作为20世纪以来西方美学和文学批评中颇为流行和时髦的一种口号，是具有明确的指向性的。它针对的是美学和文学批评中倡导文艺与社会生活相联系的各种理论以及联系社会生活、社会环境、社会效果等研究文艺的方法。从文学理论和批评上看，俄国形式主义文论可以说在这方面开风气之先河，其创始人什克洛夫斯基就明确宣称：文学理论只应"研究文学的内部规律"，竭力排斥"艺术好像以经济力量为基础"的观点。英美新批评派由此出发，进一步提出文学研究的对象不是作品的社会背景、作者身世这类"外在因素"，而应限于孤立的文本（text）。文本是独立存在的实体，它与社会、作者、读者都没有必然联系。用产生文学作品的社会背景去解释文学是"起因谬说",把作品与作家、读者联系考察则是"意图谬误"和"感受谬误"。以上都属于"文学的外部研究",是不可取的。只有对文本的研究,即对音韵、格律、文体、意象等形式因素的研究,才是"文学的内部研究"。应当说,新批评派重视作品本体和审美形式对我们考察文学特点也是有某种启示的。但是,他们把所谓"内在因素""内部研究"同"外部因素""外部研究"(包括文学的社会环境、社会意义、社会影响、时代精神、作者心理等等)完全对立起来,却突出表现使文学和社会存在、社会生活相脱离而将其孤立起来的倾向。而我们有些论者所倡导的"回复到艺术自身",和上述主张并无本质的区别。这岂不是要将文艺研究拉回到唯物史观创立之前的从艺术本身出发来解释艺术的老路上去吗?所以,抛弃文艺的意识形态理论,使文艺脱离与社会生活的联系,孤立地去谈文艺的审美特点和内部规律,是不可能全面认识文艺的本质的,即使是对它的审美特点和内部规律也是无法得到透彻、深刻的说明的。运用历史唯物主义观点,从社会存在和社会生活出发去说明文艺,这是马克思主义文艺学的理论优势和特色,它为文艺研究提供的理论视野,是任何西方资产阶级文艺理论也无法达到和超越的。我们只能以文艺的意识形态理论作为前提,进一步深入研究文艺的审美特点和特殊规律,以求全面认识文艺的本质,而不是与此相反。

二

较之文艺的意识形态理论,过去很长一个时期我们对马克思、恩格斯关于审美以及文艺的审美特性的论述,是更加缺少重视、缺乏研究的。新时期我国美学和文艺学研究的一个重要进展,就是加强了这方面的研究。特别是对马克思的《1844年经济学哲学手稿》《政治经济学批判(1857—1858手稿)》等著作中美学思想的深入探讨,大大深化了人们对于审美本质和文艺的审美特性的认识。有的论者认为"马克思主义美学主要是一种讲艺术与社会的功利关系的理论,是一种艺术的社会功利论"[①],只有西方

---

① 李泽厚:《美学四讲》,生活·读书·新知三联书店1989年版,第23页。

近现代美学才强调艺术的非社会功利性的审美特征。这样把艺术的社会功利性与审美特征对立起来，抹杀马克思主义美学中的艺术的审美特征论，是很不妥当的、是不符合实际的。文艺上的庸俗学社会片面强调文艺的意识形态性质，把文艺的本质仅仅归结为意识形态，忽视文艺的审美特征或审美本质，这只能将文艺引向图解思想概念的绝路。这种情况在苏联和我国以往都曾出现过。但是，庸俗社会学的文艺理论是违背马克思主义文艺学的基本原则的，不能将它的问题算在马克思主义美学和文艺学的账上。将马克思主义文艺学曲解为文艺上的庸俗社会学，指责它只讲社会功利，不讲艺术特征，这是西方一些学者和文艺家常用的手法，它反映出资产阶级的艺术偏见，我们当然是不应该和他们亦步亦趋的。

上文我们曾指出，马克思关于文艺是"意识形态的形式"之一的提法，已经暗含着它和其他形式的意识形态相区别的意思。从这里出发，理应同文艺的特殊性问题相衔接、相统一。马克思、恩格斯虽然没有留下论述文艺的特殊性问题的专著，但是他们关于人的审美活动的产生、性质和规律的论述，关于艺术掌握世界的方式的论述，关于艺术典型创造的论述，关于思想性、真实性和艺术性完美融合的论述，关于作品的形式方面（包括情节安排、结构、语言、韵律等）和风格问题的论述，关于艺术作品创造欣赏美的大众的论述等等，都从不同层次、不同方面涉及文艺的审美特性或特殊本质，不仅内容十分丰富，而且在新的理论基础上对西方美学中的许多传统命题进行了改造，从而为建设马克思主义的文艺审美特征论奠定了基础。

笔者赞成这样一种意见，即文艺学的发展必须从对审美的深入研究入手，马克思主义哲学虽然为文艺学建设提供了理论基础，但它不能代替对于文艺的具体规律的研究。从马克思主义哲学的一般的意识形态理论过渡到对于文艺本质特征的研究，必须经过审美这个中介。如果我们只是一般地承认文艺是一种意识形态，那只能说明文艺与其他意识形态的共同性，这对于认识和解释文艺之所以为文艺的本质来说是远远不够的。要认识文艺之所以为文艺的本质特征，就要深入考察和研究文艺本身的特殊矛盾和各构成要素的内在联系，就要把握文艺异于其他意识形态的特征性。对于文艺的特殊性，我们也可以从各个方面、各个角度去研究和阐明，但不论哪个方面、哪种角度，都不能脱离审美这个根本特性。因为文艺首先是作为人的审美意识的集中表现、作为满足人的审美需要的特殊形式而存在的。所以,文艺不是一般的意识形态,而是审美意识形态;不是一般的反映社会存在和社会生活,而是通过审美意识以审美的方式反映社会生活。正如事物的一般性必须寓于特殊性之中,文艺的意识形态性也必须寓于审美性之中。审美性既然是艺术之所以为艺术的根本特征,那么,我们的文艺学的建设和发展,自然应该把它作为一个研究重点。

在马克思主义文艺学的建设和发展中,对于审美和文艺的审美特征的深入研究,可以从以下几个不同的层面上进行。

首先,从哲学研究的层面上深入研究人与现实的审美关系的本质和规律。马克思在《1844年经济学哲学手稿》中,从生产劳动的实践出发来分析人的审美活动的本源和性质,从而对西方传统的审美理论,特别是德国古典美学的审美理论进行了根本改造,建立了实践的审美论,这为我们从哲学层面上深入研究文艺的审美本质提供了新的理论指导。在马克思之前,黑格尔也曾用实践的观点来分析人的审美活动。他说:"人还通过实践的活动来达到为自己(认识自己),因为人有一种冲动,要在直接呈现于他面前的外在事物之中实现他自己,而且就在这实践过程中认识他自己。人通过改变外在事物来达到这个目的,在这些外在事物上面刻下他自己内心生活的烙印,而且发现他自己的性格在这些外在事物中复现了。人这样做,目的在于要以自由人的身份,去消除外在世界的那种顽强的疏远性,在事物的形状中他欣赏的只是他自己的外在现实。"① 黑格尔认为人通过实践活动,在外在现实中复现自己、观照自己,以满足心灵自由的需要,这就是艺术和审美的本源和实质。这个思想是相当深刻的。但是,黑格尔所说的"实践"不是指人的客观物质的感性活动,而是一种思想外化于现实世界的精神活动,是精神、意识的对象化。这还是一种唯心主义观点。马克思的手稿中讲实践,不是指黑格尔所说的精神活动,而是指人的物质感性活动,指人类改造自然界的生产劳动。马克思说:"这种生产是人的能动的类生活。通过这种生产,自然界才表现为他的作品和他的现实。因此,劳动的对象是人的类生活的对象化:人不仅像在意识中那样理智地复现自己,而且能动地、现实地复现自己,从而在他所创造的世界中

---

① [德]黑格尔:《美学》第1卷,朱光潜译,商务印书馆1979年版,第39页。

直观自身。"① 生产劳动是人类最基本的实践活动，是人与自然之间的物质变换过程。人通过生产劳动改造了自然界，同时也就给自然界打上自己的印记，从而使人的本质力量对象化。因此，人在生产劳动所创造的世界中，能直观自身，并"以全部感觉在对象世界中肯定自己"②。由此可见，通过生产实践所形成的人和自然的统一，是形成人与现实的审美关系的基础，是人的审美活动的原发点。

马克思将人的生产劳动和动物的生产作了比较和区分，提出了著名论断："动物只是按照它所属的那个种的尺度和需要来建造，而人却懂得按照任何一个种的尺度来进行生产，并且懂得怎样处处都把内在的尺度运用到对象上去，因此，人也按照美的规律来建造。"③ 不管学者们对这段论述及其中的某些概念在理解上有何种分歧，有一点却是无法否认的，即人的生产和建造既要符合客观的自然规律，又要实现人的目的，所以"按照美的规律来建造"既不能脱离自然规律，也不能脱离人的要求；既不能无视客观法则，也不能忽视主体实践；既不能违背真，也不能违背善，而只能在上述两方面统一的基础上才能实现。马克思从生产实践中来探究人与现实的审美关系以及美的创造的基础和实质，这对我们研究文艺的审美本质和艺术美的创造，都具有极为深刻的意义。艺术美的创造和艺术作品审美价值的构成，绝不像某些西方美学家所主张的那样，仅仅是个艺术形式问题，和艺术反映现实生活的内容无关。恰恰相反，艺术反映生活的真和善的统一，是形成艺术美的必要条件和基础。只有通过艺术形象真实地反映现实生活并渗透着进步的审美理想，只有真和善相统一的艺术内容同它的表现形式和谐结合，才能创造出真正的艺术美，才能使艺术作品具有高度的审美价值。

其次，从哲学研究和经验研究相结合的层面上，深入研究艺术掌握世界的方式。马克思在《〈政治经济学批判〉导言》中提出了头脑掌握世界的不同方式，认为用理论思维掌握世界的方式"是不同于对世界的艺术的、宗教的、实践—精神的掌握的"④。关于艺术掌握世界的方式，是研究文艺的审美特征的一个关键问题。由于马克思没有对这个命题直接从理论

---

① 《马克思恩格斯全集》第42卷，人民出版社1979年版，第97页。
② 《马克思恩格斯全集》第42卷，人民出版社1979年版，第125页。
③ 《马克思恩格斯全集》第42卷，人民出版社1979年版，第125页。
④ 《马克思恩格斯全集》第2卷，人民出版社1972年版，第104页。

上展开论述,因此后来的研究者在理解上多有歧义。把艺术掌握世界的方式理解为艺术反映现实的特殊形式,基本上是符合原意和合乎实际的,因为马克思是在头脑掌握世界这个前提下讲到它的不同方式的,而所谓头脑掌握世界基本上就是认识和反映世界的意思。我们知道,从对"绝对理念"自我认识的不同形式上,来区别艺术、宗教和哲学,是黑格尔美学的一个基本观点。在黑格尔看来,艺术、宗教、哲学都是"绝对精神"的自我认识,"这三个领域的分别只能从它们使对象,即绝对,呈现于意识的形式上见出"①。宗教的形式是想象,哲学的形式是概念,而艺术的形式则是感性形象。"感性观照的形式是艺术的特征,因为艺术是用感性形象化的方式把真实呈现于意识。"② 马克思关于艺术掌握世界的特殊方式的命题的提出,显然和黑格尔关于艺术的特殊形式或方式的论述是有联系的。不过,黑格尔是从头脚倒置的唯心主义出发阐述这一问题的,而马克思则是在辩证唯物主义的能动的反映论的基础上提出这一问题的。也可以说,马克思是在新的哲学基础上改造了黑格尔这一命题。黑格尔由艺术认识绝对理念的特殊方式出发深入研究了艺术美,认为艺术美是理念内容和感性形象、理念的普遍性和现象的个别性的统一。艺术如果没有内在意蕴的普遍性,就不能通体生气灌注而成其为美。但这种普遍性在艺术中"应该作为个体所特有的最本质的东西而在个体中体现",否则,单纯抽象的普遍性也不属于以美为其特征的艺术。总之,"概念与个别现象的统一才是美的本质和通过艺术所进行的美的创造的本质"③。黑格尔用经验观点和理念观点相统一的研究方式所概括的艺术美的本质,实则是艺术的典型化和典型形象创造的基本规律。它最深刻地概括了艺术掌握世界的特殊方式,概括了艺术审美地反映现实生活的特殊规律。马克思、恩格斯关于典型人物的共性和个性、典型人物和典型环境以及提倡莎士比亚化、反对席勒式的论述,都是对于黑格尔典型化理论的继承和发展,也是从不同方面说明了艺术掌握世界的特殊方式和审美反映生活的特殊规律。卢卡契在《审美特性》中,从反映论出发,区分出科学反映和艺术反映的不同范畴和结构。

---

① [德]黑格尔:《美学》第1卷,朱光潜译,商务印书馆1979年版,第129页。
② [德]黑格尔:《美学》第1卷,朱光潜译,商务印书馆1979年版,第129页。
③ [德]黑格尔:《美学》第1卷,朱光潜译,商务印书馆1979年版,第130页。

他指出，个别性、特殊性和普遍性三个范畴是客观现实各种对象之间的关系和联系的本质标志。其中，特殊性范围便是审美的结构本质。特殊性不仅是联结普遍性和个别性的中介，而且是一个独立的中项。普遍性和概念的形成有关，而个别性则与人的感性直观相联系。在审美中，既不能脱离现象的个别性，又必须含蕴本质的普遍性。而普遍性与个别性、本质与现象的统一正是特殊性范畴的精髓，所以特殊性范畴最能体现审美反映的本质特点。这种观点发展了黑格尔的艺术美和典型化的理化，是对马克思主义关于文艺审美本质特性研究的一个重要贡献，值得我们在当代文艺学建设中加以重视和研究。

最后，从经验研究的层次上深入研究审美经验的心理过程和艺术形式的审美特征。前者一般被称为审美心理学或艺术心理学的研究，后者有时被称为艺术形态学或审美形态学的研究。这两方面构成了被称为"经验科学"的美学的主要研究领域，它们分别研究激起美感经验的客体的结构性质和审美活动中主观经验方面的特征。对于审美经验的研究，包括艺术创造、表演、欣赏、评价等等；对于艺术形态的研究，包括艺术形式、结构方式、语言传达、类型和风格等等，它们都可以说是对于文艺的审美特性研究的具体展开。应该看到，在马克思主义文艺学美学建设中，经验的研究——特别是对审美经验和艺术形式的分析，长期以来是一个较为薄弱的环节。有的研究者善于从哲学上思辨上分析文艺问题，却不善于从科学上经验上对文艺问题作具体研究。这样便使许多文艺问题的理论论证缺乏科学的实证的研究作为基础和支撑，往往显得较为空泛。同时，也使美学和文艺理论在解决创作、表演、欣赏、评价等文艺实践中的具体问题方面，缺少一个中介，难以对文艺实践发挥切实的指导作用。黑格尔在《美学》中指出，单纯从理念出发或单纯从经验出发的研究方式都不适合研究艺术美的科学，艺术美的本质特征决定了这门科学必须把理念的研究和经验的研究结合起来。如何使哲学的研究和经验的研究在马克思主义文艺学美学体系建设中互为补充、相得益彰，是一个有待进一步解决的问题。另一方面，我们也要看到，当代西方文艺学美学在审美和艺术问题的经验研究方面却获得了长足的发展。20世纪以来西方美学的发展在研究对象和方法上的一个最显著的变化，就是从对于美的本质的哲学探讨转向对于审美经验过程的科学研究，与审美主体相关的艺术创造力、创作过程和读者反应等问题则成为美学文艺学研究的主要课题。与此同时,对于作为审美对象的文学艺术作品的本体论研究和文本研究,也很受重视。对于西方美学文艺学上述方面的理论成果,我们应该采取科学的态度。一方面应当看到其中确定有不少理论、见解、材料乃至研究方法具有创新意义和一定科学价值,特别在审美艺术的微观研究方面具有某种优势,因此,应当加以吸收和消化,以作为建设当代马克思主义文艺学美学的补充和借鉴。例如格式塔心理学美学对于艺术和审美中知觉特性的研究,揭示了审美知觉的整体性、理解性、创造性和表现性诸种特点,尤其对"表现性"这一知觉范畴及其形成的心理、生理机制作了创造性的分析证,提出了"异质同构"学说,这对于解释审美中形式感的形成以及艺术形式和情感表现之间的内在联系,是很有参考价值的。尽管这些成果也带有不可避免的局限性,但毕竟把审美心理的研究向前推进了一步。另一方面,我们不能忽视当代西方文艺学美学在审美和艺术研究方面存在的弊病和问题。除了一些理论、学说往往带有较大的主观臆测成分,缺乏充分的科学根据之外,一个根本的问题是各种经验研究大都失去了正确的哲学思想和理论原则的指导,而在唯心主义和形而上学的哲学基础上,要对从经验、实验以及相关科学中获取的大量资料做出正确的解释和理论综合,却是相当困难的。在西方美学的审美经验和艺术形式分析中,非理性主义和形式主义是极为突出的问题。像精神分析美学那样,把艺术创造的心理动因归结为无意识和性冲动,就是明显地同马克思主义的文艺观背道而驰的。总之,西方当代美学、文艺学在审美经验和艺术形式研究方面的新发展,其成果无论是积极的还是消极的、正确的还是错误的,都对当代马克思主义文艺学美学的建设构成一种挑战。用马克思主义观点作指导,吸收其积极的、正确的东西,批判其消极的、错误的东西,并建立科学的审美经验论和艺术形态论,是深入研究文艺的审美特点中必须重视的一个问题。

三

如上所述,按照马克思主义的文艺本质观,文艺的意识形态性质和审美性质是文艺的两个基本的本质属性,前者是文艺的社会本质,是文艺和其他意识形态的共同性、普遍性;后者是文艺的审美本质,是文艺之所以为文艺而与其他意识形态相区别的特殊性、个别性。正如在任何事物中共同性和个别性、普遍性和特殊性都是互相联结、互相依存的一样,文艺的共同本质和特殊本质、社会本质和审美本质也是互相联系、互相依存的。一方面,文艺的意识形态性只能存在于审美性之中;另一方面,文艺的审美性也总是表现意识形态性。由于文艺的意识形态性和审美性本来就是辩证统一的,由于离开了文艺的审美本性,也就没有了文艺的意识形态本性,所以笔者赞成用"审美意识形态论"来概括马克思主义的文艺本质观。这样概括的好处是:其一,有利于突出文艺作为意识形态的特殊性,突出文艺的特殊本质,因为只有事物的特殊性、特殊本质,才是"我们认识事物的基础的东西"[①],从而文艺的审美的特殊本质也应该是文艺学的研究重点。其二,有利于表明文艺作为人与现实的审美关系的集中表现形式所具有的特殊地位。人与现实的审美关系不仅表现在文艺中,也表现在人的生产劳动、日常生活和其他某些精神活动中。同时,人与现实审美关系的主体的审美意识,作为社会意识的一种,既可以表现在社会心理的层次上,也可以表现在社会意识形式或社会意识形态的层次上。把文艺作为审美的意识形态来定位,就表明它在人与现实的审美关系中、在审美意识中处于高级的层次,是审美意识的最集中表现,因而在人的审美活动中具有特殊地位和特殊作用。其三,有利于全面、完整地把握文艺的本质,克服用意识形态论取代文艺审美论和用文艺审美论排斥意识形态论这样两种片面性思想,纠正所谓强调文艺的社会本质和强调文艺审美本质"两种观点最难调和并存"的形而上学观点。其四,有利于突出马克思主义文艺学的理论个性和基本特征,既可避免将马克思主义文艺学混同于文艺上庸俗社会学,又能显示马克思主义文艺学与资产阶级文艺学的原则区别。

　　文艺的审美意识形态论,认为文艺是审美地反映社会生活的一种特殊的意识形态,因此,审美意识形态论也就是审美反映论。列宁说:"一般唯物主义认为客观真实的存在(物质)不依赖于人类的意识、感觉、经验等等。历史唯物主义认为社会存在不依赖于人类的社会意识。在这两种场合下,意识都不过是存在的反映,至多也只是存在的近似正确的(恰当

[①] 《毛泽东选集》第 1 卷,人民出版社 1966 年版,第 283 页。

的、十分确切的）反映。"① 在由一整块钢铁铸成的马克思主义哲学中，历史唯物主义的意识形态论和辩证唯物主义的革命的能动的反映论是完全统一的。我们所说的审美反映论是建立在革命的能动的反映论的基础上的。它既重视社会存在、社会生活对文艺的客观决定性，也重视艺术创作主体对文艺的主观能动性；既指出文艺要反映客观的、整体的社会生活，也指出文艺反映生活要经过作家头脑的加工，因而必须渗透着作家的审美理想和主观情感；既认为文艺要反映社会的物质生活过程，也认为文艺要反映社会的精神生活过程，包括人的思想、感情、意志、愿望、幻想等所构成的全部精神世界，而这两者反映在文艺中，正像生活本身一样，是完整统一、不可分割的；既认为文艺反映生活要体现作家对生活的理解和认识，也认为要表现作家对生活的态度和情感，并且这两者表现在文艺中，也像人的实际心理过程一样，是完整统一、不可分割的。因此，把文艺的审美反映论简单化、直观化，把它曲解为机械唯物主义的反映论，是一种对马克思主义的能动的反映论和审美反映的特点缺乏真正了解的理论上的幼稚病。

那么，审美意识形态论和马克思主义的实践范畴又是什么关系呢？诚然，实践范畴在马克思主义哲学中具有极重要地位。马克思在《1844年经济学哲学手稿》和《关于费尔巴哈的提纲》中，逐步形成了科学的实践观。把生产实践看作人的最基本实践，看作历史发展的基础，是马克思主义实践观的基本特点。正是通过科学地分析生产实践，马克思创立了历史唯物主义；与此同时，马克思把科学的实践观引入认识论，创立了辩证唯物主义认识论。旧唯物主义之所以不能真正彻底地解决哲学基本问题，就是因为它不懂得人的社会性，不懂得"社会生活在本质上是实践的"②，不能了解认识对于社会实践的依赖关系。为了和旧唯物主义即"直观的唯物主义"相对立，马克思、恩格斯把自己的唯物主义称为"实践的唯物主义"③。由此可见，社会实践既是辩证唯物主义认识论的基本范畴，也是历史唯物主义的基本范畴。我们说审美意识形态论是以辩证唯物主义认识论

---

① 《列宁选集》第2卷，人民出版社1972年版，第147页。
② 《马克思恩格斯选集》第1卷，人民出版社1972年版，第18页。
③ 《马克思恩格斯选集》第1卷，人民出版社1972年版，第48页。

意识形态论与审美论的统一

和历史唯物主义的统一作为其哲学基础的,也就是意味着实践范畴是它的重要基石之一。马克思主义的文艺意识形态论和审美论之所以是互相联系的、统一的,其重要理论根据之一,就是两者都基于社会实践这一范畴。所以我们认为,马克思主义文艺学的审美意识形态论和实践范畴是统一的,而不是对立的。

在西方马克思主义文艺学美学中,也有人提出"审美意识形态"(见伊格尔顿的著作)。那么,它和我们所讲的审美意识形态论是不是一回事呢?这里必须略加分析。首先,我们应该肯定西方马克思主义者中不少论者是注重对于文艺的意识形态性质及其与审美的关系问题的考察研究的。如马舍雷便明确指出:"艺术既作为意识形态的形式,又作为审美的过程",因而艺术的研究必须是某种"双重性的研究。"[①] 伊格尔顿也指出,文艺的"意识形态的本质将通过正在发挥作用的本文和审美代码而产生影响",因此,"有必要对这相联系的二者彼此的结构形式进行一番考察"。[②] 这些看法至少反映出马克思主义创始人的文艺思想对西方文艺学美学发展仍然产生着重要影响,也从另一方面说明将文艺的意识形态性质和审美性质统一起来进行研究,对马克思主义文艺学建设来说是十分必要的。其次,我们也必须指出,西方马克思主义者对于"意识形态"和"审美"的概念的理解,和马克思主义经典作家的理解是有很大差别的。例如伊格尔顿把意识形态看作"某些社会集团赖以行使和维持其统治权力的假定"[③],而他所说的艺术的"审美代码"则是指艺术生产的各种审美常规材料。沃尔芙也认为联结意识形态和艺术作品的"审美中介",一是指艺术作品生产的各种物质条件和社会条件;二是指现存的各种审美规则和常规,和伊格尔顿的理解基本上是一致的。实则,他们所指的无非是艺术创作现有的媒介、手段以及构成作品形式的一些因素。这和马克思主义文艺学美学对于文艺的审美本质特征的理解显然是不一样的。基于上述理解,他们在说

[①] 参见[英]珍妮·沃尔芙《艺术的社会生产》,董学文等译,华夏出版社1990年版,第84页。

[②] 参见[英]珍妮·沃尔芙《艺术的社会生产》,董学文等译,华夏出版社1990年版,第84页。

[③] [英]特里·伊格尔顿:《二十世纪西方文学理论》,伍晓明译,陕西师范大学出版社1986年版,第20页。

明文艺的意识形态性和审美性的关系时,只能着眼于外在的、形式上的联系,而看不到内在的、本质上的联系。总之,西方马克思主义者对于文艺的意识形态性和审美性关系的论述虽然也值得我们研究,但是它并不是建立在对马克思主义哲学和美学的正确的理解基础上的,因此,不应将它和马克思主义文艺学的审美意识形态论相提并论。

(原载于《学术月刊》1992年第1期)

论文艺的意识形态性与审美性的关系

文艺的意识形态性与审美性的相互关系问题，是马克思主义美学和文艺中一个重要而独特的问题。说它重要，是因为这个问题直接关系到对文艺的根本性质和特点、对文艺在社会生活中的地位和特殊作用的认识，也关系到对文艺创作的原则和文艺批评的标准的掌握。说它独特，是因为这个问题是在马克思主义美学和文艺创立之后才提出来的，是马克思主义美学必须研究、必须回答的问题。可以说，坚持文艺的意识形态性和审美性的统一，是马克思主义美学和文艺学的一个根本特征。然而正是在这个问题上，美学界文艺界常常出现意见分歧。为了坚持和发展马克思主义及其文艺理论，我们有必要结合这些分歧意见和争论，对其作深入的理论探讨。

一

恩格斯把唯物史观的创立称作是马克思的两个最重要发现之一，是"在整个世界史观上实现了变革"①，马克思和恩格斯正是在变革整个世界史观的基础上来变革以往的文艺学的。实际上，马克思、恩格斯的一些崭新的文艺观点的提出和论述，大都和他们对崭新的世界史观的提出和论述密切联系在一起。关于文艺的意识形态性质的提出，最突出地表明了这一点。它既是马克思主义创始人用变革了的世界史观来重新观察和说明文艺现象的结果，同时也是他们的崭新的唯物史观大厦中的一个组成部分。根据马克思、恩格斯一再明确地阐述的历史唯物主义的基本观点，文艺和政

---

① 《马克思恩格斯选集》第3卷，人民出版社1972年版，第40页。

治、法律、宗教、哲学都是"意识形态的形式"①,是在一定的经济基础之上发展起来的"观念的上层建筑"②。"政治、法律、哲学、宗教、文学、艺术等的发展是以经济发展为基础的。但是,它们又都互相影响并对经济基础发生影响。"③

按照马克思和恩格斯的多次论述,我们认为,意识形态的根本特征是它总是直接或间接地反映着一定的社会经济基础,以及由经济基础所决定的政治的上层建筑,并且总是要与后者相适应的。而非意识形态的其他社会意识形式如自然科学等,则不具有意识形态的这个根本特征。所以,肯定文艺的意识形态性质,其根本含义就是要肯定文艺和一定的经济基础、政治的上层建筑以及其他社会意识形态之间的必然联系,肯定作为观念形态的文艺总是这样那样地反映着一定社会经济形态以及由经济形态所决定的政治关系,总是要和其他社会意识形态相互影响,因而也必然打上一定的社会、时代的历史烙印。对于人类文艺史上的这一客观事实和普遍规律,在马克思和恩格斯之前,是没有人能够发现。正如特里·伊格尔顿所说:"马克思主义批评的创造性不在于它对文学进行历史的探讨,而在它对历史本身的革命的理解。"④

文艺的意识形态性质是文艺的一种根本性质,是对文艺本质的一种科学概括。所谓本质,乃是构成一事物的各必要要素的内在联系。我们考察文艺的意识形态性质,也必须从对构成文艺创作和文艺作品的各必要要素的内在联系的分析入手,才能得出正确的结论。可是有的文章为了达到否定文艺的意识形态性的结论,却完全抛开了文艺作品各必要构成要素的内在联系,把作品的某一构成因素从作品的内部联系中抽取和孤立起来,以此证明文艺并非意识形态。这在科学研究的方法上是完全不足取的。例如,有的文章仅根据某些作品的描绘对象是自然景物,就断定这类作品不具有意识形态性;还有的认为文艺作品内容中具有知识性的一面,这种知识也不能归结为意识形态,所以文艺也并非意识形态。这显然是将文艺作

---

① 《马克思恩格斯选集》第2卷,人民出版社1972年版,第83页。
② 《马克思恩格斯选集》第3卷,人民出版社1972年版,第128页。
③ 《马克思恩格斯选集》第4卷,人民出版社1972年版,第506页。
④ [英]特里·伊格尔顿:《马克思主义与文学批评》,文宝译,人民文学出版社1986年版,第7页。

品的完整的内容割裂开来，将构成作品内容的某一因素孤立起来，从而完全抛弃了作品内容的各构成要素的内容联系。众所周知，文艺在内容上与科学具有本质的不同。艺术是人生图画或生活的教科书，它的内容是在个别与一般、主观与客观、认识与评价的统一中对社会生活的反映。艺术家不可能像科学家那样，对认识对象采取纯客观的态度，而总是要对作为其认识对象的社会生活现象做出评价，表现出对它们的思想—感情态度。黑格尔说："艺术家不仅要在世界里看得很多，熟悉外在的和内在的现象，而且还要把众多的重大的东西摆在胸中玩味，深刻地被它们掌握和感动。"[①] 所以，"艺术家的主体性与表现的真正的客观性这两方面的统一"才能构成艺术的真正的内容。从某种意义上说，艺术的意识形态性质正是由艺术内容与科学不同的上述根本特点所决定的。文艺作品以自然景物为描绘对象，也仍然要反映以人为中心的社会生活，自然山水的描绘和人的思想感情的抒发总是水乳交融在一起的。文艺作品中可能包含科学性的知识，但这些知识也是作为艺术反映的以人为中心的社会生活的整体的组成部分而存在的，并且是与作者对生活的理解和感情评价相互渗透的。所以，我们不能脱离文艺作品内容的特点，抛开作品内容的必要要素之间的内在联系，将其中个别组成因素孤立起来看，这样是不能抓住文艺的本质的。

不仅文艺作品内容的各构成要素是具有内在联系的，文艺作品的内容和形式以及形式的各构成要素也是具有内在联系的。有的文章不顾这种内在联系，将构成作品的某种形式因素与作品表达内容的形式分割开来，脱离形式所表达的内容，孤立地谈论文学语言、表现手法、生产技艺是否具有意识形态性质，然后再推论文艺是否具有意识形态性，这也是非科学的方法。例如语言，它本身不是观念形态，而是"物质材料"，当然不具有意识形态性。但是，文学作品中的语言作为文学形式的一个构成因素，作为艺术形象的外在表现，是同它所表达的特定的文学内容紧密联系在一起的。文学形象是内容和形式的有机统一，文学形式是表现内容的形式，文学语言在这种内在联系中才取得了它在文学作品中的地位。脱离这种特有的内在联系，语言就是语言，文学作品就是文学作品，不能将两者的性质

[①] [德] 黑格尔：《美学》第1卷，朱光潜译，商务印书馆1979年版，第359页。

混为一谈。否则，政治、法律、哲学观点的表达也要运用语言作为工具，它们是否也因此具有非意识形态性呢？黑格尔讲得好："割下来的手就失去了它的独立的存在……只有作为有机体一部分，手才获得它的地位。"①笔者认为，将文艺作品内容或形式的某一构成因素从文艺作品的有机整体和内在联系中分割出来，再以它们的非意识形态性来否定文艺的意识形态性，就像用割下来的手去证明整个身体没有生命一样，在方法论上是陷入形而上学中去了。

二

研究文艺的意识形态性，必须充分注意到它的特殊性和复杂性。关于文艺作为意识形态形式之一的特殊性，马克思、恩格斯至少从两个层次上作了明确论述。首先，从各种意识形态形式和经济基础的关系来看，文艺和哲学、宗教都属于"更高的即更远离物质经济基础的意识形态"②。尽管文艺和社会经济基础的必然联系是存在着的，但是这种联系却"愈来愈被一些中间环节弄模糊了"③。文艺和经济基础的联系不是直接的，而是间接的，这种联系是通过中间环节实现的。对文艺发生直接影响的往往是政治法律思想和道德等，文艺和宗教、哲学也都互相影响。由于文艺是属于更高地悬浮于空中的、远离经济基础的意识形态，所以在它的发展中具有更多的曲折性、偶然性，在它的意识形态性的表现上也具有更大的复杂性。文艺上的庸俗社会学的观点，否认文艺作为意识形态的特殊性，对文艺和经济基础的关系以及和政治、阶级的关系都作简单化、庸俗化的理解。如20世纪20年代的苏联社会学家弗里契等就很有代表性。当代法国文学理论家戈德曼也有这一倾向，他认为文学作品的结构和社会经济结构是密切相关的，分析作品就是分析阶级的集体意识或社会集团的意识，等等。我们过去对文艺和政治关系的简单化看法，也和这种庸俗社会学的影响有关。

---

① ［德］黑格尔：《美学》第1卷，朱光潜译，商务印书馆1979年版，第156页。
② 《马克思恩格斯选集》第4卷，人民出版社1972年版，第249页。
③ 《马克思恩格斯选集》第4卷，人民出版社1972年版，第249页。

其次，从各种意识形态反映社会存在和社会生活的方式来看，文艺的特殊性更为显著、更为独特。在这个层次上，马克思、恩格斯不仅将文艺同政治、法律、道德加以区别，而且也将它同哲学、宗教加以区别，因而所论述的是文艺之所以为文艺的本质性特点。这方面最著名的是马克思在《〈政治经济学批判〉导言》中关于头脑掌握世界的不同方式的论述。马克思认为哲学、政治经济学是用理论思维的方式掌握世界，"而这种方式是不同于对世界的艺术的、宗教的、实践—精神的掌握的"①。在同一文中，马克思还讲到希腊神话"是已经通过人民的幻想用一种不自觉的艺术方式加工过的自然和社会形式本身"②。这些论述明确地提出了头脑掌握世界的艺术的方式，或对自然、社会加工的艺术方式，是从哲学高度提出了文艺反映社会生活的特殊方式问题。这里，自然使我们想起黑格尔对艺术、宗教、哲学三者所做的比较。黑格尔认为艺术、宗教、哲学是"绝对精神"自我认识的三种形式，它们的内容是相同的，它们的对象都是"绝对精神"，"这三个领域的分别只能从它们使对象，即绝对，呈现于意识的形式上见出"③。也就是说，艺术、宗教、哲学的区别只是认识"绝对精神"的形式或方式。"感性观照的形式是艺术的特征，因为艺术是用感性形象化的方式把真实呈现于意识。"④ 与此相对照，宗教的形式是想象或表象，哲学的形式是概念。尽管黑格尔考察艺术的特征是从他的客观唯心主义哲学体系出发的，但是他对艺术美和艺术特征的精辟概括却吸取了西方美学史上的精华，具有相当的深刻性和合理性。马克思关于艺术掌握世界的方式的提出，显然和黑格尔对艺术美的论述是有联系的。众所周知，在西方，"艺术"这个概念是由"美的艺术"概念演化而来的。英语的"艺术"也就是"美术"或"美的艺术"，在黑格尔的《美学》中，"美""艺术""美的艺术"三个概念经常是同义互用的。所以，我们可以肯定，马克思所讲的艺术掌握世界的方式就是审美地掌握世界的方式。换句话说，艺术是以审美的方式反映现实生活的。它以现实生活的审美属性作为反映对象，并体现着艺术家对生活的审美理想和审美评价。作为艺术家对现实生

---

① 《马克思恩格斯选集》第2卷，人民出版社1972年版，第104页。
② 《马克思恩格斯选集》第2卷，人民出版社1972年版，第113页。
③ [德]黑格尔：《美学》第1卷，朱光潜译，商务印书馆1979年版，第129页。
④ [德]黑格尔：《美学》第1卷，朱光潜译，商务印书馆1979年版，第129页。

活的审美经验和审美意识的物化形态,艺术创造了第二性的美,并具有现实不可替代的审美价值。如果说意识形态性是艺术的一个根本属性,那么审美性则是艺术的另一个根本属性。就艺术反映社会生活来说,前者体现着艺术的一般性,后者体现着艺术的特殊性。正如事物的一般性都必须寓于特殊性之中,艺术的意识形态也必须寓于审美性之中。艺术的意识形态性须通过审美性来体现,这是艺术作为意识形态不同于其他意识形态形式的本质特点。艺术作品体现意识形态性质所表现出来的特殊性、复杂性,也应结合这个本质特点来解释。

　　文艺的意识形态性须与审美性相统一,需寓于审美性之中,这是由文艺反映生活的基本规律所决定的。首先,文艺反映生活是主客观的统一。黑格尔对艺术的内在主体性和外在客观性的相互关系有精辟论述,他强调艺术家主体性具有灌注生气于外在事物的作用,同时也要求"艺术家的主体性与表现的真正的客观性这两方面的统一"①。不过,黑格尔并不了解艺术的客观性是什么,因为他不明白艺术是社会生活的反映。马克思、恩格斯使艺术的客观性真正奠定在现实生活基础之上,指出艺术的客观性就是要真实地反映现实关系,艺术家的主体性只有与艺术反映生活的客观性相统一才能发挥很好的能动作用。所以,"倾向应当从场面和情节中自然而然地流露出来,而不应当特别把它指点出来"②。其次,文艺反映生活是普遍性与个别性的统一。黑格尔曾把"个别与普遍性的统一和交融"作为艺术美或艺术理想的本质,强调在艺术中"内容的实体性不是按照它的普遍性而单独地抽象地表现出来,而是仍然融会在个性里"③。这是他的美学思想最深刻的方面之一。马克思、恩格斯都反复论到黑格尔这一思想,发展了艺术创作的典型理论。马克思批评拉萨尔的悲剧《济金根》"最大缺点就是席勒式地把个人变成时代精神的单纯号筒",这就是批评使普遍性脱离个别性这种违背艺术规律的现象。再次,文艺反映生活是思想与情感的统一。黑格尔说:"艺术作品既然把心灵性的东西表现于目可见耳可闻的直接事物,艺术家就不能用纯粹是思考的心灵活动形式,而是要守在感觉

---

① [德] 黑格尔:《美学》第 1 卷,朱光潜译,商务印书馆 1979 年版,第 369 页。
② 《马克思恩格斯选集》第 4 卷,人民出版社 1972 年版,第 454 页。
③ [德] 黑格尔:《美学》第 1 卷,朱光潜译,商务印书馆 1979 年版,第 201 页。

和情感的范围里。"① 艺术家对现实生活的审美属性的感受和体验，既是理性的又是感情的，既是思想的又是情感的。理性融会于感性，思想渗透于情感，是作为创作主体的艺术家精神活动的主要特点。最后，文艺是思想内容和艺术形式的统一。黑格尔说："艺术家之所以为艺术家，全在于在他认识到真实，而且把真实放到正确的形式里，供我们观照，打动我们的情感。"② 内容与形式的完美统一是创造艺术美的必要条件之一，真实的思想内容必须现完善的艺术形式相结合，才能实现艺术的目的。如果我们真正懂得上述规律，对于文艺的意识形态性须与审美性相统一的基本原则也就不会有任何怀疑了。

三

近几年来，我国美学界和文艺理论界在纠正文艺混同于一般意识形态的偏颇中，对文艺的审美本质和特征问题给予了较多重视，并且也有较为深入的研究，这对于推动当代马克思主义美学、文艺学建设，促进文艺创作按艺术规律健康发展，应当说是有积极意义的。但是，不容忽视的是，确实有不少文章从另一个极端将文艺的审美性质、审美价值同文艺的意识形态性质和思想认识价值对立起来，用所谓的审美性质、审美价值去排斥和否定文艺的意识形态性质和思想认识价值。所谓"纯审美论"就是这样一种颇有代表性的观点。这种观点认为，文艺应当回到审美自身，审美是文艺的唯一目的，除此之外，文艺没有其他目的；对于艺术来说，审美价值就是一切，其他别无所谓价值；要求艺术应该有任何积极社会目的和社会价值的观点，都是将艺术"出租"给其他意识形态，因而是对艺术的"亵渎"。据此，有的文章认为倡导文艺的社会政治作用、伦理道德作用以及对文艺提出其他功利主义要求，都是违背文艺的"审美本性"的，必须与之"从本质上进行决裂"。这种理论的出现适应了在文艺中淡化政治、淡化意识形态性的思潮，而且打着重视"审美自身""艺术自身"的旗号，一时显得颇为"时髦"，但由于它把文艺的审美性质和意识形态性质完全

---

① ［德］黑格尔：《美学》第1卷，朱光潜译，商务印书馆1979年版，第361页。
② ［德］黑格尔：《美学》第1卷，朱光潜译，商务印书馆1979年版，第352页。

对立起来,用审美性排斥意识形态性,所以在理论上也就暴露出极大的片面性。

所谓"回到审美自身""回到艺术自身",这确实是20世纪以来西方美学和文学批评中颇为时髦、颇引人注目的一种提法。这种提法本身是有明确的指向性的,它针对的是美学和文学批评中倡导文艺与社会生活相联系的各种理论以及联系社会生活、社会状况、社会影响等研究文艺的方法。从文学理论和批评上说,俄国形式主义文论可以说在这方面开了风气之先河。什克洛夫斯基就明确说过,他的文学理论只是"研究文学的内部规律",而反对"艺术好像以经济力量为基础"的观点。① 这不仅是俄国形式主义者的纲领,而且也是英美新批评派文论的出发点。新批评派认为文学研究的对象不是作品的社会背景、作者身世这类"外在"因素,而应限于作品的文本。作品文本是独立存在的实体,它与社会、作者、读者没有必然联系。用产生文学作品的社会背景去解释文学是"起因谬误",把作品与作者、读者联系考察则是"意图谬误""感受谬误"。以上都是"文学的外部研究",是不可取的。只有对作品文本的研究,即对音韵、格律、文体、意象等形式因素的研究,才是"文学的内部研究"。应当说,新批评派重视作品本体和审美形式对我们也是有某种启示作用的。但是,他们把所谓"内在因素""内部研究"同"外在因素""外部研究"(包括文学的社会环境、历史背景、社会意义、社会影响、作者心理、时代精神等等)完全对立起来,却突出表现了使文学和社会存在、社会生活相脱离而将其孤立起来的倾向,而这正是各种倡导"文艺回到审美自身"的西方现代文论的根本特点。我国的"纯审美论"的提倡者将西方文论上述观点原封不动地拿来指导我们的文艺研究,其指向性也是非常明确的。他们把马克思主义关于文艺与经济基础以及其他上层建筑的关系、文艺与社会生活的关系、作家的世界观与创作方法等论述,都贬为文艺的"外部规律"研究,而将文学本身的审美特点、文学自身结构方式等称之为"内部规律",进而要求文艺"回复到自身",用"内部规律"取代"外部规律",用文艺的审美特点排斥文艺的社会本质,从而切断文艺和社会生活的联系。

无论是现代西方的形式主义文论、新批评派文论,还是我国当代的纯

---

① [俄] 什克洛夫斯基:《文艺散文思考与评论》,莫斯科,1961年,第6页。

审美文论，都是建立在对审美本质的错误理解的理论基础之上的。新批评派创始者兰塞姆明确指出："批评依靠本体分析正是康德的意思。"[①] 正是康德的形式主义的审美理论，成了西方各种将文艺与社会生活隔绝起来、排斥文艺社会功能的文艺自足论或文艺自律论的一个源头。康德对审美或鉴赏判断的分析，着眼于寻求审美心理不同于逻辑认识、道德活动的特点，较深地揭示出了审美意识活动中的许多特殊矛盾。但他却无力正确地解决这些矛盾，他一味强调审美意识和逻辑认识、道德活动的区别，却相当地忽视了它们之间的联系，时时表现出将它们对立起来的倾向。其结果就是对审美的本质特性做出了一系列形式主义的片面结论。如认为审美不涉及对象的内容（只关系对象的形式）、不涉及对于客体的认识（只联系于主体的情感）、不涉及利害关系和利害观念（只限于纯形式的观照）等。总之，在康德美学中本来就包含了将审美与对象的社会内容、社会意义、社会目的对立起来的片面性。现代西方资产阶级美学和文论正是抓住康德的这些片面观点大加引申和发挥，否定艺术和社会生活的联系，抹杀艺术的社会内容、社会意义和社会目的，从而把艺术的审美本质和社会本质、审美价值和价值完全隔绝和对立起来。应当看到，一个时期以来我们在介绍西方美学时，对康德以来的形式主义的审美理论缺乏全面的分析和必要的批判，对于诸如克莱夫·贝尔和罗杰·弗莱所提倡的形式主义的美学观点，有人几乎用盲目崇拜的态度加以鼓吹和发挥，甚至不惜将它与马克思主义美学观点混为一谈。这种对审美本质的错误理解就成了文艺上"纯审美论"者的理论基础。

  显而易见，将文艺的审美本质和社会本质、审美性和意识形态割裂并对立起来的"纯审美论"，完全是建立在理论的沙滩上的。人类的审美活动和审美意识从来都不是和社会生活实践绝缘的。从审美活动和审美意识的形成历史来看，它一开始就是同人的社会实践和功利观点相联系的。在人类最初的社会实践中，实用先于审美。先有了社会成员的实用活动，产生了人对于事物的实用观点、善的观点，然后才逐渐从中分化出人们对待事物的美的观点、美的感受。使用价值先于审美价值，审美意识和实用观念相交织，是人类最初审美活动的突出特点。随着社会实践和现实生活的

---

  ① 参见赵毅衡《新批评》，中国社会科学出版社1986年版，第17页。

发展，出现了由实用到审美的过渡，审美意识逐渐脱离与实用观念的直接联系，以特殊形式相对独立地发展着。从表面看来，人们在审美中已不再考虑对象对人的直接实用功利价值，个人的审美愉快和实用功利考虑（特别是与个人的物质利害关系）也没有直接联系，但是实际上审美是以另一种隐蔽、曲折的形式，同比个人物质利害更为广泛的社会功利内容联系着的。个人的审美经验和审美判断，似乎并没有直接实用功利考虑而对审美对象产生愉快，但是这种愉快不能不与一定的复杂的社会观念相联系，因而也不能不决定于人的社会生活条件。"为什么一定社会的人正好在着这些而非其他的趣味，为什么他正好喜欢这些而非其他的对象，这就决定于周围的条件"，正是"这些条件说明了一定社会的人（即一定的社会、一定的民族、一定的阶级）正是有着这些而非其他的审美趣味和概念"。[①] 古今中外文艺史、审美意识史上各种审美趣味、审美观念、审美理想的分歧、对立和更替、流变，无不是隐晦、曲折地反映着一定时代、民族、阶级的社会生活条件以及由此决定的社会功利内容，所以，笼统地将审美和社会功利对立起来，试图从审美意识中清除一切社会功利内容的观点，是完全违背审美实际和审美规律的。

　　文艺作为审美意识的集中体现和物化形态，它的审美本质、审美价值的存在，是同艺术形象对于现实生活的审美属性的真实反映分不开的，是和作家、艺术家渗透在艺术真实中的进步的审美理想和正确的情感评价密切相关的。只有被进步的审美理想、审美评价所渗透的对于现实生活审美属性反映的真实性，以及这种特殊内容同它的表现形式和谐统一，才能创造出真正的艺术美，才能使艺术作品具有高度的审美价值。从文艺史上看，那些具有高度审美价值和艺术魅力的杰出作品，同时也是具有巨大的社会、思想和认识价值的。如屈原、李白、杜甫的诗歌，曹雪芹的《红楼梦》，莎士比亚和戏剧，巴尔扎克的小说，米开朗基罗的《大卫》，列宾的《伏尔加河纤夫》，等等，由于这些作品实现了巨大的思想深度、重大的历史内容和与之相适应的生动的艺术形式的完美的融合，它们的社会、思想、认识价值不仅没有削弱和损害作品的审美价值，反而成为构成作品的

[①] [俄]普列汉诺夫：《没有地址的信·艺术与社会生活》，曹葆华等译，人民文学出版社1962年版，第145页。

高度审美价值的必不可少的重要条件。荣获诺贝尔文学奖金的第一位东方作家、印度伟大的诗人和小说家泰戈尔，他的作品被誉为印度文学的瑰宝，其审美价值可以说无与伦比；同时，这些作品也广泛地反映了印度当时的社会生活，表达出印度人民要求独立和解放的社会思想，具有鲜明的反帝、反封建的倾向。他之所以荣获诺贝尔文学奖，既是由于他的作品的审美价值，也是由于其作品的社会、思想和认识价值，正如获得的评语中所写的，是由于"他对真理的热切探求、思想的洞察力、广阔的视野和热情、雄浑的表现手法，以及在他许多作品中运用这种手法维护和发展了生活的理想主义哲学"[①]。由此可见，纯审美论者将文艺的审美价值和社会价值、审美意义和社会意义绝对对立起来，试图用文艺的审美本质否定社会本质，用文艺的审美性排斥意识形态性的观点，从理论和实际上都是站不住脚的。它只能诱使作家艺术家回到"象牙之塔"，脱离社会现实，抛弃应有的社会责任感，这对社会主义文艺的发展十分有害。

四

为了克服将文艺的意识形态性和审美性割裂和对立的两种片面观点，从理论上深入理解文艺的意识形态性和审美性的内在联系，我们有必要从现实基础上对两者相统一的必然性作进一步的探讨。

这里有必要研究一下西方马克思主义者对文艺的意识形态性和审美性关系的看法。尽管西方马克思主义者之间对于如何理解文艺的意识形态性质有着相当大的分歧，但是总的说来，在西方马克思主义美学中，较多的论者还是既肯定了文艺的意识形态性质，又强调了文艺的审美性质；还有些论者力图按照自己的理解对两者之间的联系做出分析和阐释。如阿尔都塞指出："每一件艺术作品，都是由一种既是审美的又是意识形态的意图产生出来的。当它作为一件艺术作品存在时，它作为一件艺术作品（用它对它使我们看到的意识形态开始进行的那种批判和认识）产生出一种意识

---

① 信德、仲南编选：《诺贝尔文学奖金获奖作家作品选》，浙江文艺出版社1984年版，第39页。

形态的结果。"① 马舍雷认为,艺术的研究必须是某种"双重性的研究":"艺术既作为意识形态的形式,又作为审美的过程。"② 珍妮特·沃尔芙一方面肯定地认为,"艺术作品明显地既是一种意识形态的活动,又是一种意识形态的产物"③;另一方面又强调指出意识形态和艺术作品之间的联系要通过"审美中介"。这种"审美中介",一是指艺术作品生产的各种物质条件和社会条件;二是指现存的各种审美规则和常规。意识形态被表达在艺术作品中的方式,便是由审美层次上的上述两级条件充当中介的。所以"审美层次把它自己的调解作用设立在意识形态及其文化表现(如一幅画、一部小说或一场戏剧的表现)之间"④。在研究艺术的意识形态性和审美性的关系方面,伊格尔顿在西方马克思主义者中可以说是用力最多的一个。他明确提出:"有必要对这相联系的二者彼此的结构形式进行一番考察:意识形态的本质将通过正在发挥作用的本文和审美代码而产生影响。"⑤ 艺术家需要使用能够得到的各种审美常规材料进行创作,艺术家在社会中所形成的思想和价值观念,是被风格、语言、格调和审美词汇等各种文学和文化常规所传达出来的。所以,"意识形态在艺术作品中并不是以其抽象的形式来表达的,艺术作品也不是作为消极的载体而发挥作用的。相反,艺术作品自身却再创造出审美形式中的、与同时代艺术生产各种规则和常规相一致的意识形态"⑥。正因为如此,伊格尔顿才把艺术称为"审美的意识形态"。显然,上述看法中包含着对文艺的意识形态性和审美性关系的辩证理解,同割裂文艺的意识和审美性的两种片面观点是很不一样的。但是,由于许多西方马克思主义者对于意识形态和审美的本质存在着一些错误理解,他们在分析和说明文艺的意识形态性和审美性的关系时,主要还是着眼于两者外在的、形式上的联系,而看不到两者内在的、本质上的联系。在一些论者看来,文艺的意识形态性不过是表现了某种外在于它的"信仰模式"或"虚假意识",而文艺的审美性则主要体现在所谓"审美

---

① 陆梅林选编:《西方马克思主义美学文选》,漓江出版社1988年版,第537页。
② [英]珍妮·沃尔芙:《艺术的社会生产》,董学文等译,华夏出版社1990年版,第84页。
③ [英]珍妮·沃尔芙:《艺术的社会生产》,董学文等译,华夏出版社1990年,第71页。
④ [英]珍妮·沃尔芙:《艺术的社会生产》,董学文等译,华夏出版社1990年,第81页。
⑤ [英]珍妮·沃尔芙:《艺术的社会生产》,董学文等译,华夏出版社1990年,第81页。
⑥ [英]珍妮·沃尔芙:《艺术的社会生产》,董学文等译,华夏出版社1990年,第83页。

规则""审美代码"等形式构成因素方面,所以,两者的关系不过是被表达于作品中的观念和表达形式之间的关系。由于看不到文艺审美性和意识形态性具有内在的、本质的联系,所以,有的西方马克思主义者又自相矛盾地将艺术的审美性同意识形态性分割开来,如阿尔都塞便曾提出:艺术作品作为一种"美的物体"并不属于意识形态。

为了深入理解文艺的意识形态性和审美性的内在的、本质的联系,我们有必要探讨两者统一的现实基础。在《1844 年经济学哲学手稿》中,马克思分析了人的劳动生产和动物的区别。动物也可以生产,例如蜜蜂造巢等,但是,"动物只是按照它所属的那个种的尺度和需要来建造,而人却懂得按照任何一个种的尺度来进行生产,并且懂得怎样处处都把内在的尺度运用到对象上去;因此,人也按照美的规律来建造"①。这里,马克思讲了三层意思:第一,人懂得按照任何一种的尺度进行生产,而动物不能。动物的生产是片面的,它只生产它自己或它的幼仔所直接需要的东西,只能按照它所属的那个种的尺度生产它自身。而人却能全面地生产,既能按照植物品种的特性进行种植,又能按照动物品种的性能进行畜养。人能认识自然界的客观规律,所以人能再生产相应的自然界。第二,人懂得处处都把内在的尺度运用到对象上去,而动物则不能。动物只是在直接肉体需要的支配下生产,它的产品直接同它的肉体相联系,所以动物的生产是出于本能,是不自由的。而人却能自由地生产、自由地活动。人的劳动生产是自由的有意识的活动,是有意识有目的的活动。人能按照自然界的客观规律进行生产,与运用物种的尺度于对象相结合,同时在产品中实现人的目的,达到人的要求,这就是"把内在的尺度运用到对象上去"。第三,人是按照美的规律进行生产的,这是动物所无法达到的。为什么人的生产是按照美的规律来建造呢?因为人能认识和掌握自然界的客观规律,按照物种的尺度去改造对象,同时,在改造的对象中又实现了人的目的,这样也就把人的本质力量在劳动和它的产品中对象化了,因此劳动及其产品就成为人们可以从中直观自身的对象,也就是成了欣赏的对象、美的对象。以上三层意思联系起来看,就是说人在劳动生产中改造对象世界,既要遵循客观规律即真,又要体现人的目的即善,同时也要实现美的创造。人的

---

① [德] 马克思:《1844 年经济学哲学手稿》,人民出版社 1985 年版,第 35 页。

劳动和它的产品是以真、善、美的统一为目标的,以生产实践为基础的整个社会生活和人类全部历史,它所要达到的目标就是真、善、美的统一。所以,从人类实践来说,从社会生活来说,真、善、美三者是不可分的。社会生活的美必以真和善为前提,真就是要符合客观规律,违背社会生活本质和规律的事物不可能是美的;善就是要符合人的利益、人的要求,真正的善必然符合进步人类的利益,符合社会先进阶级的要求,同时它也反映着客观规律所提供的可能性,是合理的、合乎规律的要求,所以,它也是以真为基础的;社会生活的美同时也就是一种善,这两者是统一的,违背人类社会实践发展要求和进步人类利益的事物,不可能是美的。社会生活的真、善、美的统一,是文艺中真、善、美统一的现实基础,从而也就成为文艺的意识形态性和审美性相统一的基础。从符合进步人类要求的审美理想和观点上,对于社会生活的本质规律在其个别中的真实反映,以及这种特殊内容和表现形式的和谐统一,既构成艺术形象的真和善,也创造了艺术形象的美。它既体现着文艺的意识形态性,也体现着文艺的审美性,因此形成了两者内在的、本质的联系。

当然,强调文艺的意识形态性和审美性相统一的现实基础以及两者之间内在的、本质的联系,绝不意味着将两者混为一谈。应当看到,文艺的意识形态性和审美性是既有联系又有区别的。由于文艺作品的题材、种类、体裁、样式等方面的差异,它们的意识形态性和审美性在表现的强弱和显隐程度上也不可能是一致和平衡的。例如描写阶级斗争等重大题材的作品和描写瞬间自然景象的作品,它们在表现意识形态性的强弱、显隐上就有很大的区别,前者可能以强烈的意识形态性和高度的审美性的结合引起人们重视;而后者则往往以审美性取胜而获得人们的喜爱。又如文学作品和建筑艺术分属于不同艺术门类和样式,各自在内容和形式上都具有许多特点,因而在表现意识形态性的强弱、显隐上形成很大差别。文学作品能够直接反映社会生活,再现现实图景,刻画内心世界,表达思想感情,所以可以表现深刻的社会内容和思想意义,并使建立在语言材料基础上的文学形式与之相适应,从而达到强烈、鲜明的意识形态性和高度的审美性的结合。而建筑艺术就不能做到这一点。关于建筑艺术是否具有意识形态性的问题,有的同志提出质疑,甚至以建筑艺术为例来论证整个艺术非意识形态。也有的同志为维护文艺的意识形态性,便否定建筑艺术具有观念形态的艺术的性质，否定它有反映生活的性能。笔者认为这都和对建筑艺术的意识形态性表现的特点及其与审美性相结合的特点缺乏具体深入的认识有关。首先，我们必须明确建筑具有两重性，它既是一门技术科学，同时往往也是一种艺术，这两者往往是统一的、分不开的。可以说，建筑是一个技术与艺术的综合体。"建筑现象具有两重意义———一方面，是由服从环境客观要求的物理结构所构成；另一方面，又具有旨在产生某种主观性质的感情的美学意义——建筑现象的这种两重性使建筑处于一个完全不同于其他艺术的领域。"① 因此，对于建筑的研究可以有两个角度，一是研究建筑的技术方面，二是研究建筑的艺术方面。我们现在研究建筑艺术，显然是从后一角度。从建筑的艺术方面或者说从建筑艺术来说，笔者以为应该承认它不仅是一种物质形态，也是一种观念形态，更具有反映社会生活的功能。正因如此，所以从总体上说，建筑艺术也是具有意识形态性的，也是意识形态性与审美性的统一。黑格尔说："建筑的任务在于对外在无机自然加工，使它与心灵结成血肉因缘，成为符合艺术的外在世界。"② 建筑艺术虽然不具体地再现特定的对象，不表现艺术家具体的思想情感，但它仍然以其特有的抽象性、概括性曲折反映出一定时代、社会、民族的精神面貌、情趣、理想和文化特色，体现着一定时代、社会、民族的审美意识。西方建筑艺术，从古至今风格的嬗变是异常明显的。从希腊古典建筑、拜占庭式建筑、罗马式建筑、哥特式建筑、文艺复兴时期建筑、巴洛克式建筑、洛可可式建筑、古典主义建筑直至各种现代建筑风格，其间的变化和各自的特点，无不同一定时代、社会的生活、理想、情趣、文化等密切联系着。某些建筑风格的形成和发展，就是直接与一定时代、社会的宗教、哲学乃至政治的意识形态相关的。所以，完全否定建筑艺术的意识形态性质，是不符合客观实际的。但是，我们必须看到，由于建筑艺术本身的特点，它的意识形态性在表现上是很不同于其他艺术门类和样式，如文学、绘画等的。建筑艺术虽然也反映生活，却不能再现生活，不具有直接模仿和再现自然或人自身的功能。从艺术分类的符号学标

---

① ［意］P. L. 奈尔维：《建筑的艺术与技术》，载江流等编《艺术特征论》，文化艺术出版社1984年版，第181页。

② ［德］黑格尔：《美学》第1卷，朱光潜译，商务印书馆1979年版，第105页。

准来看，建筑不是再现型的艺术，而是非再现型的艺术。同时，建筑也不能像文学、绘画、舞蹈、戏剧那样表现具体的思想感情，表达它赞成或反对什么的明确观点，而更多是表达一定的情调、气氛，以引起人们的庄严、典雅、明快、神秘等较为抽象的感情反应。我们还不能忘记，建筑的艺术性是和实用性相结合的，是服从实用性的。由于上述特点，建筑艺术一般来说，在意识形态性的表现上是比较微弱、比较隐晦、比较朦胧的。从另一个角度来看，建筑艺术却可以达到高度的审美性，具有极大的观赏和审美价值。由于建筑是利用固体材料来造出一个空间，具有物质实体的外观，所以，它的形式美显得非常突出、非常重要。建筑的情调、气氛主要就是通过形式感体现的。通过各种形式美法则，给空间形式以审美效果，是建筑艺术的主要美学追求。从这方面说，也可以将建筑看作偏重形式美的一种艺术。形式美固然也和内容美相联系，但作为一种美的形态，它也有相对独立性。由形式美所形成的艺术作品的审美性的一面，对于作品的意识形态性也是具有相对独立性的，这一切就形成了建筑艺术往往以审美性取胜或者说审美性胜于意识形态性的情况，这也是建筑艺术的意识形态性往往不易为人所注意和认识的一个原因。我们在这里较多谈到建筑艺术，就是要进一步说明意识形态性和审美性的统一是艺术的本质特点和普遍规律，至于两者统一的具体方式及其表现的强弱、显隐程度，则要由各类艺术或具体作品的特点所决定。这样看问题，有助于我们分析文艺的意识形态性与审美性关系的复杂性。

（原载于《文艺研究》1991 年第 6 期）

论文艺的真实性与倾向性

近几年来，我国社会主义文艺创作取得了十分可喜的成绩。文艺和人民群众、和现实生活的联系得到了极大的加强。这是同我们大力恢复革命现实主义的传统，提倡和坚持文艺的真实性分不开的。

文艺要真实地反映现实，这是自古以来优秀文艺创作的基本要求。许多杰出的现实主义大师都以他们的创作经验证明，真实性是艺术创作的生命所在。马克思主义创始人在评论作家作品时，反复肯定了文艺的真实性。他们之所以特别推崇莎士比亚、巴尔扎克、狄更斯、萨克雷等现实主义作家的作品，就是因为这些作品真实地描写了当时的社会生活和历史，"向世界揭示了政治的和社会的真理"。但是，在过去一个相当长的时间里，我们却有意无意地忽视了文艺反映生活的这个基本原则和规律。从20世纪50年代后期开始，把"写真实"这个正确的创作主张当作资产阶级和修正主义文艺口号进行讨伐，造成了极其恶劣的后果。林彪、"四人帮"利用这个错误，大批所谓"写真实"论，肆意颠倒文艺与生活的正确关系，结果使"瞒和骗"的文艺泛滥，文艺创作由于歪曲、粉饰现实生活，逐渐失去了人民群众的信任。正是通过拨乱反正，恢复了马克思主义文艺理论的本来面目和革命现实主义的传统，科学地阐明了文艺的真实性的重要意义和作用，重新把真实性作为文艺反映生活的基本要求，作为现实主义创作的根本原则，才使文艺创作从虚无缥缈的空中楼阁中回到坚实可靠的现实生活的大地上来。仅仅几年的时间内，在文学和艺术的各个部门，迅速涌现出一大批受到群众称赞和欢迎的作品。它们在反映生活的广度和深度上都达到前所未有的水平。过去许多没有或不能描写的题材在作品中得到反映。许多新的重大的主题在作品中得到表现。人民群众在文艺作品中看到了他们希望反映的生活，听到了他们希望表达的心声。这就使文艺作品在人民群众中的声誉得到恢复，文艺在社会生活中的作用重新得到正确的发挥。

在近几年的文艺创作中,我们高兴地看到,许多老作家和青年作者坚持运用革命现实主义创作方法,真实地、历史具体地描绘了我国现实生活中各种错综复杂的矛盾斗争,反映了现实在前进和发展中的巨大变化。有不少作品力求向生活的深处开掘,尖锐地、深刻地提出并回答了时代和人民群众所迫切关心的重大问题。有的迅速跟上现实生活前进的步伐,着重描写人民群众在党的领导下为实现社会主义现代化而斗争的新生活,反映了人民群众在同各种错误思想作风作斗争中崭新的精神面貌,塑造出为社会主义现代化创业的新人形象。不论这些作品反映的是现实生活的哪一方面,塑造的是哪种人物,它们的一个重要的共同点,就是严格地从实际生活出发,敢于大胆揭示社会生活中实际存在的各种矛盾,并且努力刻画出各种人物的真实性格和思想感情。同时,作家在真实地描绘现实生活时,也毫不掩饰自己对于生活和人物的真挚情感和鲜明态度。他们怀着发自内心的热爱和赞美之情,去刻画那些高尚的性格,美好的心灵;同时也怀着蔑视和憎恨的感情,去鞭挞那些卑劣的思想、丑恶的行为,从而在真实地描绘生活的艺术形象中,自然地流露出鲜明的革命倾向。这些作品取得的成绩,再次证明真实性是艺术的生命这一艺术真理;同时令人信服地表明,在提倡真实性的基础上,完全可以实现社会主义文艺创作的真实性和革命倾向性的统一。

但是,在充分肯定文艺创作恢复真实性所取得在成绩的同时,也必须看到,有少数作品在认识和处理真实性及其与倾向性的关系上也存在一些值得注意的问题。一方面,有的作者对文艺的真实性缺乏正确的理解,往往把自己在生活中所见到的现象不加选择地照搬到作品中去,既忽视了对生活现象进行典型概括的必要性,也忽视了作者对生活现象做出正确判断和评价的重要意义,甚至陈列生活中的丑恶现象,同情和赞美一些不应该同情、赞美的思想和行为,表现出不健康的生活趣味和审美趣味,因而使作品不同程度地受到自然主义创作方法的影响。另一方面,也有的作品仍然存在着脱离生活,从概念出发,以致背离生活实际去迁就主观意念的情况,造成艺术上的虚假。这说明主观主义、公式主义的创作方法仍然常常影响着我们的文艺创作。由此而形成的倾向性脱离真实性的情况也时有所见。以上两种创作偏向,尽管表现形式极不相同,但它们都对文艺的真实性、倾向性以及二者的关系缺乏正确理解。

一

为了正确认识文艺的真实性和倾向性的关系问题，首先有必要弄清究竟什么是我们所提倡的文艺的真实性。

近年来在文艺创作中，有的作者对什么是艺术真实和真实性有一些不正确的看法。少数作者往往把自己在生活中观察到的一切现象，都跟艺术的真实和真实性等同起来，认为只要写出了实际存在过的生活现象和事实，作品就一定具有真实性。从而把艺术的真实和真实性同纪录生活事实、现象完全等同起来了。

这种把艺术真实等同于纪录生活事实、现象的观点，在文学史上也曾有过，但它不是现实主义的主张，而是自然主义的主张。自然主义理论的倡导者左拉说过："小说家最高的品格就是真实感"，"使真实的人物在真实的环境里活动，给读者提供人类生活的一个片断，这便是自然主义小说的一切"。① 这些均出自左拉的《实验小说论》，而这部文集则是自然主义理论的代表作。可见自然主义文艺观和创作方法也是很讲文艺的真实和真实性的。但他所重视的真实，只"不过记录事实罢了"②。当然，左拉自己的作品实际上并不都是按照他的主张，单纯记录事实，照抄生活现象。然而，他的自然主义小说和戏剧理论中对于"真实"的理解，确实是把它降低为"记录事实"的。他在《戏剧上的自然主义》中说："自然主义小说不插手于对现实的增、删，……自然就是我们的全部需要——我们就从这个观念开始，必须如实地接受自然，不从任何一点来变化它或消减它。"③按照这种观点，文学作品就只能依样画葫芦地照搬现实生活，而不需要对现实生活进行任何加工改造。所以，自然主义否定作家在创作中对生活材料进行选择、提炼、集中、概括的必要性，否定想象，虚构和典型化对创

---

① ［法］左拉：《论小说》，载古典文艺理论译丛编辑委员会编《古典文艺理论译丛》（8），人民文学出版社1964年版，第122页。
② 北京师范大学中文系外国文学教研组编：《外国文学参考资料》（十九世纪—二十世纪初部分）下册，高等教育出版社1958年版，第786页。
③ 伍蠡甫主编：《西方文论选》（下），上海译文出版社1979年版，第248页。

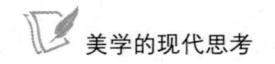

作的意义。

然而,按照马克思主义的反映论,文艺反映现实,不是像镜子那样机械地、简单地、直观地反映,而是通过作家头脑的加工改造作用,对现实进行能动地、复杂地、深入地反映。它不应当仅仅记录个别的具体的生活现象,而是要通过这个别的具体的生活现象以反映生活的本质和规律。莫泊桑说:"一个现实主义者,如果他是艺术家的话,就不会把生活的平凡的照相表现给我们,而会把比现实本身更完全、更动人、更确切的图景表现给我们。"(莫泊桑:《"小说"》)所谓"生活的平凡的照相",就是单纯地描摹生活现象。这样的作品不能正确地反映生活的本质,揭示社会的真理,不可能具有文艺作品应当具有的认识意义和审美价值。所以,我们所理解的文艺的真实和真实性,不是单纯地描摹生活现象的真实,而是通过描绘生活现象以反映生活本质的真实。我们反对忽视文学艺术的特点,把艺术真实仅仅归结为写本质。因为文艺作品对生活本质的反映绝不能脱离个别的、具体的生活现象,如果没有对生活现象的真实描绘,就不可能塑造真实的艺术形象,就会使作品变成抽象的本质的图解,就不可能具有艺术的形象描绘的真实性。但是,这绝不是说艺术的真实和真实性不应当要求反映生活的本质和规律。

固然,现实生活中的任何客观事物都是现象和本质的统一,任何一种生活现象都是某种本质的表现。但这并不是说,生活中各种现象在表现本质上完全没有区别。生活现象是个别具体、丰富多变的,而本质则是普遍共同、相对稳定的,所以各种现象在表现事物本质方面是不一致的。有的生活现象能够比较充分、深刻地表现事物的本质,有的生活现象表现本质则不那么充分、深刻,这就使各种现象在表现事物本质的程度上有很大差别。此外,生活中各种现象表现本质的形式也不完全一样。有的以较为直接的形式表现本质,有的以曲折的形式表现本质,有的甚至以和事物本质完全相反的歪曲形式为表现本质。马克思说:"如果现象形态和事物的实质是直接合而为一的,一切科学就都成为多余的了。"[①] 正因为生活现象和本质之间存在如此复杂矛盾的情况,所以作家必须对他所观察到的丰富、芜杂而又分散的生活现象进行分析研究,进行选择、提炼、集中、概括,

---

[①] 《马克思恩格斯全集》第25卷,人民出版社1974年版,第923页。

这样才能通过鲜明、突出的生活现象更集中、更充分、更深刻、更典型地表现生活的本质。鲁迅说过,一个勇士"也战斗,也休息,也饮食,自然也性交,如果只取他末一点,画起像来,挂在妓院里,尊为性交大师,那当然也不能说是毫无根据的,然而,岂不冤哉!"① 这虽然是一个比喻,但也说明并非所有生活现象都能充分、集中、深刻地表现本质。如果作者对所见的生活现象不加分析、不加选择、不加提炼,而是原封不动地照搬到作品中去,那就不仅不可能做到描写生活现象以充分表现生活的本质,还可能将生活的本质加以掩盖、加以歪曲。

所以,我们认为不能把艺术的真实和真实性等同于记录生活事实、现象,它是作家在选择、提炼、集中、概括某些生活现象的基础上,对现实生活进行能动的加工改造的产物。高尔基说:"文学的真实——是从同类的许多事实中提出来的精粹。"② 为了完成文学真实反映生活的任务,"必须使现象典型化"。

自然主义由于否认艺术真实必须把生活现象加以典型化的规律,所以往往只能做到描绘生活现象的表面的真实,却不能做到通过生活现象以反映生活的内在的本质的真实。例如左拉受到自然主义严重影响的小说《小酒店》,描写当时一个锌工古波因为酗酒导致家庭的不幸及个人的堕落。作品中对古波及其他工人酗酒的生活现象的描绘,孤立来看当然也有它的真实性,但是造成这些现象的原因是什么?这种现象与工人生活的不幸具有怎样的内在联系?对于这些隐藏在现象之中的本质的东西,作品却又作了不正确的理解和反映。在小说中,古波之所以由一个诚实、勤劳的工人突然变成一个酒徒,完全是由于从屋顶上跌下来这个意外事故,并被归结于潜伏在他身上的遗传的酗酒病。作者以生物学的观点来描写当时工人酗酒的现象,没有真实地反映出造成工人酗酒现象的社会的本质的原因。而实际情况却正如拉法格所分析的那样:"资本主义生产迫使工人到酒精中去寻求人为的和短暂的刺激,同时也是补剂。某些劳动的性质使得从事这种劳动的工人必须饮酒。另一些情况推动各种各类的劳动者去饮酒。"拉法格进一步指出,《小酒店》中所反映的问题对于自然主义作家带有普遍

---

① 《鲁迅全集》第6卷,人民文学出版社1975年版,第415页。
② [苏] 高尔基:《给青年作者》,以群等译,中国青年出版社1955年版,第70页。

性。"他们只看见谁都看得见的现象的外表。他们不能在事件的主要的发展方面去深入，不能追究事件的原因，不能抓住它们的作用和反作用的复杂性。"①

拉法格所指出的这个问题，恰恰也就是我们在当前少数作品中所遇到的问题。有的作者在反映错综复杂的生活现象时，往往只是停留在感性印象上，单纯追求"谁都看得见的现象的外表"的描绘；却没有对所描绘的现象予以充分的理解和准确的解剖，因而也就不能通过把现象典型化以正确地、深入地揭示生活的本质。有的作品把事物的表面现象直接当作本质，把局部的现象当作全体来写；有的则不能透过事物的假象抓住本质，反而被假象所迷惑，用假象掩盖、歪曲了人物和生活的本质。如有一篇反映抗日时期敌伪内线斗争的小说，把一个围歼我军游击队的伪军副司令描写成一个信守诺言、忠贞爱情、内心纯洁光明的正人君子。作品大肆渲染他与我方内线女交通员纯洁的爱情关系，把他回到华北为日寇效劳、消灭出卖女交通员的叛徒，乃至帮助我党地委副书记脱险等极为复杂矛盾的现象，都归结于他对女交通员忠贞的爱情。作品完全脱离了当时残酷的民族斗争和阶级斗争的历史现实，使敌我双方的人物关系完全融化在抽象的人性之中，这就从根本上歪曲了人物本质，也不符合历史真实。还有一篇小说描写一个地主少爷爱上了后母，但由于种种客观原因而长期未能如愿以偿的故事。作品把男女一见钟情的俗套搬到作品中，细腻地描绘这对男女第一次见面时的庸俗感情。地主少爷看到后母是一个意想不到的"美女子"，顿生占有之欲；他后母见他比老地主年轻、有风度，遂有移人之想。作品把这种庸俗的、不正常的暧昧关系表现为一种普通人性，不仅赋予它以"冲决"封建伦理道德的进步意义，而且把新中国成立后人民对他们的正确处理（划为地主分子）写成了妨碍他们人性的桎梏。作品从头到尾回避他们过去是剥削者、压迫者的事实，回避他们之间的关系以及思想感情都带有浓厚的剥削阶级烙印，完全脱离了人物所处的具体社会关系，抽象地表现男女关系，这就掩盖了人物在一定社会关系中的本质，也歪曲了生活真实。这类作品清楚地说明，不是作家在作品中随便写出任何一种生活现象，就一定能正确认识和反映出生活的本质。作家要透过现象正确认识

---

① ［法］拉法格：《文论集》，罗大冈译，人民文学出版社1979年版，第136页。

和反映本质，就需要经过深入的思考作用和艰苦的艺术探求，力求对现实关系有深刻的理解和准确的把握。这是生活现象典型化的一个重要环节，如果不能做到这一点，那就不可能创造出真实的艺术形象，不可能获得文艺的真实性。

二

由于少数论者对文艺的真实性采取自然主义的理解，把艺术真实等同于纪录生活事实和现象，因而也就看不到真实性与倾向性的必然联系。有的人把文艺的真实性说成是纯客观的，"不依赖于作家的思想感情、政治倾向和美学理想的"，甚至认为真实性可以代替倾向性，这就忽视了作家的思想倾向和审美理想在艺术反映现实中的重要作用。表现在创作中，有少数作品在描写社会生活现象时，往往采取一种所谓的客观主义态度，仅仅把一些消极的、丑恶的现象量以罗列和展览，而忽略了必须对它们做出正确的判断和评价。

我们知道，文艺反映生活要通过作家头脑的加工改造，在这个过程中，作家的思想感情和审美理想不可能不产生重要作用。任何作家都只能按照他对生活的感受、认识和理解来选择和改造生活材料，塑造艺术形象。艺术就其本质来说，是对现实的审美反映。艺术家通过艺术形象既要反映生活的客观真实，又要对生活做出主观的审美评价，这两者是水乳交融结合在一起的。所以，文艺作品对生活的任何反映，都体现着作家的思想倾向和审美态度。把文艺的真实性说成是纯客观的东西，否认真实性和倾向性存在着必然联系，是不符合文艺创作实际的。别林斯基说："对生活作纯然客观的诗的描写，……过去没有过，将来也不会有。"[①]

作家通过典型化创造艺术真实的过程，既是通过生活现象以反映生活本质和规律的过程，也是通过反映客观现实以表达思想感情的过程。在这个过程中，作家对生活材料的加工改造是有目地进行的。一方面，作家要"以少总多"，选择、提炼那些能充分体现某类事物本质的个别具体的生活现象，予以集中概括、想象生发，以塑造出以生动、鲜明的个别性充

[①] 参见朱光潜《西方美学史》下卷，人民文学出版社1979年版、第534页。

分表现某种社会生活的普遍性的真实、典型的形象；另一方面，作家又要"写物以附意"，通过对生活材料的取舍、加工，抒发自己的思想感情，熔铸自己的审美理想，在真实、典型的形象中体现出自己对生活的理解和审美评价。贯穿于典型化过程的这两方面是互相结合、融为一体的。真实地反映生活和表达作者的思想感情是相互作用、不可分割的。艺术真实和生活真实的区别，不仅在于它比生活真实更集中、更典型、更带普遍性，而且它还具有生活真实本身所不可能有的另一种品格——浸透着作家的思想感情。

如前所述，在文学史上，自然主义也曾标榜过文艺的唯一目的就是纯客观地纪录生活，否定思想对艺术创作的意义。当然，无论是左拉还是福楼拜，他们在文艺创作中实际上并没有完全按照这些主张去做。即使有的自然主义者力求按照这种主张去写作，实际上也不可能写出不带任何思想倾向、不流露任何情感态度的作品。但是我们不能不看到这种忽视乃至否认艺术的思想倾向性的文艺思想对艺术创作的极大危害，它使作家放弃以正确的思想态度说明和评价生活的崇高的社会职责，放弃对艺术应当具有的高度的思想性和巨大的教育意义的追求，从而导致文艺作品思想性的削弱和倾向上的错误，使艺术丧失应当发挥的积极的社会作用。

这种忽视艺术的思想倾向性所产生的危害，在近年来的少数作品中已经有所表现。例如，有的作品在反映十年动乱中社会上的犯罪现象时，以很大兴趣去绘声绘色地描写那些不堪入目的色欲场面、流氓生活和残暴行为。作者对这些丑恶、污秽的生活不仅没有表示什么憎恶，反而流露出同情的、欣赏的态度。如一篇小说描写一个曾经怀着革命狂热的女红卫兵，后来因为生活困顿，接连遭到强奸和诱骗。她为了达到复仇的目的，便主动与流氓头子同居，自己也堕落成为一个犯罪累累、"魔鬼"似的女流氓。作品把她比作《复活》中的玛丝洛娃，把她对社会的破坏行为说成是对"黑社会"和"新贵们"的"复仇"。在作者的描写中，我们处处可以感到作者不健康的思想趣味和艺术趣味。还有少数作品着重描写"四人帮"时期下乡知识青年中出现的迷惘、空虚、苦闷、绝望情绪，这些作品虽然也较为真切地刻画了主人公们庸俗偏狭的生活理想和空虚苦闷的心情，却对他们这种思想感情充满了同情和肯定，没有表现出应当怎样正确地看待和评价这种精神状态，这就使整个作品也和它所描写的主人公一样，充满了对生活悲观绝望的色调，只能引导人逃避现实。显然，这样的作品是不能发挥文艺作品推动人民改造生活的积极作用的。

文艺作品可以描写生活中各种现象、各种人物，当然也可以描写丑恶的、消极的现象和人物，关键在于作家用什么思想和什么态度去写。托尔斯泰说："无论艺术家描写的是什么人：圣人、强盗、皇帝、仆人，我们寻找的、看见的只是艺术家本人的灵魂。"这个极其深刻的见解，正是说明艺术家的思想立场、精神境界如何，对作品的思想内容的好坏、高下具有决定作用。歌德也说过："艺术家对于自然有着双重关系：他既是自然的主宰，又是自然的奴隶。他是自然的奴隶，因为他必须用人世间的材料来进行工作，才能使人理解；同时他又是自然的主宰，因为他使人世间的材料服从他的较高的意旨，并且为这较高的意旨服务。"[1] 歌德所说的"较高的意旨"就是一种高尚的思想境界、一种崇高的社会目的。作家不应当仅仅作自然的奴隶，为描写生活而描写生活；而且应当作自然的主宰，用高尚的思想指导来反映生活，使文艺作品通过反映生活为崇高的社会目的服务，这就是作家在反映生活、表现生活中不可忽视的社会责任感。

自觉意识到社会责任感的作家，意识到艺术的崇高社会目的的作家，他们绝对不会同意在反映生活中采取所谓的客观主义立场，绝对不会把复制和陈列生活现象当作创作的唯一目的。他们总是把真实地描写生活和正确地说明、评价生活互相结合起来，把作品的真实性和正确的倾向性紧密联系起来。所以，现实主义作家绝不是生活的冷漠的、消极的旁观者，而总是生活的热情的、积极的评判者。他们并不排斥描写生活中丑恶的现象，但绝不是仅仅把这些现象当作标本和展品描写出来，而是要通过艺术的典型化和正确的审美评价，深刻剖析丑恶现象的本质，用崇高的审美理想来揭露和批判丑恶现象，从而唤起读者高尚的、美好的感情，激发人们为改变这种丑恶生活而斗争的理想和热情。他们也描写生活中消极的、落后的、平庸的人物，但不是把自己的精神境界降低到和人物同样的水平，对他们消极的、绝望的情绪以及自私的、狭隘的理想加以肯定，而是用进步的、崇高的理想和积极的生活态度去批判人物消极的、落后的东西，以引导人们奋发向上。他们在揭露和鞭挞生活中丑恶的同时，也充满着对生

---

[1] 《歌德谈话录》，朱光潜译，人民文学出版社1978年版，第137页。

活中美和善的热爱和向往，力求把生活中高尚的、美好的东西发掘出来，赞美它，歌颂它，使更多的人在这种榜样面前感奋起来，仿效它，学习它。他们的作品之所以被人们誉为"生活的教科书"，是同他们对生活所做的正确审美评价，同艺术形象表现的进步思想倾向密不可分的。

三

当我们谈到文艺的倾向性时，必须注意区别两种不同的倾向性。一种是主观主义、公式主义的创作所要求的廉价的倾向性，另一种是现实主义创作所要求的真正艺术的倾向性。前者是脱离艺术的真实性并游离于真实的艺术形象之外的，后者则是和艺术的真实性相一致并且寓于真实的艺术形象之中的。

长期以来，我们的文艺创作在极"左"思潮影响下，不能有力地抵制主观主义、公式主义的创作倾向。后来"四人帮"又抛出一套完整的主观主义、公式主义的创作模式，主题先行，从主观意念出发，用政治倾向篡改现实生活，用虚假的、概念化的形象图解政治口号，从而造成了倾向性脱离真实性、破坏真实性的严重情况。今天，经过拨乱反正，这种情况已经有了根本改变，但倾向性脱离真实性的问题在艺术创作中并没有完全解决。有的作品为了表现某种政治倾向和思想观念，竟回避历史真相，不顾生活真实；有的作品把人物当作表现主观意念的传声筒，随意支配人物的思想和行动，以致使人物性格失去了真实性；有的作品由于缺乏生活，违背艺术特点，不能通过真实的形象刻画来体现思想倾向，便只好借助于抽象议论和说明，形成鲁迅批评过的那种"教训式的文字"。这都是有害于文艺创作的。

马克思、恩格斯在论述艺术问题时，曾经明确提出"我们不应该为了观念的东西而忘掉现实主义的东西"[①]。他们一再批评某些作品中用主观意念代替现实生活、用倾向性代替真实性的不良现象。我们知道，文艺作品中描写的任何人物，都应当是从现实中提炼、概括出来的。他们如何思考、如何行动、性格如何发展等等，都应当从实际生活出发，真实地反映

---

① 《马克思恩格斯选集》第4卷，人民出版社1972年版，第345页。

出现实生活的规律以及由此而决定的人物性格的客观逻辑。人物本身所体现的倾向性,应当是由现实生活的本质和规律所决定的,是符合人物的真实性格的。但是,主观主义、公式主义的创作由于不是从现实生活出发,而是从主观意念出发,所以,它不是把人物当作客观现实生活的反映,而是把人物当作表现主观意念的工具。作者可以不管现实生活的规律,不顾人物性格的逻辑,只需按照作者想要表达的政治倾向和主观意图,随意支配人物的思想性格,这就必然会使作品中人物所表达的倾向性脱离了现实生活和人物性格描写的真实性,成为观念的东西而忘掉现实的东西,为了倾向性而失掉真实性的不良创作倾向。在《巴黎的秘密》中,欧仁·苏正是走在这种创作的歧路上。他为了宣扬抽象的基督教道德,不顾现实生活和人物性格的真实逻辑,硬要人物"把他这个作家本人的意图""充作他们自己思考的结果,充作他们行动的自觉动机",使人物完全按照作者的主观倾向和意念来思想和行动,这就使"现实的人物变成了抽象的观点",变成了"脱离现实的毫无意义的抽象",造成"对现实的歪曲"。目前我们看到有的作品也正是不同程度地走在这样的创作歧路上。如一篇小说为了迎合政治形势,表现中日友好的思想,竟然回避中日战争的是非,把残酷杀害我军战士的日本法西斯分子的所作所为写成中日友好的象征。这都是背离革命现实主义创作原则的。

主观主义、公式主义的创作不是从现实生活出发,而是从主观意念出发,所以它所表现的倾向性也就不是直接来自现实生活的、饱和着生活血肉的东西,而是一种抽象的概念式的东西。这样,势必把人物的个性消融到原则里去,形成马克思所批评的"席勒式地把个人变成时代精神的单纯的传声筒"的创作倾向。所以,我们要克服主观主义的、抽象概念式的倾向性对文艺创作的损害,就必须坚持现实主义的创作原则,使倾向性寓于艺术描写生活的真实性之中,通过真实的艺术形象让倾向自然而然地流露出来。

现实主义创作是植根于现实生活的土壤之中的,是"从客观世界出发"的。它所要求的倾向性根本不同于主观主义、公式主义作品中那种抽象的倾向性。它既不是来自作家头脑的先验的观念,也不是从书本上照搬的现成公式和政治口号,而是作家在进步世界观指导之下,通过对生活的观察和分析,从生活中直接获得的对现实的正确认识和正确评价。这种倾向性本来就是与作家对生活现象和人物的直接感受紧密联系在一起的,是饱和着丰满的生活血肉的。同时它又是符合客观实际的,是同现实生活的本质和规律相一致的。所以它完全可以而且应该按照文艺反映现实的特点和规律,通过真实地描写现实生活体现出来,不需要在真实地描写现实之外,添加某种抽象的思想观点来表明倾向。

恩格斯总结了现实主义文学的经验,在致敏·考茨基的信中提出了"通过对现实关系的真实描写"以体现"社会主义倾向"的原则。这对我们如何在文艺创作中实现社会主义倾向性与反映现实真实性的统一,具有根本的指导意义。我们要坚持文艺的社会主义倾向性,就必须使它牢牢地植根于现实生活之中,建立在文艺真实性的基础之上,体现在真实的艺术形象里,绝不能再搞以前那种主观唯心的、标语口号式的所谓倾向性。

四

恩格斯关于具有社会主义倾向的小说应当通过对现实关系的真实描写以发挥积极影响的论述还说明,在现实主义创作中,艺术的真实性与正确的倾向性是完全一致的,而不是互相对立的,坚持文艺的真实性与坚持文艺的革命倾向性是可以统一的,而不是互相排斥的。

有的论者笼统地、不加分析地强调文艺的真实性与倾向性存在矛盾和不一致,而否认了真实性与正确的倾向性是具有内在联系和一致性的。有人甚至担心提倡文艺的真实性会排斥和取消文艺的革命倾向性,有意无意地把某些作品在思想倾向上出现的错误同真实性联系在一起相提并论,这是很不科学、很不妥当的。

如上所述,在现实主义创作中,正确的思想倾向体现着作家对现实生活的正确理解和正确评价,它是来自现实生活的,是正确反映了客观实际的,因而它的内容也就是符合现实生活的本质和发展规律的。而我们所提倡的文艺的真实性,也就是要求文艺作品真实地描写现实的面貌和现实的关系,通过具体的生活现象充分反映生活的本质和发展规律。既然如此,文艺的真实性为什么会与正确的倾向性相矛盾呢?提倡文艺的真实性为什么必定会排斥正确的倾向性呢?如果真实性与正确的倾向性是互相对立的,那么又怎么能"通过对现实关系的真实描写"以体现社会主义倾向呢？创作实践证明，如果一个作家在正确思想指导下，通过艺术典型化的规律，真实地描写了现实生活，那么他塑造的真实的艺术形象必然会体现出他对生活的正确理解和正确的评价，体现出正确的倾向性。巴尔扎克在《人间喜剧》中真实地描绘了各种各样资产阶级暴发户的形象，揭露出他们在国家法律的庇护和社会舆论支持下，为了满足自己的贪欲，如何用欺诈和暴力进行掠夺，把黄金和鲜血混在一起。这种高度的艺术真实不就是体现了作家对资产阶级发家史的正确理解吗？不就是体现了他对统治着法国社会的大资产阶级的批判倾向吗？马克思在《资本论》中分析过巴尔扎克在《农民》及《高利贷者》中对高利贷者所做的"精确的描写"，由此得出结论："巴尔扎克曾对各色各样的贪婪作了透彻的研究。"这说明什么呢？难道不正是说明作品的真实性和正确倾向性是相联系、相一致的吗？

当然，就一部具体作品来讲，它的真实性和倾向性是可能存在着各种复杂矛盾情况的，某些具有真实性的作品，也可能包含有作者对生活的某些不正确的评价，这种情况在许多古典作品中就常常见到。但是，对此也要作具体分析，不能笼统地说它的真实性和倾向性有矛盾。一方面我们要看到，它的真实形象中必然体现着生活的真理，体现着正确思想意义和审美评价，因此，真实性与正确的倾向性仍然是相一致的、相联系的。另一方面又要看到，作者对生活的某些不正确的评价又往往要通过不真实的形象表现出来，而和真实的形象形成矛盾，从而不同程度地损害了作品对生活的真实反映。所以，我们只能说这种作品中的错误思想和真实性是有矛盾的，却不能说它的真实性和正确的倾向是对立的。古今中外许多创作实践证明，只有错误的思想倾向限制、削弱和破坏文艺的真实性，却没有因为真实地反映生活而导致思想倾向的错误。当前少数作品中出现的思想倾向问题，关键在于作者的世界观和审美趣味，绝不是因为它们真实地反映了生活才造成的。这些作品并非像某些人所说的那样，虽然倾向不好，而真实性却是没有问题的。实际上，它们对生活的反映也是有失真实的。有的是带有不真实成分，有的就是对生活作了歪曲反映，这一点我们前文已经有所分析。既然如此，怎么能把这些作品的思想倾向问题同提倡文艺的真实性相提并论呢？

作家对生活的正确认识和评价，只能建立在正确反映客观实际的基础上，建立在真实地反映现实生活的基础上。没有脱离客观实际、歪曲地描写现实生活而却具有正确思想的作品。在文学史上，消极浪漫主义是片面强调作家的主观，而蔑视客观现实生活的。它主张好诗要从自我、"从内心去找"，反对真实地反映现实生活。例如法国消极浪漫主义作家夏多布里昂的小说《阿达拉》，就是按照他在《基督教真谛》中宣扬的基督教伟大的主观思想写成的。它完全无视现实生活的规律和人物性格的真实，臆造出一个印第安女子起初追求爱情，而后又为宗教信仰心安理得地牺牲爱情并终至服毒自尽的故事。马克思称夏多布里昂"在各方面都是法国式虚荣的最典型的化身"，说他的作品"无论在形式上或内容上，都是前所未有的谎言的大杂烩"，他的小说中虚假的、不真实的形象同思想倾向上的反动恰相适应。

　　现实主义要求真实地反映生活。为了做到这一点，作家必须面对客观现实，忠于客观现实，力求使自己的思想认识符合客观现实。所以它不是像消极浪漫主义那样，以作家的主观去随意歪曲客观实际，而是力求使自己的主观符合客观实际。作家对生活的认识和评价只有符合客观实际时才能是正确的，为了做到真实地反映生活，作家必须深入生活实践，探求生活底蕴。而人的正确思想正是来自实践，来自对客观现实的观察、体验和分析、研究。所以，提倡和坚持文艺的真实性，不仅不会排斥文艺的正确倾向性，而且恰恰有利于确立正确的思想倾向，这是早已为许多现实主义作家的创作实践所证明的。

　　我们知道，过去时代的现实主义作家在创作中常常会遇到忠于主观倾向还是忠于客观现实的矛盾。他们的阶级同情和政治偏见，常常是不符合历史实际的、错误的，这对他们的创作是不利的。但是，如果他们坚持现实主义的真实性原则，忠实于客观实际，就常常能够以他们从现实生活中直接获得的正确认识，去克服原来和客观实际不相符合的主观偏见，从而使作品的倾向性和对现实生活的真实反映达到互相一致。屠格涅夫说："忠实有力地反映真实与现实生活乃是作家的最高幸福，即令这真实跟他个人的倾向并不相符合。"（屠格涅夫：《关于〈父与子〉》）这可以说是过去所有杰出的现实主义作家在创作中遵奉的信条。当他们在创作中坚持"忠实有力地反映真实"时，就必然要使自己的主观倾向服从于客观现实本身的逻辑。屠格涅夫本人在政治倾向上是一个西欧主义者，但他在《贵族之家》的潘辛这个人物身上，却写出了西欧主义者一切可笑的、俗恶的方面，显示出俄国贵族知识分子正在丧失其历史作用。尽管屠格涅夫是一个温和的贵族主义者，不赞同革命民主主义派的观点。但是当他在《父与子》中刻画激进的民主主义知识分子巴礼洛夫的形象时，却使他在精神上压倒了周围一切贵族；而对于巴札罗夫的对立面、贵族巴威尔和尼古拉，作者则把他们写成了落后于时代、再也不能推动俄国社会前进的人。显然，这些作品所体现的正确倾向都是违反作者原来保守、落后的政治见解的。这是什么原因呢？屠格涅夫回答说："因为，照我的理解，在一定的场合，现实生活正是这样的，而我首先就想做个诚实和正直的人。"（屠格涅夫：《关于〈父与子〉》）由此可见，这正是他坚持文艺真实性、忠实于现实生活的必然结果。所以，一个严格遵循现实主义创作方法的作家，坚持真实地反映生活的原则，就能够在尊重现实生活的基础上，以符合客观实际的正确倾向克服不符合客观实际的错误倾向，从而达到违背作家的主观偏见而再现客观现实的真实，这就是恩格斯所说的"现实主义的最伟大胜利"。

也许有人认为恩格斯关于"现实主义的最伟大胜利"的论断只是对古代作家才有积极意义，对今天的作家似乎不再存在这个问题。事实证明这种看法是不对的。人的主观对客观现实的认识总不可能时时、处处都能做到正确反映，主观落后于客观世界的情况是经常存在的。所以，从人对客观世界的认识来说，总有一个不断地解决主客观的矛盾问题。我们的作家所接受的政治观念和倾向，也有和实际生活不相一致的时候。所以，作家在创作过程中仍然会有忠实于客观生活还是忠实于主观倾向的矛盾，仍然需要坚持真实性和忠于生活的原则，以克服错误倾向，树立正确倾向。社会主义文艺创作的正反经验说明，只有在忠实于现实生活、忠实于客观实际的基础上，才能真正实现主观与客观的统一，社会主义倾向性与真实性的统一。

（原载于《文学评论》1981年第4期）

如何理解典型环境中的典型人物

"真实地再现典型环境中的典型人物"是恩格斯在 1888 年致玛·哈克奈斯的信中所提出的一个重要的文艺理论命题。但究竟怎样理解恩格斯所说的"典型环境中的典型人物"？这历来存在着意见分歧。最近读到人民文学出版社 1959 年出版的《文学概论》，书中对典型环境中的典型人物作了如下解释：

> 所谓典型环境中的典型人物，就是那种代表历史发展的主要倾向、代表相当广大范围的人群的典型人物。……以社会主义文学来说，也就是特别要求作家具有马克思主义的世界观，在自己的作品中真实地描写革命人民在工人阶级领导的自觉的解放斗争中的英雄人物。如高尔基的《母亲》中的巴威尔，奥斯特洛夫斯基的《钢铁是怎样炼成的》中的保尔·柯察金，梁斌的《红旗谱》中的朱老忠等，都是这样的典型环境中的典型人物。①
>
> 把握那种代表着历史发展趋向和广大社会基础的人物加以典型化，就有可能创造出"典型环境中的典型人物"，而这则是更高的典型人物。②

按照这种理解，所谓"典型环境中的典型人物"只能限于指作品中"代表历史发展的主要倾向"的典型人物，或者说"代表着历史发展趋向"的典型人物。那么，什么人物才能代表历史发展趋向和主要倾向呢？毫无疑问，只能是代表时代的进步阶级或进步力量的正面人物；在今天，也就

---

① 蔡仪主编：《文学概论》人民文学出版社 1959 年版，第 28 页。
② 蔡仪主编：《文学概论》人民文学出版社 1959 年版，第 230 页。

如何理解典型环境中的典型人物

是无产阶级和革命人民中的先进人物及英雄人物。这样一来，所谓典型环境中的典型人物也就自然被限制在指文学作品中塑造的正面英雄典型。如果作品没有塑造正面英雄典型，而是写了落后人物或反动人物，即使其典型性很强，也不能说是典型环境中的典型人物。这种理解在以往某些文章和报告中也有过，但它是否符合恩格斯原信的精神，是否符合文学史上和今天大量文学作品的实际情况，值得商榷。

众所周知，恩格斯关于"真实地再现典型环境中的典型人物"的理论，是针对哈克奈斯的小说《城市姑娘》存在的问题提出来的。《城市姑娘》的主人公是青年缝纫女工耐丽。从作品中所描写的她的思想和行为来看，这个人物确实是工人群众中比较消极、落后的人物。但是，恩格斯批评这部作品没有写出典型环境中的典型人物，是否就是由于它写的主人公是一个落后工人，而不是一个先进工人呢？笔者认为无论从恩格斯全信来看，还是从《城市姑娘》本身来考察，都不能这样理解。恩格斯写道："您的人物就他们本身而言，是够典型的；但是环绕着这些人物并促使他们行动的环境，也许就不是那样典型了。"① 这意思是极明确的。就是说，《城市姑娘》的主要问题，不在于它的主人公是写了先进工人还是落后工人，而在于没有写出环绕着人物并促使其行动的典型环境。《城市姑娘》中主人公耐丽生活和行动的具体社会环境是伦敦东头工人区。围绕耐丽被格朗特诱骗又被救世军拯救的遭遇，作品还写了她的未婚夫、看门工人乔治，她的母亲和哥哥托姆，她的邻居擦鞋匠驼子提姆和瘸姑娘希尤金等。作品中这些人物都是"以消极群众的形象出现的"，可是作者并没有正确揭示他们之所以如此消极的原因，反而把这种消极地屈服于命运表现成了当时工人阶级普遍的、本质的特征。这样一来作品就把那个时代的整个工人阶级都表现成了不能自助的消极群众，因而也就不能正确反映那个历史时代的本质规律。正如恩格斯所说："如果这是对1800年或1810年，即圣西门和罗伯特·欧文的时代的正确描写，那末，在1887年，在一个有幸参加了战斗无产阶级的大部分斗争差不多五十年之久的人看来，这就不可能是正确的了。"② 由此可见，恩格斯批评《城市姑娘》的环境不典型，是因

---

① 《马克思恩格斯选集》第4卷，人民出版社1972年版，第462页。
② 《马克思恩格斯选集》第4卷，人民出版社1972年版，第462页。

为它把整个工人阶级都写成消极群众，而不是说不能写耐丽这样的落后工人。像耐丽这样的落后工人在当时的实际生活中是存在的，文学作品当然也可以描写。但这种工人并不代表当时的整个工人阶级的精神面貌，如果要正确地描写她，就应真实地再现环绕她的时代环境，表现出她是在整个工人阶级已经觉醒并进行斗争的时代，仍然处于落后状态的工人，并揭示出形成这种落后状态的社会原因。果真这样描写，那么即使作品的主人公是一个落后工人的形象，也仍然可以真实地表现出生活中这类工人的特点，从一个侧面反映出时代本质的某些方面，因而也可以塑造成典型环境中的典型人物。所以，不能从恩格斯的论述中得出结论说，典型环境中的典型人物必须是描写"代表历史发展趋向"和"主要倾向"的人物，更不能说只限于描写革命人民中的先进人物或英雄人物。

恩格斯在同一封信中，还以巴尔扎克为例，来说明他"所指的现实主义"，认为巴尔扎克"是比过去、现在和未来的一切左拉都要伟大得多的现实主义大师"。既然如此，恩格斯当然认为巴尔扎克的作品是真实地再现了典型环境中的典型人物的。但是，我们能不能说巴尔扎克创造的典型环境中的典型人物，都是代表着历史发展趋向和主要倾向的人物呢？显然不能这样说。巴尔扎克在《人间喜剧》里固然也描写了代表历史发展趋向的人物，如像米歇尔·克雷斯蒂安（《幻灭》）这样的圣玛丽修道院的共和党英雄们，他们在当时（1830—1836年）的确是代表人民群众的，是属于"未来的真正的人"。但是在《人间喜剧》中被人们公认为可以称作典型环境中的典型人物的，却又恰恰并非指这些人物，而是指那些成功塑造的庸俗的、满身铜臭的资产阶级暴发户的形象，以及腐朽的、必然灭亡的贵族男女的形象。其中最知名的典型，如热衷于货币贮藏的旧式剥削者、高利贷商人戈贝斯克（《戈贝斯克》），法国革命动荡时期的资产阶级暴发户、吝啬贪婪的投机商葛朗台（《欧也妮·葛朗台》），掌握法国政权的金融贵族代表、靠攫夺他人财富以敛聚钱财的银行家纽沁根（《纽沁根银行》），在巴黎"上流社会"和资产阶级道德熏陶下走上不顾一切追求金钱和地位的道路的青年野心家拉斯蒂涅（《高老头》）等等，无一不是生动体现了资本主义社会的丑恶面目和本质，是作家所无情揭露和鞭挞的人物。他们虽不代表历史发展趋向和主要倾向，却是当之无愧的典型环境中的典型人物。

如何理解典型环境中的典型人物

文学史上还有许多公认的典型环境中的典型人物，也不是代表历史发展趋向的正面典型。他们或者是逆历史潮流而动的反动阶级的典型人物，或者是并非代表历史发展趋向的落后人物的典型。前者如冈察洛夫塑造的奥勃洛莫夫这个地主典型，他怠惰、懒散、害怕一切变动而又无力从事任何有益的工作，是一个十足的剥削阶级寄生虫，他的一切病症都是农奴制度的必然结果。这个反面典型，我们只能说他代表着反动、腐朽的沙皇农奴制，却不能说他代表了历史发展趋向，但他毫无疑问应该被称作典型环境中的典型人物。从杜勃罗留波夫到列宁，对这个人物高度的典型性，都曾给予极高评价。后者如鲁迅创造的辛亥革命时期的落后农民的典型阿Q，谁也不能否认这是一个典型环境中的典型人物。但像阿Q这样的落后农民，是否代表着历史发展趋向和主要倾向呢？也不能这样说。固然，阿Q作为一个受压迫的雇农是有革命要求的，但是，鲁迅在这个典型人物身上所着重表现的，则是他的一种落后意识——精神胜利法，也就是作者当作"国民的弱点"加以暴露的东西。这种精神胜利在阿Q身上尽管也表现有农民的特点，但它毕竟主要是属于反动腐朽的封建统治阶级的意识形态。它对于阿Q这样受压迫的农民来说，只能起到妨碍他们觉醒和走向斗争的消极作用。因此就阿Q思想性格的主要方面来说，阿Q这个落后农民的典型也不能说是代表历史发展趋向和主要倾向的。

诚然，恩格斯在致玛·哈克奈斯的信中说过："工人阶级对他们四周的压迫环境所进行的叛逆的反抗，他们为恢复自己做人的地位所作的剧烈的努力——半自觉的或自觉的，都属于历史，因而也应当在现实主义领域内占有自己的地位。"[①] 但这是对整个革命文艺创作提出的一个期望和要求，并不是规定每部作品必须写工人阶级和革命人民中的先进人物，更不是规定只有写这种人物才能构成典型环境中的典型人物。就社会主义文学来说，为了深刻反映历史发展的主流和趋向，充分发挥文学以社会主义和共产主义精神教育、鼓舞人民的作用，当然应当真实地描写革命人民在工人阶级领导的革命斗争中的英雄人物，努力把他们塑造成典型环境中的典型人物。但是，同样也需要在作品中真实地描写其他各种各样的人物，并且也可以而且应当把他们塑造成典型环境中的典型人物。以《创业史》这

---

① 《马克思恩格斯选集》第4卷，人民出版社1972年版，第462页。

部优秀长篇小说来说，正面英雄人物梁生宝代表着我国社会主义时期农村发展的方向，被成功塑造成为典型环境中的典型人物。但其他人物如小私有者的自私思想严重、对新生活感到不适应的贫农梁三老汉，热衷于个人发家致富、对集体富裕的社会主义道路抵触反感的新富裕中农郭振山，虽然他们并不代表农村社会主义发展趋向，也不是正面英雄人物，但也被成功塑造成典型环境中的典型人物。如果无视社会主义文学创作的实际情况，只从写什么人物和题材上来理解恩格斯关于"典型环境中典型人物"的命题，认为社会主义文学只有描写代表历史发展趋向的革命人民中的英雄人物，才符合恩格斯关于"真实地再现典型环境中的典型人物"的要求，像过去有些同志所理解的那样狭隘，那就会给艺术的典型化制造种种限制，并且也会对社会主义文学题材、人物乃至艺术形式的多样化产生不利影响。

此外，把典型环境中的典型人物理解为"代表相当广大范围的人群的典型人物"，或是代表"广大社会基础的人物"，究竟是否合适，也是值得商榷的。所谓"代表相当广大范围的人群"和"广大社会基础"，其语义比较含混，但按一般人所理解的意思，这些说法实际上都只是从数量的代表性上来考察人物形象的典型性，从中很容易引出典型环境中的典型人物必须代表了人群中的大多数的结论。众所周知，典型并不等于大多数。从文学作品实际来看，是否成为典型环境中的典型人物，其实质也不在于它是否代表了人群中的大多数。《红楼梦》中的贾宝玉是封建社会没落、崩溃时期统治阶级中的叛逆者的典型，是公认的典型环境中的典型人物，但他并不代表封建贵族中"相当广大范围的人群"，也不代表"广大社会基础"。就当时的封建贵族阶级来说，像贾宝玉这种敢于怀疑和否定封建正统思想的人物，绝不是大多数。实践证明，艺术典型既可以是写大量的、普遍存在的人物和事物，也可以是写稀少的、并非普遍存在的人物和事物，不能以其所代表的人群的范围、数量，衡量艺术作品中人物是否典型以及典型程度高低，关键在于是否以鲜明、独特的性格充分体现了社会生活中某类人物的本质特点。在社会生活中，某些代表新生力量的人物，在其开始出现时，往往是稀少的，但将来定会大量发展。作者如果具有时代的先进思想水平和慧眼，在这些人物尚处在稀少状态时，就能敏锐地认识到他们所具有的典型意义，给予其真实的艺术概括，无疑可以创造出典型环境中的典型人物。另一方面，那些代表反动或落后势力的人物，今天在我们的生活中也不是多数，但只要以生动、独特的艺术形象高度概括出这类人物的本质特征，同样也可以创造出典型环境中的典型人物。

任何正确的文艺理论，都应当是从文艺实践中概括出来的，它必须经受实践的检验，并且能够正确地指导文艺创作和文艺批评实践。对于恩格斯提出的"典型环境中的典型人物"这一文艺理论命题，我们应当结合文艺创作的实际情况，全面理解恩格斯有关论述的精神实质，然后才能给予科学的解释和说明。

那么，从文艺创作实际和恩格斯有关论述的精神实质来看，究竟应当如何理解"典型环境中的典型人物"这一理论命题的含义呢？这里，谈谈笔者的理解和看法。

从恩格斯致玛·哈克奈斯的信文来看，恩格斯提出"典型环境中的典型人物"这一命题，是着重说明真实地再现典型环境与塑造典型人物的关系问题。关于文艺作品中人物与环境的关系，在欧洲文艺发展史上以往也有人论述过。例如黑格尔在《美学》中就把环绕人物的具体环境称作"情境"，指出人物与"情境"是互相作用的辩证关系。但黑格尔将"情境"不是理解为客观社会条件的总和，而是把它看作绝对精神的具体体现，这显然是唯心主义的观点。在文艺创作方面，18、19世纪相继出现的许多现实主义小说，十分注意描写社会环境对人物性格的影响和决定作用，努力从社会环境方面去探求人物行为的动机。以现实主义理论家闻名的法国作家杜朗缔（1833—1880年）在自己主编的杂志《现实主义》中，就曾把现实主义定义为"社会环境的精确的再现"[①]。和法国作家巴尔扎克同时代的法国生物学家饶夫华·圣伊莱尔认为动物是由于环境的影响才彼此相异。巴尔扎克把这种学说应用到他的小说中，非常重视社会环境与人物的关系。他在《"人间喜剧"前言》中说："社会不是按照人类展开活动的环境，把人类陶冶成无数不同的人，如同动物之有千殊万类么？"所以他的结论是："人物是从他们的时代的五脏六腑孕育出来的。"[②] 这种看法很

---

① [苏]弗里契：《欧洲文学发展史》，沈起予译，新文艺出版社1954年版，第189页。
② 文艺理论译丛编辑委员会编：《文艺理论译丛》1957年第2期，人民文学出版社1957年版，第2、4页。

可贵，但他对环境以及人物与环境之间关系的理解，还不是建立在科学的社会理论基础之上的。恩格斯正是在总结以往文学创作经验，特别是总结批判现实主义文学创作经验的基础上，用历史唯物主义原理作指导，对典型环境和典型人物的关系问题作了科学的说明，从而使文艺学中的典型理论成为更为完备的科学理论。

按照马克思主义观点，在社会生活中人和环境总是互相联系、互相作用的。如同马克思、恩格斯所说："人创造环境，同样，环境也创造人。"[①]人物思想性格的形成和发展都不能不受客观环境的影响和制约，这是人物和环境的一般关系。如果再从文艺的典型化来说，不仅人和环境是互相联系、互相依存的，而且人物的典型性与环境的典型性也是互相联系、互相依存的。因为所谓环境，主要是指环境人物并促使人物行动的特定的社会关系和阶级关系，而人物的思想性格是否典型，不能仅仅从他本身孤立地来看，而必须联系他所处的社会关系和阶级关系来看。马克思指出："人的本质并不是单个人所固有的抽象物。在其现实性上，它是一切社会关系的总和。"[②]只有把人物放在典型的社会关系中进行刻画，才能充分揭示人物性格的社会本质。如果说人物所处的环境是不典型的，那也就是说作品所反映的社会关系是不典型的，而被这种特定社会关系所制约的性格，当然也就不能充分表现出它的社会本质（一定历史时期某个阶级、阶层或社会集团的本质，或者一定阶级关系的本质），这种人物不可能是充分典型的。以恩格斯所分析的《城市姑娘》这部小说来说，由于它所描写的环境不典型，耐丽这个主要人物也就没有刻画成真正的典型人物。所以，文学作品中的典型环境与典型人物是辩证统一、互相联系的。

那么，在文艺创作中，怎样才能实现典型人物与典型环境的有机统一呢？

第一，要真实地描写典型人物活动于其中的社会关系，这种社会关系既是个别的、特殊的，又要充分反映出一定时代社会生活的某些本质方面。关于这一点，从上述恩格斯对《城市姑娘》的分析中已可明显看出。

---

① 《马克思恩格斯选集》第3卷，人民出版社1972年版，第43页。
② 《马克思恩格斯选集》第1卷，人民出版社1972年版，第18页。

此外，恩格斯在评论巴尔扎克时特别称赞他"对现实关系具有深刻理解"①；在致敏·考茨基的信中要求作品应达到"对现实关系的真实描写"②；等等，基本意思都是要求作家在对现实生活进行典型化时，要站在时代先进思想的水平上，正确地观察和分析当时的社会阶级关系，善于透过生活现象，认识和反映出一定时代社会生活的某些本质规律。文学史上那些著名的典型人物，总是通过环绕人物的错综复杂而又具体独特的社会关系的描写，极其真实、深刻地反映了人物所处的时代的面貌和某些本质方面。《复活》中以聂赫留道夫和卡秋莎·玛丝洛娃为中心所展开的各种社会关系，真实地揭露了沙皇政府的专制暴虐，法庭、监狱的滑稽可笑，官办教会的伪善欺骗，深刻反映了俄国贵族资产阶级社会的罪恶本质。《阿Q正传》中以阿Q为中心所展开的各种社会关系，真实地反映了我国旧民主革命时期农村的阶级矛盾，揭露了封建宗法制度的腐朽、反动的本质，同时也反映了辛亥革命的领导者——资产阶级的妥协性和动摇性，形象地揭示了中国资产阶级已经不可能领导民主革命取得胜利的真理。它可以说是辛亥革命前后旧中国的一个缩影。

第二，要写出典型的时代环境、阶级关系对典型人物的影响和制约作用，揭示形成人物思想性格的时代的、阶级的原因。马克思在谈到维克多·雨果的著作《小拿破仑》时，认为作者在揭露拿破仑三世时，不应该把当时的社会事变仅仅作为"一个人的暴力行为"，"被描绘成了晴天的霹雳"，而应该"说明法国阶级斗争怎样造成了一种条件和局势，使得一个平庸而可笑的人物有可能扮演了英雄的角色"。③ 文学作品中典型人物的思想性格，都是受一定的时代条件和阶级关系所影响和制约的，不深入揭示形成人物性格的时代的、阶级的根源，人物性格就难以体现普遍的、深刻的社会意义。恩格斯说："主要人物是一定的阶级和倾向的代表，因而也是他们时代的一定思想的代表，他们的动机不是从琐碎的个人欲望中，而正是从他们所处的历史潮流中得来的。"④ 这段话对于我们理解什么是典型环境中的典型人物以及如何塑造典型环境中的典型人物非常重要。其基本

---

① 《马克思恩格斯全集》第25卷，人民出版社1974年版，第47页。
② 《马克思恩格斯选集》第4卷，人民出版社1972年版，第454页。
③ 《马克思恩格斯选集》第1卷，人民出版社1972年版，第599页。
④ 《马克思恩格斯选集》第4卷，人民出版社1972年版，第344页。

意思也就是要揭示人物性格的时代的、阶级的根源，不能脱离人物所处的历史潮流和他们在阶级关系中的地位去描写人物，否则，就不能充分揭示人物性格的本质，不能使人物性格具有充分的典型意义。《青春之歌》塑造林道静的典型性格，就是把她放在从"九一八"到"一二九"时期风起云涌的中国革命运动的历史潮流中来写的，通过环绕她的具体的社会关系，写出了中国共产党的领导、共产主义的精神力量对她思想性格形成、发展的决定性的影响，写出了广大知识青年在尖锐的阶级矛盾和民族矛盾中的分化、觉醒、战斗以及林道静在其中所处的地位。因此，这个典型就具有相当深刻的时代的、阶级的意义。我们常常说文学作品中一个成功的典型人物可以概括地反映出一个时代，其原因也就在于此。

第三，寓典型人物的共性于个性之中，刻画出鲜明、生动、独特而又突出的人物性格。典型人物总要概括一定时代、一定阶级中某类人物的共同本质，反映社会生活的某种规律。但如果把典型人物仅仅归结为社会生活中某种本质、规律的表现，那就会完全忽视文学艺术的特点，违背典型化的规律，把人物塑造引向公式化概念化的歧途。这种错误倾向以前在国外国内都曾出现过。歌德说过："艺术的真正生命在于对个别特殊事物的掌握和描述。"① 我们也可以说，艺术典型的真正生命在于对个别特殊性格的掌握和描绘。恩格斯对于刻画个别特殊的人物性格的重视，充分体现在他对艺术典型的这段至理名言中："每个人都是典型，但同时又是一定的单个人，正如老黑格尔所说的，是一个'这个'，而且应当是如此。"② 我们在理解什么是典型环境中的典型人物时，应当把这个极其重要的思想作为完整的组成部分包含进去，不能仅仅着眼于典型人物的代表性如何。事实上，人物性格的鲜明性、生动性、独特性，从来就是作家塑造艺术典型所要追求的目标，也是我们衡量是否是典型环境中的典型人物的极其重要的标志。

以上几方面互相联系起来，就是我们对恩格斯提出的"典型环境中的典型人物"这一命题的完整的理解。凡是文艺作品中达到了上述要求的各种各样的人物形象，不论是正面典型，还是反面典型；不论是代表多数的

---

① 《歌德谈话录》，朱光潜译，人民文学出版社1978年版，第10页。
② 《马克思恩格斯选集》第4卷，人民出版社1972年版，第453页。

典型，还是代表少量的典型，都可以称之为"典型环境中的典型人物"。对于文艺创作来说，是否能够创造出典型环境中的典型人物，关键不在于作家选择什么人物、什么题材来描写，而在于是否能通过典型化，使典型环境与典型人物达到高度统一，使人物性格的普遍性与个别性达到高度统一。

（原载于《文艺理论研究》1980 年第 1 期）

文艺的审美教育作用统一论

如何看待文艺的社会作用,是美学史上长期争论的问题之一。在这个问题上,有过两种意见、两种片面性。一种意见只承认和强调文艺的教育作用,忽视甚至否认文艺的审美作用;另一种意见则只承认和强调文艺的审美作用,忽视甚至排斥文艺的教育作用。上述两种观点虽然各走一个极端,但在理论上却有一个共通点,即把文艺的教育作用和审美作用看成是各自独立、互相分裂的两个东西,而否认它们是互相联系、不可分割的辩证统一体。这种文艺的教育作用与审美作用分裂论,至今在某些文艺理论著作和评论文章中仍旧有所表现。我们认为,这种观点既不符合文艺的客观规律,也不利于指导文艺创作和欣赏的活动,因而在理论上和实践上都是站不住脚的。

一 审美作用能脱离教育作用吗?

有的论者认为:"一件作品,虽然丝毫不具有认识或教育的价值,然而具有审美价值,那么它还是当之无愧的可以被称作艺术品。"[①] 这就是说,文艺作品可以丝毫不具有认识作用和教育作用,而仍然具有审美作用,审美价值是可以脱离艺术的认识价值和教育价值而孤立存在的。作品艺术价值的高低可以和它的认识价值、教育价值无关,而只是取决于它的审美价值。从这种理论出发,必然会导致忽视以致否定文艺的思想意义和教育作用,而片面地、孤立地强调文艺的审美作用。

我们认为,文艺的审美作用固然重要,然而它却不是脱离文艺的认识和教育作用而存在,和文艺的认识和教育作用没有丝毫关系的。文艺的审

---

① 何新:《试论审美的艺术观》,《学习与探索》1980年第6期。

美作用在于文艺作为审美或欣赏的对象,能够引起人的美感,进而培养人健康的审美观念和优美的情操,提高人的审美能力。马克思在论及古希腊艺术和艺术生产规律时指出,希腊艺术和史诗至今仍然能够给我们以"美感享受";同时又指出:"艺术对象创造出懂得艺术和能够欣赏美的大众。"[①] 这是对艺术的审美作用的科学说明。这样的审美作用,毫无疑问是由文艺作品的美即所谓艺术美所引起的,不具有艺术美的作品是无法发挥审美作用的。然而,艺术的美又美在何处呢?或者说,艺术美是如何形成的呢?

有的人认为艺术之所以美就在于它"具有形式美",而这种"形式美"是可以不依存于作品的思想内容的。因此,由这种"形式美"所决定的艺术的审美价值可以和认识或教育价值无关,而文艺的审美作用自然也可以脱离认识或教育作用而独立。这恰恰就是有的同志只强调文艺的审美作用而轻视文艺的教育作用的主要根据。然而,这种对艺术美的理解是极为肤浅和片面的。艺术的美固然和艺术的形式、技巧有密切关系,形式美固然也是构成艺术美的重要条件之一,然而,艺术美却并不仅仅在于艺术形式或形式美。西方现代形式主义美学家如克莱夫·贝尔与罗杰·弗莱等强调艺术的美仅仅在于所谓"有意味的形式"(significant form),即线条、色彩、形状等在特殊方式下的关系和组合,强调"审美感情只是一种关于形式的感情",从而认为"对再现的任何贡献都是艺术的损失",这在实质上便是抽掉了艺术美的丰富的现实内容和思想内容,把审美感受与人的思想认识活动完全隔绝开来,使审美感受空洞化和神秘化。这种形式主义美学只能引导艺术家放弃对作品思想内容的关心与深刻追求,使艺术脱离现实生活和时代要求,贬低和缩小艺术的社会功用。和这种形式主义美学相反,严肃的、具有社会责任感的艺术家、美学家总是首先强调艺术美不能脱离艺术反映现实的丰富思想内容,认为艺术反映生活的真实性和思想倾向的进步性是构成真正艺术美的基础和前提条件。启蒙时代的美学家和戏剧家狄德罗说:"艺术中的美和哲学中的真都根据同一个基础。真是什么?真就是我们的判断与事物的一致。模仿性艺术的美是什么?这种美就是所

---

① 《马克思恩格斯选集》第 2 卷,人民出版社 1972 年版,第 95 页。

描绘的形象与事物的一致。"① 他不仅肯定了艺术美的现实基础，而且认为艺术美的本质就在于通过形象描绘真实地反映了现实事物和社会生活。著名雕塑家罗丹也明确指出："美只有一种，即宣示真实的美。"② 他还解释说："在艺术中，有'性格'的作品，才算是美的"，而所谓有"性格"，也就是要"显示外部的和内在的真实"。③ 这都是强调艺术的美首先在于艺术形象真实地反映出现实生活的外部现象和内在的本质。如果没有真实的现实内容和进步的思想感情，而仅仅在艺术形式上争妍斗奇、装饰美化，那是不可能创造出激动人心的艺术美的。这种作品顶多也只能给人以感官的刺激，并不能引起人们真正的、深刻的美感。如果以形式美的追求来掩饰内容的空洞和虚假，反而要把艺术引入形式主义歧途，败坏人们的审美趣味。

我们认为，真正的艺术美不只在于艺术形式美，而在于真实的、进步的思想内容和尽可能完美的艺术形式的统一。在这个统一体中，艺术内容是具有决定意义的方面。车尔尼雪夫斯基说："'美'是在个别的、活生生的事物，而不在抽象的思想。"④ 文艺作品是以个别的、具体的、生动的形象反映现实，而不是单纯抽象的思想和概念，所以它才有条件创造出科学著作所无法提供的艺术美。但是，并不是所有作品创造的形象都具有美的特质。事实上，有不少作品中的形象就是不能给人丝毫美感的。列宁说："我不能认为表现派、未来派、立体派和其他什么'派'的作品是艺术天才的最高表现，我不懂他们，我从这些作品中没有感到任何快乐。"⑤ 列宁提到的某些资产阶级现代派的作品之所以不能给人以美感，并不是因为它们没有塑造艺术形象，而是因为它们的形象内容空虚、贫乏，没有对现实生活做出真实的描绘和反映。这正好说明只有当作品塑造的形象真实地描绘出现实生活，反映出现实生活的本质和规律，才能成为具有艺术美的形象，才能唤起人的美感。而要创造真实反映现实生活本质和规律的艺术形象，作家艺术家进步的审美理想和思想感情则具有指导作用。由此可见，

---

① 参见朱光潜《西方美学史》上卷，人民文学出版社1979年版，第274页。
② 《罗丹艺术论》，沈琪译，人民美术出版社1978年版，第50页。
③ 《罗丹艺术论》，沈琪译，人民美术出版社1978年版，第25、26页。
④ ［俄］车尔尼雪夫斯基：《生活与美学》，周扬译，人民文学出版社1959年版，第5页。
⑤ 《列宁论文学与艺术》第2册，人民文学出版社1962年版，第912页。

艺术的美和艺术内容的真与善是具有内在联系的、不可分割的统一的存在。狄德罗说："真善美是紧密结合在一起的。在真和善之上加上一种稀有的光辉灿烂的情境，真或善就变成美了。"① 在一定意义上说，艺术美就是以具体、鲜明的形象表现的真和善，这不仅为许多美学家和艺术家所指出，而且也早已为优秀的文艺作品所证明。既然艺术的美与真和善本来是具有内在联系的统一体，那么，由艺术美所产生的审美作用就不能和艺术的思想认识或教育作用截然分开。如果抛弃文艺给人以形象的真理和思想感情感染的教育作用，去追求单纯的"审美作用"，创造脱离思想、脱离生活的所谓"纯粹的艺术品"，那就只能破坏艺术美与真和善相统一的规律、使文艺走上"为艺术而艺术"和唯美主义的歧途。

当然，不同种类、不同题材的文艺作品，其审美作用和教育作用，往往是不平衡的。风景画和人物画，抒情曲和进行曲，齐白石的虾子白菜的绘画和《红岩》《红日》等长篇小说，它的审美作用和教育作用是有显著差别的。如果说后者的教育作用更为强烈，那么前者的审美作用则显得更为突出。但是，即使那些审美作用相对突出的作品，也不能说它的审美作用与认识或教育作用丝毫无关，因为这种审美作用的发挥仍然不仅仅由于形式美，而必须是思想内容和艺术形式的统一。主要以审美作用见长的作品，固然是我们文艺百花园中不可缺少的一个品种，但它毕竟不能代替整个文学艺术。就整个文学艺术而言，它的审美作用和教育作用不是要互相排斥，而是要互相结合，二者绝对不可偏废。

二 教育作用能游离于审美作用之外吗？

当我们强调文艺的教育作用时，必须注意到它与社会科学及一般宣传教育的社会作用的区别，注意到文艺发挥教育作用的特点。如果忽视和否认这一方面，那么，就会在文艺社会作用问题上从一个极端走向另一个极端，片面强调文艺的教育作用而排斥审美作用。

文艺作品不是像科学著作那样，用概念和逻辑论证去直接说明某个道理，而是用艺术形象去再现现实生活，揭示人生真理。因此，它对人们所

---

① 参见朱光潜《西方美学史》上卷，人民文学出版社1979年版，第278页。

起的教育作用也就不是像一般科学的教育作用那样,给人以概念的知识、道德的教训和理论的说服。而是让人们通过感受、体验、想象和理解艺术形象,像接触现实生活本身一样,"自与人生即会。历历见其优胜缺陷之所存";从中不知不觉地受到思想的影响和感情的感染,得到一种精神上的满足和振奋。鲁迅说,伟大的作品由于以十分生动鲜明的形象显示生活真理,故能"使闻其声者,灵府朗然,与人生即会","自觉勇猛发扬精进"。这是文艺特殊的教育作用。这种特殊的教育之所以特殊,正是在于它是与审美作用相统一的教育作用。文艺的教育作用是由欣赏来实现的。人们对于文艺作品的艺术欣赏,往往并不是直接为了受教育,而为了从欣赏中得到审美享受。只有当人们通过形象得到强烈的艺术感染,"为之兴感怡悦",获得审美的愉快和精神的满足,才能在反复回味、咀嚼之中,自觉自愿而又潜移默化地接受作品思想的影响。所以,文艺的教育作用只能通过欣赏者对作品发生兴趣,在欣赏过程中得到一定的审美愉快,才能得到充分的发挥。如果作品形象干瘪,内容枯燥,缺乏激动感人的艺术力量,不能给人以精神愉快和审美享受,那么,它就难以为欣赏者所接受,不可能很好地发挥其思想上和认识上的教育作用。鲁迅曾经分析过宋人小说忽视艺术形象的审美作用,把文艺的教育作用片面、狭隘地理解为道德的劝惩说教,给文艺创作所带来的恶果。他说:"宋时理学盛行一时,因此把小说也多理学化了,以为小说非含有教训,便不足道。但文艺之所以为文艺,并不贵在教训,若把小说变成修身教科书,还说什么文艺。"① 由于把小说理学化,变成教训文字,也就把唐代盛极一时的传奇引向了绝路,其艺术价值固不可取,其教育劝惩也只能令读者生厌和反感。这种经验教训并非只在文学史上才有;在我们过去文艺工作中,凡是违背了文艺发挥社会作用的特点,只是单纯强调教育作用而忽视审美作用的时候,就必然导致把文艺的教育作用简单化、庸俗化,助长创作中概念化、公式化的倾向。实践证明,把文艺的教育作用和审美作用对立起来,以为强调教育作用就必须排斥审美作用,是一种形而上学的观点,它对文艺的发展也是有害的。

有的人虽然也承认文艺应当具有教育作用和审美作用,但它们往往把

---

① 《鲁迅全集》第8卷,人民文学出版社1956年版;第331页。

文艺的教育作用和审美作用看成一种机械相加的关系,而不是看成互相结合、有机统一的存在。表现在文艺创作上,有的作品不是完全着力于典型形象的塑造,使作品的思想倾向全部溶化在典型形象之中,而是希图在艺术形象之外,用直接表达思想倾向的方式来加强作品的教育作用。这在实际上,也还是教育作用与审美作用分裂论的一种表现。

我们认为,文艺的思想认识和教育作用,不是游离于审美作用之外,而是寓于审美作用之中的。从严格的意义上说,真正艺术的教育作用必须也只能通过审美作用来进行。这是因为在优秀的文艺作品中,真和善不能脱离美而存在,只能体现在美的形象之中。艺术中的真有别于科学中以概念方式表达的真,它是通过优美、典型的形象对现实生活所做的真实概括,是具体形象的真理。艺术中的善也有别于道德中以规范和原则方式表达的善,它是蕴含在艺术形象本身之中的作者的审美评价和道德评价,是一种思想与形象、理智与感情相结合的感化力量。所以,文艺作品必须通过艺术的美,以反映现实的真、体现道德的善。任何真的内容、善的内容,只有当它们获得美的存在形式、能够引起人的审美意识时,才能真正属于艺术的领域。车尔尼雪夫斯基曾正确地指出,艺术的内容不仅仅限于美,而且也表现人们对于真理、美德和改善自己生活的追求和愿望等等。但是他把艺术表现美的观念同表现对真与善的追求看成两个部分却又是一个错误。普列汉诺夫在批评车尔尼雪夫斯基这个错误时指出:"是否艺术一方面体现我们的美的观念,而另一方面——甚至像车尔尼雪夫斯基所断言的那样,是主要的——则表现出我们对于真理、美德和改善自己生活等等的愿望呢?不,事情往往恰好相反。我们的美的概念本身就渗透着这些愿望,并且本身表现出这些愿望。因此,不应当把实际上是某个有机整体的东西分解为各个部分。"① 如果艺术作品不是把对于真理和道德的愿望渗透在美的观念之中,而是在美的观念之外去表现这些愿望,那么,这些愿望就必然具有抽象的说教的性质而不属于艺术的领域。因此,"科学美学的任务并不限于确认这个事实,即艺术总是不仅表现美的'观念',而且还表现人的其他追求(对真理、爱情等等的追求)。它的任务主要是说明:

---

① 《普列汉诺夫哲学著作选集》第4卷,汝信等译,生活·读书·新知三联书店1974年版,第360—361页。

人的这些其他追求怎样表现在他的美的概念中,在社会发展过程中自身发生改变的这些追求怎样使美的'观念'也发生改变。"① 普列汉诺夫精辟地阐明了艺术中的真与善不能游离于美之外,而必须渗透在美之中的美学原理,科学地说明了艺术中的真、善与美既不能加以分割,也不是机械相加,而是"某个有机整体的东西"。这就决定了文艺的思想认识和教育作用与审美作用也不能分解为几个部分,或者把它们机械凑合在一起。文艺的教育作用必须与审美作用溶合为一。任何把教育作用游离于审美作用之外的观点,都只能导致对文艺特殊社会功能的曲解和抹杀。

三 审美教育作用是一个"有机整体"

普列汉诺夫把文艺作品看作真善美互相渗透的"某个有机整体的东西"的论点,对于我们确切地理解文艺的作用是有重要意义的。目前在我国文艺理论界,对于文艺的作用在理论上有两种说法。一种说法是认为文艺对人们有三种作用,即认识作用、教育作用和美感作用;另一种说法则认为文艺对人的作用是一种教育与美感相结合的审美教育作用。前一种说法明白分出了文艺发挥社会作用的几个方面,便于阐述;但是,也容易形成"把实际上是某个有机整体的东西分解为各个部分"的感觉,似乎三种作用是互相并列在一起的,它不仅不能完全概括文艺对人的精神世界作用的丰富内容,也不利于说明文艺发挥社会作用的显著特点。后一种说法准确抓住了文艺对人发挥影响作用的显著特点,既能反映文艺作为社会意识形态的一般性质,又能体现文艺作为审美意识的集中表现的特殊本质,同时它把文艺的教育作用与审美作用看成是互相依存、互相渗透的"有机整体",容易避免对文艺作用的片面化、简单化的理解。所以,从文艺的教育与审美作用统一的观点来看,笔者认为后一种提法较之前一种提法在理论上显得更科学、更周密些。

我们说文艺的审美教育作用是一个"有机整体的东西",这不仅可以从文艺作品本身的性质得到说明,而且也可以从文艺对人所产生的影响中

---

① 《普列汉诺夫哲学著选集》第4卷,汝信等译,生活·读书·新知三联书店1974年版,第360页。

得到进一步的理解。文艺对人精神世界的影响不是单方面的,而是全面的、综合的作用。如果说科学主要在影响人的理智和认识,道德主要在作用于人的意志和行为,那么,文艺则同时影响人的思想、感情、意志、理想、兴趣、爱好,也就是说,它影响人的整个精神世界,从各个方面陶冶人的性格。中国古代美学思想认为诗歌、音乐和其他文艺作品可以"陶情淑性",这可以说是真正掌握了文艺的审美教育作用的精义。车尔尼雪夫斯基说:"诗人领导人们追求对于生活的崇高的理解和崇高的情操。读他们的作品,会使我们习惯于对于一切庸俗丑恶的东西感到厌恶,领会一切好的、美的东西的魅力,爱一切高尚的东西;读他们的作品,会使我们自己变得更好,更善良,更高尚。"[①] 这是对文艺作品能够全面、综合地陶冶人的性格、塑造人的灵魂的一个很好的描述,同时也说明文艺的审美教育作用是作为一个有机整体对人发挥影响作用的。如果我们对文艺的作用有这样一种正确理解,那么,我们就不会对文艺作品提出某些不适当的要求,如要求作品传播某种生产知识、宣传某个具体政策,等等。

　　文艺的审美教育作用作为一个有机整体,是同时作用于人的思想和感情、是思想认识和感情感染彼此渗透、相互统一的作用。高尔基说,艺术上的完美的形象"都是理性和直觉、思想和感情和谐地结合在一起而创造出来的",因此它对人所产生的审美教育作用也必然是理性和直觉、思想和感情和谐地结合在一起的。割裂艺术的思想认识和感情感染之间的内在联系,片面强调某一个方面,阉割另一个方面,都只能是对审美教育作用这个有机整体的支解和破坏,因而也必然要影响文艺作用的正常发挥。柏拉图片面强调理性,排斥感情,认为文艺打动人的感情是"逢迎人性中低劣的部分""摧残理性的部分",这实际上是对文艺审美教育作用的否定,它遭到亚里士多德的批判是理所当然的。但可惜有人过去往往重复柏拉图排斥艺术以情动人的错误观点,在艺术创作和欣赏批评中谈"情"变色,既不敢表现自己的情感,也唯恐打动读者或观众的情感。这怎么能充分发挥文艺的审美教育作用呢?其实,历来尊重客观实际和艺术规律的美学家、艺术家都是重视文艺对人的感情的感染作用的。亚里士多德认为悲剧的作用就是"借引起怜悯与恐惧来使这种情感得到陶冶";布瓦洛认为艺

[①] 参见[苏]谢皮洛娃《文艺学概论》,罗叶等译,人民文学出版社1959年版,第17页。

术的"第一要诀是动人心";列夫·托尔斯泰则把艺术能否"感动人"作为"区分真正的艺术与虚假的艺术的肯定无疑的标志"。我国古代的乐论、诗论、曲话以及小说理论,也无不重视文艺的感情感染作用。梁启超论小说与群治之关系,把小说对人的影响概括为"熏""浸""刺""提"四种力量,其实都是讲的文艺的感染作用。清代的黄周星在他的《制曲枝语》中明确出"能感人"是衡量戏曲优劣的一个重要标志,他说:"论曲之妙无他,不过三字尽之,曰:'能感人'而已。感人者,喜则欲歌、欲舞,悲则欲泣、欲诉,怒则欲杀、欲割:生趣勃勃,生气凛凛之谓也。噫,兴观群怨,尽在于斯,岂独词曲为然耶!"他认为作品要在感情上引起观众的强烈共鸣,才能自然达到它的教育作用。这种见解是难能可贵的。实际上在艺术欣赏中,欣赏者往往是首先对作品的艺术形象产生了感情上的激动和共鸣,才能伴随感情活动进行理性思考,进而体会和接受作品的思想影响。如果作品不能对欣赏者动之以情,那么,不仅不能使欣赏者得到审美享受,而且作品中流露的思想也难以为欣赏者所接受。有人说,文艺作品给予人的不是单纯的思想,而是一种"思想感情""思想情绪",这是有一定道理的。

另外,我们也不能只强调感情感染,而排斥作品的思想认识作用。有的论者说:"我们读一本小说,念一首诗,看一部电影,听一段戏曲,常常很难说是为了认识或认识了甚么。"[①] 这种为了强调文艺的情感作用便贬低甚至否认思想认识作用的观点,是难以令人同意的。实际上,艺术作品中所表现的作者的情感总是和作者对生活的认识交融在一起的。在艺术欣赏中,欣赏者接受作品的感情感染,也是不能脱离对作品所反映的生活的认识和所表现的思想的影响的。情感和情绪是人对客观事物的态度的一种反映,它是伴随着人的认识活动而出现的。在情感和情绪中表现出人对所认识的客观对象与人的需要之间的关系采取何种主观反应,所以,人的一切感情活动都要以人对客观对象的认识作为基础。在艺术欣赏中,我们需要对艺术形象有了一定的感受和理解,才会随之产生相应的感情。譬如读《红楼梦》,如果我们对贾宝玉、林黛玉的性格、遭遇以及他们和其他人

---

① 李泽厚:《形象思维再续谈》,《文学评论》1980年第3期。

物的关系没有一定的认识,我们怎么会同情他们的遭遇并为他们的种种不幸悲叹呢?而且,伴随着对作品中各种人物、各种遭遇所产生的感情,我们还会逐步加深对整个艺术形象的理解,认识到它所蕴藏的思想意义。如果说我们读完了《红楼梦》后什么想法认识都没有,那么它的审美教育作用岂不是落空了吗?

　　文艺的审美教育作用作为一个有机整体,它的愉悦性和功利性也是互相依存、辩证统一的。如果我们随意将它们分裂,片面强调一个方面,否定另一个方面,也会破坏文艺的审美教育作用,影响文艺作用的充分发挥。关于文艺的愉悦性,过去有的同志有所忽视,或者不敢大胆肯定,这说明对艺术的审美特征缺乏认识。车尔尼雪夫斯基说:"美的事物在人心中所唤起的感觉,是类似我们当着亲爱的人面前时洋溢于我们心中的那种愉悦。"① 艺术作为人的审美对象,它所引起的美感,就是一种愉快的情感,艺术的这种愉悦作用在中外古代美学思想中向来都是受到重视的。如我国的《乐记》在阐明音乐的审美特征时,就有"乐者乐也"的提法,强调音乐、舞蹈、诗歌都能给人以精神上的愉悦。在西方,亚里士多德很早就指出史诗、悲剧和音乐等能够出于摹仿求知、情绪净化以及形式技巧等诸种原因,使人获得"轻松舒畅的快感"。鲁迅是很重视文艺的战斗作用的,但他又指出"它也能给人愉快和休息"。我们不能轻视文艺的愉悦性,否则就要脱离人民群众的审美需要。当然,我们也不能否定文艺的功利性,有人说:"真正的艺术品是不满足人的功利性需要的","很难确指它除了供人观赏即审美以外,还具有什么样的功利性目的"。② 这种看法其实就是康德关于审美判断的快感和实际利害无关、审美和艺术是非功利性活动的观点的翻版。正如鲁迅所说:"在一切人类所以为美的东西,就是于他有用——于为了生存而和自然以及别的社会人生的斗争上有着意义的东西。功用由理性而被认识,但美则凭直感底能力而被认识。享乐着美的时候,虽然几乎并不想到功用,值可由科学底分析而被发现。所以美底享乐的特殊性,即在那直接性,然而美底愉乐的根柢里,倘不伏着功用,那事

---

① [俄] 车尔尼雪夫斯基:《生活与美学》,人民出版社1959年版,第6页。
② 何新:《试论审美的艺术观》,《学习与探索》1980年第6期。

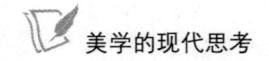

物也就不见得美了。"[①] 可见在审美中愉悦性和功利性是互相依存、不可分割的。所以，在文艺的愉悦性之中即寓有功利性，审美作用之中即寓有教育作用，是为文艺的审美教育作用统一论。

（原载于《美学评林》第一辑，山东人民出版社1982年版）

[①]《鲁迅全集》第4卷，人民文学出版社1956年版，第207—208页。

评西方美学史上美的本质研究

美的本质问题是美学理论研究的最基本问题，也是至今仍然存在很大分歧、需要继续探讨的一个问题。美的本质所要回答的问题就是美是什么的问题，对于这个问题，美学史上曾经有过各种各样的解答，存在着各种不同的看法。这些解答和看法由于受到当时社会条件和认识水平的影响，特别是受到一定的哲学思想和艺术实践的影响，具有不同的局限性，有些可能不够正确，有些可能不够完善。尽管如此，它们仍然是集中了历史上许多著名的哲学家、美学家、艺术家对美的问题进行深入思考的成果，也为我们进一步探讨美的本质问题提供了极其重要的思想资料。

车尔尼雪夫斯基说："美学观念上的不同，只是整个思想方式的哲学基础不同底结果。"对于美的本质问题的看法，总是以对哲学基本问题的看法作为基础的。美学史上对于美的本质的观点的分歧，也总是表现着哲学中不同哲学观点的分歧。由于哲学观点不同、认识方法不同，所以对于美的本质的探讨和研究的途径也就不同。如果从探讨和研究美的本质的途径来看，西方美学史上关于美的本质的学说大致可以归纳为四个方面。对这些从不同途径研究美的本质的学说进行全面、系统的分析和评价，对于解决当前美学中的争论，推进美的本质的探讨具有重要的参考意义。

一 从主观意识中探求美的本质

主观唯心主义者认为，世界的本原在于人的意识和精神。万事万物是主观意识和精神的产物。用这种哲学现点来研究和说明美的本质问题，必然要否认美是现实事物中客观存在的，而认为美是人的主观意识活动的表现。如英国经验派不可知论哲学家和美学家休谟（1711—1776年）便是这种主张。休谟在《论趣味的标准》中说："美不是事物本身里的一种性质，

美学的现代思考

它只存在于观赏者的心里。每一个人心见出一种不同的美。这个人觉得丑，另一人个可能觉得很美。"① 这就是说，美是主观的，是由欣赏者的主观意识所决定的，美在于心不在于物。在《论人性》中，休谟又把美的本质归结为审美者的快感。他说："快感和痛感不只是美与丑的必有随从，而且也是美与丑的真正的本质。"② 如此说来，事物的美、丑都不在于事物本身，而完全取决于人对它是否产生愉快的主观感受。换句话说，不是由客观事物的美引起人的美感，而是由人的美感决定客观事物的美。所以，休谟在谈到诗歌的艺术美时，便直言不讳地说："诗的美，恰当地说，并不在这部诗里，而在于读者的情感或审美趣味。"

由于把美看成人的主观意识的表现，主张由欣赏者的美感决定事物的美，所以，休谟认为事物的美丑及其判断都不可能有客观标准，他说："想发现真正的美或丑，就和妄图发现真正的甜或苦一样，纯粹是徒劳无功的探讨。根据不同感官，同一事物可以既是甜的，也是苦的；那句流行的谚语早就正确地教导我们：关于口味问题不必作无谓的争论。把这个道理从对饮食的'口味'引申对精神事物的'趣味'是很自然的，甚至极为必要。"休谟的意思是，真正的、客观存在的美丑是没有的，美丑纯是由人的主观感觉、趣味决定的；人的感觉、趣味不同，对事物的美丑的看法也就不同。因此，要想找出判断美丑的客观标准是不可能的，这就是西方美学中常常被人讲到的一句话："趣味无可争辩。"这句谚语往往被一些人用来作为否定美的客现性、伸张美的主观性的根据。

休谟以后，德国古典哲学和美学的创始人康德（1724—1804 年）也是从主观方面来把握美的本质的。在《判断力批判》中，康德对于美的分析，不是从客观事物在什么样的条件下才具有美的性质来进行分析，而是完全从人的主观条件出发，分析在什么样的主观条件下，事物才被鉴赏者认为是美的。他说："如果说一个对象是美的，以此来证明我有鉴赏力，关键是系于我自己心里从这个表象看出什么来，而不是系于这个事物的存

---

① 北京大学哲学系美学教研室编：《西方美学家论美和美感》，商务印书馆 1980 年版，第 108 页。

② 北京大学哲学系美学教研室编：《西方美学家论美和美感》，商务印书馆 1980 年版，第 109 页。

在。"① 所以，在康德看来，关于美的问题纯粹是一个主观鉴赏的问题。鉴赏者的主观能力对于对象的美起着决定作用，鉴赏判断仅仅是主观的，它的普遍可传达性的规定根据不是认识的对象，而是人们主观上的内心状态。这样，康德所谓"美的分析"，实际上就变成了对于主观的审美意识的分析。换句话说，就是要由主观的审美意识去决定美的本质，所以康德的美论根本上是主观的。

在西方近代资产阶级美学中，主张美在人的主观意识活动，从主观感觉、情感、意志等去规定美的本质的哲学家和美学家比比皆是。如移情说的代表、德国心理学美学家里普斯（1851—1914年）认为，人们在观赏某一事物时，之所以能产生美感，不是由于事物本身的美的属性所引起的，而是由于观赏者把自己的情感、意志"移置到外在于我们的事物里去"的结果。"美和丑一样，同是通过我们的移情而始成立的。我们如果不把我们的感情移入到这个物象，这个物象不是美也不是丑。美就是移情的价值。"这就是移情说对美的本质所作的回答。显然，这是明显地主张美在于主观情感，美是由人的主观意识所决定的。又如意大利美学家克罗齐（1866—1952年）在其所著《美学》一书中，提出"美＝直觉＝表现"的公式。克罗齐断然否定美是客观事物本身的属性，而认为美是属于"心灵的力量"。他说："凡是不由审美的心灵创造出来的，或是不能归到审美的心灵的东西，就不能说是美或丑。"② 心灵如何决定和创造美呢？克罗齐认为，这是由于直觉的"心灵综合活动"。"直觉"的心灵作用使本无形式的主观情感得到形式，形成为意象，这就是表现。表现有成功也有失败，所谓成功和失败，就是指心灵活动能否自由生展，情感能否恰如其分地被意象表现出来。表现的成功，就效果方面来说，便生快感；就价值方面来说，便是美。表现的失败，就效果方面来说，便生痛感；就价值方面说，便是丑。美是成功的表现，是正价值；丑是失败的表现，是反价值，但不成功的表现就不算能是表现，所以美其实就是直觉的表现。从以上论点可以明白，克罗齐完全是由人的"审美的心灵"来规定事物的美，所以，他断然否定自然本身有美，认为一切自然美都只是人的心灵的发现和创造。

---

① ［德］康德：《判断力批判》上卷，宗白华译，商务印书馆1987年版，第41页。
② ［意］克罗齐：《美学原理》，朱光潜译，作家出版社1958年版，第97页。

他说:"如果没有想象的帮助,就没有哪一部分自然是美的;有了想象的帮助,同样的自然事物或事实就可以随心情不同,现得有时有表现性,有时毫无意味。"① 总之,按照克罗齐的说法,自然的美、丑,纯粹是以人的想象、心情为转移的。离开了欣赏者的主观心灵作用,自然也就无所谓美。这可以说是一种典型的主观唯心主义的美论。

以上各种主观的美论虽然具体说法不尽相同,但在主张美是由人的主观意识所决定的、是人的精神活动的产物这一基本观点上,则是完全一致的。这种观点的主要错误是:

第一,否定了美的客观存在,因而也就否定了人的美感意识有其客观来源。这同辩证唯物主义的反映论完全是背道而驰的。辩证唯物主义的反映论肯定人的意识是客观存在的反映。"没有被反映者,就不能有反映,被反映者是不依赖于反映者而存在的。"② 美感意识是人的意识活动的一种表现,它必须由美的客观存在所引起,并且也只是美的客观存在的主观反映。如果说美是人的主观意识所决定的,那么美就不能说是一种客观存在,这样一来,人的美感岂不成了头脑中主观自生的东西了吗?可是,人的审美经验却告诉我们,如果没有美的客观对象作用于人,没有人对于客观事物的美的反映,那么,无论人的主观意识、精神如何活动,也不能产生美感意识。《淮南子》中说:"聋者不歌,无以自乐;盲者不观,无以接物。"一个生来闭目塞听的人,不能接触和感受美的对象,所以无论怎样开动他的心灵活动,用主观意识或情感去创造,也不会产生美感。如果说美感纯粹是由头脑主观自生的,那么,美感的产生就应不受客观对象的制约。可是,人并不是主观上想对什么事物产生美感,就一定能有美感。看到一朵鲜花会产生美感,看到一堆垃圾就不能产生美感;听到悠扬的乐曲会产生美感,听到杂乱的噪音就不能产生美感。可见,美感意识的产生是要受到客观事物的美的属性制约的,不是单凭主观心灵的创造,就可以在任何对象上见到美、产生美感的。对于这样的事实,就连主张美在主观精神的某些美学家也无法回避,所以最后又不得不承认美仍需有客观根据和条件。如休谟一方面主张美"只存在于鉴赏者的心里";另一方面又说:

---

① [意] 克罗齐:《美学原理》,朱光潜译,作家出版社 1958 年版,第 91 页。
② 《列宁选集》第 2 卷,人民出版社 1972 年版,第 75 页。

"我们总还得承认对象中有些东西是天然适于唤起上述反应的。"这就在理论上陷入了自相矛盾的境地。所以,美在主观精神的主张既不符合实际,又在理论上漏洞百出,是根本站不住脚的。

第二,否定了美的观客存在,也就否定了美的认识和美感有客观标准,必然走向由个人美感来决定事物的美丑的绝对相对论和不可知论。按照主观的美论,客观事物无所谓美与不美,事物的美与不美完全取决于欣赏者的主观意识和趣味,也就是取决于欣赏者的美感。欣赏者感觉到某一事物美,事物才是美的;欣赏者感觉不到事物美,事物也就是不美的。事物的美与不美,完全是以欣赏者个人的趣味、爱好为转移的。但人的趣味、爱好是不相同的,个人对于事物的审美感受,也因主观条件的区别而存在种种差异。在一个人认为美的事物,在另一个人可能认为不美;就是同一个人,由于主观条件的变化,对于美的事物的感受也可能有所不同。所以,对于同一审美对象,不同的人在不同的条件下可能会做出很不相同以致完全相反的评价。如果说美是由欣赏者个人的主观意识和美感所决定的,那么客观事物的美丑就必然因人而异,不同的人即有不同的美,美就只能是一种绝对的相对东西。这样一来,事物的美丑不仅无法予以评断,而且连研究美是什么也成为多余的了,这岂不是显得十分荒谬吗?人们的常识证明,个人对于美的客观对象的审美感受会有种种差异,但美的客观对象并不因各个人审美趣味的不同而改变其本身的美的性质。所以,认为美在主观意识的观点,是经受不住客观实际的检验的。

二 从客观精神中探求美的本质

客观唯心主义者认为,世界的本原是先于或外在于物质世界而存在的"理念""宇宙精神""绝对观念"等等,万事万物都是由这些所谓客观精神所创造的。从这种哲学观点出发来看待美的本质,便认为美的根源在于"理念"和"绝对观念",事物的美只不过是"理念""绝对观念"等客观精神的影子或感性显现。古希腊哲学家柏拉图(公元前427—前347年)从他的理念论的哲学思想出发,最早提出了"美是理念"的看法。柏拉图否认具体的客观事物本身有美,认为具体的事物之所以是美的,完全是因为"分有"了"美本身"。他说:"一个东西之所以是美的、乃是因为美本身出现于它之上或者为它所'分有',不管它是怎样出现的或者是怎样被'分有'的。"又说:"这美本身加到任何一件事物上面,就使那件事物成其为美,不管它是一块石头,一块木头,一个人,一个神,一个动作,还是一门学问。"① 那么,这种脱离具体的美的事物而独立存在的"美本身"究竟是什么呢?柏拉图认为它就是美的理念。美的理念是不依赖具体的美的事物并且先于美的事物而存在的,它是一切美的事物的来源,是个别事物的美的创造者。所以,它也就是独立于客观事物之外而存在的"美本身"。柏拉图说:"一方面我们说有多个的东西存在,并且说这些东西是美的、是善的等等。另一方面,我又说有一个美本身、善本身等等,相应于每一组这些多个的东西,我们都假定一个单一的理念,假定它是一个统一体而称它为真正的实在。"② 在柏拉图看来,一切个别事物的美都是相对的、变化无常的,只有"美本身"即美的观念才是绝对的、永恒不变的。"它不是在此点美,在另一点丑;在此时美,在另一时不美;在此方面美,在另一方面丑;它也不是随人而异,对某些人美,对另一些人就丑。""一切美的事物都以它为泉源,有了它那一切美的事物才成其为美,但是那些美的事物时而生,时而灭,而它却毫不因之有所增,有所减。"③ 总之,美的根源在美的理念,美就是理念。

柏拉图在探讨美的本质时,注意到了美的个别和一般、现象和本质之间的关系,强调要把具体的美的事物和美的本质加以区别,这是具有合理因素的。但他所谓离开具体的美的事物而独立存在的美的理念,却完全是一种虚构。所谓"美的理念"既然是精神性的东西,当然只能是人对美的客观事物进行抽象概括的结果,是客观存在的美的事物在人们头脑中的主观反映。但柏拉图把它说成是先于现实世界和人而存在的东西,并把它当作现实事物之所以美的根源。实际上,这就是把人的意识中的概念绝对化,使抽象的概念成为物质世界具体事物的创造主。这就从根本上颠倒了物质与精神、个别与一般的相互关系,显得十分错误了。

客观唯心主义认为世界上的事物都取决于某种神秘莫测的精神力量,

---

① [古希腊]柏拉图:《文艺对话集》,朱光潜译,人民文学出版社1980年版,第188页。
② 北京大学哲学系外国哲学史教研室编:《古希腊罗马哲学》,商务印书馆1981年版,第178—179页。
③ [古希腊]柏拉图:《文艺对话集》,朱光潜译,人民文学出版社1980年版,第273页。

这就必然要与宗教的创世说融合为一。各种客观唯心主义都不过是用哲学语言精制了的宗教创世说，用各种术语表达的客观精神，其实不过是上帝的别名而已。以普罗提诺（205—270 年）为代表的新柏拉图派、教父哲学家奥古斯丁（354—430 年）和经院哲学家托马斯·阿奎那（1225—1274 年），就是把柏拉图的客观唯心主义和基督教的神学结合起来，把柏拉图的"理念"看作神或上帝，从神和上帝那里寻求美的根源。普罗提诺认为物体美不在物质本身，而在物体分享到神即"太一"所放射的理念。理念本身是整一的，事物受到它的灌注才有整一性而显得美。奥古斯丁认为美是整一或和谐，但整一或和谐并非对象本身的一种属性，而是上帝在对象上面所打下的烙印。托马斯·阿奎那指出美有三个要素：完整、和谐、鲜明，而"神是一切事物的协调和鲜明的原因"。这些观点都是在美学中宣扬有神论，它们对美的根源和本质所作的解释，是一种赤裸裸的唯心主义和神秘主义。

德国古典美学的集大成者黑格尔（1770—1831 年）对美的本质的探讨，也是以他所建立的客观唯心主义的哲学体系作为基础的。黑格尔的客观唯心主义哲学认为，在自然界和人类社会出现以前，就有一种精神的实体存在。黑格尔把这种精神实体称为"绝对理念"，认为它就是世界万物的本原，整个世界都是绝对理念自我发展、自我认识的一个过程，都是由绝对理念创造出来的。由此，黑格尔肯定美也是理念创造出来的，美的本质就是理念。他说："美就是理念，所以从一方面看，美与真是一回事。这就是说，美本身必须是真的。但是从另一方面看，说得严格一点，真与美却是有分别的。""真，就它是真来说，也存在着。当真在它的这种外在存在中是直接呈现于意识，而且它的概念是直接和它的外在现象处于统一体时，理念就不仅是真的，而且是美的了。美因此可以下这样的定义：美就是理念的感性显现。"① 按照黑格尔自己的解释，他这个美的定义包括三个方面：一是理念，这是内容、目的、意蕴；二是感性显现，这是外在表现，即上述内容的现象与实在；三是这两方面的统一，也就是理性内容与感性形式的统一。

黑格尔所讲的理念虽然也是属于一种客观精神，但是它又与柏拉图所

---

① ［德］黑格尔：《美学》第 1 卷，朱光潜译，商务印书馆 1979 年版，第 142 页。

讲的理念有区别。柏拉图所说的理念是与客观存在相对立的,它超于客观现实之上,抽象地存在于另外一个世界中。黑格尔所说的理念则不然,它虽然在道理上也是先于现实世界,派生现实世界,但实际上却不是超越于现实世界之上,而是作为现实世界的灵魂,与现实世界统一在一起的。所以,黑格尔一再指出:"理念就是概念与客观存在的统一。"① 就是说,概念还不是理念,它还只是理念处于抽象的状态,具有普遍性,于道理上可以说有,但实际上并不存在。概念的普遍性与实在的个别性统一起来,这才是理念。因此,在黑格尔看来,理念不是空洞的,而是具体的。它一方面有概念的普遍性,是内容,是本质,是意蕴;另一方面又有实在的具体性,是形式,是现象,是表现。

　　黑格尔认为,只有理念才是真实的;美既是理念,自然也就是真实的了。所以,美和真在本质上是一致的。但是,美的理念又毕竟不同于一般的理念,美也毕竟不同于真。真是理念作为理念本身来看的,只有通过纯粹思维的哲学才能加以理解。至于美就不同了,黑格尔说:"就艺术美来说的理念,并不是专就理念本身来说的理念,即不是在哲学逻辑里作为绝对来了解的那种理念,而是化为符合现实的具体形象,而且与现实结合成为直接的妥贴的统一体的那种理念。"② 总之,美是理念,但又不是别的理念,而是呈现为感性形象的理念。当理念自己把自己呈现为具体的感性形象时,从理念来说,是取得了客观存在的感性形式;从形象来说,则是表现了理念的本质内容。这样通过个别的感性存在来表现具有普遍性的本质意蕴,也就是美。所以,美就是理念的感性显现。

　　黑格尔对美的本质的探讨充满了辩证思想。他从个别感性形式与普遍理性内容二者的辩证统一中来把握美的本质,是对当时西方美学思想发展的一个总结,确实使人受到很大启发。对于黑格尔在美学史上的巨大贡献,我们要充分予以肯定。但是,黑格尔的美的定义同他的整个哲学一样,是头脚倒置的。他把美看成是属于绝对理念的领域,是从绝对理念中派生出来的,这样,他也就否定了客观世界的美,否定了美的客观存在。从黑格尔美的定义只能得出一个结论,现实中没有真正的美,美实际上只

---

① [德]黑格尔:《美学》第 1 卷,朱光潜译,商务印书馆 1979 年版,第 137 页。
② [德]黑格尔:《美学》第 1 卷,朱光潜译,商务印书馆 1979 年版,第 92 页。

是理念加于现实的一种幻想。从这里出发，黑格尔自然要把美看成心灵的作品。他所说的感性显现，也无非是心灵本身的显现。这一切自然是唯心主义的偏见。马克思和恩格斯在揭露黑格尔的思辨结构的秘密时，将这种唯心主义的诡辩形象地概括成为"儿子生出母亲，精神产生自然界……结果产生起源"，用这话来说明黑格尔的美的定义所存在的根本问题，当然也是完全适用的。

三 从自然形式上探求美的本质

所谓自然形式，是指事物本身所具有的光、声、形体、线条及其组合、变化等。从事物的自然形式中去寻求美的本质的观点，是西方美学史上最古老的一种观点，它在一个相当长的时期内占有主导地位，并且一直影响到后来的美的概念的发展。公元前 6 世纪盛行于希腊的毕达哥拉斯学派以及稍后的哲学家赫拉克利特，都主要从物体形式上寻求美的法则。毕达哥拉斯学派都是数学家、物理学家和天文学家。他们认为"数的和谐就是支配一切生活现象的客观规律性"，所以便用数学的观点去研究音乐，发现音乐节奏的和谐是由高低、长短、轻重各不相同的音调，按照一定的数量上的比例所组成的。从音乐里数量关系的研究中，毕达哥拉斯学派提出了一个辩证的原则，即"音乐是对立因素的和谐的统一，把杂多导致统一，把不协调导致协调"，这就是西方美学思想中"寓变化于整齐"的原则的最早的萌芽。也就是从这个辩证的原则中，引出了"美是和谐"的看法。这种看法经过古希腊卓越的唯物主义哲学家赫拉克利特（约公元前 540—前 480 年）的阐述，又得到进一步发展。赫拉克利特强调只有对立面的矛盾和斗争才能形成美的和谐，"互相排斥的东西结合在一起，不同的音调造成最美的和谐"，这一看法中包含着丰富的朴素的辩证法思想。

毕达哥拉斯学派对于美的看法也影响了亚里士多德。亚理士多德（公元前 384—前 322 年）是古希腊美学思想的集大成者。他的成系统的美学著作《诗学》主要是讨论艺术，很少专门论美。但他在分析艺术时，认为和谐感、节奏感是人爱好文艺的原因之一，并且还提出了文艺作品须是有机整体的原则。他在《诗学》中论述悲剧的情节安排时，明确谈到了对于美的看法。他说："一个美的事物——一个活东西或一个由某些部分组成之物——不但它的各部分应有一定的的安排，而且它的体积也应有一定的大小；因为美要依靠体积和安排。"① 他指出，体积大小合适，才可以作为由部分组成的有机整体来看；各部分安排上有秩序，才能见出比例、和谐。如果从这些论述来看，亚理士多德主要还是就事物的形式方面来谈美的。

从文艺复兴到18世纪，许多美学家、艺术家仍然继续从事物的自然形式方面去探求美的本质和规律。文艺复兴时代的意大利杰出画家达·芬奇、18世纪英国著名画家荷加斯对此都有论述。荷加斯在《美的分析》中声称：要努力说明我们究竟依据自然界的哪些规则，把某些物体形状叫作美，把另一些物体形状叫作丑。他说："我们的这些规则就是：适应、多样、统一、单纯、复错和尺寸——所有这一切都参加美的创造，互相补充，有时互相制约。"② 这里指出形成美的六条规则，实际上还是讲的寓变化于统一的法则。荷加斯还提出蛇形线是最美的一种线条，因为蛇形线能表现动作，能引导眼睛作一种变化无常的追逐，因而使心灵感到快乐。这个论点是很著名的，也是从自然形式上寻找美的根源的一个有代表性的观点。

18世纪英国经验派美学家伯克（1729—1797年）对美也作了详细分析。他说："我们所谓美，是指的是物体中能够引起爱或类似的感情的某一性质或某些性质，我把这个定义只限于事物的单凭感官去接受的一些性质。"③ 这种看法肯定了美是属于对象本身的客观的性质，也就是承认了美的客观性，无疑是唯物主义的。但是，在具体分析对象本身所具有美的因素时，伯克所列举的仍是物体的形式因素，如小的体积、光滑的表面、娇柔纤细的体态、渐次的变化、洁净明快的颜色等等。他认为上述"这些因素就是美所依赖的特质，这些特质天然就起作用"，这说明伯克对美的分析也还是停留在自然方式方面。

在西方美学史上，还有一种很有影响的看法，就是把所谓"黄金分割律"看作美的法则。这种看法最早是由古希腊的毕达哥拉斯学派提出的，

---

① [古希腊]亚里士多德、[古罗马]贺拉斯：《诗学·诗艺》，罗念生、杨周翰译，人民文学出版社1982年版，第26页。
② [英]荷加斯：《美的分析》，杨成寅译，人民美术出版社1986年版，第22页。
③ 北京大学哲学系美学教研室编：《西方美学家论美和美感》，商务印书馆1980年版，第118页。

1854年蔡辛（Zeising）进一步对它作了具体解释，接着实验派美学的创始人费希纳又对它做过专门实验。所谓"黄金分割"，就是将一根线分成两部分，使长的那部分的平方等于短的一部分乘全线段，也就是使长的部分与短的部分成 1.618∶1。如果一个长方形，它的长与宽是按照这个比例组成的，那么它就是美的长方形。至于这种"黄金分割"为什么是美的，有人认为还是因为它表现了寓变化于整齐的原则。所以，这种看法也是一种很典型地从自然形式上探求美的本质的观点。

上述各种看法，集中到一点，就是认为美在事物的自然形式。这种观点抓住了美须具有特定的感性形式这一特点，并且努力在客观事物本身中去发现它们，因而具有一定的合理因素，其中所发现的某些形式美的法则，在自然美以及艺术美中，都有着较为普遍的表现。但是，仅仅从自然形式来说明美的本质，却具有极大的局限性和片面性。主要表现在：

第一，它把美的本质归结为事物的自然属性和感性形式，完全忽视了美同对象的本质内容以及人的社会实践的密切关系，带有明显的直观的缺陷。实际上，美不仅仅在于感性形式，而尤在本质内容。特别是社会美，主要是由一定社会关系所决定的人的性格的美，而性格的美仅仅从感性形式上是无法说明它之所以为美的本质的。社会美根本上是由于社会事物以感性个别的形式充分体现出了社会生活发展的本质规律和客观要求。脱离了事物的本质内容，脱离了人的社会实践，就没有社会美可言。艺术美也不仅是在感性形式，而是内容和形式的统一，其中内容则是起着主导的、决定的作用的。艺术美总是以具体可感的、生动独特的形象真实地反映出现实生活的本质和规律，并且体现出社会发展的进步追求。如果没有反映现实生活的真实内容，没有表现进步的思想意义，单从形式上去追求花样翻新和精雕细琢，是难以创造艺术美的。艺术美是社会生活的反映，并且是由社会的人所创造的，它与人的社会实践的关系是非常密切的。至于自然美，虽然从直观上来看，主要表现在自然形式方面，但也不是完全与对象的本质内容以及人的社会实践完全无关。所以，只从自然形式上去探求美的本质，是一种非常片面的形式主义观点。持这观点的美学家虽然有不少是表现着唯物主义倾向的，但也充分反映了旧的机械唯物主义的局限性。

第二，单从事物的自然形式本身出发去寻找美，也不能回答何以对象的某种自然形式是美的问题。诚然，就对象的自然形式本身来看，是有美与不美的区别的。但是，为什么有的自然形式是美的，有的是不美的呢？从形式观点看问题的人以为这是因为它体现了某种自然的规律和形式法则。那么，为什么一定的自然规律和形式法则是美的呢？比如形式主义者常说的寓变化于整齐的原则，比例、均衡、对称、错杂等等，它们为什么必然地具有美的价值呢？对于这个问题，美在自然形式的论者是无法予以深入回答的。由于脱离了形式所表现的内容、脱离了人的社会实践，形式主义者对于形式美的规律的形成原因也不能做出科学解释，结果，美的本质问题仍然是一个谜。

第三，形式主义者从自然形式出发所概括的美的形式规律和法则，如果用来说明美的对象，也是带有很大的局限性的。符合那些形式法则的对象不一定都是美的；不符合那些形式法则的对象也不一定都是不美的。例如均衡、对称，虽然也可以作为构成形式美的一个条件，但是并非凡是形式上均衡、对称的事物都是美的。人体是非常对称的。所谓五官端正，是外貌美的起码条件，这一点无人怀疑。但如有人面部左右各有同样一个疤，虽然也是对称的，却一点也不能使人觉得美。然而，也有美的事物在形式上并不对称、均衡。如画家常爱画偃卧的古松，倚斜的垂柳，画动物和人的姿态，也往往不取最能显示其对称和均衡的正面，而是常画侧面，这样反而显得比对称的正面要美。崇高的对象也是一种美，但它经常表现为形式上的不对称、不平衡、不和谐。这都说明形式美的法则虽然可以作为构成事物美的一种条件，但它不能说是一切美的事物之所以美的本质。事实上，形式主义者所提出的各种美的形式因素，经常互相矛盾。如有的说圆形最美，有的说长方形最美；有的认为美的对象须有较大体积，有的又认为较小的体积才是美的；等等。这些矛盾的说法，本身也就证明单从自然形式上来规定什么是美是不可能的。

四　从社会生活中探求美的本质

在西方美学史上，以旧的唯物主义哲学作为基础而提出的各种美的学说中，俄国革命民主主义美学家车尔尼雪夫斯基（1828—1889年）关于"美是生活"的定义，是从人的社会生活来解释美的本质的最有代表性的论点。

评西方美学史上美的本质研究

车尔尼雪夫斯基对美的本质的探讨,是以费尔巴哈的人本主义作为哲学基础的。费尔巴哈主张哲学应当以人作为"最高的对象",并且把关于人的学说作为他的哲学的核心。这种人本主义,用列宁的话说,"只是关于唯物主义的不确切的肤浅的表述"。它基本上是唯物主义的,却是不确切、不深刻的。车尔尼雪夫斯以费尔巴哈的哲学思想作指导,首先批判了黑格尔派的唯心主义的美论,接着就提出了他自己的美的论点。他说:"美是生活;任何事物,我们在那里面看得见依照我们的理解应当如此的生活,那就是美的;任何东西,凡是显示出生活或使我们想起生活的,那就是美的。"① 这个关于美的论点共有三句话。第一句"美是生活"是定义,接着两句是对这一定义的补充解释和特别说明。"任何事物,我们在那里面看得见依照我们的理解应当如此的生活,那就是美的",这就是说,所谓"美是生活",并不是包括一切社会生活的事物和现象,而是只包括"应当如此的生活"的事物和现象。社会生活中的丑的事物和现象,不属于"应当如此的生活"范围之内,所以是排除在美的定义之外的。"任何东西,凡是显示出生活或使我们想起生活的,那就是美的",这就是说,自然界的美的东西,由于它是"显示出生活或使我想起生活的",所以才是美的。所以,自然美也是符合上述"美是生活"的定义的。

为了说明上述美的定义,车尔尼雪夫斯基分析了现实中各种美的表现。在分析人体美时,车尔尼雪夫斯基强调处于不同社会地位的人,由于生活条件的不同,对"应当如此的生活"理解不同,因而对于人体美的看法也就不同。如他所说,在普通农民看来,"丰衣足食而辛勤劳动"就是"应当如此的生活",所以,鲜嫩红润的面色,强壮结实的体格,就成了乡下美人的必要条件。而上流社会的美人就完全不同了,因为在上层阶级的人看来,唯一值得过的生活是"奢侈的无所事事的生活",这种生活需要寻求"强烈的感觉、激动、热情",因而也就会很快使人憔悴。所以,病态、柔弱、苍白、慵倦,在上流社会的人们的心目中,就具有了特殊的美的价值。车尔尼雪夫斯基力图用上述例证说明"凡是我们看见其中表现了生活尤其是表现了我们陶醉的那种生活、我们自己也倾心向往的那种生活

---

① [俄]车尔尼雪夫斯基:《艺术与现实的审美关系》,周扬译,人民文学出版社1979年版,第6页。

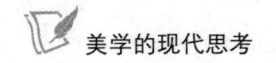

的那一点,就是我们认为是人体美的那一点"。

在分析自然美时,车尔尼雪夫斯基认为一切自然界的事物的美,都不过是人的生活的一种暗示。如他所说,对于动物,我们所喜爱的是它的适度的丰满和形相的对称。为什么呢?因为我们在这点上发现它与人的健美生活的表现有相同之处。对于植物,我们欢喜的是它的色彩的新鲜和形状的多样。又为什么呢?因为那显示着力量横溢的蓬勃的生命。至于太阳和日光之所以美,那也是"因为它们是自然界一切生命的源泉,同时也因为日光直接有益于人的生命的机能,增进他体内器官的活动,因而也有益于我们的精神状态"。据此,车尔尼雪夫斯基总结说:"构成自然界的美是使我们想起人来(或者,预示人格)的东西,自然界的美的事物,只有作为人的一种暗示才有美的意义。"①

车尔尼雪夫斯基力图从人的生活中探求美的本质,他的"美是生活"的定义,出发点是唯物主义的。和黑格尔派的唯心主义的美在观念说相对立,车尔尼雪夫斯基是力图肯定美的客观性的。他在说明自己的美的定义与黑格尔派的美的学说的根本区别时指出:"在通常的概念中,主要的是观念,在我们的概念中,主要的是生活;就审美范围而言,别人把生活了解为仅仅是观念的表现,而我们却认为生活就是美的本质。因此,我们不认为美的物象照它存在于现实中的这个样子是不十分美的,我们也不认为想象力的干涉能够把美注入物象之中;我们认为自然美是真正美的,而且十分美的,而一般美学家却认为自然美不是真正美的,不是十分美的,不过通过我们的想象力我们才觉得它十分美罢了。"② 从这段话看来,车尔尼雪夫斯基显然既不同意美是客观观念的表现,也不同意美是主观想象的产物,是反对唯心主义美学对于美的本质的观点的。他认为真正的美是在客观现实生活本身,事物和现象之所以美,是因为美本来就客观地存在于现实界的事物和现象之中。这种看法,无疑是坚持了唯物主义的基本原则的。车尔尼雪夫斯基充分看到了美与人类社会生活的联系,在这一点上,他和那些仅从事物的自然形式中去解释美的本质的观点也有原则区别。如

---

① [俄] 车尔尼雪夫斯基:《艺术与现实的审美关系》,周扬译,人民文学出版社1979年版,第10页。
② [俄] 车尔尼雪夫斯基:《美学论文选》,缪灵珠译,人民文学出版社1959年版,第64页。

评西方美学史上美的本质研究

果从西方美学史上美的学说的发展演变来看,车尔尼雪夫斯基"美是生活"的定义无疑是一个前进,普列汉诺夫称它是"天才的发现",也并不过分。但是,在车尔尼雪夫斯基关于美的论点中,也存在着严重的缺陷,这主要表现在:

第一,车尔尼雪夫斯基虽然认为"生活就是美的本质",但他对于"生活"的概念却缺乏科学的理解,带有费尔巴哈人本主义所不可避免的抽象性、局限性。费尔巴哈所理解的"人",不是处于一定历史条件和社会关系中的人,而仅仅是生物学上那种有生命、有肉体的自然人。车尔尼雪夫斯从这种观点来理解人的生活,于是便把"生活"基本上等同于抽象的、自然人的"生命"概念。他说:"世界上最可爱的就是生活;首先是他愿意过,他所喜欢的那种生活;其次是任何一种生活,因为活着到底比不活好;但凡活的东西在本性上就恐惧死亡,恐惧不存在,而爱生活。"① 又说:"假使说生活和它的显现是美的,那么,很自然的,疾病和它的结果就是丑。"② 这些说法,很显然是把生活归结为生命、健康等自然特性,而忽视了生活这一概念所应当包括的具体的社会历史存在的客观内容,基本上是从生物学的观点来理解人的生活的,这就必然走向脱离社会历史存在、脱离客观社会实践,抽象地看待人的生活的历史唯心主义。马克思说:"人的本质并不是单个人所固有的抽象物。在其现实性上,它是一切社会关系的总和。"③ 又说:"社会生活在本质上是实践的。"④ 不理解人的社会关系、社会实践,就不能科学地理解社会生活的本质。而这一点,恰恰是车尔尼雪夫斯基不能做到的,因而,他要用生活来解释美也就缺乏正确的哲学基础。

第二,车尔尼雪夫斯基"美是生活"的定义虽然出发点是唯物主义的,是力图肯定美是在客观现实事物本身的,但是,当他对定义作进一步解释和说明时,却陷入了不可避免的自相矛盾之中,从而否定了他的唯物

---

① [俄] 车尔尼雪夫斯基:《艺术与现实的审美关系》,周扬译,人民文学出版社1979年版,第6页。
② [俄] 车尔尼雪夫斯基:《艺术与现实的审美关系》,周扬译,人民文学出版社1979年版,第8页。
③ 《马克思恩格斯选集》第1卷,人民出版社1972年版,第18页。
④ 《马克思恩格斯选集》第1卷,人民出版社1972年版,第18页。

主义的出发点。一方面，他认为美是存在于现实生活中，现实生活本身就是美的，它是不依存于人的主观意识而独立存在的；另一方面，他又认为只有当我们在对象上看到"依照我们的理解应当如此的生活""我们自己倾心向往的那种生活"，对象才是美的。这样一来，一个对象之所以美，便不是由于它本身的原因，而完全是由于它符合了我们自己"应当如此的生活"的主观的观念，也就是说，美是依存于人的主观意识的东西了。我们知道，在阶级社会中，不同阶级、阶层的人对于"应当如此的生活"的主观理解和观念是有很大差异的，如果都用各自的主观观念来规定美的本质，那么美的本质就是绝对相对的了。这显然是错误的。在我们看来，社会生活中的美的事物、美的人物都是由于自身存在而美，它们美的本质并不是由各个人所理解的主观的生活概念所规定的，而是由于它们符合了社会生活发展的客观规律，代表了推动社会历史前进、促进人类社会实践向前发展的客观要求。所以，美的本质不是绝对相对的。车尔尼雪夫斯基由于不理解"社会生活发展的客观过程"（普列汉诺夫语），所以，在对美的本质的理解中不能把唯物主义贯彻到底。

第三，如果从车尔尼雪夫斯基对于自然美的解释来看，他的美的定义的缺陷也就显得更突出。如上所述，车尔尼雪夫斯基在肯定美的客观性时，坚决地批判了否认自然本身有美，而认为自然美是由人的主观想象注入对象之中的唯心主义的观点。但是，他又一再指出，自然之所以美，是由于它"使我们想起生活""使我们想起人"。这样一来，自然美就不是存在于自然本身，而是由人的联想、想象所形成的。这不是重新回到他所批判的唯心主义美学观点上去了吗？车尔尼雪夫斯基只看到自然和人的生活在观念上的联系，而看不到自然和人在社会实践中所形成的客观联系；只看到美的本质同社会因素有关，而否认美的本质也同自然因素有关。这样，他在解释自然美时就不能不显得自相矛盾了。

五　关于美的本质研究的几点思考

纵观西方美学史上对美的本质的探讨，可以清楚看到，不同美的本质研究途径和各种美的学说的分歧和争论主要是围绕以下几个问题展开的。

首先，西方美学史上关于美的本质的探讨都是建立在一定哲学思想上的，是以对哲学基本问题的回答为前提的。对于美的本质的看法的根本分歧，还是美在主观与美在客观的分歧。承认还是否认美的客观性，这是美学史上唯物主义和唯心主义两种美学观点的原则分歧之所在。承认美的客观性，就是承认美是不以人的主观意识为转移的客观存在，承认客观事物的美就在于它们本身，而不是由欣赏人的主观意识转加给它们的。否认美的客观性，就是否认美是一种客观存在，否认客观事物本身有美，而认为美是由人的主观意识或独立于客观世界之外的客观精神所决定的。我们已经看到，美是主观意识的论点是经不起事实检验的，是没有说服力的。因此，要正确解决美的本质问题只有在坚持美的客观性的原则下才有可能。这里，关键是要摆正美和美感的关系。从美学史上看，凡主张美在主观的论者，在论证中都是用主观意识的美感来规定客观事物的美，认为美只能由欣赏者的美感所决定。我们要在坚持美的客观性原则下探讨美的本质问题，就要努力贯彻辩证唯物主义反映论的基本原则，从实际出发，肯定美是第一性的，美感是第二性的，是美引起美感，而不是美感决定美。

其次，美是在于感性形式，还是在于理性内容？这也是西方美学史上对美的本质探讨中所一直争论的问题。这个问题从古希腊美学思想中就存在，到了17、18世纪的理性派美学和经验派美学之争，分歧更为明显。理性派从目的论出发，认为美的事物必须符合它的本质所规定的内在目的，也就是要符合"完满"的概念，因此它的基础在理性内容。经验派则认为美感来自感性经验，经验中的愉快与不愉快的感受，是判断事物美丑的根据，因此，美只涉及事物的感性形式方面。康德企图调和理性派和经验派的矛盾。一方面，他认为美是一种愉快与不愉快的感情，属于感性经验范围；另一方面，他又认为这种愉快与不愉快的感情必须具有普遍性和必然性，符合理性概念的要求。但康德所说的统一，只是通过想象力的活动，从主观上来把感性形象和理性概念统一起来，所以只是观念性的统一。在实际分析美时，康德仍然无法避免割裂其感性形式和理性内容而造成的矛盾。他一方面认为"美只在形式"（纯粹美）；另一方面又认为"美是道德的象征"（依存美）。这两个结论显然是不统一的。黑格尔将他的辩证法运用于美的本质的研究，提出"美是理念的感性显现"的定义，即通过个别的感性形象来表现普遍的理性内容，强调只有感性与理性、形式与内容、个别与普遍两种对立因素结成契合无间的统一体，才能见出美，这就使西方美学史上长期争论的美在感性形式还是理性内容的问题，得到了完满的解决。黑格尔关于美在感性形式和理性内容、个别性和普遍性相统一的思想，是对美学的极重要的贡献，对于解决美的本质问题来说确实是一个合理的内核。他的主要错误是"头脚倒置"，从抽象的理念出发，而不是从具体的现实生活和社会实践出发。把黑格尔颠倒了的关系改变过来，同时吸收他的合理内核，这是马克思主义美学在解决美的本质问题上应当做的一项工作。

最后，从西方美学史上对于美的本质的探讨来看，有的主张美在自然属性，有的主张美在社会属性，这也是一个重要的分歧。但事实说明，把美归结为单纯的自然属性或单纯的社会属性，都带有极大的片面性，都难以避免机械的形而上学的唯物主义的缺陷。值得注意的是，无论是主张美是自然属性还是美是社会属性的观点，都只是看到了某一种类美的特性，便以偏概全，想用它来规定一切美的本质，结果不能不在理论上陷于捉襟见肘的境地。主张美是自然属性的完全无视社会美，并且也无法解释事物的自然属性何以是美的；主张美是社会属性的完全无视自然美，在他们看来，自然美只是社会美的象征、暗示，是社会美的特殊表现形式，这当然都缺乏说服力。18世纪法国唯物主义美学家狄德罗（1713—1784年）提出了"美是关系"的论点，认为美是对象本身所具有的能引起人们的关系概念的某种性质。他说："我把凡是本身含有某种因素，能够在我的悟性中唤起关系这个概念的，叫作外在于我的美；凡是唤醒这个概念的一切，我称之为关系到我的美。"① 狄德罗所说的"关系"，既包括客观对象本身各部分之间的关系，如他提到的各部分之间的比例、对称、秩序、安排等等，也包括对象与其他事物相比较、与环境条件相联系所形成的关系，其中主要就是事物在社会生活中的关系。可见，在狄德罗的"美是关系"的概念中，既有自然方面的关系，也有社会方面的关系，也就是说，美既不单纯是自然属性，也不单纯是社会属性，而是事物在自然和社会中所存在的客观关系。当然，狄德罗对于"关系"这个概念的理解仍是比较模糊的，"美是关系"这种提法也显得过于笼统，还不能说明究竟怎样的一种关系才是美的。但是，他摆脱了美在自然属性或社会属性的片面性，从自

---

① 参见《狄德罗美学论文选》，人民文学出版社1984年版，第25页。

然因素和社会因素的统一及其关系中去探求美的本质，无疑是一个很有启发性的美学见解。

总的来说，西方美学史上对于美的本质的探讨，为我们留下了一笔可贵的美学遗产，其中固然有错误、有局限，但也有合理的、正确的因素。只是从根本上来说，由于旧的哲学思想的限制，以往的美学家对美的本质并未找到真正科学的回答。要真正科学地解决美的本质问题，只有在马克思主义哲学建立以后才有可能。

（原载于《湖北电大学刊》1984年第5期）

孔子与柏拉图美学思想比较研究

孔子（公元前551—前479年）和柏拉图（Platon，公元前427—前347年）分别为中国美学和西方美学的开山祖。他们的美学思想为中国美学和西方美学的发展奠定了基础，从而对中国美学和西方美学传统的形成产生了极为深刻而久远的影响。我们要认识中国美学和西方美学思想发展的特点和规律，就必须深入研究孔子和柏拉的美学思想及其各自的特点。

一

孔子和柏拉图美学思想的基础和出发点是不同的。孔子美学思想的基础是仁学。仁学是孔子的一种道德哲学，是孔子道德伦理思想的核心。"仁"的最初含义是指人与人的一种亲善关系，孔子赋予"仁"以新的含义，使其成为中国哲学史上最重要的概念之一。"仁"的概念包含意义较多，它既是指人们行为的基本准则和道德规范，又是指人们内心的心理意识。孔子解释"仁"的含义说："夫仁者，己欲立而立人，己欲达而达人。"（《论语·雍也》）他在回答另一个学生怎样做才符合"仁"的提问时又说："己所不欲，勿施于人。"（《论语·颜渊》）这是孔子关于"仁"的最为完备的解说，说明"仁"的基本内容和基本要求，就是将心比心、推己及人的忠恕之道。《论语》还记载："樊迟向仁，子曰：'爱人'。"这说明"爱人"也是仁的基本规定和基本原则。"爱人"要求对人有同情心，也就是推己及人，所以和"己欲立而立人，已欲达而达人"是一致的。孔子的仁学是以"克己复礼"、维护奴隶制的宗法制度的目的的，但也表现了对一般人民的重视和爱惜，反映出顺应春秋末期历史趋势而产生的人的发现、人的觉醒，具有人本主义色彩。

孔子是从仁学出发去考察审美和文艺问题的。孔子谈审美和文艺，出发点是仁，归宿也在于仁。他说："志于道，据于德，依于仁，游于艺。"（《论语·述而》）这里的"艺"指"六艺"即礼，乐、书、数、射、御，它虽不仅指我们现在所讲的文艺，但也包含有文艺和审美活动在内。孔子认为，做人要立志于道，坚守着德，遵循着仁，同时，游乐于六艺之中。显然，这里的"艺"是和"道""德""仁"紧密联系在一起的，思想上"志""据""依"于礼制的伦理道德规范是指归，而游赏于"艺"乃是一种与之相适应的手段。孔子又认为"为仁由己"，对于"仁"，人不仅要"知之"，而且要"好之""乐之"，即以修养仁德、践履仁德为最大的快乐和满足，只有这样，才能使作为社会道德原则的"仁"化为个体的自觉要求。他之所以重视审美和文艺，就是因为他认为审美和文艺在人们为达到"仁"的精神境界而进行的道德自我修养中发挥着特殊作用。由此可见，孔子的美学思想和他的伦理道德思想是有着极为深刻的联系的。

柏拉图的美学思想的基础和出发点是理念论。理念论是柏拉图建立的客观唯心主义的哲学体系。所谓"理念"（希腊文 eidos，英文 idea，中文又译为"理式"），是指一种不依赖于人的主观意识和客观事物而独立存在的精神实体，是宇宙中普通永恒的原理大法。柏拉图认为，由各种理念所构成的"理念世界"是永恒不变的、绝对的，因而是唯一真实的世界。而由我们的感官所接触到的具体事实所构成的现实世界，则是变化无常的、相对的，因而是不真实的虚幻的世界。理念世界是本源的、第一性的，而现实世界或具体事物则是理念世界派生的、第二性的。现实世界中的万事万物都是理念世界的摹本，是"模仿"或"分有"理念世界的结果。例如，我们所看到的这匹马，都不过是"马"这个理念的"摹本"或"影子"。或者说，它们之所以为马，乃是因为它们"分有"了"马"这个理念。柏拉图的理念论把精神性的实体"理念"看作万物的本源，完全颠倒了思维和存在、精神和物质的关系。他所谓的"理念"和宗教的"神"有共同的本质，所以列宁指出，柏拉图的理念论和宗教神学有着共同的认识根源。

柏拉图美学思想不仅以理念论为基础，而且是他的理念论哲学体系中极为重要的组成部分。他讲理念讲得最多的就是"美的理念""善的理念"等，讲理念世界和现实世界、真实世界和幻影世界的关系，也往往以"美本身"或"美的理念"与美的具体事物的关系来加以论证。因此，柏拉图关于美的本质的学说，可以说是直接从他的理念论中引申出来的。此外，柏拉图关于美的认识和美感的论述、关于文艺的本质和社会作用的论述，也都是同他的理念论和以理念论为基础的知识论、伦理观和社会政治观相互交融在一起的。可以说，柏拉图的理念论是其美学思想的理论基础，而柏拉图的美学思想则是其理念论的具体展开和应用。如果说，孔子的美学思想由于与其仁学相联系，因而具有鲜明的感性实践和道德伦理特色，那么柏拉图的美学思想则由于与其理念论相结合，因而具有浓厚的理性思辨和宗教神秘主义色彩，两种思想体系差别在美学思想上的烙印是显而易见的。

二

在对美的认识和探究上，孔子和柏拉图可以说是采取了完全不同的途径，得出了完全不同的结论。柏拉图是在理念论的基础上，通过思辨哲学的途径来提出和解决美的本源或本质问题的。黑格尔说："柏拉图的研究完全集中在纯粹思想里。"① 所谓"纯粹思想"就是指柏拉图的理念。完全撇开感性现实事物，从理念出发，并依据理念，通过纯思辨的方法认识到"美本身"——"美的理念"，这就是柏拉图寻求美的本质的根本途径。柏拉图的美论首先把"美本身"和具体的美的事物分别视为不同的存在。"一方面我们说有多个东西存在，并且说这些东西是美的，是善的等等。……另一方面，我们又说有一个美本身，善本身等等，相应于每一组这些多个的东西，我们都假定一个单一理念，假定它是一个统一体而称它为真正的实在。"② 这里所谓多个东西的美是指感性具体事物的美，而所谓"美本身"则是指美的东西的"理念"。在柏拉图看来，感性个别事物的美是相对的、变幻无常的，因而是不真实的，只有美的理念，才是绝对的、永恒不变的，才是"真正的实在"。感性具体事物本身是没有美的，任何事物只有当它"分有"了美本身或美的理念，才成为美的东西。柏拉图说："一个东西之所以是美的，乃是因为美本身出现于它之上或者

---

① [德] 黑格尔：《哲学史讲演录》第2卷，贺麟等译，商务印书馆1981年版，第204页。
② 北京大学哲学系外国哲学史教研室编译：《古希腊罗马哲学》，商务印书馆1961年版，第178—179页。

为它所'分有'。……美的东西是由美本身使它成为美的。"① 由此引出的必然结论是:"美本身"或"美的理念"是先于具体的美的事物,并且决定着具体事物的美的,是美的根源和美的本质。

柏拉图在探讨美的本质时,对"美本身"和美的具体事物作了区别,认为美的本质并不等于美的具体事物,而是形成具体事物美的"美的理念",这就将古代希腊对美的本质的探讨从感性形式转向了理性内容,从感性直观的方法转变到抽象思辨的方法。黑格尔说:"柏拉图是第一个对哲学研究提出更深刻的要求的人。他要求哲学对于对象(事物)应该认识的不是它们的特殊性而是它们的普遍性,它们的类性。它们的自在自为的本体。"② 柏拉图可以说是西方对美学研究提出更深刻要求的第一人,他要求对美的本质作深入的哲学思考,极力寻找美之所以为美的普遍性,这对以后西方的美的哲学探讨产生了巨大而深远的影响。但是,柏拉图把"美的理念"看成脱离具体事物而独立存在的客观存在物,进而把它说成是具体事物之所以具有美的性质的根源,这就颠倒了意识和存在的关系,否定了感性现实世界(包括自然、社会和艺术)中客观存在的美,显得十分荒谬了。

如果说,柏拉图是完全脱离感性现实世界而从神秘的理念世界去寻求美的本质和根源,那么,孔子则从仁学出发,把美与人的感性存在和现实生活紧密联系起来。《论语》中谈美,主要集中在人和艺术两个方面。首先,孔子把美同人的社会实践活动紧密联系起来,肯定了人的社会政治和伦理道德活动之中的美,如"先王之道斯为美"(《学而》)、"周公之才之美"(《泰伯》)、"里仁为美"(《里仁》)、"君子成人之美"(《颜渊》)等等。这里所说,均属人的实践活动和精神品德之美。可以明显地看出,孔子认为美与人生理想和道德要求是相统一的。从这个方面看,"美"就是"善",而最高的美的境界的也即是仁的境界。由于我国古代美学思想是在以宗法血缘关系为基础、以伦理道德为纽带的制度下形成的,因此,强调美与善即道德伦理关系之间血肉相连的思想,一直处于支配地位。在孔子

---

① 北京大学哲学系外国哲学史教研室编译:《古希腊罗马哲学》,商务印书馆1961年版,第177页。

② [德]黑格尔:《美学》第1卷,朱光潜译,商务印书馆1979年版,第37页。

之前，这类见解已相当普遍。由于孔子对这一传统思想的大力强调并纳入其仁学体系，因而对后世发生了长远的影响。

另一方面，孔子又把美同艺术的特征和感性形式联系起来，充分肯定了包括音乐、诗歌、舞蹈等在内的艺术本身的美。《论语》中有两段孔子赞扬和欣赏《韶》乐与《武》乐之美的记载："子谓《韶》：'尽美矣，又尽善也。'谓《武》：'尽美矣，未尽善也。'"（《八佾》）"子在齐闻《韶》，三月不知肉味。曰：'不图为乐之至于斯也。'"（《述而》）前一段是讲音乐的形象和形式本身就是美的，后一段是讲音乐形象和形式之美能唤起人美感，使人获得难以意料的精神享乐和愉悦。除了肯定艺术美是客观存在和美感来源之外，这两段话更重要的意义还在于对美与善的关系作了进一步的分析和阐明。孔子对《韶》乐和《武》乐做出两种不同的评价，认为歌颂尧、舜以圣德受禅的《韶》乐"尽美矣，又尽善也"，而歌颂武王以征伐取天下的《武》乐则"尽美矣，未尽善也"。可见，孔子既看到了美与善的联系和一致，又注意到了美与善的矛盾和区别，并以美与善的完满统一作为艺术追求的理想目标，这是孔子对中国美学思想发展的一个历史性贡献，这一认识不仅突破了春秋前美善同义的传统观念，而且把美不同于善的形象和形式特征突出的提出来，强调了作为艺术表现形式的"美"和作为艺术表现内容的"善"是既有联系又有区别的。

孔子要求美与善、形式与内容相统一的思想，还表现在他对"文"与"质"关系的看法中。他说："质胜文则野，文胜质则史。文质彬彬，然后君子。"（《论语·雍也》）这里突出地反映了孔子对于人的审美理想与道德理想相统一的认识。所谓"文"，即外在的文采，孔子认为礼乐是文（"文之以礼乐"），表现为人的文化修养、行为方式等，主要与形式的美相关。所谓"质"，即内在的质地，孔子认为仁义是质（"君子义以为质"），表现为人的思想修养、道德心理等，主要与内容的善相关。按孔子的理解，如果一个人单有内在道德品质而缺乏外在礼乐文饰就显得粗野；单有外在礼乐文饰而缺乏内在道德品质就显得虚浮；只有将仁德与礼乐、内容与形式、善与美恰当配合、和谐统一起来，才符合做人的理想。孔子这一思想在中国美学思想史上影响很大。后世思想家、评论家论艺术的内容和形式的辩证统一关系，多以此为依据。

综上所述，孔子论美，重在美与人的社会伦理实践的联系，强调美与善的相互统一。这不仅与柏拉图否定现实世界美的真实性的观点完全不同，而且也与柏拉图强调理念世界的美即是真的思想大相径庭。柏拉图的"理念"，其实是将人的理性能力所能把握的一般共相绝对化为独立存在的最高实体。他认为人的存在的终极目的在于通过回忆获得关于理念世界的知识即"真理"，因此，所谓美本身或美的理念不过是人通过回忆所要获得的"真理"，美和真是内在的统一的。这和孔子立足于现实世界强调美与善相互统一的思想显然是不一样的。这两种思想倾向都分别对后世西方和中国美学思想发展产生了积极的影响，如西方美学中强调艺术美和真实反映现实（真）的关系；而中国美学中强调艺术美和抒写真实性灵（善）的关系，便是两种强有力的美学思想传统。不过，孔子并没有像柏拉图那样，将美的本质和普遍性同具体事物的美加以区分而对前者作深入哲学思考，把孔子对于人的审美认识当作孔子对美的本质的看法来加以阐释，是不符合本意的。

三

在对美感的认识上，孔子和柏拉图都注意到审美和文艺心理活动中情感因素的突出地位及其特点，但两人对审美情感的作用及其与理性的关系却有不同的分析和解释。

柏拉图对审美和艺术的情感特点及作用的分析主要是以其建立在理念论基础上的伦理学说为依据的。柏拉图的伦理学说是抬高理性、贬低情欲的，他认为人的灵魂由理性、意志和情感（欲望）三个部分组成，这三部分各有其不同的功能和地位。理性居于统率地位，其功能是发号施令，指挥灵魂的其他部分；意志则为理性而行动、协助理性控制情欲；情欲的唯一功能便是服从。真正的德或最高的德须以理性为基础，而情欲则是人性中的无理性和低劣部分，它应当受到理性的控制。可是，柏拉图在考察和分析审美和文艺心理活动时，却认为审美和艺术的情感作用是排斥理性、不受理性控制的，因而也就不符合他的伦理学说。

柏拉图在谈到美的观照和艺术活动时，都讲到"迷狂"（mania）。所谓"迷狂"，主要是指在审美观照和文艺创作中所产生的强烈的情感体验。用柏拉图的话说，就是"灵魂遍体沸腾跳动""惊喜不能自制"。这种迷狂状态是怎样形成的呢？对此，柏拉图有两种解释。一种解释是由于灵魂的回忆，通过个别美的事物观照到理念世界的美，并且追忆到生前观照那美的景象时所引起的高度喜悦，因而感到欣喜若狂，陷入迷狂状态；另一种解释是神灵凭附到诗人或艺术家身上，使他们获得创作的灵感，因而失去理智而陷入迷狂。柏拉图描述这种"迷狂"的特殊心理状态说："诗人是一种轻飘的长着羽翼的神明的东西，不得到灵感，不失去平常理智而陷入迷狂，就没有能力创造，就不能做诗或代神说话。"① 又说："若是没有这种诗神的迷狂，无论谁去敲诗歌的门，他和他的作品都永远站在诗歌的门外，尽管他自己妄想单凭诗的艺术就可以成为一个诗人。他的神智清醒的诗遇到迷狂的诗就黯然无光了。"② 应该说，柏拉图已注意到审美和艺术创造中的一些特殊心理现象，看到审美和艺术活动不同于一般的理智和逻辑思考活动，而具有自身的特点，这是一个重要贡献。但是，他对迷狂所做的解释，不仅具有宗教神秘主义色彩，而且把审美和艺术活动都说成是失去理智、神智不清的精神状态，这就把审美中情感活动和理性对立起来了，从而也就排斥了美感和艺术中的理性因素和作用。此外，柏拉图在分析文艺对人的心理影响时，也是一味地指责诗人和艺术家利用人性中的弱点，满足人们的情欲，并从中得到快感，致使这种情欲失去理智的控制，培养发育了人性中低劣的无理性部分，这又从艺术欣赏方面否定了美感中情感活动和理性作用的相互联系。总之，柏拉图虽然也看到审美和艺术的情感特点，却否定了审美和艺术的理性作用。这种强调美感和艺术的非理性作用的美学观点，对后来西方非理性主义美学和艺术思潮的形成和发展，影响是非常之大的。

孔子在谈到诗、乐对人的陶冶作用和对诗、乐进行评价时，也都涉及美感心理活动的特点问题。《论语·阳货》中记载孔子论诗歌对人的作用时说："小子何莫学夫《诗》？《诗》，可以兴，可以观，可以群，可以怨。迩之事父，远之事君；多识于鸟兽草木之名。"这里讲到诗的作用是多方面的，但从美学上看，最值得重视的是"兴、观、群、怨"这一组范畴，因为它深入揭示了诗歌乃至整个艺术对人的情感以及整个心理的影响，表

---

① 《柏拉图文艺对话集》，朱光潜译，人民文学出版社1980年版，第8页。
② 《柏拉图文艺对话集》，朱光潜译，人民文学出版社1980年版，第118页。

达了孔子对艺术欣赏中美感心理特点的全面认识。所谓"兴",孔安国注为"引譬连类",朱熹注为"感发志意",这两种解释可以互相补充。不过,所谓"引譬连类",应理解为诗歌唤起欣赏者的联想和想象活动,不是仅指诗的一种创作手法。通过联想、想象领会诗歌的艺术形象,从而在思想感情上受到启发、感动,这就是朱熹所说的"感发志意"。所谓"观",郑玄注为"观风俗之盛衰",朱熹注为"考见得失",两者意思相近,都是讲诗歌可以让人了解、认识社会生活、人情风俗,具有认识作用。所谓"群",孔安国解释为"群居相切磋",朱熹解释为"和而不流",说明诗歌的欣赏可以交流、沟通人们的思想感情,有益于达到群体的协调、和谐。所谓"怨",孔安国的解释是"怨刺上政",虽然这种理解过于狭窄,但说明诗歌欣赏可以让人抒发、泄导不如意的社会情感,则是确定不疑的。孔子提出"兴、观、群、怨"这组范畴,精辟地概括了诗的审美教育作用,代表了当时对文艺审美特征认识的最高水平。从美感心理上看,孔子提出的这组范畴有两点值得特别重视。首先,它强调了在艺术欣赏和审美活动中情感的突出地位和作用。孔子把"兴"摆在"兴、观、群、怨"的首位,这表明他对于艺术审美的情感作用、情感特点是极为重视的。"兴""观""群""怨"四者是相互联系的,但又不是并列的。实际上,"兴"表达了孔子对于艺术审美活动本质特点的把握,所以,"观""群""怨"也都离不开"兴"。后世许多思想家在论述这组范畴时也特别强调"兴",这是符合孔子本意的。其次,它看到了艺术欣赏和审美活动中情感活动和认识活动的内在联系和统一。王夫之在解释"兴""观""群""怨"四者的互相关联时说:"于所兴而可观,其兴也深;于所观而可兴,其观也审。以其群者而怨,怨愈不忘;以其怨者群,群乃益挚。"[①] 这表明,孔子虽然非常重视和强调审美心理的情感作用和特点,却又并不把它与认识活动和理性作用割裂开来或对立起来,而是把艺术欣赏和审美活动中情感和认识、感性和理性统一起来全面考察美感心理特点。

孔子对艺术和审美中情与理的关系能达到这样认识不是偶然的,因为在他看来,艺术所要表现的情感并不是任何一种情感,而是从"仁"发生

[①] (清)王夫之著、戴鸿森笺注:《姜斋诗话笺注》,人民文学出版社1981年版,第4页。

而符合于"礼"的社会性情感，所以它是受到理性的制约和节制的。和柏拉图一味贬低和抑制情欲的观点不同，孔子肯定了满足个体心理欲求的合理性，同时，它又要求把这种心理欲求的满足导向符合社会的伦理道德规范。所以，他既高度重视文艺审美的情感感染和愉悦作用，又使之与社会伦理的理性要求相统一，从而在情与理两个对立因素的和谐统一中达到"中和之美"。他要求诗对情感的表现要做到"乐而不淫，哀而不伤"，就是中和之美的具体运用。这种既重视审美和艺术的情感特点而又不排斥理性作用的情理统一观，是孔子所开创的中国美学的一贯传统，对后来中国美学思想和艺术的发展产生了极为深远的影响。

四

　　无论是孔子还是柏拉图，他们对文艺的本质和社会作用的论述，都在其美学思想中居于重要地位。但恰恰在这个问题上，他们两人美学思想的差别也表现得最为明显。

　　柏拉图对文艺本质的基本看法，是把艺术看成一种模仿。他在《国家》篇里，便是从"研究模仿的本质"来阐明艺术的本质。模仿说是希腊早已有之的传统看法，如赫拉克利特就有过艺术模仿自然的观点。这种观点把客观现实看作文艺的蓝本，表现出朴素唯物主义的艺术观。但是，柏拉图却把模仿说和他的理念论结合在一起，这就改变了模仿说原来的朴素唯物主义的内涵，使之成为以理念论为基础的客观唯心主义艺术理论的一个组成部分。在柏拉图看来，艺术是由模仿现实世界而来的，而现实世界又是模仿理念世界而来的。现实世界本身并不是真实体，它只是理念世界的"摹本"或"影子"，因此，模仿现实世界的艺术也就是"摹本的摹本""影子的影子""和真理隔着三层"。柏拉图以床为例阐明他的理论。他认为有三种床：第一种是神制造的"本然的床"，是"床之所以为床"的那个理念，也就是床的真实体；第二种是由木匠制造的床，是床的理念的摹本；第三种是画家画的床，是模仿工匠的作品，其所要模仿的只是工匠作品的外形，而不是它的本质，所以和床的真实体隔得很远。柏拉图由此断定："一切诗人都只是模仿者，无论是模仿德行，或是模仿他们所写的一切题材，都只得到影象，并不曾抓住真理。"[1]

柏拉图从模仿说论文艺的本质，着重考察和研究文艺与客体世界的认识关系。他认为艺术只能模仿现实世界的外形，不能模仿现实世界的本质；只能是感性形式下对现实世界的模仿，不可能向人们提供有关理念世界的真知识，因此，也就达不到真理。这些看法取消了艺术真实地反映现实、揭示现实本质的可能性，完全否定了艺术的认识价值和作用。

从模仿说出发，柏拉图还得出另一个结论，即：诗歌和一切艺术对人性产生坏的心理作用。《国家》篇卷十说："模仿诗人既然要讨好群众，显然就不会费心模仿人性中理性的部分，他的艺术也就不满足这个理性部分了；他会看重容易激动情感的和容易变动的性格，因为它最便于模仿。"[2]在柏拉图看来，模仿诗人和画家都是逢迎人心中的无理性部分，一味满足人们的情感欲望，使情欲失去理智的控制，所以只能发展人性的低劣部分。例如悲剧餍足人的感伤癖和哀怜癖，使人从同情旁人的痛苦和悲伤中得到快感；喜剧投合人类"本性中诙谐的欲念"，使人对本以为羞耻而不肯说的话和不肯做的事，不仅不嫌它粗鄙，反而感到愉快。这些看法，实际上完全否定了艺术表现情感和陶冶情感的审美教育作用。

值得注意的是，正是柏拉图攻击和否定得最厉害的文艺的表现情感和陶冶情感的作用，在孔子的美学思想中得到了最充分的肯定。与此相联系，孔子对文艺本质的看法，也不是像柏拉图那样，着重考察文艺与客体世界的认识（模仿）关系，探求文艺是否能给人以真理的认识，而是着重考察文艺与主体世界的情感关系，探求文艺在将个人心理欲求导向社会伦理规范以塑造完美人格中起到什么影响作用。孔子评价诗、乐，从内容上看主要是考察它们所表达和抒发的思想情感如何，如前面提到的他对于《韶》乐的肯定和赞赏，就是着眼于其思想情感表达的"善"。孔子论诗、乐的作用，也主要是分析它们对欣赏者思想情感的感染和陶冶功能，如前面提到的诗的"兴"的作用。"兴"对于创作主体来说是表达和抒发情感；对于接受主体来说是感动和陶冶情感，即朱熹所说"感发志意"。可以说，"兴"这一范畴，最充分地表现了孔子对文艺本质和作用的基本看法。在

---

[1] 《柏拉图文艺对话集》，朱光潜译，人民文学出版社1980年版，第76页。
[2] 《柏拉图文艺对话集》，朱光潜译，人民文学出版社1980年版，第84页。

孔子之前，据《尚书》记载，已有"诗言志"之说，这是先秦时期最早提出的关于诗的本质的特点的见解。据闻一多先生的考释，"诗言志"之"志"，是包括抒发感情的含义的，孔子的"诗，可以兴"是直接继承和发展了"诗言志"之说。后来，《诗大序》又提出："诗者，志之所之也，在心为志，发言为诗。情动于中形于言。"① 这里明确将情志并举，进一步强调了诗歌表达内在情感的本质特点。

孔子对文艺的陶冶性情的审美教育作用的肯定和重视，还表现在他的"兴于《诗》，立于礼，成于乐"（《论语·泰伯》）的论述中。在这里，孔子把诗、礼、乐并列为造成一个仁人君子完美人格的必不可少的重要手段。所谓"兴于《诗》"，包咸的解释是："兴，起也，言修身先当学诗。"也就是说一个人思想意识的修养，要从学《诗》开始。为什么呢？朱熹解释说："兴起其好善恶恶之心而不能自已者，必此得之。"显然，诗的独特功用在于通过打动人的情感，以感化和陶冶人的心灵，培养其社会道德情操，所以成为君子修身必须从事的首要项目。据《论语·阳货》记载："子谓伯鱼曰：'女为《周南》、《召南》矣乎？人而不为《周南》、《召南》，其犹正墙面而立也与？'"这里强调一个人不学《诗经》，就好比把脸对着墙壁站立着，一切都见不到，一步也不能前进，可见学《诗》对修身是何等重要。所谓"成于乐"，孔安国注："乐所以成性"；刘宝楠《论语正义》解释说："乐以治性，故能成性，成性亦修身也。"这些注解是符合孔子本意的。孔子认为乐能感动人的心灵，改变人的性情，使人潜移默化地受到"仁"的熏陶，从而使君子修身得以完成。据《论语·宪问》记载，"子路问成人。子曰：'若臧武仲之知，公绰之不欲，庄子之勇，冉求之艺，文之以礼乐，亦可以为成人矣。'"这里，孔子回答怎样才能是一个完美无缺的人，而"文之以礼乐"就是其中最后一个条件。所谓"文之以礼乐"，孔安国注为："加之以礼乐；文，成也。"这就是说，君子修身除了前面所列德才要求之外，还要加之以礼乐，才能培养成一个完美无缺的人。总体来看，孔子提出了一个完整的艺术教育的思想，即通过感发于《诗》，立足于礼，完成于乐，使诗、礼、乐融合为一，在情感的感染与愉悦中，使人成为一个道德修养和性格上完美的人。在中国美学史上，如此

---

① 北京大学哲学系美学教研室编：《中国美学史资料选编》，中华书局1980年版，第130页。

自觉地提倡和重视艺术审美教育,孔子可算是第一人。

对于文艺的社会作用,孔子和柏拉图虽然在看法上大有分歧,但有一点却是惊人的相似,这就是他们都是从社会功利的观点来要求文艺,强调文艺和道德、政治的联系,主张文艺要为道德和政治服务。孔子谈文艺,处处强调以仁学为依归。他说:"人而不仁,如乐何?"(《论语·八佾》)这就是说,人如果不行仁道,音乐就没有什么意义和价值。孔子还提出:"诵《诗》三百,授之以政,不达;使于四方,不能专对,虽多,亦奚以为?"(《论语·子路》)这显然是从当时的现实政治需要出发来看《诗》的作用。柏拉图在要求文艺为政治和道德服务方面表达得更为直率,他在列举了文艺对人的心理和道德的败坏作用后,宣布"要把诗逐出理想国"。但他并不是无条件地排斥一切诗歌,他要求的是诗"不仅能引起快感,而且对于国家和人生都有效用"。按照柏拉图制订的理想国方案,最重要的任务之一就是对于城邦的"保卫者"或统治者的教育。所以柏拉图说,如果诗人"遵守我们原来替保卫者们设计教育时所定的那些规范",就可以准许他们回到"理想国"来。车尔尼雪夫斯基指出:柏拉图"是从社会和道德观点来看科学和艺术"[①] 的,这是十分中肯的评价。可以说,在强调以政治道德作用作为衡量文艺的标准方面,孔子和柏拉图在中国和西方都是开先河者,这一美学思想在中国美学和西方美学发展中不断以不同的内容得到的延续和发展,并从积极和消极两个方面产生了重大作用和影响。

五

孔子美学思想和柏拉图美学思想的区别和各自特点的形成,是同他们各自生活的社会历史条件、思想文化状况乃至哲学思维方式的不同特点相联系的。虽然孔子和柏拉图都是生活在奴隶社会,但中国春秋时期的奴隶社会和古希腊民主制时代的奴隶社会具有各自不同的具体历史特点。马克思在论述希腊艺术同希腊社会的关系时说:"有粗野的儿童,有早熟的儿童。古代民族中有许多是属于这一类的。希腊人是正常的儿童。他们的艺术对我们所产生的魅力,是同它在其中生长的那个不发达的社会阶段并不

[①] [俄]车尔尼雪夫斯基:《美学论文选》,缪灵珠译,人民文学出版社1957年版,第39页。

矛盾。"① 由此可知，古代文明社会在其发展上是各式各样的，虽然都是奴隶社会的形态，但又具有各自的特点，而不同的古代文化和艺术显然又是与具有各自特点的古代文明社会相联系的。马克思还提出了"古典的古代"与"东方的古代"（亚细亚的古代）的区别，以表明两种不同的古代奴隶制形成和发展的方式。前者是分期变革的，而后者多少着重在传习的力量。"如果我们用'家庭、私有、国家'三项来做文明路径的指标，那么，'古典的古代'是从家庭到私产再到国家，国家代替了家庭；'亚细亚的古代'是由家庭到国家，国家混在家庭里面，叫做'社稷'。因此。前者是新陈代谢，新的冲破旧的，这是革命的路线；后者却是新陈纠葛，旧的拖住了新的，这是维新的路线。前者是人惟求新，器亦求新，后者却是'人惟求旧，器惟求新'。前者是市民的世界，后者是君子的世界。"② 以古希腊民主制时代的奴隶社会同中国春秋时代的奴隶社会相比较，则更可明显地看出"革命"与"维新"两种路径形成的社会经济发展的不同特点。正如构成中国奴隶制重要特点的井田制、分封制、世袭制以及反映这种制度的"礼"，不曾出现于希腊奴隶制社会一样，希腊奴隶制城邦经济的繁荣，商业贸易和商品经济的发展，工商奴隶主在同贵族奴隶主斗争中建立的民主政治以及对于自学科学的重视等，在中国奴隶制社会中也无法看到。

　　希腊奴隶制与中国奴隶制在形成路径上的差异以及社会经济发展上的不同特色，必然在思想文化上反映出来，从而形成各自思想文化的特点。侯外庐先生在《中国思想通史》中用"智者"和"贤人"来概括中西思想史起点的差异。他说："就历史的属性来看，中国的'贤人'与希腊的'智者'同为古代国民阶级思想的代表。但恰如维新与革命有分别，'贤人'与'智者'也各有其个性。在希腊，思想史起点上的思想家，例如泰勒士，一开始便提起了（并且也解答了）宇宙根源的问题；与此一问题相平行，也从事于自然认识的活动。但是，在中国，思想史起点上的思想家，不论孔子和墨子，其所论究的问题，大部分重视道德论、政治论与人生论；其所研究的对象也大都以人事为范围；其关于自然认识，显得分量

---

① 《马克思恩格斯选集》第2卷，人民出版社第1972年版，第122页。
② 侯外庐：《中国思想通史》第1卷，人民出版社1957年版，第11—12页。

不大;其关于宇宙观问题的理解,也在形式上仍遵循着西周的传统。……中西两相对勘,我们可以说,希腊古代思想史起点上是追求知识、解答宇宙根源问题的'智者气象',……而中国古代思想史在起点上,是关心治道,解明伦理的'贤人作风'。"① 这一看法是极有见地的,不但准确地概括了中西思想文化在其起点上的不同特点,也为我们分析中西美学思想的差异提供了一把钥匙。从希腊和中国奴隶制时代思想文化的整体比较来看,和古希腊奴隶制民主政治和商业发展相伴随的,是抽象的哲学思想的发达和自然科学的发展,是文化思想上的着重于对外部世界的自然规律的探求。而和这些情形成鲜明对照的,是中国早期奴隶社会氏族血缘关系的影响,中国早期哲学思想和人事、社会、伦理的密切联系以及注重整体直观和价值判断的中国传统的思维方式。因此,从一定意义上看,孔子和柏拉图美学思想上的区别突出反映了中国古代思想文化与西方古代思想文化的不同特色。

具体到孔子思想形成的时代来看,春秋、战国之际,西周"维新"所保存并推行的氏族制度形成极大的桎梏力量。对西周遗制应否清算或如何清算,构成这一时代的主要历史问题。这一客观现实的历史要求,决定了最初出现的古代思想家不能不离开"智者气象",而转向"贤人作风"之路。孔子在《论语》中以"礼"这观念化了的范畴为社会的极则。这个"礼"就是"周礼",亦即西周奴隶社会的宗法等级制度。为了"复礼",孔子又提出"仁",作为一种道德动力和思想保证。孔子全部美学思想,便是建立在"礼"和"仁"为核心的政治论、道德论、人生论基础之上,并与诗、书、礼、乐的周公遗范相联系的。这些便是形成孔子美学思想特色的具体社会历史和思想文化背景,也正是它们,为孔子美学思想注入了时代的阶级的内容。

从孔子和柏拉图美学思想的比较中,我们可以更清楚地审辨它们各自的合理优越之处和欠缺不足之处,可以更客观地评价它们在美学思想史上的地位和作用。譬如,柏拉图强调美的本质和普遍性而将其与美的具体事物相区别,重视对艺术与现实关系的研究;孔子强调审美和艺术的情感特点及情与理的和谐统一,重视艺术的审美教育作用等等,都是他们各自对

---

① 侯外庐:《中国思想通史》第1卷,人民出版社1957年版,第131—132页。

人类美学思想宝库的独特贡献。如果我们能通过孔子和柏拉图美学思想的比较，正确地评价和吸纳其合理的、有价值的东西，那么，我们就会在中西美学的融合中推进科学的现代美学的建设。

（原载于《广东社会科学》1997年第2期）

批判现实主义的美学纲领

——论《拉辛与莎士比亚》的美学思想

在西欧批判现实主义文学运动的发展过程中，法国作家司汤达（1783—1842年）是一位有着特殊贡献和深远影响的人物。这不仅由于他的小说《红与黑》（1830）是西欧批判现实主义文学中一部成熟的作品，而且还在于他的美学论文《拉辛与莎士比亚》（1823－1825）为19世纪批判现实主义文学的发展提供了最早的美学理论基础。探讨司汤达在这部理论著作中所阐明的现实主义的美学原则，对于我们研究西欧美学思想的发展和批判现实主义文学思潮的形成是很有意义的。

两种美学观点斗争的产物

《拉辛与莎士比亚》主要收集了司汤达的两部分论文。第一部分写于1823年，包括三章，即"为创作能使一八二三年观众感兴趣的悲剧，应该走拉辛的道路，还是莎士比亚的道路？""笑""浪漫主义"。第二部分写于1825年，包括古典主义者致浪漫主义者和浪漫主义者致古典主义者的十封来往书信。促使司汤达写作这些论文的直接原因有两个：一是英国潘莱剧团1822年7月在巴黎上演莎士比亚的剧作，受到巴黎舆论界和部分观众的反对；二是法兰西学院院士、古典主义的代表人物奥瑞1824年4月在为学院辞典起草"浪漫主义"定义时，对浪漫主义新思潮发起的攻击。但这两个直接诱因都不是偶然的，而是当时文艺领域两种美学观点、两种文学思潮斗争的必然表现。

法国古典主义文学思潮形成于17世纪，此后一直对法国文学和西欧各国文学发生着很大影响。它在历史上虽然也具有一定进步意义，但毕竟是君主专制政治的产物，具有很大的保守性。到了18世纪末19世纪初，在

· 463 ·

经过资产阶级革命以后的法国,古典主义的模仿者仅在艺术的表面特征上和 17 世纪的古典主义相似,实际上已完全成为维护没落的封建秩序和贵族利益的工具。1815 年法国波旁王朝复辟以后,古典主义模仿者旋即成为封建复辟势力在文学上的代表。他们代表着封建贵族陈旧的美学观点,顽固地坚持 17 世纪按照宫廷美学趣味制定的艺术法则,并经常以拉辛作为武器,攻击文艺领域中正在发生的一切变革。同时,他们又咒骂莎士比亚"可笑""野蛮""每时每刻无孔不入地传播伦敦布尔乔亚的思想、风尚和语言",以此排斥反映资产阶级要求的新思潮、新文学。这种陈腐的美学观点、美学趣味也影响到观众和读者的艺术爱好,在社会上形成了一种可怕的习惯势力。莎士比亚的剧作正是由于触动了古典主义模仿者的美学信条和艺术中的习惯势力,所以在巴黎受到猛烈攻击。

另外,法国的进步文学力量在 19 世纪 20 年代,随着本国民主势力的加强和其他欧洲国家解放斗争的影响,也迅速地成长起来。它们从不同方面代表着资产阶级的新的美学观点,向腐朽陈旧的古典主义美学教条宣战,并经常以莎士比亚作为向古典主义传统美学思想进攻的武器。这就使 20 年代法国文坛上关于拉辛与莎士比亚、古典主义与浪漫主义的争论愈演愈烈,成为新、旧两种美学观点斗争的焦点。司汤达的《拉辛与莎士比亚》就是这场激烈论战的产物,它高举反对古典主义、倡导浪漫主义的旗帜,以鲜明的革命倾向和崭新的美学思想,投入了法国进步文学反对封建复辟王朝及其御用文学的斗争。

司汤达在《拉辛与莎士比亚》中自称是"浪漫主义者",并以倡导浪漫主义文学艺术为己任,但他所说的"浪漫主义",和当时法国正在兴起的浪漫主义文学思潮和流派并不是一回事。它在"浪漫主义"这个口号下所倡导的艺术原则,实际上只是在后来充分发展的现实主义文学思潮中才得到真正的体现。19 世纪法国文学批评家圣·佩韦曾把司汤达这部论著称为"浪漫主义的轻骑兵",还有人认为"它所反映的正是当时兴起的浪漫派的要求"。这都是只看到某些表面现象,而没有认真分析司汤达所提出的艺术原则的精神实质。其实,司汤达使用的"浪漫主义"一词并非来自法语,而是从意大利语借用的。它在当时法国不仅是一个新词,而且还含有司汤达所赋予的新的含义。在写作《拉辛与莎士比亚》之前,司汤达曾经受到意大利浪漫主义文学运动很大的影响,其中意大利浪漫主义作家曼佐尼对他影响尤深。但意大利浪漫主义者由于同民族复兴运动有密切关系，十分强调文学同现实生活和时代精神的联系，主张文学要真实地反映现实，发挥积极的社会作用。曼佐尼就说过："戏剧人物的可信与否，全在他的真实性。"① 这同现实主义文学的要求是一致的。司汤达在接受意大利文学中浪漫主义精神的影响时，主要是吸收了它要求文学接近现实的美学观点。他在写于1817年的《意大利绘画史》中说："文学就是社会的表现"，"十九世纪的文学将以它对人类准确而热烈的描绘与过去时代的文学区别开来"。② 这已经是后来发展起来的现实主义文学思想的雏形。他在《拉辛与莎士比亚》中通过浪漫主义文学与古典主义文学的比较，对19世纪的新文学和时代的关系，以及它在内容和形式上应具有的特点，作了全面阐述，从而完整地提出了现实主义的美学原则。

文艺须适应时代需要

文艺要不要随时代的变化而变化，以"适应时代需要"？这是司汤达在《拉辛与莎士比亚》中与古典主义模仿者论争的一个重要美学问题。古典主义艺术从内容到形式都是为"那些穿戴价值上千金币的绣花服装和庞大黑假发的侯爵们"服务的，早已不适应表现19世纪新时代生活的需要。但是，古典主义的模仿者却泥古不化，认为"一六七〇年侯爵们的趣味和路易十四宫廷的气派强加以拉辛的许多条件，今天仍需谨遵照办，在不同程度上还须是拙劣的照抄照行"③，这就严重地割裂了文艺与时代生活的联系，使文艺走上僵化的反现实主义道路。

司汤达猛烈抨击古典主义模仿者泥古不化的美学观点，认为文学必须随时代变化而变化。他尖锐地指出："人民在他们的风俗和娱乐方面，从来没有感到比一七八〇年到一八二三年这些年代的变化更为急骤更为全面的了；可是有人却企图投给我们一种一成不变的文学！"④ 按照司汤达的理解，审美观点和文学艺术都是时代的产物，每个时代都有自己的审美观

---

① 参见杨周翰等主编《欧洲文学史》下卷，人民文学出版社1979年版，第122页。
② 参见《世界文学》1978年第2期。
③ ［法］司汤达：《拉辛与莎士比亚》，王道乾译，上海译文出版社1979年版，第66页。
④ ［法］司汤达：《拉辛与莎士比亚》，王道乾译，上海译文出版社1979年版，第31页。

点、审美趣味,都有自己的艺术和文学,既不可能有适用于一切时代的、固定不变的美学标准,也不可能有"一成不变的文学"。古典主义也是一定时代的产物,不是万古不变的美学法则。在"一个儿子不像父亲这样的世纪",在"发生了空前的革命性的急骤变化"的新时代,古典主义模仿者是"生不逢时"。司汤达强调时代变化对文学发展的影响,强调文学要适应时代要求,这是一种战斗的唯物主义的美学观点,它在当时冲决古典主义文艺罗网的斗争中,发挥了摧枯拉朽的作用。

文艺必须符合时代的要求,必须反映当代的生活,为当代人民的艺术需要服务,这是司汤达所提出的一个重要的现实主义的艺术原则。他在阐明浪漫主义和古典主义的区别时说:"浪漫主义是为人民提供文学作品的艺术。这种文学作品符合当时人民的习惯和信仰,所以它们可能给人民以最大的愉快。古典主义恰好相反。古典主义提供的文学是给他们的祖先以最大的愉快的。"[①] 考察一个作家是浪漫主义者还是古典主义者,主要就是看他的创作和时代生活是一种什么关系。面对现实,反映时代生活,就是浪漫主义者;模仿古人,脱离时代生活,就是古典主义者。一切伟大的作家都是他生活的时代的代言人,都是为他的同时代人而创作的。所以,司汤达肯定地指出:"一切伟大作家都是他们时代的浪漫主义者。"[②] 索福克勒斯和欧里庇得斯是卓越的浪漫主义者,因为他们的悲剧是按照希腊当时人民的道德习惯、宗教信仰、对于人的尊严的固定看法创作出来的,是为聚集在雅典剧场的希腊人创作的,所以它能给当时的希腊人提供最大的愉快。莎士比亚是浪漫主义者,"因为他首先给一五九〇年的英国人表现了内战所带来的流血灾难,并且,为展示这种种悲惨的场面,他又大量地细致地描绘了人的心灵的激荡和热情的最精细的变化"[③]。他虽然写的是英国过去的历史,却反映了当时英国的社会生活和人们所关心的问题,所以能够深深激动和吸引伊丽莎白时代的观众。17世纪的古典主义悲剧作家拉辛在他的时代,也是浪漫主义者。拉辛并不像古典主义模仿者所歪曲的那样,是一切时代都要模仿的典范,他并没有脱离他所生活的时代,他的悲

---

① [法] 司汤达:《拉辛与莎士比亚》,王道乾译,上海译文出版社1979年版,第26页。
② [法] 司汤达:《拉辛与莎士比亚》,王道乾译,上海译文出版社1979年版,第63页。
③ [法] 司汤达:《拉辛与莎士比亚》,王道乾译,上海译文出版社1979年版,第27页。

剧从内容到形式都是由路易十四统治时代的生活和风尚所决定的。"拉辛曾经为路易十四宫廷的侯爵们描绘种种激情的图画，可是极端的尊严感是当时的风尚，因此拉辛所描绘的激情图画不免受到了节制。"① 尊严感是拉辛生活的君主专制时代特有的道德风尚，这种尊严感并不见之于希腊人，这种尊严感对我们今天来说也是冷冰冰的。拉辛正因为这种尊严感，才被称为浪漫主义者。但是，司汤达认为，"如果拉辛今天还活着，而且敢于按照新规则创作，他肯定写得胜过《伊斐日尼》一百倍，他会使观众泪如泉涌，而不是只引起赞赏敬慕，有点冷冰冰的感情"②。司汤达不像古典主义模仿者那样，把文学艺术孤立于产生它的时代之外，而是把它放在一定的时代生活和历史条件中去观察，因此能够看到文艺和时代的关系，提出文艺必须反映时代的进步的美学原则。

司汤达并不因为强调文学和时代生活的联系，就笼统地反对向古代文学和古代作家学习。他只是反对古典主义者闭眼不看现实，只知向古代文学抄袭和模仿，用过去时代形成的艺术法则，阻碍文学接近当代生活。他认为学习过去时代的作家，不是为了使文学重新回到过去的时代，而是为了使文学更好地表现今天的时代。所以，他在论文中虽然推崇莎士比亚，却并不要当时的作家模仿和抄袭莎士比亚。他说："浪漫主义者并不劝人直接模仿莎士比亚的戏剧。我们应该向这位伟大人物学习的是：对我们生活于其中的世界的研究方法，和为我们同时代人创作他们所需要的悲剧的艺术。"③ 这就是说，学习过去时代作家的创作方法和艺术验，也仍然是为了研究和表现当代的生活，使文艺更好地符合时代的需要。所以，对过去时代的艺术的学习和继承，必须以今天时代的需要作为取舍的标准。由于司汤达是从创造"适应时代需要"的民族的新文艺出发，探讨向过去时代的作家学习的问题，所以能够比较辩证地看待学习、继承遗产和革新、创造的关系，并为19世纪的新文艺找到最适于继承和发扬的莎士比亚的现实主义的文学传统。

---

① ［法］司汤达：《拉辛与莎士比亚》，王道乾译，上海译文出版社1979年版，第26页。
② ［法］司汤达：《拉辛与莎士比亚》，王道乾译，上海译文出版社1979年版，第14页。
③ ［法］司汤达：《拉辛与莎士比亚》，王道乾译，上海译文出版社1979年版，第31页。

以真实自然为美的理想

是"虚文伪饰、矫揉造作",还是真实自然地反映生活?这是司汤达和古典主义模仿者在美学思想上又一个原则分歧。古典主义本来是君主专制政治的产物,它要求文艺反映生活必须体现君主专制政治的精神和内容,并有相应的艺术形式和文学语言。古典主义的理论家波瓦洛虽然也认为文学要模仿自然,但他所说的"自然",是经过封建专制政治所要求的道德标准所净化了的自然,是带上宫廷生活所特有的"文雅""矫饰""彬彬有礼"的自然,而不是莎士比亚剧作那种质朴、真率、粗犷的自然。由于封建等级观念的影响,古典主义的文学体裁也被分成了不同的等级。悲剧是属于高贵的体裁,只能用于表现王公贵族,它要求具有庄严的格调、典雅的语言、华丽的形式,以刻画具有高贵身份和高尚品性的贵族人物。这一切都形成了司汤达指出的那种"虚文伪饰、矫揉造作"的风格,使作品中所描写的生活、人物、语言显得不够真实、不够自然。在古典主义作家中,有的和人民生活及民间艺术保持着较多联系,而受宫廷生活及艺术趣味影响较少,往往不拘泥于古典主义法则,因而能使作品在描绘当时生活上达到较高的真实性,语言也自然、朴素、流畅。但更多的作家由于宫廷生活及艺术趣味的严重影响,作品不同程度地存在着浮华矫饰的痕迹,影响到描绘生活的真实性,而古典主义的模仿者却把这种虚伪矫饰的东西当作不可变更的美学法则,加以恶性发展,在反现实主义的道路上越走越远。司汤达在论文中提到法国作家勒古维在悲剧《亨利第四之死》(1806)中怎样描写国王亨利第四讲过的一句话。这句话用真正法国人讲的话来表达,应当是说:"我希望我的王国的最贫苦的农民至少在礼拜日能吃到炖鸡。"然而作者模仿"拉辛式的悲剧",却让人物用一种高贵、典雅的语气表白道:

总之,我希望,在标志着休息的日子里,
住在贫苦村庄里一位勤劳的主人,
多亏我的善举,在他那不太寒酸的餐桌上,
能陈列几盘专为享乐而设的佳肴。

批判现实主义的美学纲领

司汤达批评这种人物语言和所用的诗体,具有17世纪路易十四宫廷的"一切可笑之点",由于它的浮夸虚饰、装腔作势和矫揉造作,"简直没有提供什么真实的东西"。

和古典主义者以虚伪矫饰为美的封建贵族的审美观针锋相对,司汤达提出了以真实自然为美的新的美学观点。他认为浪漫主义者应当表现"他们时代的真实的东西"[①],"象历史展示的那样"[②],真实地、精确地描绘现代生活和心灵活动。他把浪漫主义喜剧理解为"人民风俗的真实性、轻松的愉快和尖锐的讽刺的光彩奕奕的混合物"[③],它应当"真实自然地为我们表现今天社会种种可笑的人物"[④]。为了具体说明浪漫主义戏剧在反映生活上和古典主义戏剧的区别,司汤达在论文中构思了一个题名为"郎弗朗或诗人"的浪漫主义喜剧的写作提纲,并加以解释说:"《郎弗朗或诗人》是一部浪漫主义喜剧,因为它的情节同我们每天所见到的情况相似。喜剧中说话、活动的作家、显贵、法官、律师、领津贴的文人、密探等等,同我们每天在客厅里见到的一样;它不做作,不矫饰,象在自然中那样,的确,这也就够了。古典主义喜剧中的人物与此相反,好象是双重面具装扮起来的。"[⑤] 他又说:"假定这部喜剧是写得有才气,而且细节是真实的,有灵感的,风格如同我们日常谈话一样,不是张扬外露的,那么,我要说:这部喜剧肯定能够满足法国社会的当前需要。"[⑥] 这两段中有两点值得特别注意:第一,要求作品中的人物和情节,都要"象在自然中那样",按照我们每天在实际生活中所见到的样子描绘出来。他在另一处还说过:喜剧所写的东西应"与我们在现实世界中看到的完全一样"。这也就是我们常说的要按照现实生活的本来面目反映现实。第二,要求作品对现实生活的描绘,要做到"细节是真实的"。这一点他在别处也多次强调,并认为"朴素真实的细节"描绘是莎士比亚剧作和司各特的历史小说的突出特点。启蒙时代的美学家狄德罗在《论戏剧艺术》中,曾把"细节"列为剧

---

① [法]司汤达:《拉辛与莎士比亚》,王道乾译,上海译文出版社1979年版,第68页。
② [法]司汤达:《拉辛与莎士比亚》,王道乾译,上海译文出版社1979年版,第65页。
③ [法]司汤达:《拉辛与莎士比亚》,王道乾译,上海译文出版社1979年版,第83页。
④ [法]司汤达:《拉辛与莎士比亚》,王道乾译,上海译文出版社1979年版,第64页。
⑤ [法]司汤达:《拉辛与莎士比亚》,王道乾译,上海译文出版社1979年版,第58页。
⑥ [法]司汤达:《拉辛与莎士比亚》,王道乾译,上海译文出版社1979年版,第59页。

本三个主要构成部分之一,并注意到细节描写的真实性问题。司汤达继此进一步指出了细节真实的重要性,并把它作为"浪漫主义"戏剧必须具备的一个条件。以上这两条都是体现在现实主义创作方法中的基本艺术原则,它们不仅和古典主义的艺术原则大相径庭,就是和积极浪漫主义的艺术原则也有很大区别。例如雨果在《〈克伦威尔〉序言》中,就认为艺术在反映自然的同时,还应当"强有力地发展自然",在再现客观现实之外,还要用"理想部分"补充它,"用富于时代色彩的想象来充实他们的漏洞","给一切都穿上既有诗意而又自然的外装"①,以便能激起诗人自己和观众的热情。在如何认识和描绘生活上,司汤达和雨果所提出的艺术原则是有很大差别的,这能清楚地说明《拉辛与莎士比亚》的美学思想是现实主义的,而不是浪漫主义的。

　　司汤达在论文中极力推崇莎士比亚,认为19世纪的文艺"应当效法他的艺术,应当效法他的描绘的方法"。这主要是由于莎士比亚研究和描绘现实的方法,和司汤达所提出的真实自然地反映生活的艺术原则,在精神上是完全一致的。莎士比亚剧作中那种五光十色的社会画面,那种从宫廷到战场、从市肆到乡村的广阔的生活场景,那种从君主、贵族、市民、农民到兵士、仆役以至流氓强盗等多样化的人物形象和生动、真实的性格描绘,那种原始、真率、粗犷的激情,都是司汤达在拉辛剧作中所无法看到的。他在论文中处处流露出对于莎士比亚现实主义艺术魅力的赞赏之情,把莎士比亚的戏剧称为"人类精神的杰作"。在法国文学史上,启蒙时代的伏尔泰也曾给予莎士比亚以很高评价,并主张在戏剧中采用莎士比亚的一些手法。但他毕竟还是从古典主义美学趣味出发,所以他更推崇高乃依和拉辛,反而指责莎士比亚的剧本"粗糙野蛮"。像司汤达这样把莎士比亚和拉辛作为两种艺术原则、两种创作方法的代表鲜明地对比起来,明确提出文艺创作要走"莎士比亚的道路",这在法国文学史上还是首创。马克思、恩格斯后来在论述现实主义时,同样以莎士比亚的剧作作为范例,并且提出以"莎士比亚化"作为现实主义艺术的努力方向。结合研究司汤达的现实主义美学思想,我们对此可以获得更深刻的理解。

---

　　① 伍蠡甫主编:《西方文论选》下卷,上海译文出版社1979年版,第191页。

内容与形式相统一的美学原则

在如何看待和处理艺术形式与思想内容的关系问题上，司汤达和古典主义的模仿者在美学思想上也存在原则分歧。古典主义模仿者信奉的是形式主义的美学思想。这突出表现在两方面：第一，片面追求艺术形式和语言的所谓"完美""华丽"，忽视艺术反映生活的思想内容，使艺术脱离生活，内容空虚。例如在古典主义模仿者的悲剧中，一味追求"优美的诗句"，使戏剧成了"一套华丽炫目、用来着力表现所谓高尚感情的抒情短诗"，它不能以真实的生活内容唤起观众深刻的感情激动，而只是引起观众"对一部悲剧的华丽诗句醉心赞赏"。第二，把一定的艺术形式凝固化、标准化，不管艺术的内容发生什么变化，形式上却不能变更。17世纪的古典主义美学在艺术形式上制订了一套严整的艺术法规，如悲剧必须遵守"三一律"（"舞台表演自始至终只能有一个情节，要在一个地点和一天内完成"）、必须采用亚历山大诗体、必须使用贵族沙龙语言，等等。这些艺术形式的法则固然对古典主义作品形式的精炼、完整也起了一些作用，但限制得太死，束缚了思想内容的自由表达，很不利于真实地反映生活。随着时代和文学艺术本身的发展，这些艺术形式上的清规戒律早已成了艺术创作的桎梏。可是，古典主义模仿者却仍然把它奉为金科玉律，不许作家按照反映生活的内容上的需要对它加以改动。

司汤达坚决反对古典主义模仿者的形式主义的美学观点。他认为艺术形式应当由内容来决定，要从艺术表现的内容出发寻求艺术形式，而不应当让内容迁就艺术形式。他反对古典主义戏剧中那种脱离生活、忽视内容、一味追求华丽的语言、优美的诗句的形式主义创作倾向，认为这样的剧作不能给观众塑造出真实、生动的艺术形象，描绘出激动人心的戏剧场面，也就不能使观众得到"欣赏戏剧的愉快"。在司汤达看来，作家在作品中究竟采用什么艺术形式、运用怎样的语言，首先要根据作品所反映的生活内容来决定。作家为了"表现心灵的某种激情或描写戏剧纠葛某种异常事件"，可以采用"必要的、非此不可的字眼"，不必受古典主义者规定的贵族沙龙语言的限制。他说："如奥赛罗杀死他所深爱的妻子，他妻子把他们定情时他赠给她的一方决定命运的手帕让他的情敌凯西奥偷去了，试问你怎么能让奥赛罗不说手帕这个粗俗字眼呢?"①

按照内容决定形式的美学原则,司汤达反对把古典主义的某些艺术形式法则当作凝固不变的金科玉律。他认为艺术内容的变化必然要求艺术形式相应地变革,不能让变化的内容去迁就不变的形式。《拉辛与莎士比亚》一开始就指出:"关于拉辛与莎士比亚的全部争论,归结起来就是:遵照地点整一律和时间整一律,是不是就能创作出使十九世纪观众深感兴趣、使他们流泪、激动的剧本;或者说,是不是就能给这些观众提供戏剧的愉快。"② 这就是说,古典主义美学制订的艺术形式法则,已经不再适合于创作为19世纪观众服务的新的戏剧的需要,固守这种陈旧的艺术形式和法则,就不能充分表现新时代的生活内容,也不能真正满足新时代的观众对艺术欣赏的要求。

为了冲破古典主义旧的艺术形式对文艺创作的束缚,司汤达在论文中着重批判了戏剧的"三一律"和亚历山大诗体。他驳斥了古典主义者为维护地点整一律和时间整一律而制造的种种理由,指出这种艺术法则既不符合艺术欣赏的规律,影响到真正的戏剧效果;也不符合艺术反映生活的规律,限制了艺术反映生活的内容。他认为19世纪法国民族的新文艺需要表现"巨大的民族主题"和重大的历史事件,如蒙特卢的谋杀、布卢瓦三级会议、亨利第三之死以及其他历史性场面,但是如果遵守地点整一律和时间整一律,这类主题和事件就不可能在戏剧中得到真实的表现。"一桩阴谋事件,难道在三十六小时之内就能秘密准备完成吗?人民革命运动,难道在三十六小时之内能展开吗?"③ 莎士比亚的悲剧都是根据戏剧情节和人物性格发展的需要,安排戏剧的时间和地点,因此才显得真实自然、优美动人。例如《奥赛罗》第一幕是奥赛罗与苔丝德蒙娜发生爱情,第五幕是他把妻子杀死,戏剧情节和性格发展必然需要一段时间,"如果把剧情变化限制在三十六小时之内,那将是荒谬的"④。基于上述理由,司汤达提出浪漫主义悲剧应该是:"剧中情节发展在观众看来经过几个月,在一些不

---

① [法] 司汤达:《拉辛与莎士比亚》,王道乾译,上海译文出版社1979年版,第66页。
② [法] 司汤达:《拉辛与莎士比亚》,王道乾译,上海译文出版社1979年版,第6页。
③ [法] 司汤达:《拉辛与莎士比亚》,王道乾译,上海译文出版社1979年版,第33页。
④ [法] 司汤达:《拉辛与莎士比亚》,王道乾译,上海译文出版社1979年版,第33页。

同的地点发生。"① 但他也不否认偶或也有情节发生在一个地点、时间,仅仅经过三十六小时这样的浪漫主义悲剧,关键要看剧中所写的是否"确象历史展示的那样"②。就是说,一切都要从所表现的内容出发,为内容寻找相适应的艺术形式。

关于亚历山大诗体,司汤达认为它不能真实自然地表现现实生活和剧中人物的思想感情,因此在浪漫主义悲剧中是不适用的。为了说明固守这种旧的戏剧诗体所带来的弊害,司汤达举过一个例子。在《安达卢西亚的熙德》这个剧中,有位国王深夜来到敌人家中,问他的随从说:现在几点钟了?作者不敢让他的人物回答:陛下,午夜了。而是让他说出了两行诗:

圣马可教堂钟楼,距此处房屋不远,
当您走过之时,十一点钟已经敲过。

运用这种忸怩作态、卖弄文辞的诗体,完全不符合实际生活和剧中规定情景。"哪里会有这样的亲信,在危急时刻,竟敢不直截了当回答问他几点钟的国王?"③ 所以,司汤达说:"法国戏剧的精粹奥妙已经逸出自然的范围"④,迁就亚历山大诗体的诗句,就会歪曲生活,"背弃激情",因形式而损害内容。

司汤达认为笼统地说"诗是理想的美的表达方式"是不对的,因为艺术形式是否完美,不能脱离它所表达的内容孤立地看;只有能够准确、恰当、充分、生动地体现内容的形式,才是完美的形式。在莎士比亚的悲剧《马克白》中,"马克白看见班戈的鬼魂,惊恐万状,大声叫道:The table is full(宴席上已经坐满了)。一个小时前他杀死了班戈,夺取了王位,这就是应该留给他国王马克白的王位。还有什么诗,什么音律,可以再加到这句话的美之上?"⑤ 莎士比亚善于按照人物性格和思想感情的发展变化,

---

① [法] 司汤达:《拉辛与莎士比亚》,王道乾译,上海译文出版社1979年版,第55页。
② [法] 司汤达:《拉辛与莎士比亚》,王道乾译,上海译文出版社1979年版,第65页。
③ [法] 司汤达:《拉辛与莎士比亚》,王道乾译,上海译文出版社1979年版,第104页。
④ [法] 司汤达:《拉辛与莎士比亚》,王道乾译,上海译文出版社1979年版,第103页。
⑤ [法] 司汤达:《拉辛与莎士比亚》,王道乾译,上海译文出版社1979年版,第103页。

从生活中提炼生动的、准确的语言。马克白说的这句话非常质朴、自然，但"这是发自内心的呼声"，恰好表达了人物此时此地的惊恐心情，所以它是美的。这是内容与形式的统一所构成的艺术美，是那种片面追求形式、崇尚雕琢和华丽的诗体语言所无法达到的。

司汤达和雨果都要求打破古典主义戏剧的传统的贵族语言形式的束缚，使戏剧能自由表达思想感情。但司汤达主张在戏剧中用散文代替诗体，创立"散文体民族悲剧"；而雨果却主张戏剧应采用"一种自由、明晓而诚实的韵文"①，亦即保存戏剧的诗体形式。从这里也可看出，司汤达提出的美学原则和法国进步浪漫派的美学原则既有联系，又有区别。

对启蒙时期现实主义美学的继承和发展

司汤达在《拉辛与莎士比亚》中所提出的现实主义美学原则，固然首先是从他所生活的时代的需要出发，反映了19世纪社会生活的变化对文学艺术提出的新要求；同时也是直接继承和发扬了18世纪法国启蒙主义者的现实主义美学思想。作为一个启蒙思想的继承者，司汤达在这部理论著作中所提出并加以解决的一些主要问题，我们几乎都可以在启蒙主义美学家狄德罗的美学和文艺理论著作中发现它的来龙去脉。要求打破古典主义戏剧的框框，建立一种新型的戏剧的主张，早在18世纪50年代就由狄德罗在他的论文《关于〈私生子〉的谈话》（1757）和《论戏剧艺术》（1758）中提出来了。狄德罗不满于古典主义关于悲剧和喜剧的等级界限和严格规定，提出建立一种名为"严肃喜剧"的新剧种。这种新剧种和古典主义戏剧相对立，要求用家庭题材代替宫廷生活，用市民形象代替贵族人物，用资产阶级的道德观念代替封建贵族的道德标准，以便使戏剧"接近现实生活"，为上升时期的资产阶级服务。司汤达所说的"浪漫主义喜剧"和狄德罗所提倡的这种"严肃喜剧"在精神上是相通的。他说，在浪漫主义喜剧中，"人类心灵所有种种激情的纯真而光彩的形象，都应当表演给我看，不要永远只是蒙卡德侯爵的旖旎风光"②（蒙卡德侯爵是喜剧《布尔乔亚学

---

① 伍蠡甫主编：《西方文论选》下卷，上海译文出版社1979年版，第193页。
② [法] 司汤达：《拉辛与莎士比亚》，王道乾译，上海译文出版社1979年版，第25页。

校》中的主角,一个贵族人物)。又说:"倘若要让我笑,仍然必须在我面前以一种愉快有趣的方式使某些满怀热情的人在走向幸福的道路上失足受骗才行。"①司汤达这里所说的"满怀热情的人",就是指资产阶级的人;所谓"人类心灵的种种激情",就是指资产阶级的思想、感情、意志、愿望。他认为文艺应当描写资产阶级的生活和思想感情,以代替贵族的生活和思想感情,这样才能符合时代需要,使同时代人感兴趣,这种要求已经预示了19世纪批判现实主义文学中主题和人物的变化。由此可见,司汤达为19世纪法国文学提出的任务,正是狄德罗早已提出却还未能在文艺中彻底实现的资产阶级革命时期的美学要求。但是,由于大半个世纪以来资产阶级力量日益发展、壮大和封建势力日趋腐朽、没落,司汤达在反映资产阶级的美学要求上比启蒙主义美学更自觉、更迫切、更彻底。

司汤达在《拉辛与莎士比亚》中反对古典主义的虚伪矫饰,要求真实、自然地反映现实生活。这种现实主义的创作主张,同样也是继承和发展了狄德罗的美学思想。"要真实!要自然!"这是狄德罗在《关于〈私生子〉的谈话》中提出的创作口号。他说过:"服装真实,语言真实,情节简单而自然。如果这种场面不比那些穿着华丽衣服,打扮得矫揉造作的人物所出现的场面,更能深受感动,那就只能怪我们的审美趣味已经腐朽透顶了。"②狄德罗反对古典主义戏剧的矫揉造作和违反生活真实的清规戒律,主张戏剧反映生活要"逼真"。他认为戏剧必须真实、自然,才能感动人、才美。真实和美在艺术中是统一的,"一切和自然与真实相悖的东西都是可笑和可厌的"③。狄德罗所阐明的现实主义艺术原则对司汤达的美学思想有直接影响,两人的许多论述有着惊人的相似。这也说明《拉辛与莎士比亚》中所提出的美学原则是现实主义的,而不是浪漫主义的。

综观文艺史,文艺描绘生活的真实性从来就是现实主义艺术的基本要求,也是现实主义美学的基本原则。但是,由于不同时代的现实生活具有不同的特点,以及作家认识现实的指导思想上的差异,不同时代的现实主义文艺对于真实性的具体内容又有不同的要求。司汤达所要求的文艺的真

---

① [法]司汤达:《拉辛与莎士比亚》,王道乾译,上海译文出版社1979年版,第25页。
② 参见朱光潜《西方美学史》上卷,人民文学出版社1979年版,第263页。
③ 《狄德罗美学论文选》,人民文学出版社1984年版,第209页。

实,主要是要反映经过资产阶级革命而发生了急骤变化的 19 世纪的时代的真实。他在小说《红与黑》中忠实地实践了《拉辛与莎士比亚》中提出的创作原则,在自我介绍《红与黑》时,司汤达对他所描写的真实有过一段精彩说明:"这里读者又可以看到一幅刻划得很真实的圣日耳曼城厢沙龙的图景。大贵人们的特点首先是贪懒,他们把工作看作是最大的苦事,另一方面,他们又害怕雅各宾党人和再度建立九三年式的共和;因此周围麇集了一批变成了叛徒和奸细的自由党人。所以这里最高贵、最富有的人和最卑劣、最贫困的人拉起手来了。这种事情在一七八九年之前是根本不可能的。这里司〔汤达〕先生把画面又转向了他所生活的时代。"① 司汤达这里提到的是小说主人公于连在德·拉·木尔侯爵的沙龙里所见到的情景,他用这幅图景为例来说明《红与黑》的真实性真是再好不过了,因为这幅图景就是司汤达所生活的复辟时代的缩影,它真实、准确地勾画出了那个时代的本质和特点。从狄德罗所提倡的"真实"到司汤达所提倡的"真实",我们可以了解 19 世纪批判现实主义和 18 世纪启蒙时期现实主义的密切联系,也可以了解它们之间的区别和各自的时代特点。

司汤达在《拉辛与莎士比亚》中称赞莎士比亚的剧作"深深地打动了人,教育了人"②,反复强调艺术要给人以"欣赏的愉快",使人得到"娱乐";要打动人的感情,"使他们流泪、激动",这和狄德罗强调戏剧的感染力量和道德教育作用也是一致的。狄德罗认为如果要使戏剧对观众产生道德效果,就必须使它"有力地打动人心深处"。而为了能打动观众的情感,就要使观众产生如临真实情境的幻觉,对剧中的场面信以为真。他说:"戏剧的完美在于把情节摹仿得精确,使听众经常误信自己身临其境。"③ 司汤达发挥了这一思想,他在论文中阐述了戏剧要打动人、愉悦人,就应使观众产生"幻想瞬间"的观点。所谓"幻想瞬间",就是在戏剧"激动人心的场面出现的热潮中",观众犹如身临其境,"真的相信舞台上发生的事物存在这样一种行动"④,并由此产生强烈的情绪反应。他说:

---

① 古典文艺理论译丛编辑委员会编:《古典文艺理论译丛》第 4 册,人民文学出版社 1962 年版,第 178 页。
② [法] 司汤达:《拉辛与莎士比亚》,王道乾译,上海译文出版社 1979 年版,第 33 页。
③ 参见朱光潜《西方美学史》上卷,人民文学出版社 1979 年版,第 262 页。
④ [法] 司汤达:《拉辛与莎士比亚》,王道乾译,上海译文出版社 1979 年版,第 10 页。

"悲剧欣赏所带来的愉快,在于这种短促的幻想瞬间经常出现,在于情绪状态,幻想瞬间就在它自己相间出现过程中把观众心灵展放开来。"① 这是对戏剧欣赏的美感活动的一个很好的分析,它既指出了艺术的美感教育作用所具有的对形象的具体感受、感动以至于感到愉快的特点,也指出了艺术的美感教育作用和艺术真实反映生活的密切关系。按照司汤达的理解,艺术作品只有真实地描写生活,才能使人"信以为真,产生幻想",接连出现"幻想瞬间";也只有在"幻想瞬间"经常出现的情况下,观众和读者才能获得欣赏的愉快,发生情绪的激动。这也就是说,现实主义艺术的美感教育作用只能建立在对生活真实的描写的基础之上。司汤达把拉辛和莎士比亚的剧本加以对比,认为"完全幻想的这些短促的瞬间,在莎士比亚的悲剧中比在拉辛的悲剧中遇到的机会要多"②。莎士比亚的戏剧更富于真实性,其美感教育作用也更强烈。古典主义模仿者忽视乃至抛弃艺术的真实性,仅仅醉心于华美的诗句和形式,也就不可能具有激动人心的美感教育作用。西欧现实主义美学理论一般都很重视文艺的社会作用,并对艺术的美感教育作用不断有所探讨。《拉辛与莎士比亚》在这方面也是有新的贡献的,它强调艺术的教育作用与美感作用的统一,强调艺术的美感教育作用与真实描写生活的内在联系,这都是对现实主义美学原则的进一步阐明。它对破除古典主义的陈旧美学、推动西欧批判现实主义文学的形成和发展,起到了重要作用。

[原载于《美学论丛》(5),湖南人民出版社 1983 年版]

---

① [法]司汤达:《拉辛与莎士比亚》,王道乾译,上海译文出版社 1979 年版,第 12 页。
② [法]司汤达:《拉辛与莎士比亚》,王道乾译,上海译文出版社 1979 年版,第 12 页。

鲁迅论文艺的审美特性

一 "美化"——文艺的特殊规律

文艺的特征是什么？这是美学和文艺理论所探索的中心问题之一。从古至今的美学家和文艺家都对这个问题有过各种回答。有的认为文艺的特征是形象，有的认为文艺的特征在感情，这都从不同方面寻找了文艺和其他社会意识形态如哲学、科学、道德等之间的区别。但是，文艺不同于科学和道德等意识形态的根本区别，还在于它是人们审美意识的集中表现。审美意识不同于科学意识和道德意识，它有自己反映现实和反作用于现实的特殊规律，正是这种特殊规律决定了"文艺之所以为文艺"的特质。文艺作为审美意识的集中表现，是艺术家对生活进行审美认识和审美评价的结果，它应当创造出艺术的美，具备一定的审美价值。同时，它又必须作为一个审美对象，引起人们的美感，通过人们的审美感受，发挥它对社会生活的反作用。马克思认为包括艺术生产在内的人的生产都是按照"美的规律"来创造的，并把文学称作"美的文学"。他称赞希腊艺术和史诗至今仍然能够给我们以"美感享受"，同时指出："艺术对象创造出懂得艺术和能够欣赏美的大众。"[①] 所有这些都表明了马克思主义创始人对文艺的审美特征是何等重视。

鲁迅很早就开始探讨文艺和科学、道德的区别，并且较为准确地掌握了文艺的审美特性。他在早年的文学论文《摩罗诗力说》中，比较了文艺和科学对人的不同影响和作用，认为文艺给人的特殊影响即在于能引起人的审美感受，而科学则不能，他说："由纯文学上言之，则以一切美术之

[①] 《马克思恩格斯全集》第12卷，人民出版社1962年版，第742页。

本质,皆在使观听之人,为之兴感怡悦。"① 所谓"兴感怡悦",就是指文艺能激动人的情感,使人得到精神上的愉悦和满足,这也就是文艺的美感作用。鲁迅在这里把美感作用说成是艺术的本质,在理论上是有片面性的;但他强调使人"兴感怡悦"是艺术区别于科学的根本特征则是很正确的。科学以"缕判条分"见长,其效用在于"益智";文艺以"撄人心"见长,其效用在于"益神"。一幅动物学的标本图可以把马的外形和内部器官如实展示出来,使人获得关于马的科学知识,却无法唤起人的美感。可是徐悲鸿"奔马"的绘画,却创造了昂首飞腾、勇往直前的奔马形象,使人欣赏之后在精神上得到鼓舞,得到愉悦,得到审美享受。看不到或不承认艺术与科学对人影响的这个根本区别是不对的。在稍后的《拟播布美术意见书》一文中,鲁迅进一步明确指出了文艺能给人以美感的特质,认为"美术之真谛"在于"起国人之美感",在于"发扬真美,以娱人情"。② 鲁迅在论证这个观点时,介绍了美学史上的有关看法。他说:"言美术之目的者,为说至繁,而要以与人享乐为臬极,惟于利用有无,有所牴牾。"③ 意思是,对艺术的目的有很多说法,而主要是以给人美的享受为终极目标,但在有无功用这个问题上,则有所分歧。尽管在历史上有的美学家主张审美判断和艺术不涉及利害,没有功利目的,但许多优秀的美学家则是既看到艺术有益于社会的功利作用,又充分肯定了艺术给人以美的享受的特殊功能;在承认艺术的功利目的时,也承认艺术的审美目的。被称为"欧洲美学思想的奠基人"的亚里士多德就是既肯定艺术的教育目的,又肯定艺术的审美目的。他认为学习音乐"同时为着几个目的,那就是(1)教育(2)净化……(3)精神享受,也就是紧张劳动后的安静和休息"。通过欣赏音乐,人们"可以在不同程度上受到音乐的激动,受到净化,因而心里感到一种轻松畅舒的松快感"。④ 此外,古罗马的文艺理论家贺拉斯、法国古典主义文艺理论家布瓦洛等也都发表过类似的意见。这说明强调艺术能给人以美感享受的特殊功能,并不就是主张艺术可以超功

---

① 《鲁迅全集》第1卷,人民文学出版社1956年版,第202—203页。
② 《鲁迅全集》第7卷,人民文学出版社1956年版,第274页。
③ 《鲁迅全集》第7卷,人民文学出版社1956年版,第273页。
④ 北京大学哲学系美学教研室编:《西方美学家论美和美感》,商务印书馆1980年版,第44、45页。

利，这同那种把艺术的审美享受当作艺术的全部目的，而否定艺术的其他社会功利目的的美学观点，是不应混为一谈的。鲁迅在当时由于世界观上的局限，还不能用马克思主义观点从理论上科学说明艺术的美感和功利的关系，对超功利的美学观的实质也认识不够，但他并不否定艺术的功利目的和作用，他对于艺术的美感特质的理解，是继承了中外美学史上优秀美学思想的传统的。

鲁迅后期学会运用马克思主义观点考察文艺问题，深刻理解了艺术的社会作用，彻底弄清了艺术的美感和功利的关系，这时，他对艺术的社会功能的看法更全面了。但是，他并不忽视艺术给人以美感的特点。恰恰相反，他在全面阐述艺术社会作用的基础上，仍然把给人以"美底愉乐"作为艺术的特殊功能和特殊目的来加以强调。他在谈到木刻和一切艺术的目的时说："人是进化的长索子上的一个环，木刻和其他的艺术也一样，它是这长路上尽着环子的任务，助成奋斗，向上，美化的诸种行动。"① 这里，鲁迅明确把"美化"与"奋斗""向上"并列为艺术诸种目的中的一种目的。优秀的文艺作品既要帮助人认识社会的真理，受到思想的薰陶，"助成奋斗，向上"，又要给人以"美底愉乐"，"助成"人们"美化"自己的生活和灵魂，这是对文艺审美特性十分正确的理解。

文艺之所以不同于科学，能给人以美感，是因为它创造了艺术美。艺术的美感的特殊功能和艺术的美的素质密不可分。高尔基说："一切文学作品，都贯穿着一个一致的追求，追求着那用语言和思想所抓不到的，几乎是连感觉都抓不到的，一些秘密的东西，我们只能给一个苍白的名字——说它是美，是使我们心花怒放的东西。"② 这说明创造艺术的美应当是艺术所努力追求达到的一个目标，具有美的价值应当是艺术的独特的一种性质。对于这一点，鲁迅的看法也是很明确的，他在《拟播布美术意见书》中把包括雕塑、绘画、文学、建筑、音乐在内的一切艺术统称为"美术"，这实际上也就是强调指出艺术应当具备美的特质、美的属性。他说："故美术者，有三要素，一曰天物，二曰思理，三曰美化。缘美术必有此

---

① 《鲁迅书信集》下卷，人民文学出版社1976年版，第840页。
② 参见［苏］季摩菲耶夫《文学原理》第1部，查良铮译，平明出版社1953年版，第71页。

三要素，故与他物之界域极严。"① 所谓"天物"，是指作为艺术反映对象的客观现实；所谓"思理"，是指作家对生活真理、现实本质的认识、理解，亦即作家的思想感情；所谓"美化"，则是作家根据对于生活的感受和理解，按照"美的规律"对现实生活材料加以选择、提炼和加工改造，以创造美的艺术形象的过程，也就是作家、艺术家在一定世界观指导下，对现实生活进行审美认识、审美反映的过程。文艺反映现实区别于科学反映现实的特点，正在于它是遵循艺术"美化"的规律认识生活和表现生活的。而艺术的美，恰恰就是遵循艺术"美化"的规律，从审美上把握现实的必然结果。鲁迅指出"天物"是艺术要素之一，说明艺术是现实的反映，艺术美来源于现实美；但鲁迅又认为"天物"并不就是艺术，艺术美并非现实美的照搬，而是"用思理以美化天物"的成果。他十分强调艺术的"美化"要素，指出："所见天物，非必圆满，华或槁谢，林或荒秽，再现之际，当加改造，俾其得宜，是曰美化，倘其无是，亦非美术。"② 鲁迅上述对艺术的美的特质的看法是和某些旧美学家的看法不同的。旧美学家中有的否认艺术应当具有"美"的素质，否认创造美是艺术的特性。如列夫·托尔斯泰在《艺术论》中便认为艺术的本质就是传达感情，其目的和意义不在于美，"美和艺术的理论……这两者是完全分开，各不相干的"。有的美学家虽然也承认艺术应当具有美的特征，但又认为艺术的美不如现实的美，否认艺术的美是高于现实的美的，是人类美的创造的高级形态。如车尔尼雪夫斯基在《艺术与现实的审美关系》中认为只有客观现实中的美才是"彻底地美的"，而"艺术创作低于现实中的美的事物"。鲁迅否定了这些带有片面性的看法，他不仅充分肯定了美是艺术应具有的特质，而且肯定了艺术美是艺术家按照"美化"规律对现实进行改造所创造的，因此它不是"天物"的简单摹写，而是比现实的美更高、更集中、更典型，这些看法都是充满了辩证法的思想的。

优秀的文艺为什么必定具有美的特质呢？艺术的"美化"规律究竟是什么呢？对于这个问题，鲁迅在早期的论文中还没有从理论上给予明确和科学的说明，但他后期在翻译了普列汉诺夫的《艺术论》后，学会运用历

---

① 《鲁迅全集》第7卷，人民文学出版社1956年版，第273页。
② 《鲁迅全集》第7卷，人民文学出版社1956年版，第271页。

史唯物主义观点分析美和艺术问题,对这个问题也就豁然贯通了。他在评介《艺术论》的基本内容时,概括《艺术论》的根本观点,并结合自己的认识,对美的本质作了一个马克思主义的科学说明。他说:"社会人之看事物和现象,最初是从功利底观点的,到后来才移到审美底观点去。在一切人类所以为美的东西,就是于他有用——于为了生存而和自然以及别的社会人生的斗争上有着意义的东西。功用由理性而被认识,但美则凭直感底能力而被认识。享乐着美的时候,虽然几乎并不想到功用,但可由科学底分析而被发现。所以美底享乐的特殊性,即在那直接性,然而美底愉乐的根柢里,倘不伏着功用,那事物也就不见得美了。并非人为美而存在,乃是美为人而存在的。"① 鲁迅这段话指出了美的两个极其重要的属性:第一,美是具有积极的社会功利内容的。一切美的东西,必然是对于人类"为了生存而和自然以及别的社会人生的斗争上有着意义的东西",这就是说,在美的东西中,包含着对人类社会发展和前进有意义的东西,它是符合和体现着人类社会生活发展的本质和规律的。第二,美是具有具体可感的形象形式的。由于美不是抽象的东西,而是具体形象,所以"美则凭直感能力而被认识","美底享乐的特殊性,即在那直接性"。人们认识美虽然要通过具体形象,才能获得审美愉悦,"然而美底愉乐的根柢里倘不伏着功用,那事物也就不见得美了"。按照鲁迅的认识,美就是上述对人类社会发展有意义的社会功利内容和具体形象形式两方面有机的统一,美是体现着社会发展的本质规律而对社会生活有积极意义的具体可感的形象。鲁迅对美的本质所做的这个概括,对我们是很有启发的。它也在实际上回答了艺术何以具有美的特质的问题,回答了艺术的"美化"规律是什么的问题。优秀的文艺作品的形象,是作家运用艺术典型化的法则对生活进行集中概括而塑造出来的,它以鲜明、生动、独特的生活现象集中而充分地表现了生活的本质和规律,是社会生活的真实意义和感性具体的生动形象的高度统一,是具体形象的人生真理,所以它也就是美。艺术的"美化"规律,是和艺术的典型化原则密不可分的,是和艺术反映生活本质真实的思想内容以及具体形象性的特点密不可分的。自康德以来的近代西方形式派美学,往往片面强调美与目的无关,否定美的现实内容和思想内容,认

---

① 《鲁迅全集》第4卷,人民文学出版社1956年版,第207页。

为美在于单纯的形式,甚至荒谬地宣称"对再现的任何贡献都是艺术的损失"等等。鲁迅对美的本质的论述,一反资产阶级形式主义美学的偏颇,使其对艺术美的理解真正建立在科学的理论基础之上。

二 "真善美之合一"——文艺的特殊要求

艺术应当具有美的性质,但艺术并不等于美,正如美并不等于艺术。艺术不仅应当是美的,还应当是真的和善的。艺术是客观现实的反映,真实地反映现实生活是艺术的基本要求和生命所在。任何艺术家都是在一定世界观指导下反映现实生活的,因此,艺术必然要体现一定的思想倾向。那么,艺术的真与善和美的关系究竟如何呢?这也是鲁迅在探讨文艺的审美特性中所涉及的一个重要问题。

历史上有许多优秀美学家都谈到过艺术中的真、善与美的关系问题,但并不是所有的人都对这个问题有完全正确的理解。例如车尔尼雪夫斯基在这个方面就犯了一个理论错误。车尔尼雪夫斯基认为"美"不能完全包括艺术的内容,艺术作品不仅表现美的观念,而且还表现人的其他追求,如对于真理、爱情和改善生活的追求等等。这个思想当然是正确的,但车尔尼雪夫斯基不是把上述两方面内容看成是"有机整体的东西",而是错误地把这个有机的整体分解为各自独立的各个部分。普列汉诺夫在评论车尔尼雪夫斯基这个错误时指出,科学美学的任务"主要是说明:人的这些其他的追求怎样表现在他的美的概念中,在社会发展过程中自身发生改变的这些追求怎样使美的'观念'也发生变化"①。所以,不应当把艺术表现成我们对于真理、美德和改善自己生活的愿望,同体现美的观念看成是两个部分。恰恰相反,"我们的美的概念本身就渗透着这些愿望,并且本身表现出这些愿望";它们"实际上是某个有机整体的东西"。这个精辟分析说明,艺术中的真和善必须表现在美之中,必须通过美的形象来体现。所以,艺术中的真不同于科学中概念的真,艺术中的善也不同于道德中说教的善,艺术中的真和善必须是与美相统一的。鲁迅曾经翻译普列汉诺夫评论车尔尼雪夫斯基文学观的这篇著作,他显然受到普列汉诺夫上述思想的

---

① 《普列汉诺夫哲学著作选集》第4卷,生活·读书·新知三联书店1974年版,第360页。

影响，而不同意车尔尼雪夫斯基把艺术中的真善和美分解为两部分的看法。他在后期谈到文艺批评的标准时说："我们曾经在文艺批评史上见过没有一定圈子的批评家吗？都有的，或者是美的圈，或者是真实的圈，或者是前进的圈。"① 这虽是谈批评标准，但他所列举的"真实""前进""美"三个圈子实际上也就是对文艺作品的真、善、美的全面要求。值得注意的是，鲁迅强调这三者在艺术中是不可分割的统一体。他在翻译卢那察尔斯基的《艺术论》之后所作的《〈艺术论〉小序》中，表示非常赞赏卢那察尔斯基关于艺术应是"真善美之合一"的精神见解。这种"真善美的合一"，就是艺术的思想性、真实性和形象性的有机统一。正是基于这种认识，鲁迅一贯要求艺术的思想倾向必须寓于真实而优美的艺术形象之中，而反对脱离真实而优美的艺术形象的塑造，去表现抽象的思想说教。

我们知道，对于文艺作品的思想性、倾向性，鲁迅向来是十分注意的。他在最初介绍世界被压迫民族进步文学时，首先"所要求的作品是叫喊和反抗"。他把"为艺术而艺术"的主张"看作不过是'消闲'的新式的别号"，因为这种主张取消了文艺的思想性。但是鲁迅一再指出，文艺作品体现思想倾向不能游离于真实描写生活的艺术形象之外，由作者硬塞给读者；而应通过真实的艺术形象的刻画，自然而然地体现出来。艺术的形象性、可感性是艺术美的基本属性，脱离形象性去追求思想倾向，就会使思想成为抽象的概念、原则、原理。这种抽象的思想、原理可能是正确的，却不能是美的，这就破坏了艺术的真善美的统一。1925 年，鲁迅在致许广平的书信中批评了"五卅"以后报刊上出现的某些诗歌，认为它们的缺点是"锋铓太露"，造语太直，结果也就是"将'诗美'杀掉"，使人感到"味如嚼蜡"。② 什么是鲁迅所说的"诗美"呢？就是蕴含着深刻思想和浓厚感情的鲜明形象，就是情与景交融在一起的诗歌意境，这只有将进步的思想感情熔铸到艺术形象之中才能获得。而上述诗作恰恰相反，抛开艺术形象的描写去追求思想倾向的明确，以抽象概念代替具体形象，结果也就破坏了"诗美"，丧失了"诗美"。所以，鲁迅说："我们需要的，不是作品后面添上去的口号和矫作的尾巴，而是那全部作品中的真实的生

---

① 《鲁迅全集》第 5 卷，人民文学出版社 1956 年版，第 348 页。
② 《鲁迅全集》第 9 卷，人民文学出版社 1956 年版，第 79 页。

活，生龙活虎的战斗，跳动着的脉搏，思想和热情等等。"① 这样，才能做到寓真善于美之中。1927年，鲁迅还在一篇文章中批评了某些作者在作品中用"打，打"、"杀，杀"之类的叫喊以示其"英勇""革命"的做法。他说："唐朝人早就知道，穷措大想做富贵诗，多用些'金''玉''锦''绮'字面，自以为豪华，而不知适见其寒蠢。真会写富贵景象的，有道：'笙歌归院落，灯火下楼台'，全不用那些字。'打，打'，'杀，杀'，听去诚然是英勇的，但不过是一面鼓。即使是鼟鼓，倘若前面无敌军，后面无我军，终于不过是一面鼓而已。"② 鲁迅所批评的这种作品，是使思想脱离形象的一种最恶劣的表现，这种作品没有任何审美价值，也谈不上有真正艺术的思想价值。作为一种对比，鲁迅引述了白居易《晏散》中的著名诗句，它善于捕捉和提炼生活中鲜明、独特的形象以构成深邃的意境，含蓄而巧妙地表现出封建统治阶级的富贵豪华。这正是按照艺术的审美特征，寓深刻思想于鲜明形象的一个范例。

鲁迅在自己的创作中，总是力求使鲜明的倾向、深刻的思想，同真实的生活描绘、生动的形象刻画结合得天衣无缝，这就使他的小说获得了高度的思想价值、认识价值和美学价值。他的小说昂扬着时代精神、流露出进步倾向，但这不是来自抽象意念，而是来自现实生活；不是作品的外在标志，而是渗透在真实的艺术形象之中的灵魂。我们知道，在小说《孔乙己》发表时，鲁迅曾有一个"附记"说："这一篇很拙的小说，还是去年冬天做成的。那时的意思，单在描写社会上的或一种生活，请读者看看，并没有别的深意。"③ 鲁迅写这篇小说，含意本是非常深刻的，但他这里却强调创作的意图"单在描写社会上的或一种生活"，这是为什么呢？我们认为这正好说明鲁迅所表达的"深意"是完全蕴藏在对"社会上的或一种生活"的真实、形象的描写之中的，而不是表现为某种外在的抽象观念。所以，我们不能在小说描写的真实形象之外，去另外寻求什么"别的深意"，而只能从作品中描写的或一种生活以及艺术形象本身，去认识它自然包含的"深意"。事实上，我们在孔乙己这个典型人物的一言一行以及

---

① 《鲁迅全集》第6卷，人民文学出版社1956年版，第477页。
② 《鲁迅全集》第3卷，人民文学出版社1956年版，第408页。
③ 《鲁迅全集》第1卷，人民文学出版社1956年版，第483页。

他和周围人物具体关系中,处处都可以领会到作者的深意,却又不能明确指出深意就是在哪一句话上。正像盐溶化在水里,我们虽然可以尝到盐味,却看不见盐在哪里。我们读鲁迅的小说,往往只感到它为我们展示出一幅幅辛亥革命前后旧中国社会的真实图画,为我们呈现着一个个血肉丰满、性格鲜明的典型人物,而对于它所蕴含的深刻思想意义,却不是一下子就能充分发掘到的。但是,你对作品中所描绘的生活、所塑造的形象越是反复咀嚼,就越是能获得深刻的感受和理解,对它的深意也就越能得到进一步认识。鲁迅的小说之所以能有这种特殊的审美效果,正是由于他按照真善美和谐统一的艺术规律,将思想性寓于真实形象之中而自然形成的。

在评价文艺作品时,鲁迅也一贯强调思想性、真实性、形象性的统一。他总是坚持艺术的审美特性,把作品的思想倾向是否寓于真实的艺术形象之中作为区分作品优劣的一个重要尺度,如他对唐代传奇和宋人小说的不同评价就是一例。鲁迅对唐人小说评价较高,认为它"大抵描写时事""少教训",而且"叙述宛转,文辞华艳",在"文采与意想"两方面都有较高成就,这是与它注意真实描写生活、塑造艺术形象分不开的。像元稹的《莺莺传》就是通过崔莺莺这一人物形象的塑造,体现了当时冲破封建礼教,要求爱情自由的呼声。小说以写实手法生动地刻画了崔莺莺复杂矛盾的感情和性格,故鲁迅认为它"时有情致,固亦可观"①。但是对于宋人小说,鲁迅则深表不满,他说:"宋好劝惩,摭实而泥,飞动之致,眇不可期,传奇命脉,至斯以绝。"②又说:"宋时理学极盛一时,因此把小说也多理学化了,以为小说非含有教训,便不足道。但文艺之所以为文艺,并不贵在教训,若把小说变成修身教科书,还说什么文艺。"③ 由于宋人小说大多违背了艺术的审美特点,不是寓思想于形象之中,而是抛弃艺术形象进行抽象说教,变成图解宋儒理学观念的工具,"变成修身教科书",所以把传奇引向了绝路。尽管有的宋代小说也还是塑造了性格鲜明的人物形象,但鲁迅认为它的整个成就却远逊于唐代传奇。"文艺之所以为文艺,并不贵在教训",这是一个确认艺术审美特征的精辟论断。艺术

---

① 《鲁迅全集》第8卷,人民文学出版社1956年版,第64页。
② 《鲁迅全集》第10卷,人民文学出版社1981年版,第141页。
③ 《鲁迅全集》第8卷,人民文学出版社1956年版,第331页。

中的思想倾向与艺术形象、功利价值与美学价值应当是融为一体、密不可分的。舍弃后者而追求前者，无异于缘木求鱼，实际上只能把文艺引向绝路。这是早已为大量事实所证明了的。

三 审美教育——文艺的特殊作用

文艺对人的影响并不仅仅限于美感作用，真实反映生活的文艺具有巨大的教育作用和认识作用。但是，由于文艺的真、善是通过美得到表现的，所以，文艺的教育作用和认识作用也必须通过它的美感作用来完成。文艺的审美特性不仅规定了它反映生活的特殊性，而且也规定了它的社会作用的特殊性，即文艺是通过引起人的审美愉悦，以达到它的教育目的。这种教育与美感相统一的教育作用，就是文艺特有的审美教育作用。

鲁迅一贯重视文艺作用，但他同时也指出文艺的教育作用必须通过美感作用这一中间环节来实现，所以它不同于一般宣传和道德的教育作用，而是一种"非常教"的作用。他在《摩罗诗力说》中论述文艺对人的精神所发挥的特殊影响时说："故人若读鄂谟（Homeros）以降大文，则不徒近诗，且自与人生会，历历见其优胜缺陷之所存，更力自就于圆满。此其效力，有教示意；既为教示，斯益人生；而其教复非常教，自觉勇猛发扬精进，彼实示之。"[①] 这里，鲁迅既肯定了文艺"有教示意"，又指出了"其教复非常教"，这是辩证的。而他所说的"非常教"的作用，就是和美感融而为一的审美教育作用。

鲁迅从文艺的审美特性出发，对文艺的审美教育作用的特点作了精细、准确的考察和论述。

首先，鲁迅指出文艺社会作用的特点在于它是形象的感受和理性的认识的统一。他对比文艺和科学的不同作用时说："盖世界大文，无不能启人生之閟机，而直语其事实法则，为科学所不能言者。"[②] 文艺作品是以具体形象反映"人生诚理"，直接把生活的本质体现在典型的生活现象之中，因此它能使人"闻其声音，灵府朗然，与人生即会"，从生活的形象描写

---

① 《鲁迅全集》第 1 卷，人民文学出版社 1956 年版，第 204 页。
② 《鲁迅全集》第 1 卷，人民文学出版社 1956 年版，第 203 页。

中直接认识人生的真谛。对此，鲁迅还打了一个形象的比喻：热带的人没有看到冰以前，对他讲冰，虽然用物理学、生理学的原理加以说明，而他还是不知道水能凝固，冰是寒冷的；只有直接拿冰给他看，使他接触到冰以后，虽然不讲化学、物理的性质，而冰是什么东西，已清清楚楚地放在面前，他就会直接了解而不怀疑了。鲁迅认为文学的作用也是这样，它虽然分析事理，周密不如科学，却能帮助人直接认识现实生活，体会到从前竭力研究思索而不能理解的道理，清楚地看到人生所存在的优点和缺陷，并努力以求达到更加圆满的境地，这同科学仅给予人抽象的理论知识显然是大有区别的。

其次，鲁迅认为文艺的审美教育作用是理智与感情的统一。他在《〈艺术论〉小序》中肯定了卢那察尔斯基关于艺术是"理性与感情之合一"的看法。他一再指出，文艺不仅影响人的理智，而且影响人的感情，影响人的整个精神。高尔基说："文学的教育作用是巨大的，因为它同时地以同等力量影响思想和感情。"[1] 文艺对人的思想影响是同它能强烈地激动读者的感情密不可分的，读者总是由于受到作品艺术形象感情的感染，才进而接受形象所包含的思想。鲁迅也很注意文艺在感情上的感染性的特征，他在《摩罗诗力说》中说："盖诗人者，撄人心者也。"强调诗歌要以强烈的感情打动人的心灵。诗人由于表达了人们心中的感情，所以，"握拨一弹，心弦立应，其声澈于灵府，令有情皆举其首，如睹晓日，益为之美伟强力高尚发扬"[2]。后来，鲁迅又进一步把感情的感染性作为区分诗歌与科学的一条重要界限，指出："诗歌不能凭仗了哲学和智力来认识，所以感情已经冰结的思想家，即对于诗人往往有谬误的判断和隔膜的揶揄。"[3] 诗歌和一切文艺如果失去了它对人的感情的感染性，就不能很好地发挥其特殊的影响作用。

最后，鲁迅还指出文艺的审美教育作用是娱乐性和功利性的统一。在历史上许多美学家和艺术理论家都认为文艺的作用是"寓教于乐"的。如贺拉修斯就说过："诗人的愿望应该是给人益处和乐趣，它写的东西应该

---

[1] 参见苏联艺术科学院美学理论与美术史研究所《马克思列宁主义美学概论》，杨成寅译，人民美术出版社1962年版，第126页。
[2]《鲁迅全集》第1卷，人民文学出版社1956年版，第199—200页。
[3]《鲁迅全集》第7卷，人民文学出版社1956年版，第235页。

给人以快感，同时对生活有帮助。"① 我国古代传统的美学思想也很重视文艺的娱乐作用和教化作用的统一。如《乐记》说："夫乐者乐也，人情之所不能免也。乐必发于声音，形于动静，人之道也。声音动静，性术之变尽于此矣。故人不耐无乐，乐不耐无形。"② 鲁迅批判地继承了这些优秀美学思想传统。他注意文艺作品的思想性、战斗性，同时也主张文艺作品应当有娱乐性、趣味性，力求把深刻的思想教育作用寓于健康的娱乐和情趣之中。他认为"美的享乐"既可使人得到情感上的"愉乐"，同时也"伏着功用"。而艺术欣赏正是通过娱乐、观赏的特殊形式，使人在思想感情上得到感染熏陶、潜移默化，实现其社会功利作用。所以，鲁迅既反对忽视文艺的战斗性、思想性，也反对忽视文艺的娱乐性、趣味性。他在提倡战斗的小品文时，要求小品文"必须是匕首，是投枪，能和读者一同杀出一条生存的血路的东西"，同时也肯定"它也能给人愉快和休息"，③这两方面应该是统一的。

　　由于文艺的教育作用是通过美感作用来进行的，由于文艺的社会功能具有上述种种特点，所以鲁迅反对违背文艺审美教育作用的特殊性，把文艺的社会作用和一般的宣传混为一谈。中国无产阶级革命文学运动的发展，曾经走过曲折的道路。当它在20世纪20年代末酝酿与发动时，就受到来自"左"的教条主义的影响，这种影响尤其突出表现在对文艺的社会作用采取一种简单的、片面化的认识。某些"革命文学"的提倡者只看到文艺的宣传作用，却忽视文艺与一般宣传的区别，以致根本否认文艺之所以为文艺的审美特征，把文艺作品完全等同于一般宣传工具。当时一位作家针对这种片面认识，提出不应忽视"文艺的本质"，即文艺的特点，而一位革命文学的提倡者却撰文回答说："文艺本来是宣传阶级意识的武器，所谓的本质仅限于文字本身，除此之外，更没有什么形而上学的本质。"④从这种否认文艺特点，把文艺仅仅当成"宣传阶级意识的武器"的观点出

---

　　① ［古希腊］亚里士多德、［古罗马］贺拉斯：《诗学·诗艺》，罗念生、杨周翰译，人民文学出版社1962年版，第155页。
　　② 北京大学哲学系美学教研室编：《中国美学史资料选编》上册，中华书局1980年版，第67页。
　　③ 《鲁迅全集》第4卷，人民文学出版社1956年版，第443页。
　　④ 北京大学、北京师范大学、北京师范学院中文系中国现代文学教研室主编：《文学运动史料选》第二册，上海教育出版社1979年版，第158页。

发,势必把文艺的社会作用简单化,导致否认艺术特殊社会功能的错误结论。鲁迅在纠正这种错误倾向时指出:"一切文艺固是宣传,而一切宣传却并非全是文艺,这正如一切花皆有色(我将白也算作色),而凡颜色未必都是花一样。革命之所以于口号,标语,布告,电报,教科书……之外,要用文艺者,就因为它是文艺。"① 这里,鲁迅首先肯定了"一切文艺固是宣传",肯定了艺术审美的社会功利作用,但他又着重指出"一切宣传却并非全是文艺",也就是不能忽视艺术审美教育作用的特点,把艺术和一般宣传混为一谈。他特别强调革命事业之所以于别种宣传、教育工具之外需用文艺者,"就因为它是文艺"。这就是说,如果取消了文艺之所以为文艺的审美特征,那也必然取消了它对革命事业的特殊作用,这不是有利于而是有损于革命事业。后来,鲁迅在和一位木刻作者的通信中,回忆革命文学运动初期这场争论时,再次强调了不应忽视文艺社会作用特点。他说:"木刻是一种作某用的工具,是不错的,但万不要忘记它是艺术。它之所以是工具,就因为它是艺术的缘故。"② 鲁迅在这里同样并不否认艺术有社会功利作用,但是他仍然严格地要求这种作用必须寓于艺术的审美作用之中。他一再叮嘱作家艺术家"万不要忘记它是艺术",从根本上说,就是不要忘记艺术的美的特点、美感的特点。艺术必须也只能通过真实反映生活的形象和典型,通过激动人心的艺术美,通过愉悦人情的美感作用,实现其对社会的思想影响。如果忘记了它是艺术,抹杀了艺术的审美特性,没有了形象,丧失了美感,艺术本身就不复存在。本身都没有了,还谈什么对社会的作用呢?

由于忽视以致抹杀艺术的审美特性,简单化地理解文艺的社会作用,把文艺等同于一般宣传,必然助长创作中的公式化、概念化和标语口号式的倾向。当时有不少诗歌和小说以直接写选政治口号和标语为时髦,以发议论和教训人为能事,而且错误地把这当作是"革命文学"的特有标志。鲁迅深深感到忽视艺术特点对革命文艺运动和创作带来的危害。他通过批评、剖析概念化和标语口号式的创作倾向,对破坏艺术特点和规律的错误观点和做法痛加针砭。他说:"中国确曾有许多诗歌小说,填进口号和标

---

① 《鲁迅全集》第 4 卷,人民文学出版社 1956 年版,第 68 页。
② 《鲁迅书信集》下卷,人民文学出版社 1976 年版,第 831 页。

语去，自以为就是无产文学。但那是因为内容和形式，都没有无产气，不用口号和标语，便无从表示其'新兴'的缘故，实际上并非无产文学。"① 真正的无产阶级文艺，必须是通过美的艺术形象的塑造，真实地反映现实生活，体现出革命的思想倾向；而概念化和标语口号式的创作则完全与此背道而驰，它只能损害无产阶级文艺的健康发展。鲁迅在一封谈诗的通信中，还批评了所谓"诗必用口号"的错误观点，明确指出"口号是口号，诗是诗"②，不能把作品仅仅当作政治概念、道德观念的传声筒，以抽象的议论、说教代替形象的审美感染。鲁迅还批评了那种直接对人进行"劝惩"而不能给人以美感的"教训文学"，他说："对于先有了'宣传'两个大字的题目，然后发出议论来的文学作品，却总有些格格不入，那不能直吞下去的模样，就和雏诵教训文学的时候相同。"③ 这种令人"格格不入"的概念化的作品，没有任何艺术的感染力、吸引力，根本不能被群众所欣赏，因而也无法达到它所希求的宣传目的和教育作用。毛泽东同志说："我们既反对政治观点错误的艺术品，也反对只有正确的政治观点而没有艺术力量的所谓'标语口号式'的倾向。""缺乏艺术性的艺术品，无论政治上怎样进步，也是没有力量的。"我们要充分发挥文艺的教育作用、功利作用，是绝对不能忽视文艺的审美功能、审美特点的。

[原载于《华中师院学报》（哲学社会科学版）1982 年第 2 期]

---

① 《鲁迅全集》第 4 卷，人民文学出版社 1956 年版，第 167 页。
② 《鲁迅书信集》下卷，人民文学出版社 1976 年版，第 883 页。
③ 《鲁迅全集》第 4 卷，人民文学出版社 1956 年版，第 17 页。

审美经验与艺术研究的统一

——当代西方美学研究特点的总体审视

20世纪以来,西方美学展现出学派林立、多姿多彩、不断标新立异的发展态势。和传统的美学相比,当代美学在研究对象、研究方法、结构体系以及理论探讨等各个方面,无不发生了显著的变化。正确分析和评价这些变化,准确掌握当代西方美学的研究特点和发展趋向,不仅有助于我们深入研究西方美学,而且也可以为我国当代美学的建设提供有益的借鉴。那么,当代西方美学研究的主要特点是什么呢?笔者以为如果将美学研究对象、研究方法和结构体系三者结合起来,对当代西方美学作综合的总体的考察,那么,它的主要特点可以说就是审美经验和艺术研究的统一。本文将从三个方面来说明和分析这一特点。

一 审美经验成为美学研究重点

20世纪以来的现代西方美学和传统西方美学比较,在研究对象上发生了重要变化。当代西方美学的主要研究对象已不是对于美的本质的哲学的探讨,而是对于审美经验以及与此相联系的各种艺术问题的研究。美学研究重点的这种转变,已经被公认为当代美学区别于传统美学的基本特点之一。托马斯·门罗早已指出了美学研究对象上的这个巨大变化,他说:"过去美学曾一度被看作是一种'美的哲学',一种主要旨在说明美和丑的本质的学科。"然而,"在当代的讨论中,这种词汇很少出现。取代它们的是一大批范围更加广泛的概念,即用来解释不同的艺术现象和艺术行为的概念"。美学作为一种经验科学,已经主要倾向于对审美经验作现象的描述和研究。①

"审美经验"（the aesthetic experience）这个术语，在西方传统美学中很少使用。英国经验论派美学家研究人对美的事物的鉴赏与感受，主要是运用"趣味""趣味能力""趣味判断"等词语，康德沿用了这些提法，在《判断力批判》中多使用"趣味判断"或"审美判断"的概念。和"美"的概念相对称，传统的美学家一般把审美主体对于美的认识、感受和反应，称作"美感"。但是，这些术语在当代西方美学家的著作中，已经不常使用。而"审美经验"这个术语，却被当代美学家普遍采用并赋予了相当广泛和丰富的意义。但是，究竟什么是审美经验呢？这个问题可就复杂了，因为不同学派的美学家对于审美经验的特性和来源等问题的理解、分析往往不同，所以给审美经验所下的定义，也就有各种差别。不过，多数当代美学家认为审美经验是我们对于美和艺术的反应中产生的一种特殊的经验，这种经验具有与科学的、道德的、实用的、宗教的等方面的经验完全不同的特性。这些特性既表现于观赏者的审美观照（aesthetic contemplation）活动中，也表现于艺术家的艺术创造活动中。当代美国美学家莫里斯·韦兹说："自康德以来，审美反应问题，或审美经验问题……在艺术的哲学探讨中，一直处于最突出的地位。由于'审美的'（aesthetic）这个词语被康德的前辈 A. G. 鲍姆加登赋予了新的活力，并用这个词语来解释特定的一种经验，它几乎成了对艺术或美的反应的一个同义词。直到最近，谈论审美就是谈论我们对美的反应中经验的特性。"② 这种解释，既指出了审美经验问题所谈论的范围，又指出了它在美学中应用的一贯性，可以说是西方关于审美经验的概念的含义的一种最基本、最普遍的看法。

以审美经验作为研究重点，势必对当代美学的结构体系产生影响。许多当代有影响的美学著作或美学选本，往往以审美经验作为构造全部美学体系的出发点，或研究所有美学问题的基础。例如 V. C. 奥尔德里奇的《艺术哲学》，首先探讨的就是"审美经验"这个重要的概念，然后才依次讨论"艺术作品""各种艺术"以及"艺术谈论的逻辑"等问题。J. 马戈

---

① [美] 托马斯·门罗：《走向科学的美学》，石天曙等译，中国文联出版社公司1984年版，第147页。

② [美] M. 韦兹编：《美学问题》第五部分，美国，1970年。

利斯的当代美学选本《艺术的哲学分析》，也是首先介绍审美趣味、审美特性的理论，然后进一步介绍艺术和批评的理论。乔治·迪基在《美学引论》中，认为当代美学是由审美哲学、艺术哲学、批评哲学三大部分构成的。审美哲学取代了传统美学中的美的哲学；批评哲学则是在分析哲学的广泛影响下，一些哲学家和艺术批评家对于美学的最新的发展，它又被称"元批评"或"艺术理论的理论"。这三大部分尽管所研究的问题各异，但都无一例外地以审美经验作为出发点和基础。这样，审美经验也就成了整个当代美学研究的一个支点。

对审美经验的研究在当代美学中之所以具有如此重要的地位，其原因是多方面的。除了在美学本身发展上，需要看到康德主义美学思想对当代美学的巨大影响之外，更要看到当代西方哲学思潮的演变，对美学研究所产生的深刻作用。从19世纪中叶以后，西方哲学开始发生了明显的转向。支配当代哲学发展的主要是所谓"人本主义"和"科学主义"两大思潮。人本主义把哲学归结为对人的研究，重在研究人本身的内心世界；科学主义把哲学归结为一种科学的方法论，重在描述和整理感性事实。尽管这两大哲学思潮倾向不同，但是它们在对美学发生作用和影响时，却往往互相渗透和融合，其结果就使得对作为审美主体的人本身的感性经验的描述和分析，在各种具有不同倾向的美学流派中，都受到程度不同的重视。如弗洛伊德的精神分析美学、桑塔亚纳的享乐主义美学、杜威的实用主义美学、托马斯·门罗的自然主义美学以及M.杜弗莱纳、R.英伽登的现象学美学等等，都明显地受到当代两大哲学思潮的影响，并把主体审美经验的研究作为重点。此外，西方当代心理学和社会科学的新发展，也对美学转向以审美经验为研究重点产生了一定的影响。托马斯·门罗声称，科学美学就是要"在现代心理学和人文科学的基础上，尝试科学地描述和解释艺术现象和所有与审美经验有关的东西"[①]。以分析审美经验著称的格式塔心理学美学的代表人物阿恩海姆明确表示，他的美学研究的目的就是"试图把现代心理学的新发展和新成就运用到艺术研究之中"[②]。

[①] [美]托马斯·门罗：《走向科学的美学》，石天曙等译，中国文艺联合出版公司1984年版，第5—6页。

[②] [美]鲁道夫·阿恩海姆：《艺术与视知觉》，滕守尧等译，中国社会科学出版社1984年版，第4页。

审美经验与艺术研究的统一

当代西方美学中研究对象的变化和研究方法的变化也是相辅相成的。自费希纳开创"自下而上"的美学研究方式以来，美学研究中的经验的方法逐渐取代形而上学的方法而取得了支配的地位，这种研究方法和当代哲学中占有特殊地位的各种经验主义思潮是相适应的。"用一个简短的公式来表达经验主义所共有的基本信念，大体可以这样说：只用纯粹的思考而没有经验的检验（借助于观察），要说明现实世界的性质及其法则是不可能的。"① 采用广义的经验主义，而不是先验的理性主义和神秘主义；把判断建立在通过感觉和内省所进行的观察以及个人和集体经验的基础之上，这已成为当代西方美学在研究方法上所表现出来的主要特色。因为强调从观察的经验出发，强调理论的基础是经验，对于美学研究来说，必然要强调从人类实际的审美经验出发，以审美经验作为建立和论述各种美学理论的起点和支点。对于这一点，李斯托威尔在《近代美学史评述》中曾有如下阐明："整个近代思想界，不管它有多少派别，多少分歧，却至少有一点是共同的。这一点就是近代思想界所采用的方法……是从人类实际的美感经验出发的。而美感经验又是从人类对艺术和自然的普遍欣赏中，从艺术家生动的创造活动中，以及从各种美的艺术和实用艺术长期而变化多端的历史演变中表现出来的。"②

对于当代西方美学研究对象重点的变化，我们首先应当给予积极的评价。传统的西方美学侧重于对于美的本质的纯粹的抽象的探讨，固然在理论建树上取得了很大成绩，但是，采用更多的途径，去接近和探究美的本质却是必要的。从人对现实的认识来说，客观方面和主观方面原是不可分割的。没有客观存在的美，当然也就没有作为美的主观反映和反应的美感意识和审美经验。但是，如果不凭人的美感意识和审美经验，也无从接触客观存在的美。所以，强调对人的审美主体、审美经验的研究，对于进一步探求美的本质和特点，也不是没有帮助的。此外，强调对于审美经验的研究，将有助于正确认识审美主体和客体的辩证关系，克服唯心主义者无视美的客体和机械唯物主义者忽视审美主体这两种偏颇。通过审美经验这

---

① ［德］施太格缪勒：《当代哲学主流》（上），王炳文等译，商务印书馆1986年版，第366页。
② ［英］李斯托威尔：《近代美学史评述》，蒋孔阳译，上海译文出版社1980年版，第40页。

· 495 ·

个支点,美学中的理论探讨必然与广泛的艺术和审美实践问题发生更紧密的联系,使各种艺术实践问题能结合审美经验的分析得到更充分的阐明。"美学理论也应该从艺术和日常生活的其他方面的审美经验中产生,并反过来澄清和重新指导我们在这一领域的信念和态度。"① 这一影响当代美学研究的指导思想的形成,对于改变长期以来美学理论脱离实际的弱点,使美学研究变得更加切实有效和充满生机,无疑也是大有益处的。

不过,我们也必须清醒地看到当代西方美学在强调审美经验研究方面所存在的问题。例如,不少美学家在强调研究审美经验时,对美的本质问题采取了完全否定的态度,有的甚至对审美经验和美的存在不加区别,认为美就是一种主观经验,根本否定有美的客观存在。于是,便主张用审美经验的分析完全代替对于美的本质的研究,或者认为两者就是一回事。如科林伍德宣称:"并不存在'美'这种性质,审美经验是一种自主性活动。它起自内心,并不是一种对来自特定外在物体的刺激所作的特定反应。"② H. 帕克也说:"'审美经验'和'美'都是一个意思。"③ 这些看法当然不是符合审美实际的。

二 以艺术为中心研究审美经验

在审美经验成为当代美学研究重点的同时,关于审美经验的研究和艺术的研究之间的关系问题,就日益引起美学家们的注意并成为热烈讨论的一个课题。对于这个问题,基本上有三种意见:第一种意见主张把审美经验的研究限制在艺术的范围之内,认为审美对象仅限于艺术作品,审美经验只能是一种与艺术及其鉴赏判断相关的经验,反对在艺术之外去考察和解释审美经验。第二种意见则相反,主张审美经验的研究应独立于艺术之外,认为审美的特征是独立于艺术的,它与艺术并没有本质的联系,因此反对把审美经验的研究建立在艺术研究的基础上。第三种意见和第一、二

---

① [美] 托马斯·门罗:《走向科学的美学》,石天曙等译,中国文艺联合出版公司1984年版,第148—149页。
② [英] R. G. 科林伍德:《艺术有理》,石天曙等译,中国社会科学出版社1985年版,第40页。
③ [美] H. 帕克:《美学原理》,张今译,商务印书馆1965年版,第49页。

种意见都不同,主张审美经验研究虽不限于艺术,却必须以艺术作为中心。持这种看法的美学家,在当代美学中占绝大多数,其所论也最有说服力,所以,实际上也成为当代美学中最占优势的一种看法。

如果我们把审美经验的研究仅仅限制在艺术的范围之内,那么势必否认在艺术之外,还有审美对象和审美经验的存在,而这与人们的日常审美实际是不相符的。有的西方美学家一方面把自然对象和社会现象人为地排除在审美对象之外;另一方面又完全混淆了对自然对象的审美经验和对艺术作品的审美经验之间的差别,认为当观赏者对自然对象产生审美观照和体验时,自然对象就已经成了艺术作品。这是任意扩大了艺术和艺术作品的范围和含义,在理论上显得颇为勉强。

但是,审美经验毕竟主要发生在艺术中,审美经验的特性在艺术中又表现得最为集中、最为突出。所以,审美经验的研究虽不能说只限于艺术范围之内,却又应当而且必须以艺术的中心和主要对象。艺术构成人们主要的审美对象,审美经验主要发生于艺术之中。人们之所以于自然对象和日常生活的审美之外,还要求创造和鉴赏艺术,其根本原因之一就在于只有艺术才能更充分地满足人们的审美需要。自然对象、劳动产品可以成为审美对象,也可以不必是审美对象,而艺术作品则必定被要求成为人们的审美对象。所以,人们的审美经验主要还是和艺术有关的经验。在当代西方美学家中,虽然对审美经验和日常经验的联系问题还有很多不一致的看法,但是审美经验和艺术经验的一致性则大都是具有共同观点的。审美经验和艺术的深刻联系,不仅表现在它主要是产生于艺术之中,而且更重要的还在于只有在艺术的创造和欣赏之中,审美经验的特性才能获得最充分的表现。正如 M. 杜弗莱纳所说:"直接来自艺术作品的审美经验肯定是最为纯洁的,也许事实上是头等重要的。"① 这是因为艺术本身是人们的审美经验的集中表现,艺术是按照审美活动的特殊规律创造出来的。如果我们在研究审美经验时,主要不是研究艺术,那么,也就等于丢弃了它所由产生的主要基础和典型表现,这样就很难充分把握信审美经验的特点和规律。从这个意义上说,有些美学家认为艺术作品的审美价值和自然对象的

---

① [法] M. 杜弗莱纳:《审美经验现象学》,韩树站译,载《美学文艺方法论》(下),文化艺术出版社 1985 年版,第 603 页。

审美价值并无大小之分，对艺术作品的审美经验和自然对象的审美经验也无充分不充分之别，是片面的。这实际上是重复了传统美学中关于艺术美和自然美关系的老问题。如果我们不怀疑艺术美较之自然美更集中、更典型、更持久、更有感染力，那么，我们也就不会怀疑对艺术作品所感受的审美经验要比对自然对象所感受的审美经验更充分、更丰富、更深刻。当我们面对艺术作品时，我们所感受到的那种特殊的审美价值的是自然物所缺乏的。

托马斯·门罗在《走向科学的美学》中，提出美学应以科学地描述和解释审美经验作为根本任务，同时，他认为科学美学应该包括审美形态学、审美心理学和审美价值学三个部分。审美形态学是通过对艺术作品形成的分析，研究激起审美经验的客体的结构性质；审美心理学是通过对人在艺术创造和欣赏过程中的行为和经验的分析，研究审美活动中主观经验方面特征；审美价值学是通过对艺术作品之价值的评价的分析，研究审美价值的由来和标准。门罗对美学研究范围的界定和划分是否全面、准确，似可斟酌，但他却明白无误地指明了审美问题和艺术问题的紧密联系和统一，显示出审美经验的研究必须以艺术研究作为基础和核心。这种研究方向和方法应当说是可资借鉴的。

审美经验是作为审美主体的人对于艺术和其他具有审美价值的对象所产生的特殊反映和反应，是审美主体和审美对象之间以特殊方式互相作用的结果。全面、广泛地研究审美经验，将包括对激起：审美经验的审美对象的性质的研究；审美经验的前提条件、特性和心理过程的研究；审美经验的多样性和变异性的研究；审美经验的历史发展的研究；与审美经验密切相关的审美判断的性质和标准的研究；等等，而其中每一个方面的研究都必须以艺术为主要对象和基础。例如，研究激起审美经验的审美对象的特性，必须分析作为审美客体的艺术作品的内容和形式及其统一中所体现的审美特性；研究审美经验的特性和心理过程，必须分析艺术家的艺术创作活动和观赏者的艺术欣赏活动；研究审美经验的多样性，既要涉及不同种类的艺术特点的分析，又要涉及艺术的不同审美范畴的分析；研究审美经验的历史演变，则要分析和考察各种艺术长期复杂而又变化多端的历史；研究审美判断的性质和标准，则要以艺术的批评为基础。总之，全面、广泛的审美经验的研究必将关系到艺术作品、艺术创作、艺术欣赏以及艺术批评等各个方面。对于审美经验的深入分析,必须在深入研究艺术以后才能形成。这就是为什么许多当代美学家总是把审美经验的研究和艺术的研究并列为当代美学的研究对象和范围的主要理由,也是为什么当代许多有影响的审美经验理论实际上都是某种艺术理论的根本原因。

三　从审美经验出发研究艺术

关于审美经验研究和艺术研究相互关系,还可以从另一方面提出问题,这就是:对艺术的研究是否应当结合审美经验的分析,并从审美经验出发?从上文提到的乔治·迪基对当代美学范围的说明和托马斯·门罗关于美学组成部分的分析中,我们已经得到了对于这个问题的肯定的回答。乔治·迪基认为艺术哲学、批评哲学和审美理论一样都是来源于审美经验,因此艺术的概念和批评的概念也都需要由审美经验出发来加以解释和说明。在迪基看来,"艺术"和"审美"是完全统一的,无论是对艺术下定义,还是解释艺术的鉴赏和批评,都不可能脱离"审美"这一概念和范畴。这种看法,代表着当代大多数美学家的观点。克莱夫·贝尔就曾断言:"一切艺术理论都建立在审美判断的基础上。"[1] 他的艺术理论就是试图通过对审美经验的分析,为艺术寻找一种新的解释和定义。尽管当代美学中流派纷呈,对艺术的研究也有多种途径,如艺术的哲学研究、艺术的心理学研究、艺术的社会学研究、艺术的文化人类学研究、艺术的语言符号学研究等等,但不论哪种美学流派,也不论哪种研究途径,在解释和说明艺术现象时往往都结合着对审美经验的分析,力图使艺术理论建立在审美经验分析的基础之上。正如 V. C. 奥尔德里奇所说,一种合理的审美经验理论,乃是"讨论艺术哲学诸基本概念的良好出发点"[2]。要了解艺术作品究竟是什么,必须首先对审美经验是什么做出回答。如果我们不能认识审美经验的特性,也就不能理解作为审美经验的对象的艺术作品的特性。"因为,一部艺术作品就是一种为了让人们把它作为审美客体来领悟而设

---

[1] [英] 克莱夫·贝尔:《艺术》,周金环等译,中国文联出版社公司1984年版,第4页。
[2] [美] V. C. 奥尔德里奇:《艺术哲学》,程孟辉译,中国社会科学出版社1986年版,第22页。

计的物质性事物，但它又不仅仅是一种物质性事物。它被设计成从审美眼光来看是一种被外观赋予活力的东西。"[1] 在《艺术哲学》一书中，奥尔德里奇认为关于艺术的谈论包含了三种逻辑方式：描述、解释和评价。描述是要给艺术作品作一个总的描述或下一个定义，以回答什么是艺术作品；解释是要对一般艺术和特殊艺术作品的意义给予解释；评价则是按照一定的标准和特定的理由去对一件艺术作品做出批评性判断。这三种逻辑方式既有区别而又互相联系，而它们之中的每一种都应当是结合对审美经验的考察来进行的。奥尔德里奇指出："我们可以形象地说，描述位于最底层，以描述为基础的解释位于第二层，评价处于最上层。因此，在考察完作为基础的审美经验及其描述之后，我们就上升到检验解释性艺术谈论的逻辑，最后达到对审美经验在艺术作品中的完整表现予以评价性考察的高度。"[2] 可见，把艺术研究全面放在审美经验基础上，结合审美经验研究艺术，已成为当代西方艺术研究的突出特点之一。

在艺术研究和审美经验分析的关系问题上，现象学美学家 R. 英伽登具有一种新见解。他认为艺术作品与其创作者和观赏者的审美经验具有内在联系，一部作品的诞生既需要作者的创造经验，又需要观赏者的接受经验。一方面，艺术作品是艺术家创造行动的纯意向的产物，必然包括他的创作经验；另一方面，已经创作出的艺术作品（即图式的实体），必定通过欣赏者以许多方式来完成（或凝固化），才能使其潜在因素成为现实。因此，作品就需要一个具有某种特殊经验即审美经验的观赏者。对于艺术作品，既可以在非审美经验中认识它，也可以在审美经验中把握它。如果是前者，艺术作品不过是一般的物或存在，审美价值则被抛到一边；只有在后者的情况下，艺术作品才能在观赏者的审美经验中被赋予审美意味属性，成为审美对象，使其充分显示出审美价值。"任何人，如果他想不通过审美经验构成审美对象并经验该对象的特殊面貌，如果他只把一件艺术作品作为真实的对象并对它进行纯粹探究性的认识，那么，他是永远也不

---

[1] ［美］V. C. 奥尔德里奇：《艺术哲学》，程孟辉译，中国社会科学出版社1986年版，第146页。
[2] ［美］V. C. 奥尔德里奇：《艺术哲学》，程孟辉译，中国社会科学出版社1986年版，第125页。

可能认识其审美价值的。"① 基于以上认识，英伽登认为对艺术作品的研究必须同对审美经验的分析结合起来。他明确指出："我认为把两种研究路线——（a）对艺术作品的一般研究和（b）审美经验（不管是在作者的创造经验的意义上还是在读者或观察者的接受经验的意义上）——相互对立起来是错误的。"② 必须在上述两种研究路线的联系和统一中，寻求美学研究的出发点。所以，英伽登和另一位现象学美学家杜弗莱纳，都主张由审美经验的分析和描述进入艺术问题的研究。

西方传统的艺术研究，首先关心的是如何寻找艺术的共同性质和特征，以便为艺术提供一个令人满意的定义。为了达到这个目的，一部分美学家主要是从艺术和现实存在的关系入手，来概括艺术的本质和特征，试图对"艺术是什么"做出回答；另一部分美学家则坚持从某种先验的范畴、概念出发，力图通过抽象的思辨，去推论出艺术的本质，建构出艺术的定义。从这两种方式中引出的关于艺术本质的回答，当代美学家、艺术家和艺术批评家都抱着一种批判的态度。除了分析哲学的美学家们坚持认为艺术不可能有共同特性因而也根本不可能定义外，许多美学家、艺术家即使对艺术的性质问题仍然感到兴趣，也对传统艺术理论中通过以上两种方式所引出的各种结论不再感到满意。关于前者，他们认为显得太笼统和模糊，因为许多艺术定义虽然也规定了艺术的一般性质，但并不足以阐明艺术之所以为艺术的特性；关于后者，他们又认为显得太抽象和玄奥，因为这些抽象定义往往是从先验的概念出发的，而不是通过考察艺术作品以及创作和鉴赏经验去得出应有的结论，所以也就很难去解释和说明艺术实践中遇到的问题。这两种方式的艺术研究的一个共同弱点，就是没有强调以审美经验作为基础，特别是那些从先验概念推导出来的抽象的艺术定义，几乎脱离了具体的审美经验。像这样"用思考和推理的方式去谈论艺术，就不可避免地给人造成一种印象：艺术是一种使人无法捉摸的东西"③。对于传统艺术定义的不满和反感，使许多当代美学家特别强调关于

---

① ［波］R. 英伽登：《审美经验与审美对象》，载李普曼编《当代美学》，光明日报出版社1986年版，第304页。
② 《英伽登美学文选》，华盛顿，1985年，第29页。
③ ［美］鲁道夫·阿恩海姆：《艺术与视知觉》，滕守尧等译，中国社会科学出版社1984年版，第1页。

艺术本质的研究必须从审美经验出发,强调艺术的本质和特征与审美经验的性质是密不可分的。托马斯·门罗说:"'艺术'这个术语,在它的审美意义上,意味着具有唤起令人满意的审美经验的功能。"[①] 杜威认为,向人们提供产生审美经验的机会乃是艺术家的天职,为此他才创作艺术作品。克莱夫·贝尔则明确要求对艺术本质的概括必须是一种能够解释审美经验的理论。尽管当代不同流派的美学家们对艺术本质的解释有很大分歧,但总的说来,与他们自己对审美经验的分析则是相结合、相一致的。20 世纪以来对西方美学和艺术产生重大影响的许多艺术本质理论,如克莱夫·贝尔的"艺术即有意味有形式"说,杜威的"艺术即经验"说,苏珊·朗格的"艺术即情感的符号形式的创造"说等等,无一不是建立在对审美经验的研究的基础上的。从审美经验的性质和特性出发,去探求艺术的本质和特性,可以说是这些颇具分歧的艺术定义的共同特点。例如杜威认为审美经验和日常经验之间并没有不可逾越的鸿沟,如果经验要具有审美性质,它就必须不排斥通常出现的各种因素,而是要包括比日常经验更丰富多彩的因素,并呈现出一种感觉到的要素的统一。而这些要素在日常经验中,通常是较为稀少和分散的。艺术家正是通过出色的表明手段与目的的统一,以感性手段展现感觉到的整体性,从而更明确地显示出经验能达到何等完整和富有意义的地步,因而使作品获得了审美性质。由此可见,杜威的艺术理论和审美经验理论是完全一致的,"艺术即经验"的艺术定义,即是建立在他对审美经验的独特理解的基础之上的。

  除了关于艺术本质和定义的探讨之外,关于其他各种艺术概念和问题的研究,包括关于艺术作品、关于创作活动、关于鉴赏批评以及关于艺术作用的分析,在当代西方美学中,大多也都是结合审美经验的研究进行的。像艺术中的再现和表现的问题,当代美学家则从审美经验的角度,重新对这些问题作了审视和探索,从而提出了许多新观点、新学说。有些美学家对艺术的再现理论持完全否定的态度,如克莱夫·贝尔和科林伍德即是。他们或者认为再现唤起的不是审美情感,或者认为再现并不是真正艺术的标志。不过,也有些美学家试图将再现理论重新安放在审美经验的基

---

① [美] 托马斯·门罗:《艺术心理学:过去、现在及将来》,《美学与艺术批评杂志》1963 年春季号,第 267 页。

础上，赋予新的解释，并提出审美的再现和表现并非绝对矛盾而是可以统一的。如 V. C. 奥尔德里奇指出："'再现'一词与美学发生关系，只要它是用于审美语言，它就的确很难与'表现'区别开来，其主要原因在于：艺术再现不可能是纯粹的再现［即复制（duplicate）那种再现］或反映（mirroring）、仿造（copying）。"① 审美再现并不像镜子中那样，是对现成事物的被动反映，而是"对显现为艺术作品内容的题材的一种构造性的重新展现"②。据此，他提出有两种性质的再现，即表现性的再现和描述性的再现，前者是审美的；后者是非审美的。任何作为审美客体的艺术作品所形成的再现，必定是一种表现性的再现，而不是描述性的再现。这种以审美经验作为基础，对艺术再现作精确的、具体的审美分析的做法，无疑是更符合艺术特性的。

比起再现的理论来，表现的理论则更受到当代西方美学家们的青睐。正如 M. 韦兹指出："表现的概念在多数现代美学中是一个中心的概念。"③ 之所以如此，当然是因为在多数当代美学家看来，表现性和艺术的审美特质具有更为密切的联系。许多美学家毫不犹豫地断言，表现性是一切审美对象的物质，所有真正美的对象都是表现的，因而审美经验实际上也就是对于对象的表现性的一种经验。艺术作品作为审美对象在本质上必须是表现的。非表现的艺术是一个矛盾的术语，表现情感是艺术的特殊功能，如果艺术家在他的作品中不表现情感，那么他创作的作品也就难以冠以艺术的称号。从克罗齐、科林伍德、苏珊·朗格、阿恩海姆，以至杜威、桑塔亚纳，都是在各种不同程度上强调表现对于艺术的重要意义，并且力求在审美经验的基础上对艺术的表现的问题做出自己的解释。当然，在"什么是艺术的表现？""是否一切作品都是表现？"以及"艺术表现的究竟是什么？"等问题上，各派美学家的回答并不是一致的。尽管我们并不完全同意各派美学家们对艺术表现问题的具体观点，但他们从审美经验角度阐明艺术表现性的努力，还是值得重视的。

---

① ［美］V. C. 奥尔德里奇：《艺术哲学》，程孟辉译，中国社会科学出版社 1986 年版，第 66—67 页。
② ［美］V. C. 奥尔德里奇：《艺术哲学》，程孟辉译，中国社会科学出版社 1986 年版，第 66—67 页。
③ ［美］M. 韦兹编：《美学问题》第二部分，美国，1970 年。

我们认为,结合审美经验研究艺术问题,是符合艺术本身的特点和规律的,它是一个值得充分肯定的美学研究方向。艺术毕竟是人类审美活动的一种形式,艺术家将自己的审美经验表现在艺术作品中并使之物态化,同时,又通过物态化的艺术作品去唤起观赏者的审美经验。艺术作品作为审美对象,既是凝结着艺术家审美经验的产品,又是激起观赏者审美经验的客体。因此,如果我们要真正认识艺术的本质和特点,认识艺术创作和欣赏的规律,就必须结合审美经验去进行艺术研究。也只有这样,才能着眼于艺术的内在特点的考察,而不至于使艺术研究仅仅停留在艺术的外在关系上。当然,艺术的本质是多方面、多层次的,因而对艺术的研究可以有各种不同的角度、不同的途径,强调结合审美经验或从审美经验的角度去研究艺术,丝毫也不排斥其他各种艺术研究的途径。当然,如果各种艺术研究的角度和途径都能建立在审美经验的基础上,那可能更符合艺术本身的规律和特点。

(原载于《文艺研究》1989年第4期)

西方现代心理学美学的评价问题

　　心理学美学是西方现代美学中一个重要流派。各种心理学美学思潮和学说相继形成和迅速发展，在现代西方美学中发挥了重大影响作用，成为 20 世纪美学发展中一种十分引人注目的现象。美国著名美学家托马斯·门罗认为，现代美学正在"向科学转轨"，"在现代心理学和人文学科的基础上，尝试科学地描述和解释艺术现象和所有与审美经验有关的东西"，已经成为美学发展的一大趋势。不少西方美学家提出，现代美学理论应该是由"哲学的美学"和"心理学的美学"两部分组成的，可见心理学美学在现代西方美学中的显著地位。

　　如何看待西方现代心理学美学在美学发展中所起的作用？怎样评价包括各种思潮和学说的心理学美学流派的成就和局限？如何正确吸收和借鉴现代西方心理学美学研究的成果以建立科学的心理学美学体系？这些都是我们的美学研究面临的重要课题。新时期我国美学研究的一大进展，就是加强了对审美主体、审美经验以及文艺创造和欣赏的心理研究，与此相联系，各种西方现代心理学美学思潮和学说也相继被广泛介绍和吸纳。鉴于各种现代心理学美学思潮和学说对我国当代美学发展产生的影响，对现代西方心理学美学作一个客观的全面评价，就显得更为必要了。

一

　　对艺术和审美经验的心理学的阐释和研究，在西方美学中由来已久，诸如在亚里士多德的悲剧心理作用的分析中，在伯克对美学和崇高两种经验区别的心理和生理基础的探讨中，都可以明显看到西方对艺术和审美经验进行心理学研究的传统。尽管如此，西方心理学美学作为一个美学流派的形成，却是在心理学作为一门独立学科诞生之后。一般认为，德国心理学家费希纳将实验心理学应用于对艺术和审美感知的研究，是心理学美学的发轫。而他的《美学导论》（1876）则被看作这门新学科开始的标志。正是费希纳和他创立的实验美学，为20世纪以来西方现代心理学美学的发展奠定了基础。

进入20世纪以来，在心理学美学的研究领域，除了移情说（里普斯、浮龙·李）、内模仿说（谷鲁斯）、心理距离说（布洛）等早期心理学美学的代表思想继续得到发展之外，最值得注意的是试图把现代心理学的新发展和新成就运用到艺术和审美经验研究之中，从而形成的蔚为大观的各种心理学美学的新理论和新学说。托马斯·门罗在罗列20世纪艺术心理学的研究进展时，把它们归纳为十四个方面的理论，可见新理论涉及面之广泛。而最有影响和代表的理论，当推精神分析学和分析心理学美学（弗洛伊德、荣格）、格式塔心理学美学（考夫卡、阿恩海姆）、生物心理学（或新行为主义）美学（伯莱因）以及信息论美学（弗兰克、迈耶）等。

心理学美学在20世纪的长足发展，使它与西方传统的哲学美学几乎形成了并驾齐驱的局面。由于心理学美学在研究领域、研究对象、研究角度和方法上大都异于哲学美学，所以，它在推动西方现代美学的发展和演变中发挥了哲学美学所不能取代的特殊作用。

首先，心理学美学将美学研究的主要对象从审美客体转向审美主体，转向对艺术和审美经验的内部过程和机制的探究，从而对西方现代美学的走向产生了重大影响。传统美学的主要对象是关于美的性质的抽象的哲学探讨，而当代美学的中心内容则是对审美经验以及艺术问题的具体的研究。心理学美学对推动这种转变无疑起了主要作用，正如托马斯·门罗所说，心理学美学感兴趣的，既不是美的本质这类抽象问题，也不是对艺术作品进行描述，而是"要弄清究竟是艺术家个性中的什么力量促使他们创造艺术作品；是要理解欣赏活动的整个过程；是要理解这些创造活动和欣赏活动与艺术以外的其他人类经验的关系，以及它们与人类机体结构的关系"①。由于它集中探究审美主体经验的内部过程，因而必然给艺术研究带来新的角度、新的途径。它不是像艺术社会学那样，从艺术与社会的关系

---

① ［美］托马斯·门罗：《走向科学的美学》，石天曙等译，中国文联出版公司1984年版，第71页。

上去探求艺术的社会来源和社会性质;也不是像艺术形态学那样,从完成的艺术作品去描述艺术的形式和风格,而是集中于创造和欣赏艺术作品的人身上,去探究艺术家和欣赏者的经验和行为,以便揭示艺术创造和欣赏的内部过程和心理机制。心理学美学探索和揭示审美主体心理奥秘的特殊功能和任务,是与哲学美学截然不同的,这种功能和任务也是美学中任何其他研究所不能代替的。

其次,心理学美学推动了西方美学的研究方法从先验的向经验的转变。费希纳曾经用"自上而下的美学"和"自下而上的美学",来区别传统的哲学美学和由他创立的"实验美学",以说明美学研究中两种不同的方法。此后,各种心理学的美学将内省法、观察法和实验法应用于艺术和审美经验的研究,从而极大地促进了美学中的经验的研究。克雷特勒在《艺术心理学》中将心理学美学的主要特性归纳为两点。除了前面已论及的集中于探究艺术和审美经验的内部行为和过程以外,另一个主要特性就是"作为科学的学科,它是经验的"[①]。经验的研究明确规定了心理学美学的方法论,从而使它和哲学美学相区别。它不是从某种哲学的构架和先验的假说出发,对审美和艺术的问题作经验的逻辑分析或理论思考,而是以经验的材料为基础,并把思想和见解看作能被客观数据和有效事实测试和验证的假设。由于它强调研究需以对审美现象所进行的观察和实验为依据,将结论建立在直接经验到的具体事实上,因而推动了西方现代美学走向科学的发展趋势。

最后,心理学美学的研究面向艺术创作和欣赏以及各种审美活动的实际问题,不仅扩大了美学的研究范围,而且也促进了美学的应用研究,从而大大增进了美学研究中理论与实际的结合。在美的本质的抽象探讨和实际的审美活动之间,心理学美学起了一个中介作用。由于它与艺术和日常生活的审美经验具有密切联系,因而有助于美学变得更有生气和更具实际指导性。

二

尽管对西方现代心理学美学的各种学派、思潮、学说,人们的评价可

[①] 参见 H. 克雷特勒和 S. 克雷特勒《艺术心理学》,美国丢克大学出版社1972年版。

能是不一致的，但是从总体上来看，心理学美学在艺术和审美经验研究方面所做的贡献，还是得到一致公认的。大体说来，这些贡献可以归纳为以下几个方面。

第一，由于心理学美学运用心理学中有效的概念和理论来解释审美经验，对审美经验的心理过程、构成方式、组成因素等作了更为具体、深入的描述和分析，从而加深了人们对审美经验的认识和了解。心理学关于人们认识过程、情感过程及其相互关系的研究，关于各心理过程的构成因素的研究，为心理学美学分析审美经验的特殊心理过程提供了基本理论和概念；关于人的个性心理特征的研究，为心理学美学分析审美经验的多样性、差异性和不同类型，提供了重要理论根据。心理学家和美学家在审美经验的框架中对审美感知、审美注意、审美想象、审美情感等心理过程，以及审美趣味和爱好的心理根据，进行了许多实验研究，提出了各种假说和理论，其中不乏富于启发性的学说和资料。例如，格式塔心理学家对审美知觉的整体性、表现性以及审美知觉和情感相互关系的研究，为理解审美知觉的心理过程及其特性提出了一些新的构想。阿恩海姆的研究结果表明，审美知觉是对审美对象的结构样式的完整的知觉，"知觉过程就是形成'知觉概念'的过程"[1]。"知觉概念"不仅是记录个别具体对象，而且把握了对象的一般形式结构和完形特征，因此审美知觉中包含有"理解"，"眼力也就是悟解能力"[2]。这一极有价值的论断有助于我们了解艺术和审美中知觉和理解的特殊联系，消除对所谓"审美直觉性"的神秘观点。此外，阿恩海姆还对"表现性"这一重要的知觉范畴及其形成的心理、生理机制作了透辟的分析，认为"表现性就存在于结构之中"，由对象的结构性质所传达的表现性"是被视觉直接把握的"，"表现性乃是知觉式样本身的一种固有性质"[3]。这一创造性见解，接触到艺术和审美经验中最富特征的现象，为理解艺术创造和欣赏中形式与情感意义之间的关系开辟了一个

---

[1] [美] 鲁道夫·阿恩海姆：《艺术与视知觉》，滕守尧等译，中国社会科学出版社1984年版，第55页。
[2] [美] 鲁道夫·阿恩海姆：《艺术与视知觉》，滕守尧等译，中国社会科学出版社1984年版，第56页。
[3] [美] 鲁道夫·阿恩海姆：《艺术与视知觉》，滕守尧等译，中国社会科学出版社1984年版，第624页。

新的途径。

　　第二，在心理学美学发展中，不同学派的心理学家和美学家运用不同的心理学说，从不同的侧面、在不同的层次上来揭示审美经验的某些特点，探究审美经验产生的心理和生理机制。这不仅丰富了人们对审美经验的特点的认识，而且开辟了揭示审美心理奥秘的多种途径。由于审美经验是一种比普通经验更为复杂的心理现象，它的性质和特点必然是一个多层次、多侧面的综合。因此，解释审美经验的理论不应是一维的，而应是多维的；不应是一个水平的，而应是多水平的。例如精神分析学家提出了"潜意识"的概念，并着重阐述了它在艺术创造和审美经验中的地位和作用，使对艺术创造和审美经验的研究进入人的精神中更深的一个层次。虽然对于"潜意识"理论本身的科学性至今仍然具有很大的争议，但是，对心理学中这个新领域的探究，对于我们进一步探讨艺术创造和欣赏的某些特点和规律仍然是有帮助的。它除了吸引我们注意潜意识在艺术和审美中的作用外，也启示我们对幻想、梦幻、感情、愿望等心理因素在审美经验中的作用进行更加深入的思考。现在，不少美学家和心理学家都认为，艺术的创造过程既不是一种非理性的潜意识的活动，也不是一种完全自觉的、有明确意念的理性认识活动。这种看法显然是吸收了精神分析理论研究中的合理成分，而又排除了其片面性。又如新行为主义心理学家用生理唤醒学说来解释审美愉快产生的生理和心理机制，试图对引起审美愉快的客观刺激方面和主观反应方面给予具体解释。伯莱因认为，审美愉快的形成，从客观刺激方面看，"主要依赖于刺激图式的结构和刺激成分的互相关系"[①]，它们被包含在艺术作品中，可称之为"对照刺激物变量"；从主观反应方面看，则与"唤醒中向上或向下变化"[②]相联系，由于艺术作品和审美对象中"对照变量"的刺激，在观赏者大脑中形成唤醒的提高或降低，形成倒 U 形曲线。据此，伯莱因提出了"审美图式通过唤醒的作用而形成愉快效应"的假设，并分析了通过"渐近式唤醒"（唤醒促进机制）和"亢奋性唤醒"（唤醒减弱机制）来达到审美愉快的两种心理和生理机制。尽管这种心理生物学观点的局限性十分明显，但它对于我们探究审美

[①] D. E. 伯莱因：《美学和生物心理学》，纽约，1971 年，第 8 页。
[②] D. E. 伯莱因：《美学和生物心理学》，纽约，1971 年，第 9 页。

经验中愉快的特点及其形成的心理和生理原因，无疑又提供了一种新的参考。

第三，心理学美学对于审美经验的分析，由于多方面地结合着艺术创造和欣赏的实践经验，不断地扩大着自己的研究范围和领域，因而过去许多没有涉及或没有系统研究的艺术和审美问题能够被提出来加以较为系统的研究，这也有助于丰富人们对审美经验的认识，进一步充实艺术创造和鉴赏的理论。例如，对艺术创造和表现的过程的探讨；对艺术创作过程以及它和其他创造活动的区别的研究；对艺术创造力及其发展的研究；对艺术欣赏过程和特点的研究；对艺术创作、欣赏与个性关系的研究；对灵感、天才的研究；对艺术表现的动机的探讨；对艺术的非写实的形式的成分和叙事的、内容的成分所产生的不同的审美心理效应的研究；对各门类艺术的审美反应特性及其互相比较的研究；对审美偏爱和审美标准的研究；对艺术审美经验与文化关系的研究；等等，都从各个不同角度、不同层次提出和论述了艺术和审美中的复杂问题。这样广泛地研究审美经验，是心理学美学诞生以前的美学理论所不能比拟的。

三

尽管西方心理学美学对艺术和审美经验的研究已有许多贡献，我们也不应忽视甚至否认它对艺术和审美经验研究的局限性，不能忽视各种西方现代心理学美学派别在解决审美和艺术问题时所面临的困难和问题。有人对西方现代心理学美学的作用和成就估计过高，期望过大，甚至认为审美经验的全部性质乃至艺术创作的各种规律仅仅依赖心理学美学的理论和资料，便可以得到清晰的分析和全面阐明，这显然是一种不切实际的看法。对于像精神分析学这样有明显缺陷的美学理论，也有人不加分析地加以肯定，甚至把它当作解开艺术中难解之谜的灵丹，作为指导艺术创造和分析艺术作品的理论根据。这种认识当然有更大盲目性。其实，对于西方心理学在审美经验和艺术研究中存在的局限性和遇到的困难，有不少西方美学家和心理学家从不同方面已有所论及。如果我们能以马克思主义观点，从艺术和审美实际出发，对各种心理学美学的理论加以认真分析，那么，它们的局限性和缺陷是不难被发现的。

首先，心理学美学的研究水平和解决问题的能力，显然是同心理学现有发展状况和科学水平联系在一起的。心理学作为一门独立学科诞生，虽然已有一个多世纪的历史，但是，从总体上看，它还是一门尚未成熟的发展中的学科。由于心理现象的复杂性，心理学家还不可能在当前的科学水平上完全抓住心理的实质，许多心理现象并未在心理学研究中得到科学的解释，心理学本身的许多理论问题尚处在探索的阶段，像形象思维这种与审美经验和艺术研究有着密切关系的重大理论问题，在心理学中至今仍未得到充分的研究和阐明。心理学教科书在论述思维过程中，仍然只讲抽象的逻辑思维的规律，不讲具体的形象思维的规律。有的把形象思维和创造性想象混为一谈，否认它是一种独立的思维形式，也有的把它和直觉思维（或称灵感思维）看成一回事，这都反映出心理学对形象思维这一重要的认识形式和心理现象还没有给予准确的把握和分析。此外，和审美经验及艺术同样有着密切关系的情感问题，在心理学的研究中也是一个较为薄弱的环节，甚至涉及情感这种心理过程的许多概念，在心理学中也缺乏推确的理解和说明，例如"情绪"（emotion）和"情感"（feeling）的概念区别就是一个问题。R. 阿恩海姆说："心理学家讲情感（feeling），也讲情绪（emotion）。但这两个术语的区别公认为是不清楚的。……这里，心理学再次几乎不能说对艺术理论家提供了许多阐明。"[1] 由于许多与审美和艺术有密切关系的心理现象和心理过程并未在心理学中得到充分阐明和科学解释，所以，心理学美学对分析审美经验和艺术问题的作用和能力是有限的。

其次，当各种心理学美学派别用某种心理学说和实验结论来解释审美经验和艺术现象时，它们往往各自集中于说明审美经验和艺术的某一特别的方面，而忽视了其他方面。有的甚至将审美经验和艺术中某一特别的心理现象孤立地加以分析，片面地加以强调，将审美经验中本来互相联系、互相作用的因素分割和对立起来。有些心理学家研究和描述审美经验，往往是为已经形成的某种心理学说和观点寻求论据和例证，因而并不是从审美经验的全部实际和整体情况出发来分析它、把握它，而只是强调了与某种特定的心理学说有关的某些方面、某些部分。不少学说和理论并不是建

---

[1] ［美］R. 阿恩海姆：《走向艺术心理学》，伦敦，1967 年，第 308—309 页。

立在大量经验事实和科学分析的基础上，而是仍然带有浓厚的思辨色彩和主观臆想性质。所有这些都使各种西方心理学美学流派在解释审美经验和艺术问题时，带有相当大的片面性和主观性，这在弗洛伊德的精神分析的艺术理论中表现得特别突出。弗洛伊德认为，艺术和审美是通过升华作用使人被压抑在潜意识中的本能欲望在幻想中得到满足和补偿的一种方式。创作过程是受潜意识支配的，由于孤立地、片面地强调潜意识的本能欲望在艺术创造和审美活动中的地位和作用，排斥意识和理性对艺术和审美的支配和影响，使弗洛伊德的精神分析美学理论带有强烈的反理性主义色彩。作为精神分析美学理论支柱的"潜意识"（即"无意识"）学说，本身也是一种主观臆测的产物，其中许多论断尚缺乏科学根据。弗洛伊德把潜意识看作人们的原始本能，主要是性本能，并以此来解释文艺创造和审美活动的动因，把审美愉快也看作"性感领域的衍生物"。[①] 这种泛性论只能使艺术和审美的研究走向生物化，不可能对艺术和审美经验做出全面的、科学的分析和阐明。

即使在像格式塔心理学美学这样卓有建树的学派中，上述局限性也仍然难以避免。尽管阿恩海姆对于知觉的表现性进行了创造性研究，但他的理论支撑却是身心异质同构说。这种理论本身就带有浓厚的思辨色彩，缺乏科学试验的支持，这就使得他的"表现性基于力的结构"的主要结论，也仍然带有很大程度的推论的性质。如果说，知觉的表现性仅基于力的结构，那么，为什么同一形式、同一力的结构在不同时代、不同种族、不同个人的知觉中，却往往具有不同的表现性呢？看来，如果脱离了人类社会实践，仅仅从身心同构或物理力与心理力的对应关系上去解释知觉的表现性，不仅不能说明审美中的许多复杂现象，也难以对知觉表现性形成的原因做出真正科学的分析。

最后，心理学对于审美经验的研究，主要是借助于内省或实验的方法。自从德国心理学家费希纳1876年出版《美学导论》并创立实验美学以来，已经有许多心理实验被运用于审美经验的研究。其中，关于各种艺术的形式构成因素的审美反应的测验，关于审美趣味和偏爱的测验，关于艺术创造和欣赏能力的测验等等，已经积累了相当丰富的资料并引出了各

---

① 《弗洛伊德论美文选》，张唤民等译，知识出版社1987年版，第172页。

种结论。然而，这些实验资料和结论常常是不充分的或矛盾的。虽然许多实验提供了客观的、有效的数据，但是从它引出的结论却不断地受到质疑。必须看到，对于艺术创造、欣赏乃至一切审美过程的实验研究，较之一般心理过程的实验研究，其难度要大得多。一般来说，对于审美和艺术知觉过程的实验研究，较易取得令人满意的成果；而对于审美和创作更深入的内心活动，比如想象、理解和情感的实验研究，则较难进行，也难以得出令人信服的结论。由于心理实验方法被用于审美经验研究时，受到实验条件的很大限制（例如不少测验是在艺术作品的个别组成因素被分离和孤立的情况下进行的），因此，这项工作对于理解审美经验的贡献更是极其有限的。人们对一些心理测验（如艺术创造和欣赏能力的测验）的信心已经越来越降低，这不是没有根据的，甚至连主张美学应是一门科学的托马斯·门罗也不得不承认，"用精确的测量方法对美学进行研究是极为困难的"①，"艺术和审美过程中的许多深层经验——例如音乐、绘画、诗歌给人们造成的某些特殊的情感和启示——则是相当复杂的和多变的，在目前还无法对其进行精确的测量"②。总的说来，我们虽然不能否认某些心理实验的资料和结论对于描述审美经验的作用，但仅仅依靠这些资料和结论，是不能对审美经验和艺术中已提出的重要理论问题做出完整的、系统的回答的。

四

西方现代心理学美学的上述局限性以及解决理论和实际问题中遇到的困难，使我们有理由相信，要正确回答和科学阐明审美经验和艺术创造的复杂问题，单靠心理学美学是不可能的。审美经验和艺术创造的复杂性质和独特规律，它和主观、客观方面的多种关系，需要比心理学更广泛得多的研究。比如，审美经验和艺术创造作为人的一种特殊意识活动，它是如何反映和评价客观世界的；它和人的其他诸种意识活动的区别和联系；等

---

① ［美］托马斯·门罗：《走向科学的美学》，石天曙等译，中国文联出版公司1984年版，第75页。

② ［美］托马斯·门罗：《走向科学的美学》，石天曙等译，中国文联出版公司1984年版，第135页。

等，这更需要哲学的思考和回答。又比如，审美经验作为社会意识之一，它同整个人类社会生活的联系，它的起源和发展，它的社会历史制约性以及在人类文化中的地位和作用等，这需要借助于社会历史的研究方法，需要从社会学、文化人类学、历史学、艺术史等学科的角度进行研究。还有，关于审美经验的类型和审美范畴的研究，关于创造和欣赏中审美经验的差异性和一致性研究，关于审美经验的多样性和变化性的研究等，又与艺术形态学、艺术创造和欣赏的一般理论乃至艺术批评相联系。至于要深入揭示和解释审美经验产生和审美愉快形成的大脑过程，那就更需要信息理论、大脑科学的帮助。总之，美学要全面地分析和解释审美经验，需要借助哲学和多种人文科学、自然科学的成果来作综合的思考。那种认为仅仅依靠心理学和心理学美学的结论和资料，就能清楚而系统地阐明审美经验的性质和规律的想法是不切实际的，对于深入、全面地开展审美经验和艺术创造的研究也是不利的。

就心理学美学本身来说，也面临着一个如何使其研究成果能经得起审美和艺术实际的检验，以保持其科学性和正确性的问题。从西方现代心理学美学的发展来看，心理学美学研究要沿着正确的方向前进，仍然必须有正确的哲学思想作指导。心理学中的一些根本问题，本来就同哲学的基本问题有密切联系，何况美学本来就属于哲学的领域。心理学美学研究只有在正确的哲学思想和理论原则指导下，才能取得真正科学的成果。它从经验或实验以及其他相关学科中获取的大量资料，更需要进行哲学的综合。如果没有哲学的帮助，要形成、解释、阐述心理学美学的概念、范畴、理论、假说并形成体系，将是不可能的。

20世纪以来，西方各种心理学派林立，与此相适应，各种心理学美学的理论和学说也往往各持一端，互相匹敌。如何在对各派心理学美学理论进行科学分析的基础上，综合来自各派理论的科学结论和假设，博采众长而又加以创新，以形成一种能更合理的解释审美经验的内部和外部过程及其心理机制的新理论，已经紧迫地提到日程上来，可喜的是，国内外美学界和心理学界的一些有识之士已经在进行这项工作。现在的任务是要继续推进这一工作，以求建立一个较为完整、系统的心理学美学（或审美心理学）的科学体系。

这里还有一个值得注意的问题，就是在建立心理学美学的科学体系中，绝不能仅仅满足于将一般的心理学的术语、概念、范畴、理论等简单地运用到对艺术和审美经验的研究中来。审美经验乃是人在创造和欣赏美和艺术时所产生的特殊的心理过程和行为，作为一种心理过程，它和普通心理活动具有共同的性质和规律，因此，对它的描述和解释需以一般心理学的术语、概念、范畴、理论为基础。但是，作为一种特殊经验和特殊心理过程，它又具有不同于普通心理活动的特殊的性质和规律、特殊的心理结构和表现形态，而这一更具本质的方面，却又是一般心理学的术语、概念、范畴、理论所难以深入阐明的。一个不容忽视的事实是，直到今天，普通心理学对审美心理学家所研究的现象还不十分了解。"普通心理学迄今还没有详细而深入地研究那些较为深奥的情感和想象现象，因此美学不能从普通心理学那里了解许多有关这些现象的情况。"[①] 为了描述和分析审美经验的某些特殊心理机制，审美心理学家需要从观察和研究艺术创造、欣赏乃至全部审美经验的具体事实中，形成新的术语、概念和范畴，或对心理学中已形成的术语、概念和范畴做出新的解释。只有从实际出发，形成一系列科学地揭示审美心理特殊性质和规律的术语、概念和范畴，建立科学的现代心理学美学体系的任务才能真正完成。

（原载于《文艺版》1996年7月19日）

[①] ［美］托马斯·门罗：《走向科学的美学》，石天曙等译，中国文联出版公司1984年版，第72页。

当代英国美学一瞥

——访英观感

英国是西方近代美学的发祥地。盛行于17、18世纪的英国经验主义美学，对西方美学完成从古代到近代的转变产生了根本性的影响，在西方美学发展史上具有极其重要的地位。有的西方美学史研究学者认为，虽然"美学"一词是由18世纪的德国美学家鲍姆加登首先使用的，但英国却是首先把美学设想为一种哲学学科，并且首先对各门艺术都加以研究的国家。经验主义美学的创始人培根，是剑桥大学的巨子。以培根的经验主义哲学为理论基石的英国经验主义美学，经过洛克、哈奇生、艾迪生、荷加斯、休谟、杰拉德、伯克、艾莉森等美学家的辛勤耕耘，结出了丰富的成果。他们所提出的许多的重要美学概念，为现代美学理论奠定了基础。他们率先从心理学和生理学的角度对审美经验作了认真的探讨和分析，建立和发展了"趣味理论"（the theory of taste）。他们的理论、概念和方法，不但对康德美学产生了直接的作用，而且在当代英、美美学发展中仍然具有很大影响力。

英国当代美学的发展深受美国和欧洲大陆美学的影响，同时也反过来影响着美国和欧洲大陆美学。20世纪以来，在欧美当代美学发展中产生过重大影响的英国美学思潮和流派主要有：形式主义美学、表现主义美学、心理学美学等、语义学美学、分析哲学美学。

一 形式主义美学

代表人物是英国著名的艺术批评家克莱夫·贝尔（Clive Bell，1881—1964年）和罗杰·弗莱（Roger Fry，1866—1934年）。他俩都曾就读于剑桥大学，同为英国著名艺术团体——布鲁斯伯尼小组主要成员，在思想上深受现代经验主义思潮影响,对绘画怀有强烈兴趣。贝尔的主要著作有:《艺术》(1914),《自塞尚以来的绘画》(1922),《十九世纪绘画的里程碑》(1927),《法国绘画简介》(1931),《欣赏绘画》(1934)等。弗莱的主要著作有:《视觉与构图》(1920),《艺术家和心理分述》(1924),《变形》(1927),《塞尚》(1926)等。其中,《艺术》和《视觉与构图》分别为两人的代表作,集中体现了他们的形式主义美学理论。贝尔以绘画为主要研究领域,并结合后期印象派绘画的实践,提出了艺术是"有意味的形式"的著名论点。所谓"有意味的形式",就是指艺术作品中的线条、色彩等形式因素所构成的关系和组合,它能够感动观众,引起审美情感。这种"有意味的形式"就是艺术的本质,而再现、描述等则与真正的艺术无关。与此同时,贝尔又强调审美情感不同于日常生活情感,它是一种对于形式或形式的意味的情感。艺术中的再现成分与形式的意味无关,它所唤起的便不是审美情感,而是日常生活情感。罗杰·弗莱也认为审美情感仅仅是对纯形式的情感反应,因而绝不能与普通生活情感相混淆。形式主义美学的基本特点是强烈表现(意味),忽视再现;强烈形式,忽视内容。但对于艺术形式和审美情感相互关系的研究和论述,颇有独到之处。

二 表现主义美学

代表人物是鲍桑葵(Bernard Bosanquet,1848—1923年)、科林伍德(Robin George Colling wood,1889—1943年)、阿诺·理德(Louis Arnaud Reid)及卡里特(E. F. Carritt)等。鲍桑葵的《美学三讲》(1915)、《美学史》(1892),科林伍德的《艺术原理》(1938),阿诺·理德的《美学研究》(1931),卡里特的《美的理论》(1914)、《美是什么》(1932)等,都是该派美学的重要著作,其中,最有代表性的著作是科林伍德的《艺术原理》。科林伍德被称为"美学上的克罗齐主义者",他发展了克罗齐"艺术即直觉即表现"的观点,提出了"艺术即想象的表现"的著名主张。"通过为自己创造一种想象性经验或想象性活动以表现自己的情感,这就是我们所说的艺术。"科林伍德的这个艺术定义包括两个基本点:首先,艺术是情感的表现。表现情感是一个从无意识到有意识、从不自觉到自觉地探测、发现、提升自己的情感,从而使精神得到缓和的过程。表现情感仅指向表现者自己而不指望观众唤起某些情感,再现的目的却在于重新唤起某些情感,所以艺术不可能是再现的。其次,艺术是想象性活动。艺术品的创造是在想象中进行的,它只可能存在于艺术家的头脑中。真正的艺术作品不是看见的,也不是听到的,而是想象中的某种东西,所以艺术不是技艺,创造不需制造。科林伍德的美学理论和克罗齐的理论一齐被称为"克罗齐—科林伍德表现说",它几乎渗透在当代各种美学理论中。由于科林伍德曾就读于牛津大学,后又先后在剑桥大学和牛津大学任教,因而他的美学思想在英国影响特别大。《艺术原理》一书也被看作当时代美学中的经典著作。表现主义和形式主义是英国当代美学的两大主潮,在强调艺术的表现性上它们的观点是一致的,但表现主义美学注重的是情感表现,而不是形式本身,科林伍德甚至认为形式主义理论是和真正的艺术毫不相关的。

三 心理学美学

英国美学家浮龙·李(Vernon Lee,1856—1935年)是用英语写作的最早的移情说的倡导者。她的著作有《美与丑》(1897,与汤姆生合著)和《论美》(1913)。在移情说由于里普斯的系统阐述而风行欧洲大陆时,英语世界的读者则主要是通过浮龙·李的著作接触和了解这种美学学说的。但浮龙·李并不是重复里普斯的观点,而是对移情作用作了进一步研究和清楚的阐明。她对移情说的建立和发展有自己独特的贡献,直到现在,不少有影响的英文美学选集在介绍移情理论时,仍然是选用浮龙·李的著作。在英国,对心理学美学发展产生重大影响另一个代表人物是著名心理学家和美学家布洛(Edward Bullough,1880—1934年)。他曾在剑桥大学任教,从1907年起开始讲授美学课程,主要著作有《现代美学概念》(1907)、《在对单色进行审美欣赏中的"透视问题"》(1909)、《作为艺术因素和审美原则的"心理距离"说》(1912)、《美学与心理学的关系》(1919)、《实验美学的最新著作》(1921)等。其中,影响力最大的是他提出的"心理距离"说。所谓"心理距离",是指对于所感觉的事物采取一种非实用的、保持一定距离的态度,这种心理距离关系到一种心理的抑制作用,它能阻止行为和实际的思想冲动。一旦这种抑制出现,一个人便处在审美态度中,并能集中观赏事物的审美特性。距离说揭示了审美欣赏和艺术创作的某些心理特征,受到西方美学界的普遍重视,成为当代审美态度理论的代表性学说之一。但由于它的主观臆想性质和解释中的矛盾,因而争议颇多。除了距离说之外,布洛对于色彩欣赏的试验,在实验美学中也是著名的。实验美学虽然是由德国心理学家和美学家费希纳创立的,但由于它的研究方法和英国经验主义传统很合拍,所以在英国也得到发展。由 C. W. 维伦丁所著的《美的实验心理学》(1962)一书,对于自费希纳以来的实验美学的成果作了广泛的评述,介绍了对于各种类型和年龄的人对美的对象的反应所进行的实验。审美心理学或艺术心理学一直受到英国美学家们的青睐,1981 年出版的《心理学和艺术》写道:"近年来,对审美问题的更为广泛的兴趣已变得非常明显。发展的、社会的和认识的心理学家们已经提出了一系列的理论模式和经验的方法。这些理论模式和经验方法对有关审美能力的起源和发展、审美能力的因素以及艺术本身的发展问题都发生了影响。"由此可见心理学美学发展的新趋向。

四 语义学美学

语义学美学是建立在新实证主义哲学基础上的一个美学流派,它以语言问题和意义问题作为研究中心,主张对美学中使用的术语进行语义分析,以作为讨论与审美判断有关的问题的前提。其创始人和主要代表是英国美学家、批评家理查兹(Ivor Armstrong Richards,1893—1980 年)。理查兹曾就学于剑桥大学并在该校任教,主要著作有《美学基础》(1921,与 C. K. 奥格登和 J. 伍德合著)、《意义的意义》(1923,与 C. K. 奥格登合著)、《文学批评原理》(1925)、《科学与诗歌》(1926)、《实用批评》(1929)等。在《意义的意义》一书中,理查兹等详细讨论了词与物、思想和情感之间的关系,对作为符合来使用的词和作为情感表达来使用的词作了区分,并由此引申出科学和诗的本质区别。这部著作用"语言对思想的影响和符号科学的研究"作为副题,被美学史家看作语义学和符号学美学的奠基作。在《文学批评原理》中,理查兹把"对价值做出解释"和"对传达做出解释"称为批评理论依赖的两大支柱。他认为艺术是人类信息传达活动的最高形式,艺术价值与冲动的满足有关。审美经验和日常经验并没有质的区别,特殊的审美经验是不存在的。一般人所说的审美经验,只不过是一种进一步发展的、经过良好组织的普通经验,它的价值之所以特别高,仅仅是因为在这种经验中许多冲动都可以得到满足。理查兹否定客观对象中存在着被称为"美"的这样一种性质,提出应抛弃"美"这个幻影。他认为前人的努力已经证明对美和艺术的本质的探讨毫无意义,现在应当作对讨论艺术作品的语言进行语义分析。这种看法在后来发生了巨大影响,并被分析哲学的美学加以发展。

五　分析哲学的美学

分析哲学和美学的创始人摩尔(G. E. Moore,1873—1958年)和维特根斯坦(Ludwing Wittgenstein,1889—1951年)都是英国哲学家,也都曾在剑桥大学研究和教授哲学。摩尔在《伦理学原理》(1903)中,从新实在论哲学出发,创立了一种对概念进行逻辑分析的研究方法。他提出了"善"是不能下定义的,审美价值本身就是善的,因而"美"也是不能定义的。维特根斯坦在早期著作《逻辑哲学论》(1922)中,认为语句是事物的逻辑图象,主张把能用语句说的和不能用语句说的东西加以区别,像"善""美"等都是属于后者,它们是不能用命题描画的东西,所以这些命题都是无意义的。在后期的《哲学研究》(1953)中,他又认为语句的意义在于其"用法",词语的意义是随着生活方式和环境的变化而各不相同的。因此,理解一个词语不能脱离那种特殊的生活方式和语言环境。维特根斯坦的美学讲演在他去世后才由人根据笔记整理发表,它完全是《哲学研究》中的观点和方法的具体运用。在讲演中,维特根斯坦提出为了表明"美的""美好的"这些形容词的意义,人们必须描述这些词的用法,必须描述构成这些审美判断的整个环境、活动以及特定的生活方式。维特根斯坦的哲学观点和方法后来被一些美术家应用来阐述艺术概念的实际使用,对这些概念的实际用途做出逻辑描述,从而形成了所谓"批评哲学"和"艺术理论的理论"。英国美学家 F. 席伯利陆续发表了一些探究审美术语的逻辑地位的文章,是分析哲学美学的重要提倡者。在《审美概念》一文中,席伯利提出在艺术的审美特性和非审美特性之间存在区别,而这种区别是基于趣味是一种能力,它能使人注意和辨别缺乏趣味的人所不能注意的审美特性。分析哲学的美学在英美等国长期占据支配地位，被看作20世纪美学思潮中的一个奇特派别。它虽然为美学研究提供了新的角度和方法，有助于摆脱传统美学的束缚，但由于它否认艺术和美可以定义，并把美学研究任务限制在语言分析上，因而具有很大的局限性。

除以上各主要思潮和流派以外，精神分析学美学、现象学美学以及西方马克思主义美学等思潮在当代英国美学中也有较大影响。如牛津大学教授特里·伊格尔顿是当代著名的西方马克思主义美学家之一，其著作甚丰。同时，各种思潮和流派在一些美学著作中也往往互相作用、互相结合。如彼特·弗勒的《艺术和精神分析》（1980）就吸收了新精神分析、形式主义和西方马克思主义各派的观点。整体看来，当代英国美学的发展呈现出多元化的格局，如果与传统美学相比较，它有以下几个主要特点。

第一，以艺术和审美经验问题为主要研究课题和对象。

传统美学的主要课题和对象是美的本质问题。美学曾一度被看作"美的哲学"。然而，在当代英国美学中，很少有人对美的哲学探讨继续保持兴趣。"许多智力过人的学者的确都已放弃了对美的本质的思考"（《意义的意义》），取代它地位的是对于范围广泛的艺术现象和审美经验的分析和研究。科林伍德明确宣布："美学理论并不是关于美的理论，而是关于艺术的理论。"（《艺术原理》）无论是他，还是克莱夫·贝尔，都是集中于回答"艺术是什么"的问题。理查兹虽然认为对艺术本质的探讨是无意义的，但他的美学思想主要也是围绕艺术的价值和传达问题展开的。关于艺术作品的一些基本问题和概念，一直是许多美学新著论述的中心。如W.恰尔顿的《美学》（1970）主要就是论述"纯形式"（Pure form）、"再现"（representation）、"表现"（expression）三个问题。在以艺术为研究的中心对象的同时，当代英国美学家们还强调要把审美经验的分析作为艺术研究的基础，强调艺术理论要从审美的经验出发。克莱夫·贝尔主张"一切艺术理论都建立在审美判断的基础上"（《艺术》），并要求对艺术本质的概括必须是一种能够解释审美经验的理论。不仅是布洛的"心理距离"说，贝尔的"审美情感"说也对审美经验作了专门的分析，而且在科林伍德对艺术创造和理查兹对艺术鉴赏的论述中，也都包括了对审美经验的描述和解释。艺术和审美的统一、艺术研究和审美经验分析的结合，是许多美学著作的一致认识和共同特点。托马斯·门罗说："艺术"这个术语，"在它的审美意义上,意味着具有唤起令人满意的审美经验的功能"(《艺术心理学:过去、现在和未来》),这种看法已为英美许多当代美学家所认同。许多美学著作已表明,把艺术作为人类审美活动的一种审美形式,把艺术作品作为激起审美经验的一种审美对象,从审美经验的基础上去对它进行研究和说明,将会更易接近把握艺术本身的特点和规律。这种认识更加增长了美学家们描述和分析审美经验及其与艺术关系的兴趣,仅在《英国美学杂志》1987年第1期至1988年第1期中,就接连发表了《审美特性、审美规律和审美原则》《审美外观》《审美偏爱的研究》《"唤醒理论"再思考》《关于艺术的审美性质的争论》《审美经验与艺术真实》等关于审美经验及其与艺术关系的研究论文。

第二,以经验主义作为主要的思想指导和研究方法。

各种经验主义思潮在当代西方哲学中占有特殊地位。经验主义者否认任何一种形而上学,认为"只用纯粹的思考而没有经验的检验(借助于观察)要说明现实世界的性质及其法则是不可能的"(施太格缪勒:《当代哲学主流》)。当代经验主义者批判传统哲学,将其问题分解为两大类。一类是经验的问题,由经验科学来解答;另一类是概念和方法问题,由分析哲学来解决,这种哲学思潮和方法已被当代英国美学家广泛采用。美学理论应该建立在艺术以及与之有关的审美经验的基础之上,而不是从某种先验的理性主义和神秘主义出发加以推导,这已经成为当代美学家的共同信念。传统美学中一些通过抽象思辨从先验概念中引出的艺术定义,由于不是通过考察具体的艺术作品以及创作和鉴赏的经验去得出应有的结论,因而受到当代美学家们的怀疑和反对。英国美学史家李斯托威尔说:"整个现代思想界,不管它有多少派别;多少分歧,却至少有一点是共同的。这一点也使得现代的思想界鲜明地不同于它在上一世纪的前驱。这一点就是现代思想界所采用的方法。因为这种方法不是从关于存在的最后本性的那种模糊的臆测出发,不是从形而上学的那种脆弱而又争论不休的某些假设出发,不是从任何种类的先天信仰出发,而是从人类实际的美感经验出发的,而美感经验又是从人类对艺术和自然的普遍欣赏中,从艺术家生动的创造活动中,以及从各种美的艺术和实用艺术长期而又变化多端的历史演变中表现出来的。"(《现代美学史评述》)这虽然是就整个欧美现代美学考察得出的结论,但用于说明当代英国美学在研究方法上的特点也是很确切的。

第三，美学研究角度、途径的多样化及其与其他相关学科的交叉结合。

当代英国美学以艺术问题为中心，展开了多角度、多途径、多层次的研究。英国美学学会的宗旨就是要求"从哲学、心理学、社会学、科学、历史批评和教育的立场，研究、探讨和讨论艺术以及有关的经验类型"。对于艺术的哲学研究、心理学研究、社会学研究、语言符号学研究、文化人类学研究、信息论研究等等，展现出对艺术进行全方位考察的格局。与此相联系，美学研究和现代哲学、现代心理学以及人文科学、自然科学互相结合的趋向越来越明显，如分析哲学美学就是逻辑实证主义、语言学与美学互相结合的产物；心理学美学则是各种现代心理学说、心理实验对美学研究产生直接作用的结果。理查兹的语义学美学不仅受到逻辑实证主义、语言学、符号学的影响，而且对实验心理学表现出深厚的兴趣，以至于有人把他的理论看作一种"心理语义学"（Psychological Semantics）。早在19世纪下半叶，生物学、生理学的发展就曾对英国美学产生很大影响。达尔文、斯宾塞运用生物进化的观点来研究艺术和审美，G. 阿伦由此著有《生理学美学》（1877）。这种传统一直影响到当代，例如理查兹用来作为艺术价值论的核心概念的"冲动"就是一个心理学和生理学意义上的概念；彼特·弗勒的《艺术与精神分析》一书也试图从生物学和生理学（实则是基于这二者的心理学）的角度揭示审美的本质。在审美心理学的当代研究中，艺术和审美问题越来越多地被放在现代心理学、生理学、信息理论以及文化人类学的综合基础上来加以考察和阐明。

第四，美学理论与当代艺术发展和各种艺术实践的联系越来越紧密。

当代美学理论已经超越了由少数美学家从观念出发冥思苦想出来的封闭的理论体系，它以开放的姿态面向当代艺术实践，努力探索艺术发展中出现的新现象、新问题，试图对这些新的艺术潮流作理论上的阐明。流派众多、变化迅速的现代主义艺术和文学，总是吸引着许多当代英国美学家的注意和兴趣，往往成为他们提出和阐述一些重要的理论观点的基础和出发点。以克莱夫·贝尔和罗杰·弗莱为代表的形式主义美学观点，实际上是对以塞尚为代表的后印象主义艺术在理论上的总结，正是这个画派，一反描述性、再现性绘画的传统，而将形式感、色彩感作为唯一的审美追求，因而成为现代主义绘画的先声。科林伍德明确宣称，他之所以提出关于艺术的新见解，是因为当代出现的新型的诗歌和绘画，要求有与之相应的新的理论基础，他确信他的新见解将会促进对新的艺术做出更为明确的评论。《艺术原理》一书的引论部分要求哲学家型的美学家不仅要钻研莎士比亚、米开朗基罗和贝多芬，尤其要能领略乔伊斯、爱略特、西特威尔和斯坦因的"优点"。该书结尾引证《荒原》说，读者如果希望了解艺术是什么，只要读这部诗就会明白。美学理论和艺术实践的紧密联系，还促进了对美学本身进行的广泛的实用性探讨。艺术家们、批评家们更希望美学理论应有助于解释和说明创作鉴赏和批评中的实际问题，而不是不可捉摸的空中楼阁。对于部门艺术中遇到的美学问题也因此受到了特别注意。像《弗洛伊德，风格和音乐》《给画的再现》《艺术科学：从布尼莱齐到修拉的视学概念》等类的选题，构成了一些大学美学讲座的重要内容，这与一些传统美学局限于关于美和艺术的抽象理论，显得很不相同。

（原载于《美学与时代》1988 年第 1 期）

经验美学的新趋向

——第 11 届国际经验美学会议观感

由国际经验美学学会主办的第 11 届国际经验美学会议,于 1990 年 8 月 22 日至 25 日在匈牙利首都布达佩斯举行。来自北美、南美、欧洲、亚洲、大洋洲的近三十个国家的一百多位专家、学者出席了本届会议。国际经验美学学会成立于 1965 年。它的首任主席是国际上著名的心理学家、美学家丹尼尔·伯莱因教授(Daniel Berlyne)。其主要成员是心理学家、美学家,同时,成员中也包括一些社会学家、文学和艺术理论家以及环境研究工作者,等等。他们的共同兴趣是应用科学的方法研究审美过程,考察和分析审美经验及审美行为的条件、要素和结果。为增进经验美学领域的学术交流,学会每隔两年或三年举行一次国际会议。前数届国际会议曾分别在法国、意大利、德国、英国、比利时、加拿大、美国等地举行。本届会议的承办者是匈牙利科学院。学会第一次向中国学者发出邀请,笔者作为代表出席了这届会议。

本届会议开展讨论的专题有:1. 图像知觉—偏爱—审美经验;2. 艺术创造力;3. 艺术—计算机—数学美学;4. 音乐心理学;5. 文学理解心理学;6. 环境心理学。会议共收到七十多篇论文,其中,属于审美经验和艺术创造两个专题的论文几乎占有一半。除了特邀的经验美学领域知名专家在大会上作主旨讲演外,宣读论文和讨论均按以上六个专题分别进行。

自实践美学的创始人古斯塔夫·费希纳在 19 世纪 70 年代开辟了应用科学方法于审美现象研究的新途径以来,各种心理学美学、艺术学美学以及实用美学得到迅速发展。今天,经验美学作为科学的美学,和哲学的美学一起,已经构成了整个美学大厦中不可缺少的重要组成部分。为了全面了解当代国际美学研究的现状,我们必须了解经验美学这一重要领域的新发展、新成果。而本届国际经验美学会议正好为我们提供了一个了解当代

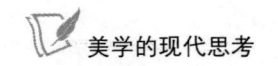

经验美学研究的新趋向的窗口。

综观这届会议上的主旨讲演和论文,基本上显示出了当代经验美学发展的三个重要趋向:第一,以审美经验为中心,将艺术创造、表演、欣赏、理解的心理学问题作为重点研究对象,从各个不同角度对审美过程和艺术现象进行具体深入的调查和研究;第二,应用各种科学方法于审美和艺术现象的研究,并努力将自然科学的新成果和方法渗透到美学研究中,从而推动美学走向科学;第三,将美学研究与实际生活和现实环境中提出的问题结合起来,进一步扩大美学研究的范围,和人们的实际生活有关的各种美学问题越来越引起经验美学研究者的兴趣和重视。现在,本文就从以上三个方面,对本届会议的主旨讲演和重要论文作一些评介,以展示经验美学研究的若干新成果和发展的一些新趋向。

深化审美经验和艺术研究

审美经验和艺术创造问题始终是当代经验美学研究关注的焦点所在。本届会议的讲演和论文也主要是围绕这两个问题展开的,这些讲演和论文或是阐述一些新见解,或是提供一种模型和某些资料,或是提出一种建议和假设,尽管角度、方式不同,但都力求把问题的解决引向具体、有效、深入。

国际经验美学学会新任主席、多伦多大学教授库普切克(G. C. Cupchik)在题为"审美知觉的根源"的主旨讲演中,根据皮亚杰的心理发展理论,提出了审美知觉的根源应追溯到认识发展的较早阶段的新看法。他认为,皮亚杰在研究儿童认知发展阶段时,描述了近似于一系列个人图式的感觉—运动过程。它属于儿童认知发展的第一阶段。在儿童满两周岁时,个人图式才开始与语言相联系。从个人知觉图式向指示的认识参照的转移,从审美过程的观点来看是非常有趣的。可以证明的是,感觉经验的个人图式是审美视觉的本源。由于描绘性的艺术是依据视觉联系中对象的位置,艺术家必须学习注意、选择和组合特殊知觉瞬间。这些由艺术家"图式化"时凝结的瞬间所提供的"变化性",是艺术作品真正的材料。然而,语言的发展增强了对象的识别并减少了对于这些知觉瞬间的注意,所以它与审美的发展基本上是背道而驰的。艺术教育事实上是一种再教育，它使人重获注意于知觉"瞬间"和将对象凝固的关系的能力，它训练观察者注意于对象的物理感觉性质（色彩、色调、结构），正是这些性质为艺术作品提供了描绘的或其他的变化，也正是这些性质本身呈现着引起兴趣和唤起情绪的重要性。根据以上分析，库普切克进一步指出，皮亚杰的感觉—运动理论作为一种比喻可以适用于审美活动的模型，造型艺术的创造可以描述为一种感觉—运动活动的复杂形式。当审美活动开始时，艺术家便进入了知觉、认识领域。在造型艺术中，艺术家必须"解析"景象的物理—感觉结构以决定它的不变的性质。但是，当注意集中于将出现在空白画布上的形象时，"变化性"较之"不变化"则显得更为重要。在形象的发展中，欧几里德几何的规则被外观的关系所代替了。线条、色调、形式或结构较之惯常的确定的空间关系显得更为重要。而像悲哀之类的外观特性正是由艺术作品外观关系自然地引起的。库普切克教授对于审美知觉的根源、特性及其在艺术创造中活动模型的分析和描述，补充和发展了格式塔心理学美学家对审美知觉的研究，因此引起了与会学者专家的极大兴趣和重视。

国际经验美学学会前任主席、巴黎第一大学美学与艺术科学研究所教授莫纳（F. Molnar）在其论文《感觉情感力与美学》中，对审美反应中感觉输入与情感反应的关系作了精辟的分析和描述。他认为，审美反应的基础是感觉，审美快感始于足够的感觉输入；同时，审美一直与情感力相联系，没有情感力，便谈不上美感。为了深入探求审美刺激与情感反应之间的关系，在两者之间引进至少一种变量是十分重要的。这种变量毫无疑问就是认知。正如赫柏（Hebb）所证实，所有的感觉刺激都引起一种全方位的反应，其中一部分具有认知性质，另一部分具有情感性质。认知对情感力的作用是双重的：有时情感反应是由认知直接引起的；更多的情况是它在刺激与情感反应之间起到一种中介作用；最后，认知能在其精致加工中修饰知觉对象，以致它本身便成为情感力的直接刺激。这个过程可用下图表示：

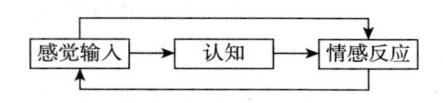

感觉输入 → 认知 → 情感反应

上图的不同成分之间存在着一种倒行的关系或反馈作用；情感力也直接地或通过认知系统影响刺激。尽管感知非常重要，但它却不能通过自身被研究。感知的精确的感觉部位始自视网膜而终止于视觉皮层（主要的和从属的）。视觉皮层无论在解剖上还是在功能上都与皮质下区域、丘脑或丘脑下部细胞核、中脑的网状组织、隔膜区等紧密相连，而这正是情感反应的中心。通过上述对于感觉与情感反应相互关系的分析，作者认为可以建构起一种"美学的科学形态"。这种科学形态的美学领域应当分为三个亚领域：1. 物理刺激的描述；2. 认知机制的研究；3. 情感反应的过程。任何对于审美类型情感的科学探究的首要目标必然是：a. 对情感反应的可靠刺激的精确描述；b. 找到主体的情感状态的可靠的指示物。总之，对刺激与情感反应的描述构成了科学美学的主要方面。"美学作为一种可能引起的内部刺激的特殊的情感反应，可以而且必须成为一门精确的科学。"莫纳教授对审美反应中感觉刺激和情感反应之间关系的分析，可以说是抓住了审美经验的关键，特别是他强调认知在感觉刺激和情感反应之间起着中介作用，这种看法对于我们全面认识审美经验的性质和心理机制，无疑具有重要价值。

美国威斯康辛—麦迪逊大学教授内珀鲁（R. W. Neperud）在其论文《关于审美经验的一种建议的观点》中，提出了应用信息加工理论于审美经验研究的新的意见。他认为，审美行为包含着关于艺术的人的认识和情感的相互作用，这种相互作用可以作为一种审美经验最好地加以描述。审美经验包括复杂的互相联系的过程：注意和识别刺激的性质；从艺术学习中获得的参考的相互作用；情感的感染和诱发；等等。这种刺激和认识的相互作用的范围，同现代信息过程的观点是类似的。信息加工似乎提供了一个和审美经验的范围相一致的框架。对于什么使得日常现实和信息过程同与审美经验相关的过程相区别的问题，经验美学已经提供了新的回答。在一种发展的模型中，信息加工和我们关于审美经验的知识必须是一致的。首先，我们将涉及过程，通过这种过程，信息被获得和加工，然后具有直接与审美经验相关联的信息来源。作者最后指出，这种关于审美经验的建议的观点在经验美学中是推测性的，要进一步证实它还需要一个很长的过程，但是这种观点却认识到了关于艺术的信息加工和信息来源的设想。

特拉维夫大学教授 H. 克雷特勒和 S. 克雷特勒（Hans Kreiler and Shulamith Kreitler）是国际知名的艺术心理学家，著有《艺术心理学》（1972）一书。他们在题为"艺术创造力和它的诱因：认识的观点"的讲演中，阐述了关于认识为增进艺术创造行为提供手段的理论。作者认为，认识是一个意义加工的系统，而意义则可解释为被称为意义价值的内容项目的参考中心图式。只要对于人们的艺术知觉和创造力提供认识的手段，那么，艺术的知觉对于每个人都会是令人愉快的；同时一切人都是有可能具有创造的要求的。为了证实这一理论，作者对于艺术爱好者和非艺术爱好者作了各种比较的调查和测试，结果发现与非艺术爱好者比较，艺术爱好者使用了更多的意义变量（meaning variables），特别是更多的典型——例证和比喻—象征关系。领会乃至创造比喻和象征的能力是可以加以诱导和训练的。这样，我们就有了将非艺术爱好者转变为懂得艺术的人的手段。训练非艺术爱好者更多地运用艺术爱好者常用的那些意义变量，特别是典型——例证和比喻—象征关系，便可以达到这一目的。总之，通过提供认识和手段和能力，可以增进艺术的创造行为。而为了加强创造的冲动，则需要有不同的手段。如果能成功地做到这点，一定会出现更多的毕加索、马奈和卡夫卡。我们知道，当代西方的艺术心理学著作由于受到弗洛伊德精神分析心理学的影响，多数片面强调艺术创造活动的无意性和非自觉性，走向否认认识，特别是理性认识与艺术创造有关的极端。而两位克雷特勒教授却应用科学方法证实，认识能力和认识手段的获得不是减低艺术创造力，而是增强艺术创造力，这对于纠正关于艺术创造的非理性主义的谬见是具有积极作用的。

推动美学走向科学

从可以观察和测试的经验出发，应用科学的方法于审美行为和过程的研究，是经验美学在研究方法上的突出特点。所谓科学的方法，既包括自然科学的方法，也包括社会科学的方法；既包括经验的或实验的方法，也包括内容分析的方法。事实中，经验美学的发展和它所采用的科学方法的进步是密不可分的。实验的方法曾经是实验美学、审美心理学或艺术心理学最常采用的方法，但是实验的研究方法本身也仍然处在不断地更新和发展中。现代的新的实验研究的进展情况究竟如何呢？它在经验美学研究领域是怎样被应用的呢？在本届会议上，巴黎大学实验心理学教授、艺术心理学专家弗兰西斯（R. Frances）应邀作了题为"创造的实验研究与艺术心理学的进步"的讲演，从一个侧面对上述问题作了回答和说明。弗兰西斯教授评述了近二十年来心理学的实验研究的发展，认为需要引进创造的精神到实验本身中来，从而形成一种不同于传统实验的新的实验研究，这种新的实验研究方法被称作"间接操作"（indirect operationalisation）。"间接操作在一般意义上被解释为一种具有许多优点的实验的研究技术。"到目前为止，它几乎是由临床研究所垄断，并且提供了更多的客观确证的机会，所以，在干扰变量的领域运用间接操作，是实验心理学最有机会做出新发现的地方。而艺术就是这样的领域，在像艺术这样复杂的课题领域中，最适于应用间接操作的实验技术。弗兰西斯教授详细描述了应用间接操作于音乐表现知觉的实验的三个成功的例证，从而显示出创造的实验研究对于艺术心理学的进步是可以做出新的贡献的。

应用各种科学的方法于审美现象的研究，加强了美学和许多科学的联系，并推动了美学与相关科学的结合。这种结合形成了诸种美学的边缘学科，如艺术心理学、艺术社会学、信息论美学等，从而不断丰富、扩大、深化了经验美学的研究。近年来，艺术和计算机以及数学美学的问题，受到经验美学研究者的注意。本届会议上宣读的一组论文，包括《艺术与"个人计算机"》《控制论模型：视知觉和艺术作品研究》《经验美学："麦哲伦"与艺术智力》《形式产品系统的意义、偶然和实用因素》《审美经验的活动和衰退》《略述艺术相互作用的心理学框架》《大脑不对称现象和创造力：一种定量调查的模型和尝试》《数学美学中的最大信息原理》等，较为集中地展示了这方面的研究成果，并引起与会者的较大兴趣。

苏联学者戈利钦（G. A. Golitsyn）在其论文《数学美学中的最大信息原理》中，对如何将最大信息原理应用于美学研究提出了自己的看法。他指出："人类行为的主要原理就是最大信息原理。"许多文化现象（语言、艺术、科学等）都向我们显示了这一原理。把这一原理应用于美学意味着：1. 当主体创造某些信息客体（文字、图画等）时，他选择转换最大信息量的参数；2. 当主体感知某些客体时，他变换感知参数（感知的时间、注意的方向和中心等）以获取最大信息：

$$I(X) = \max$$

这里 X 是客体或感知参数的矢量。根据这一原理,"信息感知伴随着审美快感。因此对最大信息的渴望伴随着对最大快感的渴望"。但是,一般总有一些限制来阻止主体获取绝对(无条件的)最大值。主体获得有条件的信息最大值也就满足了。一个十分突出的限制就是资源(能量、时间、运算数字等)的不足:

$$R(X) = \text{const}$$

这一原理对各种美学问题有许多有趣的应用。最为显著的就是从这一原理出发对一些审美常数(如"黄金分割"、音阶常数和其他形式特征)的演绎。形式的感知也就是空间、时间、逻辑、数字等关系的感知,这些关系决定诸如比例、对称、节奏、和谐等形式的审美特征。作者根据上述理解,对两个线段之间的关系作了数学的运算和演绎,从而证实:"从最大信息理论的观点来看,黄金分割是两个线段的最理想(最多信息)的关系。"

苏联学者丹尼洛瓦(O. Danilova)和皮左夫(V. Petrov)在题为"大脑不对称现象和创造力:一种定量调查的模型和尝试"的论文中,应用信息加工原理提出了一个揭示艺术创造力发展的潜在规律的模型。这个模型是建立在两种不同的信息加工原理的基础上的。在信息系统中,人们可以发现信息加工的两种方式:第一种方式是分析的过程;第二种方式是综合的过程。作者认为,这种理论模式同大脑不对称现象是相符合的。大脑左半球的过程对于信息加工的分析的方式是典型的;而右半球的过程作为综合的方式是典型的。这两种方式对于周围世界的完全的、平衡的接受都是必需的。但是,艺术家的创造工作不会同时包括加工信息的两种方式。由于个性和时代的要求,每个艺术家或多或少地偏向两种方式中的一种,这种加工方式上的优势造成了艺术家最初的成果。当大脑左半球的过程处于支配地位时,我们可以说或多或少地表现出思维或创造力的"分析的方式";相反,当大脑右半球过程占支配地位时,我们可以说或多或少地表现出创造力的"综合的方式"。作者在这个模型的基础上,对音乐创造力提出了占支配地位的分析或综合方式的 16 种假定的特征,并根据 20 个著名作曲家创造力的整体印象提出了描述"纯粹的"分析或综合方式的对照表,从而对音乐创造力的不对称表现做出了定量调查和分析。

美学的现代思考

加强美学与实际生活的联系

经验美学家坚持美学理论应从艺术和实际生活的审美经验中产生，同时它也应反过去说明和指导人们在艺术活动和实际生活中的审美实践，这种信念推动着经验美学进行广泛的应用性研究。这种研究除包括各类艺术的美学问题之外，还包括了实际生活的各个领域中提出的美学问题。后一方面的应用性研究，使经验美学与实际生活的联系日益加强，并使美学研究的范围进一步扩大。这也是当代经验美学发展中引人注目的一个趋向。在本届会议的论文中，探讨环境美化、风景观赏、住宅建筑、工业设计、广告宣传等方面的美学问题的也占有相当的数量。特别是从审美角度探讨环境心理学的问题出现了许多新的成果，显示出这方面的研究大有可为。

意大利学者皮利左尼（L. Pellizzoni）在其论文《城市环境经验中的审美成分》中，披露了他在近期进行的关于城市环境的审美经验和审美评价的研究成果。他认为，城市是最富于空间象征意义的。一个城市的象征体系可以追溯到三个不同的可能的来源：由城市出现而形成的深刻的或原型的意义；社会的和一个团体的人与人之间关系的经验；社会、团体和个人的历史。象征点缀了城市并给予它的不同空间——历史中心、住宅区、商业中心等以特有的价值，但是它们并不一定包括审美评价。审美态度是参观者和旅游者的特点，而不是居住在城市中的或在这里从事劳动活动的人们的特点。证实用什么措施能使审美特性的评价成分参与指导日常生活中对城市的认识和享用，这是十分有趣的。为此，作者选择意大利东北部历史悠久的一座城市作了详尽的调查研究。这项研究包括了由该市的两所中学的二百多个学生参加的小组，他们都是住在城市或不超过50公里远的其他地方的居民。研究集中在两个方面：1. 对城市的市区状况的感知；对历史中心的实用状况的享用和评价；2. 对于城市特别对于历史中心及其相关的各种象征的综合的、理性的和情感的态度。研究的结果表明，无论在对于城市（在那里一个人居住或从事他的活动）的享用方面、非审美性质的评价方面以及综合的态度方面，都具有一种显著的审美成分。作者分别描述了研究小组对城市空间的中心地位的感知中被指出的审美成分、对历史中心评价中的审美成分、对于历史中心的综合态度中的审美成分，最后得出结论：在态度和评价中被指出的审美成分，是在关于城市及其历史中心的非审美特性的相关联的交谈中表达出来的。它通常和被提供的两种特点一起出现：1. 它包含着多样种类的象征成分；2. 它不仅涉及历史的或艺术的价值，而且也涉及与个人和集体的城市环境经验相联系的意义表现。上述分述和结论对于我们如何通过城市环境进行审美教育是具有实践意义的。

德国专家斯密特（S. J. Schmidt）应邀在会上发表了题为"广告能给予经验美学家什么教益？"的讲演。他提醒经验美学家要认真对待关于艺术和广告相互关系的讨论，从而为经验美学又开辟了一块新的研究领域。斯密特指出，广告和艺术之间的相互作用在当代已得到极大的加强。专家估计90年代欧洲电视台播出的电视广告节目的数目将达到全部节目的20%。电视广告节目的质量有了显著提高。在多样选择社会中产品的雷同，已促使广告公司通过为产品装饰一种特殊的审美氛围以引起公众的注意。艺术家和电影导演创作电视广告节目，这些节目的审美质量已达到和影片及艺术的精神场面难以分别的程度。有趣的电视广告节目正如现代艺术作品，结合着从各类艺术的历史中借用来的法则。艺术和广告两个体系之间的相互作用，可以使两个体系得到益处并已获得益处。因此，经验美学有必要开展对艺术体系和广告体系间互相关系和作用的理论研究。这种研究不仅能提供一种描述，而且也能对艺术和广告之间的关系所提出的理论问题提供一种解释的框架。

本届会议上所展示的经验美学的研究成果和发展趋向，使我们充分相信经验美学是大有可为的，是很有发展前途的。但笔者认为，一些论文和讲演也表现着经验美学的局限性。笔者在向大会提交并宣读的论文《心理学美学的评价问题》中，曾指出和分析了心理学美学的若干局限性。这些分析对于整个经验美学来说，大体上也是适用的。首先，经验美学的研究水平和解决问题的能力，显然是和与其相关的科学的现有发展状况和达到的水平联系在一起的，而这些科学本身对许多问题仍处在探索阶段。例如与艺术心理学或审美心理学密切相关的心理学，从总体上看还是一门尚未成熟的发展中的学科。由于心理现象的复杂性，心理学家还不可能在当前的科学水平上完全抓住心理的实质。许多与审美和艺术有密切关系的心理现象和过程并未在心理学中得到充分阐明和科学解释。因此，艺术心理学或审美心理学在描述和分析审美和艺术现象时，其作用仍然是有限的。其次，经验美学主要运用经验的或实验的方法研究审美和艺术行为。实验方法虽然可以提供许多客观的、有效的数据，但是将它应用于审美和艺术这样复杂多变的人类活动的研究，其难度是相当大的。由于受到实验条件的限制，不少实验只能在艺术的个别组成因素被分离和孤立的情况下进行，其资料很难说明艺术和审美的实质问题。一般说来，对审美和艺术知觉过程的实验研究较易取得令人满意的成果，而对于更深入心理过程（如想象、情感等）的实验研究则难以得出令人信服的结论。事实上许多实验资料往往互相矛盾，因此从它们引出的结论也经常受到质疑。看来，仅仅依靠实验的资料和结论，很难对审美和艺术的实质问题做出完整的、全面的解释。最后，审美经验和艺术创造作为一种极其复杂、微妙的社会精神现象，有其独特的过程和规律，要阐明这些独特规律，需要有从审美和艺术实际中概括出来的独特的概念、范畴和理论。将其他学科特别是自然科学中一些学科的概念、范畴和结论直接应用于艺术和审美现象的研究，不仅不能充分揭示其独特规律，而且有可能导致简单化和一般化，而这一点恰恰是经验美学研究亟须防止的。有的经验美学家主张"美学必须成为一门精神的科学"。如果这意味着将美学发展成为像数学、物理学、化学那样的"精确的科学"，那是很难做到也无需做到的。对于科学的美学，对于像审美和艺术这样十分复杂、微妙而且变化多端的精神现象的领域，科学方法本身必须变得更加灵活，必须通过对审美现象不断进行新的和深入的考察，形成一些新的和更加适当的研究方式和表达方式。

经验美学和哲学美学虽然在研究的对象、重点、途径和方法上有所不同，但两者不应是对立的、互相隔绝的，而应是结合的、互相补充的。笔者在自己的论文中指出，对于审美现象的经验的研究和哲学的研究，两者各有长处和特点。对于审美现象的经验的研究，是以经验的材料为基础的，它需要对反复产生的现象进行观察和实验，需要把思想见解看成能被测试和验证的假设，需要客观的数据和有效的资料，需要把理论放在大量事实的基础上。这一切，使它对审美现象的研究往往带有具体的、微观的、部分的、精确的特点。另外，对审美现象的哲学的研究，则是从形而上学的假说和某种哲学的构架出发的，它需要非经验的逻辑分析，需要纯粹的理性思考，需要最高的科学抽象，需要构造出概念、范畴和理论的体系。这一切，使它对审美现象的研究带有概括的、宏观的、整体的、系统的特点。使经验的美学研究和哲学的美学研究在发挥各自特点和长处的基础上互相补充地结合起来，不仅对于整个美学学科的发展是必要的，即使从经验美学本身的发展来看也是必要的。各种科学的发展都需要正确的哲学思想作指导，并含有一定的哲学思维的成分，何况美学本来就属于哲学的领域。经验美学研究必须在正确的哲学思想和理论原则的指导下，才能取得真正科学的成果。它从经验或实验以及其他相关科学中获取的大量资料，更需要进行哲学的综合。如果没有哲学的帮助，要形成、解释、阐述美学的概念、范畴、理论、假说并形成体系，将是不可能的。充分发挥哲学在经验美学研究中的作用，使美学中经验的研究和哲学的研究取长补短、相得益彰，必然有助于克服经验美学本身的局限性，进一步增强经验美学在解决美学重要问题方面的作用和能力。

（原载于《文艺研究》1991年第3期）

现代文化与美学的现代性

——第 12 届国际美学会议述评

由国际美学学会主办的有史以来规模最大的第 12 届国际美学会议,于 1992 年 9 月在西班牙首都马德里举行。来自亚洲、非洲、澳洲、欧洲、北美和南美洲的近 400 位专家、学者出席了会议,并向大会提交了 200 多篇论文,同时还展览了他们近年来出版的部分美学研究成果。

当代世界美学应如何发展?怎样认识美学在现代文化发展中的意义和作用?在现代文化发展过程中美学作为独立的理论科学究竟怎样建构?这些围绕"美学的现代性"这一会议主题所提出的问题,成为本届会议讨论的焦点。会议以全体会议和专门会议两种形式举行。在全体会议上,一些被邀请的专家作了专题讲演。其中有:今道友信的《美学的现代性与现代性的美学》;德门雅洛维克(M. Dmnjanovic)的《理论的美学与美学的理论》;赫默伦(G. Herméren)的《美学的现代性:艺术与美学的关系》;巴斯克斯(A. S. Vázquez)的《美学与现代性》;穆可米克(P. Mecormick)的《现代性、康德美学与美》;福斯特(H. Foster)的《开倒车的后现代主义》;莫洛斯基(S. Morawsky)的《后现代的困境:美学的更新还是消亡?》巴尔贝德(J. M. Valverde)的《现代性与美学》;等等。这些讲演从不同角度、不同方面阐述了美学现代性这一中心问题,使会议主题得到较集中、较全面的探讨。

专门会议按以下 10 个方面的内容分别举行:1. 启蒙运动和现代设想;2. 美学的历史进程;3. 艺术理论;4. 现代性和艺术先锋派;5. 艺术与群众文化;6. 艺术、语言和知识;7. 美学的性质、作用和局限;8. 判断与审美价值;9. 后现代主义;10. 美学、本体和边缘。在各个专门会议上,许多论文和发言都仍然集中在关于"现代性""解放""自律""现代主义""后现代主义"等关键概念的讨论上。

现代文化与美学的现代性

出席本届会议的中国学者共有 4 人（包括台湾学者 1 人）。笔者作为国际美学学会会员，应邀出席了会议，并在专门会议上宣读了自己的论文《城市美学与城市现代化》。

20 世纪以来，在西方出现的现代文化和后现代文化，对西方美学的发展产生了强烈影响。从现代生活到现代艺术，从现代科技到现代哲学，现代文化的形成和发展，极大地改变了人们的价值观念和行为方式，也改变了人们的审美意识和审美经验。随着这些变化，各种现代主义和后现代主义美学应运而生，传统美学受到一次又一次挑战，这使当代美学具有了与传统美学不同的特性。但究竟什么是现代性？如何理解美学的现代性？对此，学者们的看法则不尽相同。国际美学学会主席、瑞典隆德大学哲学系教授 G. 赫默伦在讲演中，着重考察了现代艺术的特性，并从现代艺术对美学的影响阐述了美学的现代性。他认为现代艺术表现为多元性、冲突性、普及性、相异性、民主性等诸多特性，而这些也都是美学现代性所具有的内涵；同时，他还从美学与艺术、文学、宗教、哲学的相互联系，多方面地论述了上述特性。国际美学学会名誉主席、日本东京大学教授今道友信在讲演中特别论述了现代科技对于现代艺术和美学发展的影响。

和美学的现代性密切相关的另一个问题是如何认识和评价现代主义和后现代主义。"现代主义"和"后现代主义"是认识和分析 20 世纪西方文化发展所广泛使用的两个概念，也是得到西方学者大致认同的 20 世纪西方文化发展的两个不同阶段。会议上的讲演、发言和论文，较广泛地涉及现代主义与后现代主义的联系和区别；后现代主义在不同国家、不同艺术领域的发展和表现；后现代主义各艺术流派、各美学思潮的评价等问题。在如何评价后现代主义文化、艺术和美学思潮问题上，看来西方学者的意见也是颇有分歧的。有的学者（如波兰华沙大学教授 S. 莫洛斯基等）认为，后现代主义在西方文化发展中是一种倒退现象，是一条无希望的、毁灭性的死路；后现代主义美学不是美学的更新，而是美学的消亡。另一些学者则认为，后现代主义的出现是适应了时代的需要，是一种文化的进化。随着后现代文化时期的到来和后现代艺术的出现，美学也必然要从现代美学向后现代美学演变和发展。如美国俄亥俄大学教授布洛克（H. G. Blocker）在《美学和现代文化》的论文中就明确主张：我们确实进入了一个后现代文化时期，在这个时期，现代美学将会消亡，而艺术则不会消亡。艺术已演变为一种不同的后现代形式,因此必须从现代美学演化为后现代美学,以便对新艺术做出反应和解释。

对美学现代性的思考,其实也是对美学原理和传统美学的批判的再思考。有的与会学者称我们的时代是"美学变革"和"美学重建"的时代;有的则说当代美学发展是一个"迅速消失的时期",这些都表明传统的美学理论正在受到严重挑战和重新检验。究竟如何看待传统美学理论、范畴、概念在美学重建中的价值和作用,这是当代美学发展中需要妥善处理的一个问题。对此,也有两种不同态度。一种是"反传统观念者",主张大胆地抛弃传统,宣布传统美学理论正在消亡;另一种则反对对于传统的虚无主义态度,力图对传统美学理论进行重新认识和评价,以便在指出传统理论中与时代不适合部分的同时,发现它们在美学重建中有哪些经过改造后仍然值得保留的成分。在这次会议上,有一些论文和发言对传统美学理论和概念作了深入具体的考察和分析。如美国长岛大学哲学系教授伯林特(A. Berleant)一方面指出,作为康德美学核心的"审美无利害性"理论仅仅是同传统艺术相吻合的。随着20世纪以来现代艺术的发展,欣赏者的参与已成为审美的重要特性,而像解构主义、后结构主义一类理智运动,也削弱了无利害性依存的认识结构,因此,无利害性观念具有"时代错误",对于审美理解已成为明显的障碍,应予以舍弃;另一方面他又指出,审美无利害性的概念是与"普遍性""艺术对象""观照""距离""孤立"及"价值"等概念互相联系的,而这些相互关联的某些概念在舍弃"无利害性"理论和它们的传统形式,并被彻底改造后,仍然可以在现在条件下对解释审美经验发挥有益的作用。总之,舍弃"无利害性"概念不是抛弃审美,而是要重新发现它的更大范围和更大能力。作者努力表明,对于传统美学理论进行严肃认真的再评价是美学重建的一个重要阶段和必不可少的工作。

从研究美学的现代性出发,美学在现代文化发展中的作用问题,以及与现代文化各个方面相关的美学问题,也都引起了与会学者的普遍注意。会议的论文和发言,有相当一部分内容是涉及美学应用研究方面的,它们分别探讨了部门艺术、艺术鉴赏、群众文化、民间文艺、大众传播、城市建设、环境美化乃至体育卫生等各方面的美学问题,如《异质文化与艺术消费》《审美构想与艺术鉴赏》《自然作用和审美局限》《美学和法律哲学》《交叉文化在当代美学科学中的应用》《应用美学的社会需求》《音乐和时间概念》《建筑美学的现代性》《从艺术到运动——美学的扩展》等一系列论文，都是从美学角度研究现代社会物质文化和精神文化建设中提出的实际问题的。这不仅促进了美学理论和现代文化实际的结合，进一步拓展了美学的研究领域，而且也促进了各种美学的交叉学科、边缘学科的形成。

作为本届国际美学会议的参加者，笔者感到当代世界美学发展正在寻求一个新的变革和新的突破，要求"美学变革"和"美学重建"几乎成了与会者的一种共识。这种共识的形成，首先是由于现代文化发展的推动。正如有的学者在会上发言所指出：我们现在需要重新发现推动审美和艺术的更巨大和强有力的文化力量，重新认识这种力量，提倡它并理解它。可以说，当代美学的变革是现代文化进展导致的必然结果。我们只有自觉地认识它、把握它，才能使美学适应现代文化的进程，并对现代文化建设产生积极的作用。

其次，后现代美学对传统美学提出了一系列挑战后，本身也陷入了困境，这也是美学面临变革的一个重要原因。从某种意义上说，美学变革正是美学学科自身发展所产生的一种要求。从20世纪60年代以来，以分析哲学美学、解构主义美学、阐释学美学和西方马克思主义美学等流派为代表的后现代主义美学思潮，代替现代主义美学思潮登上西方美学的舞台，以激进的态度否定传统美学观念，在美、审美和艺术理论以及文艺批评等领域，对传统美学提出了全面挑战，并在许多观念上与现代主义美学分庭抗礼。这固然也推动了人们对传统美学和固有观念作新的思考，但理论上的极端化、片面性，也导致了美学上的虚无主义和取消主义。如解构主义美学反对结构主义者认为，系统结构是文学作品的意义根据或来源的观点，否认作品或文本有恒定的结构和明确的意义，否认语言有指称功能，提倡所谓"消解"批评，肆意夸大文本意义的相对性和不确定性，使文本的理解变成了符号的游戏，结果导致否定文本独立性的虚无主义和形式主义倾向。又如分析哲学美学否定传统美学关于美和艺术的定义，认为"美"和"艺术"都是不能定义的开放性概念，本身并无确定的含义。因此，要对"什么是美""什么是艺术"做出解释是不可能的，因而它们也都不是科学探讨的对象。这就完全否定了美学和艺术理论存在的可能性，导致了美学上的怀疑论和取消主义。所有这一切，促使当代美学家不得不对后现代美学的是非得失进行新的反思，在美学理论上寻求新的变革和突破，以摆脱美学研究在理论和实际上所面临的困境。

　　至于在当代文化进程中如何进行美学变革和美学重建，学者们并无完全一致的看法。但是，从会议上的许多论文和发言中，也可以看出一些发展趋向。首先，美学理论将会在多元性和开放性的格局中获得创造性发展，以适合现代社会和文化演变的历史进程；同时，传统美学的基本范畴和命题将会在新的文化背景下得到重新检验和批判思考，并被赋予新的理解和意义，以使之与现代文化、审美和艺术发展的实际相符合。有的西方学者强调，开放性、多元性、灵活性等是当代文化的重要特性，也是当代思考方式的有益特点，它们自然也应当成为对美学原理以及传统美学概念进行再探讨时的思维方式的特点，如"审美经验""审美态度""审美理解""审美价值""艺术特性""艺术功能""现实主义"等传统概念和理论问题，都会在当代文化背景和思考方式中提出来加以重新研究、评价和解释，并阐明它们在当代审美文化和艺术发展中的地位和作用。其次，对世界各个国家和民族的文化发展和美学思想的特殊研究和比较研究将会进一步加强，它将会给予当代美学的整合与重建提供丰富的历史内容和思想资料。在本届会议论文中，不仅有对西方各国美学思想的研究，而且也有对俄罗斯美学思想、中国古代美学思想、东亚美学思想乃至非洲艺术的美学思想的研究，涉及各国、各民族美学思想的研究范围之广，是前所未有的。在会议期间展出的美学新著中，国际美学学会主席、瑞典美学家 C. 赫默伦主编的《当代斯堪的纳维亚美学》，国际美学学会名誉主席、日本美学家今道友信主编的《日本美学》等，都受到与会专家的重视。现在，在世界范围内，已有不少熟悉西方美学的学者从事东方美学的研究；亦有不少熟悉东方美学的学者从事西方美学的研究。这必将进一步促进东西方美学的比较和融合，从而使各种美学理论和范畴的形成与发展得到更为丰富的历史阐明，并为当代美学理论重建提供一种新的参照。最后，哲学的美学和科学的美学、思辨的美学和经验的美学、理论美学和应用美学将会并驾齐驱、互相补充，共同推动美学的变革和重建。从本届国际美学会议的论文和发言来看，对当代文学艺术思潮的研究，对群众艺术鉴赏和审美文化的研究，对大众传播和商业文化中美学问题的研究，对自然环境和城市建设中美学问题的研究等等，已经越来越受到美学家们的关注。国际美学学会已经决定，下一届国际美学会议的主题将是"美学评论：理论问题和环境应用"，这不仅表明了美学家们对日益紧迫的人类生存环境这类重大实际问题的关心，而且也显示出当代美学将在基础理论和应用研究方面进一步互相补充、融合的发展趋势，这也是现代文化进程中繁荣美学科学的必由之路。

（原载于《文艺研究》1993 年第 3 期）

城市美学的研究对象和范围

一

城市是在人类追求美好的物质生活与精神生活的活动中历史地形成的,它是社会生产力和经济发展的结果,是人类物质文明和精神文明的集中表现。作为实体存在,城市与人类有史记载的文明俱存,已有数千年的历史。但是,在很长的历史时期中,人们对城市的认识却是简单而肤浅的,20世纪以来,世界人口城市化和城市现代化的进程大大加快,随着现代化城市的形成,城市性质、结构和功能发生了很大变化。人口、设施、财富和信息的高度聚集,使城市结构越来越复杂,功能越来越多样,在现代社会发展中的地位和作用越来越突出。与此同时,随着现代化生产的发展,大量人口从农村流向城市,使城市迅猛、畸形发展,出现了众多的城市问题,如住房紧张、交通拥挤、环境污染、就业困难等。这样,就需要人们对城市有更为全面深入的认识,自觉掌握城市发展的客观规律,以便指导城市的规划、改造、建设和管理。于是,一门以城市为研究对象的新兴学科——城市科学便应运而生了。

城市科学是以城市为研究对象,从不同侧面、不同角度、不同层次来认识和研究城市的有机结合的学科群,英文叫"urban sciences"。由于城市是一个复杂的综合系统,所以城市科学具有多学科性质,需要把自然科学、社会科学、人文科学有机结合起来,协同进行研究。从城市科学的形成过程来看,它又是一个开放的、不断扩展的学科。最早形成的城市科学主要是城市建筑学以及由它派生出来的城市规划学。1889年,英人霍华德(Ebenezer Howard,1850—1928年)在《明天:和平改革之路》中系统地阐述了他的"田园城市"理论和规划方案,一般认为这便是最早的现代城市规划理论之一。1933年8月,国际现代建筑协会在雅典召开会议,制订了城市规划大纲,即《雅典宪章》,这被看作现代城市规划理论发展中一个新的里程碑。另外,社会学、经济学、地理学、生态学、管理学、法学、环境学、心理学等学科陆续被应用在城市不同方面的问题的研究中,从而形成了城市社会学、城市经济学、城市地理学、城市人类学、城市生态学、城市法学、城市管理学等新的城市科学部门。现在,城市科学仍在不断发展和扩展之中。

在众多的城市科学群中,城市美学是一支新秀。[①] 它把美学用到城市的考察和研究之中,从审美的角度分析和揭示空间环境营造和社会生活发展等方面的规律,以城市的美和城市特有的审美关系作为自己的研究对象。众所周知,在城市的规划、设计、建设、改造和管理中,都涉及许多美学问题。就城市规划来说,不仅包括社会的、经济的、建筑的、工程的等方面的目标,也包括美学的目标,拟定城市建设的艺术布局是城市规划必不可少的一项工作。合理的城市规划和设计,应当促进人类社会的理想环境的实现,既要有利于居民的生产、生活和游憩,也要按照美的规律创造出美的形象,给人以美的享受。自古以来,城市的美观问题一直是建筑师、设计师们孜孜以求的目标之一。"城市应当既方便,又美观,千百年以来,这个重要的要求一直没有改变过。"[②] 20世纪以来,在城市现代化的过程中,市容美化和环境艺术问题越来越受到人们的重视,在城市规划中也出现了所谓"城市美化运动"的趋向,这反映出人们对城市美的创造、对城市审美的认识,已经发展到更为自觉的阶段。人类以无比的智慧创造了物质文明和精神文明,同时也就创造了一个特殊的、现实的审美客体。城市作为特殊的审美客体,它和人便形成了特殊的审美关系。城市美学以城市特殊审美关系作为研究对象,力求揭示城市美的创造规律和法则,分析城市的美化与城市的各项功能要求的关系,研究城市居民的审美心理和审美教育问题,从而达到提高城市美的创造和感受能力,促进城市美化的目的。它既是城市科学的一部分,同时也是美学的一个应用学科。

---

① 日本著名美学家今道有信在他主编的《未来的美学》(1984年版)一书中提出建立"城市美学"。

② [苏] M. B. 波索欣:《建筑·环境与城市建设》,冯文炯译,中国建筑工业出版社1988年版,第34页。

城市美学作为城市科学的一个分支学科,它和其他各种城市科学中的学科,既有区别又有联系。城市美学对于环境美的研究,要涉及城市建筑学、城市规划学、城市地理学、城市生态学以及市政工程学等诸种学科,并与它们相互交叉。城市美学对于城市社会生活美的研究,则要参照城市社会学、城市经济学、城市法学、城市人类学等,并与它们相互结合。由于城市是一个异常复杂的有机整体,是一个众多要素组成的人类生态系统,不仅组成这个整体和系统的各个部分是互相联系的,而且各个部分和整体也是密切相关的,所以城市美学从审美角度考察研究城市,不仅不能脱离从其他不同角度和侧面考察研究城市的各门城市科学,而且也不能脱离把城市作为一个有机整体来考察研究的城市学。城市学(urbanology)是日本著名社会学家矶村英一于1975年在《城市学》一书中首次提出的。按照韦氏英语大辞典的解释,它是"研究城市问题"的科学。它虽然也以各门城市科学为基础,但它又不同于仅仅研究城市的某一方面的各门城市科学,而是把城市看作一个有机整体,对它进行全面系统地综合研究,如研究城市的发生与发展、结构与功能、性质与作用、形态与布局、规模与等级以及城市化和各种城市问题等等。城市美学对于审美关系的研究,必须同城市学对城市的全面综合研究相结合,并借鉴后者提供的理论成果。

二

任何一门学科都有自己特定的研究对象,这是一门学科与另一门学科相互区别的根本标志。我们说城市美学既不同于城市科学中的其他诸种科学,也不同于美学原理和应用美学中的其他各个门类,就是因为它有特定对象。城市美学的研究对象既不是城市学的一般问题,也不是美学的一般问题,而是城市特有的审美关系问题,首先是城市美的问题。城市美或城市特有的审美关系,是一种不容忽视的存在,认识和肯定这个客观存在是城市美学得以成立的前提。也许有人认为,城市美和乡村美在具体形态上并无原则区别,城市审美关系也并无特别之处,因此不可能也无必要将它们列为城市美学的研究对象,这是对城市的本质特征和构成要素缺乏深入了解的表现。《简明不列颠百科全书》对"城市"(city)的解释是:一个相对永久性的、高度组织起来的人口集中的地方。比城镇和村庄规模大,也更为重要。① 这虽然还不能说是完备的、公认的城市的定义，但至少说明城市和乡村是有本质区别的。马克思说："城市本身表明了人口、生产工具、资本、享乐和需求的集中。"② 这也是指出了城市区别于乡村的根本特点。人口高度集中，设施和财富高度集中，活动和需求高度集中，形成了城市与非城市地区相区别的最显著特征。日本学者山因浩志认为城市必须同时具有密集性、经济性和社会性三种性质。其实。这几种性质都是与人口、物质、活动的高度集中这一根本特征相联系的。人口、建筑、财富、活动的高度集中，一方面使以建筑为主体的城市空间环境大大不同于以自然景物为主体的乡村空间环境，使城市景观远远区别于乡村景观；另一方面也使城市的社会结构、社会关系、社会交往、社会活动明显地不同于乡村，经济活动的繁荣，文化生活的丰富，人际交往的频繁，需求享受的多样……使城市生活充满了魅力，使城市的生活方式大大区别于乡村的生活方式。所有这一切，都使城市美的具体表现形态具有特殊性，从而使城市中人与现实的审美关系有别于非城市区域中人与现实的审美关系。所以我们认为，将城市美作为美的一种特殊形态，将城市中的审美关系作为一种特殊审美关系，使之成为城市美学的研究对象是十分必要的。

城市美学既以城市的美和审美关系为对象，那么，城市美和审美是如何表现和构成的呢？我们认为，弄清这个问题，才能科学地界定城市美学的研究范围和内容。有人认为，城市美学的研究范围就是由城市的建筑、园林、雕塑等所组成的"城市环境美"或城市外观美，将它和城市环境艺术或"造城艺术"混为一谈，这种观点显然是对城市美的结构和表现缺乏全面认识和理解。要全面认识和掌握城市美的结构和表现，首先对城市作为一个生态系统的结构体系要有一个全面的认识和理解。任何生态系统都是由生物群落和非生物群落所构成的整体。城市不仅是以生物群落为主体的生态系统，而且是以人类为主体的生态系统，即人类生态系统。它的结构必须包括活动着的人和人活动的场所两部分，前者是城市社会生活，后者是城市地域空间。城市就是一个以人类社会为主体，以地域空间和人造设施为环境的生态系统，社会生活和空间环境，两者缺一不可。与此相联

---

① 《简明不列颠百科全书》（2），中国大百科全书出版社1985年版，第271页。
② 《马克思恩格斯全集》第3卷，人民出版社1960年版，第57页。

系，城市美也表现于两个方面：一为城市社会生活的美；二为城市空间环境的美。城市社会美与城市空间美作为城市美的整体的有机组成部分，二者是互相联系、互相作用的，不能将它们绝对割裂分开；但两者又是不能互相代替、互相混同的。所以我们认为把城市美学的研究范围仅局限于城市空间环境美，而把城市社会生活美排除在外，是不全面、不完整的。

城市美学既要研究城市的美，也要研究城市的审美；既要研究城市美的创造，也要研究城市美的欣赏，研究城市审美活动和审美教育的规律。所以城市美学的研究对象和范围既不是单纯的城市审美客体，也不是单纯的城市审美主体，而是由城市审美客体和审美主体所构成的特殊审美关系，这也是我们在界定城市美学的研究范围时应当注意的。

基于以上理解我们认为城市美学的研究范围和内容应包括以下互相联系的几个主要方面。

（一）关于城市规划和城市设计的美学问题

城市规划是城市在一定时期发展的计划，是为了实现社会和经济方面的合理目标，对城市各项建设所做的综合部署和安排，是建设城市和管理城市的依据和前提。过去，城市规划主要是编制物质环境和空间布局的方案，侧重于工程、建筑的物质规划。今天，城市规划要在更多方面设计城市未来，并广泛运用了经济学、社会学、生态学、地理学、美学等各门学科的思想，发展为注重社会、经济、环境全面协调的多方面的综合性规划。城市规划既包括社会的、经济的、建筑工程的目标，也包括审美的目标；既要实现城市的效率、协调、安全的目的，也要实现城市美化的目的，而且应当使其互相配合、互相促进。城市设计一般是指在城市总体规划的指导下，为近期开发地段的建设项目而进行的详细规划和具体设计，是对城市体型环境所做的各种合理处理和艺术安排。现代城市设计的目标是为人们创造一个舒适、方便、卫生、优美的物质空间环境，内容包括各种建筑、公用设施、园林绿化等方面，它必须综合体现社会、经济、文化、审美等各方面的要求，使城市建设既达到各种设施功能相互配合和协调，又实现空间形式的统一和完善。城市规划和设计，要涉及自然、社会、人文多种学科，它不仅仅是城市美学一门学科的研究对象。城市美学是从审美的角度考察和研究城市规划和设计的理论和实践问题，主要研究城市环境的审美要求、城市美化与城市各种功能的关系、城市规划和设计和美学原则，以及城市总体布局艺术、城市景观营造、城市绿化和自然环境保护、城市文化遗产保护等城市规划和设计的实践问题。

(二) 城市空间环境美论

城市的空间环境是由城市的客观物质条件和设施所构成的城市的外在形态和面貌，是城市人们生活的场所和进行活动的"舞台"。城市美的形象首先就是通过优美的物质空间环境表现出来的。一般所说的"城市美化"也主要是指城市空间环境美的创造。城市空间环境是由地形地貌、自然景观、建筑群体、基础设施、园林绿化等物质要素共同组成的，研究城市空间环境的美，既要研究上述各构成要素之间所形成的整体美，也要研究各构成要素自身的美。其中，建筑艺术、园林艺术、雕塑艺术、绘画艺术是城市空间环境美要研究的重点内容。

建筑是城市空间环境的主体部分。按照使用功能可分为居住建筑、行政办公建筑、文教卫生建筑、工业建筑、纪念性建筑等，此外还包括城市街头、广场、绿地等处室外环境中的"建筑小品"等。建筑包括技术和艺术两个方面。城市美学研究城市建筑艺术的特征和基本规律，揭示城市建筑艺术和一定时代审美观念的联系，探讨城市建筑美的创造等问题。

园林绿地是城市空间环境的另一重要部分，它包括城市公园、街道绿化、居住区绿化、公共建筑区绿化、工厂绿化、校园绿化以及城市风景区等。对园林的研究包括园林技术和园林艺术。城市美学研究园林艺术的特征和基本规律，探讨园林风格与民族文化传统和审美意识的关系，阐明园林美创造的内容、形式、技巧、手法等。

雕塑和绘画作为与城市建筑和园林密切相关的部分，对城市环境美化起着特殊作用，是城市空间环境美中观赏价值特别突出的因素。在城市中心和城市广场以及宗教性和纪念性建筑物上，雕塑和绘画对空间美的创造所起的作用尤其不可忽视。它不仅是城市的主要人文景观之一，而且也往往是城市历史文化的主要体现。城市美学研究城市雕塑和绘画艺术的特性，它与建筑艺术、园林艺术的关系，以及城市雕塑和绘画的创作问题等。

(三) 城市社会生活美论

城市是以人为主体的一个集约人口、集约经济、集约科学文化的空间地域系统，是一定地域中的经济实体、政治社会实体和科学文化实体的统一。城市美学紧扣城市社会生活的特点和特殊问题，从审美角度研究城市的经济活动、日常生活、人际关系以及行为规范等方面问题，探讨城市社会美的构成和城市社会生活的审美价值标准。

城市经济活动是城市整个社会生活的基础。经济活动在空间上的高度集中和经济效益的聚集是城市经济活动的突出特点。不同于以农业为主的农村，城市是工业生产和商品交换集中的地方。与城市的经济活动特点相联系，工业品设计、商品包装、橱窗陈列、广告创意等，都是城市美学需要从审美角度进行研究的内容。

城市生活方式是在城市的特定历史条件和特殊社会环境中形成的、为市民所共有的生活活动形式的总和，其中包括城市居民享受物质的和精神的消费品以及由个人支配的闲暇时间的方式。结合城市生活方式的特点，探讨城市居民日常生活的美化（如家庭室内装饰、服装、美容等）以及业余审美文化活动（如文娱、体育、健美、种花、养鸟等），构成了城市美学的另一个研究内容。

城市人际关系是由城市特殊的社区环境所形成的人与人之间直接的生活交往关系。由于人们之间的交往范围扩大，交往频率加快，人际关系显得特别复杂和多元化。同时，为了维护社会秩序，形成良好的社会风气，为城市的经济社会发展创造良好环境，对市民的行为方式、伦理规范也有一定的要求和规定。从审美角度研究城市人际关系和行为方式，包括公共关系、礼节仪式、习俗风尚、行为规范等等，也是城市美学不可缺少的内容。

（四）城市居民的审美心理和审美教育

城市居民既是城市生产和生活的主体，也是城市审美活动、审美关系的主体。他们不但参与城市美的观赏，从优美的城市环境和生活活动中得到美的享受，而且参与城市美的创造。城市美学既要研究作为审美对象的城市美的客观存在，又要研究作为审美主体的城市居民的审美意识、审美心理。城市居民的审美意识包括在城市特定的社会历史环境中所形成的审美理想、审美观念、审美标准、审美情趣和审美需求等等。它们是城市居民在感受、认识、观赏和创造城市美的过程中逐步形成的，同时又反过来对城市美的观赏和创造起支配作用。城市美学要研究城市居民审美心理的特点，城市居民审美意识和道德意识、科学意识的关系，城市居民审美意识形成和发展变化的规律，等等。

城市审美心理的建构和审美意识的形成，离不开审美教育。城市审美教育是通过城市的审美和艺术活动，陶冶人的情感，美化人的心灵的一种教育活动。它和城市的思想道德教育、科学文化教育互相结合，在提高城市居民素质，铸造城市居民性格中起重要作用，城市美学要研究城市美育的特点和作用，城市美育与德育、智育、体育的关系，城市美育的实施途径和方法，等等。

三

城市美学以城市美和城市审美关系为对象，既研究城市环境美的建设，又研究城市居民心灵美的培育，因此，它在城市物质文明建设和精神文明建设中都具有不可忽视的作用。

首先，城市美学是指导城市规划和建设的基础理论学科之一，对城市建设具有重要作用。城市建设是国民经济和社会发展的一个重要组成部分，与经济和社会发展相辅相成，互相促进。把城市建设好，对生产力发展，对文化、科技、教育的发展，都会起到巨大的推动作用。形成清洁、优良、具有民族风格的城市环境，是城市建设的目标之一。城市现代化的进程，对城市建设提出越来越高的要求。作为城市现代化的标志，不仅要有完备的生产、基础设施，齐全的文化、服务设施以及合理的内部结构，而且要有优化的生态环境。现代化城市就应当是高效率、协调、安全和美观的统一，城市居民应当生活在清洁、优美、舒适、安静和无害于健康的环境之中。如何实现这一目标和要求，是现代世界各国城市（特别是大城市）建设中必须解决的一个难题。以日本的东京为例，城市建设和环境优化两者之间的矛盾就显得十分突出。自20世纪60年代以来，随着城市规模扩大，东京市内高层建筑拔地而起，由于技术上缺乏审美考虑，大面积的高层建筑形成没有个性的空间，也没有充分照顾到这座名城过去建设上所具有的特点。历史形成的颇具特色的东京旧城区，在头绪不清的规划结构中，已显不出有什么突出之处。由于城市规模扩大和建筑混乱对东京环

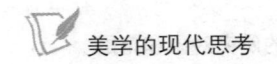

境所带来的恶劣影响，已经引起许多日本专家的焦虑。东京城市建设中存在的许多问题，恰恰是城市美学需要深入研究和加以解决的问题。

其次，城市美学与城市社会生活联系紧密，对城市社会进步具有促进作用。城市是人类文明的智慧成果，在社会发展中扮演着重要角色。列宁说："城市是经济、政治和人民的精神生活的中心，是前进的主要动力。"[①]城市在社会发展中的重要作用，是通过城市的经济发展和社会全面进步实现的。城市社会进步是指一种符合社会前进和发展趋势的定向性的社会变迁，它受经济发展和生产力水平的制约，但又有自身的发展规律。城市人口居住聚集，社会结构复杂，文化变迁迅速，各种社会矛盾和社会问题也表现得较为集中、突出。如何综合治理和正确解决城市化和现代化过程中所产生的各种城市社会问题，使城市在经济发展和繁荣的同时，保持良好的社会精神风貌，是实现城市社会全面进步的一个关键问题。为此，我们必须在抓好城市经济发展的同时，抓好城市的社会主义精神文明建设，在城市建立良好的社会秩序，树立美好的社会风尚，培育和谐的人际关系，提高居民的思想、文化和审美素质，使人人都学会按照健康、文明、科学的生活方式交往、工作、劳动、生活。在这方面，城市美学对于城市社会生活的审美规律和城市居民审美意识的研究，无疑是有重要的理论和实践意义的。

最后，城市美学对城市客体审美对象和主体审美心理的科学研究，对引导城市居民树立正确的审美观念，推动城市审美文化的健康发展，亦具有指导意义。现代城市不仅具有良好的物质生活设施，而且具有完善的文化生活设施。各级各类学校、图书馆、博物馆、美术展览馆、剧场、电影院、广播、电视、音乐厅、歌舞厅和其他大众性的文化活动场所，为城市居民开展文化和艺术的审美活动提供了各种优越的条件。随着城市现代化建设的发展，居民生活水平的提高，人们的物质和精神方面的需求也会更加丰富多样，对物质生活和精神生活方面的审美需求也会越来越高。同时，科技发展和社会进步，使城市居民社会闲暇时间总量以及闲暇在社会总时间量中的比重将会不断增加，从而为市民按照个人兴趣参加各种文化娱乐、艺术、体育等审美活动提供了更多的机会。利用闲暇时间从事文娱

---

① 《列宁全集》第19卷，人民出版社1955年版，第264页。

审美活动，以获得精神的愉快和享受，将会成为城市居民越来越重要的社会消费方式之一。所有这些都说明城市审美活动和审美教育，对城市居民日常生活和精神面貌的影响，对城市社会进步的作用是不可忽视的。任何审美和艺术活动，都不同程度地包含有一定的教育意义。审美教育和文化知识教育、思想道德教育是互相联系、相辅相成的。审美素质的提高必将促进文化素质和道德素质的提高。健康的审美活动和正确的审美教育能引导人们的精神积极向上；颓废的审美活动和错误的审美教育，也能诱使人们精神消极沉沦。这就需要城市思想、文化、教育、艺术等部门的管理者对城市文化娱乐和审美活动进行积极的、正确的引导，把审美教育贯穿于各个方面，以培养市民正确的审美意识，形成健康的审美心理。这是城市社会主义精神文明建设的一个重要内容。城市美学研究的深入开展，必将加深人们对城市审美活动规律性的认识，从而为实现这一目标提供科学的理论依据。

(原载于《长沙水电师院社会科学学报》1993年第1期)

城市空间环境美与环境艺术的创造

一 城市空间环境美的性质和特点

城市美包括空间环境美和社会生活美。一般说来，空间环境美主要涉及城市物质的、外在的、静态的方面，而社会生活美则主要涉及城市精神的、内在的、动态的方面。空间环境美主要是通过物及其相互关系来体现的，而社会生活美则主要是通过人及其相互关系来体现的。但是，这两者的分别不是绝对的。空间环境美是通过一定的物质形态来体现的，但它也蕴含着精神或文化的内容。只有物质形式和精神内容的结合，才能形成真正意义上的空间环境美。

城市空间环境美是由一定的物质存在和物质材料所构成的，它不能脱离客观存在的物质环境。城市物质环境包括自然和人为的两方面内容，而两者又是互为依存的，即自然环境中有人为部分，而人为环境又以自然为依托。所以，城市空间环境美既不是单纯的自然环境美，也不是单纯的人为环境美，而是自然美和人文美、艺术美的相互渗透和结合。

城市空间环境美的主要特点在于：

1. 整体美。城市空间环境的各个组成部分——自然环境、建筑、园林绿化、雕塑、壁画、工艺美术、小品建筑、广告、装饰艺术等，是一个相互关联、相互作用的复合体。各构成因素之间和各构成因素内部之间的相互协调有机组合，形成了城市环境美的总体效果。美国现代建筑师伊利尔·沙里宁对欧洲中世纪城镇建筑和现代城市建筑进行了比较研究和分析，认为城市建筑与建筑之间，建筑与其他环境因素之间的相互协调，是形成城市美的重要条件。他说："一个城镇之所以成为真正的美的奇迹，就是因为它的房屋能够恰当相互协调。如果没有这种相互协调，那么无论有多少美丽的房屋，城镇的面貌仍旧会变得散漫杂乱。"[1] 据此，他提出"有机整体"和"相互协调"应是城市建筑和空间环境美的基本原则。从整体美出发，沙里宁还非常重视城市天际轮廓线的作用，认为"建筑群和天际轮廓线的韵律特征，反映着时代和人民的特征"[2]，"天际线是城市性质、功能及目标——物质上精神上的——的真实反映"[3]。所以，表现力十分丰富并具有抑扬起伏的韵律特征的城市天际线，就是城市整体美的一种集中表现。如意大利文艺复兴时代的名城——佛罗伦萨，即是以优美的天际轮廓线体现城市空间环境整体美的一个典型。

2. 形式美。城市空间环境美主要表现在空间形式的营造。自然景观和人文景观均以体现、色彩、光影、结构等形式因素取胜，主要作用于人的视觉经验。建筑体形和空间组织的变化和谐、多样统一、对立互补，是形成空间环境美的基本形式法则。按规划建造的中外许多城市，在城市布局和空间安排上，往往较明显地体现出各形式美的基本法则。如中国古代城市布局的传统特征，就是表现在依照形式美的法则，形成中轴线对称的平面布局，并采用既统一又富于变化的空间处理手法，以中轴线突出主要建筑物，从而在空间布局和形式美中反映出封建社会的主次分明、不正不威的等级观念和秩序感。唐长安城、元大都城都是采用这种中轴线对称手法规划城市的总体布局，至明清北京城达到更高的艺术水平，不仅中轴线加长，而且更富于变化。沿中轴线建造的重重城门，比例大小不同的各种广场，城门内外设置的华表、牌坊等建筑物，不仅以建筑的高低错落增加了空间的变化，而且使主要宫殿衬托得更为雄伟壮丽，充分显示出中国古代城市空间艺术在创造形式美上的高超技巧。

3. 意境美。城市环境美虽然要借助于多种物质材料、物质形式，但它不是物质材料、物质形式的简单堆积和组合。在物质环境创造中，体现着人的需求、目的、理想、愿望，曲折地反映着一定时代人们的生活理想和

---

[1] ［美］伊利尔·沙里宁：《城市：它的发展、衰败与未来》，顾启源译，中国建筑工业出版社1986年版，第46页。
[2] ［美］伊利尔·沙里宁：《城市：它的发展、衰败与未来》，顾启源译，中国建筑工业出版社1986年版，第13页。
[3] ［美］伊利尔·沙里宁：《城市：它的发展、衰败与未来》，顾启源译，中国建筑工业出版社1986年版，第161页。

审美理想。城市空间环境的建造，既体现了物质的、实用的价值，也体现了精神的、文化的价值。城市建设的面貌既反映着一定时代、一定民族、一定地方的物质生活，也反映着一定时代、一定民族、一定地方的精神生活。这诸多方面的融合统一，便形成城市的意境或意象。中国园林古时以其有无意境或意境深浅作为衡量格调高雅低劣的标准，代表着对于空间环境美的一种更高的追求。城市建设亦应如此，因为它最终要造成一种艺术的境界，形成意境美。城市建设理论家凯文·林区在《都市意象》一书中，对城市环境意象的作用和构成要素作了较具体分析。他认为："任何一人城市似乎都有一个共同的意象，它是由许多个别的意象重叠而成的。"① 城市意象的构成要素，一为物质存在，二为结构，三为意义。他强调："我们所需要的环境，不仅要有好的组织，还要有富于诗意与象征性的外表。"②"生动和谐的环境意象对享受都市生活而言，是一项特别重要的因素。"③ 城市意境既是形式与表现、结构与意义的统一，也是观察者与被观察物相互感悟的结果。中国古代诗词中有许多是反映了古代城市的意境美的。如柳永的《望海潮》："烟柳画桥，风帘翠幕，参差十万人家"，就是对杭州城意境美的生动描绘，显示了这个风景名城的特殊魅力。意境可以说是城市传情达意的眼睛，意境美当然也就是城市美的最高体现。

4. 个性美。城市自然环境多有特色，城市性质与职能各有不同，城市历史文化发展和建筑形式风格亦各有特点，这一切形成了城市环境建设的独特个性和风格。城市历史文物建筑和自然风景名胜，对形成城市环境特色具有重要作用。M. B. 波索欣说："城市美观是无数特点，其中主要是建筑面貌上的个性和特殊性构成的。"④ 城市环境的个性和独特风格，是城市环境美的重要内涵。每个城市都具有自己的个性，城市规划建设应充分发挥它的个性特色，以增添其环境美。如法国首都巴黎，是有悠久历史和灿烂文化的世界名城，也是国际交往中心和旅游胜地。该城在规划建设上既十分珍视传统文化，又积极地适应经济和社会生活发展的需要，始终保持

---

① ［美］凯文·林区：《都市意象》，宋伯钦译，台湾：台隆书店1981年版，第46页。
② ［美］凯文·林区：《都市意象》，宋伯钦译，台湾：台隆书店1981年版，第120页。
③ ［美］凯文·林区：《都市意象》，宋伯钦译，台湾：台隆书店1981年版，第119页。
④ ［苏］M. B. 波索欣：《建筑·环境与城市建设》，冯文炯译，中国建筑工业出版社1988年版，第34页。

着城市面貌的和谐统一和个性特色。特别是沿塞纳河形成的以卢佛尔宫和雄师凯旋门为重点的市中心，独具特色的大型纪念性建筑大都布置在广场或街道的对景位置上，并与大道、广场、绿地、水面、林荫带组成完整的统一体，成为现今世界上最具特色也最为壮丽的市中心之一。屹立于市中心的著名纪念性建筑，如巴黎圣母院、爱丽舍宫、凯旋门、埃菲尔铁塔以及卢佛尔宫、巴黎歌剧院等，作为法兰西历史和文化的象征，具有独特的建筑风格和艺术魅力。

二　城市空间环境美的构成因素

（一）城市自然环境之美

任何城市都是在一定地理环境中形成的，特定的地形地貌和自然条件，是城市产生和发展的依托。自然环境及特征是城市建筑和人工环境创造的前提。城市建筑和人工环境与自然环境的协调和统一，是形成空间环境美的必要条件。中国古代"天人合一"说强调天与人的关系紧密相连，不可分割。其中一个重要思想是强调人是自然的一部分，人们行事必须遵循自然规律，以达到人与自然的和谐与协调。这种哲学思想反映在艺术上，就是注重自然天成之美。中国传统建筑艺术以及园林艺术，也都十分重视依托、利用、借助自然环境。如《园冶》提出"虽由人作，宛自天开"的造园思想，就是要求将人工和自然有机结合起来。从崇尚自然的思想出发，中国古典园林发展出与西方古典园林不同的"山水园"，将建筑与山、水、花木等自然因素有机地组织在一系列风景画面之中，从而形成了人工与自然高度和谐的审美境界。在现代城市建设中，如何使人工环境与自然环境协调和统一起来，注意保护自然环境并不断开拓城市自然景观，使生活环境更接近大自然，已经成为城市规划和建筑工作者需要认真考虑的问题。解决好这个问题，不仅有助于创造出富有特色的城市景观，使城市环境美大为增色，而且有利于城市自然生态环境的保护和平衡，直接影响到城市居民的生活质量。早在19世纪末，英国社会活动家E.霍华德就曾针对现代社会出现的城市问题，提出过"田园城市"的概念，意在建设一种兼有城市和乡村优点的理想城市，使城市的自然空间、自然环境受到保护。这一思想对现代城市规划思想的发展产生了较大影响。我国著名科学家钱学森近年来提出了"山水城市"的新概念,认为"山水城市的设想是中外文化的有机结合,是城市园林与城市森林的结合"[①],这也是强调城市的自然环境的保护和开拓问题。自然景观是城市环境美不可缺少的部分。保护并开拓城市自然景观,发挥其特色,对创造城市空间环境美具有重要意义。

(二) 城市建筑空间之美

建筑是城市人工环境和人文景观的主体,是构成城市轮廓线的基本因素。建筑的密集和高度集中,是城市环境和乡村环境的显著区别,因而也是城市景观中最富特色的部分。著名建筑师伊利尔·沙里宁指出:"城市设计基本上是一个建筑问题。"可见,建筑在组成城市景观和空间环境美的诸要素中居于核心的地位。建筑美包括个体形象美和空间组合美。城市建筑之美不应仅仅着眼于建筑个体,更应着眼于建筑群体和空间组合。伊利尔·沙里宁在仔细考察和分析了欧洲中世纪著名城镇建筑和设计之后得出结论:这些城镇之所以能形成如此生动美好的面貌,不是光靠多建漂亮的房屋,而是得益于这些房屋在形式上的相互协调。据此,他指出:"一个城镇之所以成为真正的美的奇迹,就是因为它的房屋能够恰当地相互协调。如果没有这种相互协调,那么无论有多少美丽的房屋,城镇的面貌仍旧会变得散漫杂乱。"[②] 现代建筑的整体观念不光是求得建筑个体形象的尽善尽美,而且要求建筑与建筑之间、建筑与整体环境之间和谐统一。城市建筑设计要根据城市景观的总体要求,仔细推敲城市空间的比例、尺度、序列和建筑群的色彩、高低、体型、质地和韵律节奏等,遵循统一、变化和协调的美学规律,形成既统一有序而又变化多样的城市建筑艺术的整体美与和谐美。城市建筑艺术是一种有很强综合性的造型艺术,不仅建筑与建筑之间要讲究统一、变化与和谐,而且建筑与自然环境、建筑与园林绿化、建筑与雕塑和小品之间也要相剂互补、和谐共存,才能形成空间环境美。建筑群应充分结合自然条件,并同周围环境取得有机联系,这不仅可使建筑群取得和谐与完整的效果,而且能形成在形式和层次上丰富多样的

---

① 钱学森:《科学的艺术与艺术的科学》,人民文学出版社 1994 年版,第 277 页。
② [美] 伊利尔·沙里宁:《城市:它的发展,衰败与未来》,顾启源译,中国建筑工业出版社 1986 年版,第 46 页。

景观。建筑作为一门艺术具有意识形态性，要受到一定时代社会生活、社会思潮和社会心理的影响，从而在建筑形式和风格上留下深刻烙印。不同时代、不同国家、不同民族在建筑形式和风格上各有自己特点。在城市建筑设计中，如何将建筑的时代特点和民族特色巧妙地结合起来，达到继承与创新的辩证统一，是建筑艺术美创造中的一个重要课题。

（三）城市园林绿化之美

城市园林绿化具有多重作用和价值。在城市构图和环境美化中，园林绿化是一个十分重要的因素。园林绿化与城市建筑互相衬托，相得益彰。公园、绿地、绿化带、林荫道，除生态作用外，对于营造城市景观、丰富城市色彩、提供休憩场所、创造舒适环境，均具重要作用。正如美国风景建筑师协会主席 C. W. 埃利奥特所说："市民由于很少接触到乡村景色，迫切需要借助于风景艺术（创作的自然）充分得到美的、恬静的景色和天籁。"[①] 鉴于城市园林绿化美的特殊作用，在城市规划和设计中，城市园林绿地系统的规划和建设已成为必不可少的部分。城市园林绿地系统包括城市公园、绿地、林荫道以及绿带等，其主体是各种类型的公园。公园的设计和建设，既要适应现代城市环境和地区自然条件的特点，又要按照园林艺术的原理，采用园景创作的各种手法，将植物、水体、山石和建筑等造园要素巧妙而有机地组织起来，构成别具特色的景区和景点，形成多样统一、主次分明的艺术构图和丰富多彩的风景画面，达到"巧夺天工"——人工和自然高度和谐的境界，这样才能充分显示园林艺术的魅力，给人以美的享受和情感的陶冶。

（四）城市雕塑、壁画、工艺美术之美

城市雕塑、壁画和工艺美术（包括各种小品建筑）与城市建筑、园林是结合为一体的艺术，是城市空间环境美不可缺少的组成因素。城市雕塑不仅对于美化城市环境具有特殊作用，而且还往往成为城市历史和文化的重要标志。诗人把城市雕塑比喻为城市的眼睛。实际上，许多杰出的城市雕塑确实就是城市的象征，对城市的性质、特点、历史和文化发展起到了

[①] 载《中国大百科全书·建筑 园林 城市规则》，中国大百科全书出版社 1988 年版，第 12 页。

"画龙点睛"的作用,正如人们谈到佛罗伦萨就会想到"大卫"雕塑,谈到纽约就会想到"自由女神"像那样。城市雕塑包括纪念性雕塑、装饰性雕塑、主题性雕塑和功能性雕塑多种,它们在使用功能上不完全相同,给予人的审美感受也不完全一致。但作为城市雕塑,它们又具有与一般室内雕塑相异的共同特点。首先,城市雕塑要与城市建筑和周围环境相协调,形成有机整体。城市雕塑主要置于城市广场、街头、主要建筑和风景园林等处,所以,它不是一种孤零零的存在,而是和周围的空间环境有重要联系的。黑格尔说:"艺术家不应该先把雕刻作品完全雕好,然后再考虑把它摆在什么地方,而是在构思时就要联系到一定的外在世界和它的空间形式和地方部位。在这一点上雕刻仍应经常联系到建筑的空间。"[①] 这对于城市雕塑艺术家来说尤为重要。城市雕塑与建筑在艺术上应当巧妙地互相呼应,互相衬托,使之与周围环境空间融为一体,形成相互统一对比的总体审美效果。其次,城市雕塑要与城市的历史文化相和谐,体现城市的个性和特点。每个城市都有自己的历史和文化,它们以各自的特殊性反映了时代的、民族的和地方的特点。作为意识形态的城市雕塑艺术要以自己的艺术个性体现城市历史文化的特点。正如一看到狮身人面像,就会使人想到曾孕育古老文明的埃及;一提起美人鱼,就会记起那诞生安徒生童话的国度一样。最后,城市雕塑立意要具有永恒性,以适应它在审美上的广泛性、永久性和具有一定强制性等特点。深入认识和把握上述城市雕塑的艺术规律,对于提高城市雕塑的艺术质量,创造城市雕塑美,是非常重要的。

(五) 城市历史文物景观美

历史文物建筑,包括建筑、园林、雕塑等历史文化遗产,是过去时代环境艺术的结晶,具有很高的文化价值和审美价值。它们作为城市发展的象征、历史文脉的体现和文化特色的反映,对观赏者、游览者具有独特的艺术魅力和审美作用。保护历史文物景观,是城市开发建设和改造中极需重视的一个问题。早在1933年,《雅典宪章》就已从城市规划角度提出了保护古建筑问题。1964年在联合国科教文组织倡导下提出的《威尼斯宪

[①] [德] 黑格尔:《美学》第3卷,朱光潜译,商务印书馆1979年版,第111页。

章》，专门就保护城市文物建筑的历史地段问题，从理论和实践上作了阐明，从而推动了全世界的历史文物和古建筑的保护工作。我国1982年公布的《中华人民共和国文物保护法》和1984年颁布的城市规划条例，也都对保护城市历史建筑作出规定。保护城市历史建筑和文物景观，应列为城市总体规划的一项重要内容。对于历史名城，要求在逐步实现城市现代化的过程中充分保存和发挥其固有的历史文化特点，并把两者有机结合起来，对于集中反映历史文化的老城区、古城遗址、文物古迹、名人故居、古建筑、风景名胜等，都要采取有效措施，严加保护。在城市发展史、建筑史上有重要意义的历史建筑（如某种建筑艺术风格的代表作品），长期以来被认为是城市的标志性的历史建筑，艺术价值较高、造型优美、对丰富城市环境面貌有积极意义的历史建筑，等等，一般也应考虑作为保护对象。这就要求在城市规划和改建中，采用某些巧妙的、协调的手法，将城市现代化建设和改造与保存城市历史文物景观统一起来予以整体的考虑，使现代建筑与历史建筑有机结合，相得益彰，形成两者协调共存之美。

三 城市环境艺术的内涵和特征

环境艺术是利用各种艺术和技术方式和手段，对体型环境进行总体艺术设计，以创造空间环境美的一种综合性艺术。顾名思义，环境艺术包括环境和艺术两个方面。其创作一方面是依托实物环境，从实物环境出发；另一方面又要将实物环境艺术化，在实物环境中创造出一种艺术气氛或艺术境界，从而使城市实用功能与审美功能达到统一。按艺术原则进行城市建设，按艺术方式改造环境，就是环境艺术所要达到的根本目的。

城市环境艺术涉及几乎所有物质形态的环境构成要素。其中包括自然环境、建筑艺术、园林艺术、雕塑艺术、壁画艺术、工艺美术、广告艺术、装饰艺术、书法艺术等等。但是，环境艺术并非这些构成要素和门类艺术的简单的、机械的相加，而是以人为中心，以创造空间环境美为目的，将上述各种要素和艺术手段有机结合和统一起来。环境艺术具有本身的独特规律。它着重在协调环境与人之间、环境诸因素之间、各因素内部组成成分之间的关系，以寻求环境的整体审美效果。

环境艺术的思想和实践由来已久。如欧洲中世纪城镇设计和建筑安排中，要求建筑与自然环境之间、各种建筑之间、建筑与雕塑之间互相配合，以达到形式的和谐与统一。又如中国古典园林艺术，强调园林建筑与自然环境的融合，使建筑与山、水、花木这三个造园要素有机地组织在一系列风景画面之中，产生彼此协调、互相补充的效果。但这些思想和实践还没有形成为现代意义上的环境艺术概念和理论。

现代环境艺术的理论和实践，其形成和发展是和现代建筑艺术、环境雕刻艺术、城市园林艺术以及城市设计等方面的发展相联系的。现代建筑的整体观念往往不在于求得单体建筑自身形象的完美无缺，而在于求得它与整体环境的有机结合。建筑与建筑、建筑与自然、建筑与各种环境中的物态化要素，都在环境艺术美的系列秩序中相映互补、和谐共存。如美国建筑大师 F. L. 赖特提出"有机建筑"的概念，强调建筑应当像植物一样成为大地的一个基本和谐的要素，从属于自然。每座建筑都应当是特定的地点、特定的目的、特定的自然和物质条件以及特定的文化的产物。赖特特别重视建筑与环境的联系，主张建筑应与大自然和谐统一。他说："建筑是自然的点缀，自然是建筑的陪衬，离开了自然环境，你欣赏不到建筑的美，离开了建筑，环境又缺少一点精灵。"[1] 又如美国现代建筑师伊利尔·沙里宁提出城市建筑相互协调的原则，认为建筑与周围环境的相互配合、建筑与建筑之间的相互协调才能形成城市环境的整体美。他说："我们正开始不再强调对个体建筑的注意，而更多地考虑各类建筑物之间的关系了。"[2] 又说："任何新建的房屋，必须表现当代生活的要求，而且必须同它的环境相配合。"[3] 1977 年签署的《马丘比丘宪章》也指出，城市设计不是着眼于孤立的建筑，而是追求建成环境的连续性，即建筑、城市、园林绿化的统一。这些新的城市建筑和设计思想都为现代环境艺术的形成提供了理论基础。

20 世纪 60 年代以来，环境雕刻艺术作为一种艺术形式开始引起人们注意。环境雕刻艺术可以追溯到 50 年代中期以后兴起的波普艺术。波普艺术家主张艺术要回归到日常生活中去。他们把日用物品加以复制陈列出

---

[1] 参见《世界建筑导报》1987 年第 11 期。
[2] 参见《建筑师》(7)，中国建筑工业出版社。
[3] [美] 伊利尔·沙里宁：《城市：它的发展、衰败与未来》，顾启源译，中国建筑工业出版社 1996 年版，第 50 页。

城市空间环境美与环境艺术的创造

来,或将其放大树立在城市户外环境中。至 60 年代,开始在美国形成环境雕刻艺术。"环境艺术"的创造人 A. 卡普罗说:"环境艺术必须是能让人走进去的,这一点就与传统雕塑有所不同,另一方面,环境艺术的空间并不具有居住的实用机能,如此又与建筑有所差异。"[①] 环境艺术雕刻家强调要把观众置于艺术品之中,而不是仅把艺术品置于观众之前,并且注重意境和氛围的渲染。其中,有的着重于室内环境艺术雕刻,如美国著名环境艺术雕刻家 G. 西格尔等;有的则更多着重于大自然和城市的户外环境雕刻,如美国"大地艺术"的代表艺术家 R. 史密森等。环境雕刻艺术力图将雕塑、绘画、建筑及其他观赏艺术结合起来,创造出一种使观众有如置身于其中的艺术环境,以便打破生活与艺术之间传统的隔离状态。这对现代环境艺术的形成和发展也起了重要作用。此外,城市园林化的思想的提出以及现代城市园林艺术的发展,环境设计以及大地景物规划等学科的进展,都从各个方面推动了现代环境艺术理论和实践的发展。时至今日,建立一门以环境艺术为研究对象的"环境艺术理论"或"环境美学",已成为当代美学和艺术研究的一项迫切而重要的任务。

城市环境艺术创造的基本特征和要求是:

第一,追求个体与整体的协调,着眼于环境对于人的整体艺术效果。环境艺术是以人为中心和出发点的,其基点在于形成和完善人与环境之间的审美关系。因此,它要求从人出发,对环境中各构成因素以及各因素内部组成成分做完整、统一、有机的设计与安排,使之形成和谐、协调的有机整体。它不是仅仅强调环境中某个构成要素、某个单体的个别效果,而是强调各种要素、各个单体之间的相互关联和作用,以达到某个特定空间环境的整体艺术效果。因此,它是一种总体设计的艺术。环境艺术家不能仅仅着眼于某一建筑、某一雕塑、某一小品本身的美,而且尤其要着眼于它们相互之间的关系及其在整个环境形象中的审美效果,使之在相映互补、和谐对比之中,形成完美统一的环境艺术形象。

第二,追求形式与表现的统一,力求创造独特的环境意象。环境艺术的各构成要素,主要以形式取胜。空间环境的艺术化,主要也表现在运用艺术形式美的法则,对环境中各构成因素及空间组合进行设计、安排。形

---

① 参见《西洋美术辞典》,台湾雄狮版。

式美，是环境艺术首要的追求目标。同时，环境艺术的形式美与表现性是结合的、统一的。形式与情感、意味的联系，使空间环境带有一定氛围、情调，给人以不同的情绪感受，从而对人形成特定的环境意象。

第三，追求自然与人工、物境与人文的结合，具有浓厚的时代感和民族性。环境艺术要巧妙地处理自然环境与人工环境、物质形态与文化内涵之间的关系。它在营造人类生活的物质空间环境时，自然反映着一定时代、一定民族、一定地域的生活状况和要求，熔铸着时代、民族、乡土的文化特色、精神风貌、审美观念。成功的环境艺术创造因而具有鲜明的时代、民族和地方的特色和风格。

第四，追求主体与客体的融合，要求公众——观赏者的积极参与。如果说一般艺术的欣赏是将艺术对象置身于观赏者的面前，那么，对于环境艺术的感受则要求观赏者置身于审美对象之中。环境艺术是以公众——观赏主体为中心而设置的。它对作为观赏主体的公众具有某种强制性，即不管你是否愿意观赏，它已经不可回避地作为环境存在于你的周围。环境艺术的空间不是单纯的客观物质空间，而是人化的空间，是物质空间和心理空间的统一。环境意象可以说是作为物质环境的客体与作为观赏者的主体共同创造的。环境艺术与人的生活空间是结合的。人在生活空间中的行动产生视点的改变，由此所形成的空间也随之改变并具有了时间顺序。由于时间的加入，空间不再被认为是三维的，而是以四维的形式出现。这就使环境艺术不仅具有空间序列，而且具有时间序列，从而随着审美主体观赏角度和视点的变化，在静态和动态的发展关系中呈现出多样变化的形式和形象。

环境艺术对城市空间环境美的创造、欣赏以及城市居民审美教育，都具有重要作用。环境艺术的创造是城市规划、设计和建设的一项重要内容。它需要城市规划师、设计师、建筑师、美术家、园林艺术家、装饰艺术家、美学家、环境科学家等各个方面的协同工作、互相配合。

（原载于《文艺研究》1995年第6期）

后 记

本书收入的论文，是从我近十年发表的美学研究成果中选出的。内容包括审美理论、艺术理论、中外比较美学、西方现代美学、城市美学等方面的研究。其中反映出我对当代美学研究中一些基本问题的理论思考和看法，而基本的努力目标是要在马克思主义指导下，在继承传统美学思想精华和吸纳当代美学优秀成果的基础上，对以审美和艺术为中心的现代美学问题作一些新的探讨，以促进中国化的科学的现代美学的建设。这也是我选择"美学的现代思考"作为书名的原因。

尽管美学中的"反传统观念者"主张大胆地抛弃传统，宣布传统美学理论正在消亡，但是，传统美学理论对现代美学发展和建设的价值和作用在客观上却是无法否定的。正如恩格斯所说："每一个时代的哲学作为分工的一个特定的领域，都具有由它的先驱者传给它而它便由以出发的特定的思想资料作为前提。"（《致康·施米特》）美学作为哲学的一个部门，毫无疑问也是如此。建立科学的现代美学，必须以传统美学理论作为出发点和前提。从当代实际出发，对传统美学思想和理论进行重新认识和评价，是现代美学发展和建设的一个必不可少的工作。

然而，实践在发展，时代在前进。新的实践、新的时代也呼唤着美学的变革与发展。人类生产和生活早已迈上了现代化的历史进程。从现代生活到现代艺术，从现代科技到现代哲学，现代文化的形成和发展，极大地改变了人们的价值观念和行为方式，也改变了人们的审美意识和审美经验。与此相适应，在美学研究上也应该寻求新的变革与突破。如何推动美学从传统走向现代，建立适应新时代、新实践需要的科学的现代美学，是摆在当代美学家们面前的一个十分艰巨的任务。在我曾经参加的第 12 届国际美学会议上，要求"美学变革"和"美学重建"几乎成了与会的数百位来自世界各地的美学家的共识。正如有的学者所指出，我们现在需要重新发现推动审美和艺术的更巨大和强有力的文化力量。可以说，当代美学的变革是现代文化进程导致的必然结果。我们只有自觉地认识它、把握它，才能使美学适应现代文化的进程，并对现代文化建设产生积极的作用。

读者从本书中不难发现，我的努力是要在传统和现代之间建立一种联系，以便从新的实践出发，进行开放性、创造性的美学理论研究。这里首先要考虑的，是如何继承和发展马克思主义创始人的美学思想。马克思主义美学是美学中的一次伟大的革命变革。马克思、恩格斯关于审美和艺术的基本原理和论述，是建立在辩证唯物主义和历史唯物主义哲学基础上的科学论断，应该成为我们建立科学的现代美学的基石。当然，这些论断也要随着实践的发展而发展，也要赋予时代的新内容。其次，是如何对中外传统美学思想重新进行认识和评价，对传统美学理论中的概念、范畴、命题给予新的阐释和改造，以便继承其中合理的东西，并使之与现代文化、审美和艺术发展的实际相结合。再次，是要对现、当代西方美学进行科学的分析和评估。20世纪以来，西方美学在研究领域、研究对象、研究方法上都发生了重大变化，各种美学思潮、流派和学说相互更迭，林林总总。如何借鉴其在推动美学走向现代方面的积极的研究成果，而又清醒地看到并设法克服其不足和局限，也是我们在建设科学的现代美学中必须研究的课题。最后，最重要的，是从当代实际出发，紧密结合审美和艺术实践，融汇古今中外，借助现代科学新成果，并以马克思主义为指导，在现代水平上进行创造性研究，对美学的基本理论以及审美和艺术实践中提出的新问题做出新的阐释和解答。收集在本书中的数十篇论文，基本上就是沿着上述思路进行美学探讨的种种尝试。书中的许多看法，虽然经过了认真思考和研究，并尽可能参考了有关的其他意见，但由于涉及方面较广泛，而且文章又是在不同时间、针对不同讨论意见写成的，因此，不周全、不妥善之处在所难免，诚恳希望得到方家的指教。

我的美学研究，一向幸运地得到我所尊敬的美学界的师长和前辈学者的关心、指导和帮助。这次论文结集出版，又承蒙中国社会科学院常务副院长、中华美学学会会长、我国著名哲学家和美学家汝信先生拨冗为本书作序，给予热情鼓励。在此，谨向汝信先生表示衷心的感谢。

我还要借此机会，感谢我的母亲、妻子和子女。无论是在武汉那漫长艰辛的伏案写作的岁月里，还是在剑桥那难以忘怀的学术访问的日子里，乃至到深圳后，于行政工作之余仍然坚持研究的紧张繁忙的生活中，都是他们为我分担了我应该尽的责任，并为我的研究工作提供了难得的支持和帮助。

最后，我要感谢中国社会科学出版社编审黄德志女士热情支持本书出版，并担任本书责任编辑。正是她多年来向我约稿，才使我产生了编辑这本美学论文集的愿望，并使之得以迅速问世。

1996 年 8 月 30 日